Robert J. Zaugg
(Herausgeber)

Handbuch Kompetenzmanagement

Haupt

Robert J. Zaugg
(Herausgeber)

Handbuch Kompetenzmanagement

Durch Kompetenz nachhaltig Werte schaffen

Festschrift für
Prof. Dr. Dr. h.c. mult. Norbert Thom
zum 60. Geburtstag

Haupt Verlag
Bern · Stuttgart · Wien

1. Auflage: 2006

Bibliografische Information der *Deutschen Bibliothek*

Die Deutsche Bibliothek verzeichnet diese Publikation in der Deutschen Nationalbibliografie; detaillierte bibliografische Angaben sind im Internet über http://dnb.ddb.de abrufbar.

ISBN-13: 978-3-258-07080-3
ISBN-10: 3-258-07080-6

Umschlaggestaltung: Atelier Mühlberg, Basel
Printed in Switzerland

www.haupt.ch

Geleitwort des Rektors

Gerne nehme ich die Gelegenheit wahr, Norbert Thom auf diesem „Umweg“ zum 60. Geburtstag zu gratulieren. Der Jubilar ist zweifelsfrei ein renommierter Forscher und akademischer Lehrer; kennen gelernt habe ich ihn allerdings nicht in einer seiner Vorlesungen oder bei der Lektüre eines seiner Bücher, sondern als Kollege in der Universitätsleitung. Norbert Thom hat sich neben allen anderen Aktivitäten immer stark in der Selbstverwaltung der Universität Bern engagiert. So war er u. a. in den Jahren 1995-1997 Vizerektor der Universität und hat in verschiedenen Kommissionen und Arbeitsgruppen mitgewirkt. Auch nach seiner aktiven Zeit im Rektorat stand und steht er uns bei vielen Problemen mit großer Sachkompetenz zur Seite. Für dieses – nicht selbstverständliche – Engagement gebührt dem Jubilar der große Dank der Universitätsleitung.

Die Zusammenarbeit mit Norbert Thom während unserer gemeinsamen Tätigkeit als Vizerektoren habe ich in bester Erinnerung. Dies betrifft nicht nur die fachliche, sondern ebenso sehr die persönliche Ebene. Sein Humor, seine feine Ironie und seine Lebensfreude sind mir immer noch gegenwärtig. Ob allerdings all seine diskreten Bemühungen, seinen Kollegen in der Universitätsleitung gewisse elementare Grundprinzipien modernen Universitätsmanagements beizubringen, erfolgreich waren, wage ich an dieser Stelle nicht zu beurteilen.

Das vorliegende Werk zum Kompetenzmanagement verdeutlicht die große Schaffensbreite des Jubilars und legt Zeugnis von seinem Ansehen in der Scientific Community ab. Auch aus hochschulpolitischer Sicht ist ein Werk über Kompetenzen zu begrüßen. Es geht an Universitäten und Hochschulen ja nicht nur darum, zu forschen und Wissen zu vermitteln, sondern – falls möglich – auch darum, die Handlungsfähigkeit der Studierenden zu entwickeln. Dies gilt in ausgeprägtem Maß für die Betriebswirtschaftslehre, welche Norbert Thom als Generalist seines Fachs wissenschaftlich fundiert und gleichzeitig anwendungsorientiert vertritt. Der Jubilar war und ist ein würdiger Botschafter der Universität Bern. Ich wünsche ihm weiterhin viel Schaffenskraft, Kreativität und Anerkennung.

In Zeiten des Wettbewerbs um Forschungsgelder gewinnen die adressatengerechte Vermittlung von Erkenntnissen und das Aufzeigen von konkreten Anwendungsfeldern an Bedeutung. Beide Erfordernisse wurden in diesem Band ausgezeichnet verwirklicht. Dem vorliegenden Handbuch zum Kompetenzmanagement ist eine breite und interessierte Leserschaft aus Wissenschaft und Praxis zu wünschen.

Prof. Dr. Urs Würgler
Rektor der Universität Bern

Geleitwort aus der Politik

Für Politikerinnen und Politiker aller Ebenen ist unverzichtbar, dass sie ihren Verantwortungsbereich und ihre Handlungsabsichten immer wieder kritisch überprüfen. Dass sie sich auseinandersetzen mit fundierten wissenschaftlichen Erkenntnissen und Menschen, deren Persönlichkeit und Fachkompetenz sie respektieren. Der Partner in diesem Dialog mit der Politik hat ganz bestimmten Ansprüchen zu genügen. Er muss unabdingbar ein tiefes Problemverständnis mitbringen. Er muss bereit sein, sich objektiv, ohne ideologische Voreingenommenheit und mit ausreichend Zeit den Besonderheiten der öffentlichen Sache zu widmen und akzeptieren, dass hier Entscheidungsfindung und -umsetzung oft eigenen Regeln gehorchen. Er muss, ohne die Wissenschaftlichkeit zu verlassen, einen ausgeprägten Sinn für praktische, lebensnahe Ergebnisse haben. Denn auf diesem Fundament gedeihen kluge, auf Dauer angelegte politische Lösungen. Und er muss, dies vor allem, eine Person des Vertrauens sein; ein Partner, der mit großer Ernsthaftigkeit das gleiche Ziel anstrebt: das gute Funktionieren des Staatswesens und das Wohlergehen seiner Menschen. Problemverständnis, Vertrauen, Dienstbereitschaft: Dies alles trifft für den mit dieser Festschrift zu Recht geehrten Professor Norbert Thom in außerordentlichem Maß zu.

Als ehemaliger Regierungsrat des Kantons Bern und heutiger Ständerat weiß ich um die großen Verdienste von Norbert Thom im politischen Bereich. Seit den neunziger Jahren wurde und wird er vom Regierungsrat und der Verwaltung bei wichtigen Fragen der Staats- und Verwaltungsführung nach seiner Meinung gefragt. Dabei hat er im direkten, vertrauensvollen Kontakt mit einzelnen Direktionen und der Regierung strategische Konzepte entwickelt und an deren Umsetzung mitgewirkt. Diese Konzepte gelangen heute über unseren Kanton hinaus zur Anwendung. Es ist gut, über Wissenschaftler zu verfügen, die sich zusätzlich zu ihrer Forschungs- und Lehrtätigkeit an der Universität ganz direkt und immer wieder auch der Gesellschaft im umfassenden Sinn und der Politik zur Verfügung stellen. Wie Professor Norbert Thom, den ich mit großer Dankbarkeit und Respekt herzlich zu seinem 60. Geburtstag beglückwünsche.

Dr. Hans Lauri
Ständerat sowie Regierungsrat und
Finanzdirektor des Kantons Bern von 1994 bis 2001

Vorwort des Herausgebers

Diese Schrift ist Prof. Dr. Dres. h. c. Norbert Thom zu seinem 60. Geburtstag gewidmet. In den nahezu vier Jahrzehnten seines wissenschaftlichen Schaffens hat sich der Jubilar als Forscher, Lehrer, Förderer und Berater im In- und Ausland einen großen Ruf erworben. Sein Engagement als Brückenbauer zwischen Wissenschaft und Praxis, zwischen verschiedenen Ländern und Sprachregionen sowie zwischen unterschiedlichen Disziplinen der Betriebswirtschaftslehre verdient höchste Anerkennung. Seine akademischen Verdienste haben neben vielen anderen Ehrungen bereits zur Verleihung von Ehrendoktoraten der Mykolas Romeris Universität in Vilnius (2005) und der Johannes Kepler Universität in Linz (2006) geführt. Die vorliegende Festschrift soll ein Zeichen des Dankes darstellen. Alle Studierenden, Kollegen in der Scientific Community, geförderten Nachwuchskräfte und Mitarbeitenden, Praxispartner sowie weitere Personen, mit welchen der Jubilar zusammengearbeitet hat, werden sich sicherlich gerne diesem Dank anschließen.

Als prominenter Vertreter der Betriebswirtschaftslehre im deutschsprachigen Raum hat der Jubilar stets einen generalistischen Ansatz verfolgt und sich wohltuend von einer zunehmend atomisierten Wissenslandschaft innerhalb der Disziplin abgehoben. Entsprechend dem Profil des Geehrten ist diese Schrift ebenfalls generalistisch angelegt. Sie versucht, seinem breiten Themenspektrum in Lehre und Forschung gerecht zu werden. Gemeinsamer Nenner sind der gezielte Aufbau und die nachhaltige Entwicklung von individuellen, organisationalen und interorganisationalen Kompetenzen. Eine umfassende Würdigung des wissenschaftlichen Schaffens von Norbert Thom findet sich im Abschnitt Biographie und Bibliographie der vorliegenden Schrift.

Norbert Thom hat über 900 Schriften verfasst. Seine zentralen Lehr- und Forschungsgebiete sind das Personalmanagement (insbesondere die Personalentwicklung), die Organisationsgestaltung, das Innovationsmanagement, die Führung und das Public Management. In vielen Publikationen standen der Aufbau, die Entwicklung und die gezielte Nutzung individueller und organisationaler Kompetenzen im Vordergrund. Gleichzeitig zeichnen sich die Beiträge des Jubilars durch eine ausgeprägte Handlungsorientierung aus. Es scheint daher angemessen, ein Werk als Festschrift zu veröffentlichen, das sich mit der gezielten Planung, dem Aufbau, dem Erhalt, der Entwicklung und der Bewertung von

Kompetenzen – also dem Kompetenzmanagement – beschäftigt. Thematisch ist das Werk in sechs Teile gegliedert. Ein erster Teil geht auf Kompetenzaspekte im größeren Rahmen des Managements bzw. der Unternehmensführung ein. Der zweite Teil wendet sich der Organisationskompetenz und der dritte Teil der Personalkompetenz zu. Auch Fragen aus dem Bereich Führung bzw. Leadership werden im dritten Teil angesprochen. Im vierten Teil steht das Kompetenzmanagement im öffentlichen Sektor und in Nonprofit-Organisationen im Vordergrund. Der fünfte Teil thematisiert Zusammenhänge zwischen Kompetenz und Innovation bzw. Wissensmanagement. Ein sechster Teil zur Person und zum Werk des Jubilars rundet die Publikation ab.

Über 50 renommierte Wissenschaftler und Wissenschaftlerinnen sowie ausgewählte Praktiker haben an diesem Werk mitgewirkt. Dieses sehr erfreuliche Engagement spricht für die breite Akzeptanz und große Anerkennung, die der Jubilar in der Scientific Community genießt. Als Herausgeber möchte ich allen Autorinnen und Autoren herzlich danken. In einer Zeit der Arbeitsverdichtung, des Wettbewerbs um zeitliche Ressourcen und der Notwendigkeit für Prioritätensetzungen ist die Mitwirkung an einer Festschrift ein bewusster Entscheid, der Wertschätzung ausdrückt und Wertschätzung verdient.

Ganz besonderen Dank möchte ich auch meiner wissenschaftlichen Assistentin Frau *Andrea Probst, lic. rer. pol.,* aussprechen. Sie hat mit großem Engagement und einer sehr hohen Gewissenhaftigkeit die Erstellung des Manuskriptes (Koordination, Lektorat, Layout etc.) begleitet. Sie wurde dabei von Frau *Martina Meier* (Lektorat), Frau *Katja Klein* und Frau *Kerstin Klein* (Endlektorat), Herrn *David Lüthi* (Lektorat und Übersetzungen) sowie Herrn *Carlo Schmid* (Abbildungen) unterstützt. Auch ihnen gebührt großer Dank. *Renato C. Müller, lic. rer. pol.,* und *John F. Steinbeck* sei für die gewissenhafte Zusammenstellung und Analyse des umfangreichen Schrifttums des Jubilars gedankt. Frau *Elisabeth Homberger* vom Haupt Verlag ist für die freundliche und kompetente Betreuung dieses Werks zu danken. Der Verlagsleiter Herr *Matthias Haupt* hat diese Schrift durch die ganzheitliche Berücksichtigung aller materiellen und immateriellen Werte mit ermöglicht. Ihm und der *Berner Kantonalbank*, welche dieses Projekt finanziell unterstützt hat, gebührt ebenfalls großer Dank.

Mir als Herausgeber war es stets eine Freude, gemeinsam mit allen Beteiligten dieses Projekt zu realisieren. Ich habe viel gelernt und viele wertvolle Hinweise erhalten. Ich danke allen Beteiligten für Ihre Unterstützung. Während die einzelnen Autorinnen und Autoren für Ihre Beiträge verantwortlich zeichnen, trage ich die Endverantwortung für dieses Buch. Gerne nehme ich Feedback entgegen und freue mich auf einen regen Austausch.

Ich hoffe, dass dieses Werk dem Jubilar zur Ehre gereicht, bei den Leserinnen und Lesern auf Interesse stößt und die Wissensgemeinschaft bereichert. Es wäre schön, wenn dieses Buch über Kompetenzmanagement selbst zum – zumindest punktuellen – Aufbau von Kompetenz beitragen würde.

Villasimius, im Juni 2006 Prof. Dr. Robert J. Zaugg

Inhaltsverzeichnis

Organisationskompetenz

Personalkompetenz

Kompetenzmanagement im öffentlichen Sektor und in NPO

Innovations- und Wissenskompetenz

Biographie und Bibliographie von Norbert Thom

Kompetenzlandkarte
Eine Einführung in dieses Handbuch

Robert J. Zaugg*

1 Grundidee

Die Herausgabe einer Festschrift ist ein komplexes und anspruchsvolles Vorhaben. Verschiedene, zum Teil konkurrierende Zielsetzungen sind miteinander in Einklang zu bringen. *Erstens* geht es darum, den Jubilar zu ehren und ausgewählten Personen die Möglichkeit zu geben, sich an dieser Ehrung mit einem Beitrag zu beteiligen. Die Schrift orientiert sich daher am breiten Schaffensspektrum des Jubilars und an demjenigen seiner Partner in Wissenschaft und Praxis. *Zweitens* soll ein Buch entstehen, das der Leserschaft Vergnügen und Nutzen bereitet. Der Verlag hat ein berechtigtes Interesse daran, eine Leserschaft anzusprechen, die über das Netzwerk des Geehrten hinausgeht. *Drittens* ist es Herausgebern ein Anliegen, ein konzeptionell abgerundetes Werk vorzulegen, das in sich logisch aufgebaut und nachvollziehbar ist.

Während die kompetente und renommierte Autorenschaft Garant dafür ist, dass die genannten Ziele auf der Ebene der einzelnen Beiträge erreicht werden, sind auf der Ebene des Gesamtwerkes einige flankierende Maßnahmen erforderlich: Zuerst gilt es, ein Thema zu identifizieren sowie ein darauf aufbauendes Konzept zu erarbeiten, das im Fachgebiet des Jubilars liegt und der thematischen Breite der Forschungsschwerpunkte der Autorinnen und Autoren gerecht wird. Anschließend sind gemeinsam mit den Schreibenden Beitragsthemen zu ermitteln, die sich in dieses Konzept einfügen. Bei der Redaktion der Beiträge ist es wichtig, den

* Prof. Dr. Robert J. Zaugg ist Ordinarius für Betriebswirtschaftslehre und Inhaber des Lehrstuhls für Personalmanagement und Organisation der WHL Wissenschaftliche Hochschule Lahr.

Bezug zum übergeordneten Thema herzustellen. Der Lesernutzen lässt sich durch ein ansprechendes Layout, Zusammenfassungen zu Beginn jeden Beitrages, kurze Beiträge und ein umfangreiches Verweissystem erhöhen. Die Idee eines Handbuches geht auf die große Zahl der Autoren zurück. Um den Gesamtumfang des Werkes überschaubar zu halten, wurde kurzen Beiträgen gegenüber umfassenden Abhandlungen der Vorzug gegeben. Die Schrift wird dadurch zu einem Nachschlagewerk und Arbeitsbuch. Die Abdeckung aller relevanten Themenstellungen des Kompetenzmanagements ist dabei weder intendiert noch möglich. Gründe dafür sind die besondere Art der vorliegenden Publikation sowie die Tatsache, dass es sich beim Begriff Kompetenz um ein sehr fluides Konzept mit unklaren Grenzen handelt.

Das Handbuch Kompetenzmanagement richtet sich an Wissenschaftler und Praktiker, die sich einen Überblick zu ausgewählten Themenstellungen der Betriebswirtschaftslehre aus einer kompetenzorientierten Perspektive verschaffen wollen. Das Werk enthält weder ein durchgängiges Konzept des Kompetenzmanagements noch die differenziert abgestimmte Analyse eines spezifischen Kompetenzaspektes. Sein Nutzen besteht vielmehr in der inspirierenden Lektüre der einzelnen Beiträge sowie in der komprimierten Darstellung aktueller Entwicklungen in der Betriebswirtschaftslehre.

2 Autorenschaft

Die insgesamt 46 Beiträge wurden von 53 Autorinnen und Autoren verfasst. 40 Prozent der Schreibenden stammen aus der Schweiz, 47 Prozent aus Deutschland, 9 Prozent aus Österreich und je eine Autorin aus Ungarn und aus Polen. Ein Viertel der Mitwirkenden sind Frauen. Neben einer großen Mehrheit (91 Prozent) von Wissenschaftlern haben sich 9 Prozent Praktiker an dieser Schrift beteiligt. Da die Nachwuchsförderung ein großes Anliegen des Jubilars ist, enthält diese Festschrift auch Beiträge von 21 Nachwuchskräften. Es handelt sich hierbei um durch ihn geförderte Personen, Mitarbeitende am Institut für Organisation und Personal der Universität Bern sowie um Koautoren und Koautorinnen von Kollegen. Thematisch am stärksten vertreten sind das Management bzw. die Unternehmensführung und das Personalmanagement. Je 12 Autoren sehen dort ihren Forschungsschwerpunkt. Die Organisationstheorie und Organisationsgestaltung ist mit 10 Nennungen vertreten. Auf die Themenbereiche Innovation und Wissensmanagement entfallen vier, auf das Public Management, das Marketing und die Wirtschaftsinformatik je drei Nennungen. Weitere Fachgebiete sind: Führung bzw. Leadership (2), Controlling (2), Nonprofit-Organisationen (1) und Politologie (1).

3 Kompetenz und Kompetenzmanagement

Die Bandbreite von Definitionsansätzen zum Begriff Kompetenz ist sehr groß und differiert erheblich, je nachdem, aus welcher fachlichen Perspektive der Begriff beleuchtet wird. Die Organisationsforschung versteht darunter die Erlaubnis („Dürfen") und das Personalmanagement die Fähigkeit („Können"), etwas zu tun. Etymologisch lässt sich der Begriff auf das lateinische *competere* zurückführen, das sich mit „zusammentreffen, zukommen oder zustehen" übersetzen lässt. Die Kommunikationswissenschaften bezeichnen Kompetenz als die Fähigkeit zu sprechen und zu hören. In der Psychologie ist damit das Ergebnis der Entwicklung grundlegender Fähigkeiten gemeint. Erpenbeck und von Rosenstiel (2003: XI) sprechen von „[…] Kompetenzen als Dispositionen selbstorganisierten Handelns [bzw.] Selbstorganisationsdispositionen." North und Reinhardt (2005: 29) definieren Kompetenz als „[…] Fähigkeit, situationsadäquat zu handeln."

Kompetenzen umschreiben also nicht primär spezifische Fähigkeiten oder Fertigkeiten, die in bestimmten Situationen eingesetzt werden können, sondern die *grundlegende Fähigkeit, Wissen situationsgerecht in Handlungen umzusetzen, die zur Entwicklung, Innovation oder Problemlösung beitragen.* Wissen wird erst durch die Verknüpfung mit Handlungsfähigkeit und Handlungsmotivation zur Kompetenz. Kompetenzen sind demnach „Meta-Fähigkeiten", die selbstgesteuertes Handeln und Entwickeln ermöglichen.

Kompetenzen lassen sich auf einer individuellen, einer organisationalen und einer interorganisationalen bzw. gesellschaftlichen Ebene ansiedeln. Personen erwerben sich Kompetenzen, indem sie lernen und sich entwickeln. Personenspezifische Kompetenzprofile sind das Ergebnis. Unternehmen und öffentliche Institutionen vernetzen individuelle Kompetenzen zu organisationalen Kompetenzen (vgl. Probst et al. 2000: 13). Mit Hilfe von strategisch ausgerichteten Kompetenzmodellen stellen sie eine Verbindung zwischen individuellen Kompetenzprofilen und intendierten oder emergenten Strategien her. Diese Form der

Kompetenzen wird in der Literatur häufig Kernkompetenzen genannt (vgl. Prahalad/Hamel 1990; Barney 1991; Krüger/Homp 1997; Osterloh/Frost/Wartburg 2001). Fähigkeiten, die sich auf betriebliche Querschnitts- oder Supportfunktionen beziehen, können als implizite organisationale Kompetenzen bezeichnet werden (vgl. Zaugg/Thom 2003). Kooperationen zwischen Organisationen bzw. Organisationsteilen sowie Netzwerke stellen Anwendungsbeispiele interorganisationaler Kompetenzen dar. Hier stehen die Komplementarität der eingebrachten Fähigkeiten sowie deren Nutzung im Netzwerk im Vordergrund.

Kompetenzmanagement umschreibt schließlich den gezielten Aufbau, die Entwicklung und die Nutzung individueller, organisationaler und interorganisationaler Kompetenzen. In Analogie zu den Bausteinen des Wissensmanagements (vgl. Probst/Raub/Romhardt 2003: 28) gilt es, Kompetenzen zu identifizieren, zu rekrutieren, zu entwickeln, zugänglich zu machen, zu nutzen, zu sichern, mit der Strategie abzustimmen und schließlich zu bewerten.

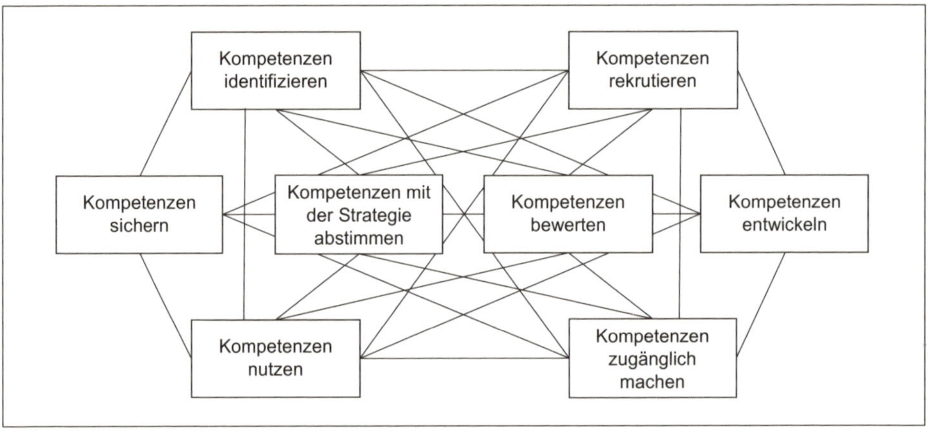

Abbildung 1: Bausteine des Kompetenzmanagements (Eigene Darstellung in Anlehnung an Probst/Raub/Romhardt 2003: 28)

Eine *Kompetenzlandkarte* dient zur übersichtlichen Darstellung komplexer Wissensbestände (vgl. North/Reinhardt 2005: 122). Ausgehend vom Anspruch dieses Handbuches, nicht nur Wissen bereitzustellen, sondern auch die Entwicklungs- und die Handlungsfähigkeit zu fördern, wird nachfolgend eine Kompetenzlandkarte zum Inhalt dieser Publikation entworfen. Sie soll dem Leser die Orientierung erleichtern.

4 Kompetenzlandkarte dieses Handbuches

4.1 Überblick

Die Kompetenzlandkarte differenziert zwischen vier Ebenen und fünf Fachbereichen. Als Ebenen werden Grundlagen sowie individuelle, organisationale und interorganisationale Kompetenzen unterschieden. Das Management bzw. die Unternehmensführung, die Organisation bzw. die Unternehmensentwicklung, das Personalmanagement (inkl. Führung und Leadership), das Public Management (inkl. Nonprofit-Organisationen) sowie der Themenkreis Innovation, Technologie und Wissen bilden die fünf Fachbereiche. Tabelle 1 ordnet die 44 Beiträge des vorliegenden Handbuches in dieses Klassifikationssystem ein.* Es zeigt sich, dass nicht alle Felder belegt sind und dass einzelne Beiträge in mehreren Feldern positioniert werden könnten. In diesem Sinne stellt diese Kompetenzlandkarte eine mögliche – zweifellos durch den Herausgeber geprägte – Systematisierung dar.

4.2 Managementkompetenz

Der erste Teil des Buches widmet sich Kompetenzaspekten im Bereich des Managements bzw. der Unternehmensführung. *Horst Steinmann* behandelt die Integration der Unternehmensethik in das Lehrgebäude der Managementlehre und *Albert Löhr* analysiert den Aufbau ethischer Kompetenz durch organisationales Lernen im Rahmen von Stakeholder-Dialogen. In ihrem Beitrag zum Management der Organisationslegitimität globalisierter Unternehmen wenden sich *Andreas Georg Scherer* und *Moritz Patzer* ähnlich grundlegenden Kompetenzaspekten zu. Mit dem Vertrauen erörtern *Margit Osterloh* und *Antoinette Weibel* eine weitere Meta-Kompetenz, die als Koordinationsinstrument zunehmend an Bedeutung gewinnt. Die pointierten Ausführungen zu Moden und Mythen des Managements und dem kompetenten Umgang damit von *Alfred Kieser* runden den Bereich Grundlagen im ersten Teil ab.

---

* Der vorliegende Beitrag zur Kompetenzlandkarte sowie der Beitrag zur Person und zum Schrifttum des Jubilars sind in Tabelle 1 nicht erfasst.

Netzwerk / Konzern / Gesellschaft	*Hungenberg:* Strategische Allianzen	*Müller-Stewens:* M&A-Kompetenz *Grün:* Management von Großprojekten *Frost:* Ressourcenpooling als Kompetenz in Konzern-organisationen		*Minnig:* Beziehungsmanagement in NPO *Alfes:* Strategisches HRM im öffentlichen Sektor *Etienne:* Management im Gesundheitswesen *Steiner:* Weiterbildungsmanagement	
Organisation / Institution / Unternehmung	*Krüger:* Dynamische Kernkompetenzen *Jenner:* Kompetenzfallen *Baldauf/Bischof:* Kooperation durch Kultur in Diversifikationsstrategien	*Bruch:* Organisationale Energie *Krickl:* Geschäftsprozess-management *Habegger:* Dynamisches Kompetenzmanagement als Herausforderung für die Organisationsarbeit *Wenger:* Wertschöpfungs-orientierte Organisations-gestaltung	*Zaugg:* Nachhaltiges HRM *Lichtsteiner:* Kompetenzorientiertes HRM *Zimmermann:* Partizipatives eHRM *Moser:* Betriebliches Gesundheitsmanagement *Hilb:* Selektion von VR-Präsidenten und VR-Mitgliedern *Böckem/Schiller/de Vegt:* Balanced Scorecard *Lindert:* Anreizsysteme	*Schauer:* Öffentliches Rechnungswesen *Andeßner:* Kompetenz- und Wissensmanagement von NPO *Pasquier:* Public Sector Marketing	*Probst/Sollberger:* Wissenskultur *Harasymowicz-Birnbach:* Wissensmanagement-Kompetenz *Knolmayer/Loosli:* IT Governance *Myrach:* Informatikkompetenz
Individuum			*Wunderer:* Unternehmerische Schlüsselkompetenzen *Graf:* Selbstmanagement *Frankó:* Interkulturelle Kompetenz *Müller:* E-Leadership *Krohmer/Weispfenning:* Führung in Marketing und Vertrieb		
Grundlagen	*Steinmann:* Unternehmensethik *Löhr:* Ethische Kompetenz *Scherer/Patzer:* Organisationslegitimität *Osterloh/Weibel:* Vertrauen und Kontrolle *Kieser:* Management-Mythen	*Sulzberger:* Leading Development	*Weibler/Feldmann:* Gerechtigkeitskompetenz	*Linder:* Verwaltungsreformen *Ritz:* Evaluationskompetenz	*Brockhoff:* Kompetenz für Technologiemanagement
	Management / Unternehmensführung	**Organisation / Unternehmensentwicklung**	**Personalmanagement / Führung / Leadership**	**Public Management / Nonprofit-Organisationen**	**Innovation / Technologie / Informatik / Wissen**

Tabelle 1: Kompetenzlandkarte des Handbuches Kompetenzmanagement

Auf der Ebene der organisationalen Kompetenzen führt *Wilfried Krüger* den Ansatz der dynamischen Kernkompetenzen ein und erläutert damit einen neuen Weg der Zukunftssicherung. Da es in diesem Beitrag auch um Unternehmensentwicklung geht, hätte er ohne weiteres dem Fachbereich Organisation zugewiesen werden können. *Thomas Jenner* knüpft an den Ansatz der Dynamic Capabilities an, indem er Kompetenzfallen beschreibt und erläutert, wie diesen entgegenzuwirken ist. *Artur Baldauf* und *Christian Bischof* zeigen auf, dass Unternehmenskultur als Koordinationsmechanismus im Rahmen von Diversifikationsstrategien dienen kann. Die Fähigkeit, strategische Allianzen einzugehen und weiterzuentwickeln stellt eine interorganisationale Managementkompetenz dar. *Harald Hungenberg* analysiert diesen Themenkreis am Beispiel der Telekommunikationsbranche.

4.3 Organisationskompetenz

Mit „Leading Development" beschreibt *Markus Sulzberger* einen neuen Ansatz der Unternehmensentwicklung, der von transformationaler Führung und Energetisierung geprägt ist. Dieser grundlegende Beitrag eröffnet den zweiten Teil des Handbuches zur Organisationskompetenz. Daran anschließend entwickelt *Heike Bruch* Strategien zur Mobilisierung, Fokussierung und Entwicklung organisationaler Energie. In seinem integrierten Modell zeigt *Otto Krickl* auf, dass Kompetenzmanagement als Erfolgsfaktor für das Geschäftsprozessmanagement gelten darf. Auf die Zusammenhänge zwischen der strategischen Unternehmensführung und der Organisationsgestaltung geht *Andreas P. Wenger* mit seinem Ansatz der wertschöpfungsorientierten Organisationsgestaltung ein. *Anja Habegger* setzt sich auch mit den Herausforderungen an die Organisationsarbeit auseinander. Ihre Ausführungen basieren ebenfalls auf dem Konzept der Dynamic Capabilities (vgl. die Beiträge von Krüger und Jenner). Während die vorgenannten vier Beiträge alle von Organisationskompetenz auf der organisationalen Ebene ausgehen, sind die nachfolgenden Beiträge auf einer interorganisationalen Ebene positioniert. *Günter Müller-Stewens* beantwortet die Frage, was die Fähigkeit zur Umsetzung von Mergers & Acquisitions (M&A-Kompetenz) konkret ausmacht und wie sie entwickelt werden kann. Mit einer ähnlichen Problemstellung, nämlich dem Management von Großprojekten, beschäftigt sich *Oskar Grün*. Er nennt fünf Schlüsselkompetenzen, die dazu beitragen können, Misserfolge bei Großprojekten zu vermeiden. Schließlich setzt sich *Jetta Frost* mit dem Ressourcenpooling als Kompetenzmanagement in Konzernorganisationen auseinander.

4.4 Personalkompetenz

Der dritte Teil des Handbuches zur Personalkompetenz ist breit gefasst. Es werden hier auch Fragen der Führung bzw. Leadership thematisiert. *Jürgen Weibler* und *Marcel Feldmann* machen deutlich, dass die Gerechtigkeitskompetenz konzeptionell fassbar ist und praktisch umgesetzt werden kann. Auf einer individuellen Ebene verdeutlicht *Rolf Wunderer*, dass sich unternehmerische Schlüsselkompetenzen auch in Märchen der Brüder Grimm erkennen lassen. Er verwendet zur Systematisierung einen Portfolioansatz. *Anita Graf* legt in ihrem Beitrag dar, dass das Selbstmanagement eine Kompetenz der Zukunft ausmacht. Der Umgang mit verschiedenen kulturellen Situationen stellt sowohl eine individuelle als auch eine organisationale und eine interorganisationale Kompetenz dar. *Krisztina Frankó* legt eine Bestandsaufnahme zur interkulturellen Kompetenz vor. *Renato C. Müller* führt aus, wie sich Personalführung durch die Nutzung neuer Medien zur E-Leadership wandelt. *Harley Krohmer* und *Felix Weispfenning* entwickeln Empfehlungen für die Führung in Marketing und Vertrieb.

Die Fähigkeit, Personalpotenziale aufzubauen, zu entwickeln und zu erhalten, stellt eine implizite Kernkompetenz dar. *Robert J. Zaugg* umreißt einen Ansatz des HRM, der den nachhaltigen Aufbau von Personalpotenzialen zum Ziel hat. Wie eingangs angedeutet, können individuelle Kompetenzen zu organisationalen Kompetenzen vernetzt werden und dadurch zum Aufbau von Wettbewerbsvorteilen führen. *René A. Lichtsteiner* erläutert konkrete Prozesse und Maßnahmen eines kompetenzorientierten HRM, die zur Verknüpfung zwischen individuellen und organisationalen Kompetenzen dienen. Partizipation ist ein zentraler Aspekt des nachhaltigen HRM. *Daniel Zimmermann* zeigt anhand seiner Konzeption eines partizipativen eHRM, wie sich Mitarbeitende und Vorgesetzte verstärkt via IT-Systeme in die Personalarbeit einbringen können. Auch die Beschäftigung mit der Gesundheit der Mitarbeitenden erweist sich vor dem Hintergrund eines nachhaltigen HRM als relevantes Forschungsfeld. *Regine Moser* integriert diese wichtige betriebliche Aufgabe in den Kontext eines umfassenden Career- und Lifestylemanagements. Indem sich *Martin Hilb* mit der professionellen Selektion von Präsidenten und Mitgliedern von Verwaltungsräten auseinandersetzt, geht er auf die Corporate Governance als Aspekt der Organisationskompetenz und auf die Selektionskompetenz im Rahmen eines HRM-Systems ein.

Mit ihrer kritischen Bestandsaufnahme zur Balanced Scorecard als Instrument der Mitarbeitermotivation leisten *Sabine Böckem, Ulf Schiller* und *Marcel de Vegt* einen Beitrag zum differenzierten Umgang mit populären Managementkonzepten. *Klaus Lindert* nähert sich der Koordinations- und Motivationsproblematik im Rahmen von organisatorischen Gemeinschaftsleistungen durch die Meta-Analyse von Theorien zur Gestaltung von Anreizsystemen.

4.5 Kompetenzmanagement im öffentlichen Sektor und in NPO

Vor dem New Public Management (NPM) hat sich bereits die Politische Planung mit Verwaltungs- und Politikreformen beschäftigt. Durch den Vergleich dieser beiden Reformkonzepte analysiert *Wolf Linder*, welche Erfahrungen aus der Ernüchterung betreffend der Wirkungen der Politischen Planung für das NPM abzuleiten sind. *Adrian Ritz* trägt ebenfalls zum Kompetenzmanagement im öffentlichen Sektor bei, indem er die Evaluationskompetenz als Voraussetzung staatlicher Leistungsfähigkeit positioniert.

Auf der Ebene einzelner Verwaltungen oder Verwaltungseinheiten kann das öffentliche Rechnungswesen als Informationsgenerator für Effizienzsteigerungen dienen. *Reinbert Schauer* zeigt, wie das Rechnungswesen seiner Lenkungs- und Steuerungsfunktion im Rahmen des Verwaltungsmanagements gerecht werden kann. *René C. Andeßner* verdeutlicht die Besonderheiten des Kompetenz- und Wissensmanagements von Nonprofit-Organisationen. Dass sich ausgewählte Ansätze des Marketings auch auf den öffentlichen Sektor übertragen lassen, erörtert *Martial Pasquier*.

Das institutionelle Beziehungsmanagement, wie es *Christoph J. Minnig* skizziert, stellt eine interorganisationale Kompetenz im Nonprofit-Bereich dar. Mit dem strategischen HRM im öffentlichen Sektor knüpft *Kerstin Alfes* an die Ausführungen im dritten Teil zur Personalkompetenz an und überträgt das neue Rollenverständnis des HRM auf öffentliche Institutionen. *Michèle Etienne* überträgt betriebswirtschaftliche Konzepte und Instrumente auf das Gesundheitswesen und will damit in diesem Bereich u. a. eine Professionalisierung und einen kulturellen Wandel initiieren. Mittels eines systematischen Weiterbildungsmanagements lässt sich Kompetenz auf einer gesellschaftlichen Ebene fördern. *Reto Steiner* liefert hierzu konkrete Hinweise.

4.6 Innovations- und Wissenskompetenz

Der vierte Teil ist durch Beiträge gekennzeichnet, die sich der Innovation und dem Wissen zuordnen lassen. *Klaus Brockhoff* zeigt Anforderungen an das Technologiemanagement auf und umreißt auf diese Weise die entsprechende Kompetenz. *Gilbert J. B. Probst* und *Bettina A. Sollberger* sehen in der Führung und Entwicklung einer Wissenskultur einen entscheidenden Wettbewerbsvorteil, wenn es darum geht, Unternehmenserfolg durch Wissen zu generieren. Dass ein wirkungsvolles Wissensmanagement eine entsprechende Kompetenz im Unternehmen erfordert, verdeutlicht *Joanna Harasymowicz-Birnbach* in ihren Ausführungen. Sie fokussiert vor allem auf die Implementierung des Wissensmanagements in Unternehmen und öffentlichen Institutionen.

Mit ihrem Beitrag zur IT Governance belegen *Gerhard F. Knolmayer* und *Gabriela Loosli*, das IT-Frameworks bei der Umsetzung von Corporate Governance eine wichtige Rolle spielen. *Thomas Myrach* konzeptualisiert Informatikkompetenz als arbeitsteiliges Zusammenwirken von IT-Spezialisten und IT-Anwendern, die unterschiedliche Fähigkeiten in die Kooperation einbringen.

5 Fazit

Die Beiträge dieses Handbuches stellen Ideen, Ansätze, Konzepte oder Instrumente vor, die darauf ausgerichtet sind, in den Handlungsfeldern Management, Organisation, Personal sowie Innovation und Wissen spezifische Handlungs- und Problemlösungsfähigkeiten aufzubauen. Es geht also direkt oder indirekt um Kompetenzmanagement. Dank des großen Engagements aller Autorinnen und Autoren ist es gelungen, die eingangs genannten Ziele weit gehend zu erreichen. Die angesprochenen Themenbereiche decken einen breiten Teil des Schaffensspektrums des Jubilars und seiner Kooperationspartner in Wissenschaft und Praxis ab. Durch die Kompetenzlandkarte, die Zusammenfassungen, die relative Kürze der Beiträge, das umfangreiche Verweissystem und vor allem die hohe Qualität der Texte dürfte zudem ein hoher Lesernutzen entstehen. Allen Autorinnen und Autoren gebührt dafür großer Dank.

Literaturverzeichnis

Barney, Jay B. (1991): Firm Resources and Sustained Competitive Advantages. In: Journal of Management, 17. Jg. 1991, Nr. 1, S. 99-120.

Erpenbeck, John; Rosenstiel, Lutz von (2003): Einleitung. In: Handbuch Kompetenzmessung. Erkennen, verstehen und bewerten von Kompetenzen in der betrieblichen, pädagogischen und psychologischen Praxis, hrsg. v. John Erpenbeck und Lutz von Rosenstiel, Stuttgart 2003, S. IX-XL.

Krüger, Wilfried; Homp, Christian (1997): Kernkompetenz-Management. Steigerung von Flexibilität und Schlagkraft im Wettbewerb, Wiesbaden 1997.

North, Klaus; Reinhardt, Kai (2005): Kompetenzmanagement in der Praxis. Mitarbeiterkompetenzen systematisch identifizieren, nutzen und entwickeln, Wiesbaden 2005.

Osterloh, Margit; Frost, Jetta; Wartburg, Iwan von (2001): Kernkompetenzen durch Wissens- und Motivationsmanagement. In: Excellence durch Personal- und Organisationskompetenz, hrsg. v. Norbert Thom und Robert J. Zaugg, Bern et al. 2001, S. 201-222.

Prahalad, Coimbatore K.; Hamel, Gary (1990): The Core Competence of the Corporation. In: Harvard Business Review, 68. Jg. 1990, Nr. 3, S. 79-91.

Probst, Gilbert J. B. et al. (2000): Kompetenz-Management. Wie Individuen und Organisationen Kompetenz entwickeln, Wiesbaden 2000.

Probst, Gilbert J. B.; Raub, Steffen; Romhardt, Kai (2003): Wissen managen. Wie Unternehmen ihre wertvollste Ressource optimal nutzen, 4. Auflage, Wiesbaden 2003.

Zaugg, Robert J.; Thom, Norbert (2003): Excellence through Implicit Competences. Human Resource Management – Organizational Development – Knowledge Creation. In: Journal of Change Management, 3. Jg. 2003, Nr. 3, S. 199-211.

Managementkompetenz

Unternehmensethik. Integration in das Lehrgebäude der Managementlehre*

Horst Steinmann**

Unternehmensethik gewinnt in der Praxis, nicht zuletzt als Folge der Globalisierung, immer mehr an Bedeutung. Eine Betriebswirtschaftslehre, die die theoretische Stützung der Praxis zum Ziel hat, muss deshalb klären, wie die Unternehmensethik in ihr Lehrgebäude systematisch integriert werden kann. Der Weg sollte über die Managementlehre als Teil der Allgemeinen Betriebswirtschaftslehre (ABWL) führen. Der Beitrag veranschaulicht und erläutert in der gebotenen Kürze, wie dieses Problem angegangen werden könnte.

Stichworte: Allgemeine Betriebswirtschaftslehre (ABWL) – Frieden – Gewinn – Managementlehre – Marktwirtschaft – öffentliches Interesse – Privatwirtschaft – Unternehmensethik – Werte

* Ich danke Prof. Dr. Andreas Georg Scherer, Prof. Dr. Margit Osterloh, Dr. Antoinette Weibel und Studenten für die Diskussion einer früheren Fassung des Papiers im Seminar zur Unternehmensethik des Lehrstuhls für Grundlagen der BWL und Theorien der Unternehmung an der Universität Zürich.

** Prof. Dr. Dres. h. c. Horst Steinmann ist Emeritus am Lehrstuhl für Betriebswirtschaftslehre, insb. Unternehmensführung, der Universität Erlangen-Nürnberg.

1 Entwicklungen in der Praxis

Durch privates Wirtschaften werden erfahrungsgemäß oft Konflikte erzeugt, die (noch) nicht durch rechtliche Regelungen und im öffentlichen Interesse systemkonform und effizient (durch Anreizsysteme) so internalisiert wurden (bzw. werden können), dass sie unter das Regime der ökonomischen Rationalität fallen und damit Bestandteil des unternehmerischen Kalküls werden (externe Effekte). Diese Feststellung gilt schon für die Ebene des Nationalstaates, im Zeitalter der Globalisierung aber (mangels eines Weltgesetzgebers) im besonderen Maße auch für die weltwirtschaftliche Ebene. Damit steigt das gesellschaftliche Konfliktpotenzial privaten Wirtschaftens im lokalen, nationalen, regionalen, europäischen und globalen Kontext. Täglich erscheinen Meldungen darüber in den Medien, insbesondere von NGO im Internet (etwa von www.business-humanrights.org oder www.unrisd.org). Die Frage wird drängend, welches denn in Zukunft die „Orte“ der Verantwortung für die friedliche Lösung derartiger Konflikte sein können und sollten, d. h. wo (auf welchen der genannten Ebenen) und wie (mit welchen Instituten/Medien) die unternehmerische Freiheit an das (inhaltlich jeweils zu spezifizierende) öffentliche Interesse (Gemeinwohl) wirksam zurückgebunden werden kann. Und wer sind an diesen Orten legitime Akteure?

Diese Fragen beschäftigen nicht nur die politische Praxis, sondern im Zuge der Globalisierung immer mehr auch viele wissenschaftliche Disziplinen, neben der BWL etwa die Politologie, die VWL, das Recht, die Soziologie und die Philosophie (vgl. Scherer 2003). Mir scheint, dass erst aus dem interdisziplinären Zusammenwirken aller relevanten Disziplinen Perspektiven für praxistaugliche Antworten auf die aufgeworfenen Fragen hervorgehen können. Der BWL als erstem und unmittelbarem Ansprechpartner der betrieblichen Praxis (vgl. Steinmann/Scherer 2004: 269) kommt dabei nicht nur eine zentrale Koordinationsfunktion zu, so dass sie sich in den interdisziplinären Dialog einschalten und diesen (mit) anleiten muss. Da die Unternehmung vielmehr selbst zu einem der Orte werden wird, wo in Zukunft (nach wohl überwiegender Meinung in wissenschaftlichem Schrifttum und Politik) zumindest ein Teil der „überschießenden“ Konflikte abgearbeitet werden muss, wird eine praxisorientierte BWL nicht umhin kommen, unter Rückgriff auf die relevanten interdisziplinären Wissensbestände, selbst geeignete normative Lehrinhalte auszubilden, die man dann als „Unternehmensethik“ bezeichnen kann.

Norbert Thom war dieser Forderung gegenüber immer aufgeschlossen (vgl. Thom/Brönnimann 2003: 101). Deshalb sei hier in der gebotenen Kürze ein Vorschlag für die Integration der Unternehmensethik in das Lehrgebäude der Managementlehre (als einem Teil der ABWL) skizziert (vgl. Steinmann 1990). Das geschieht vor dem Hintergrund des Nationalstaates; die gravierenden Einflüsse der Globalisierung (vgl. Steinmann 2003) können nur gestreift werden.

2 Präsuppositionen der Unternehmensethik

Nach unserem (mehrfach genauer expliziertem) Verständnis soll Unternehmensethik zur Vermeidung oder *friedlichen* Lösung der (angedeuteten) strategieinduzierten *Konflikte* beitragen und deshalb ausdrücklich als *Diskurs- oder Dialogethik* verstanden werden (gegen Albach 2005: 17). Der Begriff „friedlich" steht für Bemühungen um argumentative Verständigung mit dem Ziel eines *allgemeinen und freien Konsenses.* In der Praxis entfalten sich dazu erste Ansätze, etwa unter Stichworten wie „Stakeholderdialog" oder „Unternehmensdialog", deren inhaltliche Ergebnisse Bestandteil der Unternehmensstrategie werden (vgl. Zadek (2004) für Nike, Löhr (2005) für PUMA, und generell die „Global Reporting Initiative" GRI (www.globalreporting.org)).

Eine solche Unternehmensethik soll nicht nur ihre *inhaltliche,* sondern auch ihre *methodische* (hier: handlungstheoretische) Orientierung aus der ihr zugehörigen Praxis gewinnen, wie Abbildung 1 deutlich macht (vgl. Steinmann 2004). Handlungs- und erkenntnisleitende erste kategoriale sprachliche Unterscheidungen sollen aus der „Teilnehmerperspektive" der Lebenspraxis (statt aus der „Beobachterperspektive" der Wissenschaft) durch *Rekonstruktion* (vgl. Janich 2001: 67) *grundlegender und bewährter* praktischer Erfahrungen gewonnen werden (vgl. Janich 2001). Beispiele für solche Unterscheidungen sind: Handlung versus Verhalten, Zweck versus Mittel, Gelingen versus Misslingen, Konsens (friedliche Konfliktlösung) versus Kompromiss (machtinduzierte Konflikthandhabung). Damit ist ein Weg zur Lösung des sog. „Anfangsproblems" gewiesen (vgl. Janich 2001: 168; konstruktiv-kritisch dazu Wohlrapp 2000), gemäß der Forderung des Methodischen Konstruktivismus (vgl. Lorenzen 1987), dass die „Praxis" (hier: des Management) die konstitutive Grundlage einer jeden Wissenschaft (hier: der Managementlehre) bilden soll: wissenschaftliches Argumentieren hat somit als Zweck die *theoretische Stützung der Praxis.*

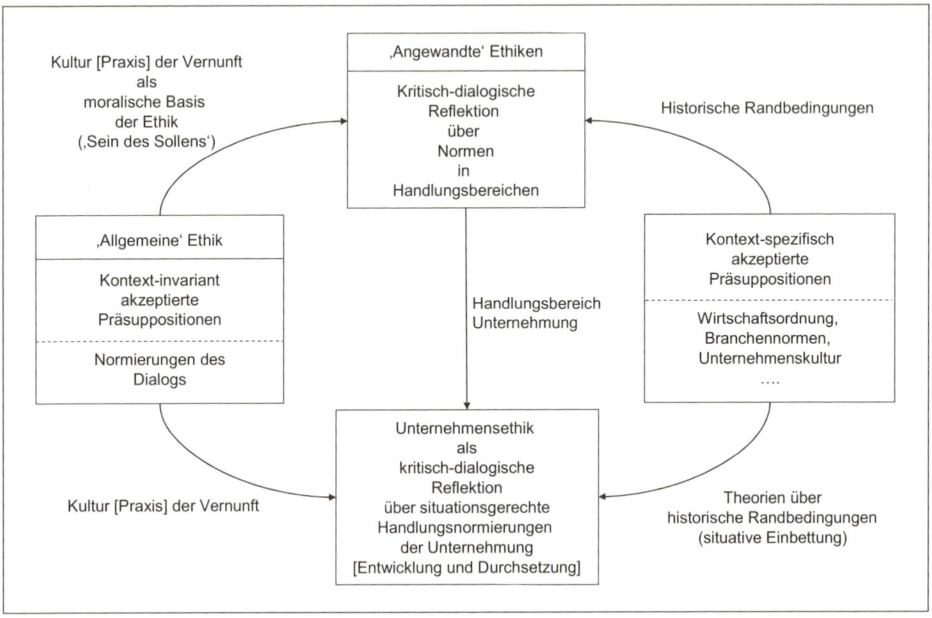

Abbildung 1: Konzeptionelle Grundlage der Unternehmensethik

Abbildung 1 verdeutlicht, dass so mit den (aus der Literatur ja bekannten) Präsuppositionen des Diskurses (jetzt aber verstanden als *rekonstruktiv* gewonnene *Erläuterung* einer „Praxis" oder „Kultur" der Vernunft, statt einer Reflektion auf die „Bedingungen der Möglichkeit" des Diskurses) die *ersten* sprachlichen Bausteine einer „Allgemeinen Ethik" (als Vernunft-, Diskurs- und Friedensethik) gewonnen werden können. „Allgemein" ist diese Ethik dann allerdings nur *relativ* zu den „Orten", wo eine „aufgeklärte" Praxis (der Vernunft) schon selbstverständlicher Teil der Lebensform ist, diese also nicht nur in den Köpfen von bestimmten Eliten (z. B. von Philosophen oder Religionsführern) existiert. Sie ist jedoch *nicht relativistisch*; denn die Forderung nach einer Universalisierung ist der Vernunft immanent (vgl. Gethmann 2000: 25): Jeder kann – möglicherweise triftige – Gründe für oder gegen vorgetragene Behauptungen oder Ansprüche geltend machen.

Der (methodisch richtige) Anfang „aposteriorisch" (statt apriorisch) bedingt jedoch, dass das friedliche Zusammenleben pluralistischer Lebensformen in der Lebenspraxis (auf der pragmatischen statt auf der semantischen Ebene) beginnen, und dort eingeübt werden muss. Das hat z. B. auch Konsequenzen für die Personalpolitik multinationaler Unternehmen: Die Begegnung fremder Kulturen soll als wechselseitiger Lernprozess begriffen werden, nicht als „Kampf der Kulturen" (vgl. genauer dazu Wohlrapp 1998).

Die Präsuppositionen des Diskurses (vgl. Hanekamp 2004) sind nach dem Gesagten also zwar Kategorien eines im Prinzip geltungsmäßig begrenzten Erfahrungshorizontes; insofern sie jedoch über den spezifischen historischen Kontext des je zu bearbeitenden Problems hinausgreifen, können sie als *„kontext-unabhängig"* akzeptierte Präsuppositionen gelten. Als solche sind sie *„praktisch unabdingbar"* (statt „unbedingt"), relativ zu dem Ziel, den Frieden stabiler zu machen, als dem begrifflich schon erschlossenen Zweck des Zusammenlebens. Der rekonstruktiv aufzuweisende Konsens über kontext-unabhängig *akzeptierte* Präsuppositionen kann dabei gegebenenfalls sehr weit reichen, bis hin zum Status „universalisierter" Normen, wie er heute etwa für die Erklärung der Menschenrechte beansprucht wird.

Im Unterschied dazu stehen die *„kontext-spezifisch"* akzeptierten Präsuppositionen, die die historischen Randbedingungen der *(typischen)* Problembestände einer Unternehmensethik ausformulieren. Diese ebenfalls durch methodische Rekonstruktion zu gewinnenden Präsuppositionen über empirische Randbedingungen bilden (im günstigen Falle in Form von bereits anerkannten Theorien) die unverzichtbare Grundlage für *situationsgerechte* normative Urteile (vgl. Margolis/Walsh 2003: 293); sie machen damit die Eigenart der Unternehmensethik als einer „Angewandten Ethik" aus. Insofern ist diese nicht eine reine „Prinzipienlehre", wie sie u. a. auch von Nida-Rümelien (1996: 57) kritisiert wird, sondern eine an ihre historische Basis zurückgebundene Ethik (vgl. allgemein dazu Nida-Rümelin 1996: 60).

3 Zur Integration der Unternehmensethik in die Managementlehre

(1) Die (prozessualen und inhaltlichen) Aspekte der Unternehmensethik sind Teil dessen, was man die normativen Grundlagen der Unternehmensführung nennen kann. Abbildung 2 macht deutlich, dass diese Grundlagen (als das *„Sein"*) die gegebene *moralische* Wertebasis der Unternehmensführung (in ei-

ner „Kultur der Vernunft“) bilden; als ein *„Sollen“* indizieren sie die kritische *ethische* Reflektion über den Status quo (der moralischen Grundlagen). Beide Dimensionen sind sowohl in ökonomischer wie auch in gesellschaftlicher Hinsicht relevant.

Diese Unterscheidung macht sich dabei an dem *dominanten* Koordinationsmechanismus fest. Die das *ökonomische* System konstituierenden Regeln des geltenden Rechts (und ihre Durchsetzung) basieren auf der Koordination über die Handlungs*folgen* in Form von (positiven und negativen) *Anreizen* für effizientes und effektives privates Wirtschaften in der Markt- und Wettbewerbswirtschaft, mit dem Gewinnprinzip (und seinen Konnexinstituten) als Ziel.

Die *gesellschaftlichen* Regeln verweisen auf eine über die rechtlichen Regeln hinausgehende unternehmerische Verantwortung für alle übrigen konfliktrelevanten Auswirkungen privaten Wirtschaftens, die über die Handlungs*intentionen* der betroffenen (kollektiven) Akteure durch *freiwillige Selbstverpflichtung* situationsgerecht abgearbeitet werden sollen (Externe Effekte). Dies ist als *„moralische Pflicht“* zu begreifen (im Unterschied zu einem „löblichen Tun“), weil es ja um das „praktisch unabdingbare Gebot“ geht, den gesellschaftlichen Frieden *stabiler* zu machen.

(2) Die linke Seite in Abbildung 2 deutet die entsprechenden (vielfältigen) Regeln für die Institutionalisierung des *Gewinnprinzips* und dessen generelle Legitimation (im Sinne einer im Einzelfall widerlegbaren „Richtigkeitsvermutung“) an, so wie sie sich historisch in einer (nationalen) Wirtschaft und Gesellschaft ausgeprägt haben, z. B. in Form von Gesetzen, Verordnungen, der Rechtsprechung oder den rechtlich relevanten Usancen einer Branche. Neben nationalen sind hier, gerade in der heutigen Zeit, natürlich auch übernationale (europäische, globale) Regeln zu nennen.

Die ökonomischen Anreize für eine (legitimierte) private Gewinnerzielung ermöglichen, fördern und begrenzen zugleich den Spielraum zur Konstituierung und Führung der Unternehmung als ökonomischen Handlungszusammenhang: Eigentum („Property Rights“), Vertrag und Vertragsfreiheit, Handels- und Gesellschaftsrecht, Wettbewerbsrecht, Kapitalmarktrecht, Arbeitsrecht (einschließlich Tarifvertrags-, Betriebsverfassungs- und Mitbestimmungsrecht als spezifische Normierungen für *Bargainingprozesse),* Verbraucher- und Umweltschutzrecht sind einige einschlägige Regeln des deutschen Rechts.

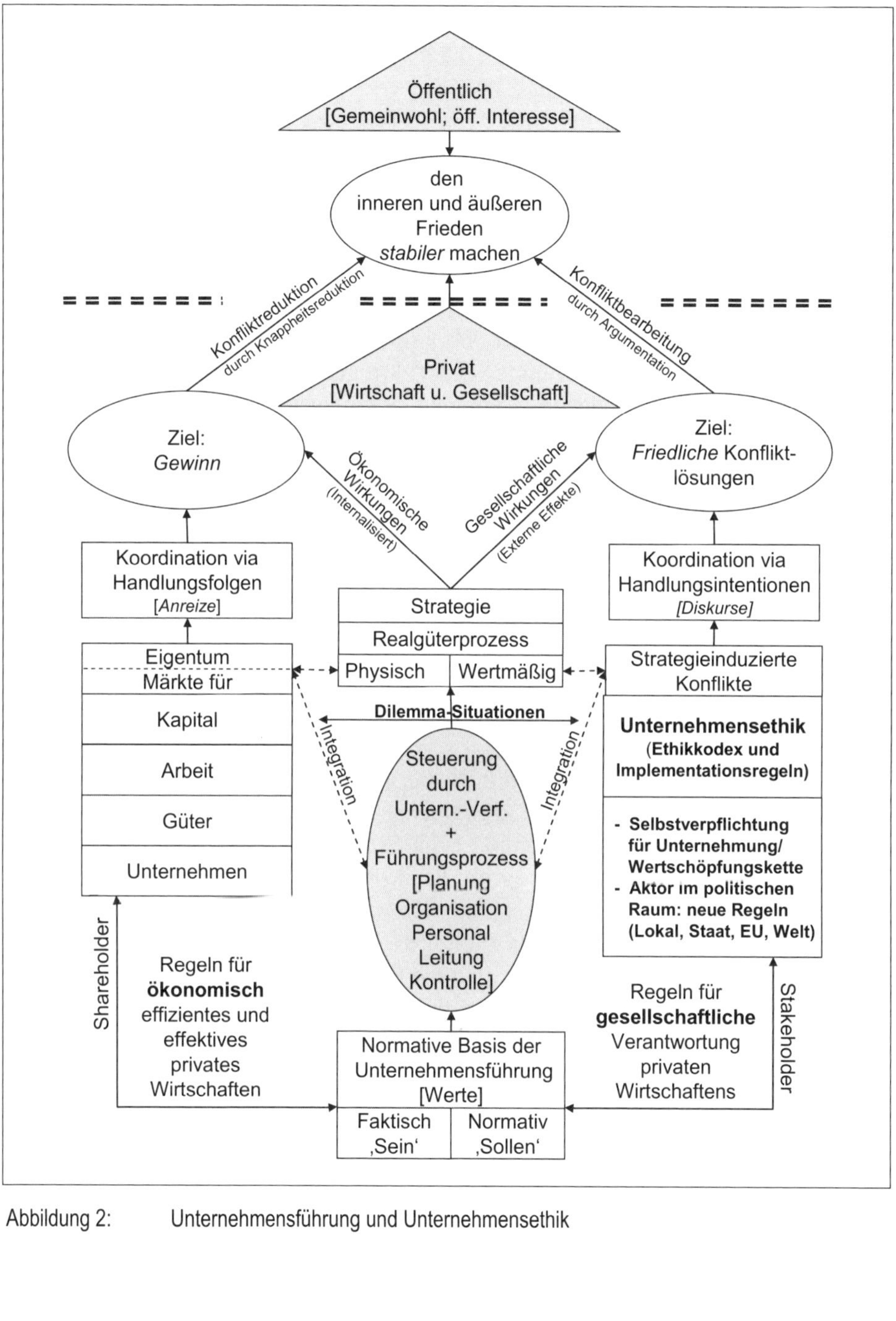

Abbildung 2: Unternehmensführung und Unternehmensethik

(3) Auf der rechten Seite von Abbildung 2 geht es dann um die *Unternehmensethik*, welche die friedliche Lösung strategieinduzierter Konflikte via Handlungs*intentionen* zum Gegenstand hat. Sie soll so für die Anwendung, Ergänzung und Fortentwicklung geltenden Rechts (als dem originären Hüter des Friedens in einem demokratischen Rechtsstaat) Sorge tragen.

Entsprechende Regeln mag ein Unternehmen *im Alleingang* entwickeln, dabei auch seine – über die rechtlichen Grenzen der Unternehmung hinausreichenden – Wertschöpfungsketten einschließen, wie bei PUMA oder Nike, mit dem Stakeholderdialog als integralen Bestandteil des Verfahrens. Es kann aber auch sein, dass Unternehmen *konzertierte Aktionen* dann initiieren und fördern, wenn ein Alleingang wegen beschränkter Konfliktregelungskapazität nicht möglich ist. Auf *übergeordneten* Ebenen (Verbände, Nationalstaat, EU, Welt) und im *politischen* Raum (Verbände, nationaler Gesetzgeber, internationale Institutionen und Initiativen) sind dann (neue) friedensstiftende Regeln zur Änderung der bisher gültigen normativen Grundlagen der Unternehmensführung zu suchen und zu etablieren. Beispiele für solche Kooperationsformen sind bekannt. Neueren Datums sind u. a. die sog. „Globalen Politiknetzwerke" im weltweiten Maßstab, die man als Ansätze zu einer „Internationalen Unternehmensethik" verstehen kann (vgl. Steinmann 2003).

Das Regelwerk der Unternehmensethik selbst umfasst Prozessregeln und inhaltliche Regeln.

Einschlägig für *Prozessregeln* sind u. a. die inzwischen recht bekannten organisatorischen Vorschriften der *U.S.-Sentencing-Guidelines* zur kooperativen Bekämpfung der Wirtschaftskriminalität (vgl. Steinherr/Steinmann/Olbrich 1998). Unternehmen müssen danach einen Ethik-Kodex und einen hochrangigen Ethics-Officer haben, ferner geeignete Kontrollmaßnahmen, Sanktionen und Schulungen, um im Straffall (beachtliche) Reduktionen des Strafmaßes zu erreichen. Beachtenswert ist dabei, dass sich die Guidelines in den letzten Jahren von einem reinen Instrument der Rechtsbefolgung („Compliance"-Ansatz) zu einem deutlich ethisch motivierten Konzept („Integritäts"-Ansatz; vgl. Paine 1994) gewandelt haben (vgl. hierzu www.ussguide.com).

Die *inhaltlichen* Regeln betreffen dann die in Kraft gesetzten Ergebnisse von Diskursen, aktuell etwa die Sozial- und Umweltstandards in der Wertschöpfungskette von Firmen der Sportartikelindustrie (vgl. Löhr 2005: 182).

(4) Alle Regeln sollen auf *allen* (relevanten) Handlungsebenen dazu beitragen, den inneren und äußeren Frieden *stabiler* zu machen, in zeitlicher und sachlicher Hinsicht.

Die *„ökonomischen"* Regeln bewirken dies *„indirekt"* durch die (im Vergleich zu zentralen Planwirtschaften) *komparativ* effizientere Ressourcennutzung und damit bessere Güterversorgung (Konfliktreduktion durch Knappheitsreduktion). Die *„gesellschaftlichen"* Regeln der Unternehmensethik sollen *„direkt"* dem Frieden dienen, wie angedeutet durch Konfliktbearbeitung „vor Ort" und/oder durch Initiativen im politischen Raum zur Fortentwicklung der systemkonstituierenden „Spielregeln".

(5) Auf diese Art und Weise wird im *nationalen Kontext* der *Zusammenhang* zwischen dem Bereich des *öffentlichen* Interesses („res publica") und dem des *privaten* Wirtschaftens hergestellt. Die „Interpenetration" (R. Muench) beider Bereiche wird in Abbildung 2 durch die gestrichelte Linie angedeutet. Damit wird zugleich die *strikte* Trennung zwischen „Staat" und „Gesellschaft" überwunden, wie sie für die Position des (politischen) Liberalismus charakteristisch ist, mit der deutlichen Rollentrennung zwischen „citoyen" (Staatsbürger) und „bourgois" (privatem Wirtschaftsbürger).

Wer sich am Prozess privaten Wirtschaftens beteiligt, bleibt so im Prinzip (und von Anfang an) der „res publica" verpflichtet. Aus dieser republikanischen Grundorientierung gewinnt die (immer wieder eingeforderte) systematische und insofern *ordnungsrelevante* Verbindung von „Freiheit und Verantwortung" für *alle* Akteure in der Privatwirtschaft erst ihren konstitutionellen Sinn: Sie gilt für Unternehmer und ihre Verbände, für Arbeitnehmer und ihre Gewerkschaften, für die Zivilgesellschaft und ihre NGO. Es ist abzusehen, dass im Zuge der Globalisierung der Wirtschaft (und mangels eines Weltgesetzgebers) diese republikanische Perspektive unternehmerischer Verantwortung immer bedeutsamer werden wird (vgl. Steinmann 2003; Lévesque 2005).

(6) Abbildung 2 repräsentiert in der *mittleren Säule* das „Managementproblem", nämlich wo (auf welchen Führungsebenen) und wie (mit welchen institutionellen und personalen Regelungen) die Spannungen (Dilemmasituationen) zwischen ökonomischen und gesellschaftlichen Regeln abgearbeitet werden sollen. Dies ist das *„Implementationsproblem"* einer Unternehmensethik, das hier in seiner Problemfülle nur angedeutet werden kann.

Unternehmensethische Regeln können für die Gesamtunternehmung „Verfassungsrang“ erhalten, wenn sie – wie bei Novo Nordisk 2004 geschehen – in die Statuten (articles of association) integriert werden (vgl. United Nations Global Compact/Office of the United Nations High Commissioner for Human Rights 2005: 102). Darüber hinaus müssen sie natürlich in die klassischen fünf Managementfunktionen (von der Planung bis zur Kontrolle) und über diese in die Sachfunktionen eingearbeitet werden; ersichtlich wird damit auch die klassische ökonomische „Theorie der Firma“ (vgl. Roberts 2004) tangiert.

Auf drei Problembereiche sei kurz hingewiesen. Das eine Problem betrifft die Erweiterung der *Informationsbasis,* etwa durch neue Instrumente der Umfeldanalyse im Rahmen der Strategischen Planung. Hier mag für die Frage der Einhaltung der Menschenrechte das inzwischen breiter evaluierte „Human Rights Compliance Assessment“ (HRCA) des Danish Institute for Human Rights (vgl. Kristensen 2005: 385) nützlich sein. Ein zweites wichtiges Problem betrifft die Neugestaltung der *Unternehmenskommunikation;* schon der Dialog mit den Stakeholdern legt das nahe (vgl. Zerfaß 2004). Schließlich eröffnet die Unternehmensethik neue Horizonte für das *Motivationsproblem.* Man denke nur ganz generell an die Auswirkungen organisatorischer Regelungen auf die *extrinsische* und *intrinsische* Motivation der Mitarbeiter. Die hier auftauchenden „Verdrängungsprobleme“ und ihre Bedeutung für organisatorische Lösungen sind bekannt (vgl. Osterloh/Frey 2000). Alle Versuche, Unternehmensethik *allein* mit Hilfe extrinsisch wirkender institutioneller Regeln zu implementieren, sind demnach höchst problematisch.

Darüber hinaus muss die Einarbeitung unternehmensethischer Anforderungen in die Managementfunktionen (bei der Gestaltung von Organisationsstruktur und -kultur, im Rahmen von Systemen der Personalbeurteilung und Personalauswahl, beim Führungsverhalten, bei den Kontrollverfahren etc.) institutionell so erfolgen, dass im Konfliktfall das Gewinnstreben nicht von vornherein unternehmensethische Überlegungen dominiert und verdrängt; diese Forderung folgt schon aus dem *grundsätzlichen* Primat der Unternehmensethik im Hinblick auf die Mittelwahlen zur Gewinnerzielung.

4 Schlussbemerkungen

Mit diesen knappen Ausführungen dürfte deutlich geworden sein, dass Unternehmensethik mehr ist als eine weitere „Faszinationsvokabel" aus dem Repertoire der Managementmoden. Deshalb sollte sich endlich auch die deutsche BWL ernsthaft darauf einlassen, statt – wie in den letzten Jahrzehnten – restriktiv einem ökonomischen Reduktionismus zu huldigen, der das Fach nicht nur immer weiter von der Praxis entfernt, sondern ihm auch den Vorwurf der Unverantwortlichkeit im Hinblick auf seinen gesellschaftlichen Auftrag einträgt. Sumantra Goshal (2005) hat bekanntlich in diesem Sinne kurz vor seinem Tod einen dramatischen Appell an die Fachkollegen gerichtet; eine Reihe renommierter Fachvertreter haben ihn an gleicher Stelle unterstützt. Auch Norbert Thom würde, da bin ich sicher, hier zustimmen.

Literaturverzeichnis

Albach, Horst (2005): Unternehmensethik: Ein subjektiver Überblick. In: Zeitschrift für Betriebswirtschaft, Special Issue 2005, Heft 5, S. 3-35.

Gethmann, Carl F. (2000): Das abendländische Vernunftprojekt und die Pluralität der Kulturen. In: Zukunft der Aufklärung. Eine Publikation der Karl-Heinz-Beckurts-Stiftung, hrsg. v. Klaus Pinkau und Cristine Stahlberg, Stuttgart/Leipzig 2000, S. 23-44.

Goshal Sumantra (2005): Bad Management Theories Are Destroying Good Management Practices. In: Academy of Management Learning and Education, 4. Jg. 2005, Nr. 1, S. 75-91.

Hanekamp, Gerd (2004): Kulturalistische Unternehmensethik. Begründung und Anwendung. In: Angewandte Ethik im Spannungsfeld von Begründung und Anwendung, hrsg. v. Hans Friesen und Karsten Berr, Frankfurt a. M. 2004, S. 257-273.

Janich, Peter (2001): Logisch-pragmatische Propädeutik. Ein Grundkurs im philosophischen Reflektieren, Weilerswist 2001.

Kristensen, Rasmus A. (2005): A place to stand upon. The development of a human rights compliance assessment for companies. In: Zeitschrift für Wirtschafts- und Unternehmensethik, 6. Jg. 2005, Heft 3, S. 380-389.

Lévesque, Benoît (2005): A new governance paradigm: public authorities – markets – civil society linkage for social cohesion. In: solidarity-based choices in the market-place: a vital contribution to social cohesion, Trends in social cohesion No. 14, edited by Council of Europe, Strassbourg 2005, S. 29-66.

Löhr, Albert (2005): Zur Rolle der Nichtregierungsorganisationen in der Globalen Wirtschaft: Instrument, Gegner, oder professioneller Partner? In: Globalisierung, Risiko oder Chance für Osteuropa?, hrsg. v. Michael Aßländer und Robert Kaminski, Frankfurt a. M. 2005, S. 179-207.

Lorenzen, Paul (1987): Lehrbuch der konstruktiven Wissenschaftstheorie, Mannheim 1987.

Margolis, Joshua D.; Walsh, James P. (2003): Misery Loves Companies: Rethinking Social Initiatives by Business. In: Administrative Science Quarterly, 48. Jg. 2003, Nr. 2, S. 268-305.

Nida-Rümelin, Julian (1996): Angewandte Ethik, Die Bereichsethiken und ihre theoretische Fundierung, Stuttgart 1996.

Osterloh, Margit; Frey, Bruno S. (2000): Motivation, Knowledge, and Organizational Forms. In: Organization Science, 11. Jg. 2000, Nr. 5, S. 538-550.

Paine, Lynda S. (1994): Organizing with Integrity. In: Harvard Business Review, 72. Jg. 1994, Nr. 3/4 (March-April), S. 106-117.

Roberts, John (2004): The Modern Firm, Oxford 2004.

Scherer, Andreas Georg (2003): Multinationale Unternehmen und Globalisierung, Heidelberg 2003.

Steinherr, Christine; Steinmann, Horst; Olbrich, Thomas (1998): Die U.S.-Sentencing Commission Guidelines. Eine Dokumentation. In: Verantwortung und Steuerung von Unternehmen in der Marktwirtschaft, dnwe Schriftenreihe, Folge 3, hrsg. v. Heiner Alwart, München/Mehring 1998, S. 153-204.

Steinmann, Horst (1990): Zur Konzeption einer Allgemeinen Betriebswirtschaftslehre. Ergänzende Anmerkungen zu einigen Münsteraner Thesen. In: Die Betriebswirtschaft, 50. Jg. 1990, Heft 2, S. 281-282.

Steinmann, Horst (2003): Unternehmensethik und Globalisierung – Das politische Element in der Multinationalen Unternehmung. In: Management Multinationaler Unternehmungen, Festschrift zum 60. Geburtstag von Martin K. Welge, hrsg. v. Dirk Holtbrügge, Heidelberg 2003, S. 377-398.

Steinmann, Horst (2004): Begründungsprobleme einer Unternehmensethik, insbesondere das „Anfangsproblem“. In: Die Unternehmung, 58. Jg. 2004, Heft 2, S. 105-122.

Steinmann, Horst; Scherer, Andreas Georg (2004): Grundlagenstreit und Theorie-Praxis-Verhältnis in der Betriebswirtschaftslehre. In: Management mit Vision und Verantwortung – eine Herausforderung an Wissenschaft und Praxis, Festschrift zum 75. Geburtstag von Hans Raffée, hrsg. v. Klaus-Peter Wiedmann, Wolfgang Fritz und Bode Abel, Wiesbaden 2004, S. 261-283.

Thom, Norbert; Brönnimann, Thomas (2003): Corporate Governance in der Schweizer Wirtschaft, Vorschläge zur Stärkung des Vertrauens. In: Wege aus der Vertrauenskrise, 18 Lösungen für eine neue Wirtschaftskultur, hrsg. v. Robert Jakob und Jörg Naumann, Frankfurt a. M. 2003, S. 101-114.

United Nations Global Compact/Office of the United Nations High Commissioner for Human Rights (ed.) (2005): Embedding Human Rights in Business Practice, New York 2005.

Wohlrapp, Harald (1998): Die Suche nach einem transkulturellen Argumentationsbegriff, Resultate und Probleme. In: Zwischen Universalismus und Relativismus, Philosophische Grundlagen des interkulturellen Managements, hrsg. v. Horst Steinmann und Andreas Georg Scherer, Frankfurt a. M. 1998, S. 240-290.

Wohlrapp, Harald (2000): Die kulturalistische Wende. Eine konstruktive Kritik. In: Dialektik, o. Jg. 2000, Heft 1, S. 105-122.

Zadek, Simon (2004): The Path to Corporate Responsibility. In: Harvard Business Review, 82. Jg. 2004, Nr. 12, S. 125-132.

Zerfaß, Ansgar (2004): Unternehmensführung und Öffentlichkeitsarbeit. Grundlegung einer Theorie der Unternehmenskommunikation, 2. Auflage, Wiesbaden 2004.

Ethische Kompetenz. Organisationales Lernen durch Stakeholder-Dialoge

Albert Löhr*

Um die unternehmensethische Verantwortung in den globalen Wertschöpfungsketten auszugestalten, kommt dem organisationalen Lernen in Form von Stakeholder-Dialogen eine immer größere Bedeutung zu. Dies wird zum Beispiel in der Diskussion um Sozialstandards deutlich. Dabei müssen Stakeholder-Dialoge allerdings als ein wechselseitiger Lernprozess durch systematische Argumentation zwischen den Betroffenen angelegt werden. Auf dieser Basis erschließt sich dann auch eine Möglichkeit zur Qualifizierung der wechselseitigen Beziehungsstrukturen, wie sie derzeit zwischen Unternehmungen und ihren Kritikern, insbesondere Nichtregierungsorganisationen (NGO), praktiziert werden. Es wird behauptet, dass sich über ernsthafte Dialoge eine Chance zur Vermittlung erfolgsstrategischer und unternehmensethischer Anforderungen an global tätige Unternehmungen eröffnet.

Stichworte: Beobachterperspektive – Dialogethik – Konsens – methodischer Konstruktivismus – Nichtregierungsorganisationen (NGO) – Opponent – Proponent – Sozialstandards – Stakeholder – Stakeholder-Dialoge – Sweatshops – Teilnehmerperspektive – Unternehmensethik – Wissensmanagement

---

* Prof. Dr. Albert Löhr ist Professor für Sozialwissenschaften mit dem Schwerpunkt Wirtschaft und Gesellschaft am Internationalen Hochschulinstitut Zittau und derzeit auch Direktor dieser Einrichtung für universitäre Forschung und Lehre des Freistaats Sachsen.

1 Lernen im Dialog

Die Anreicherung der Wissensbasis einer Organisation als Ausdruck kollektiver Kompetenzentwicklung ist nicht nur im *„technischen“* Sinne für das erfolgsstrategische Handeln notwendig (vgl. Schreyögg/Conrad 1996), sondern auch im *„politischen“* Sinne als kommunikatives Handeln (vgl. Habermas 1981) für die normative Orientierung der Organisation von Bedeutung. Für beide Ebenen haben die Diskussionen der letzten Jahre gezeigt, dass erfolgreiche Lernprozesse als organisationsweit angelegte, multipersonale und dezentrale Partizipation aller Beteiligten in Gang gebracht werden müssen (vgl. Steinmann/Hennemann 1997). Es geht darum, innovatives und von daher in der Regel auch routinekritisches Wissen des einzelnen Mitarbeiters in die Funktionsweise der Organisation einzubringen. Edzard Reuter verdichtete diese Herausforderung als ehemaliger Vorstandsvorsitzender von Daimler-Benz im Jahre 1989 zur Formel, dass „Verantwortung heute nur noch im Dialog wahrgenommen werden kann“ (Steinmann/Löhr 1994: 1).

Die Dialogorientierung erweist sich dabei immer deutlicher als eine moderne Anforderung an die lernende Organisation, in der erfolgsstrategische und unternehmensethische Zielsetzungen in der praktischen Umsetzung formal ineinander übergehen. Gelegentlich habe ich dies in Anlehnung an Max Weber (1972: 201) als *„Wahlverwandtschaft“* der modernen Organisation und der aufgeklärten Ethik bezeichnet, die die klassische Wahlverwandtschaft zwischen der bürokratischen Hierarchie und der protestantischen Leistungsethik ablösen kann (vgl. Löhr 1991: 382). So gesehen, besteht heute eine *historische Chance,* auf der Ebene der Umsetzung strategiekritischer Kommunikationsprozesse die ökonomischen und ethischen Anforderungen an die Unternehmung effektiv miteinander zu versöhnen.

Etwas neueren Datums sind nun die Versuche, solche kollektiven Lernprozesse über die klassischen Grenzen der organisationsinternen Kommunikation hinaus, die auch Norbert Thom über viele Jahre hinweg mit seinen Beiträgen zum betrieblichen Vorschlagswesen verdienstvoll bereichert hat (vgl. Thom 2003), auf externe Stakeholder-Beziehungen auszudehnen, insbesondere auf die Kontroversen mit Nichtregierungsorganisationen (NGO).

2 Die ethische Dimension von Stakeholder-Dialogen

Interessanterweise war der Stakeholder-Ansatz von Anfang an offen für eine Auslegung in beide Richtungen – als ein *strategisch-technisches* oder als ein *ethisch-politisches* Managementverständnis (vgl. Freeman 1984 und 2004). Im ersten Sinne wurde versucht, die Anliegen der Stakeholder (z. B. der Kunden) in unternehmerische Entscheidungen mit einzubeziehen, soweit sie für eine strategische Positionierung nützlich erschienen. Im zweiten Sinne ging es um die ethische Berücksichtigung der diversen Betroffenen unternehmerischen Handelns, unabhängig davon, ob sich daraus ein Vorteil ergibt (vgl. etwa Carroll/Buchholtz 2002). Zwar wurde in der Literatur über Business Ethics immer wieder behauptet, dass über den Stakeholder-Ansatz *per se* ethisch legitime Anliegen an die Unternehmung herangetragen werden, doch beginnt sich hier in jüngerer Zeit die Einsicht durchzusetzen, dass es durchaus verschiedene *Modalitäten* in der Beziehung einer Organisation zu ihren Stakeholdern zu unterscheiden gilt (vgl. etwa Roloff 2002).

Zur Verdeutlichung dieser verschiedenen Modi greife ich an dieser Stelle auf die konstruktivistische Philosophie des Dialogs und der Dialogethik zurück, wo klassischerweise zwischen dem Proponenten und dem Opponenten in einer Argumentationssituation unterschieden wird (vgl. Lorenzen/Lorenz 1978; Lorenzen 1987: 60). Argumentieren ist dabei als eine methodisch streng disziplinierte Redepraxis zu verstehen, in der Zustimmung oder Widerspruch von wirklichen oder fiktiven Gesprächspartnern zu einer Aussage oder Norm erzielt werden soll. Das bedeutet, dass an jeder Argumentationspraxis jeweils ein Proponent und ein Opponent beteiligt sein müssen; denn nur wenn Gründe und Gegengründe für Behauptungen wechselseitig vorgetragen werden, kann eine kritische Überprüfung von Aussagen oder Normen erfolgen. Idealerweise würde man in einem dialogethischen Lernmodell folglich davon ausgehen, dass Proponent und Opponent in ihrem wechselseitigen Argumentationsprozess eine gemeinsam geteilte Einsicht *herstellen*, den freien Konsens – denn „vernünftiges Argumentieren" ist nach Lorenzen (1987: 251) durch die wechselseitige Bereitschaft zur *Transsubjektivität* definiert. Dies bedingt, dass man bereit sein muss, die eigenen Überzeugungen bei Vorliegen besserer Argumente zu revidieren, also bessere Argumente (Gründe) auch tatsächlich als die eigenen anzunehmen. Interessant ist es, mit Blick auf diese Grundunterscheidung, zu sehen, dass und wie in der Praxis der Stakeholder-Beziehungen drei unterschiedliche Modalitäten gepflegt werden:

1. Das Verkündigungsmodel: Zum einen versuchen verschiedene Unternehmen und Verbände als bloße Proponenten ihrer Position schlicht, bestimmte Ansichten zu „verkünden“, ohne die Argumente der Opponenten überhaupt ernsthaft zur Kenntnis zu nehmen. Das kann in der Form geschehen, dass man auf inszenierten Pressekonferenzen den Sozialbericht der Unternehmung als Leistungsnachweis vorstellt oder dass man auf Podiumsdiskussionen die Haltung der Unternehmung oder eines Verbandes zu einem Thema verlauten lässt. Vom Grundansatz her geht es dabei nicht darum, die Organisation „lernen“ zu lassen, sondern darum, Andere zu „belehren“, und zwar in der Regel darüber, welche beachtlichen Leistungen erbracht worden sind – und gelegentlich auch ein wenig darüber, welche Schwierigkeiten sich auftun. Der Ansatz des Verkündigungsmodells entspricht, so gesehen, einer *monologisch* ausgerichteten Public-Relations-Strategie.

2. Das Verteidigungsmodell: Einen Schritt weiter gehen Ansätze einzelner Unternehmungen, die sich ethischen Dilemmasituationen stellen und auch Ansätze zur Lösung dieser Probleme entwickelt haben, diese gegenüber ihren Kritikern (Opponenten) mit dem Ziel der Legitimation des eigenen Handelns aber nur (als Proponenten) verteidigen wollen. Man nimmt dabei die Argumente der Opponenten nur zur Kenntnis, um sie zu entkräften, nicht jedoch zum Anlass der Überprüfung und Revision der eigenen Position. „Lernen“ will das Unternehmen in diesem Verteidigungsmodell also im Grunde nur die kritischen *Fragen* der Opponenten („Angriffe“), die *Antworten* als Proponent („Verteidigung“) hält man für gegeben. In diesem Sinne werden auf Pressekonferenzen über die Sozialberichterstattung zwar kritische Fragen zugelassen, dazu aber nur „Stellung bezogen“. Eine hierbei immer bedeutsamer werdende Interaktionsform mit Opponenten wird die Internet-Korrespondenz, über die weltweite Anfragen von Nichtregierungsorganisationen und der besorgten Öffentlichkeit beantwortet werden.

3. Das Lernmodell: Den wesentlichsten Schritt in Richtung eines ernsthaft *dialogethischen* Lernmodells gehen erst jene Unternehmungen, die sich den eigenen Dilemmasituationen im Sinne einer lösungsoffenen Problemstellung gemeinsam mit ihren Stakeholdern stellen und mit diesen in einen wechselseitigen Argumentationsprozess als Proponenten und Opponenten eintreten. Als beispielgebende Ansätze möchte ich hier auf die Initiativen der PUMA AG und von Novartis AG verweisen. Die PUMA AG veranstaltet seit November 2003 die jährlichen Dialogrunden „Talks at Banz“ mit ihren Stakeholdern, um nach Lösungsansätzen für die Implementierung von Sozialstandards zu suchen (vgl.

DNWE 2002 und 2005). Bei der Novartis AG, und dort insbesondere im Rahmen der Novartis Stiftung für Nachhaltige Entwicklung, widmet man sich in zahlreichen Expertenrunden mit Stakeholdern der Frage, welche Verantwortung den multinational tätigen Pharma-Unternehmungen speziell bei der Umsetzung von *Menschenrechten* zukommt (vgl. Novartis Foundation for Sustainable Development 2003; DNWE 2006). Die Ergebnisse dieser Argumentationsprozesse fließen direkt in die Unternehmenspolitik mit ein.

3 Das Prinzip des wechselseitigen Lernens

Völlig themenoffen sind solche Stakeholder-Dialoge allerdings nicht. Jürgen Habermas (1983: 73 ff.) hat in diesem Zusammenhang darauf hingewiesen, dass die Dialogethik nur ein *formales Verfahren* vorgebe, das sich eben wegen dieser bloßen Formalität seine Inhalte erst selbst geben müsse. Es muss also auch in einem nach vorne hin offenen Dialog einen systematischen „Beginn" geben, der sich unter den historischen Bedingungen einer freiheitlichen Wettbewerbsordnung im Regelfall daraus ergibt, dass Handlungsabsichten des wirtschaftlichen Akteurs „Unternehmung" bestehen (vgl. schon Kosiol 1972: 173). Begründen lässt sich dieses Recht zum „Agenda-Setting" damit, dass Unternehmungen unter den Bedingungen einer liberalen Wettbewerbsordnung nur zu solchen Handlungsprogrammen verpflichtet sein können, die sich im (globalen) marktwirtschaftlichen Wettbewerb ökonomisch effizient realisieren lassen. Es ist die Unternehmensethik, welche sich in den von den Unternehmen verfolgten oder geplanten Produkt-Markt-Konzepten und Herstellungsmethoden widerspiegelt, die auf den „Prüfstand der Vernunft" (vgl. Kant 1781: XI) gestellt wird – und nicht beliebige andere Themen, die sonst noch ethisch relevant sein könnten. Das ist insofern ein zentraler Punkt, als es in Stakeholder-Dialogen zwischen Unternehmungen und NGO zunehmend um die konkrete Frage geht, wie weit im Einzelfall die *Reichweite* der ethischen Verantwortung einer einzelnen Unternehmung zu definieren ist. Ein Beispiel: Können NGO ein „reiches" Unternehmen wie PUMA dazu auffordern, an eine selbstständige Produktionsfirma in Mexiko einen Auftrag über 1 Mio. T-Shirts zu vergeben, damit dort Arbeitsplätze erhalten bleiben?

In all diesen konkreten Fragen steht das „Ende" des Stakeholder-Dialogs in Form einer gemeinsam getragenen Handlungsabsicht nicht schon zu Beginn des Argumentationsprozesses *fest*, sondern soll als das Ergebnis des Dialogs *herge-*

stellt werden. Lösungsvorschläge des Proponenten sind faktisch oft vorhanden, ja vielfach sogar notwendig, aber sie sind jeweils nur als Diskussionsangebot an Opponenten zu verstehen, um mit diesen gemeinsam eine für alle Betroffenen akzeptable Lösung herauszuarbeiten.

Es ist wichtig zu sehen, dass dieses Lernmodell als *Herstellungsprozess* nicht nur einseitig den *Unternehmungen* eine ethische Verpflichtung zum Lernen im Dialog aufbürdet. Vielmehr verpflichten die Prinzipien der Dialogethik *alle* Dialogteilnehmer zur grundsätzlichen Bereitschaft, die eigenen Einsichten bei Vorliegen überzeugender Argumente zu revidieren. Überzeugungskraft geht nur vom „eigentümlich zwanglosen Zwang des besseren Arguments" (Habermas 1981: 47) aus. Es kann also nicht darum gehen, den Einlassungen *einer* der beteiligten Parteien von vornherein eine höhere moralische Dignität zuzubilligen, die dann im Herstellungsprozess des Konsenses gewissermaßen zwangsläufig die Oberhand behalten und damit „siegen" müsste. Irreführend wäre in diesem Zusammenhang nicht nur die Annahme, Unternehmen hätten wegen ihrer „unternehmerischen Freiheit" oder der „Sicherung von Arbeitsplätzen" quasi von vornherein Recht, sondern auch die intuitive Unterstellung, die Kritiker der globalen Wirtschaft müssten mit ihren Einwänden gegen die Praxis der Sweatshops schon a priori Recht haben.

Ich möchte hierzu am Beispiel von zwei Standard-Themen der Sweatshop-Diskussion zeigen (vgl. etwa DNWE 2005), dass es immer darauf ankommt, auch die Argumente der Gegenseite zu verarbeiten – gemäß der schon antiken Rechtsregel auf Gehör von Euripides, Seneca und schließlich Augustinus: *„Audiatur et altera pars!"*

No forced overtime!

In den meisten Standards ist eine mehr oder weniger klare Regelung zum Umgang mit erzwungenen Überstunden festgelegt. In der modeabhängigen Textil- und Sportartikelindustrie haben diese Praktiken vor allem wegen der oft extrem kurzen Bestellfristen (lead times) Bedeutung. Die konkrete Nachfrage lässt sich oftmals nicht über Monate voraus absehen, sondern hängt von vielen Zufallsereignissen ab, z. B. ob eine Mannschaft bei der Weltmeisterschaft bis ins Halbfinale vordringt. Diese sprunghafte Nachfrage bedienen zu können, ist ein lukratives Geschäft. Die Hersteller bieten deshalb Produktionsziele an, die sie nur mit „forced overtime" erfüllen können. Allerdings: Man sollte sich davor hüten anzunehmen, dass die Näherinnen damit immer unglücklich sind. Häufig handelt es sich dabei in Asien und speziell in China um Wanderarbeiterinnen, die ihre Familien verlassen, um in möglichst kurzer Zeit möglichst viel Geld zu verdienen. Sie stören sich daher faktisch in vielen Fällen eher an *„erzwungener Freizeit“* (in Form von Stundenbegrenzungen) als an *„erzwungener Arbeitszeit“* (in Form von zusätzlichen Verdienstchancen).

Freedom of association!
Auch die Forderung nach Gewerkschaftsfreiheit ist ein Anliegen in nahezu allen Kodizes und Forderungen von NGO. Mit Blick auf die vielerorts herrschende Willkür der Arbeitsverhältnisse wird man diesen Standard im Grundsatz für berechtigt halten. Bei genauerem Hinsehen werden allerdings ebenfalls gewisse Relativierungen notwendig. Beispiel Mexiko: Dort ist es üblich, dass jeder Textilunternehmer mit Gründung seines Betriebes eine möglichst loyale Hausgewerkschaft gründet, die sog. „gelbe Gewerkschaft“. In Konsequenz ist diese faktisch oppositionsunfähig. Aktivisten fordern daher ihre *Ersetzung* durch „unabhängige Gewerkschaften“, denn es ist in jedem Betrieb nur eine einzige Gewerkschaft gestattet. Von „unabhängigen Gewerkschaften“ kann man dabei aber oft nicht sprechen, da die bereitstehenden Alternativgewerkschaften häufig von mächtigen Interessenvertretungen aus den USA beeinflusst sind, die nur ihre eigene Machtpolitik von Stellvertretern ausfechten lassen wollen.

Diese Beispiele sollen verdeutlichen, dass man die unternehmensethischen Dilemmasituationen in den globalen Wertschöpfungsketten nicht einfach aus einer moralischen Ferndiagnose von mitteleuropäischen Reflexionszimmern heraus beheben kann. Das wäre nur die – leider sehr verbreitete – Praxis einer selbstgerechten *„Beobachterperspektive“* durch die sich selbst schon kritisch wähnende Gesellschaft oder eines sich selbst schon für hinreichend gerecht haltenden Managements. Die Ethik des Stakeholder-Dialogs fordert vielmehr dazu auf, die Wahrnehmung unternehmensethischer Verantwortung in der *„Teilnehmerperspektive“* zu suchen und sich hier die moralischen Bewertungen der Betroffenen in einem unvermittelten Dialog zu erschließen sowie umgekehrt die eigenen moralischen Urteile in dieser Dialogteilnahme zu vertreten. Nur in der unmittelbaren Erfahrung der Teilnehmerperspektive können Stakeholder-Dialoge zu wechselseitiger Einsicht zwischen den Betroffenen führen.

4 Strukturen wechselseitiger Beziehungen

In dieser Teilnehmerperspektive findet anhand der Beziehungen zwischen Proponenten und Opponenten derzeit im Übrigen auch ein weiter gehender Prozess in der *Strukturierung* von Stakeholderbeziehungen statt, dessen Konturen sich bereits abzeichnen. Zu beobachten ist eine *Segmentierung* der Beziehungen zwischen Unternehmungen und ihren „gleichgesinnten" Kritikern. In diesem Zusammenhang sind – rein analytisch betrachtet – vier Konstellationen möglich, die praktisch auch jeweils ihre Bedeutung haben (vgl. auch Löhr 2005):

(1) Ignorieren:
Unternehmung und NGO wissen wechselseitig voneinander, treten aber aus bestimmten Gründen nicht miteinander in Kontakt. Dies ist bedauerlicherweise besonders dort verbreitet, wo eine Auseinandersetzung dringlich wäre. Die keinerlei Standards einhaltenden Produzenten von Plagiaten und No-Name-Ware werden von NGO insbesondere deshalb nicht angegriffen, weil man gegen „Unbekannte" kaum Aufmerksamkeit für Kampagnen in der Öffentlichkeit erfährt.

(2) Instrumentalisieren:
Diese trendartig aufkommende Form der Auseinandersetzung findet dort statt, wo sich die Kontrahenten wechselseitig für ihre eigenen Zwecke auszunutzen versuchen, ohne nach einem ernsten Konsens zu streben. So binden mittlerweile einige Unternehmungen bestimmte „Haus-NGO" an sich, indem sie Forschungs- und Gutachteraufträge vergeben und sich von dieser bezahlten Kollaboration eine positive Presse erhoffen. Umgekehrt treibt die allgemeine Finanzierungskrise viele NGO in die Praxis, bestimmte Förderinstitutionen und Unternehmungen nur zum Zweck des finanziellen Überlebens – letztlich auch zur Sicherung von Arbeitsstellen – „auszubeuten".

(3) Bekämpfen:
Die bekannteste, aber überraschenderweise nicht am weitesten verbreitete Form der Interaktion ist die medienwirksame *Kampagne* gegen bekannte Unternehmungen, besonders gegen Markenartikelhersteller. Für NGO erscheint die Kampagne vielfach als der einzige Weg, zur Durchsetzung ihrer inhaltlichen Zielsetzungen breite Aufmerksamkeit, Interesse, Gefolgschaft, Sympathie und damit auch eine Finanzierung ihrer Aktivitäten durch Gleichgesinnte zu mobilisieren.

(4) Kooperieren:
Man kann heute allerdings auch beobachten, dass sich vor dem Hintergrund der Erfahrungen mit *gelungenen* Stakeholder-Dialogen bestimmte Partnerschaften zwischen Unternehmungen und NGO in Form von Dialog-Netzwerken bilden, die zwar mühselig, aber doch erkennbar, eine gemeinsame Argumentationskultur entwickeln und hinter diese weder zurückfallen wollen noch können (vgl. etwa DNWE 2005).

Die Erfolge der Kooperation sind greifbar: Für die Unternehmungen etabliert sich eine Art unternehmensethisches Frühwarnsystem mit der Chance, bestimmte Konflikte im konstruktiven Dialog mit Kritikern rechtzeitig zu erkennen und lösungsoffen anzugehen. Bestimmte NGO wiederum erhalten die Möglichkeit, mit ihren Argumenten und Anliegen frühzeitig und weit in die unternehmerischen Entscheidungszentren vorzustoßen und dort zu einem ernsthaften Gesprächspartner zu werden. Leider sind auch Nachteile dieser Form des konstruktiven Stakeholder-Dialogs erkennbar: Unternehmungen, die sich dem Dialog am weitesten öffnen, sehen sich oft auch als erste der öffentlichen Kritik und Kampagnen ausgesetzt, da ihre Probleme „bekannt" sind. Und NGO, die sich einer dialogischen Kooperation verpflichten, büßen vielfach an öffentlicher Gefolgschaft und „Attraktivität" ein, da sie publikumswirksame Kampagnen zurückhaltend einsetzen müssen.

Dennoch zeigen bestimmte Indikatoren, dass die Kooperationsstrategie zunehmend an Bedeutung und Erfolg gewinnt. Im jüngsten Bericht der Clean Clothes Campaign *„Looking for a Quick Fix"* (2005) über die Verstöße gegen Sozialstandards in Sweatshops kommt die PUMA AG als einziger großer Markenartikelhersteller nicht kritisch erwähnt vor. Ergänzend zeigt eine neuere empirische Untersuchung von Rieth/Göbel (2005) eindrücklich, dass NGO zunächst und vorrangig die *Verständigung* statt eine *Kampagne* suchen: Während 83% der 25 befragten deutschen NGO als ihr bevorzugtes Verhalten angeben, einen Dialog mit den Unternehmungen oft zu suchen, planen umgekehrt 88% selten oder gar nicht Boykottaufrufe.

So gesehen, könnte die dialogische Unternehmensethik als Lernmodell für die Unternehmungen tatsächlich eine historische Chance haben und an Bedeutung gewinnen. Man muss die Chance nur ergreifen.

Literaturverzeichnis

Carroll, Archie B.; Buchholtz, Ann K. (2002): Business and Society. Ethics and Stakeholder Management, 5th edition, Cincinnati/OH 2002.

Clean Clothes Campaign (ed.) (2005): Looking for a Quick Fix. How weak social auditing is keeping workers in sweatshops, Amsterdam 2005.

Deutsches Netzwerk Wirtschaftsethik (DNWE) (Hrsg.) (2002): Thema: Preis für Unternehmensethik 2002: PUMA AG, Herzogenaurach. In: Forum Wirtschaftsethik, 10. Jg. 2002, Nr. 4, S. 1-21.

Deutsches Netzwerk Wirtschaftsethik (DNWE) (Hrsg.) (2005): Thema: Banzer Gespräche. Praxiserfahrungen im Stakeholder-Dialog bei PUMA. In: Forum Wirtschaftsethik, 13. Jg. 2005, Nr. 4, S. 1-59.

Deutsches Netzwerk Wirtschaftsethik (DNWE) (Hrsg.) (2006): Thema: Preis für Unternehmensethik 2006 für Novartis AG. In: Forum Wirtschaftsethik, 14. Jg. 2006, Nr. 1, S. 1-59.

Freeman, Robert E. (1984): Strategic Management. A Stakeholder Approach, Pitman 1984.

Freeman, Robert E. (2004): The Stakeholder Approach Revisited. In: Zeitschrift für Wirtschafts- und Unternehmensethik (zfwu), 5. Jg. 2004, Heft 3, S. 228-241.

Habermas, Jürgen (1981): Theorie des kommunikativen Handelns, Frankfurt a. M. 1981.

Habermas, Jürgen (1983): Diskursethik – Notizen zu einem Begründungsprogramm. In: Moralbewußtsein und kommunikatives Handeln, hrsg. v. Jürgen Habermas, Frankfurt a. M. 1983, S. 53-125.

Kant, Immanuel (1781): Kritik der reinen Vernunft, Riga 1781.

Kosiol, Erich (1972): Die Unternehmung als wirtschaftliches Aktionszentrum. Einführung in die Betriebswirtschaftslehre, Reinbek 1972.

Löhr, Albert (1991): Unternehmensethik und Betriebswirtschaftslehre, Stuttgart 1991.

Löhr, Albert (2005): Zur Rolle der Nichtregierungsorganisationen in der Globalen Wirtschaft: Instrument, Gegner, oder professioneller Partner? In: Globalisierung. Risiko oder Chance für Osteuropa?, hrsg. v. Michael S. Aßländer und Robert Kaminski, Frankfurt a. M. 2005, S. 179-207.

Lorenzen, Paul (1987): Lehrbuch der konstruktiven Wissenschaftstheorie, Mannheim/Wien/ Zürich 1987.

Lorenzen, Paul; Lorenz, Kuno (1978): Dialogische Logik, Darmstadt 1978.

Novartis Foundation for Sustainable Development (ed.) (2003): Human Rights and the Private Sector. International Symposium Report, Basel 2003.

Rieth, Lothar; Göbel, Thorsten (2005): Unternehmen, gesellschaftliche Verantwortung und die Rolle von Nichtregierungsorganisationen. In: Zeitschrift für Wirtschafts- und Unternehmensethik (zfwu), 6. Jg. 2005, Heft 2, S. 244-261.

Roloff, Julia (2002): Stakeholdermanagement – Ein monologisches oder dialogisches Verfahren? In: Zeitschrift für Wirtschafts- und Unternehmensethik (zfwu), 3. Jg. 2002, Heft 1, S. 77-95.

Schreyögg, Georg; Conrad, Peter (Hrsg.) (1996): Wissensmanagement, Berlin/New York 1996.

Steinmann, Horst; Hennemann, Carola (1997): Die lernende Organisation – eine Antwort auf die Herausforderungen der Managementpraxis. In: Handbuch der lernenden Organisation, hrsg. v. Dr. Wieselhuber & Partner, Wiesbaden 1997, S. 33-44.

Steinmann, Horst; Löhr, Albert (1994): Grundlagen der Unternehmensethik, 2. Auflage, Stuttgart 1994.

Thom, Norbert (2003): Betriebliches Vorschlagswesen. Ein Instrument der Betriebsführung und des Verbesserungsmanagements. In: Kreatives Management. Beiträge zum Ideen- und Innovationsmanagement, Band 2, 6. Auflage, hrsg. v. IDEE-SUISSE, Bern et al. 2003.

Weber, Max (1972): Wirtschaft und Gesellschaft. Grundriss der verstehenden Soziologie, 5. Auflage (Studienausgabe), Tübingen 1972.

Zum Management der Organisationslegitimität globalisierter Unternehmen*

Andreas Georg Scherer** und Moritz Patzer***

Unternehmen sind auf die gesellschaftliche Akzeptanz ihrer Institution und ihres Verhaltens angewiesen. Daher sind sie bestrebt, ihre Legitimität nachhaltig sicherzustellen. Das Management der Legitimität stellt eine besondere Herausforderung dar. Die Legitimität einer Unternehmung stützt sich auf drei verschiedene Quellen: (1) Den Nutzen, den die Unternehmung aufgrund ihres Verhaltens und ihres Outputs für die wichtigsten Bezugsgruppen erzeugt („Pragmatische Legitimität"), (2) die unhinterfragte Annahme, dass die kapitalistische Unternehmung die gleichsam natürliche Form der Organisation der Güterproduktion darstellt („Kognitive Legitimität"), (3) die argumentative Prüfung auf Übereinstimmung mit moralischen Werten und Normen („Moralische Legitimität"). Mit der zunehmenden Globalisierung der Wirtschaft und ihren Folgen werden pragmatische und kognitive Legitimität immer weniger tragfähig. Der drohende Legitimitätsverlust der Unternehmen muss durch besondere Anstrengungen um moralische Legitimität aufgefangen werden.

Stichworte: Corporate Social Responsibility (CSR) – Globalisierung – kognitive Legitimität – moralische Legitimität – multinationale Unternehmen – Organisationslegitimität – pragmatische Legitimität – soziologischer Institutionalismus

---

* Der vorliegende Artikel stützt sich auf Argumente, die wir in einem Aufsatz mit Guido Palazzo (vgl. Palazzo/Scherer 2006) entwickelt und in diesem Beitrag weiter ausgearbeitet haben.

** Prof. Dr. Andreas Georg Scherer ist Inhaber des Lehrstuhls für Grundlagen der BWL und Theorien der Unternehmung an der Universität Zürich.

*** Moritz Patzer ist Assistent am Lehrstuhl von Prof. Dr. Andreas Georg Scherer.

1 Einleitung: Legitimationsprobleme globalisierter Unternehmen

Wir schließen im Folgenden an einen soziologischen Legitimationsbegriff an, dessen Grundlagen von Max Weber (1922/1980) und Talcott Parsons (1960) gelegt wurden und der inzwischen in der Managementforschung weiterentwickelt worden ist (vgl. Ashforth/Gibbs 1990; Scott 1995; Suchman 1995; Henisz/Zelner 2005). Legitimität stützt sich dieser Auffassung zufolge auf die Übereinstimmung mit sozialen Normen, Werten und Erwartungen (vgl. Oliver 1996) und wird bestimmten Handlungen oder Institutionen über eine soziale Konstruktion zugeschrieben (vgl. Berger/Luckmann 1966). Vor diesem Hintergrund definiert Suchman (1995: 574) *Legitimität* genauerhin als „a generalized perception or assumption that the actions of an entity are desirable, proper, or appropriate within some socially constructed system of norms, values, beliefs, and definitions.“ (kursive Hervorhebung im Original hier unterlassen).

In der organisationstheoretischen Diskussion, und dies insbesondere im Neoinstitutionalismus (vgl. z. B. Meyer/Rowan 1977; DiMaggio/Powell 1983; Scott 1995), hat sich Legitimität zu einem „anchor-point“ (vgl. Suchman 1995: 571) entwickelt. Legitimität ist nämlich für die Stabilisierung und den dauerhaften Erhalt von Organisationen unverzichtbar, denn sie ist eine notwendige Voraussetzung für den Zufluss von Ressourcen und für die nachhaltige Unterstützung durch die wichtigsten Bezugsgruppen der Organisation (vgl. Parsons 1960; Pfeffer/Salancik 1978). Dies gilt insbesondere für Unternehmen, die auf besondere Weise im Austausch mit ihrer Umwelt stehen und für die der Verlust ihrer „license to operate“ fatale Folgen hätte. Manager oder Unternehmen, die ihre Legitimität verlieren, werden Schwierigkeiten haben, den sozialen und wirtschaftlichen Austausch aufrecht zu erhalten, weil ihre Tauschpartner nicht mehr auf die Einhaltung der Spielregeln des Tausches vertrauen können. Die organisationstheoretische Forschung versucht daher, die normativen und kognitiven Faktoren zu bestimmen, die die Legitimation von Institutionen und deren Verhalten erklären.

Nach unserer Beobachtung geht allerdings die Diskussion in der Managementforschung in weiten Teilen von einer Situation aus, bei der ein funktionierendes Staatswesen einerseits und eine mehr oder weniger homogene Kultur andererseits einen institutionellen Rahmen formaler und informaler Normen definieren, in dem weit gehend festgeschrieben ist, was als erwünschtes und was als unerwünschtes Verhalten von Unternehmen zählen kann. Die Erkenntnis, dass mit der *Globalisierung* dieser institutionelle Rahmen brüchig und die an das Unternehmen gerichteten Erwartungen zunehmend heterogen geworden sind, hat sich in der Managementforschung noch nicht auf breiter Front durchgesetzt. Dies gilt gerade auch für Arbeiten, die unter dem Stichwort der „Corporate Social Responsibility" die gesellschaftliche Verantwortung der Unternehmung untersuchen (zur kritischen Diskussion vgl. Scherer/Kustermann 2004; Scherer/Palazzo/Baumann 2006; Scherer/Palazzo im Erscheinen).

Wir wollen daher in diesem Beitrag die Konsequenzen für den Legitimationsbegriff diskutieren und die Auswirkungen auf das Management der Organisationslegitimität skizzieren, die sich aus der Globalisierung der Weltwirtschaft und dem zunehmenden Pluralismus institutioneller Ordnungen, gesellschaftlicher Erwartungen und kultureller Wertvorstellungen ergeben.

2 Drei Typen von Organisationslegitimität: Pragmatische, kognitive und moralische Legitimität

Legitimität ist eine *Zuschreibung*, derzufolge das Verhalten einer Organisation und ihrer Mitglieder als akzeptabel gelten kann. Um die Möglichkeit eines Managements der Organisationslegitimität richtig zu erfassen, muss zunächst danach gefragt werden, worauf sich Legitimität stützt. Suchman (1995) unterscheidet nach der Art und Weise besagter Zuschreibung drei Typen von Organisationslegitimität: „pragmatic legitimacy", „cognitive legitimacy" und „moral legitimacy" (vgl. ähnlich auch Scott 1995).

Pragmatische Legitimität stützt sich auf die Kalkulationen von am Eigeninteresse orientierten Individuen. Soweit diese Individuen durch das Verhalten der Organisation und deren Output betroffen sind, können sie als „Stakeholder" der Organisation gelten (vgl. Freeman 1984). Die betroffenen Akteure werden der Organisation solange Legitimität zuschreiben, wie sie aus deren Existenz und Verhalten Vorteile ziehen. Dabei können sie direkt durch unmittelbare Erträge oder Kostenersparnisse oder aber indirekt profitieren (z. B. vom gewinnorientierten Verhalten und dem Output privater Unternehmen, welcher vermittelt über das makroökonomische System allen Mitgliedern der Gesellschaft zugute kommt). Aus der Sicht der Organisation ist es nun eine besondere Herausforderung, die

Kalkulationen der wichtigsten Bezugsgruppen so zu beeinflussen, dass diese vom Nutzen des Outputs, den die Strukturen und Prozesse der Organisation erzeugen, überzeugt sind (vgl. Ashforth/Gibbs 1990). Die Unternehmen können diese Kalkulationen auf verschiedene Weise *beeinflussen*, etwa indem sie die betroffenen Akteure an den Unternehmenszielsetzungen und -entscheidungen teilhaben lassen (z. B. durch ein partizipatives Management), so dass die Akteure den Output zu ihren Gunsten beeinflussen können. Oder aber die Unternehmen verändern die Perzeptionen und Kalkulationen mittels eines symbolischen Managements bzw. einer instrumentellen „Public Relations"-Strategie.

Kognitive Legitimität entsteht dann, wenn das soziale Umfeld einer Organisation deren Output und Verhalten als unvermeidlich akzeptiert, d. h. wenn Output und Verhalten als gleichsam natürlicher Gang der Dinge erachtet werden. Die Akzeptanz stützt sich hier also auf Annahmen über die Existenz und das Verhalten bestimmter Organisationen, die nicht mehr weiter hinterfragt werden (vgl. Hannan/ Carroll 1992). Kognitive Legitimität wirkt in erster Linie auf einer unbewussten Ebene, die Legitimitätszuschreibung erfolgt also nicht bewusst und nicht explizit. Aus diesem Grund ist es aus der Sicht der Organisation schwierig, das Unterbewusstsein zu beeinflussen und die Perzeptionen strategisch zu manipulieren (vgl. Oliver 1991; Suchman 1995). Wenn nämlich der Manipulationsversuch als solcher erkannt wird, kann die kognitive Legitimität verloren gehen. Denn was zunächst unhinterfragt akzeptiert wurde, mag dann zum bewussten Gegenstand einer kritischen Hinterfragung werden oder sogar explizite Ablehnung provozieren. Aus diesem Grund lässt sich die kognitive Legitimität nur schwer und nur zu einem geringen Maß steuern (vgl. Oliver 1991). Viele Organisationen ziehen es daher vor, sich den unhinterfragten Annahmen und Erwartungen ihrer wichtigsten Bezugspartner *anzupassen*. Ein Teil der in der „Corporate Social Responsibility"-Forschung engagierten Wissenschaftler hat genau dies zum Leitbild erhoben (vgl. z. B. Strand 1983). Die Unternehmen sollen sich demzufolge an den Erwartungen der mächtigsten Stakeholder orientieren (vgl. z. B. Frooman 1999).

Moralische Legitimität verdankt sich schließlich einer bewussten ethischen Beurteilung des Outputs oder des Verhaltens der Organisation und ihrer Mitglieder. Auch moralische Legitimität ist sozial konstruiert. Sie stützt sich allerdings auf einen *argumentativen Prozess*, auf das Vorbringen von Thesen und Gegenthesen und auf das Abwägen von Gründen, die für die eine oder die andere Seite sprechen. Sie geht damit über die auf das Eigeninteresse fokussierte pragmatische Legitimität hinaus: Moralische Legitimität „reflects a logic that differs fundamentally from narrow self-interest." (Suchman 1995: 579). Aufgrund ihrer expliziten argumentativen Basis ist die moralische Legitimität zum Teil vor Manipulation geschützt, denn jeder Manipulationsversuch wird sich im Zweifel einer argumentativen Prüfung stellen und unterziehen müssen. Die Organisation kann ihre moralische Legitimität daher kaum durch eine instrumentelle PR-Kommunikation herstellen bzw. verbessern, sondern muss sich vielmehr auf einen diskursiven Prozess einlassen (vgl. hierzu schon Zerfaß/Scherer 1995). Es geht dabei also in erster Linie um Überzeugung durch vernünftige Argumente, nicht um Überredung und Manipulation, aber auch nicht um reflexartige Anpassung.

3 Management der Organisationslegitimität in einer globalisierten Welt

Kostava und Zaheer (1999) identifizieren drei Faktoren, die die Legitimität einer Organisation beeinflussen: zum ersten die *Eigenschaften der sozialen Umwelt*, in der sich bestimmte Erwartungen an die Organisation herausbilden, zum zweiten die *Eigenschaften der Organisation*, die zu einer bestimmten Wahrnehmung im sozialen Umfeld der Organisation führen, und schließlich zum dritten die *Eigenschaften des Prozesses*, in dem Legitimität, also die Perzeption eines akzeptablen Verhaltens oder Outputs der Organisation, erzeugt wird; letzterer wird u. a. auch davon abhängen, wie die Organisation das Management der Legitimität betreibt (vgl. Suchman 1995). Wenn nun die Eigenschaften der Umwelt eine mitbestimmende Rolle in der Zuschreibung von Legitimität spielen, so ist zu erwarten, dass wesentliche Änderungen in der Umwelt sich auch in der Wahrnehmung der Legitimität und im Verhalten der Organisation widerspiegeln.

Wir gehen davon aus, dass durch die Globalisierung eine solche wesentliche Änderung markiert wird. Unter *Globalisierung* verstehen wir den Prozess der zunehmenden weltweiten Vernetzung sozialer und wirtschaftlicher Austauschbeziehungen (vgl. Beck 1998; Scherer 2003). Wir befinden uns in einer Phase des Übergangs von der modernen, von nationalstaatlichen Institutionen und universalistischen „grand narratives" (vgl. Lyotard 1979) beherrschten Welt hin zu einer post-modernen, d. h. post-nationalen Welt mit politikfeldspezifischen, sich überlappenden Regulierungsinstitutionen einerseits und einer Pluralisierung und Ausdifferenzierung kultureller Wertvorstellungen andererseits (vgl. Habermas 1998). Es zeigt sich, dass die globale Rahmenordnung („Global Governance") nicht allein durch staatliche und supranationale Institutionen gestaltet wird, sondern dass sich daran private und zivilgesellschaftliche Akteure mehr und mehr beteiligen (z. B. Multinationale Unternehmen, Branchenverbände, NGO etc.) (vgl. Kobrin 2001; Wolf 2005).

Wir vertreten die These, dass mit dieser Entwicklung eine Verschiebung in der Bedeutung der Legitimitätstypen einhergeht. Die kognitive und die pragmatische Legitimität werden zunehmend strapaziert. Die Unternehmen drohen ihre Legitimität und damit ihre „license to operate" zu verlieren. Dieser Legitimitätsverlust lässt sich häufig nurmehr durch verstärkte Anstrengungen der Unternehmen um moralische Legitimität kompensieren.

Die Legitimität von Unternehmen und deren „licence to operate" beruhen bis heute in erster Linie auf der *kognitiven Legitimität.* Dabei spielen zwei Faktoren eine besondere Rolle. Zum einen die tief im Bewusstsein der (westlichen) Gesellschaft verankerte *kapitalistische Logik*, derzufolge die Warenproduktion und -verteilung durch Unternehmen und über Preise gesteuerte Märkte am besten zu bewerkstelligen ist. Insbesondere nach dem Scheitern des planwirtschaftlichen Sozialismus hat sich diese Vorstellung eines gleichsam natürlichen, weil alternativenlosen, gesellschaftlichen Steuerungsmodells weiter verfestigt. Fukuyama (1992) sprach in diesem Zusammenhang sogar vom „Ende der Geschichte". Auch wenn die Kapitalismuskritik nie ganz verstummt ist und durch die aufkeimende Globalisierungskritik neue Nahrung erhält, so werden diese Kritiker nicht selten als irregeleitete Randfiguren diskreditiert, die die Vorzüge des globalen Kapitalismus einfach noch nicht erkannt haben und daher die Integrationsleistung der Marktkräfte nicht einsehen können (vgl. z. B. Lal 1998; Rugman 2000; Legrain 2002). Zum anderen kommt die kognitive Legitimität in der beständigen *Adaption* des Unternehmens an sich wandelnde *gesellschaftliche Erwartungen* zum Ausdruck, bei der die Funktionsweise der über Preise gesteuerten marktwirtschaftlichen Integration allerdings nie grundsätzlich in Frage gestellt wird. Diese Auffassung findet sich nicht nur bei Autoren der CSR-Forschung, nach denen die Unternehmen sich mehr oder minder unkritisch an den gesellschaftlichen Erwartungen orientieren (vgl. z. B. Epstein/Votaw 1978: 3; Carroll 1979: 500; Swanson 1999: 517), sondern auch bei Ökonomen, wie etwa Friedman (1970), der trotz aller Markt-Rhetorik fordert, die Unternehmen hätten bei ihren gewinnorientierten Strategien die Gesetze einzuhalten und die moralischen Werte der sozialen Gemeinschaften zu achten (vgl. Friedman 1970: 217).

Die Bedeutung der *pragmatischen Legitimität* wird offenbar, wenn das Modell der kapitalistischen Warenproduktion und -verteilung oder aber die Rolle der Unternehmung und deren soziale Verantwortung kritisch hinterfragt werden. Eine typische Reaktion auf solche Zweifel beruht darauf zu zeigen, dass von der marktwirtschaftlichen Steuerung letztlich alle profitieren. So verweist etwa Jensen (2002: 239) auf den gesamtgesellschaftlichen Nutzen der Gewinnorientierung der Unternehmung: „200 year's worth of work in economics and finance indicate that social welfare is maximized when all firms in an economy maximize total firm value." In die gleiche Kerbe schlagen schließlich auch die CSR-Forscher, die den empirischen Zusammenhang zwischen der Wahrnehmung sozialer Verantwortung und der ökonomischen Leistungsfähigkeit der Unternehmung untersuchen und dabei einen positiven Zusammenhang konstatieren (wollen) (vgl. z. B. Orlitzky/Schmidt/Rynes 2003; zum kritischen Überblick vgl. Margolis/Walsh 2003; Vogel 2005).

Unsere These ist nun, dass im Zuge der Globalisierung die bislang häufig unproblematisierte Annahme von der Überlegenheit des marktwirtschaftlichen Steuerungsmodells und dessen Nutzen für alle Betroffenen ihre Selbstverständlichkeit verliert. Inzwischen haben sogar viele Ökonomen erkannt, dass sich die Wohlfahrtssteigerung „für alle" nicht von selbst einstellt, sondern besondere politische Anstrengungen erfordert, bei denen die Rahmenbedingungen wirtschaftlichen Handelns sukzessive weiterentwickelt werden müssen, damit die Folgen gewinnorientierten Handelns mit dem Gemeinwohl verträglich werden und das marktwirtschaftliche System und mit ihm die Unternehmen ihre Legitimität erhalten (vgl. Fischer 2003; Dunning 2005; Stiglitz/Charlton 2005). So warnte etwa der frühere Chef des Internationalen Währungsfonds (IMF) Stanley Fischer in der Zeitschrift American Economic Review: „Many of the problems that the critics of globalization point to are real" (Fischer 2003: 2) und schlussfolgerte: „we cannot take it for granted that the world will continue down the road of globalization, greater prosperity, and greater democracy. [...] The world and the economic system we live in are highly imperfect. There is much that needs to be done to make them work better." (Fischer 2003: 26).

Und auch John Dunning, der Doyen der internationalen Managementforschung, formulierte unlängst seine Zweifel: „For too long capitalism, its institutions and morality have been kept separate from each other. If markets or extra market institutions failed they did so for 'technical' reasons. The assertion by economists such as Friedrich Hayek that there is no need to bring morality – as an exogenous variable – into the social efficacy global market place largely held sway (Hayek, 1979). Rid the market of its technical deficiencies and, so it was argued, it will create and sustain its own acceptable ethical mores. Globalisation is questioning this premise as it links together widely different human environments and belief systems." (Dunning 2005: 149).

Gerade im Kontext dieser, auch in den liberalen Ansätzen notwendigen Einbettung der „Unsichtbaren Hand" in eine Rahmenordnung wandeln sich die Anforderungen an die Unternehmen und ihr Management zunehmend (vgl. Homann 2005). Diese erfahren im Zuge der beschriebenen Pluralisierung und Fragmentierung institutioneller Ordnungen einen Rollenwandel. Vom ursprünglichen Objekt der Rahmenordnung werden sie nun neben den nationalstaatlichen Regierungen, supranationalen Institutionen und Nichtregierungsorganisationen selbst zu einem Subjekt in der Erarbeitung derselben (vgl. Scherer 2003; Wolf 2005; Scherer/Palazzo/Baumann 2006; Scherer/Palazzo im Erscheinen). Dieser Wandel multinationaler Unternehmen zu politischen Akteuren manifestiert sich zum Beispiel in dem Bemühen, Regulierungslücken zu schließen und ihr Verhalten und das ihrer Geschäftspartner über „Codes of Conduct" auf bestimmte Prinzipien zu verpflichten (z. B. Menschenrechte, Einhaltung von Sozial- und Umweltstandards).

Diese Verschiebung im Rollenverständnis multinationaler Unternehmen entspricht der Verschiebung in den Legitimitätsanforderungen. Das Management von Organisationen sieht sich mit Akzeptanzdefiziten konfrontiert, die sich allein über pragmatische und kognitive Legitimität nicht beheben lassen, die vielmehr besondere Anstrengungen zur Herstellung moralischer Legitimität erfordern. Konstitutiv für die *moralische Legitimität* ist der argumentative Prozess ohne egoistisch motivierte Zweckorientierung. Moralische Legitimität wird einer Institution oder einer Handlung nach argumentativer Prüfung durch die Beteiligten zugesprochen, weil dafür gute, verallgemeinerungsfähige Gründe sprechen, nicht weil sich Partikularinteressen aufgrund von ungleicher Machtverteilung durchsetzen oder weil man sich situativ schlicht an die „herrschende" Auffassung ungeprüft und unkritisch anpasst. Das Management von Organisationen, die im Zuge der Globalisierung zu politischen Akteuren avancieren, muss nun um die darauf gerichtete Entwicklung der legitimitätsbeeinflussenden Faktoren bemüht sein. Der Natur der moralischen Legitimität entsprechend, entzieht diese sich manipulativen symbolischen Maßnahmen. Vielmehr erfordert ein Management der Organisationslegitimität damit ein Management der strukturellen und prozessualen Rahmenbedingungen der Kommunikation (vgl. z. B. Fung 2003; Young 2004). Ziel ist es, kommunikationsförderliche Strukturen, beispielsweise Arenen, zu schaffen und offene, argumentationszugängliche Entscheidungsprozesse jenseits von Markt und Hierarchie anzulegen, die die kommunikative Konstruktion moralischer Legitimität ermöglichen (vgl. dazu Zerfaß 2004; Zerfaß/Scherer 1995).

Normatives Fundament dieser Konzeption ist der Ansatz der *deliberativen Demokratietheorie* von Jürgen Habermas (1992, 1998), mit dessen Hilfe sich der Rollenwandel der Unternehmen im Rahmen der Globalisierung hinsichtlich ihrer Legitimität berücksichtigen lässt (vgl. Fung 2003; Palazzo/Scherer 2006; Scherer/Palazzo im Erscheinen). Die damit verbundene Hinterfragung des wirtschafts-liberalen Trennungsmodells bedeutet für das Management von Unternehmen die Anforderung, neben der ökonomischen Rolle auch eine politische Rolle wahrzunehmen (vgl. Scherer 2003; Scherer/Palazzo/Baumann 2006) und in Anbetracht des globalen Wandels und der gestiegenen Herausforderungen das strukturelle Fundament für deliberative Politikprozesse zu schaffen und damit für die Sicherung der Organisationslegitimität Sorge zu tragen (vgl. hierzu im Detail Palazzo/Scherer 2006).

Die Unternehmen passen sich dabei nicht einfach den Erwartungen der mächtigsten Stakeholder an, wie dies vielfach im Stakeholder-Ansatz unterstellt wird (vgl. Agle/Mitchell/Sonnenfeld 1999), sondern werden zum verantwortlichen Mitgestalter politischer Prozesse und zum Koproduzenten globaler öffentlicher Güter. Die Betriebswirtschaftslehre steht vor der Herausforderung, die empirisch beobachtbaren Aktivitäten verantwortlicher „Corporate Citizens" (vgl. Matten/ Crane 2005) in die Theorie der Firma zu integrieren und die Trennung von Wirtschaft und Politik neu zu überdenken (vgl. Scherer 2003; Scherer/Palazzo/ Baumann 2006; Scherer/Palazzo im Erscheinen).

Literaturverzeichnis

Agle, Bradley R.; Mitchell, Ronald K.; Sonnenfeld, Jeffrey A. (1999): Who Matters to CEOs? An Investigation of Stakeholder Attributes and Salience, Corporate Performance, and CEO Values. In: Academy of Management Journal, 42. Jg. 1999, Nr. 5, S. 507-525.

Ashforth, Blake E.; Gibbs, Barrie W. (1990): The Double-Edge of Organizational Legitimation. In: Organization Science, 1. Jg. 1990, Nr. 2, S. 177-194.

Beck, Ulrich (1998): Was ist Globalisierung? Frankfurt a. M. 1998.

Berger, Peter L.; Luckmann, Thomas (1966): The Social Construction of Reality: A Treatise on the Sociology of Knowledge, New York 1966.

Carroll, Archie B. (1979): A Three-Dimensional Conceptual Model of Corporate Performance. In: Academy of Management Review, 4. Jg. 1979, Nr. 4, S. 497-505.

DiMaggio, Paul J.; Powell, Walter W. (1983): The Iron Cage Revisited: Institutional Isomorphism and Collective Rationality in Organizational Fields. In: American Sociological Review, 48. Jg. 1983, Nr. 2, S. 147-160.

Dunning, John H. (2005): Is Global Capitalism Morally Defensible? In: Contributions to Political Economy, 24. Jg. 2005, Nr. 1, S. 135-151.

Epstein, Edwin M.; Votaw, Dow (eds.) (1978): Rationality, Legitimacy, and Responsibility, Santa Monica 1978.

Fischer, Stanley (2003): Globalization and Its Challenges. In: American Economic Review, 93. Jg. 2003, Nr. 2, S. 1-30.

Freeman, Robert E. (1984): Strategic Management: A Stakeholder Approach, New York 1984.

Friedman, Milton (1970): The Social Responsibility of Business is to Increase its Profit. In: The New York Times Magazine, 33. Jg. 1970, Issue September 13, S. 122-126. Reprinted in: Ethical Issues in Business. A Philosophical Approach, edited by Thomas Donaldson, Patricia H. Werhane and Margaret Cording, Englewood Cliffs 1988, S. 217-223.

Frooman, Jeff (1999): Stakeholder Influence Strategies. In: Academy of Management Review, 24. Jg. 1999, Nr. 2, S. 191-205.

Fung, Archon (2003): Deliberative Democracy and International Labor Standards. In: Governance: An International Journal of Policy Administration and Institutions, 16. Jg. 2003, Nr. 1, S. 51-71.

Fukuyama, Francis (1992): The End of History and the Last Man, New York 1992.

Habermas, Jürgen (1992): Faktizität und Geltung, Frankfurt a. M. 1992.

Habermas, Jürgen (1998): Three Normative Models of Democracy. In: The Inclusion of the Other, edited by Jürgen Habermas, Cambridge 1998, S. 239-252.

Hannan, Michael T.; Carroll, Glenn R. (1992): Dynamics of Organizational Populations: Density, Legitimation and Competition, Oxford 1992.

Hayek, Friedrich A. (1979): Law, Legislation and Liberty, Volume 3, London 1979.

Henisz, Witold J.; Zelner Bennet A. (2005): Legitimacy, Interest Group Pressures, and Change in Emergent Institutions: The Case of Foreign Investors and Host Country Governments. In: Academy of Management Review, 30. Jg. 2005, Nr. 2, S. 361-382.

Homann, Karl (2005): Gesellschaftliche Verantwortung der Unternehmen. Philosophische, gesellschaftstheoretische und ökonomische Überlegungen. In: Betriebswirtschaftslehre und gesellschaftliche Verantwortung. Mit Corporate Social Resposibility zu mehr Engagement, hrsg. v. Ursula Schneider und Peter Steiner, Wiesbaden 2005, S. 1-16.

Jensen, Michael C. (2002): Value Maximization, Stakeholder Theory, and the Corporate Objective Function. In: Business Ethics Quarterly, 12. Jg. 2002, Nr. 2, S. 235-256.

Kobrin, Stephen J. (2001): Sovereignity@bay: Globalization, Multinational Enterprise, and the International Political System. In: The Oxford Handbook of International Business, edited by Alan M. Rugman and Thomas L. Brewer, Oxford 2001, S. 181-205.

Kostova, Tatiana; Zaheer, Srilata (1999): Organizational Legitimacy under Conditions of Complexity: The Case of the Multinational Enterprise. In: Academy of Management Review, 24. Jg. 1999, Nr. 1, S. 64-81.

Lal, Deepak (1998): Social Standards and Social Dumping. In: Merits and Limits of Markets, edited by Herbert Giersch, Berlin 1998, S. 255-274.

Legrain, Philippe (2002): Open World: The Truth about Globalisation, London 2002.

Lyotard, Jean-François. (1979): The Postmodern Condition, Manchester 1979.

Margolis, Joshua D.; Walsh, James P. (2003): Misery Loves Companies: Rethinking Social Initiatives by Business. In: Administrative Science Quarterly, 48. Jg. 2003, Nr. 2, S. 268-305.

Matten, Dirk; Crane, Andrew (2005): Corporate Citizenship: Toward an Extended Theoretical Conceptualization. In: Academy of Management Review, 30. Jg. 2005, Nr. 1, S. 166-179.

Meyer, John W.; Rowan, Brian (1977): Institutionalized Organizations: Formal Structure as Myth and Ceremony. In: American Journal of Sociology, 83. Jg. 1977, Nr. 2, S. 340-363.

Oliver, Christine (1991): Strategic Responses to Institutional Processes. In: Academy of Management Review, 16. Jg. 1991, Nr. 1, S. 145-179.

Oliver, Christine (1996): The Institutional Embeddedness of Economic Activity. In: Advances in Strategic Management, 13. Jg. 1996, S. 163-186.

Orlitzky, Marc; Schmidt, Frank L.; Rynes, Sara L. (2003): Corporate Social and Financial Performance: A Meta-analysis. In: Organization Studies, 24. Jg. 2003, Nr. 3, S. 403-441.

Palazzo, Guido; Scherer, Andreas Georg (2006): Corporate Legitimacy as Deliberation: A Communicative Framework. In: Journal of Business Ethics, im Erscheinen.

Parsons, Talcott (1960): Structure and Process in Modern Society, Glencoe Ill. 1960.

Pfeffer, Jeffrey; Salancik, Gerald R. (1978): The External Control of Organizations: A Resource Dependence Perspective, New York 1978.

Rugman, Alan (2000): The End of Globalization. A New and Radical Analysis of Globalization and what it Means for Business, London 2000.

Scherer, Andreas Georg (2003): Multinationale Unternehmen und Globalisierung, Heidelberg 2003.

Scherer, Andreas Georg; Kustermann, Brigitte (2004): Business & Society-Forschung versus Kritische Strategieforschung – Kritik zweier Ansätze zur Integration von sozialer Verantwortung und strategischer Unternehmensführung. In: Managementforschung Band 14: Gerechtigkeit & Management, hrsg. v. Georg Schreyögg und Peter Conrad, Wiesbaden 2004, S. 47-77.

Scherer, Andreas Georg; Palazzo, Guido (im Erscheinen): Towards a Political Conception of Corporate Responsibility. Business and Society Seen from a Habermasian Perspective. In: Academy of Management Review, im Erscheinen.

Scherer, Andreas Georg; Palazzo, Guido; Baumann, Dorothée (2006): Global Rules and Private Actors. Towards a New Role of the TNC in Global Governance. In: Business Ethics Quarterly, 16. Jg. 2006, Nr. 4, im Erscheinen.

Scott, W. Richard (1995): Institutions and Organizations, Thousand Oaks 1995.

Stiglitz, Joseph E.; Charlton, Andrew (2005): Fair Trade for All. How Trade Can Promote Development, Oxford 2005.

Strand, Rich (1983): A Systems Paradigm of Organizational Adaptations to the Social Environment. In: Academy of Management Review, 8. Jg. 1983, Nr. 1, S. 90-96.

Suchman, Mark C. (1995): Managing Legitimacy: Strategic and Institutional Approaches. In: Academy of Management Review, 20. Jg. 1995, Nr. 3, S. 571-610.

Swanson, Diane L. (1999): Toward an Integrative Theory of Business and Society: A Research Strategy for Corporate Social Performance. In: Academy of Management Review, 24. Jg. 1999, Nr. 3, S. 506-521.

Vogel, David J. (2005): Is There a Market for Virtue? The Business Case for Corporate Social Responsibility. In: California Management Review, 47. Jg. 2005, Nr. 4, S. 19-45.

Weber, Max (1922/1980): Wirtschaft und Gesellschaft, Tübingen 1980.

Wolf, Klaus Dieter (2005): Private Actors and the Legitimacy of Governance Beyond the State. Conceptional Outlines and Empirical Explorations. In: Governance and Democratic Legitimacy: Transnational, European, and Multi-Level-Issues, edited by Arthur Benz and Ioannis Papadopoulos, London 2005, S. 200-227.

Young, Iris Marion (2004): Responsibility and Global Labor Justice. In: The Journal of Political Philosophy, 12. Jg. 2004, Nr. 4, S. 365-388.

Zerfaß, Ansgar (2004): Unternehmensführung und Öffentlichkeitsarbeit, 2. Auflage, Opladen 2004.

Zerfaß, Ansgar; Scherer, Andreas Georg (1995): Unternehmensführung und Öffentlichkeitsarbeit. Überlegungen zur wissenschaftstheoretischen Grundlegung der Public-Relations-Forschung. In: Die Betriebswirtschaft, 55. Jg. 1995, Nr. 4, S. 493-512.

Vertrauen und Kontrolle

Margit Osterloh* und Antoinette Weibel**

Vertrauen und Kontrolle werden häufig als Gegensatz gesehen. In modernen wissensproduzierenden Organisationen ist jedoch beides von hoher Bedeutung. Wir zeigen, dass Vertrauen in mehreren Phasen aufgebaut wird und wie Kontrolle ausgestaltet werden muss, damit es Vertrauen nicht unterminiert, sondern phasengerecht unterstützt.

Stichworte: eigenschaftsbasiertes Vertrauen – Ergebniskontrolle – identifikationsbasiertes Vertrauen – Inputkontrolle – Kontrollintentionen – situationsbasiertes Vertrauen – soziale Kontrolle – Verhaltenskontrolle

---

* Prof. Dr. Margit Osterloh ist Ordinaria und Lehrstuhlinhaberin für Organisations-, Technologie und Innovationsmanagement an der Universität Zürich.

** Dr. Antoinette Weibel ist Oberassistentin am Lehrstuhl von Prof. Dr. Margit Osterloh.

1 Ausgangslage

„Vertrauen ist gut, Kontrolle ist besser." meinte Lenin. Manchmal kann Kontrolle aber sehr teuer sein. Sie verursacht Kosten, ausgelöst durch die Aufwendungen für die Überwachung und – falls es zu Sanktionen kommt – für den Umgang mit allfälligen Rechtfertigungen, Ausreden oder gegebenenfalls sogar (Schieds-) Gerichtsverfahren. Es gibt aber auch verborgene Kosten der Kontrolle, die zu einem Kontrollparadoxon führen können: Je mehr kontrolliert wird, desto geringer wird die freiwillig erbrachte Leistung. Die „extra Meile" wird nicht mehr gegangen. Kontrolle wird als ein Misstrauensbeweis angesehen. Mitarbeiter reagieren, indem sie sich innerlich aus der Arbeit zurückziehen (z. B. „Dienst nach Vorschrift" leisten) oder indem sie Abwehrfronten bilden (z. B. durch hohe Ausschussraten). Der Vorgesetzte reagiert auf solche Verhaltensmuster mit einer Verstärkung der Kontrolle: Ein Teufelskreislauf aus Kontrollerhöhung und negativen Reaktionen der Mitarbeiter tritt in Gang (vgl. McGregor 1960; Argyris 1964). Bestätigt wird dies durch Laborexperimente, in denen Versuchsteilnehmer in der Rolle des Angestellten *weniger* Leistungen erbrachten, wenn ihnen von den Vorgesetzten eine bestimmte Leistung vorgeschrieben wurde. Hingegen leisteten sie *mehr*, wenn sie ihr Leistungsniveau selber bestimmen konnten (vgl. Falk/Kosfeld 2004). Eine Felduntersuchung in den Niederlanden zeigte, dass Manager umso *weniger* Überstunden erbrachten, je strenger sie überwacht wurden (vgl. Barkema 1995). Kontrolle kann also Vertrauen und Vertrauenswürdigkeit zerstören. Das ist schwerwiegend bei Leistungen, die sich von Vorgesetzten nur schwer beobachten und einzelnen Individuen zurechnen lassen, wie dies insbesondere bei der Wissensarbeit der Fall ist. Kreativität oder die Weitergabe von Wissen lassen sich nicht verordnen und nur teilweise kontrollieren. Vertrauen ist deshalb das „Schmiermittel" unserer modernen Wissensgesellschaft (vgl. Arrow 1974).

Andererseits spielt Kontrolle auch in modernen wissensproduzierenden Organisationen eine wichtige Rolle. Kontrolle unterstützt die Führung in der Durchsetzung der an die Unternehmensmitglieder gestellten Verhaltenserwartungen, deckt Durchsetzungslücken auf und ermöglicht eine zeitgerechte Umsteuerung (vgl. Frese/Simon 1987). Empirische Studien zeigen, dass Kontrolle unter bestimmten Bedingungen sogar einen positiven Einfluss auf das Vertrauen in Unternehmen ausüben kann (vgl. Sitkin 1995; Bijlsma/Costa 2003; Osterloh/Weibel 2006a). Vertrauen und Kontrolle treten im Unternehmen demnach gleichzeitig auf. Unter welchen Bedingungen schadet oder fördert Kontrolle Vertrauen im Unternehmen? Diese Frage wollen wir in diesem Beitrag beantworten.

2 Was ist Vertrauen?

2.1 Vertrauensbegriff

Vertrauen ist ein schillernder Begriff. In der Vertrauensforschung hat sich jedoch folgende Kerndefinition von Vertrauen herausgeschält: „Vertrauen ist der Wille, sich verletzlich zu zeigen." (vgl. Mayer/Davis/Schoorman 1995; Rousseau et al. 1998; Bijlsma/Costa 2003). Dieser einfache Satz umfasst mehrere Vertrauensdimensionen:

1. Vertrauen entsteht in Situationen, in denen der Vertrauensgeber mehr verlieren als gewinnen kann – er riskiert einen Schaden bzw. eine *Verletzung.*
2. Vertrauen manifestiert sich in Handlungen, die die eigene Verletzlichkeit erhöhen. Man liefert sich dem Vertrauensnehmer aus und setzt zum *Vertrauenssprung* an.
3. Der Grund, warum man sich ausliefert, ist die *positive Erwartung*, dass der Vertrauensnehmer die Situation nicht zu seinen Gunsten ausnutzt.

Die Dimension *Verletzlichkeit* wird von Luhmann (1989) prägnant zum Ausdruck gebracht, wenn er *Vertrauen als riskante Vorleistung* bezeichnet. Er betont, dass Vertrauen sich stets auf eine kritische Alternative bezieht. So rechnen die Eltern eines Kleinkindes damit, einen ungestörten Abend verbringen zu können, wenn sie ihr Kind durch einen Babysitter betreuen lassen. Sie kennen jedoch auch die möglichen Gefahren einer Fremdbetreuung, die schlimmstenfalls in einer Tragödie enden kann. Wenn sich die Eltern entschließen, den Babysitter zu engagieren, geben sie ihr Schicksal in seine Hände. Sie schätzen die Vertrauenswürdigkeit des Babysitters hoch genug ein, um trotz des hohen möglichen Verlustes einen schönen Abend zu zweit zu verbringen. Der mögliche Verlust, die drohende Tragödie, übersteigt um ein Vielfaches den Gewinn des schönen Abends.

Nur wer den *Vertrauenssprung* wagt und ins kalte Wasser springt, kann feststellen, ob sein Vertrauen gerechtfertigt ist (vgl. Möllering 2002). Eine noch so sorgfältige Auswahl des Babysitters, die Einforderung von Referenzschreiben oder gar der Einsatz von Testverfahren bewahrt nicht vor dem Moment, wo man das Kind mit dem Babysitter alleine lassen muss. Zand (1972) erkannte als einer der ersten Managementforscher, dass Vertrauen Wagnisse erfordert. In seinem empirisch ermittelten Modell steht die Interaktion zwischen Vorgesetzten und Mitarbeitern als Auslöser des Vertrauenssprungs im Mittelpunkt. Vorgesetzte, die Vertrauen schenken und sich verletzlich zeigen, gewinnen eher das Vertrauen des Mitarbeiters als misstrauische und zurückhaltende Vorgesetzte.

Schließlich ist der Vertrauensgeber dann bereit, sich verletzlich zu zeigen und den Vertrauenssprung zu wagen, wenn er den Vertrauensnehmer als wohlwollend einschätzt. Vertrauen ist die *(positive) Erwartung*, dass uns der Vertrauensnehmer nicht schadet bzw. sogar bereit ist, sich unser Wohlergehen etwas kosten zu lassen. Diese Einschätzung der Intention des Vertrauensnehmers entbehrt nicht einer soliden Grundlage – blindes Vertrauen ausgenommen. Vielmehr stützt sich die Vertrauensgeberin auf Informationen und trifft begründete Entscheidungen ungeachtet der Tatsache, dass Vertrauen immer auch ein Wagnis beinhaltet. Simmel (1908: 7) drückt diesen Zustand treffend aus: „Der völlig Wissende braucht nicht zu vertrauen, der völlig Nichtwissende kann vernünftigerweise nicht einmal vertrauen.“

2.2 Vertrauenstypen: Situations-, eigenschafts- und identifikationsbasiertes Vertrauen

In Anlehnung an ein Modell der Psychologen Roy Lewicki und Barbara Bunker (1995) unterscheiden wir drei Vertrauenstypen auf der Grundlage unterschiedlicher Quellen der Erwartungsbildung. Wir sprechen von *situationsbasiertem Vertrauen*, wenn die Einschätzung darauf beruht, dass sich ein Betrug für den Vertrauensnehmer in der spezifischen Situation nicht lohnt. Das ist häufig zu Beginn einer Beziehung der Fall. Man unterstellt sich wechselseitig Eigeninteresse:

- Welcher Nutzen entsteht dem Vertrauensnehmer, wenn er mich hintergeht?
- Welche Kosten sind für ihn mit einem Betrug verbunden?

Situationsbasiertes Vertrauen entsteht, wenn die vermuteten Kosten des Vertrauensnehmers größer sind als dessen Nutzen. Im Sinne der Definition von Vertrauen als risikoreiche Vorleistung fehlt hierbei ein wichtiger Aspekt: Es wird gerade kein Wagnis eingegangen, sondern das Risiko ist voll und ganz kalkuliert. Es basiert ausschließlich auf extrinsischer Motivation auf Seiten des Vertrauensnehmers wie auch auf Seiten des Vertrauensgebers. Extrinsisch ist eine Motivation, wenn das Ziel der vorliegenden Handlung ein instrumentelles ist, d. h. die Handlung wird nicht um ihrer selbst willen vorgenommen. Im Unterschied dazu ist bei der intrinsischen Motivation die Handlung selber das Ziel. Sie ist nicht instrumentell und kalkulativ, wird also nicht um eines Vorteils willen vorgenommen. Viele Autoren (vor allem in der Sozialpsychologie) argumentieren, dass man beim situationsbasierten Vertrauen eigentlich gar nicht von Vertrauen sprechen sollte (vgl. etwa Kramer 1999). Wir schließen uns dieser Meinung an und behandeln situationsbasiertes als „unechtes Vertrauen". Gleichwohl ist es häufig der Ausgangspunkt für „echte" Formen des Vertrauens. Eine tragfähige und belastbare Vertrauensbeziehung kann jedoch nicht bloß situationsbasiert sein. Nur eine einzige wahrgenommene defektive Handlung würde die situative Kooperationsbereitschaft der Parteien sofort zerstören.

Eigenschaftsbasiertes Vertrauen basiert auf der subjektiven Erwartung, wie sich der Vertrauensnehmer im Unterschied zu anderen Personen verhalten wird. Eigenschaftsbasiertes Vertrauen entsteht, wenn wir erwarten, dass uns der Vertrauensnehmer nicht schadet bzw. sich unser Wohlergehen etwas kosten lassen würde. Dabei sind drei Eigenschaften relevant (vgl. Mayer/Davis/Schoorman 1995):

1) *Kompetenzerwartungen:* Die Vertrauensgeberin erwartet, dass der Vertrauensnehmer über die notwendigen Fähigkeiten verfügt, um eine übertragene Aufgabe zu erfüllen.
2) *Integritätserwartungen:* Die Erwartung des Vertrauensgebers ist darauf gerichtet, dass sich der Vertrauensnehmer an situationsübergreifenden, verinnerlichten Normen ausrichtet. Man unterstellt, dass der Vertrauensnehmer intrinsisch motiviert ist, Normen einzuhalten. Dies bedeutet, dass Normen auch dann befolgt werden, wenn Normverletzungen nicht entdeckt oder bestraft werden können.
3) *Benevolenzerwartungen:* Der Vertrauensgeber nimmt an, dass der Vertrauensnehmer nicht nur generelle situationsübergreifende Normen befolgt, sondern dass er das spezielle Wohlbefinden des Vertrauensgebers im Auge hat, sogar wenn es ihm Kosten verursacht.

Identifikationsbasiertes Vertrauen basiert auf einer gegenseitigen Übereinstimmung der Werte und Normen der Vertrauensakteure. Nicht mehr der Vertrauensnehmer mit seinen Eigenschaften steht im Vordergrund, sondern die Gemeinschaft zwischen den Vertrauenden (vgl. Sitkin 1995). Identifikationsbasiertes Vertrauen bezeichnet die Entwicklung einer gemeinsamen Sicht und gegenseitiger Sympathie. Identifikationsbasiertes Vertrauen beruht auf zwei Komponenten:

1) Identifikation mit den Werten, Zielen und Bedürfnissen des Partners: Die Partner identifizieren sich so miteinander, dass sie jederzeit an Stelle des Anderen und in seinem Sinne handeln können.
2) Gegenseitige Sympathie und die Entwicklung einer gefühlsmäßigen Bindung: Die Partner entwickeln gegenseitige Sympathie und fühlen sich füreinander verantwortlich. Beide Seiten stellen das Wohlergehen des Anderen in den Vordergrund (vgl. McAllister 1995).

Längerfristig ist nur identifikationsbasiertes Vertrauen wirklich stabil, weil es auf beiden Seiten auf nicht-instrumentellen Intentionen beruht (vgl. Osterloh/Weibel 2006a). Der Versuch des Vertrauensgebers, die Integrität und Benevolenz des Vertrauensnehmers zu instrumentalisieren, verändert im Zeitablauf die Vertrauensgrundlage. Stellt die Vertrauensnehmerin fest, dass ihre (intrinsisch motivierte) Vertrauenswürdigkeit ausgenutzt wird, wird sie verdrängt (vgl. Osterloh/Weibel 2001; Weibel 2004). In Unternehmen wird identifikationsbasiertes Vertrauen gefördert, wenn dem Mitarbeiter signalisiert wird, dass seine Anliegen ernst genommen werden und seine Vertrauenswürdigkeit nicht ausgenutzt wird.

3 Kontrolle und Vertrauen

Was ist Kontrolle? Kontrolle ermöglicht den Vergleich zwischen Soll- und Ist-Werten (vgl. Thom 1993). Sie ist unentbehrliche Grundlage zur Erreichung der Unternehmensziele: Kontrolle unterstützt die Durchsetzung der von der Unternehmung an die Organisationsmitglieder gestellten Handlungserwartungen.

3.1 Kontrolle und Vertrauen: Die Sicht des Kontrolleurs

Situationsbasiertes Vertrauen: Situationsbasiertes Vertrauen bildet ein Sprungbrett für eine „echte“ Vertrauensbeziehung. Auf dieser Grundlage kann der Vertrauensgeber kleinere, kontrollierbare Wagnisse eingehen, um sich langsam an die „echte“, schwer zu kontrollierende Vertrauenswürdigkeit einer Person heranzutasten. In dieser Situation ist es wichtig, dass das Schadenspotenzial möglichst beschränkt wird. Man muss sich täuschen können, ohne gleich die eigene Position aufs Spiel zu setzen. Kontrolle übernimmt diese schadensbegrenzende Rolle. Welche Kontrollform eignet sich dafür? *Verfahrenskontrollen* setzen am beobachtbaren Prozess einer Arbeitsleistung an. Sie scheitern, wenn die Kontrolleurin die Korrektheit des Verfahrens nicht beurteilen kann, weil ihr die Kenntnisse dazu fehlen (vgl. Eisenhardt 1985). Dies tritt typischerweise bei Expertenarbeit auf: Die Korrektheit des Verfahrens kann nur von Fachkollegen beurteilt werden. *Ergebniskontrollen* setzen am beobachtbaren Output einer Arbeit an. Im Gegensatz zur Verfahrenskontrolle kann der Output auch von Nicht-Experten beurteilt werden. Beispielsweise können auch Nicht-Ingenieure das Funktionieren eines Kühlschranks oder einer Software beurteilen. Ergebniskontrollen scheitern jedoch, wenn die Kontrolleurin das Gesamtergebnis nicht den einzelnen Organisationsmitgliedern zurechnen kann oder wenn das Ziel der Aufgabe nicht klar definiert ist (vgl. Kirsch 1996; Frey/Osterloh 2002).

Eigenschaftsbasiertes Vertrauen: Eigenschaftsbasiertes Vertrauen entsteht in der für Vertrauen kennzeichnenden Mischung aus Wissen und Nichtwissen: Die Vorgesetzte vertraut aufgrund ihrer Einschätzungen dem Mitarbeiter Meier ein bestimmtes Aufgabenspektrum an, das zu seinen Fähigkeiten sowie seinem Charakter (Integrität und Benevolenz) passt. Kontrolle kann zur Grundlage dieser Einschätzung werden (vgl. Sjurts 1998). Sie wird in aller Regel mit einer *Ergebniskontrolle* beginnen. Auch im weiteren Verlauf der Beziehung liefern stichprobenartige Ergebniskontrollen Informationen darüber, ob das Eingehen des Vertrauensrisikos gerechtfertigt ist. Nicht befriedigende Ergebnisse müssen jedoch interpretiert werden: Ist das Ergebnis der Person oder externen Einflüssen zuzurechnen? Diese Frage kann nur mit einer *Verfahrenskontrolle* geklärt werden. Merkmale dieser Kontrolle sind Ungerichtetheit und eine Feed-forward-Ausprägung. Sie ist *ungerichtet*, weil sie auf die Kenntnisse und Motive des Mitarbeiters ganz allgemein abstellt. Ziel ist, den Mitarbeiter als Menschen besser einschätzen zu können: Wie verhält er sich in unterschiedlichen Situationen? Wie reagiert sie auf kritische Äußerungen? Diese Verfahrenskontrolle hat den Charakter einer *Feed-forward-Kontrolle:* Die Kontrollinformationen können zur Umsteuerung einer Delegationsbeziehung führen.

Identifikationsbasiertes Vertrauen: Die Abwesenheit von Instrumentalität ist Voraussetzung für identifikationsbasiertes Vertrauen. Vertrauensgeber und Vertrauensnehmer handeln aufgrund gemeinsamer Werte und auf der Basis von gegenseitiger Sympathie und Wertschätzung. So können Verfahrens- und Ergebniskontrolle gerade in dieser Phase verheerende Auswirkungen haben: Der eifersüchtige Mann, der die Restaurantbelege seiner Partnerin kontrolliert, zerstört die Beziehung. Das Unternehmen, das kleinliche Arbeitskontrollen bei Angestellten durchführt, die regelmäßig freiwillig Überstunden leisten, zerstört diese Arbeitsbereitschaft. Es besteht die Gefahr, dass aus identifikationsbasiertem Vertrauen wieder situationsbasiertes Vertrauen wird. Deshalb stehen in dieser Phase die Input- und die soziale Kontrolle im Vordergrund. Die *Inputkontrolle* spielt beim identifikationsbasierten Vertrauen eine besondere Rolle. „Drum prüfe, wer sich ewig bindet.“, sagt der Volksmund. Dies gilt auch für die sog. Vertrauensorganisationen. Vertrauensorganisationen investieren viel in Personalselektion und in Sozialisation. Bewerber durchlaufen meist ein mehrtägiges Auswahlprogramm, wobei sie mit möglichst vielen Mitarbeitern in Kontakt gebracht werden. Häufig stehen den Neulingen längere Zeit „Paten“ bzw. „Patinnen“ zur Seite. Die *soziale Kontrolle* richtet sich auf die Übereinstimmung von Normen und Werten (vgl. Ouchi 1980). Diese ist nicht direkt beobachtbar. Deshalb kann man nur indirekt darauf schließen, etwa über die Einhaltung professioneller Rituale und Zeremonien. Diese haben jedoch jenseits der sozialen Kontrolle eine weitere Funktion: Sie stellen zugleich eine Belohnung für Wertkonformität dar und erinnern jeden daran, welche Werte gelten, etwa bei der Wahl der Mitarbeiterin des Monats.

3.2 Kontrolle und Vertrauen: Die Sicht der Kontrollierten

Kontrolle kann eine positive Wirkung auf Vertrauen haben, wenn sie phasengerecht ausgeprägt ist. Dabei ist von besonderer Bedeutung, dass in den Phasen der Herausbildung von eigenschafts- und identifikationsbasiertem Vertrauen die intrinsische Motivation der Kontrollierten bestärkt und nicht untergraben wird. Das ist gemäß der Selbstbestimmungstheorie von Deci und Ryan (1985) immer dann der Fall, wenn die Autonomie, das Kompetenzerleben und die soziale Eingebundenheit der Mitarbeiter gefördert werden. Demzufolge sollte eine Kontrolle, welche ein eigenschafts- und identifikationsbasiertes Vertrauen unterstützt, folgende Charakteristiken aufweisen: Sie sollte zum einen die *Autonomie* des Mitarbeiters fördern, indem der Mitarbeiter bei der Kontrollgestaltung und der Kontrollausübung mitwirken kann (vgl. Frey 1997). Der Mitarbeiter kann etwa im Rahmen einer echten Zielvereinbarung (statt einer einseitigen Zielvorgabe) die Soll-Vorgaben mitbestimmen. Zum anderen kann Kontrolle *Kompetenzerfahrung* vermitteln, wenn Kontrollgespräche der Personalentwicklung dienen und der Mitarbeiter durch gezieltes, konstruktives Feedback Aufschluss über sein Potenzial und seine Verbesserungsmöglichkeiten erhält (vgl. Baron 1988). Schließlich kommuniziert ein transparentes und damit prozedural faires Kontrollsystem Sicherheit, ermöglicht eine faire Arbeitsverteilung und eine ausgewogene Verteilung der Belohnung. Hierdurch werden Bedürfnisse der sozialen Zugehörigkeit befriedigt (vgl. Moorman/Blakely/Niehoff 1998; Osterloh/Weibel 2006b).

Neuere empirische Studien zeigen darüber hinaus, dass die Kontrollintention des Vorgesetzten eine große Rolle spielt (vgl. Ghoshal/Moran 1996). Setzt er Kontrolle in erster Linie instrumentell ein, etwa um sich selbst finanzielle Vorteile zu verschaffen oder um Schuld abzuwälzen, hat dies Konsequenzen: Mitarbeiter erwidern diese Einstellung, indem sie ihrerseits mehr den eigenen Nutzen betonen (vgl. Gittell 2001). Umgekehrt gewinnt eine Vorgesetzte Vertrauen, wenn sie demonstriert, dass ihr das Wohl der Mitarbeiter am Herzen liegt. So zeigen etwa De Cremer und van Knippenberg (2002), dass Mitarbeiter sich kooperativer verhalten, wenn die Vorgesetzte uneigennützig zur gemeinsamen Vision beiträgt. Kontrollhandlungen signalisieren diese Orientierung am gemeinsamen Wohl, wenn sie als Personalentwicklungsmaßnahmen ausgestaltet werden: Die Aufdeckung einer Soll-Ist-Differenz ist in erster Linie eine Maßnahme des gemeinsamen Lernens und dient nicht zur einseitigen Fehlerzuweisung und Sanktionierung.

4 Fazit

Wir haben gezeigt, dass Vertrauen und Kontrolle nicht als einander ausschließende Alternativen gesehen werden müssen, wenn man die Kontrolle phasengerecht und unterstützend ausgestaltet. Wir haben aber auch deutlich gemacht, dass sich stabiles Vertrauen zu großen Teilen bloßer instrumenteller Gestaltung entzieht und stattdessen durch wechselseitige wohlwollende Intentionen geprägt sein muss. Der Satz von Lenin „Vertrauen ist gut, Kontrolle ist besser.“ muss deshalb abgewandelt werden in: „Ist die Kontrolle gut, ist das Vertrauen besser.“

Literaturverzeichnis

Argyris, Chris (1964): Integrating the Individual and the Organization, New York 1964.

Arrow, Kenneth J. (1974): Gifts and exchanges. In: Altruism, morality and economic theory, edited by Edmund S. Phelps, New York 1974, S. 13-28.

Barkema, Harry G. (1995): Do top managers work harder when they are monitored? In: Kyklos, 48. Jg. 1995, Nr. 1, S. 19-42.

Baron, Robert A. (1988): Negative effects of destructive criticism – impact on conflict, self-efficacy, and task-performance. In: Journal of Applied Psychology, 73. Jg. 1988, Nr. 2, S. 199-207.

Bijlsma, Katinka; Costa, Ana C. (2003): Risks at work: Trust, monitoring and cooperation in temporary project teams. Unpublished manuscript, Milan/Italy 2003.

De Cremer, David; van Knippenberg, Daan (2002): How do leaders promote cooperation? The effects of charisma and procedural fairness. In: Journal of Applied Psychology, 87. Jg. 2002, Nr. 5, S. 858-866.

Deci, Edward L.; Ryan, Richard M. (1985): Intrinsic Motivaton and Self-Determination in Human Behavior, New York 1985.

Eisenhardt, Kathleen M. (1985): Control: organizational and economic approaches. In: Management Science, 31. Jg. 1985, Nr. 2, S. 134-149.

Falk, Armin; Kosfeld, Michael (2004): The hidden cost of control. In: American Economic Review, forthcoming.

Frese, Erich; Simon, Robert (1987): Kontrolle und Führung. In: Handwörterbuch der Führung, hrsg. v. Alfred Kieser, Gerhard Reber und Rolf Wunderer, Stuttgart 1987, Sp. 1247-1257.

Frey, Bruno S. (1997): A Constitution for Knaves Crowds out Civic Virtues. In: Economic Journal, 107. Jg. 1997, Nr. 443, S. 1043-1053.

Frey, Bruno S.; Osterloh, Margit (Hrsg.) (2002): Managing Motivation. Wie Sie die neue Motivationsforschung für Ihr Unternehmen nutzen können, 2. Auflage, Wiesbaden 2002.

Ghoshal, Sumantra; Moran, Peter (1996): Bad for Practice: A Critique of the Transaction Cost Theory. In: Academy of Management Review, 21. Jg. 1996, Nr. 1, S. 13-47.

Gittell, Jody Hoffer (2001): Supervisory Span, Relational Coordination and Flight Departure Performance: A Reassessment of Postbureaucracy Theory. In: Organization Science, 12. Jg. 2001, Nr. 4, S. 468-483.

Kirsch, Laurie J. (1996): The management of complex tasks in organizations: controlling the systems development process. In: Organization Science, 7. Jg. 1996, Nr. 1, S. 1-21.

Kramer, Roderick M. (1999): Trust and distrust in organizations: Emerging perspectives, enduring questions. In: Annual Review of Psychology, 50. Jg. 1999, Nr. 1, S. 569-598.

Lewicki, Roy J.; Bunker, Barbara B. (1995): Trust in Relationsships: A Model of Trust Development and Decline. In: Conflict, Cooperation, and Justice, edited by Barbara Benedict Bunker and Jeffrey Z. Rubin, San Francisco 1995.

Luhmann, Niklas (1989): Vertrauen. Ein Mechanismus der Reduktion sozialer Komplexität, 3. Auflage, Stuttgart 1989.

Mayer, Roger C.; Davis, James H.; Schoorman, F. David (1995): An Integrative Model of Organizational Trust. In: Academy of Management Review, 20. Jg. 1995, Nr. 3, S. 709-734.

McAllister, Daniel J. (1995): Affect- and Cognition-Based Trust as Foundations for Interpersonal Cooperation in Organizations. In: Academy of Management Journal, 38. Jg. 1995, Nr. 1, S. 24-59.

McGregor, Douglas (1960): The Human Side of Enterprise, New York 1960.

Möllering, Guido M. (2002): Hinein ins Vertrauen? In: Zeitschrift Führung + Organisation (zfo), 71. Jg. 2002, Heft 2, S. 81-89.

Moorman, Robert H.; Blakely, Gerald L.; Niehoff, Brian P. (1998): Does Perceived Organizational Support Mediate the Relationship Between Procedural Justice and Organizational Citizenship Behavior? In: Academy of Management Journal, 41. Jg. 1998, Nr. 3, S. 351-357.

Osterloh, Margit; Weibel, Antoinette (2001): Können Controller kontrollieren – und wenn ja: Wie sollten sie es tun? In: Die Unternehmung, 55. Jg. 2001, Heft 6, S. 419-423.

Osterloh, Margit; Weibel, Antoinette (2006a): Investition Vertrauen. Prozesse der Vertrauensentwicklung in Organisationen, Wiesbaden 2006.

Osterloh, Margit; Weibel, Antoinette (2006b): Vertrauensmanagement im Unternehmen: Grundlagen und Fallbeispiele. In: Handbuch Unternehmenskommunikation, hrsg. v. Manfred Piwinger und Ansgar Zerfaß, Wiesbaden 2006 (im Erscheinen).

Ouchi, William G. (1980): Markets, Bureaucracies, and Clans. In: Administrative Science Quarterly, 25. Jg. 1980, Nr. 1, S. 129-141.

Rousseau, Denise M. et al. (1998): Introduction to Special Topic Forum: Not so Different After all: A Cross-Discipline View of Trust. In: Academy of Management Review, 23. Jg. 1998, Nr. 3, S. 393-404.

Simmel, Georg (1908): Soziologie: Untersuchungen über die Formen der Vergesellschaftung, Leipzig 1908.

Sitkin, Sim B. (1995): On the Positive Effect of Legalization on Trust. In: Research on Negotiation in Organizations, 5. Jg. 1995, o. Nr., S. 185-217.

Sjurts, Insa (1998): Kontrolle ist gut, ist Vertrauen besser? In: Die Betriebswirtschaft, 58. Jg. 1998, Heft 3, S. 283-298.

Thom, Norbert (1993): Kontrolle. In: Handwörterbuch des Rechnungswesens, 3. Auflage, hrsg. v. Klaus Chmielewicz und Marcell Schweitzer, Stuttgart 1993, Sp. 1140-1145.

Weibel, Antoinette (2004): Kooperation in strategischen Wissensnetzwerken. Kontrolle und Vertrauen zur Lösung des sozialen Dilemmas, Wiesbaden 2004.

Zand, Dale E. (1972): Trust and managerial problem solving. In: Administrative Science Quarterly, 17. Jg. 1972, Nr. 2, S. 229-239.

Moden und Mythen des Managements – und wie man kompetent mit ihnen umgeht

Alfred Kieser*

Moden des Managements nehmen einen typischen Verlauf: Einige wenige Pioniere wenden ein neuartiges Managementkonzept an, dann stoßen mehr und mehr Nachahmer dazu, bis eine Sättigungsgrenze erreicht ist und wieder andere Moden entstehen. Im vorliegenden Beitrag wird argumentiert, dass Modeströmungen im Management wesentlich auf Rhetorik gründen. Aufstieg und Fall solcher Moden, insbesondere im Bereich der Organisation, werden mit Hilfe eines Begriffs der Arena der Managementmoden analysiert. Dabei wird die Nützlichkeit von Moden und der von ihnen propagierten Prinzipien für Reorganisationsprozesse durchaus anerkannt: Sie erleichtern die Einführung und Konzeptualisierung und vereinfachen die Koordination verschiedener Projekte innerhalb des Restrukturierungsprogramms. Darüber hinaus sind sie hilfreich für politische Manöver während der Umsetzung und lassen Reorganisationen im Rückblick als rationale Unterfangen erscheinen.

Stichworte: Arenen von Managementmoden – Funktionen von Managementmoden – Managementbestseller – Manager – Rhetorik – Unternehmensberater

---

* Prof. Dr. Dr. h. c. Alfred Kieser ist Inhaber des Lehrstuhls für Allgemeine Betriebswirtschaftslehre und Organisation an der Universität Mannheim.

1 Entstehung von Managementmoden

Im Jahre 1675 unterbreitete der „Projektemacher" Johann Joachim Becher, den man als einen der ersten deutschen Unternehmensberater bezeichnen kann, dem österreichischen Kaiser ein Konzept zum Goldmachen. Der Kaiser war sehr angetan und beauftragte Becher mit dem Aufbau eines großen Manufakturhauses, in dem sich neben allerlei Werkstätten auch ein Labor zur Golderzeugung befinden sollte. Becher hatte versprochen, dort einen „Chymischen Prozess" in Gang zu setzen, „[…] welcher wochentlich über alle Unkosten einen per cento gewin bringet, so auch etwan wohl auff zwey kommen könte [...] derentwegen allein die kösten dieses wercks refundieren wird." (Hassinger 1951: 200). Becher hat eine der ersten Managementmoden entscheidend mit ausgelöst – den Merkantilismus. Heutige Managementmoden sind wesentlich kurzlebiger. Dennoch haben sie vieles mit dieser frühen gemein: kühne Versprechungen, umtriebige Unternehmensberater, Magie, Verweise auf Ergebnisse der strengen Universitätswissenschaft, Mythen etc.

Moden nehmen einen typischen Verlauf: Zuerst sind es nur wenige Pioniere, die sich trauen, ein bestimmtes Managementkonzept zu adoptieren. Zu diesen stoßen immer mehr Nachahmer, bis eine Sättigungsgrenze erreicht ist und sich Anwender nach und nach anderen Moden zuwenden (vgl. Kieser 1997).

Das Auf und Ab von Managementmoden lässt sich m. E. gut durch das *Konzept der Arena* erklären (vgl. Kieser 2002): Eine Managementmode bildet eine Arena, in der sich verschiedene Akteure tummeln – Berater, Professoren, Organisatoren von Unternehmen, Redakteure von Managementzeitschriften, Buchverlage, Seminarveranstalter etc. Jeder Akteur versucht, seine Ziele – möglichst viel Gewinn, Ansehen, Einfluss, Karriere etc. – zu erreichen, wenn es geht, auch durch Ausnutzen gleichgerichteter Interessen anderer Akteure und Kooperationen mit ihnen. Alle Akteure haben gemeinsam das Ziel, die Arena durch das Anlocken von Publikum und weiterer Akteure auszuweiten. Wettbewerb zwischen ihnen findet nur punktuell statt, etwa wenn Berater um einen Auftrag konkurrieren.

2 Modemacher – Managementbestseller und ihre Rhetorik

Am schnellsten lässt sich eine attraktive Arena mit einem Managementbestseller aufbauen. Managementbestseller weisen eine bestimmte *Rhetorik* auf (vgl. Cantin/Thom 1992): Ein *Schlüsselfaktor* wird in den Vordergrund gestellt – bspw. Unternehmenskultur, (Totales) Qualitätsmanagement, Lean Production oder New Public Management (vgl. Thom/Ritz 2004). Dieser Faktor wurde, dem jeweiligen Autor zufolge, bisher sträflich vernachlässigt, weshalb seine Entdeckung als revolutionär bezeichnet werden kann (was der Autor in der Regel auch nachdrücklich und unermüdlich tut). Die Konzentration auf diesen Faktor wird als *radikaler Bruch mit den bisher gültigen Managementprinzipien* dargestellt. Die *Anwendung der neuen Prinzipien* wird als *unausweichlich* gesehen, weil die alten Prinzipien angesichts drohender Entwicklungen wie kaum einzuholende Effizienzvorsprünge der ausländischen, insbesondere der japanischen Wirtschaft, zunehmende Dynamisierung der Märkte, immer kürzere Produktlebenszyklen, steigende Ansprüche der Kunden, atemberaubende Geschwindigkeit technologischer Entwicklungen – wahre Apokalypsen werden gemalt – scheitern *müssen.*

Der Bestsellerautor belehrt oder kritisiert die Praxis nicht, er macht vielmehr lediglich auf deren eigenen Spitzenleistungen aufmerksam und stellt sie anhand anschaulicher Beispiele vor. Damit *suggeriert er Umsetzbarkeit:* Wenn andere Unternehmen die neuen Prinzipien umgesetzt haben, dann kann es auch im eigenen Unternehmen gelingen! Die Beispiele werden bevorzugt aus der Sicht von Machern wie Percy Barnevik, Taichi Ohno oder Jack Welch dargestellt. Häufig werden Aussagen in direkter Rede eingestreut. So lässt sich Nähe zu den Mächtigen der Wirtschaft demonstrieren.

Wichtig ist vor allem: Die *Darstellung ist einfach und mehrdeutig zugleich.* Die neuen Prinzipien erscheinen einfach und überzeugend: „Internes Unternehmertum" ist klar besser als Bürokratie, und „Zeltorganisationen" sind anpassungsfähiger als „Palastorganisationen". Manager empfinden diese Einfachheit als wohltuend. Das neue Konzept kommt ihnen jedenfalls einfacher und einleuchtender vor als ihre eigene Organisation, die sie häufig als chaotisch erleben, und die den abschreckenden Beispielen in Managementbüchern eher gleicht als den positiven. Häufig führt das *Fehlen einer präzisen Beschreibung des Umsetzungsprozesses* zu Mehrdeutigkeit. Mehrdeutigkeit hat aber positive Auswirkungen: Sie schafft *Interpretationsspielraum*. Der das Konzept aufgreifende Manager kann das neue Konzept als Lösung für alle drängenden Probleme seines Unternehmens interpretieren. Auch wird das *Expertentum* des Autors unterstrichen: Wäre das Konzept einfach, bräuchte man keine Experten (unter denen der Autor einer der Besten ist), um es umzusetzen. Häufig weist der Autor auch darauf hin, dass das Konzept eine *große Herausforderung* darstellt, dass aber diejenigen, die sie meistern, mit *enormen Verbesserungen* – mit „Quantensprüngen" – rechnen können. Die Botschaft zwischen den Zeilen lautet: Wer sich nicht traut, ist kein guter Manager und verdient folglich die quantensprungartige Steigerung der Effizienz seines Unternehmens nicht.

Der potenzielle Bestseller bietet auch *Katharsis*. Kein Manager muss sich schuldig fühlen, dass er auf die neuen Prinzipien noch nicht selbst gekommen ist: Alles hat sich eben radikal geändert – die Umweltbedingungen und die angemessenen Lösungen. Die alten Prinzipien waren – bis gerade jetzt – Zeugnisse eines hervorragenden Managements. Sie sind es u. U. auch noch heute, morgen jedoch ganz bestimmt nicht mehr. Je früher Manager auf den Zug aufspringen, desto eher können sie sich als kleine „Mitpioniere" fühlen.

3 Moden schaffen Mythen

Indem Managementkonzepte in eine Verbindung mit außergewöhnlichen Leistungen außergewöhnlicher Persönlichkeiten gebracht werden, erhalten sie etwas Mythisches. Weshalb aber sollten Manager, die Inkarnationen der Rationalität, an Mythen glauben? Auslöser von Mythen, sagen die Anthropologen, ist letztlich die Angst vor dem Unheil, die Hilflosigkeit vor dem Unvertrauten. Der Mythos ersetzt die Angst durch die Furcht. Die Urangst der Manager – der durchaus Erfahrungen zu Grunde liegen – ist wohl, dass sich die Komplexität ihres Unternehmens als unbeherrschbar erweisen könnte, dass sie ihre Fähigkeit zum Steuern verlieren könnten. Nicht selten freilich erzeugt der Mythos erst die Schrecken, für die er dann Linderung in Aussicht stellt.

Aber dennoch: Wie ist zu erklären, dass im rationalen Denken geschulte Manager Versprechungen Glauben schenken, die offensichtlich nicht zu realisieren sind? Oder glaubt ein Manager, der sich etwa auf Reengineering einlässt, tatsächlich, dass Kostensenkungen zwischen 30 und 90 Prozent und Produktivitätssteigerungen um 100 Prozent erreichbar sind? (vgl. Lohse 1994: V1/9). Das müssten schon schlimme Situationen bzw. Unternehmen sein, die so etwas möglich machen! Wie kommt es, dass Vorstände, wahrscheinlich ohne sich der Paradoxie bewusst zu sein, eine Enthierarchisierung der Hierarchie *anordnen,* und dass die Angehörigen unterer Ebenen diese Botschaft begeistert aufgreifen – nicht zuletzt wohl auch um dadurch ihren *Aufstieg in der Hierarchie* zu fördern? Wie kommt es, dass sich mitunter Manager gleichzeitig so widersprüchlichen Moden zuwenden wie dem Reengineering, das ein völliges Umkrempeln der Organisation durch harte Einschnitte fordert, und dem „Evolutionären Management", das ausdrücklich vor „technokratischem Denken" warnt, weil dieses Komplexität zerstört, das System „vergewaltigt" und eine „Paralyse durch Analyse" provoziert?

Eine Erklärung dieser Phänomene muss wohl berücksichtigen, dass Manager tatsächlich tagtäglich einem *enormen Wettbewerbsdruck* ausgesetzt sind. Der Wunsch, sich mit einem wirksamen Mittel einen Vorsprung zu sichern, kann sehr dringlich werden; die Neigung, „Wundermethoden" zu vertrauen, kann mächtig sein. Die absolutistischen Fürsten, die immer wieder auf Goldmacher hereinfielen, waren auch vom Wettbewerb getrieben – vom Wettbewerb um die größte höfische Prachtentfaltung, um das stärkste Heer etc. „Wenn nämlich [...] außergewöhnliche Situationen auftreten und es folglich ganz besonders nötig wäre, sich voll und ganz an das Gesetz von Ursache und Wirkung zu halten, dann sucht das Individuum meist Zuflucht bei der übernatürlichen Macht.", erkannte der amerikanische Ökonom Thorstein Veblen (1986: 274) bereits um die Jahrhundertwende. Manager bezeichnen Bestsellerautoren-Berater häufig leicht spöttisch als Gurus – und wenden sich trotzdem vertrauensvoll an sie (vgl. Ernst/Kieser 2002).

4 Seminare und Kongresse als Modeverstärker

Verlagskonzerne veröffentlichen nicht nur Managementbücher, Managementzeitschriften und Tageszeitungen mit Wirtschaftsteil, sie veranstalten auch *Seminare und Kongresse*. Sie können Modewellen durch orchestrierte Werbung und Berichterstattung erzeugen und verstärken. Der Teilnehmer, der sich von einem Seminar Aufklärung erhofft, wird jedoch meist enttäuscht: In Vorträgen kann die Komplexität der Realität noch weniger eingefangen werden als in Büchern. Unterschiedliche Berater erzählen auf ein und demselben Seminar unterschiedliche Geschichten, weil sie sich ja differenzieren müssen. Die Organisatoren aus Unternehmen erzählen auch unterschiedliche Geschichten, weil sie aus unterschiedlichen Unternehmen kommen, von unterschiedlichen Beratern beraten wurden, und weil sie die Unmöglichkeit, einen höchst komplexen Reorganisationsprozess in maximal einer Stunde präsentieren zu müssen, auf höchst unterschiedliche Weise überspielen. Alle erzählen notwendigerweise Märchen, weil die Realität der Unternehmen zu vielschichtig, zu verworren – zu kompliziert – ist, um sie so darstellen zu können, wie sie wirklich ist.

Die Arenen der Managementmoden sind dringend darauf angewiesen, dass Praktiker in Unternehmen die Umsetzung der Mode betreiben. Weshalb greifen Manager Moden auf und machen Projekte daraus? Zunächst, weil von ihnen erwartet wird, dass sie neue Ideen, neue Konzepte, neue Organisationsformen und neue Techniken einführen. Auch können Managementmoden zum *Ausbau von Machtpositionen* beitragen. In aller Regel werden neue Konzepte von Topmanagern aufgegriffen. Die entsprechenden Kongresse und Seminare wenden sich zunächst auch exklusiv an diese Gruppe. Mit Hilfe von Managementmoden können sich Manager auszeichnen, reduzieren dabei aber das Risiko, nicht verstanden oder gar kritisiert zu werden. Wer einer Mode folgt, darauf hat der Soziologe Georg Simmel bereits 1905 hingewiesen, hebt sich ab, erregt Aufmerksamkeit, weiß sich aber zur gleichen Zeit geborgen in einer Gruppe von gleich gesinnten Pionieren. Bei der Bekleidung ist ein solches Verhalten offensichtlich. Es ist aber auch für Manager charakteristisch, die sich durch Anwendung der neuesten Konzepte profilieren wollen.

Moden legen den Einsatz von Unternehmensberatern nahe und erleichtern deren Auswahl. Das Topmanagement muss die Zielsetzungen nicht erarbeiten, nur genehmigen, und auch den Umsetzungsprozess nicht im Detail planen und überwachen. Managementmoden *erleichtern weiterhin die Koordination zwischen auseinanderdriftenden Projektgruppen und Aktivitäten.* Sie helfen, das Wichtige vom Unwichtigen zu unterscheiden, verkürzen die Argumentation und erleichtern die Durchsetzung von Entscheidungen, indem sie es ermöglichen, Vorschläge als in das Generalkonzept passend oder ihm widersprechend zu klassifizieren – etwa so: „Fraktale müssen geschaffen werden, Ihr Vorschlag zeigt, dass Sie das Wesentliche an einem Fraktal noch nicht erfasst haben!“

Die Mode liefert schließlich *Argumente, um die Reorganisation, die viel Zeit gekostet, persönliche Opfer gefordert und hohe Kosten verursacht hat, als sinnvoll und gelungen zu interpretieren.* Selten hört man von völlig fehlgeschlagenen umfassenden Reorganisationen (außer wenn dieses Argument in internen Machtkämpfen zupass kommt) – diese Interpretation wäre für alle Beteiligten einfach zu furchtbar. Und wenn die Modewelle, die der jüngsten Reorganisation zu Grunde lag, keine überzeugende Interpretation mehr hergibt, kann man immer noch eine neue Modewelle aufgreifen, die die alte Reorganisation mit umfasst, aber in einen (noch) größeren Rahmen einordnet. Schwedische Organisationswissenschaftler stellten fest, dass in vielen Fällen die Abläufe nach einer Reorganisation identisch waren mit denen vor der Reorganisation. Lediglich das *Reden über die Organisation* hatte sich geändert – und damit auch die Überzeugung, dass es besser geworden sei (vgl. Brunsson 2002).

5 Was nutzen Managementmoden?

Wir haben gesehen, dass Managementmoden einzelnen Managern nützlich sein können. Welche positiven Funktionen können sie aber für das Unternehmen übernehmen? Moden, auch Managementmoden, vermitteln Orientierung. Sie machen deutlich, welche Praktiken als angemessen, als legitim angesehen werden und welche nicht. Zurzeit sind im Management beispielsweise erfolgsabhängige Vergütungssysteme „in“ – immer noch. Es ist keine spektakuläre Mode, aber eine wichtige. In welchen Organisationen auch immer Führungskräfte unter Beweis stellen wollen, dass sie zu Effizienz steigernden Veränderungen in der Lage sind, führen sie leistungsabhängige Vergütungssysteme ein: im professionellen Sport, im oberen Management und neuerdings auch in Universitäten. Unternehmen, die solche Vergütungssysteme nicht eingeführt haben, riskieren eine schlechte Presse und damit ein Absinken der Aktienkurse. Dabei ist es in der Wissenschaft ziemlich unumstritten, dass leistungsabhängige Vergütung zwar bei einfachen Tätigkeiten, beispielsweise bei standardisierten Produktionsaufgaben oder Außendiensttätigkeiten, funktioniert, nicht aber bei komplexen Tätigkeiten (vgl. Frey/Osterloh 2000). Hätte der deutsche Fußballnationaltorhüter Kahn schlechter gehalten, wenn er keine Prämien, sondern nur eine (dem Niveau des FC Bayern entsprechende) fixe Vergütung bekommen hätte? Hätte Schrempp, ehemaliger Vorstandsvorsitzender des DaimlerChrysler Konzerns, ohne leistungsabhängige Einkommenskomponenten eine weniger gute Leistung geboten? Mit ziemlicher Sicherheit nicht. Aber die Manager dieser Organisationen müssten sich, hätten sie leistungsabhängige Vergütungssysteme nicht eingeführt, den Vorwurf gefallen lassen, sie seien mit den Prinzipien des modernen (!) Managements nicht vertraut.

Moden sind auch ein wirksames Mittel *der Motivation:* Sie bringen Menschen (selbst konservative Manager) dazu, vom Altvertrauten zu lassen und etwas Neues auszuprobieren. Manches durch eine Managementmode ausgelöste Experiment bewährt sich und führt zu nachhaltigen Effizienzsteigerungen.

Managementmoden bieten Lösungen, die sich – da sind sich Berater, Managementwissenschaftler, die Medien und auch viele Manager einig – als „Best Practices“ bewährt haben – und wenn sie sich auch nur deswegen bewährt haben, weil Meinungsführer überzeugt sind, sie hätten sich bewährt.

Viele Managementmoden bieten Gelegenheit zur Erzielung von Wettbewerbsvorteilen. Dennoch sollten Manager nicht jede Managementmode mitmachen. Gerade in den letzten beiden Sommern konnte man gut beobachten, dass die jeweils aktuelle Mode nicht alle gleichermaßen kleidet. Das gilt auch für Managementmoden: Nicht jede passt zu allen Unternehmen. Wettbewerbsvorteile erzielen Manager vor allem dann, wenn Sie nicht einfach mit der Mode gehen, also Standardlösungen implementieren, sondern das jeweils aktuelle Managementkonzept – falls es passt – bei der Umsetzung in ihrem Unternehmen mit einem besonderen Kniff ausstatten oder Elemente verschiedener Managementmoden kombinieren (auch bei der Wahl der Bekleidung liegt der Erfolg in der gewagten, aber „stimmigen“ Kombination).

Literaturverzeichnis

Brunsson, Nils (2002): The Organization of Hypocracy: Talk, Decisions and Actions in Organizations, Copenhagen 2002.

Cantin, Françoise; Thom, Norbert (1992): Innerbetriebliche Kommunikation. Konzeptioneller Bezugsrahmen und Ableitung von Effizienzkriterien. In: Zeitschrift Führung + Organisation (zfo), 61. Jg. 1992, Heft 5, S. 287-292.

Ernst, Berit; Kieser, Alfred (2002): In search of explanations for the consulting explosion. In: The Expansion of Management Knowledge: Carriers, Flows, and Sources, edited by Lars Engwall and Kerstin Sahlin-Andersson, Stanford/CA 2002, S. 47-73.

Frey, Bruno S.; Osterloh, Margit (2000): Managing Motivation, Zürich 2000.

Hassinger, Herbert (1951): Johann Joachim Becher 1635-1682. Ein Beitrag zur Geschichte des Merkantilismus, Wien 1951.

Kieser, Alfred (1997): Myth and rhetoric in management fashion. In: Organization, 4. Jg. 1997, Nr. 1, S. 49-74.

Kieser, Alfred (2002): Managers as marionettes? Using fashion theories to explain the success of consultancies. In: Management Consulting: Emergence and Dynamics of a Knowledge Industry, edited by Lars Engwall and Matthias Kipping, Oxford 2002, S. 167-183.

Lohse, Jens-Marten (1994): Veränderungen, die an das Fundament gehen. In: Süddeutsche Zeitung vom 24./25. und 26. Dezember 2004, S. V1/9.

Simmel, Georg (1905): Philosophie der Mode. In: Moderne Zeitfragen Nr. 11, hrsg. v. Hans Landsberg, Berlin 1905.

Thom, Norbert; Ritz, Adrian (2004): Public Management. Innovative Konzepte zur Führung im öffentlichen Sektor, Wiesbaden 2004.

Veblen, Thorstein (1986): Theorie der feinen Leute. Eine ökonomische Untersuchung der Institutionen (Erstausgabe 1899 unter dem Titel „The Theory of the Leisure Class"), Frankfurt a. M. 1986.

Zukunftsfähigkeit durch dynamische Kernkompetenzen

Wilfried Krüger*

Welche Bedeutung das Attribut „Zukunftsfähigkeit“ besitzt, ist daran abzulesen, dass viele Unternehmen scheitern, obwohl sie zunächst erfolgreich „restrukturiert“ oder gar „saniert“ worden sind. Offenbar verlangt das dauerhafte Bestehen am Markt andere Fähigkeiten als das Bewältigen einer Krisensituation. Welche das sind und wie sie organisatorisch zu verankern sind, wird mit Hilfe des Kernkompetenz-Ansatzes sowie des Ansatzes der Dynamic Capabilities im Überblick gezeigt.

Stichworte: Dynamic Capabilities – Gegenstromverfahren – Kernkompetenzen – organisatorische Fähigkeiten – strategiefokussierte Organisation – Wertschöpfungsarchitekturen

* Prof. Dr. Wilfried Krüger, Lehrstuhl für Betriebswirtschaftslehre, insbesondere Unternehmensführung und Organisation, an der Justus-Liebig-Universität Gießen (D).

1 Zukunftsfähigkeit als Herausforderung der Unternehmensführung

Die üblichen Veränderungsprogramme der Praxis haben den Charakter einer Diät bzw. einer Abmagerungskur. Sie dienen damit dem Abbau von Schwächen und Wettbewerbsnachteilen, führen aber keineswegs zwangsläufig zu Stärken oder gar Wettbewerbsvorteilen. Wer Stärken erwerben (und halten) will, muss besondere Fähigkeiten aufbauen und wird um ein gezieltes, regelmäßiges Programm hierfür („Fitnesstraining") nicht herumkommen. Nur so ist ein nachhaltiges, überdauerndes Bestehen im Wettbewerb zu erreichen. Diese Ausgangsüberlegungen leiten zu drei Fragestellungen über:

(1) Welche Fähigkeiten muss ein Unternehmen erwerben, um zukunftsfähig zu sein?

(2) Wie sieht die Prozessorganisation zukunftsfähiger Unternehmen aus (Prozessmodell)?

(3) Welche Ausgestaltung der Aufbauorganisation von Unternehmen entspricht diesen Fähigkeiten (Strukturmodell)?

2 Kernkompetenzen als Lösungsansatz

2.1 Kernkompetenzen als organisatorische Fähigkeiten

Zukunftsfähigkeit als Attribut eines Unternehmens beruht auf einer unternehmensweiten Kombination unterschiedlicher Ressourcen und Teilfähigkeiten, insbesondere solchen technischer, personeller, struktureller und prozessualer Art. Unternehmen sind zukunftsfähig, wenn sie in der Lage sind, Umweltveränderungen zumindest reaktiv, idealerweise aber proaktiv zu begegnen. Es handelt sich um eine institutionelle Fähigkeit, eine Befähigung des gesamten Unternehmens, im Idealfall also um konzernweit nutzbare Attribute.

In der Strategieliteratur wird hierfür der Begriff der organisatorischen Fähigkeiten (organizational capabilities) verwendet. Der Grundgedanke dieses Konzepts besteht darin, dass Wettbewerbsvorteile nicht in den sichtbaren und bewertbaren Ausprägungen von Strukturen und Prozessen bestehen, sondern in den quasi dahinter liegenden, sich in Strukturen und Prozessen erst entfaltenden Fähigkeiten eines Unternehmens. Damit gemeint ist die gedankliche Summe dessen, was ein Unternehmen braucht, um seine verschiedenen Handlungseinheiten und deren Aktivitäten zu formen, zu koordinieren und an veränderte Umweltbedingungen anzupassen. Im Versuch, diese Kategorie zu präzisieren, wird auch von Routinen gesprochen. So definiert Winter (2003: 991) wie folgt: „An organizational capability is a high-level routine (or collection of routines) that, together with its implementing input flows, confers upon an organization's management a set of decision options for producing significant output of a particular type."

Fähigkeiten bzw. Routinen bilden die Basis für Kompetenzen. Die Bezeichnung Kompetenz wird im Ansatz marktorientierter Kernkompetenzen für solche Fähigkeiten verwendet, die sich im Markt bewähren, also die Grundlage für die Erstellung und Vermarktung von Gütern und Leistungen bilden (vgl. hierzu im Einzelnen Krüger/Homp 1997). Ohne Fähigkeiten gibt es keine Kompetenzen, aber keineswegs jede Fähigkeit lässt sich in eine Kompetenz ummünzen. Die Steigerung von Kompetenzen sind Kernkompetenzen. Sie bestehen aus einem Bündel von Ressourcen und Fähigkeiten, das so ausgestaltet ist, dass sich daraus Wettbewerbsvorteile ergeben. Kernkompetenzen sind also marktbewährte organisatorische Fähigkeiten auf einem besonders hohen Niveau. Sie sind insofern „kritisch", als von ihnen die Wettbewerbsvorteile und damit der Erfolg des Unternehmens abhängen. Eine Besonderheit von Kernkompetenzen ist ihre „Dehnbarkeit". Sie lassen sich also durch einen spezifischen Leverage-Effekt z. B. auf neue Produkte, Kundengruppen oder Regionen übertragen, woraus Wachstumsmöglichkeiten resultieren (vgl. Krüger 2002).

2.2 Bewältigung des Tagesgeschäfts durch Basiskompetenzen

Kernkompetenzen werden in Basiskompetenzen und Metakompetenzen eingeteilt (vgl. Krüger/Homp 1997: 41 ff.). Ein Unternehmen verfügt über Basiskompetenzen, wenn es bestehende Geschäfte (Tagesgeschäft) wettbewerbswirksam beherrscht. Winter bezeichnet dieses Niveau organisatorischer Fähigkeiten als Basisniveau (zero level) (vgl. Winter 2003: 992 ff.). Ein Unternehmen, das seine bisherigen Geschäfte unverändert mit gegebenen Kunden auf gegebenen Märkten betreibt, sich also quasi im Gleichgewicht befindet, setzt Basisfähigkeiten ein. Restrukturierungs- bzw. Sanierungsvorhaben sind Aktivitäten zur Wiedergewinnung und Stärkung der Basisfähigkeiten. Gelingen diese Projekte, so hat das Unternehmen das Fähigkeitsniveau erreicht, das aktuell erforderlich ist, um im Wettbewerb mithalten zu können („Kompetenz“) oder sogar Wettbewerbsvorteile zu erlangen („Kernkompetenz“).

2.3 Bewältigung tief greifenden Wandels durch dynamische Fähigkeiten 1. Ordnung

Basisfähigkeiten allein sichern noch nicht die Zukunftsfähigkeit. Hierzu sind Fähigkeiten erforderlich, die über die Basisfähigkeiten hinausgehen, also Fähigkeiten höherer Ordnung darstellen, sog. „dynamic capabilities“ (vgl. grundlegend hierzu Collis 1994; Teece/Pisano/Shuen 1997). Im Kernkompetenzansatz wird von Metakompetenzen gesprochen (vgl. Krüger/Homp 1997: 41 ff.). Unternehmen, die über Routinen für Veränderungen verfügen, besitzen dynamische Fähigkeiten. Dabei lassen sich analytisch zwei Stufen unterscheiden: Dynamische Fähigkeiten erster und zweiter Ordnung (weiterentwickelt nach Winter 2003: 994).

Dynamische Fähigkeiten erster Ordnung liegen vor, wenn sich ein Unternehmen mit einzelnen Projekten oder Programmen reaktiv an Umweltveränderungen anpassen bzw. proaktiv eigene Veränderungen durchführen kann. Wenn es um Restrukturierung und Turnaround geht, sind derartige Fähigkeiten z. B. ebenso im Einsatz wie beim Aufbau neuer Geschäfte oder bei M&A-Vorgängen. Damit ein Unternehmen solche Fähigkeiten erwirbt, ist es erforderlich, die Durchführung von Veränderungsprozessen nicht überwiegend externen Beratern zu überlassen. Erst eigene Erfahrungen führen dazu, dass sich unternehmensweit Routinen und Standards herausbilden, so z. B. für die Initialisierung, das Management und das Controlling von Projekten. Situationen fundamentalen Wandels sollten insofern auch als besondere Chance zum Fähigkeitserwerb begriffen werden.

2.4 Sicherung kontinuierlicher Weiterentwicklung durch dynamische Fähigkeiten 2. Ordnung

Eine einmal erreichte Erfolgsposition wird sich in Zukunft nur halten lassen, wenn über einmalige Vorhaben hinaus ein Prozess kontinuierlicher Weiterentwicklung einsetzt. Nur so lässt sich Nachhaltigkeit und damit Zukunftsfähigkeit im Sinne der Business Excellence erreichen. Genau darauf zielen die dynamischen Fähigkeiten zweiter Ordnung ab. Sie sind dadurch gekennzeichnet, dass Unternehmen über kollektive Lern-, Entwicklungs- und Innovationsfähigkeiten verfügen (vgl. auch Thom/Zaugg 2001: 5, die von Personal-, Organisations- und Wissens- bzw. Innovationskompetenzen, sog. POWer Kompetenzen, sprechen). Und sie sind es, die dafür sorgen, dass ein Unternehmen auch zukünftig wettbewerbsfähig bleibt. Von diesem Standpunkt aus betrachtet, handelt es sich um die wichtigsten Fähigkeiten bzw. Kompetenzen eines Unternehmens überhaupt, wahrscheinlich sogar um die einzigen Kompetenzen von langfristigem Bestand (vgl. Krüger/Homp 1997: 49 ff.). Für Unternehmen, die Vorsprünge im Wettbewerb halten wollen, gilt, dass sie dynamische Fähigkeiten zu einer Kernkompetenz ausbauen müssen. Wer Marktführer bleiben will, muss Wandlungsführer werden. Leitbild ist das Unternehmen als evolvierendes, entwicklungsfähiges System (vgl. auch Kirsch 1997). Wandel ist in einem solchen Unternehmen durch Routinen gesichert und wird als „natürlich“ empfunden.

3 Prozessmodell eines zukunftsfähigen Unternehmens

3.1 Dynamische Kompetenzen im Gegenstromverfahren

Um dynamische Fähigkeiten zweiter Ordnung zu erreichen, sind die in der Praxis immer wieder auftauchenden Restrukturierungswellen nach Möglichkeit von einem kontinuierlichen Strom der Weiterentwicklung abzulösen (vgl. Krüger 2006a und 2006b). Das Orientierungsmodell hierfür ist die Vorstellung vom Unternehmensprozess als einem vertikal und horizontal verlaufenden Gegenstrom, der über die verschiedenen organisatorischen Einheiten und Ebenen, aber auch über die Unternehmensgrenzen hinweg, zu regeln ist (vgl. zum Folgenden Krüger 2004b: 92 ff.). In organisatorisch horizontaler Richtung geht es um einen Wissens- und Informationsstrom, der sich entlang der Wertkette bewegt und die Netzwerkpartner einbezieht. In diesem Prozessteil ist die marktorientierte Außensicht mit der ressourcenorientierten Innensicht zu verbinden. Auf die Weise können die angestrebten marktorientierten Kernkompetenzen entstehen. In organisatorisch vertikaler Richtung werden Managementprozesse kaskadenförmig über die Hierarchieebenen hinweg organisiert. Abwärts gerichtet gelten strategische Absichten und Ziele als Rahmenvorgaben. Im aufwärts gerichteten Prozess werden Maßnahmen zur Zielerreichung geplant. Veränderungs- und Verbesserungsinitiativen sind Gegenstand des jährlichen Zielvereinbarungs- und Budgetierungsprozesses. Hierfür bieten moderne Führungskonzepte wie die Balanced Scorecard (BSC) geeignete Ansatzpunkte.

3.2 Basiskompetenzen und Metakompetenzen in der Wertschöpfungsarchitektur

Der beschriebene Gegenstrom verläuft heute nicht mehr nur in einem als Wertkette eines Unternehmens kanalisierten Bett. Durch die Konzentration auf Kerngeschäfte und Kernfähigkeiten in den letzten Jahren sind an die Stelle hoch integrierter Wertketten weithin komplexe Wertschöpfungsarchitekturen getreten, die in vielen Fällen Netzwerkcharakter haben (vgl. Bach/Buchholz/Eichler 2003; Krüger 2004a). Im Netzwerk werden von spezialisierten Partnern Teilleistungen erbracht, in denen sie jeweils besondere Kompetenzen besitzen. Dies betrifft zunächst die Basiskompetenzen der Geschäftsprozesse, sodann aber auch Entwicklungs- und Veränderungsvorhaben und die damit verbundenen Metakompetenzen. Ein Unternehmen entwickelt z. B. neue Produkte in Gemeinschaft mit Kooperationspartnern aus dem Netzwerk. Dies bedingt einerseits, dass jeder Beteiligte für sich genommen über die relevanten dynamischen Fähigkeiten verfügen muss. Andererseits sind die Veränderungs- und Entwicklungsprozesse unternehmensübergreifend zu organisieren. Die entstehenden Routinen und Fähigkeiten sind Eigenschaften des gesamten Netzwerkes. Netzwerke können also ihrerseits dynamische Fähigkeiten besitzen. Es kommt zu einem Effekt, der als Koevolution bezeichnet wird (vgl. Baum/Singh 1994: 379 ff.). Er umschließt im Grundsatz dynamische Fähigkeiten erster wie zweiter Ordnung.

4 Strukturmodell eines zukunftsfähigen Unternehmens

4.1 Strategiefokussierte Organisation als Grundlage

Bleibt abschließend zu klären, wie sich Zukunftsfähigkeit in den Strukturen ausdrückt. Als Ergebnis organisatorischer Umgestaltung entsteht derzeit an vielen Stellen eine „strategiefokussierte Organisation" (vgl. Krüger 2004b). Sie bildet die strukturelle Ausgangsbasis der Zukunftsfähigkeit. Die Makrostruktur dieser Unternehmen lässt sich verallgemeinert anhand der drei Kategorien des sog. SOS-Konzepts charakterisieren.

Steuerungseinheiten (S) konzentrieren sich auf die bereichs- bzw. segmentübergreifende Steuerung der Geschäfte. Welche Steuerungsaufgaben die Unternehmensspitze – das Corporate Center – übernimmt, hängt vom Führungsanspruch der Spitze bzw. dem Typ des Konzerns (Stammhauskonzern, Managementholding, Finanzholding) ab. Die Geschäftsprozesse werden in operativen Einheiten (O) gebündelt, z. B. in Geschäftsbereichen, Produkt- oder Regionalsparten. Alle Administrations- und Dienstleistungsaufgaben, die der Unterstützung von „Operation" oder „Steuerung" dienen, werden entweder auf den Markt übertragen oder in gesonderten Einheiten, den Supporteinheiten (S), zusammengefasst, so insbesondere in den sog. Shared Service Centern. Daraus resultieren im Einzelfall nicht nur Kosten-, sondern auch Leistungsvorteile (vgl. Krüger/Danner 2004).

Diese Aufgabenteilung bietet die Grundlage für eine Fähigkeitsspezialisierung. Generische Managementfähigkeiten, geschäftsspezifische operative Fähigkeiten und generische Unterstützungsfähigkeiten lassen sich entwickeln und kultivieren. Die unternehmensweiten Kompetenzen entstehen sodann aus einem Verbund der Fähigkeiten in Operation, Steuerung und Support. Dies gilt zunächst für die Basiskompetenzen, auf die sich typischerweise die Maßnahmen der Restrukturierung richten. Die Geschäftsprozesse sind in einer strategiefokussierten Organisation transparenter und effizienter organisierbar als in „historisch gewachsenen" Konzernen. Um dynamische Fähigkeiten (Metakompetenzen) entfalten zu können, sind allerdings weitere strukturelle Vorkehrungen erforderlich. Hierzu zählt zunächst die Flexibilisierung der Strukturen, die auch in einer strategiefokussierten Organisation nicht ohne weiteres gegeben ist (vgl. zum Folgenden Brehm 2003; Krüger 2005). Sodann sind projektunabhängige Plattformen für Wandel, Lernen und Entwicklung notwendig.

4.2 Flexibilisierung der Strukturen

Strukturen sind möglichst flexibel zu gestalten, um einerseits die laufenden Veränderungsprozesse zu ermöglichen und andererseits sich selbst verändern zu können. Grundvoraussetzung für dynamische Fähigkeiten ist generell ein Ressourcenüberschuss (Organizational Slack) (vgl. z. B. Bourgeois 1981). Aufbau von organisatorischem Slack kann durch Veränderungen in der Primärorganisation (z. B. Bildung eines M&A-Stabes) oder durch Aufbau einer Sekundärorganisation (z. B. Einrichtung einer Projektorganisation) geschehen. Nachdem durch die Restrukturierungen verzichtbare Aufgaben und Stellen abgebaut wurden, ist also zum Teil ein kompetenzbezogener Aufbau oder Umbau erforderlich. Strukturveränderungen werden außerdem durch Modularisierung erleichtert. Module sind relativ kleine, selbstständige Einheiten mit einem in sich geschlossenen Aufgaben- und Prozessbündel (vgl. hierzu im Einzelnen Brehm 2003: 140 ff. und die dort angegebene Literatur). Sie können am internen oder externen Markt unabhängig voneinander agieren. Hierfür ist ein hohes Maß an Entscheidungsdezentralisation notwendig. Im Idealfall entsteht so ein globales Netzwerk von Organisationseinheiten, von denen sich jede auf unterschiedliche Funktionen resp. Geschäfte konzentriert. Die Koordination erfolgt durch Selbstabstimmung und interne Märkte statt durch zentrale Vorgaben und Eingriffe. Es entstehen flexible, lose Kopplungen (vgl. Weick 1976; Brehm 2003: 154 ff.). Auch die Binnenorganisation der Subsysteme wird enthierarchisiert. Eigenverantwortung der Mitarbeiter und die Einrichtung von teilautonomen Arbeitsgruppen und Teams kennzeichnen diesen Trend. Das Prinzip der Selbststeuerung greift Platz.

4.3 Bildung von Plattformen für Wandel, Lernen und Entwicklung

Zeitlich begrenzte Wandlungsvorhaben sind durch die bekannten Einrichtungen der Projektorganisation (Projektteams, Kernteam, Lenkungsausschuss) abzuwickeln, die als Bausteine der Sekundärorganisation ebenso zur Primärorganisation hinzutreten wie Workshops und Konferenzen (z. B. Roadshows, Townmeetings), die der Initialisierung, Kommunikation und Mobilisierung im Wandlungsprozess dienen. Slack in Form von Anteilen der Arbeitszeit sowie des Budgets ist hierfür erforderlich. Projektarbeit, die in professioneller Form wiederholt in Unternehmen praktiziert wird, führt zu Routinen, die dynamische Fähigkeiten erster Ordnung repräsentieren.

Mit der Einführung von projektunabhängigen Plattformen sind sodann die strukturellen Voraussetzungen für Fähigkeiten zweiter Ordnung zu schaffen, also für kontinuierliche Entwicklung und kollektives Lernen. Sei es, dass man z. B. Erfahrungsaustauschgruppen, Quality Circles oder Communities of Practice bildet; sei es, dass gesonderte Stäbe oder Zentralstellen wandlungsrelevante Aufgaben zu erfüllen haben (z. B. Konzernentwicklung, Interne Beratung, M&A-Abteilung). Dabei ist an den Zusammenhang von Wandel und Lernen zu erinnern: „Wandel ohne Lernen ist unmöglich und Lernen ohne Wandel sinnlos." (Krüger/Bach 1997: 30). Lernprozesse und Unternehmungsentwicklung sind als Einheit zu sehen und zu gestalten.

Literaturverzeichnis

Bach, Norbert; Buchholz, Wolfgang; Eichler, Bernd (Hrsg.) (2003): Geschäftsmodelle für Wertschöpfungsnetzwerke, Wiesbaden 2003.

Baum, Joel A. C.; Singh, Jitendra V. (1994): Organization-Environment Coevolution. In: Evolutionary Dynamics of Organizations, edited by Joel Baum and Jitendra V. Singh, New York 1994, S. 379-402.

Bourgeois, L. J. III (1981): On the Measurement of Organizational Slack. In: Academy of Management Review, 6. Jg. 1981, Nr. 1, S. 29-39.

Brehm, Carsten R. (2003): Organisatorische Flexibilität der Unternehmung, Wiesbaden 2003.

Collis, David J. (1994): Research note: How valuable are organizational capabilities? In: Strategic Management Journal, 15. Jg. 1994, Nr. 8, S. 143-152.

Kirsch, Werner (1997): Kommunikatives Handeln, Autopoiese, Rationalität, 2. Auflage, München 1997.

Krüger, Wilfried (2002): Unternehmenswachstum auf der Basis von Kernkompetenzen. In: Wachstumsstrategien internationaler Unternehmungen. Internes vs. externes Unternehmenswachstum, hrsg. v. Martin Glaum, Ulrich Hommel und Dieter Thomaschweski, Stuttgart 2002, S. 189-215.

Krüger, Wilfried (2004a): Von der Wertorientierung zur Wertschöpfungsorientierung der Unternehmungsführung. In: Personal und Organisation (Festschrift zum 60. Geburtstag von Prof. Dr. Rolf Bühner), hrsg. v. Horst Wildemann, München 2004, S. 57-81.

Krüger, Wilfried (2004b): Center-Konzepte in der Konzernentwicklung. In: Center-Organisation. Gestaltungskonzepte, Strukturentwicklung und Anwendungsbeispiele, hrsg. v. Axel von Werder und Harald Stöber, Stuttgart 2004, S. 181-205.

Krüger, Wilfried (2005): Flexibilisierung der Organisation. In: Handbuch Industrialisierung der Finanzwirtschaft, hrsg. v. Zbynek Sokolovsky und Sven Löschenkohl, Wiesbaden 2005, S. 425-446.

Krüger, Wilfried (2006a): Strategische Erneuerung: Programme, Prozesse, Probleme. In: Excellence in Change. Wege zur strategischen Erneuerung, hrsg. v. Wilfried Krüger, 3. Auflage, Wiesbaden 2006, S. 43-92.

Krüger, Wilfried (Hrsg.) (2006b): Excellence in Change. Wege zur strategischen Erneuerung, 3. Auflage, Wiesbaden 2006.

Krüger, Wilfried; Bach, Norbert (1997): Lernen als Instrument des Unternehmungswandels. In: Handbuch Lernende Organisation, hrsg. v. Dr. Wieselhuber & Partner, Wiesbaden 1997, S. 23-31.

Krüger, Wilfried; Danner, Marc (2004): Einsatz von Shared Service Centern für Finanzfunktionen. In: Controller Magazin, 29. Jg. 2004, Heft 3, S. 215-220.

Krüger, Wilfried; Homp, Christian (1997): Kernkompetenz-Management: Steigerung von Flexibilität und Schlagkraft im Wettbewerb, Wiesbaden 1997.

Teece, David J.; Pisano, Gary; Shuen, Amy (1997): Dynamic capabilities and strategic management. In: Strategic Management Journal, 18. Jg. 1997, Nr. 7, S. 509-533.

Thom, Norbert; Zaugg, Robert J. (2001): Excellence durch Personal- und Organisationskompetenz. In: Excellence durch Personal- und Organisationskompetenz, hrsg. v. Norbert Thom und Robert J. Zaugg, Bern et al. 2001, S. 1-19.

Weick, Karl E. (1976): Educational organizations as loosely coupled systems. In: Administrative Science Quarterly, 21. Jg. 1976, Nr. 1, S. 1-19.

Winter, Sidney G. (2003): Understanding Dynamic Capabilities. In: Strategic Management Journal, 24. Jg. 2003, Nr. 10, S. 991-995.

Kompetenzfallen

Thomas Jenner*

Kompetenzen spielen eine zentrale Rolle im Hinblick auf die Erklärung dauerhafter Erfolgsunterschiede zwischen Unternehmen. Während überdurchschnittlicher Erfolg im Regelfall die Verfügbarkeit spezifischer Kompetenzen voraussetzt, deuten verschiedene Indizien darauf hin, dass Unternehmen die Adaption ihrer Kompetenzen an veränderte Anforderungen schwer fällt. Ein entscheidendes Hindernis auf dem Weg zu einer Anpassung stellen Kompetenzfallen dar. Ursachen für das Entstehen von Kompetenzfallen können Probleme im Zusammenhang mit der Wahrnehmung der Notwendigkeit, eine mangelnde Motivation und/oder Defizite hinsichtlich der Fähigkeit zum Aufbau neuer Kompetenzen sein. Um dem Entstehen von Kompetenzfallen entgegenzuwirken, sind Maßnahmen im Hinblick auf alle genannten Ursachen zu ergreifen.

Stichworte: Absorptive Capacity – Audits – dominante Logik – Dynamic Capability – Experimentieren – Flexibilität – Kompetenzfallen – organisationales Lernen – Pfadabhängigkeit – Szenarien

---

* PD Dr. Thomas Jenner hält sich z. Zt. als Visiting Scholar an der Columbia University, New York auf.

1 Grundlegung

Das zentrale Erkenntnisinteresse des strategischen Managements zielt auf die *Erklärung überdurchschnittlichen Erfolges*. Hierfür bedarf es dauerhafter Wettbewerbsvorteile, die auf den Kompetenzen eines Unternehmens basieren. Kompetenzen, die durch das komplexe Zusammenspiel zwischen Ressourcen und Unternehmensroutinen entstehen, haben im Regelfall idiosynkratischen Charakter und sind schwer zu imitieren. Während Kompetenzen eine hohe Erfolgsrelevanz zuzuschreiben ist, repräsentieren die marktlichen Bedingungen hierbei die „andere Seite der Medaille". Empirische Befunde stützen das Postulat einer situativen Bedingtheit, derzufolge ein Fit zwischen der verfolgten Strategie, den Kompetenzen und den marktlichen Bedingungen erfolgsentscheidend ist (vgl. z. B. Zajac/Kraatz/Bresser 2000).

Angesichts der vielfach konstatierten zunehmenden Umweltdynamik ergibt sich ein erheblicher Wandlungsbedarf, weshalb ein Kompetenzen-Markt-Fit kaum als statischer Gleichgewichtszustand interpretiert werden kann (vgl. Thom 1997: 201 f.; Santos/Eisenhardt 2005: 497). Mit Blick auf die tendenziell abnehmende Halbwertszeit spezifischer Kompetenzen wird vielmehr die Bedeutung von *Dynamic Capabilities* betont, die eine Erneuerung der Kompetenzbasis des Unternehmens und damit die Anpassung an eine sich verändernde Umwelt ermöglichen. Allerdings deuten die Einbrüche vieler ehemaliger Vorzeigeunternehmen darauf hin, dass die Adaption an Veränderungen erhebliche Schwierigkeiten bereitet (vgl. Jenner 2003). Eine Ursache dieses Phänomens ist in der einseitigen Fokussierung auf die Optimierung bestehender Kompetenzen zu sehen. Mutieren die einstigen „Core Competencies" zu „Core Rigidities" drohen Unternehmen in der *Kompetenzfalle* zu landen (vgl. Leonard-Barton 1992: 123).

2 Ursachen für das Entstehen von Kompetenzfallen

Das Entstehen von Kompetenzfallen kann durch eine Vielzahl verschiedener Faktoren gefördert werden. Grundsätzlich sind drei Ursachen zu unterscheiden:

- die mangelnde Wahrnehmung einer Veränderungsnotwendigkeit,
- die mangelnde Motivation zur Anpassung und
- die mangelnde Fähigkeit zur Modifikation der Kompetenzausstattung.

Die mangelnde *Wahrnehmung* eines Anpassungsbedarfs steht in engem Zusammenhang mit der Komplexität des Kompetenzmanagements. Angesichts ihrer Informationsüberlastung analysieren Entscheidungsträger Probleme auf der Basis mentaler Modelle, die bestehenden Kompetenzen eine Schlüsselrolle zuweisen. Damit wird die Aufmerksamkeit auf Informationen gelenkt, die ausgehend von den etablierten Kompetenzen relevant erscheinen. Als Kehrseite dieser ambiguitätsreduzierenden und entscheidungserleichternden Fokussierung ist die wachsende Gefahr einer Vernachlässigung vermeintlich peripherer Ereignisse anzusehen. Besonders problematisch erscheint das durch Sozialisationseffekte bedingte Entstehen einer *dominanten Logik* bei mehreren Entscheidungsträgern, da hiermit ein innerbetriebliches Korrektiv gegen eine verzerrte Wahrnehmung entfällt (vgl. Bettis/Prahalad 1995: 6). Infolgedessen wächst die Gefahr, dass Gewohnheit an die Stelle von Nachdenken tritt und neue Anforderungen an Kompetenzen schlicht übersehen werden (vgl. Tushman/Romanelli 1985: 193).

Insbesondere erfolgreichen Unternehmen mangelt es vielfach an der *Motivation* zum Verlassen ausgetretener Pfade. Während der Effekt einer Optimierung etablierter Kompetenzen auf die Wettbewerbsposition vorhersehbar erscheint, sind der Aufbau sowie die Transformation neuer Kompetenzen in Wettbewerbsvorteile mit erheblichen Unwägbarkeiten verbunden. Promotoren neuer Kompetenzen gehen infolgedessen ein hohes Risiko ein. Hinzu kommt, dass bestehende Kompetenzen in komplexe Wertschöpfungsstrukturen integriert sind, die im Zusammenhang mit neuen Kompetenzen ebenfalls obsolet zu werden drohen (vgl. Ahuja/Lampert 2001: 527). Schließlich kann auch ein in Erfolgszeiten akkumulierter Ressourcenüberschuss den Veränderungsdruck reduzieren.

Die *Fähigkeit* zum Aufbau neuer Kompetenzen wird nicht selten durch eine *Pfadabhängigkeit* begrenzt, die eine historisch bedingte Limitation des zukünftigen Handlungsspielraums impliziert (vgl. Teece/Pisano/Shuen 1997: 532; Booth 2003: 97 f.). Gut dokumentiert ist eine Pfadabhängigkeit beispielsweise bei der Entwicklung technologischer Kompetenzen (vgl. Tripsas/Gavetti 2000). Eine wichtige Rolle spielt hier die als *Absorptive Capacity* bezeichnete Fähigkeit von Unternehmen zur Wissensgenerierung. Da neues Wissen empirischen Befunden zufolge primär im Umfeld bereits existenten Wissens akkumuliert wird, determiniert der Status quo die zukünftige Entwicklung (vgl. Cohen/Levinthal 1990: 128; Kogut/Zander 1992: 392). Mit zunehmender Spezialisierung der Kompetenzbasis ist folglich von einem schrumpfenden Handlungsspielraum auszugehen. Hinzu kommt, dass spezifische Kompetenzen eine Tendenz zur Stabilität aufweisen und damit Beharrungstendenzen fördern (vgl. Lei/Hitt/Bettis 1996: 56).

Zwischen den drei Determinanten des Entstehens von Kompetenzfallen bestehen vielfältige Interdependenzen, die zu Verstärkungseffekten führen können. Da die Gefahr des Entstehens einer Kompetenzfalle letztlich durch das schwächste Glied bestimmt wird, greift ein Kurieren einzelner Symptome zu kurz. Neben umfassenden Gegenmaßnahmen bedarf es einer proaktiven Herangehensweise, da eine verspätete Entwicklung neuer Kompetenzen tief greifende Konsequenzen haben kann. So reduziert eine um sechs Monate verzögerte Markteinführung bei High-Tech-Gütern die Erträge über einen Zeitraum von fünf Jahren um 33% (vgl. Slater 1996: 83).

3 Ansatzpunkte zur Vermeidung von Kompetenzfallen

3.1 Erhöhung der Wahrnehmungsfähigkeit

Die frühzeitige Wahrnehmung eines Veränderungsbedarfs setzt eine Offenheit gegenüber neuen Entwicklungen voraus. Da Entscheidungsträgern aufgrund ihrer Überlastung mit operativen Aufgaben meist wenig Zeit für eine kritische Reflexion bleibt, bedarf es einer gezielten Schaffung von Freiräumen für ein strategisches Denken (vgl. Kaplan/Norton 2005: 76). Diskrepanzen zwischen der Kompetenzbasis eines Unternehmens und zukünftigen Anforderungen lassen sich beispielsweise mit Hilfe eines *Audits* aufdecken, im Rahmen dessen die Kompetenzausstattung mit Blick auf mögliche Chancen und Risiken evaluiert wird. Zudem sind im Rahmen eines Audits – quasi aus einer Meta-Perspektive – auch die Prozesse der Informationsgewinnung und -verarbeitung kritisch zu beleuchten, um Defizite in der Wahrnehmungsfähigkeit zu identifizieren.

Eine Öffnung gegenüber neuen Entwicklungen verspricht auch die *Szenario-Technik*, im Rahmen derer mögliche Ereignisfolgen durchgespielt, kausale Zusammenhänge analysiert und kritische Ereignisse identifiziert werden. Auf diese Weise lässt sich nicht nur ein strategisches Denken fördern, sondern es können auch bestehende mentale Modelle und die aus ihnen resultierenden kognitiven Limitationen überwunden werden (vgl. Peteraf/Bergen 2003: 1028 f.). Allerdings bewirken auf konventionellen Annahmen basierende Szenarien in aller Regel keine substanzielle Erweiterung des Blickwinkels, sondern münden eher in einer Fortschreibung der dominanten Logik. Um den Neuartigkeitsgrad der Erkenntnisse zu erhöhen und einer kollektiven Wahrnehmungsverzerrung entgegenzuwirken, empfiehlt sich die Hinzuziehung externer Experten mit heterogenem Erfahrungshintergrund.

Bei der Bekämpfung der Konformität des Denkens kommt der Gestaltung der innerbetrieblichen Kommunikation eine wesentliche Rolle zu (vgl. auch Cantin/Thom 1992). Konkret bedarf es einer grundsätzlichen Legitimation von Kritik, kontroverser Diskussionen und der gezielten Förderung neuartiger Lösungsansätze. Ein entsprechendes Signal kann beispielsweise von der bewussten Einbeziehung von Mitarbeitern mit abweichenden Ansichten in Entscheidungsprozesse ausgehen (vgl. Eisenhardt/Kahwajy/Bourgeois 1997: 46 ff.). Die kritische Auseinandersetzung mit dem Status quo wird durch eine dialektische Planung gefördert, bei der verschiedene Handlungsalternativen entwickelt werden, um ausgehend von deren Stärken und Schwächen nach einer Synthese zu suchen, die die jeweiligen Vorteile vereint. Eine Alternative stellt das Advocatus Diaboli-Verfahren dar, bei dem ausgewählte Mitarbeiter an bestehenden Überzeugungen Kritik „um jeden Preis" üben, um Schwachstellen aufzudecken (vgl. Schweiger/Sandberg 1989).

3.2 Erhöhung der Motivation

In engem Zusammenhang mit der Motivation für einen strategischen Wandel steht die Erzeugung eines Gefühls der Unzufriedenheit mit dem Status quo. Einen Ansatzpunkt hierfür verkörpert die Formulierung anspruchsvoller Ziele, die eine Diskrepanz zwischen dem Status quo und den Ambitionen eines Unternehmens zum Ausdruck bringen (vgl. Hamel/Prahalad 1989: 64 ff.). Zudem kann dic Notwendigkeit einer Erneuerung der Kompetenzbasis anhand des Niedergangs ehemals führender Anbieter illustriert werden. Um der Tendenz zu einem reaktiven Verhalten entgegenzuwirken, erscheint schließlich die Etablierung eines Veränderungsrhythmus zweckmäßig, der das gesamte Unternehmen durchdringt und einen steten Fluss an neuen Ideen, Kompetenzen und Produkten generiert (vgl. Brown/Eisenhardt 1997: 1 f.).

Insbesondere bei erfolgreichen Unternehmen erscheint die Wirksamkeit der skizzierten Maßnahmen jedoch fraglich. Eine weitreichendere Alternative stellt hier die Verlagerung des Aufbaus innovativer Kompetenzen in *neue Einheiten* (z. B. durch Spin-offs) dar, für die der Kompetenzaufbau existenzielle Bedeutung hat. Im Idealfall kann auf diese Weise ein positiver Rückkoppelungseffekt entstehen, wenn der Wettbewerb um knappe Ressourcen den Druck auf etablierte Einheiten erhöht, ihre Zukunftsfähigkeit zu verbessern.

3.3 Erhöhung der Anpassungsfähigkeit

Eine Schlüsselrolle bei der Anpassung der Kompetenzbasis an veränderte Bedingungen spielt die *Flexibilität* des Unternehmens (vgl. Sull 2005: 126). Mit der Built-in-Flexibilität sowie der Handlungsflexibilität lassen sich zwei grundlegende Ansatzpunkte einer Flexibilitätssteigerung differenzieren. Die *Built-in-Flexibilität* zielt auf den Aufbau von Handlungsspielräumen durch den Aufbau eines breiten Kompetenz-Portfolios, das größere Spielräume zur Nutzung marktlicher Chancen eröffnet (vgl. Santos/Eisenhardt 2005: 497). Dies erscheint zumindest bei einer hohen Unsicherheit aussichtsreicher als die Fokussierung auf wenige spezifische Kompetenzen. Alternativen für eine Verbreiterung der Kompetenzbasis sind die interne Entwicklung von Kompetenzen, die Kooperation mit anderen Unternehmen oder die Akquisition von Unternehmen oder Unternehmensteilen.

Bei einer völligen Unvorhersehbarkeit der Zukunft ist die proaktive Absicherung gegen jede Eventualität jedoch vielfach nicht möglich, da der Aufbau der erforderlichen Kompetenzen ineffizient ist und die Gefahr eines Verzettelns birgt. Damit rückt die Steigerung der *Handlungsflexibilität* mit Hilfe von Dynamic Capabilities in den Vordergrund. Eine zentrale Rolle im Zusammenhang mit Dynamic Capabilities spielt die Lernfähigkeit, wobei weniger das an etablierten Kompetenzen anknüpfende adaptive Lernen im Vordergrund steht, als ein generatives Lernen, das durch grundlegend neue Einsichten den Aufbau neuer Kompetenzen ermöglicht (vgl. March 1991: 71 ff.; Zollo/Winter 2002: 340 ff.). Gefördert werden kann diese Lernform durch verschiedene Maßnahmen, die auch die Generierung von Innovationen unterstützen (vgl. hierzu Thom/Etienne 2000: 6 ff.). Essenziell erscheint im Zusammenhang mit einem generativen Lernen zudem das gezielte *Experimentieren* mit neuartigen Ideen und Konzepten. Hierbei bedarf es einer hohen Fehlertoleranz, da gerade Fehlschläge häufig wertvolle Lerneffekte bergen.

Geht man davon aus, dass sich der Aufbau neuer Kompetenzen am besten in einem von bestehenden organisationalen Normen unbelasteten Kontext realisieren lässt, erscheint die Übertragung dieser Aufgabe an weitgehend autonome Einheiten sinnvoll (vgl. Day/Schoemaker 2000: 27 f.). Diese Lösung bietet zudem den Vorteil, dass die Erprobung neuer Ansätze nicht automatisch mit einer Vernachlässigung bestehender Kompetenzen einhergeht. Hierin ist insofern ein wichtiger Aspekt zu sehen, als die erfolgreiche Gestaltung von Gegenwart und Zukunft gleichzeitig die Exploration neuer und die Ausschöpfung bestehender Kompetenzen erfordert (vgl. March 1991: 74 f.; Thom/Zaugg 2001: 2).

4 Fazit

Kompetenzfallen stellen ein zentrales Hindernis bei der Anpassung an neue marktliche Herausforderungen dar. Ihr Entstehen ist im Regelfall auf die mangelnde Wahrnehmung, Motivation und/oder Fähigkeit zum Aufbau neuer Kompetenzen zurückzuführen. Mit Blick auf alle drei Ursachen lassen sich verschiedene Gegenmaßnahmen identifizieren, die simultan zu ergreifen sind, wenn der Aufbau neuartiger, deutlich von bestehenden Ressourcen und Fähigkeiten abweichenden Kompetenzen gelingen soll. Eine zentrale Rolle spielt hierbei die Etablierung neuer, weitgehend unabhängiger Unternehmenseinheiten, da mit ihrer Hilfe alle drei Ursachen des Entstehens von Kompetenzfallen wirksam bekämpft werden können.

Literaturverzeichnis

Ahuja, Gautam; Lampert, Curba M. (2001): Entrepreneurship in the Large Corporation: A Longitudinal Study of How Established Firms Create Breakthrough Innovations. In: Strategic Management Journal, 22. Jg. 2001, Nr. 6/7, S. 521-543.

Bettis, Richard A.; Prahalad, Coimbatore K. (1995): The Dominant Logic: Retrospective and Extension. In: Strategic Management Journal, 16. Jg. 1995, Nr. 1, S. 5-14.

Booth, Charles (2003): Does History Matter in Strategy? The Possibilities and Problems of Counterfactual Analysis. In: Management Decision, 41. Jg. 2003, Nr. 1, S. 96-104.

Brown, Shona L.; Eisenhardt, Kathleen M. (1997): The Art of Continuous Change: Linking Complexity Theory and Time-paced Evolution in Relentlessly Shifting Organizations. In: Administrative Science Quarterly, 42. Jg. 1997, Nr. 1, S. 1-34.

Cantin, Françoise; Thom, Norbert (1992): Innerbetriebliche Kommunikation. In: Zeitschrift Führung + Organisation (zfo), 61. Jg. 1992, Heft 5, S. 287-292.

Cohen, Wesley M.; Levinthal, Daniel A. (1990): Absorptive Capacity: A New Perspective on Learning and Innovation. In: Administrative Science Quarterly, 35. Jg. 1990, Nr. 1, S. 128-152.

Day, George S.; Schoemaker, Paul J. H. (2000): Avoiding the Pitfalls of Emerging Technologies. In: California Management Review, 42. Jg. 2000, Nr. 2, S. 8-33.

Eisenhardt, Kathleen M.; Kahwajy, Jean L.; Bourgeois, L. J. III (1997): Conflict and Strategic Choice: How Top Management Teams Disagree. In: California Management Review, 39. Jg. 1997, Nr. 2, S. 42-62.

Hamel, Gary; Prahalad, Coimbatore K. (1989): Strategic Intent. In: Harvard Business Review, 67. Jg. 1989, Nr. 3, S. 63-76.

Jenner, Thomas (2003): Erfolg als Ursache von Misserfolg: Hintergründe und Ansatzpunkte zur Überwindung eines Paradoxons im strategischen Management. In: Die Betriebswirtschaft, 63. Jg. 2003, Heft 2, S. 203-219.

Kaplan, Robert S.; Norton, David P. (2005): The Office of Strategy Management. In: Harvard Business Review, 83. Jg. 2005, Nr. 10, S. 72-80.

Kogut, Bruce; Zander, Udo (1992): Knowledge of the Firm, Combinative Capabilities, and the Replication of Technology. In: Organization Science, 3. Jg. 1992, Nr. 3, S. 383-397.

Lei, David; Hitt, Michael A.; Bettis, Richard (1996): Dynamic Core Competences through Meta-Learning and Strategic Context. In: Journal of Management, 22. Jg. 1996, Nr. 4, S. 549-569.

Leonard-Barton, Dorothy (1992): Core Capabilities and Core Rigidities: A Paradox in Managing New Product Development. In: Strategic Management Journal, 13. Jg. 1992, Nr. 5, S. 111-125.

March, James G. (1991): Exploration and Exploitation in Organizational Learning. In: Organization Science, 2. Jg. 1991, Nr. 1, S. 71-87.

Peteraf, Margaret A.; Bergen, Mark A. (2003): Scanning the Dynamic Competitive Landscapes: A Market-based and Resource-based Framework. In: Strategic Management Journal, 24. Jg. 2003, Nr. 10, S. 1027-1041.

Santos, Felipe M.; Eisenhardt, Kathleen M. (2005): Organizational Boundaries and Theories of Organization. In: Organization Science, 16. Jg. 2005, Nr. 5, S. 491-508.

Schweiger, David M.; Sandberg, William R. (1989): The Utilization of Individual Capabilities in Group Approaches to Strategic Decision-Making. In: Strategic Management Journal, 10. Jg. 1989, Nr. 1, S. 31-43.

Slater, Stanley F. (1996): The Challenge of Sustaining Competitive Advantage. In: Industrial Marketing Management, 25. Jg. 1996, Nr. 1, S. 79-86.

Sull, Donald N. (2005): Strategy as Active Waiting. In: Harvard Business Review, 83. Jg. 2005, Nr. 9, S. 120-129.

Teece, David J.; Pisano, Gary; Shuen, Amy (1997): Dynamic Capabilities and Strategic Management. In: Strategic Management Journal, 18. Jg. 1997, Nr. 7, S. 509-533.

Thom, Norbert (1997): Management des Wandels. In: Die Unternehmung, 51. Jg. 1997, Heft 3, S. 201-214.

Thom, Norbert; Etienne, Michèle (2000): Effizientes Innovationsmanagement. In: Ideenmanagement. Vorschlagswesen in Wirtschaft und Verwaltung, 26. Jg. 2000, Heft 1, S. 4-11.

Thom, Norbert; Zaugg, Robert J. (2001): Excellence durch Personal- und Organisationskompetenz. In: Excellence durch Personal- und Organisationskompetenz, hrsg. v. Norbert Thom und Robert J. Zaugg, Bern et al. 2001, S. 1-19.

Tripsas, Mary; Gavetti, Giovanni (2000): Capabilities, Cognition, and Inertia: Evidence from Digital Imaging. In: Strategic Management Journal, 21. Jg. 2000, Nr. 10/11, S. 1147-1161.

Tushman, Michael L.; Romanelli, Elaine (1985): Organizational Evolution: A Metamorphosis Model of Convergence and Reorientation. In: Research in Organizational Behavior, volume 7, edited by Barry M. Staw and Larry L. Cummings, 1985, S. 171-222.

Zajac, Edward J.; Kraatz, Matthew S.; Bresser, Rudi K. F. (2000): Modeling the Dynamics of Strategic Fit: A Normative Approach to Strategic Change. In: Strategic Management Journal, 21. Jg. 2000, Nr. 4, S. 429-453.

Zollo, Maurizio; Winter, Sidney G. (2002): Deliberate Learning and the Evolution of Dynamic Capabilities. In: Organization Science, 13. Jg. 2002, Nr. 3, S. 339-351.

Koordinationsmechanismen im Rahmen von Diversifikationsstrategien

Artur Baldauf* und Christian Bischof**

Innerhalb der Strategieforschung nimmt nach wie vor die Frage, ob bzw. wie mit Diversifikationsstrategien Wert geschaffen werden kann, einen bedeutenden Stellenwert ein. Konzeptionell wie auch empirisch ausgerichtete Forschungsergebnisse belegen, dass effektive Unternehmensstrategien mit dem Fokus, Geschäftsbereiche zu einem abgestimmten Ganzen zu verbinden, den Gesamterfolg von diversifizierten Unternehmen steigern können. Insbesondere wird argumentiert, dass wesentliche Synergien zwischen Geschäftsbereichen diversifizierter Unternehmen dann entstehen bzw. genutzt werden können, wenn Geschäftsbereiche Ähnlichkeiten bezüglich ihrer immateriellen Ressourcenausstattung aufweisen. Synergien werden im Kontext des organisatorischen Umfeldes realisiert. In diesem Beitrag skizzieren wir, wie adäquat gewählte Koordinationsmechanismen („Kulturelle Wettbewerbsfähigkeit") synergieerhöhende Wirkungen entfalten können.

Stichworte: Diversifikation – immaterielle Verbundenheit – Koordinationsmechanismen – Kulturelle Wettbewerbsfähigkeit – Unternehmenskultur

---

* Prof. Dr. Artur Baldauf ist Ordinarius für Betriebswirtschaftslehre und Inhaber des Lehrstuhls für Unternehmensführung der Universität Bern.

** Christian Bischof, lic. rer. pol., ist Doktorand und wissenschaftlicher Assistent am Lehrstuhl für Unternehmensführung der Universität Bern.

1 Einleitung

Innerhalb der betriebswirtschaftlichen Literatur nimmt die Diversifikationsforschung einen bedeutenden Stellenwert ein. Von generalisierbaren Erkenntnissen, insbesondere hinsichtlich der Art und des Ausmaßes der Diversifikation und der Auswirkung auf den unternehmerischen Erfolg, ist jedoch noch nicht auszugehen. Es ist daher zu vermuten, dass Diversifikationsstrategien im Zusammenhang mit dem organisatorischen Kontext erfolgswirksam werden. Deshalb befassen wir uns in diesem Beitrag nicht mit Antezedenzien der Diversifikation, sondern beschränken unsere Ausführungen auf die Erfolgswirkung bestehender Diversifikationsstrategien in Kombination mit Koordinationsmechanismen, insbesondere der unternehmenskulturellen Ausrichtung. Aktuelle Herausforderungen der Schweizer Wirtschaft sowie in der jüngsten Vergangenheit vernommene unternehmerische Entscheidungen signalisieren die Bedeutung dieser Perspektive: Als Beispiele können die Allfinanz-Strategie[1] der Credit Suisse Group, die Triple-Play-Strategie[2] der Swisscom oder die M&A-Transaktionen bei den Firmen Swiss und Unaxis genannt werden.

Es ist daher zu vermuten, dass Synergien, die auf einer immateriellen Verbundenheit der Geschäftsbereiche im Rahmen von Diversifikationsstrategien beruhen, den unternehmerischen Erfolg nachhaltig beeinflussen. In Abschnitt 2 beschreiben wir deshalb die Entstehung von immateriellen Synergiepotenzialen. Dabei verweisen wir auf Implementierungsprobleme, die dazu führen, dass es Unternehmen oft nicht gelingt, die Synergiepotenziale vollumfänglich zu realisieren. Anschließend werden in Abschnitt 3 Koordinationsmechanismen anhand des Konstruktes der Kulturellen Wettbewerbsfähigkeit erörtert, wobei vor allem vier Dimensionen der Kulturellen Wettbewerbsfähigkeit vorgestellt werden. Es wird auch die Erfolgsrelevanz des Konstruktes für diversifizierte Unternehmen begründet. In Abschnitt 4 schließen wir die Betrachtungen mit einem Fazit ab.

---

1 Eine Allfinanz-Strategie soll Synergien aus dem gekoppelten Angebot von Bank- und Versicherungsdienstleistungen ermöglichen.

2 Eine Triple-Play-Strategie soll Synergien aus dem gekoppelten Angebot von Telefonie-, Internet- und TV-Dienstleistungen ermöglichen.

2 Synergien als Erklärungsansatz des Diversifikationserfolgs

2.1 Synergiepotenziale aufgrund (immaterieller) Verbundenheit

Das Ausmaß der Diversität einer Unternehmensstrategie wird als „Verbundenheit“ bezeichnet. Die Verbundenheit ist ein Indikator für die zwischen Geschäftsbereichen bestehende Ähnlichkeit. Man kann davon ausgehen, dass ein höheres Ausmaß an Verbundenheit die Entstehung von Synergien fördert. Synergien werden traditionell auf Verbundeffekte zurückgeführt, die dadurch definiert sind, dass bei der Herstellung mehrerer Produkte die Kosten der gemeinsamen Produktion geringer sind als diejenigen der separaten Produktion (vgl. Teece 1980). Die Vereinigung verschiedener Geschäftsbereiche in einem diversifizierten Unternehmen ist aus ressourcentheoretischer Betrachtungsweise jedoch nur dann sinnvoll, wenn alle Bereiche auf gemeinsam genutzten strategischen Ressourcen beruhen (vgl. Collis/Montgomery 2005). Ein Beispiel für diese gemeinsame Ressourcennutzung sind die gegenwärtig zu beobachtenden Anstrengungen vieler Unternehmen, Corporate Brands aufzubauen.

Empirisch belegte erstmals Rumelt (1974), dass in einem diversifizierten Unternehmen die Verbundenheit bzw. Ähnlichkeit unter den Geschäftsbereichen den Gesamterfolg durch die Erzeugung von Synergien erhöht. Auf der Basis der Erkenntnisse von Rumelt (1974) sind in der betriebswirtschaftlichen Forschung seither unzählige Arbeiten entstanden, bei denen der Zusammenhang zwischen Diversifikationsstrategie und Unternehmenserfolg eingehend untersucht wurde. Wie verschiedene Meta-Analysen jedoch verdeutlichen (z. B. Palich/Cardinal/Miller 2000), existieren keine generalisierbaren Erkenntnisse. Diese uneinheitlichen, z. T. widersprüchlichen Erkenntnisse werden vor allem (z. B. von Robins/Wiersema 1995) auf die mangelnde Validität der traditionell verwendeten Verbundenheitsmaße zurückgeführt, welche auf materielle, markt- und produktseitige Ähnlichkeiten unter den Geschäftsbereichen abstellen.

Die aktuellen Forschungsbemühungen sind darauf gerichtet, Ähnlichkeiten zwischen Geschäftsbereichen im Bereich der immateriellen Ressourcen, welche Synergiepotenziale bewirken, zu untersuchen. In der Literatur existieren verschiedene Ansätze zur immateriellen Verbundenheit. Um das Konzept der immateriellen Verbundenheit zu verdeutlichen, beschreiben wir stellvertretend für andere Arten der immateriellen Verbundenheit die technologische Verbundenheit, da im Rahmen der Analyse der *technologischen Verbundenheit* explizit die

Unzulänglichkeiten materieller Verbundenheitskonzepte kritisiert werden (vgl. Robins/Wiersema 1995). Eine adäquatere Konzeptualisierung der unternehmerischen Diversifikation wird demnach erreicht, indem materielle Verbundenheitskonzepte mit Informationen bezüglich den in den Geschäftsbereichen verwendeten Technologien kombiniert werden. Synergien werden aufgrund eines Austausches an technologischem Know-how vermutet. Robins und Wiersema (1995) ziehen bei der Messung technologischer Verbundenheit Technologieströme heran und vermögen damit einen größeren Varianzanteil des Erfolgs zu erklären, als dies mit traditionellen, materiellen Verbundenheitsmaßen möglich ist. Mit dem gleichen Ansatz weist Brush (1996) positive Auswirkungen auf den Marktanteil nach. Silverman (1999) stützt sich in analoger Weise auf Patentdaten und erkennt, dass Unternehmen eher in jene Branchen diversifizieren, in denen ihre technologischen Ressourcen besser einsetzbar sind. Konsistente Ergebnisse zu diesem Befund finden sich ebenfalls bei Hansen und Lovas (2004).

Auf Basis des aktuellen Forschungsstandes kann daher festgehalten werden, dass im Rahmen von Diversifikationsstrategien insbesondere das Ausmaß der immateriellen Verbundenheit der Geschäftsbereiche einen positiven Beitrag zum Unternehmenserfolg leistet. Der Grund liegt in den Synergiepotenzialen, welche zwischen verbundenen Geschäftsbereichen existieren. Wenn sich Geschäftsbereiche ähnlich sind, so können sie von einem gegenseitigen Austausch von Ressourcen profitieren.

2.2 Nutzung der Synergiepotenziale durch Koordination und Kernkompetenzen

Üblicherweise wird ein auf ähnliche Branchen bezogenes Synergiepotenzial ermittelt, wobei unterstellt wird, dass Synergien von den in den Branchen agierenden Unternehmen auch vollkommen ausgeschöpft werden (vgl. z. B. Hoskisson/Hitt 1990). Die vollkommene Nutzung von Synergiepotenzialen gelingt jedoch nur annäherungsweise, da im Rahmen von Strategieimplementierungen verschiedene Umsetzungsprobleme zu beachten sind (vgl. z. B. Hansen/Lovas 2004, Nayyar 1992, Tanriverdi/Venkatraman 2005).

Damit beabsichtigte Synergien tatsächlich realisiert werden können, bedarf es eines organisatorischen Kontextes, der die Koordination der Geschäftsbereiche fördert. Markides und Williamson (1996) haben in diesem Zusammenhang die

Organisationsstruktur als formellen Koordinationsmechanismus betrachtet. Es wurde aber auch schon auf die Existenz informeller Koordinationsmechanismen (z. B. Unternehmenskultur) im Rahmen von Strategieimplementierungen verwiesen (vgl. z. B. Hansen/Lovas 2004, Martinez/Jarillo 1989).

Neben der Realisierung von Synergiepotenzialen durch die Schaffung angemessener organisatorischer Strukturen kann die Verbundenheit von Geschäftsbereichen auch langfristig erfolgswirksam genutzt werden; z. B. für die Entwicklung neuer Ressourcen, die geeignet sind, dass Manager Entscheidungen mit dem Effekt treffen, dass sich eine Organisation an veränderte Marktbedingungen anpasst (vgl. Markides/Williamson 1996, Nayyar 1992). Um eine derartige dynamische organisatorische Anpassung zu bewerkstelligen und somit Synergien zu realisieren, müssen Unternehmen über verschiedene *Capabilities* bzw. Kernkompetenzen[3] verfügen. Capabilities werden als informationsbasierte Fähigkeit verstanden, bestehende Ressourcenkombinationen aufzuwerten, zu rekonfigurieren oder gänzlich neu aufzubauen. Als Beispiele werden u. a. die Fähigkeit organisationalen Lernens und insbesondere bestimmte Attribute einer Unternehmenskultur, wie die Fähigkeit, marktorientiert zu denken und zu handeln, genannt (vgl. z. B. Eisenhardt/Martin 2000).

3 Synergieverstärkende Koordinationsmechanismen

In diesem Kurzbeitrag versuchen wir, die Aspekte der verbundenen Diversifikationsstrategie mit zentralen Konzepten der Unternehmenskultur, verstanden als immaterieller Koordinationsmechanismus, zu verknüpfen. Die Unternehmenskultur umfasst die gemeinsamen organisationellen Werte, welche den Individuen erlaubt, die Organisation zu verstehen und Normen für ihr Verhalten abzuleiten (vgl. Deshpandé/Webster 1989). Hult, Ketchen und Nichols (2002) entwickelten ein komplexes Konstrukt der „Kulturellen Wettbewerbsfähigkeit" und lieferten empirische Evidenz von dessen Erfolgswirksamkeit.

---

[3] Diese beiden Begriffe werden in der Literatur nicht trennscharf verwendet. Zur Begriffsabgrenzung siehe z. B. De Carolis (2003).

3.1 Dimensionen der Kulturellen Wettbewerbsfähigkeit

Das Konstrukt der „Kulturellen Wettbewerbsfähigkeit“ umfasst die Dimensionen Marktorientierung, Innovationsorientierung, Organisationales Lernen und Unternehmertum.

Marktorientierung bedeutet die Priorisierung des Kundenutzens (vgl. Day 1994) und damit die Ausrichtung der gesamten Unternehmung am Markt (neben den Kunden ist insbesondere noch dem Wettbewerb große Aufmerksamkeit zu schenken). Vor dem Hintergrund dieser Dimension sind kulturelle (Fokus auf Kunden und Wettbewerber) und verhaltensorientierte Aspekte (Gewinnung und Verbreitung von Marktinformationen) wesentliche *Capabilities* (vgl. Kohli/Jaworski 1990, Narver/Slater 1990). Die Marktorientierung kann auch die Implementierung von Strategien beeinflussen (vgl. Dobni/Luffman 2003). Eine aktuelle Meta-Analyse zu dem Forschungsgebiet der Marktorientierung findet sich bei Kirca, Jayachandran und Bearden (2005). *Innovationsorientierung* fördert die Entwicklung und Umsetzung von Neuem. Dies erfordert kulturelle Werte, welche eine Offenheit gegenüber neuen Ideen und Kreativität enthalten (vgl. Han/Kim/Srivastava 1998, Hult/Ketchen 2001). Im Weiteren haben zum aktuellen Forschungsstand insbesondere Cho und Pucik (2005) sowie Richard, Barnett, Dwyer und Chadwick (2004) Beiträge geleistet. *Organisationales Lernen* betrifft die gemeinsame und kontinuierliche Entwicklung neuen Wissens (vgl. Hult 1998, Sinkula 1994). Im Lernprozess werden Informationen akquiriert und interpretiert, sie stimulieren Experimente und bewirken Erfahrungen, welche schließlich als Wissen restrukturiert werden (vgl. Hanssen-Bauer/Snow 1996). *Unternehmertum* schafft ökonomische Entwicklung durch die Zerstörung von Gleichgewichten (vgl. Schumpeter 1934), indem Chancen mit mutigen Initiativen ergriffen werden. Dementsprechend enthält Unternehmertum Werte wie Proaktivität, Risikofreude und Aggressivität (vgl. z. B. Lumpkin/Dess 1996).

Wie man erkennt, betreffen die im Rahmen der Konzeption der im wesentlichen informellen Koordinationsmechanismen erörterten Dimensionen zentrale Fähigkeiten, die im Zusammenhang mit der Generierung und Nutzung der immateriellen Verbundenheit zu betrachten sind.

3.2 Die Umsetzung von Synergiepotenzialen mittels Kultureller Wettbewerbsfähigkeit

Zur Generierung bzw. Nutzung von Synergiepotenzialen sind koordinierende Mechanismen mit der Wirkung zu schaffen, dass Manager von ähnlichen Geschäftsbereichen in Überwindung allfälliger Implementierungsprobleme dazu bereit sind, einen tatsächlichen Ressourcenaustausch vorzunehmen. Wir erkennen in der Existenz informeller Koordinationsmechanismen, d. h. im Konstrukt der Kulturellen Wettbewerbsfähigkeit, solche fördernde Aspekte. In der Literatur wurde die Unternehmenskultur bereits als informeller Koordinationsmechanismus angesehen (vgl. z. B. Hansen/Lovas 2004).

Neben dieser kurzfristigen Umsetzung bestehender Synergiepotenziale kann die Kulturelle Wettbewerbsfähigkeit auch langfristig erfolgssteigernd wirken. Wir verstehen sie als Kernkompetenz bzw. *Capability*, welche einen dynamischen Ressourcenaufbau ermöglicht, damit sich die Unternehmung an verändernde Umweltbedingungen anpassen kann. Diese Sichtweise ist konsistent mit den Arbeiten von Hult und Kollegen (vgl. Hult/Ketchen/Nichols 2002, Hult/Ketchen 2001, Hult/Snow/Kandemir 2003). Beispielsweise kann eine Marktveränderung dazu führen, dass ein Geschäftsbereich ein neues Vertriebsnetz aufbauen muss. Falls ein anderer Geschäftsbereich im gleichen Unternehmen diese Aufgabe kürzlich ebenfalls zu lösen hatte, kann hier ein Know-how-Transfer erfolgen. Obwohl somit der Fall eintreten könnte, dass zwei Geschäftsbereiche in unabhängigen Märkten operieren, würde eine Verbundenheit auf Basis dessen wie sie ihre (marktspezifischen) Ressourcen aufbauen, entstehen (vgl. Markides/Williamson 1994). Ein geschäftsbereichsübergreifend verankertes Wertesystem der Kulturellen Wettbewerbsfähigkeit dient dabei als erleichternder „Katalysator“ (vgl. Markidcs/Williamson 1994).

4 Fazit

In diesem Kurzbeitrag haben wir argumentiert, dass im Rahmen von Diversifikationsstrategien den Synergien eine entscheidende Bedeutung für den Unternehmenserfolg zukommt. Synergiepotenziale entstehen insbesondere aufgrund von Ähnlichkeiten in der immateriellen Ressourcenausstattung der verschiedenen Geschäftsbereiche, weil dadurch ein Austausch von Ressourcen ermöglicht wird. Damit Synergiepotenziale realisiert werden können, ist zusätzlich der organisatorische Kontext derart zu gestalten, dass der materielle und immaterielle Austausch unter den Geschäftsbereichen gefördert wird. Diesbezüglich wurden informelle Koordinationsmechanismen, wie die Unternehmenskultur, herangezogen. Das in diesem Beitrag näher ausgeführte Konstrukt der Kulturellen Wettbewerbsfähigkeit stellt einerseits einen koordinierenden Mechanismus dar, welcher eine kurzfristige Synergieimplementierung ermöglicht. Andererseits kann die Kulturelle Wettbewerbsfähigkeit auch als Kernkompetenz dienen, welche dem Unternehmen eine dynamische Anpassung an Marktveränderungen erlaubt und damit eine langfristige Nutzung der Verbundenheit bewirkt.

Literaturverzeichnis

Brush, Thomas H. (1996): Predicted change in operational synergy and post-acquisition performance of acquired businesses. In: Strategic Management Journal, 17. Jg. 1996, Nr. 1, S. 1-24.

Cho, Hee-Jae; Pucik, Vladimir (2005): Relationship between innovativeness, quality, growth, profitability, and market value. In: Strategic Management Journal, 26. Jg. 2005, Nr. 6, S. 555-575.

Collis, David J.; Montgomery, Cynthia A. (2005): Corporate strategy, resources and the scope of the firm, 2nd edition, Bosten 2005.

Day, George S. (1994): The capabilities of market-driven organizations. In: Journal of Marketing, 58. Jg. 1994, Nr. 4, S. 37-52.

De Carolis, Donna Marie (2003): Competencies and imitabilitiy in the pharmaceutical industry: An analysis of their relationship with firm performance. In: Journal of Management, 29. Jg. 2003, Nr. 1, S. 27-50.

Deshpandé, Rohit; Webster, Frederick E. Jr. (1989): Organizational culture and marketing: Defining the research agenda. In: Journal of Marketing, 53. Jg. 1989, Nr. 1, o. S.

Dobni, C. Brooke; Luffman, George (2003): Research notes and commentaries: determining the scope and impact of market orientation profiles on strategy implementation and performance. In: Strategic Management Journal, 24. Jg. 2003, Nr. 6, S. 577-586.

Eisenhardt, Kathleen M.; Martin, Jeffrey A. (2000): Dynamic capabilities: what are they? In: Strategic Management Journal, 21. Jg. 2000, Nr. 10/11, S. 1105-1122.

Han, Jin K.; Kim, Namwoon; Srivastava, Rajendra K. (1998): Market orientation and organizational performance: Is innovation a missing link? In: Journal of Marketing, 62. Jg. 1998, Nr. 4, S. 30-45.

Hansen, Morten T.; Lovas, Bjorn (2004): How do multinational companies leverage technological competencies? Moving from single to interdependent explanations. In: Strategic Management Journal, 25. Jg. 2004, Nr. 8/9, S. 801-822.

Hanssen-Bauer, Jon; Snow, Charles C. (1996): Responding to hypercompetition: The structure and process of a regional learning network organization. In: Organization Science, 7. Jg. 1996, Nr. 4, S. 413-428.

Hoskisson, Robert E.; Hitt, Michael A. (1990): Antecedents and performance outcomes of diversification: A review and critique of theoretical perspectives. In: Journal of Management, 16. Jg. 1990, Nr. 2, S. 461-310.

Hult, G. Thomas M. (1998): Managing the international strategic sourcing function as a market-driven organizational learning system. In: Decision Sciences, 29. Jg. 1998 (Winter), o. Nr., S. 193-216.

Hult, G. Thomas M.; Ketchen, David J. Jr. (2001): Does market orientation matter? A test of the relationship between positional advantage and performance. In: Strategic Management Journal, 22. Jg. 2001, Nr. 9, S. 899-907.

Hult, G. Thomas M.; Ketchen, David J. Jr.; Nichols, Ernest L. Jr. (2002): An examination of cultural competitiveness and order fulfilment cycle time within supply chains. In: Academy of Management Journal, 45. Jg. 2002, Nr. 3, S. 577-586.

Hult, G. Thomas M.; Snow, Charles C.; Kandemir, Destan (2003): The role of entrepreneurship in building cultural competitiveness in different organizational types. In: Journal of Management, 29. Jg. 2003, Nr. 3, S. 401-426.

Kirca, Ahmet H.; Jayachandran, Satish; Bearden, William O. (2005): Market orientation: A meta-analytic review and assessment of its antecedents and impact on performance. In: Journal of Marketing, 69. Jg. 2005, Nr. 2, S. 24-41.

Kohli, Ajay K.; Jaworski, Bernard J. (1990): Market orientation: The construct, research propositions, and managerial implications. In: Journal of Marketing, 54. Jg. 1990, Nr. 2, S. 1-18.

Lumpkin, G. T.; Dess, Gregory G. (1996): Clarifying the entrepreneurial orientation construct and linking it to performance. In: Academy of Management Review, 21. Jg. 1996, Nr. 1, S. 135-172.

Markides, Constantinos C.; Williamson, Peter J. (1994): Related diversification, core competencies and corporate performance. In: Strategic Management Journal, 15. Jg. 1994, Nr. 5, S. 149-165.

Markides, Constantinos C.; Williamson, Peter J. (1996): Corporate diversification and organizational structure: A resource-based view. In: Academy of Management Journal, 39. Jg. 1996, Nr. 2, S. 340-368.

Martinez, Jon I.; Jarillo, J. Carlos (1989): The evolution of research on coordination mechanisms in multinational corporations. In: Journal of International Business Studies, 20. Jg. 1989, Nr. 3, S. 489-514.

Narver, John C.; Slater, Stanley F. (1990): The effect of a market orientation on business profitability. In: Journal of Marketing, 54. Jg. 1990, Nr. 4, S. 20-35.

Nayyar, Praveen R. (1992): On the measurement of corporate diversification strategy: evidence from large U.S. service firms. In: Strategic Management Journal, 13. Jg. 1992, Nr. 3, S. 219-235.

Palich, Leslie E.; Cardinal, Laura B.; Miller, Chet (2000): Curvilinearity in the diversification-performance linkage: An examination of over three decades. In: Strategic Management Journal, 21. Jg. 2000, Nr. 2, S. 155-174.

Richard, Orlando C.; Barnett, Tim; Dwyer, Sean; Chadwick, Ken (2004): Cultural diversity in management, firm performance, and the moderating role of entrepreneural orientation dimensions. In: Academy of Management Journal, 47. Jg. 2004, Nr. 2, S. 255-266.

Robins, James; Wiersema, Margarethe F. (1995): A resource-based approach to the multibusiness firm: empirical analysis of portfolio interrelationships and corporate financial performance. In: Strategic Management Journal, 16. Jg. 1995, Nr. 4, S. 277-299.

Rumelt, Richard P. (1974): Strategy, structure, and economic performance, Cambridge 1974.

Schumpeter, Joseph A. (1934): The theory of economic development, Cambridge 1934.

Silverman, Brian S. (1999): Technological resources and the direction of corporate diversification: Toward an integration of the resource-based view and transaction cost economics. In: Management Science, 45. Jg. 1999, Nr. 8, S. 1109-1125.

Sinkula, James M. (1994): Market information processing and organizational learning. In: Journal of Marketing, 58. Jg. 1994, Nr. 1, S. 35-45.

Tanriverdi, Hüseyin; Venkatraman, N. (2005): Knowledge relatedness and the performance of multibusiness firms. In: Strategic Management Journal, 26. Jg. 2005, Nr. 2, S. 97-119.

Teece, David J. (1980): Economies of scope and the scope of the enterprise. In: Journal of Economic Behavior and Organization, 1. Jg. 1980, o. Nr., S. 223-247.

Teece, David J. (1982): Towards an economic theory of the multiproduct firm. In: Journal of Economic Behavior and Organization, 3. Jg. 1982, o. Nr., S. 39-63.

Entstehung und Entwicklung von strategischen Allianzen

Harald Hungenberg*

Strategische Allianzen haben in den vergangenen Jahren zunehmend an Bedeutung gewonnen. Unternehmen begründen sie aus ganz unterschiedlichen Motiven, wobei in der Regel ein Ressourcen- und ein Wettbewerbsmotiv dominieren: Strategische Allianzen sollen Zugang zu Ressourcen verschaffen, die im Wettbewerb erfolgskritisch sind. Dies lässt sich vor dem Hintergrund des markt- und des ressourcenorientierten Ansatzes des strategischen Managements theoretisch begründen und auch in der Praxis beobachten – etwa, wenn man die Allianzaktivitäten der Unternehmen im Telekommunikationssektor betrachtet.

Stichworte: Kooperation – strategische Allianzen – strategisches Management – Telekommunikation – Unternehmensentwicklung

---

* Prof. Dr. Harald Hungenberg, Professur für Unternehmensführung, Universität Erlangen-Nürnberg.

1 Strategische Allianzen als spezielle Form der Kooperation von Unternehmen

Strategische Allianzen zwischen Unternehmen sind ein Phänomen, das in den vergangenen Jahren sowohl aus praktischer als auch aus wissenschaftlicher Perspektive verstärkt beachtet worden ist. Es beschreibt eine Form der Unternehmenskooperation, die das Wirtschaftsgeschehen in vielen Branchen nachhaltig beeinflusst und verändert hat.

Unternehmenskooperationen sind schon seit längerem Gegenstand betriebs- und auch volkswirtschaftlicher Betrachtung. Unter dem Begriff der strategischen Allianz wird jedoch ein neuer Aspekt der Kooperation diskutiert: die Zusammenarbeit von Unternehmen, die innerhalb einer Branche im Wettbewerb stehen (vgl. Backhaus/Plinke 1990: 23 ff.). Sie soll den Beteiligten helfen, Vorteile im Branchenwettbewerb gegenüber anderen, nicht kooperierenden Unternehmen aufzubauen.

Ausgehend von diesem grundlegenden Motiv, eine strategische Allianz einzugehen, unterscheiden sich natürlich die Ziele, welche die beteiligten Unternehmen im Einzelfall verfolgen. Diese Ziele müssen stets im Vergleich zu den Alternativen einer strategischen Allianz beurteilt werden – also im Vergleich zur internen Entwicklung von Aktivitäten im Unternehmen *(Autonomie)* oder der externen Entwicklung durch die Übernahme bestehender Aktivitäten von anderen Unternehmen *(Integration)*. Geht man davon aus, dass das übergeordnete Ziel der Unternehmen darin besteht, den Wert der betrachteten ökonomischen Aktivität zu maximieren, so muss also eine Allianz aus Sicht eines beteiligten Unternehmen einen höheren Wertbeitrag leisten, als ihn das Unternehmen durch die autonome Entwicklung oder die Integration von Aktivitäten erzielen könnte (vgl. Contractor/Lorange 1988: 3 ff.). Orientiert man sich an diesem obersten Allianzziel, so lassen sich logisch vor allem die folgenden Unterziele von strategischen Allianzen hervorheben:

- *Skalenvorteile:* Erreichen einer Größenordnung, welche die Partner nicht allein erreichen könnten.
- *Risiko- und Kostenteilung:* Gemeinsames Tragen der Risiken und Kosten einer ökonomischen Aktivität.
- *Lerneffekte:* Lernen von einem Partner, der überlegene Kompetenzen besitzt.

- *Marktzutritt:* Schneller und kostengünstiger Eintritt in einen neuen Markt.
- *Flexibilität:* Fähigkeit zur Anpassung an sich verändernde Bedingungen.
- *Wettbewerbsbeschränkung:* Einschränken der Wettbewerbsintensität in der eigenen Branche.

Eine strategische Allianz kann entstehen, wenn alle Partner die gleichen Motive mit ihr verknüpfen – man spricht in diesem Fall auch von einer symmetrischen Allianz, in der die Partner meist nach der Realisierung von Skalenvorteilen oder einer Beschränkung des Wettbewerbs streben. Solche Situationen lassen sich vor allem in stabilen Branchen oder in Wettbewerbssituationen finden, in denen die Partner ähnliche Entwicklungen durchlaufen haben. Asymmetrische Allianzen hingegen, in denen die Partner jeweils andere Ziele mit der Allianz verbinden, sind typisch für Wettbewerbssituationen, die sich dynamisch verändern. Hier dominieren die Ziele Risiko- und Kostenteilung, Lerneffekte, Marktzutritt und Flexibilität (vgl. Hennart 1988: 361 ff.).

2 Theoretische Erklärungsansätze für strategische Allianzen

Um die Hintergründe strategischer Allianzen zu verstehen, muss neben der Auseinandersetzung mit den Zielen, die Unternehmen möglicherweise mit einer strategischen Allianz verfolgen, auch nach theoretischen Erklärungsansätzen gesucht werden. Dazu bieten sich sehr viele unterschiedliche Ansätze an. So ist in den vergangenen Jahren sehr oft die Transaktionskostentheorie zur Erklärung des Kooperationsphänomens herangezogen worden (vgl. Thorelli 1986: 35 ff.; Hennart 1988: 361; Kogut 1988: 39 ff.; Williamson 1991: 269 ff.). Hiervon abweichend sollen im Rahmen dieses Beitrags der marktorientierte und der ressourcenorientierte Ansatz als zentrale Denkmodelle des strategischen Managements in den Mittelpunkt gestellt werden.

Grundannahme des marktorientierten Ansatzes ist, dass die Einzigartigkeit und damit der Erfolg von Unternehmen durch ihre Stellung auf den Produktmärkten bestimmt werden. Demgegenüber geht der ressourcenorientierte Ansatz davon aus, dass der Unternehmenserfolg durch die besondere Ressourcenausstattung eines Unternehmens begründet wird.

Zentraler Gedanke des marktorientierten Ansatzes ist das so genannte „Structure-Conduct-Performance-Paradigma“, das einen Zusammenhang zwischen den Markt- und Wettbewerbsbedingungen (Structure), dem Verhalten der Wettbewerber (Conduct) und den Ergebnissen des Wettbewerbs (Performance) beschreibt. Grundannahme dieses Paradigmas ist, dass die Marktstruktur direkt das Verhalten der Wettbewerber determiniert und das Wettbewerberverhalten die Marktergebnisse bestimmt, wodurch auch diese, zumindest indirekt, maßgeblich von der Marktstruktur geprägt werden. Obwohl es auch Rückkoppelungen zwischen diesen Größen gibt, ist es demnach in erster Linie das Verständnis der Marktstruktur, das herausragende Bedeutung für Wettbewerb und Unternehmenserfolg besitzt.

Vor diesem Hintergrund lassen sich strategische Allianzen als eine bestimmte Form strategischen Verhaltens interpretieren, welche sich durch die Marktstrukturen erklären lässt. Motiv für das Eingehen strategischer Allianzen wäre dann, dass Unternehmen auf diesem Wege die strukturellen Anforderungen ihres Marktes besser bewältigen und somit bessere Ergebnisse im Wettbewerb erzielen können. Umgekehrt gilt aber auch, dass Unternehmen, indem sie strategische Allianzen eingehen, zugleich die Marktstrukturen beeinflussen; dies zumindest in dem Sinne, dass sich durch das Zusammengehen von Unternehmen die Anzahl autonomer Wettbewerber und damit auch die Wettbewerbsintensität verringern lassen (vgl. Burgers/Hill/Chan Kim 1993: 419 ff.; Hammes 1994).

Aus Sicht des ressourcenorientierten Ansatzes des strategischen Managements ist ein Unternehmen in erster Linie durch seine ganz spezielle Ressourcenausstattung gekennzeichnet. Unternehmen, die wettbewerbsrelevante Ressourcen besitzen, können hierdurch bestimmte Aktivitäten dauerhaft besser oder billiger erbringen als andere Unternehmen. Es ist daher eine entscheidende Voraussetzung für den Aufbau von Wettbewerbsvorteilen, überlegene Ressourcen aufzubauen und diese dauerhaft zu erhalten. Beides ist jedoch nur dann möglich, wenn Marktunvollkommenheiten bestehen, die verhindern, dass alle Unternehmen die gleichen Erwartungen über die Leistungsfähigkeit bestimmter Ressourcen oder gleiche Möglichkeiten zur Nutzung einer Ressource besitzen. Nur in diesem Fall werden Wettbewerbsvorteile, die auf einer überlegenen Ressourcenausstattung basieren, nicht sofort durch Transaktionen auf den Faktormärkten ausgeglichen (vgl. Williams 1992: 28 ff.).

Auch wenn sich die Vertreter des ressourcenorientierten Ansatzes bisher relativ wenig mit strategischen Allianzen befasst haben, so erscheint es doch nahe liegend, das Entstehen und die Ausrichtung von strategischen Allianzen auf der Grundlage dieses Ansatzes zu untersuchen. Offensichtlich sind die Gründe dafür, dass Unternehmen strategische Allianzen eingehen, in der Ressourcenausstattung der beteiligten Partner zu suchen.

Aus ressourcenorientierter Sicht ist der wesentliche Vorteil einer strategischen Allianz, dass die beteiligten Unternehmen eine oder mehrere Ressourcen gemeinschaftlich nutzen können. Im Wettbewerb sind dabei vor allem solche Allianzen attraktiv, die sich auf wertvolle und nur schwer substituierbare bzw. imitierbare Ressourcen beziehen. Sie ermöglichen es einem Unternehmen, das diese Ressourcen selber nicht besitzt, dennoch Zugang zu ihnen zu erhalten. Aber auch für ein Unternehmen, das erfolgsrelevante Ressourcen besitzt, kann eine Allianz Vorteile bieten, wenn es durch die Allianz seine überlegenen Ressourcen auf einer breiteren Basis im Wettbewerb zum Tragen bringen kann. Mit anderen Worten: Vorteile, aber auch Nachteile in der Ressourcenausstattung können Unternehmen veranlassen, strategische Allianzen einzugehen (vgl. Eisenhardt/Schoonhoven 1996: 136 ff.).

Folgt man diesen Überlegungen, so scheinen beide Ansätze durchaus geeignet, das Entstehen und die Entwicklung von strategischen Allianzen zu erklären. Dies gilt vor allem dann, wenn man die Ansätze miteinander verknüpft, denn obwohl gelegentlich behauptet wird, dass es sich hierbei um zwei konkurrierende Denkmodelle des strategischen Managements handelt, liegt eine verbundene Argumentation eigentlich nahe. Diese Argumentation soll im Folgenden an einem Beispiel ausgeführt werden – dem Beispiel der deutschen Telekommunikationsbranche, in der vor allem in den Jahren 1996 bis 2003 sehr intensive Allianzaktivitäten zu beobachten waren.

3 Erklärung der Entstehung und Entwicklung strategischer Allianzen am Beispiel der Telekommunikationsbranche

Die Telekommunikationsbranche – hier begrenzt auf den Bereich der Telekommunikations-Netze und -Dienste – galt traditionell als so genanntes natürliches Monopol. Konsequenz dieser Überzeugung war, dass Telekommunikationsleistungen in Deutschland – wie in nahezu allen Volkswirtschaften – nur durch einen (staatlichen) Monopolanbieter erstellt wurden. Die erheblichen technologischen Fortschritte der vergangenen Jahrzehnte haben jedoch dazu geführt, dass diese Situation zunehmend in Frage gestellt worden ist (vgl. Baumol/Sidak 1994; Burr 1995: 11 ff.) und teils weit reichende Bemühungen zur Liberalisierung der Telekommunikationsmärkte unternommen worden sind (vgl. Picot/Burr 1996: 173 ff.). So begann auch in Deutschland eine Phase der Marktöffnung, deren Ziel es war, Rahmenbedingungen zu schaffen, die eine Intensivierung des Wettbewerbs im Bereich der Telekommunikation fördern – letztlich mit dem Ziel, sowohl die Preissituation für die Nachfrager, als auch die Vielfalt, Qualität und Innovationsgeschwindigkeit der Telekommunikationsleistungen zu verbessern.

Um Wettbewerb auf einem Telekommunikationsmarkt zu ermöglichen, ist natürlich zunächst der Marktzugang für neue Anbieter zu öffnen. Da die ehemaligen Monopolanbieter, wie z. B. in Deutschland die Deutsche Telekom, aufgrund ihrer über Jahrzehnte aufgebauten Netzinfrastruktur und ihres Kundenstamms regelmäßig über erhebliche Startvorteile und eine beachtliche Marktmacht verfügen, sind diese Regelungen allein aber nicht ausreichend, um einen funktionsfähigen Wettbewerb zu schaffen. Vielmehr sind zumeist weitere Regelungen vorzusehen, die vorrangig für den ehemaligen Monopolanbieter gelten und verhindern, dass dieser seine Marktmacht gegenüber den neuen Anbietern missbräuchlich ausnutzt. Diese Regelungen prägen ganz entscheidend den Wettbewerb und die Anforderungen, welche die Unternehmen in der Phase der Marktöffnung bewältigen müssen.

Der Telekommunikationsmarkt in Deutschland ist erst zum 1. Januar 1998 vollständig für den Wettbewerb geöffnet worden. Gerade der deutsche Markt hat sich aber durch eine besonders dynamische Entwicklung ausgezeichnet, die sich auch auf das Entstehen und die Entwicklung strategischer Allianzen ausgewirkt hat. Betrachtet man diese Entwicklung aus der Perspektive des markt- und des ressourcenorientierten Ansatzes, so kann man feststellen, dass die in der Phase der Marktöffnung gegebenen Markt- und Wettbewerbsbedingungen den Besitz, zumindest aber den Zugang zu ganz bestimmten Ressourcen erfolgskritisch machten. Angesichts der hohen Unsicherheit über das Nachfrage- und Wettbewerberverhalten sowie der ausgeprägten Wettbewerbsintensität musste ein Telekommunikationsunternehmen vor allem die folgenden fünf *erfolgskritischen Ressourcenbereiche* abdecken können (vgl. Hungenberg 1998: 479 ff.):

- Endkundenzugang,
- Vermarktungs-Know-how,
- Internationale Anbindung,
- Technologiekompetenz,
- Finanzressourcen.

Die Erfahrungen, die in den bereits früher liberalisierten Märkten der Telekommunikation gemacht worden sind, zeigen, dass in der Phase der Marktöffnung besonders jene Unternehmen erfolgreich sind, die die hier genannten Ressourcenbereiche in Summe besser als ihre Konkurrenten abdecken können. Von den Unternehmen, die in Deutschland neu in den Markt eintraten, war dazu jedoch keines eigenständig in der Lage.

Natürlich hätten die betroffenen Unternehmen prinzipiell versuchen können, bestehende Ressourcendefizite selbstständig zu beseitigen – ob dies jedoch mit der für die Marktöffnung notwendigen Breite und Geschwindigkeit möglich gewesen wäre, ist zu bezweifeln. Außerdem waren einige der Ressourcen gar nicht in beliebiger Zahl aufzubauen, so dass ein interner Aufbau zumindest für einige Wettbewerber ausschied. Und auch die Integration war keine realistische Alternative, da angesichts der Unsicherheit über die weitere Marktentwicklung wohl bei kaum einem Marktteilnehmer die Bereitschaft bestand, sich frühzeitig und dauerhaft zu binden.

Vor diesem Hintergrund ist es verständlich, dass die Unternehmen in einer strategischen Allianz die am besten geeignete Alternative sahen, um die in der Phase der Marktöffnung erfolgskritischen Ressourcen abzudecken. Zu diesem Zweck schlossen sich Unternehmen in Allianzen zusammen, die komplementäre Ressourcenausstattungen besaßen (vgl. Abbildung 1).

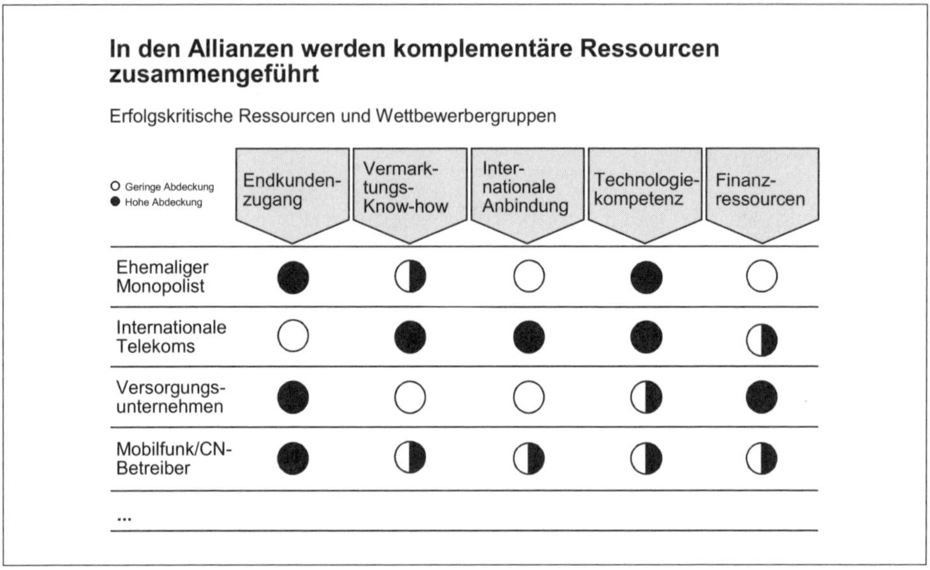

Abbildung 1: Erfolgskritische Ressourcen und Wettbewerbergruppen

Allerdings zeigte sich in der weiteren Entwicklung des Telekommunikationsmarktes dann auch, dass die anfänglichen Allianzbestrebungen zunehmend durch Interaktionsformen mit stärkerer Integration abgelöst wurden – und zwar in dem Maße, indem sich die Marktunsicherheit verringerte, die anfänglich sehr hohe Wettbewerbsintensität reduzierte und sich die Ressourcenunterschiede der Unternehmen ausglichen. Dies geschah relativ schnell, da es sich bei den erfolgskritischen Ressourcen im Grunde um leicht imitierbare Ressourcen handelte.

Natürlich blieben auch weiterhin Ressourcenunterschiede zwischen den Wettbewerbern bestehen, aber diese waren weniger durch die anfängliche Ausstattung der Allianzpartner als durch die unterschiedliche Leistungsfähigkeit der Allianzunternehmen selber begründet. Insofern scheint es so zu sein, dass die strategischen Allianzen in der Telekommunikation vor allem ein Phänomen der frühen Marktöffnungsphase waren, das bereits relativ schnell durch andere, integrative Formen der Unternehmensentwicklung abgelöst worden ist.

4 Fazit

Überträgt man diese Überlegungen auf andere Branchen, so scheint die Hypothese nahe liegend, dass strategische Allianzen in den meisten Fällen keine wirklich stabilen Gebilde sind. Sie sind ein strategisches Instrument, das sinnvoll ist, wenn die Branchen- und Wettbewerbsumfelder dynamisch sind, wenn sich die weiteren Marktentwicklungen nur schwer vorhersehen lassen und die Ressourcenausstattungen der Unternehmen noch unvollständig sind. Wenn sich diese Bedingungen ändern, also beispielsweise die Branchenstrukturen stabiler werden und Ressourcendefizite beseitigt werden, suchen Unternehmen nach einer stärkeren Integration von Unternehmensaktivitäten. Übernahmeaktivitäten gewinnen dann an Bedeutung. Eine Ursache hierfür könnte sein, dass das Konfliktpotenzial und die Managementprobleme in der Allianz unter diesen Bedingungen zunehmen. Hieran gilt es dann zu arbeiten, wenn eine strategische Allianz als stabile Form der Unternehmensentwicklung dienen soll.

Literaturverzeichnis

Backhaus, Klaus; Plinke, Wulff (1990): Strategische Allianzen als Antwort auf veränderte Wettbewerbsstrukturen. In: Zeitschrift für betriebswirtschaftliche Forschung (ZfbF) – Sonderheft 27: Strategische Allianzen, hrsg. v. Klaus Backhaus und Klaus Piltz, Düsseldorf 1990, S. 21-33.

Baumol, William J.; Sidak, J. Gregory (1994): Toward Competition in Local Telephony, Cambridge 1994.

Burgers, Willem P.; Hill, Charles W. L.; Kim, W. Chan (1993): A Theory of Global Strategic Alliances: The Case of the Global Auto Industry. In: Strategic Management Journal, 14. Jg. 1993, Nr. 6, S. 419-432.

Burr, Wolfgang (1995): Netzwettbewerb in der Telekommunikation: Chancen und Risiken aus Sicht der ökonomischen Theorie, Wiesbaden 1995.

Contractor, Farok J.; Lorange, Peter (1988): Why Should Firms Cooperate? In: Cooperative Strategies in International Business, edited by Farok J. Contractor and Peter Lorange, Lexington 1988, S. 3-27.

Eisenhardt, Kathleen M.; Schoonhoven, Claudia B. (1996): Resource-based View of Strategic Alliance Formation: Strategic and Social Effects in Entrepreneurial Firms. In: Organization Science, 7. Jg. 1996, Nr. 2, S. 136-150.

Hammes, Wolfgang (1994): Strategische Allianzen als Instrument der strategischen Unternehmensführung, Wiesbaden 1994.

Hennart, Jean-Francois (1988): A Transaction Costs Theory of Equity Joint Ventures. In: Strategic Management Journal, 9. Jg. 1988, Nr. 4, S. 361-374.

Hungenberg, Harald (1998): Strategische Allianzen in der Telekommunikationsbranche. In: Zeitschrift für betriebswirtschaftliche Forschung (ZfbF), 50. Jg. 1998, Nr. 5, S. 479-498.

Kogut, Bruce (1988): A Study of the Life Cycle of Joint Venture. In: Management International Review (Special Issue), 28. Jg. 1988, Nr. 4, S. 39-52.

Kogut, Bruce (1991): Joint Ventures and the Option to Expand and Acquire. In: Management Science, 37. Jg. 1991, Nr. 1, S. 19-33.

Picot, Arnold; Burr, Wolfgang (1996): Regulierung und Deregulierung im Telekommunikationssektor. In: Zeitschrift für betriebswirtschaftliche Forschung (ZfbF), 48. Jg. 1996, Nr. 2, S. 173-200.

Thorelli, Hans B. (1986): Networks: Between Markets and Hierarchies. In: Strategic Management Journal, 7. Jg. 1986, Nr. 1, S. 37-51.

Williams, Jeffrey R. (1992): How Sustainable is Your Competitive Advantage. In: California Management Review, 34. Jg. 1992, Nr. 3, S. 29-51.

Williamson, Oliver E. (1991): Comparative Economic Organization: The Analysis of Discrete Structural Alternatives. In: Administrative Science Quarterly, 36. Jg. 1991, Nr. 2, S. 269-296.

Organisationskompetenz

Leading Development

Markus Sulzberger*

Aus der Umweltdynamik und dem Unternehmenslebenszyklus ergibt sich die Notwendigkeit eines kontinuierlichen Unternehmenswandels. Die Entwicklung einer Unternehmung von einem Lebensabschnitt in den nächsten stellt das Management und die Mitarbeitenden vor große Herausforderungen. Leading Development basiert auf der transformationalen Führung. Als Veränderungskonzept, welches auf strategische Erneuerung abzielt, schafft es produktive organisationale Energie durch die Umsetzung der folgenden Prinzipien: Wachstum durch Innovation, Kundenorientierung, Leistungsorientierung und gelebte Führung.

Stichworte: Entwicklungsprozess – Innovation – Komplexität – Kundenorientierung – Leadership – Leading Development – Leistungsorientierung – Management – transformationale Führung – Unternehmenslebenszyklus – Wachstum

* Dr. Markus Sulzberger ist Leiter Ressort Special Clients BB, Global Wealth Management & Business Banking UBS AG, Zürich. Zudem ist er im Vorstand der SGO sowie Präsident der SGO-Stiftung und Dozent am Swiss Finance Institute.

1 Notwendigkeit der kontinuierlichen Unternehmensentwicklung

Die in der heutigen Zeit ausgeprägte Umweltdynamik zwingt Unternehmen und Einheiten der öffentlichen Verwaltung zu laufenden, kurzfristigen Anpassungen und zur Realisierung von mittelfristigen Entwicklungsstrategien. Es gibt einige oft betrübliche Geschichten von Unternehmen, die sich den Herausforderungen des Umsystems durch fahrlässige Nichtbeachtung oder überhebliche Selbstsicherheit nicht gestellt haben. Die Umweltdynamik zeichnet sich speziell durch Vielschichtigkeit und Mehrdimensionalität aus. Nicht für jedes Unternehmen sind dieselben Komponenten relevant oder haben die gleiche Bedeutung. Dies führt zu einer nur schwer zu bewältigenden Komplexität. Zahlreiche Versuche, diese Komplexität quantitativ beherrschbar zu machen, um daraus logische, umsetzbare Konklusionen ableiten zu können, scheitern. Komplexität ist vielmehr als gegeben zu akzeptieren. Vielfalt, Dynamik und Unschärfen schaffen Optionen. Diejenigen, welche diesen Optionen mit einer positiven Haltung gegenüberstehen, Chancen und Risiken abwägen und offen für Entwicklungen sind, schaffen enorme Werte, sofern sie die erforderlichen Entscheide treffen und auch umsetzen.

2 Unternehmenslebenszyklus

Der Unternehmenslebenszyklus ist eine empirisch gesicherte Tatsache. Wie Abbildung 1 zeigt, entwickeln sich Unternehmen grundsätzlich von der Pionier- über die Wachstums- und die Reife- in die Wendephase. Die Dauer dieser Phasen (t) kann je nach Branche, Land oder Marktverhältnissen sehr unterschiedlich ausfallen. Der Nutzen kann dabei als Effektivität, Effizienz, Produktivität oder Wertschöpfung dargestellt werden.

In den verschiedenen Phasen kommen bezüglich Leadership und Management verschiedene Ansätze und Instrumente zur Anwendung. Grundsätzlich nimmt der Organisationsgrad mit zunehmender Reife zu. Klare Strukturen mit entsprechenden Kompetenzordnungen sowie definierte Kern- und Nebenprozesse mit zeitgemäßer Informatikunterstützung werden zu kritischen Erfolgsfaktoren.

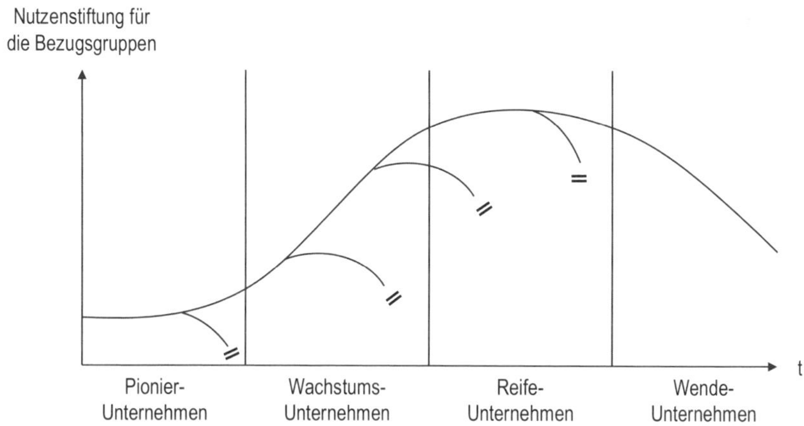

Abbildung 1: Unternehmenslebenszyklus

Jede Phase ist in ihrer Charakterisierung ein interessanter Betrachtungs- und Forschungsgegenstand der Betriebswirtschaftslehre. Von spezieller Relevanz sind jedoch die Übergänge von der Wachstums- in die Reifephase und von der Reife- in die Wendephase. Kaum ein Unternehmen kann es sich leisten, definitiv zum „Wende-Unternehmen" zu werden. Im Sinne der Früherkennung werden damit die Charakteristika von Unternehmen in der Reifephase zur spannenden Fragestellung. Empirische Studien weisen immer wieder auf beachtliche Ergebnisse und große finanzielle Sicherheit solcher Unternehmen hin. Zusätzlich verfügen diese Unternehmen über eine starke Marktstellung und ausgeprägtes Know-how. Diese Fakten und Einschätzungen erzeugen wenig Druck für Veränderungen. Weniger gut sichtbare Erscheinungen wie aufkommende Selbstzufriedenheit, Überheblichkeit, Betriebsblindheit, zunehmende Bürokratisierung und Hang zum Perfektionismus sowie Absicherung werden übersehen oder unterdrückt. Darunter leiden die Innovationsstärke und die Bereitschaft zur Risikoübernahme. Im Umfeld der Mitarbeitenden öffnen sich Vertrauenslücken und die Konfliktfähigkeit nimmt ab.

Um das Abgleiten in die Wendephase zu verhindern, ist ausgeprägte Leadership notwendig. Zudem sind die inneren und äußeren Entwicklungen (Signale des Wandels) kontinuierlich zu verfolgen und es gilt, frühzeitig Wahlmöglichkeiten zu eruieren und Maßnahmen rechtzeitig zu ergreifen.

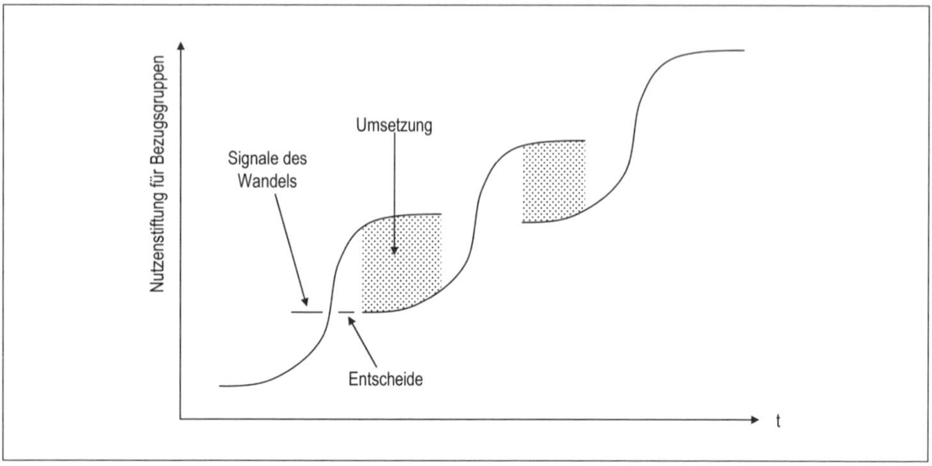

Abbildung 2: Entwicklungsmodell für Unternehmen

Wie in Abbildung 2 dargestellt, geht es darum, das Unternehmen auf eine neue Entwicklungskurve zu transformieren. Dieser neue Lebensabschnitt des Unternehmens wird längerfristig wiederum denselben Gesetzen der Lebenszyklen unterliegen. Wirklich langfristige, nachhaltige Unternehmensentwicklung bedeutet demzufolge, solch aufeinander folgende Lebensabschnitte zu erzeugen. Dabei muss die Wertgenerierung in der Phase des nachfolgenden Zeitabschnitts (t+1) höher sein als diejenige des vorhergehenden Zeitabschnitts (t). Ist dies über mehrere Abschnitte nicht der Fall, dürfte dasselbe Resultat eintreffen – der Niedergang des Unternehmens – wie beim lethargischen Nichtstun im Grundlebenszyklus (vgl. Abbildung 1).

Neben dieser Entwicklungsfalle ist noch auf den verbreiteten Irrtum hinzuweisen, dass es möglich sein soll, die Wertgenerierung auf der Entwicklungskurve im gegebenen Lebensabschnitt kontinuierlich zu steigern. Oft werden ausgeklügelte Anreizsysteme oder komplexe Instrumente des Prozessmanagements propagiert, um die Wertgenerierung zu steigern. Sind solche Ansätze in der Pionier- und Wachstumsphase sehr sinnvoll und notwendig, verfehlen sie in der Reifephase das anvisierte Ziel. Der Grenznutzen wird negativ, d. h. der Aufwand solcher Maßnahmen ist wesentlich größer als der daraus resultierende Nutzen. Grundsätzlichere Erneuerungen wie der Einsatz neuer Technologien in Produktion oder Verarbeitung, Fusionen oder Kooperationen, Veränderungen in der Produktionsbreite und -tiefe sind erforderlich. Nur die nächste Entwicklungskurve sichert eine nachhaltig höhere Wertgenerierung. Bildlich gesprochen heißt das, mit immer mehr Segeln die Geschwindigkeit eines Schiffes laufend steigern zu wollen. Zusätzliche Masten bedeuten u. a. steigende Komplexität, straffere Organisation, mehr Matrosen, deutlich steigende Risiken und damit ein höchst anspruchsvolles Management, ohne die anvisierte Stufe in der Leistungssteigerung realisieren zu können. Erst das motorenbetriebene Schiff ermöglicht jedoch ganz andere Leistungen.

Die angesprochene Entwicklung des Unternehmens von einem Lebensabschnitt in den nächsten ist wohl eine der spannendsten und herausforderndsten Aufgaben der Unternehmungsführung. Leadership und Management sind bei einem solchen Wandel gleichermaßen gefragt. Meist prallen bei diesem Übergang auf neue Entwicklungsstufen alte und neue Paradigmen aufeinander.

3 Leading Development

3.1 Transformationale Führung als Grundlage

Der Ansatz der transformationalen Führung wurde von Bass und Avolio (1994) erarbeitet. Im Kern geht es darum, Mitarbeitende und Führungskräfte unternehmensweit für den Entwicklungsprozess zu mobilisieren. Alle Involvierten sollen ein konkretes Interesse an der Unternehmensentwicklung haben und sich aktiv für die Gestaltung der Zukunft engagieren. Die wesentlichen Komponenten der transformationalen Führung sind in Abbildung 3 dargestellt.

Der Einbezug und die Rolle der Mitarbeitenden in der Entwicklung gehen hier entscheidend weiter als in anderen Führungsansätzen und insbesondere in der Forderung der klassischen Organisationslehre. So einleuchtend und sympathisch diese breite Abstützung auf die Mitarbeitenden aller Stufen ist, so anspruchsvoll ist die Umsetzung dieses Grundsatzes in der Praxis.

Es hat sich mehrfach bestätigt, dass beim Übergang von einer rigiden „Top-down Befehlskultur", meist in Kombination mit strengen Kostenreduktionsmaßnahmen und gar Entlassungen, in eine von Wachstum und Innovation geprägte Strategie der Ansatz der transformationalen Führung sehr große und breite Motivation erzeugt und nachhaltige Entwicklungen ermöglicht. Aber schon kurze Zeit nach der Einführung der neuen Strategie nehmen Lähmungserscheinungen, alimentiert von

Selbstverständlichkeits- und Gewöhnungseffekten, zu, was einer grundlegenden Entwicklung zuwiderläuft. Darüber hinaus werden immer übertriebenere Forderungen im Sinne von unternehmerischen Freiheiten laut. Es wird oft vergessen, dass zu dieser Freiheit auch eine Verantwortung gehört. Die Entwicklung bewegt sich weg von der produktiven Energie in Richtung einer angenehmen Trägheit (vgl. Bruch/Vogel 2005). Damit gewinnen die Maßnahmen zur Pflege der Energiezustände erfolgsentscheidende Bedeutung.

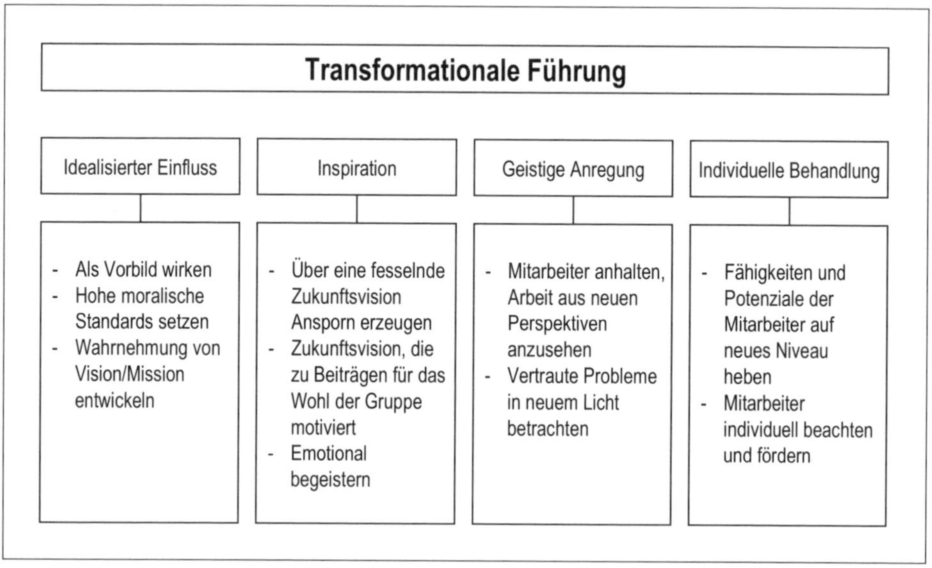

Abbildung 3: Dimensionen transformationaler Führung (vgl. Bass/Avolio 1994)

In Ergänzung zum Ansatz von Bass und Avolio (1994) sei noch auf die wichtige Idee der kreativen Unruhe von Pascale (1990) hingewiesen. Kreative Unruhe hat mit Stress wenig bis gar nichts zu tun; es geht vielmehr um die Einsicht, dass anspruchsvolle Ziele, Missionen und Visionen nur durch Freude an der Entwicklung und damit einhergehenden Veränderungen erreicht werden können. Die innere Kraft der Mitarbeitenden, die Energie und die kontinuierliche Bewegung ist für die nachhaltige Unternehmensentwicklung besonders wichtig. Zudem bedingt die gelebte Kultur der kreativen Unruhe eine überdurchschnittliche Portion an Gelassenheit. Im praktischen Unternehmensalltag ist diese oftmals schwer zu ertragen und erscheint hinderlich. Wer hat sich nicht schon über naive Fragen geärgert? Wer hat nicht schon den Advocatus Diaboli verwünscht, welcher die pragmatischen und effizienten Planungs- und Entscheidungsprozesse hemmt? Wer ist sich dagegen aber nicht bewusst, dass es eben solche Interventionen sind, welche die Augen öffnen und Ideen sowie Chancen erkennen lassen. Reife, Stärke, Selbstsicherheit und Selbstreflexion sind erforderlich, um kreative Unruhe wirkungsvoll zu leben. Gelingt es einem Unternehmen oder einer organisatorischen Einheit, diese Erfordernisse zu erfüllen, sind wichtige Voraussetzungen für eine innovative, nachhaltige Entwicklung gegeben.

3.2 Komponenten von Leading Development

Leading Development ist ein proaktiver Veränderungsansatz, der eine Entwicklung um Größenordnungen anstrebt. Damit grenzt er sich klar gegenüber Ansätzen des „ex post Rettens" oder der Notwendigkeit radikaler Kosteneinsparungen und Redimensionierungen im Sinne des Reengineerings ab. Leading Development setzt dort an, wo ein Lebensabschnitt der Realisierung von Synergieeffekten (zum Beispiel nach Fusionen) erfolgreich abgeschlossen worden ist. In einer solchen Situation bringen weiter gehende Kosteneinsparungen keine wesentlichen Ergebnisse mehr, Wachstum muss auf eine andere Art gefördert werden.

Leading Development will das Abgleiten in die Wendephase verhindern, dann, wenn es dem Unternehmen vordergründig gut geht, wenn angenehme Trägheit und Selbstzufriedenheit aufkommen, dann, wenn die Strategie „schneller, billiger" ausgereizt ist und die Differenzierung am Markt mit einmalig neuen Produkten zunehmend schwierig wird. In einem solchen Zustand sind Energien auf allen Stufen für die Erneuerung, für den nächsten Lebensabschnitt freizusetzen. Im Folgenden werden die vier Komponenten Wachstum durch Innovation, Kundenorientierung, Leistungsorientierung und Leadership näher vorgestellt.

3.2.1 Wachstum durch Innovation

Die Frage nach der Notwendigkeit des Wachstums einer Unternehmung ist vielschichtig. Vordergründig einfachen Antworten ist mit großer Vorsicht zu begegnen. Ganz am Anfang der Beschäftigung mit diesem Thema stehen die Dimensionen des Wachstums: quantitatives und qualitatives Wachstum sowie positives oder negatives Wachstum. Im Folgenden wird das negative Wachstum (= Rückbildung oder Schrumpfung) nicht näher betrachtet.

Die einfachste und damit am häufigsten anzutreffende Antwort auf die Frage nach der Notwendigkeit des Wachstums liefert die Betriebswirtschaftslehre mit der Theorie der Skaleneffekte, d. h. den abnehmenden Stückkosten bei entsprechend vergrößerten Produktions- oder Absatzvolumina. Für börsenkotierte Firmen liefern die Analysten eine weitere Begründung, indem wachsende Unternehmungen als dynamisch und entwicklungsfähig eingestuft werden. Zudem löst Wachstum in der Regel steigende Börsenkurse und damit eine höhere Börsenkapitalisierung aus. Diese beiden Begründungen führen aber oft dazu, dass dem quantitativen Wachstum fast ausschließliche Aufmerksamkeit geschenkt und das qualitative Wachstum vergessen oder zu stark in den Hintergrund gedrängt wird. Wahre und nachhaltige Entwicklung bedingt in jedem Fall eine gleichwertige Beachtung der beiden Dimensionen. Rein quantitatives Wachstum zieht fast immer erhebliche Risiken nach sich, die nur mit sehr großem Aufwand bewältigt werden können. Insbesondere bleibt die kulturelle Entwicklung in solchen Situationen meist auf der Strecke, was zu steigenden Fehlerhäufigkeiten und zu Überlastung sowie Überforderung vieler Mitarbeitenden führt.

Weit gehend unbestritten ist, dass eine qualitativ und quantitativ ausgewogene Entwicklung bei den Kunden, den Investoren und den Mitarbeitenden den Eindruck und den nachvollziehbaren Beweis von Dynamik, Professionalität, Kreativität und erfolgreicher Bewältigung sich laufend verändernden Herausforderungen ergibt. Das erzeugte Vertrauen und der sich verfestigende Goodwill sind für die nachhaltige Performance kritische Erfolgsfaktoren.

Wachstum kann auf ganz verschiedene Arten erzeugt werden. Vom Kauf von Marktanteilen über Akquisitionen und Fusionen bis hin zu innerem, so genannt organischem Wachstum. Ein Unternehmen hat diejenige Strategie – eine einzige Richtung oder eine Kombination der erwähnten Optionen – zu wählen, welche den Fähigkeiten und der Umsetzungsbereitschaft in der Unternehmung bestmöglich entspricht. Die folgenden Ausführungen konzentrieren sich hauptsächlich auf das innere Wachstum. Innovation spielt bei der Realisierung inneren Wachstums eine zentrale Rolle. Dabei wird hier von einer sehr breiten Auslegung des Begriffes Innovation ausgegangen: Innovation als Haltung der Mitarbeitenden auf allen Stufen des Unternehmens; Innovationsfreudigkeit als Kultur und Innovation als ein gelebter Motor der Entwicklung. In Anwendung des Ansatzes der transformationalen Führung geht es darum, die Innovationspotenziale dort auszuschöpfen, wo die Kenntnisse und die Vertrautheit mit den Marktgegebenheiten und den Kundenbedürfnissen am größten sind. Dies ist in der Regel bei den

Mitarbeitenden des Verkaufs und der Kundenberatung der Fall. Es geht darum, produktive Energie dort freizusetzen, wo der interne und externe Kunde profitiert und wo die Freude an der eigenen Gestaltung der Wertschöpfung und der Zukunft des Unternehmens, der Gruppe oder des Individuums am ausgeprägtesten ist sowie zudem die größte Multiplikatorenwirkung besteht.

Um eine solche Innovations- und Entwicklungskultur aktiv zu leben, ist eine ausgeprägte Dezentralisation von Aufgaben, Kompetenzen und Verantwortungen erforderlich. Dieses Empowerment soll dazu führen, dass die unternehmerische Haltung verstärkt und verbreitert wird und dass möglichst viel produktive Zeit für den Kunden oder für die Projektarbeit zur Verfügung steht. Damit wird allen negativen Erscheinungen, welche ein Unternehmen in der Reifephase in der weiteren Entwicklung hindern, wie Bürokratie, Hang zur Absicherung und administrativer Perfektion, Abgrenzungsauseinandersetzungen und Innovationsangst, der Kampf angesagt. Ein weiteres wichtiges Element zur Umsetzung dieser Innovationskultur ist die Transparenz. Jeder Mitarbeitende muss über Informationen verfügen, welche es erlauben, die Leistung zu messen, den Fortschritt gegenüber der Vorperiode zu sehen sowie ein sinnvolles Benchmarking durchzuführen. Damit wird eine gesunde, konsequente Wettbewerbskultur gepflegt. Als drittes Element soll die Bottom-up Aktivitätsplanung im Zielsetzungsprozess gegenüber der Top-down Komponente eine viel höhere Gewichtung erfahren. Die eigenverantwortlich definierten Anspruchsniveaus führen zu einer viel stärkeren Umsetzungsmotivation als die verordneten, heruntergebrochenen Zielvorgaben. Als Konsequenz dieser Maßnahmen gibt es keine vernünftigen Gründe mehr, viel Energie und Taktik in Budgetierungsprozesse zu investieren. „Beyond Budgeting“ wird hier in konsequenter Form umgesetzt. Vergleiche hierzu auch den Artikel „Leadership statt Budgetierung“ von Stadelmann (2005).

3.2.2 Kundenorientierung

Um sich von der Konkurrenz nachhaltig abzugrenzen und entsprechende Vorteile zu realisieren, gibt es neben der Strategie der einmaligen Produktidee und der Strategie des „low cost producers“, also in der Produktion schneller, besser und billiger zu sein, eine dritte Möglichkeit, nämlich diejenige der ausgeprägten Kundenorientierung.

Kundenorientierung wird in einem integrierten Sinn verstanden (vgl. Bruhn 2002). Das bedeutet, dass alle unternehmerischen Leistungen, Strukturen, Prozesse und Systeme auf Kundenbedürfnisse auszurichten sind. Obwohl zu diesem Thema sehr viele Bücher veröffentlicht werden, fällt vielen Firmen die Umsetzung immer noch schwer. Viel zu oft werden unternehmensinterne Optimierungen bezüglich Produkte, Prozesse oder Vertrieb durchgeführt, die den Kundennutzen nicht beachten oder diesen sogar reduzieren. Als Beispiele können hier die Verlagerungen in der Wertschöpfungskette genannt werden. Mit Berufung auf besseren Service, günstigere Preise oder schnellere Auskunftserteilung übernimmt der Kunde hier konkrete Arbeitsschritte. Eigentlich sollte es aber darum gehen, dem Kunden über die selbstverständliche Höhe der Produkte- oder Dienstleistungsqualität hinaus im Kontakt Erlebnisse zu verschaffen und Emotionen auszulösen. Damit wird die Kundenbindung verstärkt und es eröffnen sich mächtige Differenzierungsmöglichkeiten gegenüber der Konkurrenz.

Die große Herausforderung in der Realisierung einer solchen kundenorientierten Kultur liegt weder in der intellektuellen Durchdringung noch in der Komplexität, sondern allein darin, die Mitarbeitenden zu befähigen und zu motivieren, diese Haltung in allen Situationen gegenüber den Kunden einzunehmen. Die entsprechenden Chancen und Möglichkeiten bieten sich einfach und zahlreich an – von der kleinen, effektiven Überraschung bis hin zum Großanlass oder zur einschlägigen Kampagne. Wenn die Mitarbeitenden über das Begreifen hinaus fühlen, dass ein Kundenkontakt – mit positivem oder durchaus auch kritischem Inhalt – nur dann zum Erlebnis wird, wenn alle Beteiligten Wertschätzung erfahren, Begeisterung verspüren und Freude an der Arbeit sowie am Kontakt zeigen, wird eine wahre Kundenorientierung gelebt.

3.2.3 Leistungsorientierung

„Das Gras wächst nicht schneller, wenn man daran zieht." Motivation, Freude an der Arbeit und Energie lassen sich nicht befehlen. Bestenfalls können diese Haltungen als wichtige Kriterien der erfolgreichen Entwicklung eines Unternehmens gepflegt und mittels verschiedener Maßnahmen und Instrumente gefördert werden. Als erschwerend erweisen sich zusätzlich die Zeitkomponente – die Wirkung von Maßnahmen trifft oft mit einer deutlichen Zeitverzögerung ein, ein Abfallen von Motivation, Freude und Energie wird meist erst nach geraumer Zeit erkannt –, die mangelnde Voraussehbarkeit der Reaktionen der Mitarbeitenden sowie die Subjektivität in den entsprechenden Einschätzungen. Diese Zustände werden geprägt von Weltbildern sowie politischen und ethisch-moralischen Auffassungen.

In einer Zeit der Globalisierung und der damit einhergehenden Ausrichtung auf Diversity wird die Thematik nochmals vielschichtiger.

Die skizzierten Frage- und Problemstellungen eröffnen ungeahnte Chancen. Da es weder Patentrezepte noch richtige oder falsche Lösungen gibt, ist es nicht möglich, „schlüsselfertige" Lösungen einzukaufen. Dies macht die Aufgabe anspruchsvoll und verlangt Leadership auf allen Stufen, eröffnet aber gleichzeitig die Möglichkeit der Realisierung von signifikanten Konkurrenzvorteilen. Wie im Abschnitt zur Kundenorientierung erwähnt, wertet der Kunde die erhaltene Beratung und Betreuung dann als Erlebnis, wenn die Haltung des Verkäufers von Motivation, Freude und Energie getragen ist.

Die kontinuierliche Steigerung der Leistung des Unternehmens, der organisatorischen Einheiten, Gruppen und der Mitarbeitenden ist eine Notwendigkeit. Die heutige, harte Konkurrenzsituation erlaubt keine Einbrüche. Nur diejenigen Unternehmen, welche sich mittels kontinuierlich erbrachter Ergebnisse das Recht zur Investition in die Zukunft erarbeiten, haben reelle Überlebenschancen. Dabei bedeutet Leistungssteigerung nicht sture Mehrarbeit, Einsatz bis zum Auftreten von Gesundheitsproblemen oder sinnloses Verschleudern von Ressourcen. Gefordert sind ein intelligentes Wahrnehmen von Chancen, die Reflexion, was Sinn macht, und die Aktivierung sowie Nutzung des Innovations- und Entwicklungspotenzials auf allen Stufen. Die konkrete Umsetzung von Ideen oder Strategien ist dann konsequente und harte Knochenarbeit. Bei größeren Vorhaben kommen die bekannten, modernen Regeln des Projektmanagements zur Anwendung.

3.2.4 Leadership im Entwicklungsprozess

Leading Development erfordert gelebte Leadership auf allen Stufen des Unternehmens. Ganz im Sinne der transformationalen Führung geht es darum, eine überzeugende Vision zu erarbeiten und zu leben, zu inspirieren und der Wertschätzung und Förderung der Mitarbeitenden einen sehr hohen Stellenwert einzuräumen.

Leading Development zielt darauf ab, eine Kultur der positiven Entwicklung aufzubauen und zu pflegen. Dazu gehören Freude, Stolz und Mut der Mitarbeitenden die Entwicklung mitzutragen, Verantwortung für die Gestaltung der Zukunft der organisatorischen Einheit oder des Unternehmens zu übernehmen und das Verständnis sowie das aktive Mittragen der Komponenten Wachstum durch

Innovation sowie Kunden- und Leistungsorientierung. Durch Offenheit, Glaubwürdigkeit, Vertrauen und Fairness kann die natürliche Angst vor Wandel minimiert oder gar in eine Art Aufbruchstimmung umgewandelt werden. Speziell in der Entwicklung eines Unternehmens – oder einer Geisteshaltung – von einem Lebensabschnitt in den nächsten, verbunden mit schwerwiegenden Paradigmenwechseln, sind organisatorische Veränderungen wie neue Strukturen, Aufgabenzuordnungen, Anforderungsprofile, Kompetenzen und Prozesse eine Notwendigkeit. In der beschriebenen Kultur des Leading Development stehen in dieser Situation die Chancen für alle Beteiligten im Vordergrund und die Eigenverantwortung aller Mitarbeitenden ist eine gelebte Tatsache. Personen, die die Veränderungen bewusst und offen nicht mittragen wollen, sollen über einen ethisch-moralisch hochstehenden Prozess freigesetzt werden. Für so genannte Brunnenvergifter (verdeckte Opposition), deren Ziel die Pflege der korrosiven Energie (vgl. Bruch/Vogel 2005) ist, hat es nicht nur keinen Platz, sondern die Trennung ist so rasch wie möglich zu realisieren.

Ein weiteres wesentliches Element von Leading Development ist der Multiplikatoreffekt. Begeisterung ist grundsätzlich übertragbar: Etwas mit Leidenschaft tun, kann anstecken. Inspiration wird nach der ursprünglichen Bedeutung des Wortes übertragen. All diese für die positive Entwicklung erfolgskritischen Faktoren sollen und können nicht ausschließlich über die hierarchische Schiene von oben nach unten umgesetzt werden. Auf allen Stufen und in allen Richtungen sind diese wertvollen Eigenschaften präsent und werden gepflegt. Gegenseitige freiwillige Unterstützung und Coaching sind entsprechende konkrete Tätigkeiten, die heute in vielen Unternehmen gefördert werden. Es soll aber nicht der Eindruck entstehen, dass es sich hier um alltägliche Erfolgsgeschichten handelt. Es handelt sich vielmehr um kulturelle Elemente, um Haltungen und Grundauffassungen, die sich nur über die Zeit aufbauen und nutzen lassen.

4 Fazit

Die frühzeitige, ehrliche und konsequente Anwendung des Ansatzes Leading Development, verbunden mit dem in Leben und Wirtschaft notwendigen Quantum Glück, trägt dazu bei, viele unnötige, tiefgreifende Krisen zu verhindern. Die Umsetzung verlangt von allen Beteiligten Mut, Selbstsicherheit, Kreativität, Freude, Zeit, Reflexion und Verantwortung.

Der geschilderte Ansatz kann nicht von heute auf morgen eingeführt werden. Verhaltensänderungen erfordern Zeit: „Die Seele geht zu Fuß.“ Es gilt, die Beschleunigungsfalle (vgl. Thom/Zaugg 2001) zu umgehen. Gleichfalls ist es kaum möglich, die laufende Einführung kurzfristig abzubrechen. Enttäuschung, Demotivation, Vertrauensschwund und zum Teil Schadenfreude wären bei den Mitarbeitenden viel zu groß, um die Leistung hochhalten zu können. Leading Development eignet sich nicht zum Löschen von unternehmerischen Feuersbrünsten, sondern dazu, solche Unfälle in Zukunft zu verhindern.

Leading Development ist für viele Unternehmen und Führungskräfte ein Musterbruch (vgl. Wüthrich/Osmetz/Kaduk 2006). Die Haltung der Mitarbeitenden und Führungskräfte zu Themen wie Komplexität, Paradoxien, Beschleunigung, Top-down Steuerung, Kontrollen statt Vertrauen ist zu ändern und zu entwickeln. Die klassischen Instrumente der Unternehmensführung verlieren damit nicht ihren Wert, sondern erzeugen diesen erst bei sinnvollem, überlegtem Einsatz.

Literaturverzeichnis

Bass, Bernard M.; Avolio, Bruce J. (1994): Improving Organizational Effectiveness through Transformational Leadership, Thousand Oaks 1994.

Bruch, Heike; Vogel, Bernd (2005): Organisationale Energie: wie Sie das Potential Ihres Unternehmens ausschöpfen, Wiesbaden 2005.

Bruhn, Manfred (2002): Integrierte Kundenorientierung: Implementierung einer kundenorientierten Unternehmensführung, Wiesbaden 2002.

Pascale, Richard Tanner (1990): Managing on the Edge – how the smartest companies use conflict to stay ahead, New York 1990.

Stadelmann, Anton (2005): Leadership statt Budgetierung. In: Zeitschrift Führung + Organisation (zfo), 74. Jg. 2005, Nr. 4, S. 218-221.

Thom, Norbert; Zaugg, Robert J. (2001): Excellence durch Personal- und Organisationskompetenz. In: Excellence durch Personal- und Organisationskompetenz, hrsg. v. Norbert Thom und Robert J. Zaugg, Bern et al. 2001, S. 1-19.

Wüthrich, Hans A.; Osmetz, Dirk; Kaduk, Stefan (2006): Musterbrecher – Führung neu leben, Wiesbaden 2006.

Organisationale Energie

Heike Bruch*

Organisationale Energie – die Kraft, mit der Unternehmen zielgerichtet Dinge bewegen – ist für die Leistungsfähigkeit und den Erfolg von Unternehmen zentral. Vor allem für Wachstum, Wandel und Innovation ist organisationale Energie entscheidend. Jede Führungskraft hat die enorme Wirkung von Energie schon erlebt. Doch wie kann man Energie greifbar machen, und wie können Führungskräfte und HR-Verantwortliche sie messen, aktivieren und gezielt nutzbar machen? Ziel des vorliegenden Beitrages ist es, das Konstrukt organisationale Energie sowie verschiedene Energiezustände und ihre Messung vorzustellen und Strategien eines gezielten Energiemanagements für Führungskräfte und HR-Verantwortliche zu skizzieren.

Stichworte: Change Management – Führung – Leadership – organisationale Energie – Personalmanagement – strategisches HRM – Trägheit – Vision

* Prof. Dr. Heike Bruch ist Direktorin am Institut für Führung und Personalmanagement der Universität St. Gallen sowie Akademische Leiterin des Organizational Energy Program, von TopJob und des International Study Program.

1 Energie-Fragen für Führung und Personalmanagement

Warum sind einige Unternehmen hochgradig innovativ, wachsen schnell und bewältigen selbst tiefgreifende Veränderungen erfolgreich, während andere Unternehmen eher statisch oder träge sind und massive Probleme mit Innovations- und Veränderungsprozessen haben? Forschungsergebnisse belegen, dass eine zentrale Ursache für diese Unterschiede in dem verschiedenen Maß an *organisationaler Energie* liegt (vgl. auch im Folgenden Bruch/Ghoshal 2003; Bruch/Vogel 2005). Führungskräften in dynamischen Unternehmen gelingt es, ihre Energie zu mobilisieren, durch eine Fokussierung auf zentrale Veränderungs- und Innovationsprozesse produktiv nutzbar zu machen (vgl. Tushman/O'Reilly 1996) und über längere Zeit zu erhalten. Obwohl Energiemanagement an erster Stelle eine Führungsaufgabe ist, kommen dem Human Resource Management (HRM) wichtige Unterstützungsaufgaben zu.

Produktive organisationale Energie wird häufig beschrieben; eine systematische, wissenschaftliche Erforschung dieses Phänomens ist bisher jedoch nicht erfolgt. Der Beitrag basiert auf Erkenntnissen aus dem Organizational Energy Program (OEP). Dieses Forschungsprogramm besteht seit 2001 am Institut für Führung und Personalmanagement (I.FPM) der Universität St. Gallen und stützt sich unter anderem auf umfassende empirische Studien (in 45 Ländern und über 20 Sprachen) in einem Konsortium mit sechs internationalen Partnerfirmen (ABB, ALSTOM Power Service, Hilti, Lufthansa, Unaxis, Tata Steel) sowie einem Dutzend klein- und mittelständischer Unternehmen.

2 Das Konstrukt organisationale Energie

Organisationale Energie ist die *Kraft*, mit der Unternehmen zielgerichtet Dinge bewegen (vgl. Bruch/Ghoshal 2003; Bruch/Vogel 2005). Die Stärke der organisationalen Energie zeigt, in welchem Ausmaß ein Unternehmen sein emotionales, mentales und verhaltensbezogenes Potenzial zur *Verfolgung seiner Ziele mobilisiert* hat. Im Zentrum des Interesses steht bei unserem Begriffsverständnis die *tatsächlich aktivierte und genutzte* organisationale Energie (analog zum physikalischen Begriff der kinetischen Energie bzw. „Bewegungsenergie"). Demgegenüber begreifen andere Forscher (vgl. Adams 1984; Dutton 2003) Energie meist als das Potenzial, Arbeit zu verrichten (analog der physikalischen „Lageenergie").

Eine weitere Besonderheit ist, dass organisationale Energie ein *kollektives Konstrukt* beschreibt. Organisationale Energie ist demnach nicht einfach die Summe der Energie einzelner Unternehmensmitglieder. Vielmehr weist organisationale Energie als kollektives Phänomen eine besondere Dynamik auf und entsteht durch Interaktionen sowie kollektive Prozesse zwischen Unternehmensmitgliedern, emotionalen Ansteckungsprozessen oder Spiraleffekte (vgl. Hatfield/Cacioppo/Rapson 1994; Barsade 2002).

3 Zustände organisationaler Energie und ihre Messung

Forschungsergebnisse zeigen, dass es verschiedene typische Energiezustände in Unternehmen gibt. Diese Energiezustände unterscheiden sich in Bezug auf zwei Dimensionen: die *Intensität* und die *Qualität* der organisationalen Energie (vgl. Bruch/Ghoshal 2003). Die *Intensität* der Energie spiegelt das Ausmaß der *Mobilisierung* der Potenziale wider und zeigt sich u. a. im Aktivitätsniveau, in der Stärke der Emotionen und im Grad der Wachheit im Unternehmen. Die *Qualität* von Energie beschreibt, inwieweit die Potenziale *positiv oder negativ genutzt* werden, d. h. ob sie eher auf die Erreichung der Unternehmensziele gerichtet sind oder eher destruktiv ausgerichtet werden.

In Unternehmen lassen sich vier typische Energiezustände beobachten und mit Hilfe des standardisierten Fragebogens – dem Organizational Energy Questionnaire (OEQ) – messen (für Beispielfragen vgl. Abbildung 1; vgl. Bruch/Vogel/Morhart 2006). Die vier Energiezustände charakterisieren die Potenzialaktivierung und -fokussierung im Unternehmen:

Im Zustand *angenehmer Trägheit* sind Unternehmen durch Zufriedenheit mit dem Status Quo, geringe Handlungsintensität, tendenziell reduzierte Aufmerksamkeit und niedrige emotionale Spannung gekennzeichnet. Besonders träge Unternehmenseinheiten haben ihr Potenzial an *angenehmer Trägheit* zu 80% aktiviert.

Resignative Trägheit zeigt sich in Gleichgültigkeit, innerem Rückzug oder Distanzierung gegenüber Unternehmenszielen und Emotionen wie Frustration und Enttäuschung. Unternehmenseinheiten, in denen Frustration, innere Kündigung und Burnout (vgl. Greenwood/Greenwood 1979) ausgeprägt sind, zeigen fast 80% *resignative Trägheit*, während andere Einheiten weniger als 20% davon aufweisen.

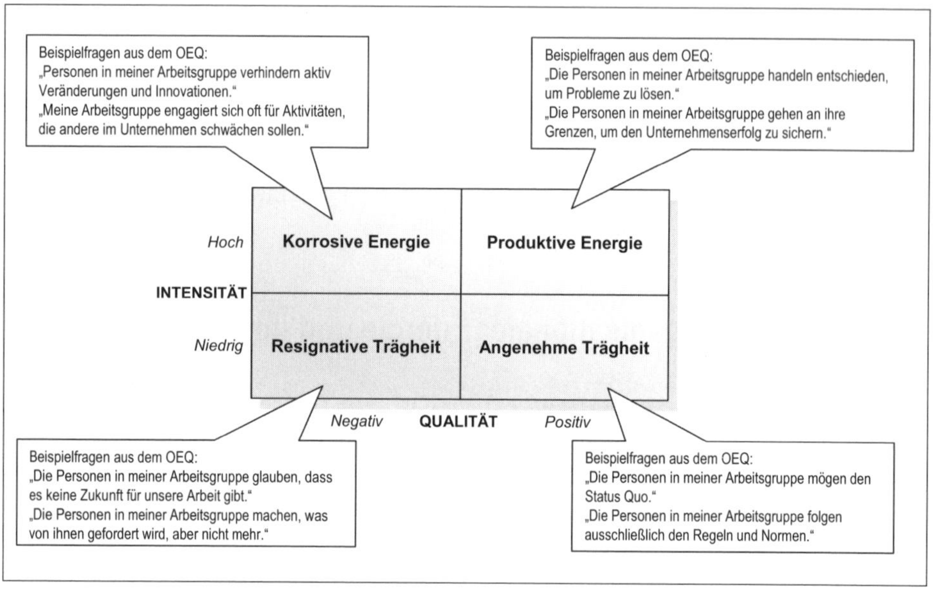

Abbildung 1: Zustände organisationaler Energie

Bei *korrosiver Energie* sind Unternehmen durch hohe Aktivität, Wachheit und emotionale Anspannung gekennzeichnet; diese werden jedoch nicht konstruktiv, sondern für interne Kämpfe, Mikropolitik und die Verhinderung von Innovation und Change genutzt. Besonders korrosive Einheiten haben deutlich über 50% ihres *destruktiven Potenzials* aktiviert, während Unternehmenseinheiten, die vor allem konstruktiv arbeiten, nur rund 15% ihres hoch negativen Potenzials einsetzen.

Unternehmen mit hoher *produktiver Energie* zeichnen sich durch intensive positive Emotionen, hohe Aufmerksamkeit und ein hohes Aktivitätsniveau aus. Die mobilisierten Potenziale sind auf die Erreichung der gemeinsamen übergeordneten Ziele ausgerichtet. Während hoch produktive Unternehmensbereiche rund 80% ihres produktiven Potenzials nutzen, schöpfen weniger produktive Einheiten weniger als 50% ihres Potenzials aus.

Die Zustände organisationaler Energie unterscheiden sich mitunter innerhalb derselben Unternehmung erheblich, was Anlass für Benchlearning oder eine unternehmensweite Initiative zur Stärkung der gemeinsamen Ausrichtung sein kann (vgl. Bruch/Ghoshal 2004).

4 Energiemanagement

Die Handhabung kritischer Energiezustände beinhaltet spezifische Managementherausforderungen im Umgang mit organisationaler Energie. Für Führungskräfte ist die erste Herausforderung die *Mobilisierung von Energie* (vgl. Tushman/O'Reilly 1996) in Situationen, in denen das Unternehmen unter Energiemangel leidet – also bei resignativer und angenehmer Trägheit. Eine zweite Herausforderung besteht in der *Fokussierung von Energie*, was bei einer unzureichenden gemeinsamen Ausrichtung der Energien – vor allem bei korrosiver Energie – relevant wird. Eine dritte Herausforderung für Führungskräfte betrifft den *langfristigen Erhalt produktiver Energie* (vgl. Bruch/Ghoshal 2004; Bruch/Vogel 2005). Das HRM kann das Energiemanagement umfassend fördern, insbesondere durch eine eher kurz- und mittelfristig ausgerichtete *Prozessunterstützung* sowie eine langfristig ausgerichtete Hilfe bei einem *nachhaltigen Energiemanagement*.

4.1 Energie-Mobilisierung

Bei trägen Unternehmen können Führungskräfte je nach Unternehmenssituation auf zwei unterschiedliche Leadershipstrategien zurückgreifen: Mobilisierung durch sich abzeichnende *Bedrohungen* – „Killing-the-Dragon-Strategie" – oder durch faszinierende *Zukunftschancen* – „Winning-the-Princess-Strategie" (vgl. im Folgenden auch Bruch/Ghoshal 2004).

(1) Führungsaktivitäten bei der „Killing-the-Dragon-Strategie"

Bei der „Killing-the-Dragon-Strategie" mobilisieren Führungskräfte Energien des Unternehmens, indem sie Mitarbeiter in die Bewältigung einer externen Bedrohungssituation einbinden. Der Schwerpunkt liegt hierbei auf drei Kernaktivitäten:

- *Identifizieren, Eingrenzen* und genaues *Definieren* einer wesentlichen Bedrohung.
- Umfassende, prägnante und eindringliche *Kommunikation* der Bedrohung, so dass jeder einzelne Mitarbeiter die Bedeutung der Bedrohung versteht und den persönlichen Bezug zu seiner Person und seinem Handeln empfindet.

- Gezieltes *Aufmerksamkeitsmanagement*, so dass Priorität und Fokus der notwendigen Aktivitäten unmissverständlich deutlich werden.

(2) Führungsaktivitäten bei der „Winning-the-Princess-Strategie“

Bei der „Winning-the-Princess-Strategie“ nutzen Führungskräfte gezielt die Attraktivität eines positiven Zukunftsbildes, um Mitarbeiter zu inspirieren und für die Unternehmensziele zu begeistern. Hauptaufgaben sind hierbei:

- *Eingrenzen, Definieren* und *Konkretisieren* eines „Objektes der Begierde“, d. h. einer Zukunftschance oder Vision, die eine produktive Spannung erzeugt (vgl. Senge 1990).
- Klare und mitreißende *Kommunikation* des meist zunächst abstrakten Zukunftsbildes.
- *Symbolisches Management,* z. B. durch sichtbare Investitionen in die Visionsumsetzung oder in das Vorbildhandeln, stärken.

(3) Unterstützung der Mobilisierung durch das HRM

- *Hilfe bei der Eingrenzung von Bedrohungen oder Chancen*

  Die mögliche Unterstützung des HRM beginnt bereits beim *Identifizieren* möglicher Bedrohungen in Form von Krisen, Markteinbrüchen oder Imageverlusten bzw. möglicher Wachstums- oder Innovationschancen. Das HRM kann dazu beitragen, verteilte Informationen aus dem Unternehmen an das Topmanagement weiterzuleiten oder in seiner Funktion als strategischer Business Partner selbst beratend seine Einschätzung einbringen. Bei der *Formulierung und Konkretisierung* der Bedrohung genauso wie bei der Visionsformulierung kann das HRM die Rolle eines *Advocatus Diaboli* einnehmen. In diesem Zusammenhang hinterfragen HR-Verantwortliche sowohl die Inhalte, etwa bzgl. der Verständlichkeit, Zukunftsfähigkeit und potenziellen Akzeptanz, als auch den Prozess der Umsetzung und die Realisierbarkeit aus der Perspektive von Mitarbeitenden (vgl. Ulrich 1999). Mit diesen Unterstützungsleistungen berät das HRM Führungskräfte bei der weichenstellenden Frage „Was sind die richtigen Dinge?“, bevor sie sich der Frage stellen „Wie tun wir diese Dinge richtig?“ (vgl. Bruch/Gerber 2003).

- *Entwicklung von Kommunikationsstrategien und -plattformen*
  Ein weiterer wesentlicher Schwerpunkt für das HRM ist die Entwicklung einer umfassenden *Kommunikationsstrategie.* Angesichts der vorherrschenden Informationsflut in Unternehmen sollte das HRM gezielt darauf fokussieren, dass die Priorität der zentralen Bedrohung oder Chance wahrgenommen wird und permanent präsent ist. Ein solches Attention-Management basiert auf drei zentralen Hebeln (vgl. Bruch/Gerber 2003): Erstens ein wirkungsvolles *Branding* der Bedrohung oder der Vision, beispielsweise durch sensibel entwickelte Logos, Bilder oder Slogans (vgl. Zaccaro/Banks 2004). So wählte z. B. Lufthansa für ihr jüngstes Change-Programm bewusst den Namen bzw. die Marke „D-Check", um eine Assoziation mit bestimmten Zielen, Aktivitäten und Prozessen der Flugzeugwartung zu erwecken und für eine gute Wiedererkennung des Programms zu sorgen.

  Zweitens sollte das HRM darauf hinwirken, dass im Rahmen der Kommunikationsstrategie systematisch *alle vorhandenen Kommunikationskanäle* genutzt und ggf. neue Kommunikationswege für einen bestimmten Prozess konzipiert werden (vgl. Rodwell/Kienzle/Shadur 1998). Wesentlich für die mobilisierende Wirkung ist hierbei ein hoher Anteil persönlicher Kommunikation des Topmanagements. Beispielsweise entwickelte Lufthansa im Verlauf der Erfahrungen mit Transformationen eine Tradition direkter Kommunikation in Form von Großgruppenveranstaltungen (vgl. Bruch/Gerber 2003). Neben Printmedien und elektronischer Kommunikation wird die Kommunikationsstrategie auf umfassende Topmanagement Kommunikation gestützt. Diese beinhaltet Town Meetings, eine Serie von Veranstaltungen mit je bis zu 250 Managern oder Maßnahmen wie „Vorstand-on-Tour", bei denen Vorstandsmitglieder und Geschäftsführer ausgewählte Projektleiter besuchten etc. Drittens spielt ein *aussagekräftiges, regelmäßiges Monitoring* eine wesentliche Rolle; auch hierzu kann das HRM beitragen, indem es einfache und übersichtliche Instrumente konzipiert, die es jedem Mitarbeiter permanent ermöglichen, nachzuvollziehen, wo man im Prozess steht, wo Erfolge zu verzeichnen sind und wo es Probleme gibt. Für die Bündelung und den Erhalt der Aufmerksamkeit entwickelte Lufthansa beispielsweise das so genannte „D-Check-Barometer" – dessen Ergebnisse monatlich innerhalb und außerhalb des Konzerns veröffentlicht werden und das jedem ein einfaches und transparentes Bild vom Programmfortschritt vermittelt (vgl. Bruch 2003).

- *Stärkung der Führung – problemorientierte versus transformationale Führung*

  Am effektivsten können Energien freigesetzt werden, wenn nicht nur das Topmanagement durch *symbolisches Management* und *Vorbildhandeln* die Bedeutung der zentralen Bedrohung oder Zukunftschance demonstriert (vgl. Pfeffer 1981), sondern Führungskräfte auf allen Ebenen zur Mobilisierung der Energie beitragen. Eine besonders wirkungsvolle Unterstützung des HRM besteht daher darin, Führungskompetenzen auf allen Ebenen zu stärken. Zur Mobilisierung mit Hilfe der „Killing-the-Dragon-Strategie" gilt es, einen Führungsstil – *problemorientierte Führung* – zu fördern, bei dem Führungskräfte ihre Mitarbeiter gezielt dazu bewegen, Missstände, mögliche Fehlentwicklungen oder Bedrohungen zu überwinden (vgl. Bruch/Shamir/Cole 2005). Demgegenüber wird die „Winning-the-Princess-Strategie" durch eine transformationale Führung auf allen Ebenen gefördert (vgl. Bass/Avolio 1994). Transformationale Führungskräfte mobilisieren ihre Mitarbeiter durch charismatisches Vorbildhandeln, Inspiration, Visionen und geistige Anregung und helfen ihnen, anspruchsvollere Ziele und Ansprüche zu entwickeln. Ein Beispiel für einen solchen Prozess ist der Changeprozess bei ABB. Nach Ende des Überlebenskampfes wurde als Vehikel für eine nachhaltige Veränderung ein großzahliges *Führungsentwicklungsprogramm* verwendet. So konzipierte und implementierte das HRM das so genannte Leadership Challenge Program, das seit seinem Beginn Ende 2003 und bis zum Herbst 2005 bereits über 100 interne Trainer ausgebildet und über 7'000 Führungskräften die ABB Führungsphilosophie vermittelt hat. In den nächsten Jahren sollen alle Führungskräfte des Konzerns dieses Programm durchlaufen. Der Erfolg des Programms wird u. a. durch regelmäßige Mitarbeiterumfragen zur organisationalen Energie überprüft und kann hier statistisch nachgewiesen werden (vgl. Steel/Lewis/Brügger 2006).

4.2 Energie-Fokussierung

Unternehmen oder Bereichen, in denen korrosive Energie vorherrscht, mangelt es an der gemeinsamen Fokussierung der Kräfte im Unternehmen (vgl. Bruch/Vogel 2005).

(1) Führungsaktivitäten zur Refokussierung der Energie

Da korrosive Energie stark von negativer Emotion geprägt ist, richten sich die Führungsaktivitäten im Sinne eines „Emotional Balancing“ (vgl. Huy 2002) vor allem auf Emotionen. Insbesondere drei Kernaufgaben tragen dazu bei, die Unternehmenskräfte wieder auf die gemeinsamen Aktivitäten zu fokussieren und positiv für die gemeinsamen Ziele nutzbar zu machen (vgl. Bruch/Vogel 2005):

- *Deeskalation* durch Abbau stark negativer Emotionen wie Angst, Ärger oder Aggression.
- *Reaktivieren intensiver positiver Energie,* wie z. B. Begeisterung oder Inspiration bezogen auf die zentrale Bedrohung oder Chance, um nach Überwindung der destruktiven Energie eine angenehme Trägheit zu verhindern.

(2) Unterstützung der Fokussierung von Energie durch das HRM

- *Kommunikationshilfe zur Verarbeitung negativer Spannungen*

  Eine Aktivität des HRM, die dazu beiträgt, korrosive Energie zu überwinden, besteht darin, Angebote zu entwickeln, die Mitarbeitern und Führungskräften helfen, negative Spannung abzubauen. HR-Verantwortliche können die *informelle Kommunikation* und die Entwicklung von Netzwerken fördern, damit sich die Betroffenen austauschen und ihre negativen Emotionen gemeinsam überwinden können. Wenn Führungshandlungen der Auslöser für korrosive Energie sind, bietet es sich eher an, *Kommunikationsanlässe* zu schaffen, an denen Führungskräfte sich den Fragen oder der Kritik der Mitarbeiter stellen. Dies hilft einerseits „Dampf abzulassen“ und dient andererseits dazu, Informationsdefizite zu überwinden, Hintergründe für Entscheidungen zu erläutern oder Missverständnisse zu klären. Zum dritten können Personalverantwortliche auch spezifische *Anlaufstellen* schaffen, die primär die Funktion eines Ventils haben und die es den Mitarbeitern erlauben, ihre negative Anspannung und möglicherweise angestauten Emotionen abzubauen. Eine solche Anlaufstelle richtete ABB beispielsweise ein, als im Jahr 2002 gleichzeitig bekannt geworden war, dass das erfolgsverwöhnte Unternehmen in 2001 einen Jahresverlust von 700 Millionen US-Dollar eingefahren hatte und der über Jahre geradezu vergötterte ehemalige CEO, Percy Barnevik, sich selbst 116 Millionen US-Dollar Rentenversicherung zugesprochen hatte. Die Mitarbeiter waren emotional aufgewühlt und zum Teil gar traumatisiert oder völlig gelähmt. Das HRM reagierte darauf mit der eigens dafür eingerichteten

Hotline für Fragen zu den Entwicklungen um die Person Barnevik. Eine gewaltige Zahl der ABB-Mitarbeiter nutzte die Hotline – oft mehrfach – um ihre Wut zu artikulieren oder einfach eine Person zu sprechen, die zuhörte.

- *Toxic Handler*

  HR-Verantwortliche können außerdem als so genannte Toxic Handler fungieren (vgl. Frost/Robinson 1999). Diese „Gifthändler" sind Vertrauenspersonen von Mitarbeitern und Führungskräften, die sich eher informell für die Überwindung korrosiver Energie engagieren, indem sie beispielsweise einfach zuhören und es dem Gegenüber ermöglichen, seine Wut, Frustration und Verbitterung rauszulassen. Diese Möglichkeit, negative Emotionen zu artikulieren, ist schon häufig ein erster Schritt zum Abbau korrosiver Energie. Darüber hinaus nehmen Toxic Handler wichtige Vermittlerfunktionen wahr, indem sie beispielsweise Führungskräfte vertrauensvoll mit Kritik konfrontieren und ihnen aufzeigen, wie sie zu Frustration oder negativer Anspannung beitragen. Meist helfen Toxic Handler Führungskräften dann auch dabei, Wege zur Überwindung von korrosiver Energie zu entwickeln.

4.3 Energie-Erhalt

Eine der anspruchsvollsten Herausforderungen für Führungskräfte betrifft das nachhaltige Energiemanagement und damit die Frage: „Wie kann man Unternehmen in guten Zeiten dynamisch halten?"

(1) Führungsaufgaben eines nachhaltigen Energiemanagements

Zentrale Führungsaufgaben lassen sich unter zwei Kernaktivitäten subsummieren (vgl. Bruch/Vogel 2005):

- *Haushalten mit Energie* und *Vermeiden von Burnout* des Unternehmens. Ein Erhalt der Schwungkraft umfasst auch eine gezielte Steuerung der Energienutzung. Die dauerhafte Höchstleistung und ein längerfristiges Operieren an der Kapazitätsgrenze können zu Burnout und resignativer Trägheit führen. Im Sinne der Vermeidung der Beschleunigungsfalle sollten Führungskräfte nach Hochenergiephasen gezielt Phasen der Regenerierung und Konsolidierung einplanen (vgl. Zaugg/Thom 2003).

- Ein zweiter Ansatzpunkt für den nachhaltigen Energieerhalt bietet der *Aufbau sich selbst vitalisierender Systeme.* Dabei sollten Top-Führungskräfte Strategien, Strukturen und die Kultur so gestalten, dass sie Trägheit verhindern, indem sie Eigeninitiative und Aktivität, Wachheit sowie eine emotionale Involvierung aufbauen bzw. fördern. Unternehmen arbeiten z. B. mit Frühwarnsystemen, marktnahen Strukturen sowie gezielter Kulturentwicklung in Richtung unternehmerisches Handeln und Innovation (vgl. Bruch/Ghoshal 2004).

(2) Unterstützung des Energieerhalts durch das HRM

- *Ruheinseln und Regenerierungsräume schaffen*

  Um der Beschleunigungsfalle zu entgehen, sollten Führungskräfte nicht nur ihre strategischen Aktivitäten so takten, dass sie ihre Mitarbeiter nicht dauerhaft an ihre Belastungsgrenzen führen. Vielmehr sollten sie, und hier kann das HRM eine entscheidende Rolle spielen, auch gezielt *Ruheinseln* oder *Regenerierungsräume* schaffen, in denen Energien geschont und wieder aufgebaut werden (vgl. Zaugg/Thom 2003) oder auf spielerische Art mit innovativen Ideen experimentiert, kreative Ideen ausprobiert und neue Kräfte geschöpft werden können.

- *„Stop Doing"-Initiativen zum Abbau von Überaktivität*

  Ein weiterer Ansatzpunkt für den Erhalt der Energie ist eine zunächst kontraintuitive, aber in den meisten Unternehmen inzwischen dringend notwendige Reduktion der Aktivitäten in Unternehmen. Dabei geht es um die Bekämpfung von energieaufwändiger *Überaktivität*, *Busyness* und oft wenig zielgerichteter *Projektfluten* (vgl. Bruch/Ghoshal 2004). Ansatzpunkt für diese „Stop Doing"-Initiativen des HRM können beispielsweise *Zielvereinbarungsgespräche* sein, wie sie beispielsweise bei Balzers und Hilti durchgeführt werden, wo es unter anderem um eine gezielte gemeinsame Suche nach Aktivitäten geht, die eingestellt werden können. Eine andere, bei einem großen schweizerischen Unternehmen genutzte Initiative zum Abbau von Überaktivität entspricht einem *umgekehrten Vorschlagswesen:* Alle Mitarbeiter wurden aufgefordert, Ideen einzureichen, welche Projekte, Prozesse und Aktivitäten man ohne Produktivitätsverluste einstellen könnte. Die effizienzsteigernste Idee wurde prämiert.

- *Energieförderliche Kulturentwicklung*
  Ein ganzheitlich konzeptionelles, systematisch und pro-aktiv agierendes HRM (vgl. Bühner 1997) ist dafür prädestiniert, den Aufbau von *sich selbst revitalisierenden Managementsystemen* zu unterstützen (vgl. Bruch/Vogel 2005). Ein besonderer Schwerpunkt liegt hierbei bei einer energieförderlichen *Kulturentwicklung*, denn die Kultur prägt das Denken, Fühlen und Handeln und damit die Energie im Unternehmen ganz besonders (vgl. Bruch/ Ghoshal 2004). Gleichzeitig ist die Kulturentwicklung nur begrenzt möglich und nur bei einem langfristigen, systematischen und umfassenden Engagement Erfolg versprechend.

  Eine energieförderliche Kultur setzt sich aus zwei Bestandteilen zusammen – erstens aus einer *Handlungskultur,* die Selbstinitiative und Innovation fördert, und zweitens aus einer *Vertrauenskultur,* die Kooperation und Teamkompetenzen stärkt (vgl. Bruch/Ghoshal 2004). Das HRM kann zur Entwicklung einer Handlungs- und Vertrauenskultur gezielt beitragen, indem es ein Bewusstsein für die *Ist-Kultur* mit ihren Stärken und Schwächen schafft, etwa mit Hilfe von *Kulturstudien und -befragungen*. Gleichzeitig kann das HRM zur Verständigung über die *Soll-Kultur* und zur Konkretisierung der Kulturinhalte beitragen. Unterstützende HR-Instrumente zur Stärkung der Soll-Kultur können z. B. die *Mitarbeiterauswahl und -beurteilung* sowie *Entwicklungsmaßnahmen* umfassen. Am wirksamsten ist der Einsatz dieser HR-Funktionen allerdings, wenn sie sich konsequent und systematisch auf klar definierte Kompetenzanforderungen beziehen, welche die Werte und Verhaltensmerkmale der Soll-Kultur (wie etwa Energie, proaktives Handeln, Kooperation etc.) ins Zentrum stellen und mit anderen Teilen des Managementsystems verbunden sind. Die *Hilti*-Gruppe, ein Unternehmen für Produkte und Dienstleistungen der Baubranche und Gebäudeinstandhaltung, ist bereits seit Jahrzehnten Marktführer in der Branche (vgl. Bruch/Bieri 2003). Daher besteht für das *Hilti*-Management die zentrale Herausforderung, laufend neu ein hohes Dringlichkeitsempfinden von innen heraus zu generieren. Vor diesem Hintergrund begann *Hilti* bereits 1984 mit einer aktiven Kulturgestaltung. Ein Kernelement des Prozesses, in den *Hilti* bereits nach knapp 20 Jahren 16 Millionen US-Dollar investiert hatte, waren die so genannten *INNO-Trainings*. Jeder Hilti-Mitarbeiter besuchte diese dreitägigen Seminare; diese zielten darauf ab, verantwortungsvolle Eigeninitiative, innovatives Handeln und umfassendes Commitment zu fördern. In der Mitarbeiterbefragung wird regelmäßig überprüft, ob die Kultur auch in dem angestrebten Sinne gelebt wird. So hat *Hilti* über die Jahre eine energieförderliche Kultur entwickelt, in der individuelle Initiative oder Kooperation im Zentrum stehen und fortlaufend verbessert werden.

5 Fazit und Ausblick

Produktive organisationale Energie bzw. hohe positive Energie ist für Unternehmen entscheidend, insbesondere wenn sie sich außerordentlichen Herausforderungen wie tiefgreifenden Changeprozessen oder großen Innovationen gegenübersehen. Empirische Ergebnisse zeigen, dass sich Unternehmen bezüglich ihrer Energie unterscheiden. Führungskräfte können und müssen die Energie ihres Unternehmens und ihrer Teams aktiv beeinflussen und insbesondere die drei zentralen Energiefallen – die Trägheitsfalle, die Beschleunigungsfalle und die Korrosionsfalle – umgehen, um möglichst nachhaltig die produktive Energie zu erhalten. Während Energiemanagement eine wesentliche Führungsaufgabe ist, können HR-Verantwortliche eine entscheidende Unterstützung leisten. Dadurch eröffnen sich neue Handlungsfelder des HRM, die strategischer Natur sind, aber auch einen großen Anteil an Emotionsarbeit beinhalten.

Literaturverzeichnis

Adams, John D. (1984): Transforming work: A collection of organizational transformation readings, Alexandria/VA 1984.

Barsade, Sigal G. (2002): The ripple effect: Emotional contagion and its influence on group behavior. In: Administrative Science Quarterly, 47. Jg. 2002, Nr. 4, S. 644-675.

Bass, Bernard M.; Avolio, Bruce J. (1994): Improving organizational leadership through transformational leadership, Thousand Oaks/CA 1994.

Bruch, Heike (2003): Lufthansa 2003. Energising a decade of change. Case Study an der Universität St. Gallen, Schweiz, in Zusammenarbeit mit der Lufthansa School of Business 2003.

Bruch, Heike; Bieri, Sabine (2003): Hilti 2003 – Maintaining a proactive sense of urgency. Case Study an der Universität St. Gallen, Schweiz (Winning Case der European Case Study Competition 2003).

Bruch, Heike; Ghoshal, Sumantra (2003): Unleashing organizational energy. In: Sloan Management Review, Fall 2003, 45. Jg. 2003, Nr. 1, S. 45-51.

Bruch, Heike; Ghoshal, Sumantra (2004): A bias for action. How effective managers harness their willpower, achieve results, and stop wasting time, Boston 2004.

Bruch, Heike; Gerber, Peter (2003). Krisenbewältigung mit System. In: Personalwirtschaft, o. Jg. 2003, Nr. 10, S. 10-14.

Bruch, Heike; Shamir, Boas; Cole, Michael (2005): Promotion-oriented leadership and prevention-oriented leadership: Two ways of influencing follower motivation. Paper presented at the Academy of Management Meeting, Honolulu/HI 2005.

Bruch, Heike; Vogel, Bernd (2005): Organisationale Energie: Wie Sie das Potential Ihres Unternehmens ausschöpfen, Wiesbaden 2005.

Bruch, Heike; Vogel, Bernd; Morhart, Felicitas (2006): Organisationale Energie. Messen, Nutzen und Erhalten der produktiven Kraft im Unternehmen. In: Zeitschrift für Führung + Organisation, 75. Jg. 2006, Nr. 1, S. 4-10.

Bühner, Rolf (1997): Personalmanagement, 2. Auflage, Landberg/Lech 1997.

Dutton, Jane (2003): Energize your workplace, New York 2003.

Frost, Peter; Robinson, Sandra (1999): The toxic handler: Organizational hero – and casualty. In: Harvard Business Review, 77. Jg. 1999, Nr. 4, S. 96-106.

Greenwood, James W. III; Greenwood, James W. Jr. (1979): Managing executive stress: a systems approach, New York 1979.

Hatfield, Elaine; Cacioppo, John T.; Rapson, Richard L. (1994): Emotional contagion, Paris 1994.

Huy, Quy Nguyen (2002): Emotional balancing of organizational continuity and radical change: The contribution of middle managers. In: Administrative Science Quarterly, 47. Jg. 2002, Nr. 1, S. 31-69.

Kotter, John (1996): Leading Change, Boston 1996.

Levy, Amir; Merry, Uri (1986): Organizational transformation: approaches, strategies and theories, New York 1986.

Rodwell, John J.; Kienzle, René; Shadur, Mark A. (1998): The relationship among work-related perceptions, employee attitudes, and employee performance: the integral role of communication. In: Human Resource Management, 37. Jg. 1998, Nr. 3/4, S. 277-293.

Pfeffer, Jeffrey (1981): Management as symbolic action: The creation and maintenance of organizational paradigms. In: Research in Organizational Behavior, Volume 2, edited by Larry L. Cummings and Barry M. Staw, Greenwich 1981, S. 1-52.

Senge, Peter M. (1990): The fifth discipline. The art and practice of learning organization, New York 1990.

Steel, Gary; Lewis, Paul; Brügger, Erika (2006): Firmenspezifische Führungsphilosophie und deren konsequente Umsetzung. In: Leadership – Best Practices und Trends, hrsg. v. Heike Bruch, Stefan Krummaker und Bernd Vogel, Wiesbaden 2006, S. 193-207.

Tushman, Michael L.; O'Reilly, Charles A. III (1996): Ambidextrous organization: Managing evolutionary and revolutionary change. In: California Management Review, 38. Jg. 1996, Nr. 4, S. 8-30.

Ulrich, Dave (1999): Strategisches Human Resource Management, München/Wien 1999.

Zaccaro, Stephen J.; Banks, Deanna (2004): Leader visioning and adaptability: Bridging the gap between research and practice on developing the ability to manage change. In: Human Resource Management, 43. Jg. 2004, Nr. 4, S. 367-389.

Zaugg, Robert J.; Thom, Norbert (2003): Excellence through implicit competencies: Human resource management – organizational development – knowledge creation. In: Journal of Change Management, 3. Jg. 2003, Nr. 3, S. 199-211.

Kompetenzmanagement als Erfolgsfaktor für das Geschäftsprozessmanagement

Otto Krickl*

Im vorliegenden Beitrag wird ein integriertes Modell für das Management der Kompetenzen vorgestellt, die für die Ausführung von Geschäftsprozessen notwendig sind. Dabei wird aufgezeigt, dass Kompetenzmanagement bereits im Rahmen der Projekte zur Optimierung von Geschäftsprozessen ansetzen muss, um die Methodenkompetenz hinsichtlich der Prozessgestaltung bei den Mitarbeitern zu entwickeln. Weiters wird gezeigt, dass bei der laufenden Abwicklung der Prozesse der Efficient Consumer Response eine besondere Bedeutung in der Fehleranalyse zukommt. Darauf aufbauend wird über die kontinuierliche Prozessverbesserung eine effiziente Nutzung von Lerneffekten institutionalisiert. Abgerundet wird das Kompetenzmodell durch Benchmarking und externe Audits, die wiederum als externer Input von Kompetenzen einen Beitrag leisten. Das Modell versteht sich als anwendungsorientierte Forschungsarbeit, die auch versucht, Gestaltungsempfehlungen zu erarbeiten.

Stichworte: Benchmarking – Best Practices – Efficient Consumer Response – Geschäftsprozessmanagement – Geschäftsprozessoptimierung – Kompetenzmanagement – kontinuierliche Prozessverbesserung – Lerneffekte – Prozesskoordination – Reifegradmodelle – Schnittstellenmanagement von Geschäftsprozessen – Wissensentwicklung – Wissensmanagement – Wissensverteilung

---

* a.o.Univ.-Prof. Ing. Mag. Dr. Otto Krickl ist Professor am Institut für Organisations- und Personalmanagement der Karl-Franzens-Universität Graz.

1 Problemstellung

Viele Organisationen befassen sich mit Projekten zur Optimierung der Geschäftsprozesse. Dabei zeigt sich sehr häufig, dass es von einzelnen Prozessen eine Vielzahl von Varianten gibt, die sich einer detaillierten Regelung entziehen, weil eine Regelfestsetzung extrem aufwändig wäre. Verfahrensanweisungen bleiben daher immer unvollständig (hier sind Details bei der Prozessabwicklung gemeint – z. B. Argumentation im Rahmen eines Beratungsgespräches mit einem Kunden) und müssen von den Mitarbeitern flexibel mittels an den Einzelfall angepasster konkreter Handlungen vervollständigt werden. Die Fähigkeiten der Mitarbeiter zum „richtigen" Handeln im konkreten Fall bilden somit einen wesentlichen Erfolgsfaktor bei der Abwicklung von Geschäftsprozessen. Dem Aufbau der dafür notwendigen Kompetenzen kommt daher eine strategische Bedeutung für die Wettbewerbsfähigkeit von Unternehmen bzw. der Effizienz von NPO zu.

Im vorliegenden Beitrag soll ein Modell für ein integriertes Kompetenzmanagement vorgestellt werden, das in mehreren Feldforschungsarbeiten bereits erfolgreich eingesetzt worden ist. Die Darstellung der Elemente des Modells versteht sich als Basis für die Entwicklung spezifischer Konzepte für das Kompetenzmanagement in Unternehmen bzw. NPO und richtet sich daher speziell an Führungskräfte, Berater, Dozenten und Studierende.

2 Modell eines integrierten Kompetenz- und Geschäftsprozessmanagements

Als Kompetenz wird die Verfügbarkeit von produktivem Wissen und dessen Anwendung bei der Erledigung von Geschäftsprozessen verstanden (vgl. von Krogh/Roos 1995: 62). Kompetenz äußert sich daher in Zusammenhang von Resultaten von Handlungen. Das erreichte Kompetenzniveau kann durch die Wahrscheinlichkeit, festgelegte Zielsetzungen durch Handlungen zu erreichen, ausgedrückt werden (vgl. Pfaffmann 2001: 138). Als Kompetenzmanagement wird der gezielte Aufbau und die Nutzung relevanter Kompetenzen auf individueller, organisationaler und interorganisationaler Ebene verstanden.

Das Modell für ein integriertes Kompetenzmanagement geht davon aus, dass eine Organisation zunächst ein Projekt zur Optimierung von Geschäftsprozessen (unabhängig davon, ob es bereits eine Prozessorganisation gibt oder noch eine traditionell gestaltete Ablauforganisation vorliegt) startet und danach die Prozesse einem systematischen Geschäftsprozessmanagement und einer kontinuierlichen Prozessverbesserung unterzieht.

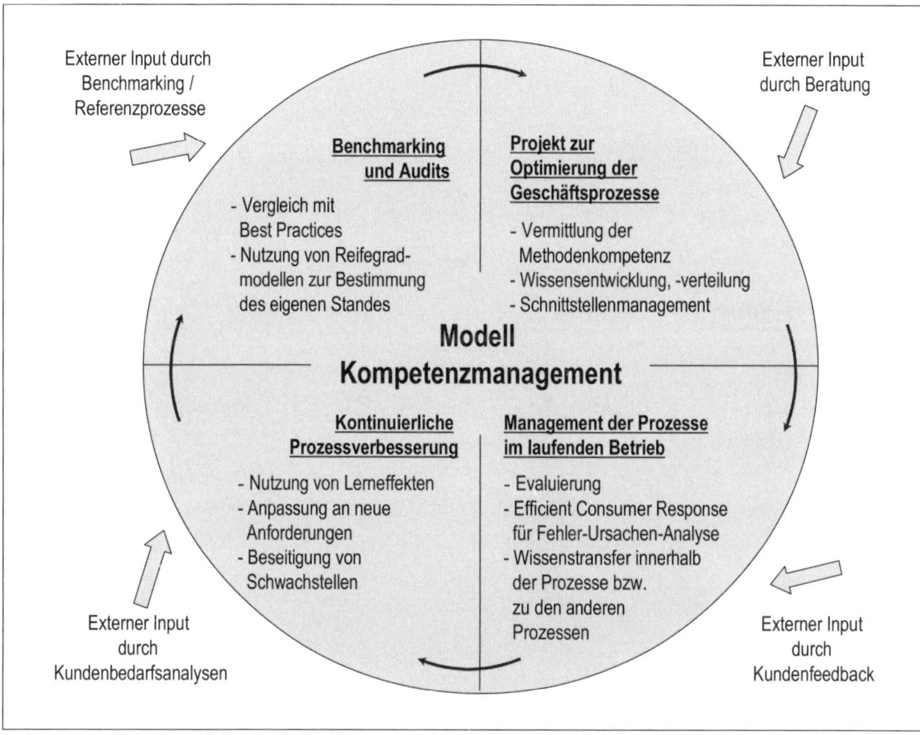

Abbildung 1: Modell eines integrierten Kompetenz- und Geschäftsprozessmanagements

Wie aus dem Modell ersichtlich, handelt es sich um laufende Managementaktivitäten, die im Sinne des Qualitätsmanagements auf eine schrittweise Verbesserung der Prozesse abzielen.

2.1 Vorgehensmodell für Geschäftsprozessoptimierungsprojekte

Projekte für die Optimierung von Geschäftsprozessen können nach dem folgenden Vorgehensmodell abgewickelt werden (eine genaue Beschreibung des Vorgehensmodells findet sich in Krickl 1995: 225 ff.).

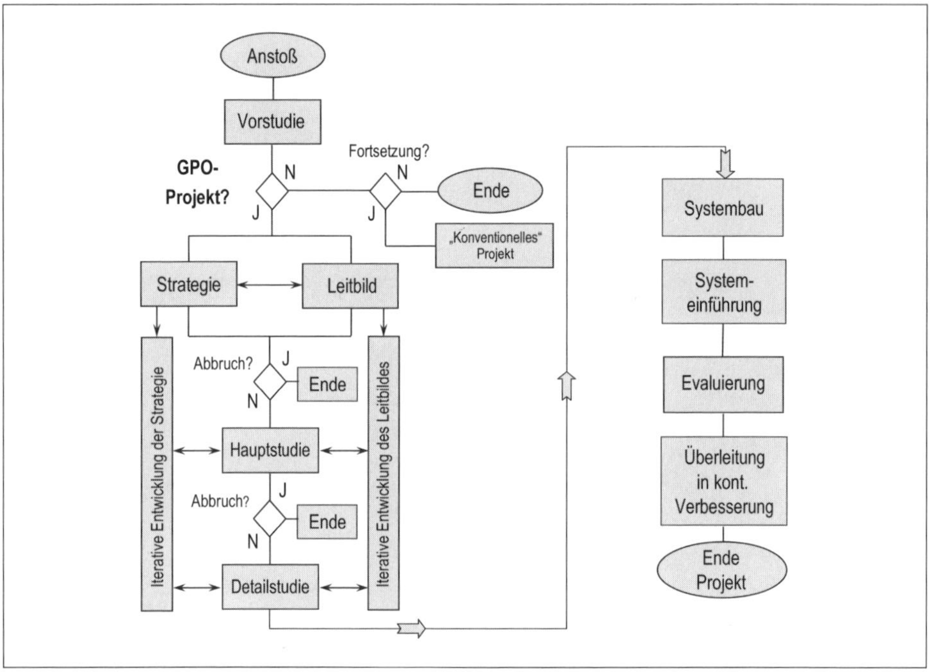

Abbildung 2: Vorgehensmodell für Projekte zur Geschäftsprozessoptimierung

Wesentlich ist hier die iterative Abstimmung der Prozessentwicklung mit der Strategie bzw. dem organisatorischen Leitbild des Unternehmens, da nur so die Lerneffekte, die im Rahmen der Prozessgestaltung auftreten, genutzt werden können. Beispiele von sehr erfolgreichen Unternehmen belegen (hier sind insbesondere Unternehmen gemeint, die über das Internet völlig neue Geschäftsmodelle realisiert haben), dass das Hinterfragen bestehender Geschäftsprozesse und deren (völlige) Neugestaltung auch eine Vielzahl von Ansatzpunkten für eine Verfeinerung oder Neudefinition der Strategie liefern kann. Im Rahmen der Prozessgestaltung verändern sich auch die Anforderungen an die Führung, da hier nur eine Führung mittels Zielvorgaben für die einzelnen Geschäftsprozesse sinnvoll ist. Handlungsspielräume für die Ausführung der einzelnen Prozesse müssen den Mitarbeitern bewusst zugestanden, gleichzeitig aber die Zielerreichung eingefordert werden.

Der in Abbildung 3 dargestellte Problemlösungszyklus wird für jeden einzelnen neu zu gestaltenden Geschäftsprozess in der Haupt- bzw. der Detailstudie durchlaufen. Wesentlich ist hier die Mitwirkung der ausführenden Personen, da nur diese die Details der Prozessabwicklung kennen (zumeist sind einzelne Mitarbeiter nur mit Teilen des Gesamtprozesses genauer vertraut) und nur durch die gemeinsame Arbeit an der Prozessgestaltung Wissen hinsichtlich des Prozesses aber auch hinsichtlich der Methodik für Geschäftsprozessoptimierungen erarbeitet, expliziert und verteilt werden kann.

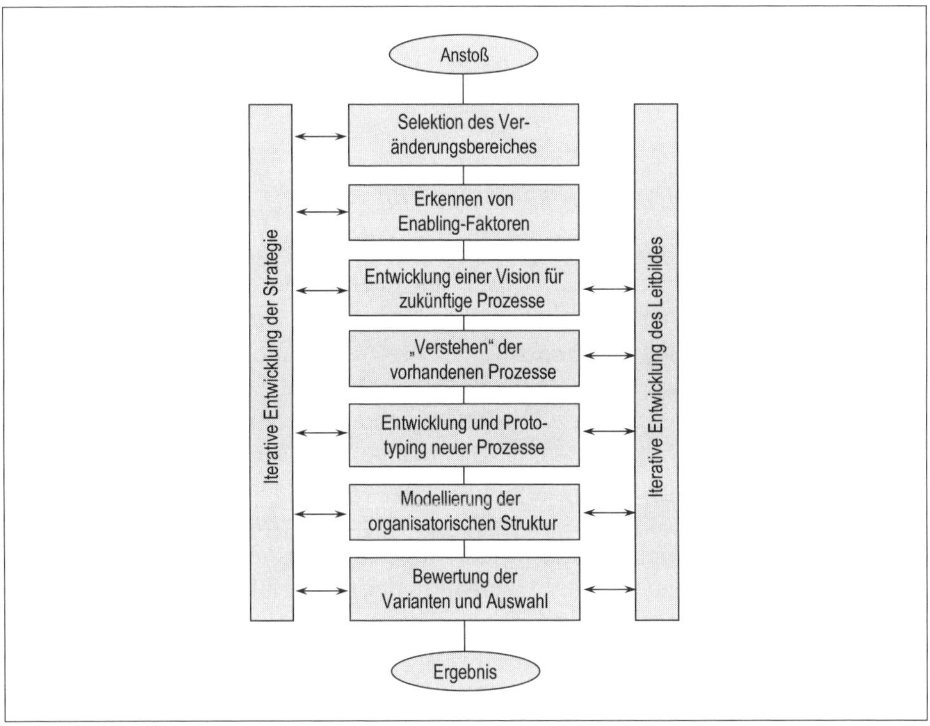

Abbildung 3: Problemlösungszyklus für Projekte zur Geschäftsprozessoptimierung

2.2 Management laufender Geschäftsprozesse

Das Management der Prozesse läuft nach dem folgenden Grundschema ab (vgl. Abbildung 4).

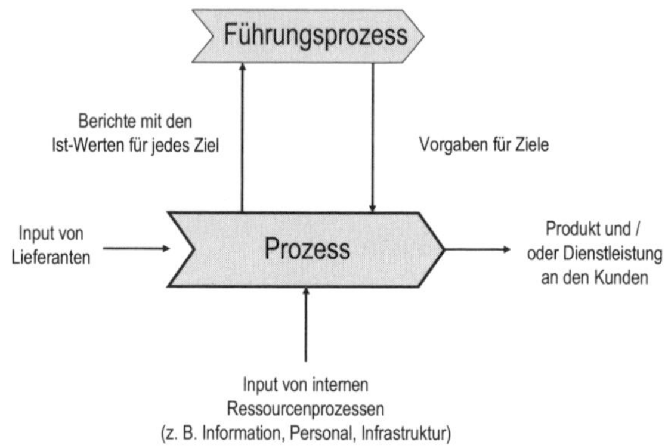

Abbildung 4: Führungsmodell für Geschäftsprozesse

Wesentlich dabei ist das Feedback (Efficient Consumer Response ECR) der Kunden (unabhängig davon, ob es sich um interne oder externe Kunden handelt), da hier aus Fehlerstatistiken und Ursachenanalysen Wissen hinsichtlich der Beherrschbarkeit der Prozesse aufgebaut werden kann. Eine wichtige Komponente der Kompetenzentwicklung ist hier auch der Austausch von Wissen bzgl. Fehlerursachen und Möglichkeiten zu deren Behebung. Als Beispiel seien hier Prozesse für den Support von IT-Usern angeführt. Aus der Statistik der aufgetretenen Fehler lassen sich Schwerpunkte bestimmen. Diese können wiederum einer Analyse hinsichtlich der Ursachen unterzogen werden. Diese Ursachen passieren erfahrungsgemäß immer wieder auf Schwachstellen bei vorgelagerten Prozessen – z. B. Mängel bei der Installation der Geräte führen zu später auftretenden Fehlfunktionen. Durch das Feedback wird eine Verbesserung der Installationsprozedur initiiert. Die prozessübergreifende Kommunikation von Ursache-Wirkungsbeziehungen führt entlang der gesamten Wertschöpfungskette zu einer Wissensentwicklung auf individueller bzw. organisationaler Ebene. Einen Beitrag dazu leistet auch die konsequente Auseinandersetzung mit der Zielerreichung, da hier Abweichungen zwischen Handlungen und der Zielerreichung transparent werden.

2.3 Kontinuierliche Prozessverbesserung (KPV)

Im Rahmen der dem Prozessverantwortlichen als Aufgabe zugeordneten KPV erfolgt eine Auseinandersetzung mit Zielabweichungen, neuen Kundenanforderungen sowie der Nutzbarkeit von Lerneffekten. Ausgangspunkte dafür bilden Abweichungen bei der Zielerreichung, neue Technologien bzw. ungenutzte Potenziale vorhandener IT-Systeme und neue Kundenanforderungen, die sich aus Marktanalysen ergeben. Die Methodik für die Prozessüberarbeitung wurde von den Mitarbeitern im Rahmen des Geschäftsprozessoptimierungsprojektes bereits erlernt.

Der wesentliche Input für die Wissensentwicklung entsteht durch die Reflexion der Zielerreichung zwischen den an der Prozessabwicklung beteiligten Mitarbeitern, da es hier zu einer Explizierung von implizitem Wissen (vgl. dazu auch die Wissensspirale von Nonaka/Takeuchi 1997: 74-84) kommt. Durch die Kombination der individuellen Wissenskomponenten entsteht dabei neues prozessrelevantes Wissen.

2.4 Audits und Benchmarking

Externe Audits bringen andere Sichtweisen in die Gestaltung der Prozesse ein. Erfahrene Auditoren können Gestaltungsansätze anderer Organisationen berücksichtigen bzw. auf Schwachstellen hinweisen. Audits durch externe Personen sind besonders wirksam, da diese direkt an das Management berichten und die Behebung (insb. im Fall einer Zertifizierung nach ISO 9000 ff) von Schwachstellen einfordern bzw. überprüfen.

Ein wichtiges Mittel zur Standortbestimmung sind auch Reifegradmodelle für die Prozessgestaltung (vgl. hier beispielsweise das Reifegradmodell für Projektmanagement bei Duncan 2003), da hier eine Standortbestimmung der eigenen Organisation vorgenommen werden kann. Die Beschreibungen der Reifegradmodelle beinhalten auch Darstellungen aller nur denkbaren Gestaltungsansätze. Diese können im Sinne einer Checkliste als Ideenpool für die konkrete Gestaltungsarbeit herangezogen werden.

Sehr wirksame Impulse für das Überdenken der eigenen Prozessgestaltung ergeben sich auch durch Benchmarking-Projekte, da hier wesentlich leistungsfähigere Verfahren (Best Practices) für die Abwicklung von Prozessen bei anderen

Organisationen analysiert werden können. Daraus ergeben sich Anstöße zum grundsätzlichen Hinterfragen der bestehenden Organisation und damit Ansätze für eine innovative Neugestaltung.

3 Fazit

In der derzeitigen wirtschaftlichen Dynamik ist eine langfristig gültige und vollständig detaillierte Prozessdefinition nicht (mit vertretbarem Aufwand) möglich. Der Interpretation von Handlungsspielräumen durch die Mitarbeiter kommt daher die Rolle als strategischer Erfolgsfaktor bei der Erreichung der Prozessziele zu. Der dafür notwendige Aufbau von Kompetenzen ist jedoch nur durch eine systematische Integration von Maßnahmen in die bestehende Organisation möglich. Als Ansatzpunkt für die konkrete Gestaltungsarbeit in einer Organisation kann das hier vorgestellte Modell für ein integriertes Kompetenzmanagement herangezogen werden.

Literaturverzeichnis

Duncan, William R. (2003): A Guide to the Project Management Body of Knowledge, Pennsylvania 2003.

Krickl, Otto Ch. (1995): Business Redesign. Neugestaltung von Organisationsstrukturen unter besonderer Berücksichtigung der Gestaltungspotenziale von Workflowmanagementsystemen, Wiesbaden 1995.

Nonaka, Ikujiro; Takeuchi, Hirotaka (1997): Die Organisation des Wissens: Wie japanische Unternehmen eine brachliegende Ressource nutzbar machen, Frankfurt a. M. 1997.

Pfaffmann, Eric (2001): Kompetenzbasiertes Management in der Produktentwicklung. Make-or-Buy-Entscheidungen und Integration von Zulieferern, Wiesbaden 2001.

von Krogh, Georg; Roos, Johann (1995): A Perspective on Knowledge, Competence and Strategy. In: Personnel Review, 24. Jg. 1995, Nr. 3, S. 53-65.

Wertschöpfungsorientierte Organisationsgestaltung

Andreas P. Wenger*

Der nachhaltige Wandel der Markt- und Wettbewerbsbedingungen hat traditionelle Branchengrenzen und Wertschöpfungsstrukturen aufgelöst. Durch diese Dekonstruktion der Märkte sind die klassischen zwei Positionierungs-Dimensionen der Strategieentwicklung um die Dimension der Wertschöpfung ergänzt worden. Nur in einem über alle drei Dimensionen abgestimmten und ineinander greifenden Geschäftsmodell lassen sich heute Wettbewerbsvorteile erringen und Wert für das Unternehmen realisieren. Zur Nutzung des strategischen Potenzials der Organisation für die Wertschöpfungsmodellierung ist die Organisation konsequent und frühzeitig in die Entwicklung und Gestaltung von Geschäftsmodellen zu integrieren. Zudem müssen die Organisationsarbeit und die organisatorischen Fähigkeiten konsequent auf Tätigkeitsfelder ausgedehnt und ausgerichtet werden, die für die Zukunft wertschöpfungsrelevant sind.

Stichworte: Effektivität – Geschäftsmodell – Markt- und Wettbewerbsbedingungen – Organisation – Organisationsarbeit – organisatorische Gestaltung – organisatorische Tätigkeitsfelder – Rahmenbedingungen – Ressourcen – Strategie – strategisches Potenzial – Wandel – Wertschöpfung – Wertschöpfungssystem – Wettbewerbsvorteile

---

* Dr. Andreas P. Wenger ist Unternehmensberater und Dozent mit Schwerpunkten Geschäftsmodellgestaltung, strategieorientiertes Organisationsdesign sowie Unternehmensplanung und -steuerung.

1 Ausgangslage

Wie kann die Organisation zum Erfolg von Unternehmen beitragen? Wird dieser Fragestellung, welche von eminent praktischer Bedeutung für das Management ist, aus einem gestaltungsorientierten Blickwinkel nachgegangen, lautet die unmittelbare Antwort: Indem durch die Art ihrer Ausgestaltung und durch ihren angepassten Einsatz *einem Unternehmen eine effektive und effiziente Aufgabenerfüllung ermöglicht wird* (vgl. Wenger/Thom 2005: 7). Genauer: Durch das adäquate Design der Grunddimensionen Arbeitsteilung und Koordination sowie der daraus resultierenden Konfiguration in einer kongruenten Kombination sind die Ressourcen eines Unternehmens so zu lenken, dass die übergeordneten Gesamtziele erreicht werden. *Effektiv* ist eine Organisation folglich dann, *wenn sich diese Ziele mit ihr erreichen lassen.* Sie ist zusätzlich *effizient, wenn die Ziele mit dem vorteilhaftesten Input-Output-Verhältnis realisierbar sind.*

Der Erfolgsbeitrag der Organisation, ihre Bedeutung und inhaltlichen Schwerpunkte sind nach diesem gestaltungsorientierten, instrumentellen Verständnis *ursächlich mit dem Zustand und dem Wandel der Gestaltungsobjekte*, d. h. mit den Unternehmen, verknüpft. Und damit besteht eine unmittelbare Verbindung mit den Strategien der Unternehmen, die sich mit den Voraussetzungen beschäftigen, „[…] die in der Gegenwart zu schaffen sind, um in der Zukunft, und damit möglichst langfristig, die Erreichung der obersten Unternehmensziele zu gewährleisten." (Grünig/Kühn 2005: 7).

In der in diesem Zusammenhang immer wieder genannten, klassischen Sichtweise der Beziehung von Organisation und Strategie unterstellte Chandler eine Mittel-Zweck-Relation im Sinne von *Structure follows Strategy* (vgl. Chandler 1962: 14). Diese deterministische Auffassung, in der die Strategie in einem hierarchischen Verhältnis als Vorgabegröße für die Organisation auftritt, wird seit längerem von anderen Interpretationen des Verhältnisses zwischen Strategie und Organisation konkurrenziert (vgl. Thom/Wenger 2002: 34 f.). Allgemein wird heute mindestens von einer *wechselseitigen Beeinflussung zwischen Strategie und Organisation* gesprochen, wobei die Intensität situativ variiert. Weder strategische noch organisatorische Aspekte sind aufgrund dieser interaktiven Verkoppelung unabhängig voneinander optimierbar. Die vielschichtigen Wechselwirkungen zwingen vielmehr zu einem *umfassenden Ansatz.*

Es soll in der Folge argumentiert werden, dass ein solch umfassender Ansatz auf Geschäftsstufe heute aufgrund außerordentlicher unternehmerischer Herausforderungen *organisatorische Kernelemente und Themenstellungen zwingend als Teil der praktischen Strategieentwicklung umfassen muss.*

2 Herausforderungen durch den Wandel der Markt- und Wettbewerbsbedingungen

Der in massierten Wellen auftretende Wandel relevanter Rahmenbedingungen unternehmerischer Arbeit ist historisch betrachtet an sich nichts Besonderes (vgl. beispielsweise Galbraith 1994). Außergewöhnlich sind hingegen die jeweiligen, spezifischen Ursachen solcher Turbulenzen und die daraus resultierenden Herausforderungen, denen sich die wirtschaftlichen Akteure stellen müssen. Dies gilt auch für die fundamentalen Veränderungen in den Markt- und Wettbewerbsbedingungen, mit denen sich eine Vielzahl von Unternehmen in den letzten Jahren konfrontiert sah. *Spezifische Ursachen* der aktuellen Welle sind insbesondere die folgenden (vgl. Picot/Reichwald/Wigand 2001: 2 ff.; Thom/Wenger 2002: 36 f. und Friedmann 2005: 48 ff.):

- *Massive geografische Ausdehnung des ökonomisch relevanten Raumes* durch Veränderung der politischen und rechtlichen Rahmenbedingungen: Öffnung ehemals ganz oder teilweise abgeschotteter Länder (Osteuropa, Russland, Indien, China etc.) und deren Integration in die marktwirtschaftlich ausgerichtete Weltwirtschaft (im Rahmen der EU, der World Trade Organization WTO, bilateraler Abkommen etc.).
- *Gewaltige Kapazitäts- und Leistungssteigerungen, nachhaltig schrumpfende Distanzen und umfassende Erhöhung der Transparenz* durch Veränderungen der technologischen Rahmenbedingungen: Umfassende Innovationen in Informations- und Kommunikationstechnologien mit teilweise ganz neuen Anwendungspotenzialen durch die Verknüpfung mit Produktions-, Transport-, Werkstoff- und Energietechniken.
- *Zunehmende Sättigung der Märkte*, die sich durch Veränderungen der wirtschaftlichen und gesellschaftlichen Rahmenbedingungen *von Verkäufer- zu Käufermärkten wandeln*: Informierte, anspruchsvollere Kunden, die in fragmentierten Märkten zwischen einer wachsenden Anzahl hart konkurrierender Leistungsanbieter auswählen und ihre Kaufkraft bewusster allozieren.

Die skizzierten Veränderungen haben zu *einer nachhaltigen Ausdehnung, Differenzierung und Dynamisierung der Wirtschaftswelt geführt*. Eine auf globaler Ebene hochgradig arbeitsteilige und vernetzte, dadurch komplexe und heterogene Wirtschaft stellt das Geschäftsmodell- und Wertschöpfungsmanagement der darin operierenden Unternehmen vor *große Herausforderungen:*

- Dadurch, dass die realisierbaren Wertanteile in den einzelnen Branchen rasch zu den Aktivitäten migrieren, die für die Kunden wichtiger werden (vgl. Slywotzky/Morrison 1997: 6 ff.), sich deswegen traditionelle Branchengrenzen auflösen und die Grundlagen für den Aufbau von Wettbewerbsvorteilen vielschichtiger und komplexer werden, sind erreichte Positionen labiler und kurzfristiger dominierbar: *Strategische Schwerpunkte und Kernkompetenzen von Unternehmen sind kontinuierlichen Veränderungen unterworfen.*

- Die Realisierung von Mehrwert wird zunehmend zu einer Frage der Fähigkeit, die eigenen Grenzen zu überwinden: *Der relevante Fokus löst sich von der unternehmenseigenen Wertkette und weitet sich auf das übergeordnete Wertschöpfungssystem aus* (vgl. Mehlhorn 2002: 14 ff.). Endprodukte und -dienstleistungen sind die Frucht vielfältiger und mehrdimensionaler Kooperationen in Netzwerken bzw. hybriden Organisationsstrukturen, in denen Wert durch Kostenvorteile, Flexibilitätsvorteile, Risikoreduzierung, Marktskalierung und/oder Ressourcen-, Wissens- und Lerneffekte generiert wird (vgl. Picot/Reichwald/Wigand 2001: 289 ff. und Zahn/Foschiani 2002: 270 f.).

- *Flexibilität und Reaktionszeit sind für Unternehmen mehr denn je kritische Erfolgsfaktoren:* Zeitwettbewerbsstrategien bzw. hybride Wettbewerbsstrategien wie die dynamische Produktdifferenzierung als „Outpacing"-Strategie sind ohne hochflexible, schnelle und kostengünstige Produktions-, Logistik- und Führungsprozesse nicht realisierbar (vgl. Baum/Coenenberg/Günther 1999: 133 ff.).

Im Kontext dieser Veränderungen und Herausforderungen soll die Organisation den Unternehmen auch in Zukunft durch entsprechende Ressourcenkonfigurationen eine effektive und effiziente Leistungserstellung ermöglichen. Dies ist mit dem *klassischen Stellenwert der Organisation im strategischen Entwicklungsrahmen kaum zu leisten*. Die organisatorische Gestaltung muss dazu konzeptionell konsequent in die Geschäftsmodellierung einbezogen werden, damit ihr strategisches Potenzial genutzt werden kann.

3 Die wertschöpfungsorientierte Organisationsgestaltung

3.1 Einbindung in die Geschäftsmodellierung

Aufgrund des oben beschriebenen Wandels der Markt- und Wettbewerbsbedingungen haben sich viele traditionelle Branchengrenzen und Wertschöpfungsstrukturen aufgelöst. Durch diese *Dekonstruktion* der Märkte sind die klassischen Positionierungs-Dimensionen der Strategieentwicklung (Produkt/Angebot und geografischer Raum) um die *Dimension der Wertschöpfung ergänzt worden* (vgl. Heuskel 2004: 160 ff.). Der strategische Entwicklungsrahmen wird dadurch erweitert: Nur in einem über alle drei Dimensionen abgestimmten und ineinander greifenden Geschäftsmodell lassen sich heute Wettbewerbsvorteile erringen und v. a. Wert für das Unternehmen realisieren (value capture).

Die Fähigkeiten und Möglichkeiten eines Unternehmens, den Wertschöpfungsfluss bzw. die Leistungserstellung in einer bestimmten Art zu konfigurieren und auszugestalten, entscheiden heute mit darüber, ob ein Geschäftsmodell triumphiert oder nicht. *Organisatorische Kernelemente und Themenstellungen sind damit zwingend Teil der praktischen Strategieentwicklung.* Bei der konkreten Bearbeitung und Konfiguration der Wertschöpfungsdimension im Rahmen der Geschäftsmodellierung sind v. a. Themenfelder mit starkem organisatorischem Bezug wie z. B. kundenoptimale Gestaltung des Wertschöpfungsflusses, Art und Weise der Leistungserstellung, Wertschöpfungstiefe und Geschäftsprozesse relevant (vgl. Baumgartner/Joas 2004: 153 und Kagermann/Österle 2006: 17).

Die strategische Dimension der Wertschöpfung ist dabei *auf jeden Fall* mehr als das Umsetzungsfeld der Positionierung (vgl. Müller-Stewens/Lechner 2005: 391). Eine erfolgreiche Geschäftsmodellierung verlangt eine *konzeptionell stimmige, integrale Verknüpfung, eine enge Verzahnung der relevanten Elemente*, die nur aus einer *Perspektive der Gleichwertigkeit und im Rahmen eines iterativen und heuristischen Prozesses* zu leisten ist. Dieses Ineinandergreifen der unterschiedlichen Dimensionen und Elemente kommt im Business-Design-Modell von Mercer besonders gut zum Ausdruck (vgl. Baumgartner/Joas 2004: 153):

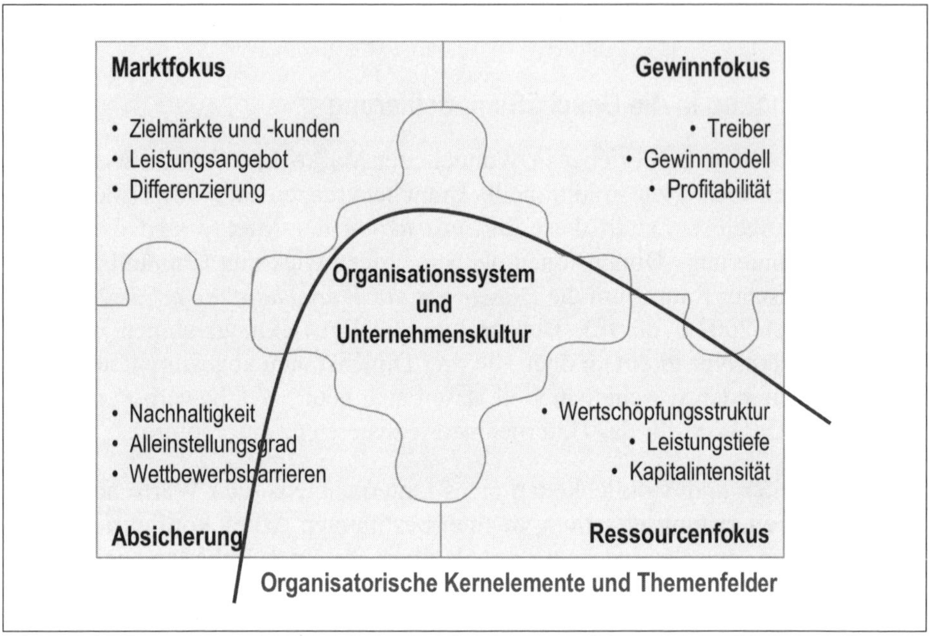

Abbildung 1: Integrierendes Business-Design-Modell von Mercer (leicht modifiziert)

Wenn die Entwicklung und Realisierung spezifischer, wertschöpfungszentrierter organisatorischer Lösungen Teil der Erstellung und erfolgreichen Umsetzung innovativer Geschäftsmodelle im Markt ist, *so bedingt dies, dass die relevanten Inhalte in den Unternehmen erkannt und bearbeitet werden*. Dies ist in den traditionellen Tätigkeitsfeldern der organisatorischen Gestaltung kaum der Fall. Diese müssen ausgeweitet und verlagert werden.

3.2 Migration organisatorischer Tätigkeitsfelder

Zur genaueren Bezeichnung dieser Migration der Tätigkeitsfelder werden die *Dimension der Reichweite* (definiert durch den Fokus und Wirkungshorizont der organisatorischen Tätigkeiten) und die *Dimension des Ressourcenspektrums* (definiert nach den durch die organisatorische Gestaltung zu konfigurierenden Ressourcen mit materiellem, systemisch-instrumentellem, immateriellem und personellem Charakter) beigezogen (vgl. Wenger/Thom 2005: 65 f.). Um die Organisationsgestaltung wertschöpfungsorientiert auszurichten, sind die Tätigkeitsfelder aufgrund der bisherigen Überlegungen auf den erwähnten Dimensionen wie folgt auszudehnen:

- Im Hinblick auf die *Dimension der Reichweite* müssen die organisatorischen Tätigkeitsfelder zwingend Teil der unternehmerischen Steuerungs- und Entwicklungsperspektive werden. Sie dehnen sich daher *in Richtung strategischer Organisationsarbeit aus.* Es sind dies organisatorische Tätigkeiten, die den Aufbau nachhaltiger Wettbewerbsvorteile unterstützen oder ermöglichen und damit einen langfristigen Wirkungshorizont haben (Effektivität im Geschäftsmodell).

- Für die *Dimension des Ressourcenspektrums* sind insbesondere die Themen Mehrwertrealisierung durch Grenzüberwindung und Kooperationsfähigkeit (Wertschöpfungssystem statt Wertschöpfungskette) sowie die Wandlungsfähigkeit zu nennen. Entsprechend erweitern sich die organisatorischen Tätigkeitsfelder *in Richtung eines Einbezugs immaterieller und menschlicher Ressourcen.* Materielle und systemisch-instrumentelle Ressourcen bleiben allerdings unverändert wichtig.

Hinweise, dass die skizzierte Migration relevant und tatsächlich im Gange ist, hat kürzlich eine aus einer ganz anderen Perspektive durchgeführte, empirische Studie gegeben (vgl. Wenger/Thom 2005): Bei der Analyse, wie sich die Organisationsarbeit bezogen auf Inhalte, Verankerung und Träger in den letzten Jahren verändert hat und in den nächsten Jahren mit hoher Wahrscheinlichkeit verändern wird, konnte aufgezeigt werden, dass sich die *organisatorischen Tätigkeitsfelder von den klassischen Themenstellungen der Aufbau- und Ablauforganisation hin zu Themenstellungen der strategisch-orientierten Flexibilität und der Befähigung zum Wandel ausdehnen.* Werden die beiden Dimensionen Reichweite und Ressourcenspektrum in einem Portfolio kombiniert, gelingt es, die so umschriebene Veränderungsrichtung schematisch darzustellen:

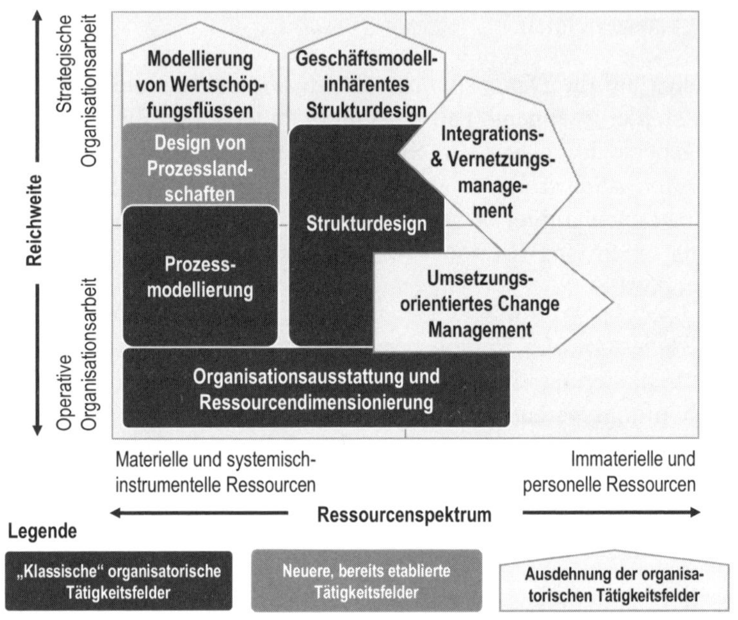

Abbildung 2: Migration der organisatorischen Tätigkeitsfelder

3.3 Wertschöpfungsorientierte Organisationsgestaltung

Die Fähigkeit der Organisation, auch in Zukunft nachhaltig zum unternehmerischen Erfolg beizutragen, bedingt damit zwei Dinge:

- *Nutzung des strategischen Potenzials der Organisation in der Wertschöpfungsmodellierung* durch ihre konsequente und frühzeitige Integration in die Entwicklung und Gestaltung von Geschäftsmodellen.
- *Konsequente Ausdehnung und Ausrichtung der Organisationsarbeit und der organisatorischen Fähigkeiten* auf in Zukunft wertschöpfungsrelevante Tätigkeitsfelder.

Sind diese beiden Bedingungen erfüllt, so kann von einer wirklich wertschöpfungsorientierten und damit strategisch relevanten Organisationsgestaltung gesprochen werden.

Literaturverzeichnis

Baum, Heinz-Georg; Coenenberg, Adolf G.; Günther, Thomas (1999): Strategisches Controlling, 2. Auflage, Stuttgart 1999.

Baumgartner, Peter; Joas, August (2004): Value Growth: Neue Strategieregeln für profitables Wachstum – ein Ansatz von Mercer Management Consulting. In: Management Consulting Fieldbook, hrsg. v. Dietmar Fink, 2. Auflage, München 2004, S. 141-157.

Chandler, Alfred D. Jr. (1962): Strategy and Structure. Chapters in the History of the American Industrial Enterprise, Cambridge et al. 1962 (18. unveränderter Nachdruck 1993).

Friedman, Thomas L. (2005): The World is flat. A brief History of the twenty-first Century, New York 2005.

Galbraith, John Kenneth (1994): A Journey through Economic Time, Boston et al. 1994.

Grünig, Rudolf; Kühn, Richard (2005): Methodik der strategischen Planung, Ein prozessorientierter Ansatz für Strategieplanungsprojekte, 3. Auflage, Bern et al. 2005.

Heuskel, Dieter (2004): Dekonstruktion: Die Wertschöpfung als dritte Dimension der Wettbewerbsstrategie – ein Ansatz der Boston Consulting Group. In: Management Consulting Fieldbook, hrsg. v. Dietmar Fink, 2. Auflage, München 2004, S. 159-168.

Kagermann, Henning; Österle, Hubert (2006): Geschäftsmodelle 2010. Wie CEOs Unternehmen transformieren, Frankfurt a. M. 2006.

Mehlhorn, Andreas (2002): Effizientes Wertschöpfungsmanagement. Eine empirische Studie der Wahl und Erfolgswirksamkeit von Organisations- und Steuerungsformen, Wiesbaden 2002.

Müller-Stewens, Günter; Lechner, Christoph (2005): Strategisches Management. Wie strategische Initiativen zum Wandel führen, 3. Auflage, Stuttgart 2005.

Picot, Arnold; Reichwald, Ralf; Wigand, Rolf T. (2001): Die grenzenlose Unternehmung. Information, Organisation und Management, 4. Auflage, Wiesbaden 2001.

Slywotzky, Adrian J.; Morrison, David J. (1997): The profit zone. How strategic business design will lead you to tomorrow's profits, New York et al. 1997.

Thom, Norbert; Wenger, Andreas P. (2002): Die effiziente Organisation. Bewertung und Auswahl von Organisationsformen, Glattbrugg 2002.

Wenger, Andreas P.; Thom, Norbert (2005): Organisationsarbeit – eine Tätigkeit im Wandel, Glattbrugg 2005.

Zahn, Erich; Foschiani, Stefan (2002): Wertgenerierung in Netzwerken. In: Wertschöpfungsmanagement als Kernkompetenz, hrsg. v. Horst Albach et al., Wiesbaden 2002, S. 265-275.

Grundlagen eines dynamischen Kompetenzmanagements. Herausforderungen für die Organisationsarbeit

Anja Habegger*

Zur Erklärung von Performancedifferenzen zwischen Unternehmen bietet die strategische Managementliteratur verschiedene Ansätze an. Aus Sicht des Resource-based View und dessen Weiterentwicklung zum Dynamic Capabilities-Ansatz liegen die Gründe für diese Unterschiede in erster Linie in der Ressourcenausstattung sowie in der Fähigkeit eines Unternehmens, die betrieblichen Ressourcen in einem dynamischen Umfeld zur Generierung und Sicherung von Wettbewerbsvorteilen einzusetzen. Unter der Voraussetzung, dass ein gezieltes Management der Ressourcen und Kompetenzen möglich ist, stellt sich die Frage, welche Funktionsträger im Unternehmen diese Aufgabe übernehmen sollen. Die Aktionsfelder der Organisationsarbeit und, damit eingeschlossen, die Haupttätigkeiten von Organisierenden scheinen hierfür auf den ersten Blick geeignet zu sein. Weiterführende Forschungsaktivitäten – insbesondere in Form empirischer Studien – sind auf diesem Gebiet jedoch noch zu leisten.

Stichworte: Dynamic Capabilities-Ansatz (DCA) – Kompetenzen – Market-based View – nachhaltige Wettbewerbsvorteile – Organisationsarbeit – Performancedifferenzen – Resource-based View – Ressourcen – strategisches Management – wettbewerbsrelevante Prozesse

---

* Anja Habegger, lic. rer. pol., ist wissenschaftliche Assistentin am Institut für Organisation und Personal der Universität Bern.

1 Ausgangslage

Im ständigen Streben nach höheren Gewinnen stellen sich den Verantwortlichen in Unternehmen stets die gleichen Fragen: Was unterscheidet uns von unseren Konkurrenten? Was macht uns einzigartig? Warum kaufen einige Kunden unsere Produkte und andere nicht? (vgl. Amit/Schoemaker 1993: 33). Hinter diesen Fragen steht die Feststellung, dass es immer Unternehmen gibt, die erfolgreicher sind als andere und folglich höhere Gewinne erzielen. Die Performancedifferenzen zu beobachten ist ein Einfaches; sie aufzuklären erweist sich jedoch als um einiges anspruchsvoller (vgl. Enders 2004: 1). Obwohl bereits eine große Zahl an Studien mit dieser Absicht durchgeführt worden ist, wird dennoch am Ende der Bemühungen häufig nicht klar, was genau die erfolgreichen von den weniger erfolgreichen Unternehmen unterscheidet (vgl. Enders 2004: 2).

Zu den Ansätzen, welche aus unternehmensstrategischer Sicht zur Annäherung an obige Fragestellung und zu deren möglicher Lösung Erklärungshilfen anbieten, gehören die ressourcenorientierte Theorie sowie der Dynamic Capabilities-Ansatz.

2 Ressourcenorientierte Theorie und Dynamic Capabilities-Ansatz

2.1 Ressourcenorientierte Theorie

Die ressourcenorientierte Theorie konzentriert sich auf die interne Organisation des Unternehmens und stellt damit das Gegenstück zu den klassischen industrieökonomischen Ansätzen wie dem Market-based View dar, die zwar Erfolgsunterschiede zwischen Betrieben unterschiedlicher Branchen, nicht aber jene innerhalb einer Branche erklären (vgl. Friedrich/Matzler/Stahl 2002: 32). Als eigentlicher Ursprung des ressourcenorientierten Ansatzes gilt der 1959 erschienene Beitrag „The Theory of the Growth of the Firm" von Edith Penrose. Gemäß Penrose besteht ein Unternehmen aus Ressourcen und Fähigkeiten und erzielt höhere Gewinne, weil es diese Fähigkeiten einsetzen kann, um die firmeninternen Ressourcen optimal zu nutzen (vgl. Penrose 1959: 54; zur Weiterentwicklung des Ressourcenansatzes vgl. z. B. auch die Literatur von Learned et al. 1969, Rumelt 1984, Wernerfeld 1984, Prahalad/Hamel 1990 sowie Barney 1986 und 1991).

Die grundlegende Idee des ressourcenorientierten Ansatzes besteht darin, dass die firmeninternen Ressourcen die Basis für die Stärken eines Unternehmens bilden und heterogen sein müssen, um nachhaltige Wettbewerbsvorteile gegenüber der Konkurrenz zu generieren. Die Aufgabe eines Unternehmens besteht demzufolge in erster Linie aus der Identifikation dieser Ressourcen, um unter Einsatz der entsprechenden Kompetenzen einen im Vergleich zu ihren Mitstreitern nachhaltigen Wettbewerbsvorteil zu erzielen.

Ein latentes Problem der ressourcenorientierten Forschung zeigt sich darin, dass die ihr zugrunde liegenden Begriffe – Ressourcen und Kompetenzen – große Spielräume hinsichtlich ihrer terminologischen Interpretation bieten (vgl. Freiling 2002: 4). Eine klare Abgrenzung im Sinne des Ressourcenansatzes scheint an dieser Stelle sinnvoll, um ein einheitliches Begriffsverständnis zu unterstützen.

2.1.1 Ressourcenbegriff

Der Begriff der Ressourcen wird in der ökonomischen Literatur in unterschiedlichen Kontexten und unter immer neuen Blickwinkeln thematisiert. Volkswirtschaftliche Interpretationen sowie die betriebswirtschaftliche Vorstellung von Faktoren lassen sich jedoch mit der Perspektive des Ressourcenansatzes nicht vereinbaren (vgl. Freiling 2002: 6). Gemäß diesem Ansatz existieren innerhalb der einer Unternehmung zur Verfügung stehenden Inputgüter nur einige, welche die Existenz von Wettbewerbsvorteilen erklären können. Den Argumentationen von Freiling folgend, ist von Ressourcen dann zu sprechen, „[...] wenn (in Märkten beschaffbare) Inputgüter durch Veredelungsprozesse zu unternehmungseigenen Merkmalen für Wettbewerbsfähigkeit weiterentwickelt worden sind und die Möglichkeit besteht, Rivalen von der Nutzung dieser Ressourcen in nachhaltiger Weise auszuschließen.“ (Freiling 2002: 17).

Die Existenz so gearteter Ressourcen garantiert allerdings nicht, dass sie zur Generierung und nachhaltigen Sicherung von Wettbewerbsvorteilen eingesetzt werden können. Um das zu erreichen, ist zusätzlich das Vorhandensein entsprechender organisationaler Kompetenzen erforderlich (vgl. Freiling 2002: 17).

2.1.2 Begriff der organisationalen Kompetenzen

Ebenso wie der Begriff der Ressourcen ist auch derjenige der Kompetenzen in der Regel unbestimmt und unscharf. Darüber hinaus ergibt sich eine weitere terminologische Verwirrung, da sich die unterschiedlichsten Disziplinen mit dem Kompetenzbegriff beschäftigen und ihn jeweils entsprechend ihren eigenen Forschungszusammenhängen auslegen.

Im Rahmen des Ressourcenansatzes ist jedoch eindeutig bestimmt, wodurch organisationale Kompetenzen definiert werden. Sie geben Auskunft darüber, ob ein Unternehmen in der Lage ist, Ressourcen sinnvoll zu nutzen und Wettbewerbsvorteile zu erlangen und auszuschöpfen. Vorhandene Ressourcen stellen somit ein Handlungspotenzial dar und „[...] organisationale Kompetenzen geben Aufschluss darüber, ob und inwieweit die jeweilige Unternehmung über Möglichkeiten verfügt, dieses Potenzial zu aktivieren und wirkungsvoll zu nutzen." (Freiling 2002: 20). Organisationale Kompetenzen oder Organizational Capabilities (vgl. Ansoff 1965) betonen somit die Wichtigkeit von Managementpraktiken und werden von Ulrich und Lake als die Fähigkeiten eines Unternehmens beschrieben, Menschen dahin gehend zu lenken, Wettbewerbsvorteile zu erzielen (vgl. Ulrich/Lake 1991: 77). Ein wesentliches Defizit der ressourcenorientierten Forschung liegt darin, dass sie Wettbewerbsvorteile und Unternehmenserfolg aus einer eher statischen Sicht heraus betrachtet und die Berücksichtigung der dynamischen Veränderung des Unternehmensumfeldes weitgehend fehlt (vgl. Burmann 2002: 116). Darüber hinaus bewegt sich die Entwicklung der ressourcenorientierten Forschung, die in der Vergangenheit eher ex-post orientiert war, zunehmend in Richtung einer ex-ante Orientierung, um Prognosen im Prozess der strategischen Entscheidungsfindung zu ermöglichen (vgl. Royer/van der Velden 2002: 196). Teece, Pisano und Shuen (1997) haben auf diese Umstände reagiert und mit ihrem Konzept der Dynamic Capabilities einen Bezugsrahmen zur Erklärung von dynamischen organisationalen Fähigkeiten entwickelt.

2.2 Dynamic Capabilities-Ansatz

„We define dynamic capabilities as the firm's ability to integrate, build and reconfigure internal and external competences to address rapidly changing environments. Dynamic capabilities thus reflect an organization's ability to achieve new innovative forms of competitive advantage given path dependencies and market positions." (Teece/Pisano/Shuen 1997: 516). Der zentrale Gedanke des

Dynamic Capabilities-Ansatzes (DCA) besteht in der Verbindung von Prozessen mit der historischen Entwicklung und der Ressourcenausstattung eines Unternehmens sowie in der Berücksichtigung eines dynamischen Umfeldes. Die im Sinne des DCA relevanten Fähigkeiten sind demzufolge verbunden mit „outside-in"-Prozessen (z. B. Marktanalyse, Customer Relationship Management) sowie mit Prozessen innerhalb des Unternehmens (vgl. McGuinness/Morgan 2000: 210). Die ressourcenorientierte Theorie wird auf diese Weise mit dem Market-based View verbunden, da nicht nur die Innensicht, sondern vielmehr auch der Fit zwischen Ressourcen und Umfeld von Bedeutung ist (vgl. McGuinness/Morgan 2000: 210). Da es sich bei den Dynamic Capabilities folglich um die entscheidenden Prozesse handelt, die einem Unternehmen in einem dynamischen Umfeld zu nachhaltigen Wettbewerbsvorteilen verhelfen sollen, stellt sich die zentrale Frage, ob und inwieweit diese Prozesse vom Unternehmen aufgebaut, gestaltet und verändert werden können.

3 Gestaltung wettbewerbsrelevanter Prozesse

3.1 Anforderungen an Gestalter

Auf organisationaler Ebene ist eine Zuordnung der Gestaltungsaufgaben nicht gleichermaßen einfach möglich wie dies auf individueller Ebene der Fall zu sein scheint, wo insbesondere dem Personalmanagement eine große Bedeutung zukommt (vgl. Laske/Habich 2004: 1010 f.). Ausgehend vom zentralen Gedanken des DCA, der die Prozesse mit der Entwicklung und der Ressourcenausstattung des Unternehmens sowie dessen dynamischem Umfeld verbindet, können jedoch folgende Anforderungen formuliert werden, welche von potenziellen Gestaltern erfüllt werden müssen:

- Fähigkeit zur Eruierung wettbewerbsrelevanter Prozesse.
- Fähigkeit, Veränderungen im Umfeld zu antizipieren und die wettbewerbsrelevanten Prozesse entsprechend auszurichten.
- Verständnis für die historische Entwicklung des Unternehmens, insbesondere dessen aufbau- und ablauforganisatorische Veränderungen im Zeitablauf sowie für die daraus resultierende Ressourcenausstattung.
- Fähigkeit zur Verbindung von relevanten Prozessen über die Unternehmensgrenzen hinaus.

3.2 Wahrnehmung der Gestaltungsaufgabe durch Organisatoren

Der Versuch, die Gestaltung der Rahmenbedingungen und der wettbewerbsrelevanten Prozesse den Funktionsbereichen zuzuordnen, führt unter Berücksichtigung obiger Anforderungen in Richtung Organisationsarbeit. Wie Wenger und Thom (2005: 30 ff.) nach eingehenden Studien belegen, können als Thesen für die zentralen Inhalte zukünftiger Organisationsarbeit im Unternehmen gelten:

- *Bewältigung des Wandels:* Aufgrund der gesamtwirtschaftlichen Perspektive und unter Berücksichtigung unternehmerischer Entwicklungsprozesse wird es zu Neuausrichtungen und Umstrukturierungen in immer kürzeren Zyklen kommen, woraus sich ein erhöhter Handlungs- und Wandlungsbedarf im Unternehmen ergibt. Die Unterstützung, Begleitung und Moderation des organisatorischen Wandels zur Anpassung an ein dynamisches Umfeld wird zum wichtigsten Tätigkeitsfeld für Organisierende werden.
- *Prozessgestaltung und -optimierung:* Der Druck auf Prozesse wird nicht nur anhalten, sondern zunehmen. Hierbei steht neben der Kostenoptimierung vor allem auch die strategisch orientierte Anpassung der Prozesse an geänderte oder neue Herausforderungen und Ziele im Vordergrund, wie z. B. veränderte Kundenanforderungen und -bedürfnisse. Das Prozessdesign, Prozessmanagement und die Prozessoptimierung werden daher zu den drei wichtigsten Tätigkeitsschwerpunkten von Organisierenden gehören.
- *Vernetzung und Gestaltung interner und externer Organisationsgrenzen:* Im Hinblick auf Marktnähe, Kernkompetenzen und Idealanteile an der Wertschöpfung ist ein professionelles Schnittstellenmanagement gegen innen und außen zentral. Das Management und die Organisation von Schnittstellen über die Unternehmensgrenzen hinaus werden sich zu den wichtigsten Aufgaben von Organisierenden entwickeln.

4 Fazit

Den vorangegangenen Überlegungen zu möglichen Ursachen für Erfolgsunterschiede zwischen Unternehmen liegt die Überzeugung zugrunde, dass ein bewusstes Management der hierfür relevanten Faktoren möglich ist. Verschiedene Autoren weisen darauf hin, dass die Steuerbarkeit der Ressourcenausstattung überschätzt wird und die Tatsache, dass sich evolutionäre Prozesse innerhalb von Unternehmen ohne Eingreifen des Managements vollziehen, berücksichtigt werden muss (vgl. Habann 2002: 162). Doch auch wenn sich gemäß Barney (2001: 49 f.) viele Ressourcen nur beschränkt beeinflussen lassen, können daraus dennoch Folgerungen für deren Management abgeleitet werden. Im Kern besteht die Organisationsarbeit im Unternehmen aus der organisatorischen Gestaltung (laufende Pflege und Neuausrichtung aufbauorganisatorischer Strukturen und ablauforganisatorischer Prozesse), der Organisationsausstattung (passende Ressourcendimensionierung der Organisation) und dem Organisationsmanagement (Ausübung der Managementaufgaben und Gestaltung des Managementprozesses beim Organisieren) (vgl. Wenger/Thom 2005: 17). Diese Aktionsfelder, unter besonderer Beachtung der oben genannten, in Zukunft wichtigsten Hauptaufgaben, scheinen äußerst geeignet, um die Tätigkeiten, welche zum Management von Dynamic Capabilities benötig werden, abzudecken. Konkreter Forschungsbedarf besteht auf diesem Gebiet weiterhin in der Untersuchung und empirischen Absicherung, wie Organisierende die Rahmenbedingungen zum Management von wettbewerbsrelevanten Prozessen gestalten können und wie eine solche Gestaltung sich auf andere Funktionen und Prozesse im Unternehmen auswirkt. Darüber hinaus ist von Interesse, inwieweit eine Antizipation von Veränderungen in einem dynamischen Umfeld gelingen, von den Organisierenden im Rahmen des Veränderungsmanagements umgesetzt und wie ein bestmöglicher Fit von Ressourcen und Umfeld durch ein entsprechendes Schnittstellenmanagement gewährleistet werden kann.

Literaturverzeichnis

Amit, Raphael; Schoemaker, Paul J. H. (1993): Strategic assets and organizational rent. In: Strategic Management Journal, 14. Jg. 1993, Nr. 1, S. 33-46.

Ansoff, Harry I. (1965): Corporate Strategy, New York 1965.

Barney, Jay B. (1986): Types of Competition and the Theory of Strategy: Toward an Integrative Framework. In: Academy of Management Review, 11. Jg. 1986, Nr. 4, S. 791-800.

Barney, Jay B. (1991): Firm Resources and sustained competitive advantage. In: Journal of Management, 17. Jg. 1991, Nr. 1, S. 99-120.

Barney, Jay B. (2001): Is the Resource-based "View" a useful perspective for strategic management research? Yes. In: Academy of Management Review, 26. Jg. 2001, Nr. 1, S. 41-56.

Burmann, Christoph (2002): Strategische Flexibilität und Strategieveränderungen als Determinanten des Unternehmenswertes. In: Aktionsfelder des Kompetenz-Managements, hrsg. v. Klaus Bellmann et al., Wiesbaden 2002, S. 190-144.

Enders, Andreas (2004): Management Competence. Resource-based Management and Plant Performance, Heidelberg 2004.

Freiling, Jörg (2002): Terminologische Grundlagen des Resource-based View. In: Aktionsfelder des Kompetenz-Managements, hrsg. v. Klaus Bellmann et al., Wiesbaden 2002, S. 3-28.

Friedrich, Stephan; Matzler, Kurt; Stahl, Heinz (2002): Quo vadis RBV? Stand und Entwicklungsmöglichkeiten des Ressourcenansatzes. In: Aktionsfelder des Kompetenz-Managements, hrsg. v. Klaus Bellmann et al., Wiesbaden 2002, S. 29-58.

Habann, Frank (2002): „Fit" zwischen Strategie und Kernressourcen – Zentraler Erfolgsfaktor der Unternehmung? In: Aktionsfelder des Kompetenz-Managements, hrsg. v. Klaus Bellmann et al., Wiesbaden 2002, S. 145-167.

Laske, Stephan; Habich, Jörg (2004): Kompetenz und Kompetenzmanagement. In: Handwörterbuch des Personalwesens, 3. Auflage, hrsg. v. Eduard Gaugler et al., Stuttgart 2004, Sp. 1006-1014.

Learned, Edmund P. et al. (1969): Business Policy: text and cases, Homewood 1969.

McGuinness, Tony; Morgan, Robert E. (2000): Strategy, dynamic capabilities and complex science: management rhetoric vs. reality. In: Strategic Change, 9. Jg. 2000, Nr. 4, S. 209-220.

Penrose, Edith T. (1959): The Theory of the Growth of the Firm, Oxford 1959.

Prahalad, Coimbatore K.; Hamel, Gary (1990): The Core Competencies of the Corporation. In: Harvard Business Review, 68. Jg. 1990, Nr. 3, S. 79-91.

Royer, Susanne; van der Velden, Remco (2002): Korreferat zu dem Beitrag von Heike Proff: Grundlagen einer dynamischen Theorie der Kompetenzentwicklung zur Sicherung von Kompetenzen im Zeitablauf. In: Aktionsfelder des Kompetenz-Managements, hrsg. v. Klaus Bellmann et al., Wiesbaden 2002, S. 195-203.

Rumelt, Richard P. (1984): Towards a strategic theory of the firm. In: Competitive Strategic Management, Englewood Cliffs 1984, S. 556-570.

Teece, David J.; Pisano, Gary; Shuen, Amy (1997): Dynamic capabilities and strategic management. In: Strategic Management Journal, 18. Jg. 1997, Nr. 7, S. 509-533.

Ulrich, Dave; Lake, Dale (1991): Organizational capabiliy: creating competitive advantage. In: Academy of Management Executive, 5. Jg. 1991, Nr. 1, S. 77-92.

Wenger, Andreas P.; Thom, Norbert (2005): Organisationsarbeit – eine Tätigkeit im Wandel, Glattbrugg 2005.

Wernerfeld, Birger (1984): A Resource-based View of the Firm. In: Strategic Management Journal, 5. Jg. 1984, Nr. 2, S. 171-180.

M&A-Kompetenz

Günter Müller-Stewens*

Mergers & Acquisitions (M&A) stellt eine komplexe Aufgabe für das Management dar, die mit einem nicht unerheblichen Risiko des Scheiterns einhergeht. Um dieses Risiko besser zu managen, bedarf es einer spezifischen M&A-Kompetenz. Diese kann für ein Unternehmen, das seine Wachstumsstrategie vermehrt mittels Akquisitionen implementiert, eine Basis für Wettbewerbsvorteile darstellen. In diesem Beitrag setzen wir uns mit der Frage auseinander, was denn eine solche M&A-Kompetenz konkret ausmacht und ob bzw. wie sie in Organisationen entwickelt werden kann.

Stichworte: Diversifikation – Kompetenzen – Mergers & Acquisitions – M&A-Kompetenz – strategisches Management – Unternehmensakquisitionen – Wachstumsstrategie

---

* Prof. Dr. Günter Müller-Stewens ist geschäftsführender Direktor des Instituts für Betriebswirtschaft an der Universität St. Gallen.

1 Einleitung

Wachstum ist wieder zum zentralen Thema in vielen Unternehmen geworden. Neben der Effizienz hat es sich zum zentralen Treiber der Wertsteigerung des Unternehmens entwickelt. Gegenüber den Kapitalmärkten wurden in den letzten Jahren immer wieder ehrgeizige Wachstumsziele formuliert. Dies wird den Wachstumsdruck im Unternehmen weiter erhöhen, da das erwartete Wachstum bereits in den Aktienkursen vorweggenommen wird. Deshalb brechen Aktienkurse trotz hohem Wachstum ein, wenn es eben unter den Erwartungen liegt.

Als Reaktion auf diesen zunehmenden Wachstumsdruck kurbeln viele Unternehmen intern Ideengenerierungsprozesse an, um sich auf die Suche nach neuen Wachstumsquellen zu begeben. Dabei geht man davon aus, dass das Wachstum, das aus der kontinuierlichen Weiterentwicklung der bestehenden Geschäfte resultiert, nicht ausreichen wird, um die Erwartungen zu erfüllen. Es werden ehrgeizige Ziele wie „double GDP-growth“ durch die Unternehmensleitungen vorgegeben, um Prozesse anzustoßen, mittels derer auf innovative und auch experimentelle Art und Weise nach neuem Wachstum gesucht werden soll: Neue Geschäftsmodelle sollen erfunden werden, die Anzahl der explorativen Initiativen sollen neben den exploitativen Initiativen erhöht werden, um auch das gebotene Potenzial neuer Geschäftschancen (z. B. Wachstum Asien) besser ausschöpfen zu können, etc.

Betrachtet man die Liste der generierten Wachstumsideen, wird schnell offensichtlich, dass das angestrebte Wachstum häufig extern zugekauft werden soll: Man sucht durch eine strategische Akquisition einen schnellen Markteintritt in den wachsenden chinesischen Binnenmarkt, eine Akquisition soll helfen, größere Stückzahlen zu erreichen, um neben dem Wachstum auch Effizienzsteigerungseffekte erzielen zu können etc. Das Thema Mergers & Acquisitions (M&A) wird also wieder zunehmend an Aktualität gewinnen.

M&A findet in Zyklen statt. Der fünfte Zyklus nahm sein abruptes Ende mit dem Crash der Börsen im Jahr 2000. Doch inzwischen hat eine sechste M&A-Welle deutlich an Fahrt gewonnen. Zuerst war sie primär gestützt durch die Käufe der Private Equity-Unternehmen. Diese haben derzeit enorme Mengen an nach Anlage suchendem Kapital zur Verfügung, da es den Anlegern an attraktiven Alternativen mangelt. Die strategischen Käufer hielten sich jedoch bis vor kurzem meist noch zurück. Doch deren Kassenstand befindet sich derzeit auch auf einem historischen Hoch, so dass es nur eine Frage der Zeit war, wann sie am Markt für Unternehmenskontrolle wieder aktiv werden. Dies ist nun der Fall. Doch damit gelangen auch all die Risiken und hohen Flopraten, die mit M&A verbunden sind, schmerzlich in die Erinnerung zurück.

Aus dieser Logik des zunehmenden Wachstumsdrucks und der damit zu erwartenden neuen Welle an strategischen Akquisitionen (die aktuellen Vorgänge in der europäischen Versorgungswirtschaft mögen hier als Beispiel dienen) heraus argumentiert, erwächst die Frage, ob die Unternehmen inzwischen über genügend „Akquisitionskompetenz" verfügen, damit die kaufenden Unternehmen erfolgreich aus dieser Wachstumsphase hervorgehen. Daraus erwachsen eine Reihe von Folgefragen: Gibt es überhaupt so etwas wie eine Akquisitionskompetenz? Wenn ja, was ist dies genau, und aus was besteht sie? Können Unternehmen, die häufig akquirieren, die Kompetenz auf der Basis ihrer gewonnenen Erfahrungen erhöhen? Falls ja, an welche Voraussetzungen ist ein solches Lernen gebunden? Lassen sich dann auch bestimmte Akquisitionskompetenzen in Unternehmen kodifizieren? Und lässt sich dann dieses kodifizierte Wissen als „Prozess-Template" von Fall zu Fall übertragen? Lässt sich diese Akquisitionskompetenz vielleicht sogar in Seminaren „antrainieren"? Heißt dies dann in letzter Konsequenz, dass Unternehmen, die häufiger akquirieren, dies unter dem Strich erfolgreicher tun als „Einzeltäter", wenn sie diese Lernchancen nutzen? Mit diesen Fragen setzt sich der folgende Beitrag auseinander.

2 Was ist eine M&A-Kompetenz?

Der aus dem US-amerikanischen Investment-Banking stammende Begriff Mergers & Acquisitions (M&A) umschreibt den Handel (Kauf/Verkauf) mit Unternehmen, Unternehmensteilen und Unternehmensbeteiligungen und wird mit Fusionen und Unternehmensübernahmen übersetzt (vgl. Müller-Stewens 2004). Im Falle der Akquisition wird das erworbene Unternehmen bzw. die Unternehmensbeteiligung in die Organisation des Erwerbers als Tochtergesellschaft eingegliedert. Von einer Unternehmensübernahme wird im Allgemeinen allerdings erst dann gesprochen, wenn der Erwerb der Unternehmensanteile auch deren Management und Kontrolle ermöglicht: Leitungs- und Kontrollrechte wurden hier am so genannten „Markt für Unternehmenskontrolle" (vgl. Jensen/Ruback 1983) durch einen Käufer erworben und nun auch neu ausgeübt.

Die relativ hohe Misserfolgsrate von M&A legt die Vermutung nahe, dass es zur erfolgreichen Durchführung von Akquisitionen einer relativ umfassenden und nicht selbstverständlich vorhandenen Kompetenz bedarf. So ist z. B. die Realisation der identifizierten Synergiepotenziale in der Integrationsphase mit einer hohen unternehmerischen Unsicherheit belegt. Dies erklärt einen Teil des hohen Risikos des Scheiterns von Akquisitionen (vgl. Teece 1998). Das heißt, Strategien externen Wachstums sind nicht automatisch nützlich für das Unternehmen. Sie sind nur dann wertsteigernd, wenn es gelingt, die neuen Ressourcen (organisatorisches Wissen etc.) des jeweils Anderen gemeinschaftlich nutzbar zu machen. Daraus folgt, dass nur durch die Fähigkeit zu einem aktiven und systematischen Akquirieren, Sammeln, Aufbereiten, Speichern, Abrufen, Nutzen und Ausschöpfen (Teilen, Transferieren, Rekombinieren) der Ressourcen (Wissen, Fähigkeiten etc.) beider Unternehmen deren Performance gesteigert werden kann (vgl. Haspeslagh/Jemison 1992; Vermeulen/Barkema 2001).

Da man davon ausgehen kann, dass das Gelingen dieser Nutzbarmachung nicht voll und ganz dem Zufall unterliegt, sondern einer gewissen Professionalisierung zugänglich ist, liegt die Frage nahe, um was es sich denn bei einer solchen M&A-Kompetenz handelt, wie sie entwickelt werden kann und ob davon positive Effekte auf die Performance des akquirierenden Unternehmens zu erwarten sind.

Weiter liegt die Vermutung nahe, dass es trotz der Unterschiedlichkeit der einzelnen Transaktionen Praktiken, Routinen, Expertisen etc. gibt, die in den einzelnen Fällen in ähnlicher, wenn nicht gar in gleicher Form benötigt werden. So kann z. B. die Fähigkeit zur Durchführung einer „Cultural Diligence“ über ein Instrument, das den Ablauf einer solchen Überprüfung standardisiert, aller Voraussicht nach von Fall zu Fall verbessert und zuverlässiger gemacht werden.

Deshalb betrachten wir erfolgreiche Pfade externen Wachstums als Prozesse des schrittweisen Erlernens und Verbesserns der erforderlichen Akquisitionsfähigkeiten. Dabei braucht es die zusätzliche übergeordnete Fähigkeit, diese Akquisitionsfähigkeiten auch an der richtigen Stelle und zum richtigen Zeitpunkt abzurufen und sie entsprechend zu integrieren. Die M&A-Kompetenz sehen wir als Teil der Ressourcenausstattung des Unternehmens. Sie kann für ein Unternehmen eine *Basis für Wettbewerbsvorteile* darstellen (vgl. Penrose 1959).

Eine M&A-Kompetenz ist mehr als nur die Summe der in einer Organisation verfügbaren individuellen M&A-Fähigkeiten. Sie ist bereits Ergebnis einer Ver-

dichtung und Bündelung dieser Fähigkeiten zu einem über-individuellen Interaktionsmuster, das dann das kollektive Handeln der Organisation bei Unternehmensübernahmen prägt. Dabei betrachten wir die M&A-Kompetenz als eine dynamische Kompetenz (vgl. Teece/Pisano/Shuen 1997), die aufgrund der Veränderlichkeit des Umfeldes und der ausgeprägten Spezifika jeder einzelnen Transaktion in wesentlichen Teilen immer wieder neu konfiguriert und integriert werden muss.

Dabei kann sie an verschiedenen Orten im Unternehmen angesiedelt sein: In einer Abteilung des Corporate Centers, bei einer Person in der Geschäftsleitung, bei einem Projektteam aus den Geschäften etc. Auch wenn am Markt eine große Fülle an M&A-Beratungsdienstleistungen angeboten wird, so gehen wir hier davon aus, dass eine M&A-Kompetenz nicht voll über den Markt koordiniert werden kann.

Wenn nun im Folgenden angenommen wird, dass es so etwas wie eine allgemeine M&A-Kompetenz gibt, die über eine gewisse Generik verfügt, also in den meisten Fällen nutzvoll zum Einsatz gebracht werden kann, so besteht immer ein Trade-off zwischen einem voll flexiblen Ansatz, der sich ganz und gar an den Gegebenheiten des Einzelfalls ausrichtet, und einem Fall, bei dem man versucht, über erworbene organisatorische M&A-Routinen gewisse Standardisierungs- bzw. „Industrialisierungs"-Effekte zu erreichen.

3 Woraus besteht eine M&A-Kompetenz?

Man trifft heute in der Literatur bereits einen sehr umfangreichen „common body of knowledge" zum Thema M&A an, aus dem heraus sich eine M&A-Kompetenz inhaltlich entwickeln kann (vgl. Gaughan 2002; Wirtz 2006). Dieser Fundus an Wissen lässt sich vor dem Hintergrund folgender Fragestellungen charakterisieren: (1) Welche Wissenskategorien können unterschieden werden? (2) Welche wissenschaftliche Disziplinen beschäftigen sich mit M&A? (3) Wer trägt zu diesem „common body of knowledge" primär etwas bei?

Man kann eine Akquisition in drei Phasen unterteilen: (1) die strategische Vorbereitung, (2) die technische Durchführung der Transaktion und (3) die Integration beider Unternehmen. Analog lässt sich auch eine Akquisitionskompetenz strukturieren.

- Das Wissen zu Phase 1 ist primär in den Gebieten Strategisches Management und Finanzen angesiedelt. Hier geht es um Fragen der Gesamtunternehmensstrategie (vgl. Collis/Montgomery 1998): In welche Richtungen will ein Unternehmen diversifizieren (horizontal, vertikal, Fähigkeiten-basiert) und mittels welcher Instrumente soll dies geschehen? Bei den Instrumenten kommen dann – neben der internen Entwicklung und den strategischen Allianzen – M&A zum Zug. Zum Zusammenhang zwischen Diversifikation und Unternehmenserfolg gibt es bereits eine sehr große Menge an empirischen Untersuchungen (vgl. z. B. Szeless/Müller-Stewens/Wiersema 2002). Diese Studien kommen zu sehr unterschiedlichen Ergebnissen. Wenn überhaupt, dann sieht man am ehesten in der Verwandtschaft der Managementfähigkeiten noch eine positive Korrelation zum Unternehmenserfolg (vgl. Pehrsson 2006). Auch ist die Anzahl der Studien sehr groß, die auf eine hohe Misserfolgsrate von M&A verweisen. Das heißt, dass M&A als Mittel zur Diversifikation als relativ risikobehaftet eingestuft werden und unser Wissen dazu, welcher Diversifikationstyp nun weniger risikobehaftet ist, noch sehr begrenzt ist.

- In Phase 2 geht es stark um das Wissen zur „technischen" Ausgestaltung und Durchführung der Transaktion. Im Zentrum stehen rechtliche und steuerliche Fragestellungen (wie z. B. die Wahl der Rechtsform) (vgl. Hölters 2005) sowie Fragen der Finanzierung, Bewertung und Prüfung (Due Diligence). Aber auch Wissen zu taktischen Fragen (z. B. zur Verhandlungsführung) ist gefragt.

- Die Beiträge zur Phase 3 beschäftigen sich mit dem Management der Integration von Käufer- und Zielunternehmen. Auch hierzu gibt es inzwischen eine sehr große Anzahl von Studien (vgl. z. B. Gerds 2000) zu den Erfolgsfaktoren des „Post-Merger-Management" und in einigen Unternehmen versucht man auch das Wissen dazu systematisch zu institutionalisieren (vgl. Lucks 2005). Das Wissen zu Phase 3 kommt im Wesentlichen aus der Organisationstheorie, der Organisationspsychologie, der Personalwirtschaft (vgl. Carey/Ogden 2004) und dem strategischen Management.

Der vorhandene Fundus an Wissen stammt sowohl aus der Unternehmenspraxis als auch aus wissenschaftlichen Untersuchungen. Gerade in den letzten Jahren hat die Zahl der wissenschaftlichen Untersuchungen, die sich mit dem Thema M&A auseinandersetzen, sehr stark zugenommen. Wegen der Komplexität des Phänomens beschäftigen sich die Untersuchungen aber meist mit sehr eng definierten Forschungsfragen. Das Angebot an „How to…"-Gebrauchsanweisungen von Praktikern und Beratern zum Thema M&A ist inzwischen unüberschaubar. Daneben gibt es aus der Praxis eine Reihe von Einzelfallbeschreibungen in Form von Erfahrungsberichten mit dem Versuch der Generalisierung des Erlernten (vgl. Penzel/Pietig 2000; Grube/Töpfer 2002; Vogel 2002).

Die Charakterisierung des Wissensfundus zum Thema M&A spiegelt immer wieder die hohe Komplexität des Phänomens M&A wider. Dies heißt gleichzeitig, dass man eine Akquisitionskompetenz meist in Form einer disziplinären Expertise antrifft. Die Herausforderung an eine Akquisitionskompetenz ist demnach ihre Integrationsleistung. Inwieweit gelingt es, den Transaktionsprozess gesamthaft über alle Phasen und als Teil einer Unternehmensentwicklung zu sehen? Inwieweit ist man in der Lage, die disziplinären Erkenntnisse zu einer Mehr-Perspektivenbetrachtung zu bündeln?

4 Wie kann eine M&A-Kompetenz entwickelt werden?

Nachdem geklärt wurde, dass es so etwas wie eine M&A-Kompetenz gibt und was diese M&A-Kompetenz inhaltlich ausmacht, ist die nächste nahe liegende Frage nun die, *wie* es in Unternehmen überhaupt zur Entwicklung einer Akquisitionskompetenz kommen kann: Kauft man sich diese einfach durch das Abwerben erfahrener und erfolgreicher Experten(teams) extern zu? Oder entwickelt man diese über die Zeit intern, wenn man als Unternehmen weiß, dass man sich im Zuge der Unternehmensentwicklung immer wieder des Instruments der Akquisition bedienen wird?

Daraus erwächst zuerst einmal die Frage: Akquirieren Unternehmen, die dies häufiger tun, tendenziell erfolgreicher? Ist dies der Fall, dann spricht dies dafür, dass eine gewisse M&A-Kompetenz schrittweise aufgebaut werden kann. Doch dann stellt sich weiter die Frage, ob dieser Kompetenzzuwachs über die Lernkurve nicht mehr oder minder automatisch geschieht oder an gewisse Voraussetzungen gebunden ist. Mit diesen Fragen setzt sich insbesondere die Lern- und Wissensforschung auseinander.

4.1 Zählt Akquisitionserfahrung?

Die Lern- und Wissensforschung stellt sich in Bezug auf Akquisitionsserien die Frage, ob Akquisitionserfahrung höheren Akquisitionserfolg mit sich bringt (vgl. Laamanen/Keil 2006). Organisationen lernen, indem sie „Rückschlüsse aus ihrer Geschichte in Routinen übersetzen, die dann ihr Verhalten steuern" (Levitt/March 1988: 320). Doch Lernen ist nicht immer zuträglich (vgl. Hayward 2002). Unternehmen können falsche Rückschlüsse aus früheren Erfahrungen ziehen oder diese falsch anwenden (vgl. Haleblian/Finkelstein 1999). Erfahrungskurveneffekte, wie sie in der Fertigung beobachtet werden können, kommen nach Meinung zahlreicher Wissenschaftler bei Akquisitionen aus den folgenden Gründen häufig nicht vor: (1) Akquisitionen sind heterogen (vgl. Ahuja/Katila 2001; Hayward 2002) und Rückschlüsse aus früheren Akquisitionen können häufig nicht auf die gegenwärtige Transaktion übertragen werden (vgl. Haleblian/Finkelstein 1999), (2) der Akquisitionserfolg ist unterschiedlich und damit auch die Möglichkeit, Rückschlüsse aus diesen Erfahrungen zu ziehen (vgl. Levinthal/March 1993; Hayward 2002; Conn et al. 2006), (3) Akquisitionen geschehen unregelmäßig (vgl. Hayward 2002) und (4) der kausale Zusammenhang zwischen Akquisitionsentscheidung/-handhabung und Wertentwicklung des Unternehmens ist häufig unklar (causally ambiguous) (vgl. Zollo/Winter 2002).

Aus diesen Gründen kann Akquisitionserfahrung allein nicht höheren Akquisitionserfolg erklären (vgl. Haleblian/Finkelstein 1999). Daher hat die Forschung weitere Faktoren vorgeschlagen, die auf die Beziehung zwischen Akquisitionserfahrung und Akquisitionserfolg einwirken: (1) der Unternehmenstyp, der akquiriert wird, (2) der Erfolg früherer Akquisitionen, (3) die zeitlichen Intervalle zwischen den einzelnen Akquisitionen (vgl. Hayward 2002) sowie (4) die wahrgenommene Homogenität der einzelnen Akquisitionen (vgl. Zollo/Gottschalg 2004).

Während es im Organisationalen Lernen in erster Linie um „learning by doing" geht, beschäftigt sich die *wissensorientierte Perspektive* mit dem konkreten „Ob" und „Wie" der Entwicklung spezifischer Fähigkeiten zum Akquisitionsmanagement (vgl. Zollo/Singh 2004) und liefert dadurch wichtige zusätzliche Ansätze zum Verständnis von erfolgreichem Lernen in Akquisitionsserien.

Grundsätzlich liegt einmal die Vermutung nahe, dass ein wiederholtes Akquirieren beim Käufer aufgrund der dabei ablaufenden Lernprozesse zu mehr Erfahrung führt, die dazu beitragen sollte, dass „Serien-Akquisiteure" eine geringere Floprate bei M&A vorzuweisen haben als „Einzeltäter" (vgl. Lubatkin 1983; Rovit/Harding/Lemire 2004). Zunächst ging man daher gemäß dem klassischen Lernkurveneffekt davon aus, dass bereits vorhandene Akquisitionserfahrung die Wahrscheinlichkeit von Misserfolgen bei späteren Akquisitionen verringert (vgl. Booz, Allen & Hamilton 1960; Rockwell 1968; Lubatkin 1983). Auf der anderen Seite befürchtete man jedoch, dass zu hohe Akquisitionsaktivität zu einer Art unternehmerischen „Verstopfung" führen könne (vgl. McCarthy 1963; Reid 1968; Terry 1982) und die Beziehung zwischen Akquisitionserfahrung und Akquisitionserfolg daher komplexer sein könnte als die klassische Lernkurve (vgl. Kusewitt 1985).

Empirische Studien zu Akquisitionserfahrung zeigten dann auch tatsächlich widersprüchliche Ergebnisse. Einige fanden einen positiven Effekt von früherer Akquisitionserfahrung (vgl. Fowler/Schmidt 1989; Bruton/Oviatt/White 1994; Pennings/Barkema/Douma 1994), andere keinen signifikanten (vgl. Hayward 2002; Zollo/Singh 2004), einen negativen (vgl. Kusewitt 1985) oder einen konkaven Effekt (vgl. Haleblian/Finkelstein 1999). *Ob Unternehmen mit Akquisitionserfahrung also erfolgreicher sind als solche mit wenig oder gar keiner M&A-Erfahrung, konnte bisher nicht eindeutig festgestellt werden* (vgl. Haleblian/Finkelstein 1999). Dies lässt wohl die Schlussfolgerung zu, dass nicht generell davon auszugehen ist, dass es durch ein häufiges Akquirieren automatisch zur Ausprägung einer Akquisitionskompetenz kommt. Doch in einigen Fällen wurde dies beobachtet. Das heißt, dass es offensichtlich (1) Voraussetzungen für die Entstehung einer Akquisitionskompetenz geben muss oder dass es (2) Fälle gibt, die dies mehr begünstigen.

4.2 Wann zählt Akquisitionserfahrung?

Fragt man nach den Voraussetzungen für das Entstehen einer Akquisitionskompetenz so liegen nur sehr wenige empirische Erkenntnisse dazu vor. Hervorzuheben, ist hier eine aktuelle Studie von Zollo und Gottschalg (2004), die zeigt, *dass die explizite Kodifizierung von Wissen das Akquisitionsergebnis stark positiv beeinflusst, während das bei einer rein impliziten Erfahrungssammlung nicht der Fall ist.* Wer sich ausschließlich auf Lernkurveneffekte verlässt, läuft also

Gefahr, keine bzw. unzureichende Lerneffekte für das Management von Akquisitionen zu erzielen oder Erfahrungen aus vorherigen Akquisitionen fälschlicherweise unreflektiert eins zu eins auf das nächste Projekt zu übertragen.

Doch welche Voraussetzungen müssen wiederum bestehen, dass Wissen vergangener Akquisitionen zum Bestandteil der „organizational memory" wird? Erstens benötigt man eine systematische *Akkumulation* des Wissens: Wie sammeln wir das gewonnene Wissen? Gerade wenn Akquisitionen nicht ihre Erwartungen erfüllen, ist es oft schwer, über die Erfahrungen zu sprechen. Zweitens geht es um das Archivieren des relevanten Wissens. Inhaltlich sind dies primär das technische Verfahrenswissen zu den Teilfragestellungen von M&A (Bewertung, Due Diligence etc.) sowie das Prozesswissen zu den Erfolgsfaktoren (Know-why) und zu dem, wie man diese Erfolgsfaktoren bedient (Know-how). Ein Erfolgsfaktor könnte z. B. sein, dass ein Unternehmen über klare Kriterien für die Bewertung des Fit einer Akquisition verfügt, was dann wiederum hilft, die Suche nach neuen Kandidaten zu steuern. Und drittens geht es um das Abrufen des vorhandenen Wissens und eventuell um das Modifizieren des eigenen Verhaltens aufgrund der gesammelten Erfahrungen Dritter.

Folgt man all den vorliegenden Studien, dann kann man schlussfolgern, dass Akquisitionserfahrung allein nicht ausreicht, den Akquisitionserfolg positiv zu beeinflussen (vgl. Hitt et al. 1998; Zollo/Gottschalg 2004). Es bedarf auch der expliziten Kodifizierung des erworbenen Wissens. Daraus ergibt sich die Anschlussfrage: Ist eine solche Kodifizierung bei jeder Art multipler Akquisitionen in gleicher Form möglich? Oder gibt es Typen von Akquisitionsserien, die dies mehr begünstigen und damit also auch eine höhere Wahrscheinlichkeit bzgl. ihres Akquisitionserfolges aufzuweisen vermögen?

4.3 Wo zählt Akquisitionserfahrung?

Die wenigen Studien, die sich mit dieser Frage auseinandergesetzt haben, betrachten als Forschungsobjekt Akquisitionsserien und unterscheiden diese nach dem Grad der inhaltlichen Verbundenheit der einzelnen Akquisitionen untereinander. Im Zentrum steht also wieder das uns aus der Diversifikationsforschung bekannte Konstrukt der „Verwandtschaft" (relatedness) (vgl. Pehrsson 2006). Dabei kommt man zu der Aussage, dass die obige Kodifizierung des Wissens umso eher gelingt, je ähnlicher die Akquisitionen zueinander sind: Dies ist der Fall bei den so genannten Akquisitionsprogrammen, wo eine Serie von Akquisitionen zur gezielten Umsetzung der Unternehmens- bzw. Wachstumsstrategie durchgeführt wird.

Als Beispiel kann hier die Serie der Akquisitionen der UBS im Bereich der Vermögensverwaltung dienen (vgl. Müller-Stewens/Shivacheva 2006). Es handelt sich dabei um eher kleinere Arrondierungsakquisitionen (z. B. der Erwerb der Vermögensberatung Sauberborn in Deutschland) mittels derer verschiedene Ziele verfolgt wurden: (1) Ausweitung der Markanteile in interessanten nationalen Märkten als Wachstumsstrategie, (2) Vergrößerung der „Assets under Management" zur Ausschöpfung globaler Skaleneffekte (z. B. breitere Nutzung der Research-Kapazitäten im Fonds-Management oder geringere Transaktionskosten pro Stück bei Aktienkäufen/-verkäufen aufgrund größerer Mengen), (3) Verbreiterung der internationalen Basis für Anknüpfungspunkte zum Cross-Selling mit anderen Geschäftbereichen der Bank (z. B. synergetisches Wachstum mit dem Investment Banking), (4) Größere globale Risikostreuung dieses Geschäftsbereichs und (5) Ausnutzen regionaler Wachstumspotenziale (z. B. China und Lateinamerika).

Konsistent mit der Strategieforschung lässt sich also auch hier die Tendenz ablesen, dass ähnliche Akquisitionen innerhalb einer Serie zu größerem Erfolg führen (vgl. Bruton/Oviatt/White 1994; Haleblian/Finkelstein 1999; Finkelstein/ Haleblian 2002). Dies ist zwar den meisten Autoren durchaus bewusst, sie beziehen diesen Aspekt aber nur selten in ihr Forschungsdesign mit ein.

5 Fazit

Zusammenfassend kann argumentiert werden, dass ein stärkerer Fokus der empirischen Forschung auf den Akquisitionsprozess unser Wissen über den Aufbau einer Akquisitionskompetenz wohl deutlich verbessern dürfte. Da der Akquisitionsprozess maßgeblich den Grad beeinflusst, zu dem der Inhalt von Akquisitionsentscheidungen letztendlich zu Erfolg führt (vgl. Jemison/Sitkin 1986; Pablo/ Sitkin/Jemison 1996), kann die Betrachtung und Analyse von Akquisitionsserien aus einer Prozessperspektive einen wichtigen Beitrag zum besseren Verständnis von Akquisitionsserien leisten. Die meisten Theorien sind statisch angelegt und lassen prozessuale Elemente überwiegend außer Acht. Außer in der Lern- und Wissensforschung kommen den im Unternehmen ablaufenden Mikroprozessen während einer Akquisitionsserie keine Bedeutung zu. Ausführlich untersucht werden diese aber auch hier nur selten. Die überwiegend quantitativ angelegten Forschungsdesigns erschweren einen Fokus auf die Prozesse.

Literaturverzeichnis

Ahuja, Gautam; Katila, Riitta (2001): Technological acquisitions and the innovation performance of acquiring firms: A longitudinal study. In: Strategic Management Journal, 22. Jg. 2001, Nr. 3, S. 197-220.

Ashkenas, Ronald N.; DeMonaco, Lawrence J.; Francis, Suzanne C. (1998): Making the deal real: How GE Capital Integrates Acquisitions. In: Harvard Business Review, 76. Jg. 1998, Nr. 1, S. 165-178.

Booz, Allen & Hamilton (1960): Management of new products, zitiert nach George D. McCarthy (1963): Acquisitions and mergers, New York 1963, S. 33-34.

Bruton, Garry D.; Oviatt, Benjamin M.; White, Margaret A. (1994): Performance of acquisitions of distressed firms. In: Academy of Management Journal, 37. Jg. 1994, Nr. 4, S. 972-989.

Carey, Dennis; Ogden, Dayton (2004): The human side of M&A, Oxford et al. 2004.

Collis, David; Montgomery, Cynthia (1998): Corporate strategy. A resource-based approach, Boston et al. 1998.

Conn, Robert L. et al. (2006): Why must all good things come to an end? The performance of multiple acquirers. Centre for Business Research, Cambridge University Working Paper 2006.

Finkelstein, Sydney; Haleblian, Jerayr (2002): Understanding acquisition performance: The role of transfer effects. In: Organization Science, 13. Jg. 2002, Nr. 1, S. 36-47.

Fowler, Karin L.; Schmidt, Dennis R. (1989): Determinants of tender offer post-acquisition financial performance. In: Strategic Management Journal, 10. Jg. 1989, Nr. 4, S. 339-350.

Gaughan, Patrick (2002): Mergers, Acquisitions, and Corporate Restructurings, New York 2002.

Gerds, Johannes (2000): Post Merger Integration. Eine empirische Untersuchung zur Integrationsforschung, Wiesbaden 2000.

Grube, Rüdiger; Töpfer, Armin (2002): Post Merger Integration, Stuttgart 2002.

Haleblian, Jerayr; Finkelstein, Sydney (1999): The influence of organizational acquisition experience on acquisition performance: A behavorial learning perspective. In: Administrative Science Quarterly, 44. Jg. 1999, Nr. 1, S. 29-56.

Haspeslagh, Philippe C.; Jemison, David B. (1992): Akquisitionsmanagement. Wertschöpfung durch strategische Neuausrichtung des Unternehmens, Frankfurt a. M./New York 1992.

Hayward, Matthew L. A. (2002): When do firms learn from their acquisition experience? Evidence from 1990-1995. In: Strategic Management Journal, 23. Jg. 2002, Nr. 1, S. 21-39.

Hitt, Michael et al. (1998): Attributes of successful and unsuccessful acquisitions of US firms. In: British Journal of Management, 9. Jg. 1998, Nr. 2, S. 91-114.

Hölters, Wolfgang (Hrsg.) (2005): Handbuch des Unternehmens- und Beteiligungskaufs, Köln 2005.

Jemison, David B.; Sitkin, Sim B. (1986): Corporate acquisitions: A process perspective. In: Academy of Management Review, 11. Jg. 1986, Nr. 1, S. 145-163.

Jensen, Michael; Ruback, Richard (1983): The market for corporate control. In: Journal of Financial Economics, 11. Jg. 1983, Nr. 4, S. 5-50.

Kusewitt, John B. Jr. (1985): An exploratory study of strategic acquisition factors relating to performance. In: Strategic Management Journal, 6. Jg. 1985, Nr. 2, S. 151-169.

Laamanen, Tomi; Keil, Thomas (2006): Performance of serial acquiriers: An acquisition program perspective. Working Paper Helsinki University of Technology 2006.

Levinthal, Daniel A.; March, James G. (1993): The myopia of learning. In: Strategic Management Journal, 14. Jg. 1993, Nr. 8, S. 95-112.

Levitt, Barbara; March, James G. (1988): Organizational learning. In: Annual Review of Sociology, 14. Jg. 1988, (August), S. 319-338.

Lubatkin, Michael (1983): Mergers and the performance of the acquiring firm. In: Academy of Management Review, 8. Jg. 1983, Nr. 2, S. 218-225.

Lucks, Kai (2005): Management komplexer M&A-Projekte. Ein Zwischenbericht aus industrieller Anwendungsentwicklung. In: M&A Review, 17. Jg. 2005, Nr. 4, S. 159-169.

McCarthy, George D. (1963): Acquisitions and mergers, New York 1963.

Müller-Stewens, Günter (2004): Fusionen und Übernahmen (Mergers and Acquisitions). In: Handwörterbuch Unternehmensführung und Organisation, hrsg. v. Georg Schreyögg und Axel von Werder, Stuttgart 2004, Sp. 332-340.

Müller-Stewens, Günter; Shivacheva; Rositsa (2006): UBS AG – The way to the top in global banking, St. Gallen 2006.

Pablo, Amy L.; Sitkin, Sirn B.; Jemison, David B. (1996): Acquisition decision-making processes: The central role of risk. In: Journal of Management, 22. Jg. 1996, Nr. 5, S. 723-746.

Pehrsson, Anders (2006): Business relatedness & performance: A study of managerial perceptions. In: Strategic Management Journal, 27. Jg. 2006, Nr. 3, S. 265-282.

Pennings, Johannes M.; Barkema, Harry; Douma, Sytse (1994): Organizational learning and diversification. In: Academy of Management Journal, 37. Jg. 1994, Nr. 3, S. 608-640.

Penrose, Edith T. (1959): The theory of the growth of the firm, Oxford 1959.

Penzel, Hans-Gert; Pietig, Christian (Hrsg.) (2000): MergerGuide. Handbuch für die Integration von Banken, Wiesbaden 2000.

Reid, Samuel (1968): Mergers, managers, and the economy, New York 1968.

Rockwell, Williard F. (1968): How to acquire a company. In: Havard Business Review, 46. Jg. 1968, Nr. 5, S. 121-132.

Rovit, Sam; Harding, David; Lemire, Catherine (2004): A simple M&A model for all seasons. In: Strategy & Leadership, 32. Jg. 2004, Nr. 5, S. 18-24.

Szeless, Georg; Müller-Stewens, Günter; Wiersema, Margarethe (2002): Diversifikation, Verbundenheit und Unternehmenserfolg deutscher, schweizerischer und österreichischer Unternehmen. In: Betriebswirtschaftliche Forschung und Praxis, 54. Jg. 2002, Nr. 5, S. 524-543.

Teece, David J. (1998): Capturing value from knowledge assets. In: California Management Review, 40. Jg. 1998, Nr. 3, S. 55-79.

Teece, David J.; Pisano, Gary; Shuen, Amy (1997): Dynamic capabilities and strategic management. In: Strategic Management Journal, 18. Jg. 1997, Nr. 7, S. 509-533.

Terry, Robert J. (1982): Ten suggestions for acquisition success. In: Managerial Planning, 31. Jg. 1982, Nr. 2, S. 13-21.

Vermeulen, Freek; Barkema, Harry (2001): Learning through acquisitions. In: Academy of Management Journal, 44. Jg. 2001, Nr. 3, S. 457-476.

Vogel, Dieter (2002): M&A. Ideal und Wirklichkeit, Wiesbaden 2002.

Wirtz, Bernd (Hrsg.) (2006): Handbuch Mergers & Acquisitions Management, Wiesbaden 2006.

Zollo, Maurizio; Gottschalg, Oliver (2004): When experience hurts: Experiential learning, perceived task homogeneity, and the confidence trap. INSEAD-Wharton Alliance Working Paper 2004.

Zollo, Maurizio; Singh, Harbir (2004): Deliberate learning in corporate acquisitions: Post-acquisition strategies and integration capability in U.S. Bank mergers. In: Strategic Management Journal, 25. Jg. 2004, Nr. 13, S. 1233-1256.

Zollo, Maurizio; Winter, Sidney G. (2002). Deliberate learning and the evolution of dynamic capabilities. In: Organization Science, 13. Jg. 2002, Nr. 3, S. 339-351.

Die fünf Schlüsselkompetenzen für das Management von Großprojekten

Oskar Grün*

Wie die lange Reihe von Desastern vom Turmbau zu Babel bis in die jüngste Vergangenheit zeigt, ist das Management von Großprojekten eine große und nach wie vor aktuelle Herausforderung. Das Risiko für die Projektunternehmer ist extrem hoch, weil die Zielbildung und die Zielstabilisierung gravierende Probleme aufwerfen, weil die Entscheidung über die Basiskonfiguration außerordentlich erfolgskritisch und hinsichtlich des Timings heikel ist, weil das soziopolitische Umfeld einen schwer prognostizierbaren Einfluss ausübt, weil projektspezifische Organisationsstrukturen aufgebaut sowie adäquat besetzt und weil schließlich ein komplexes Netzwerk von Akteuren gebildet und gesteuert werden müssen. Wenn Projektunternehmer und Projektmanager über die genannten fünf Schlüsselkompetenzen verfügen, haben sie gute Chancen, zumindest Desaster zu vermeiden.

Stichworte: Basiskonfiguration – Fluktuation – Großprojekte – Netzwerkkompetenz – Organisationsstruktur – Projektrisiko – Rekrutierung – soziopolitisches Umfeld – Zielbildung – Zielhoheit

* o. Univ.-Prof. Dr. Oskar Grün, Vorstand des Instituts für Organisation und Materialwirtschaft (Supply Management) an der Wirtschaftsuniversität Wien.

1 „Expoland ist abgebrannt“

Unter diesem Titel berichtete Arne Boecker (2006) über die erste deutsche Weltausstellung in Hannover (Expo 2000). Sie war nicht nur ein finanzielles Desaster, auch die Visionen von der Nachnutzung der Expo für Start-ups erwiesen sich als Wunschträume. Obwohl Weltausstellungen ebenso wie Olympische Spiele periodisch stattfinden und somit gute Chancen bieten, aus den Erfahrungen der Vergangenheit zu lernen, zeigen das eingangs zitierte wie auch viele andere Beispiele, dass das Management von Großprojekten eine extreme und nach wie vor aktuelle Herausforderung darstellt, der Projektunternehmer und Projektmanager häufig nicht gewachsen sind.

Von Großprojekten sprechen wir, wenn Vorhaben die Ressourcen (insbesondere Kapital und Know-how) eines einzelnen Projektunternehmers übersteigen und sich deshalb mehrere, oft verschiedenartige Projektunternehmer (z. B. öffentliche und private) zu Projektgesellschaften zusammenschließen. Sog. Multi-Organization Enterprises (MOEs) sind ein Prototyp dieser Projektgattung, die ehrgeizige Ziele verfolgen, oft Jahrzehnte dauern und Budgets im Milliarden-Euro-Bereich erfordern. Neben den oben erwähnten periodischen Großprojekten zählen dazu Verkehrsbauten wie der Suez- und der Panama-Kanal, die Alaska-Pipeline, Waffen- und Weltraumprojekte wie die erste bemannte Mondlandung sowie monströse Zweckbauten wie das Allgemeine Krankenhaus (AKH) in Wien.

Die Gründe für das nach wie vor zu beobachtende Managementversagen hinsichtlich der Realisierung von Großprojekten sind vielfältig. Am schwersten wiegen die Erfahrungs- und Professionalisierungsdefizite. Die Erfahrungsdefizite resultieren daraus, dass die Neuartigkeit und Einzigartigkeit dieser Vorhaben die Akkumulation von Know-how erschweren. Die Professionalisierungsdefizite sind vielfach hausgemacht. Die Projektunternehmer neigen dazu, Spitzenpositionen im Projektmanagement mit Personen ihres Vertrauens zu besetzen, auch wenn diese nicht über die erforderliche Präqualifikation verfügen. Erschwerend kommt hinzu, dass viele Großprojekte ursprünglich bescheidener dimensioniert waren und erst im Projektverlauf und vielfach unkontrolliert ausgeweitet wurden.

Auch auf Seiten der Theorie sind Defizite zu beklagen. Die Lehre vom Projektmanagement taugt nicht als Basis für die Ableitung von Empfehlungen für das Management von Großprojekten, da sie noch immer zu wenig empirisch fundiert und zu normativ ausgerichtet ist. Von der verhaltenswissenschaftlich orientierten Innovationstheorie (vgl. Thom 1980; Hauschildt 2004) und von der Netzwerktheorie (vgl. Sydow/Windeler 1994) sind neue und interessante Theoriebeiträge zu erwarten, wenn sie sich stärker als bisher mit den Spezifika von Großprojekten beschäftigen.

In den Abschnitten 3 bis 7 werden fünf Schlüsselkompetenzen als ein Ergebnis der Analyse der Erfolgsfaktoren von MOEs aus verschiedenen Ländern präsentiert (vgl. Grün 2004). Sie sind als Anspruch an die Projektunternehmer und das von ihnen eingesetzte Projektmanagement zu verstehen, um zumindest ein Desaster zu verhindern. Vorweg stellen wir im Abschnitt 2 das Risikopotenzial von Großprojekten dar.

2 Das Risikopotenzial von Großprojekten

Großprojekte bergen wegen ihres meist hohen Innovationsgrades, ihrer Einzigartigkeit und aufgrund der Tendenz zum Überoptimismus für die Projektunternehmer extreme, z. T. existenzgefährdende Risiken. Der *hohe Innovationsgrad* resultiert aus ehrgeizigen Leistungszielen (oft als technische Pionierleistungen gepriesen) mit entsprechend großen Kostenvolumina. Die *Einzigartigkeit* meint nicht nur die für Innovationen definitionsnotwendige Neuartigkeit, sondern auch die eingeschränkte Wiederholbarkeit: Der Ressourcenverzehr von Großprojekten ist i. d. R. so enorm, dass im Falle ihres Scheiterns keine Mittel für wesentliche Korrekturen oder gar Neuentwicklungen verfügbar sind. Innovationen sind also nicht nur eine Chance bzw. eine Bedingung für die Überlebensfähigkeit von Institutionen, sondern auch eine *potenzielle Existenzbedrohung* für die Projektunternehmer. Die *Tendenz zum Überoptimismus* bis hin zum infantilen Enthusiasmus ist bei Großprojekten stark ausgeprägt. Die Schwierigkeiten bei der Erreichung der Leistungs-, der Termin- und der Kostenziele werden insbesondere in der Startphase unterschätzt („initial optimism"). Großprojekte werden meist von mächtigen Treibern (Promotoren) gepusht, die sich davon Vorteile versprechen (z. B. Lieferchancen oder Nutzervorteile) und Einwände abqualifizieren.

Wegen des hohen Basisrisikos von Großprojekten ist alles zu vermeiden, was dieses Basisrisiko erhöht. Zur Abschätzung des Basisrisikos und zur Eindämmung des Überoptimismus eignen sich *Worst-Case-Szenarien*. Bei Großprojekten der öffentlichen Hand ist das Engagement privater Investoren ein brauchbarer Indikator für das Projektrisiko (vgl. Flyvbjerg/Bruzelius/Rothengatter 2003: 120 ff.): Verweigern sie die Rolle des Projektunternehmers und begnügen sie sich mit einer Lieferantenfunktion, kann auf ein (zu) hohes Projektrisiko geschlossen werden.

3 Zielkompetenz

Der Anspruch an die Zielkompetenz des Projektmanagements ist hoch, weil die Ziele von Großprojekten *vielfältig und i. d. R. konfliktär* sind. Die für Projekte typische Zieltroika aus Leistungs-, Termin- und Kostenziel mutiert zur Zielvielfalt, wenn man nach Errichtungs- und Nutzungszielen und letztere (wie etwa bei Olympiabauten) zusätzlich nach Erst- und Dauernutzung differenziert. Olympische Ruinen als Hinterlassenschaft erfolgreicher Spiele sind ein Beleg dafür, dass die Zielerreichung von Erst- und Dauernutzung auseinanderklaffen kann, was die Frage nach Zielprioritäten und der Kompensation unterschiedlicher Zielerreichungsgrade aufwirft, ganz abgesehen davon, dass sich die verschiedenen Projektunternehmer in ihren Zielprioritäten und ihrer Einschätzung der Zielerreichung unterscheiden können. Wir konzentrieren uns im Folgenden auf Fragen der Zielbildung und der Zieländerung und klammern das Problem der Messung der Zielerreichung (vgl. Thom 1980) aus.

Für die *Zielbildung* in Großprojekten gilt wie für andere komplexe Prozesse, dass sie zeitlich parallel zum Problemlösungsprozess verläuft; d. h. es liegt keine „vorgefertigte" Zielfigur vor (vgl. Hauschildt 1977: 98 ff.). Der gebotene Fit zwischen Leistungs-, Termin- und Kostenziel ist gerade bei innovativen Vorhaben nur schwer zu erreichen, weil vielfach das Erfahrungswissen fehlt, um die für ein bestimmtes Leistungsziel angemessenen Kosten und den Zeitaufwand zu ermitteln. Die oben thematisierte Tendenz zum Überoptimismus verschärft das Problem zusätzlich.

Selbst im Idealfall eines Zielfits beim Projektstart (Initialziele) ist wegen der in Großprojekten besonders aktiven Treiber (z. B. ehrgeizige Projektunternehmer oder wagemutige Experten) und wegen der Bremser (z. B. Umweltschützer) mit *Zieländerungen* zu rechnen. Im positiven Fall gelingt es dem Projektmanagement, den Misfit der Ziele zu korrigieren (z. B. durch eine Reduzierung des Leistungsziels), im negativen Fall kann es zu einer „Entgleisung" des Zielbildungsprozesses kommen, d. h. die *Zielhoheit* geht verloren. Diese setzt dreierlei voraus: Zunächst bedarf es einer der Komplexität von Großprojekten angemessenen Zielformulierung in Form von *Zielkorridoren* statt Punktzielen. Darüber hinaus ist ein spezifisches *Zieländerungs-Management* erforderlich, das Zielentgleisungen durch Anreize für das Festhalten an Zielen bzw. Sanktionen gegen deren Änderung (insbesondere Ausweitung) verhindert. Schließlich setzt Zielhoheit die Abschätzung der Wirkungen von Zieländerungen auf die Zielerreichung voraus. Es hat sich gezeigt, dass dieses *Zielerreichungs-Monitoring* als Maßnahme der begleitenden Kontrolle häufig versäumt bzw. seine Ergebnisse bagatellisiert und Warnsignale ignoriert werden.

4 Konfigurationskompetenz

In der Regel gibt es mehrere Möglichkeiten, die Leistungsziele von Großprojekten zu realisieren. Beispielsweise kann ein Spitalbau in Block- oder in Pavillonbauweise errichtet werden. Die Entscheidung für eine bestimmte Variante (Basiskonfiguration) ist ein wesentlicher Faktor des Projekterfolges. Idealerweise wird die Basiskonfiguration aus den Zielen abgeleitet. Die Realität lehrt dagegen, dass vielfach die Basiskonfiguration die Projektziele determiniert, etwa im Falle des berühmten Zeltdachs in München (anlässlich der Sommerolympiade 1972 errichtet) oder der Blockbauweise für das AKH in Wien. Es gibt demnach starke Interdependenzen zwischen den Projektzielen und der Basiskonfiguration.

Die Konfigurationskompetenz hat sowohl einen inhaltlichen als auch einen zeitlichen Aspekt. Unter inhaltlichem Aspekt sind technisch erprobte und modulare Basiskonfigurationen empfehlenswert. *Technisch erprobte* Basiskonfigurationen limitieren das Risiko des Scheiterns. Mit *modularen* Basiskonfigurationen lässt sich das komplexe Großprojekt in beherrschbare Teilprojekte aufspalten, die relativ autonom geplant, fertig gestellt und genutzt werden können. Sie mindern die Gefahr, dass Mängel oder Verspätungen bei einzelnen Modulen das Gesamtprojekt gefährden und erhöhen die Chance, dass zumindest ein „überlebensfähiger Torso“ entsteht. Modulare Basiskonfigurationen empfehlen sich vor allem im Falle von Zeitdruck.

Auch das *richtige Timing* bei der Wahl der Basiskonfiguration hat sich als erfolgskritisch erwiesen. Eine frühe Festlegung auf eine bestimmte Basiskonfiguration kann fatale Folgen haben, weil ein Konfigurationswechsel mit fortschreitender Projektdauer technisch immer schwieriger wird, hohe Kosten bzw. Verzögerungen verursacht und dementsprechend schwer begründbar ist. Großprojekte mit einer frühen Fixierung auf eine bestimmte Basiskonfiguration (z. B. eine bestimmte Technologie) sind also besonders riskant, vor allem hinsichtlich der Erreichung der Termin- und der Kostenziele. Der Zeitpunkt der Konfigurationsentscheidung ist so zu wählen, dass einerseits die relevanten Konfigurationsalternativen seriös geprüft werden können und andererseits eine Verzögerung wichtiger Folgeentscheidungen und damit eine Gefährdung der Terminziele durch unbefristete Alternativensuche vermieden wird.

5 Umfeldkompetenz

Die Bedeutung der Kompetenz zur Beeinflussung des sozio-politischen Umfelds wurde spät erkannt, obwohl bestimmte Typen und Entwicklungen von Großprojekten hohe wirtschaftliche, politische und gesellschaftliche Relevanz besitzen, obwohl sie eine Vielzahl von Beteiligten und Betroffenen involvieren (Projektunternehmer, Auftragnehmer, Behörden, Anrainer etc.) und obwohl sie regelmäßig auch das Interesse der Medien wecken.

Für den *Projekttyp* gilt, dass nicht nur profitorientierte Projekte wie Kraftwerke, sondern zunehmend auch Nonprofit-Projekte wie Verkehrsbauten vom soziopolitischen Umfeld kritisch begleitet werden. Das Motto heißt „Nimby“ (not in my backyard). Die Reaktionen des sozio-politischen Umfelds auf die *Projektentwicklung* sind schwer prognostizierbar. Tatsächliche oder vermeintliche Probleme wie Kostenüberschreitungen, Terminverzögerungen und betrügerisches Verhalten von Projektbeteiligten sensibilisieren das sozio-politische Umfeld und können das Projekt skandalisieren. Wenn öffentliche Hände als Projektunternehmer agieren, steigt die Wahrscheinlichkeit, dass das Projektgeschehen zum Gegenstand medial verstärkter politischer Auseinandersetzungen wird.

Die *Auftragnehmer* neigen dazu, mit dem Argument der Schaffung bzw. Erhaltung von Arbeitsplätzen oder der Profilierung im Wettbewerb um die Technikführerschaft Druck auf die Projektunternehmer und auf das Projektmanagement auszuüben. Die *Behörden* beeinflussen das Projektgeschehen durch ihre Regulierungs- und Aufsichtskompetenz. Die *Medien* schließlich sind ein wichtiges Sprachrohr der öffentlichen Meinung bzw. bestimmter Interessengruppen, z. B. der Anrainer.

Stärke und Richtung der Einflussnahme des sozio-politischen Umfelds auf das Projektgeschehen sind ambivalent. Bei der ersten bemannten Mondlandung war das Umfeld ein mächtiger *Treiber*, bei anderen Projekten wirkte es als *Bremser* oder gar als *Killer*, wie beim fertig gestellten aber nie ans Netz gegangenen Atomkraftwerk Zwentendorf in Österreich. Die Umfeldkompetenz des Projektmanagements darf sich nicht darin erschöpfen, das sozio-politische Umfeld aufmerksam zu beobachten. Sie erfordert auch den Willen und die Fähigkeit, das Umfeld zu gestalten. Hochglanzbroschüren und Pressemitteilungen genügen dem Gestaltungsanspruch nicht. Die Literatur fordert vielmehr den durchsetzungsstarken *„Champion“* (vgl. Horwitch/Prahalad 1982: 32 ff.), dessen Bedeutung und Gestaltungskraft bei verschiedenen Großprojekten bemerkenswert war.

6 Organisationskompetenz

Wer im Zusammenhang mit Großprojekten von Organisationskompetenz spricht, sollte nicht an Netzplantechnik, Organisationsformen von Projekten (vgl. u. a. Grochla/Thom 1977), an Projektinformationssysteme oder ähnliche klassische Instrumente denken. Sie haben bestenfalls die Bedeutung von Hygienefaktoren. Darüber hinaus bedarf es der Qualifikation zur Etablierung, Dimensionierung und Gliederung der Organisationsstruktur sowie zur anforderungsadäquaten Rekrutierung und Stabilisierung des Projektmanagements.

Bei Großprojekten kann i. d. R. nicht auf eingefahrene *Organisationsstrukturen* zurückgegriffen werden. Vielmehr müssen jeweils Projektgesellschaften gegründet und nach der Errichtungsphase des Projekts aufgelöst oder in Betreibergesellschaften überführt werden. Für die *Dimensionierung* der Organisationsstruktur ist das Projektvolumen maßgeblich, für ihre Gliederung gibt es eine Reihe von Optionen. Bei der *vertikalen Gliederung* geht es vor allem um die

Sicherung einer schlagkräftigen Projektleitung, was für direktoriale und gegen kollegiale Strukturen und gegen exzessive Mitwirkungskompetenzen der Aufsichtsorgane spricht. Die *horizontale Gliederung* ist der jeweiligen Basiskonfiguration des Projekts anzupassen. Dementsprechend empfiehlt sich bei modularen Konfigurationen eine divisionale, d. h. auf abgrenzbare Teilprojekte zugeschnittene Struktur. Sowohl bei der Etablierung als auch bei der Dimensionierung und Gliederung der Organisationsstruktur sind die Projektunternehmer gefordert. Sie müssen dafür Sorge tragen, dass die Projektgesellschaft frühzeitig gegründet und ausreichend dimensioniert wird. Bei der Gliederung sind eindeutige und überschneidungsfreie Kompetenzregelungen vorzusehen.

Auch für die *Rekrutierung und Stabilisierung des Projektmanagements* liegt die Primärverantwortung bei den Projektunternehmern. Ihre Tendenz zur Rekrutierung nahe stehender Spitzenmanager und daraus resultierende Professionalisierungsdefizite wurden bereits in der Einleitung erwähnt. Neben der Rekrutierung wirft auch die Fluktuation der Spitzenmanager gravierende Probleme auf. Ursachen der Fluktuation sind Misserfolge bzw. Verfehlungen einzelner Projektmanager, Änderungen der Organisationsstruktur, Wechsel der Zuständigkeiten oder politische Interventionen. Die Fluktuation des Spitzenmanagements führt bei Unternehmen auf Zeit zu schwerwiegenden Know-how-Verlusten und lädt zur Abwälzung der Verantwortung auf die jeweiligen Vorgänger bzw. Nachfolger ein.

7 Netzwerkkompetenz

Großprojekte erfordern die zeitlich befristete Kooperation einer Vielzahl wirtschaftlich und rechtlich selbstständiger Institutionen unterschiedlicher Branchen und Betriebsgrößen. Demzufolge ist die Netzwerkkompetenz der Projektteilnehmer ein bedeutsamer Erfolgsfaktor. Wir verstehen darunter die Fähigkeit, über interorganisationale Beziehungen zur Wertschaffung und Wertaneignung zu gelangen (vgl. Hoffmann 2001: 234; Sydow 2003: 317). Der Anspruch der Netzwerkkompetenz gilt in erster Linie für die *Projektunternehmer* und das von ihnen eingesetzte *Projektmanagement.* Die Netzwerkkompetenz der Projektunternehmer ist Voraussetzung, um projektintern Unterschiede der Interessen, der Größe, der Struktur sowie der Kultur zu überbrücken und im Außenverhältnis gegenüber den anderen Projektbeteiligten möglichst geschlossen aufzutreten. Unter den Bedingungen von Großprojekten sind Konzepte der verteilten, dezentralen Willensbildung problematisch. Falls kein Projektunternehmer die Lead-Funktion übernimmt, sollten die Projektunternehmer eine Projektgesellschaft gründen, welche ihre Interessen sowie diejenigen der Gesellschafter ausgleicht. Konflikte können sowohl wegen der Ressourcenbereitstellung als auch der Zurechnung von Erfolgen und Misserfolgen sowie schließlich wegen der Besetzung von Spitzenpositionen auftreten. Abweichend von den in der Literatur häufig beschriebenen Fällen (vgl. Ritter/Gemünden 1998) muss die Netzwerkkompetenz von Partnern erworben werden, die wegen der Einzigartigkeit des Vorhabens in dieser Konstellation i. d. R. nur einmal zusammenwirken, d. h. sie können nur beschränkt Netzwerkerfahrung sammeln.

Netzwerkkompetenz ist nicht nur im Innenverhältnis der Projektunternehmer, sondern auch im Außenverhältnis mit Auftragnehmern, Experten, Nutzern und dem sozio-politischen Umfeld bedeutsam. Bei der Einbindung der *Auftragnehmer* und der *Experten* ist darauf zu achten, dass einerseits deren spezifisches Know-how genutzt und andererseits die Entscheidungsfreiheit des Projektmanagements gewahrt wird; eine vor allem bei neuartigen Basistechnologien diffizile Aufgabe. Die *Nutzer* treten in Großprojekten i. d. R. als Treiber mit divergierenden Interessen auf, man denke an die Erst- und Dauernutzer von Anlagen für Großveranstaltungen. Deshalb gilt für die Nutzer wie für die Akteure des *sozio-politischen Umfelds*, ihren Einfluss auf das Projektgeschehen zu kanalisieren.

Literaturverzeichnis

Boecker, Arne (2006): Fehleinschätzungen auf breitester Front – Expoland ist abgebrannt. In: Süddeutsche Zeitung vom 24.02.2006.

Flyvbjerg, Bent; Bruzelius, Nils; Rothengatter, Werner (2003): Megaprojects and Risk. An Anatomy of Ambition, Cambridge 2003.

Grochla, Erwin; Thom, Norbert (1977): Die Matrix-Organisation. Chancen und Risiken einer anspruchsvollen Strukturierungskonzeption. In: Zeitschrift für betriebswirtschaftliche Forschung, 29. Jg. 1977, Nr. 11, S. 193-203.

Grün, Oskar (2004): Taming Giant Projects. Management of Multi-Organization Enterprises, Berlin et al. 2004.

Hauschildt, Jürgen (1977): Zielbildung in innovativen Entscheidungsprozessen: Theoretische Ansätze und empirische Prüfung, Tübingen 1977.

Hauschildt, Jürgen (2004): Innovationsmanagement, 3. Auflage, München 2004.

Hoffmann, Werner H. (2001): Management von Allianzportfolios. Strategien für ein erfolgreiches Unternehmensnetzwerk, Stuttgart 2001.

Horwitch, Mel; Prahalad, Coimbatore K. (1982): Managing Multi-Organization Enterprises: The Emerging Strategic Frontier. In: New Dimensions of Project Management, edited by Albert J. Kelley, Lexington Mass./Toronto 1982, S. 17-36.

Ritter, Thomas; Gemünden, Hans Georg (1998): Die netzwerkende Unternehmung: Organisationale Voraussetzungen netzwerk-kompetenter Unternehmen. In: Zeitschrift Führung + Organisation (zfo), 67. Jg. 1998, Heft 5, S. 260-265.

Sydow, Jörg (2003): Management von Netzwerkorganisationen – Zum Stand der Forschung. In: Management von Netzwerkorganisationen, 3. Auflage, hrsg. v. Jörg Sydow, Wiesbaden 2003, S. 293-354.

Sydow, Jörg; Windeler, Arnold (1994): Management interorganisationaler Beziehungen, Opladen 1994.

Thom, Norbert (1980): Grundlagen des betrieblichen Innovationsmanagements, Königstein/Taunus 1980.

Ressourcenpooling als Kompetenzmanagement in Konzernorganisationen

Jetta Frost*

Dieser Beitrag zeigt, dass Konzernorganisationen Grundprinzipien des Ressourcenpoolings realisieren müssen, damit sie nicht als ein Set von Einzelfirmen „auseinanderfallen“, sondern Synergievorteile in Form von Kooperationsrenten generieren können. Argumentiert wird, dass Ressourcenpooling als Voraussetzung des Kompetenzmanagements erfolgreiche Konzernorganisationen von weniger erfolgreichen unterscheidet und den nachhaltigen Wettbewerbsvorteil gegenüber Konkurrenten ausmacht.

Stichworte: Dezentralisierung – Kompetenzmanagement – Konzernorganisation – Kooperationsrente – Ressourcenpooling – Synergien – Zentralisierung

---

* Prof. Dr. Jetta Frost leitet den Arbeitsbereich Organisation und Unternehmensführung an der Universität Hamburg.

1 Einleitung

Immer mehr Unternehmen entscheiden sich für die Organisationsform der Konzern- oder Holdinggesellschaft. Solche Organisationen sind eine spezifische Form der multidivisionalen Geschäftsbereichsorganisation, bei der die Einheiten rechtlich verselbstständigt sind. Inzwischen stehen laut Theisen (2000) ca. 90% der deutschen Aktiengesellschaften und zirka die Hälfte der Personengesellschaften im deutschsprachigen Raum in „Konzern- oder wenigstens in konzernähnlichen Verbindungen“. Unternehmen wollen damit die Vorteile großer Unternehmen, wie finanzielle Stärke, Marktmacht, „economies of scale“ und gemeinsame Kernkompetenzen, mit den Vorteilen kleiner Einheiten, wie Flexibilität und Marktnähe, kombinieren. Insbesondere von der verstärkten Dezentralisierung der Tochtergesellschaften versprechen sie sich eine effizientere Koordination durch den Abbau der Bürokratie.

Die Grundidee ist, dass zwischen den verschiedenen organisatorischen Teileinheiten hauptsächlich durch Märkte und Preise, die zunehmend die Koordinationsmechanismen „Weisungen, Anordnungen und Regeln” ersetzen, koordiniert werden soll (z. B. Frese 2005; Frost 2005). Je autonomer die Teileinheiten sind, desto mehr ist dies der Fall. Als „Unternehmen im Unternehmen” sollen sie Entrepreneurship fördern, welche mit monetären Anreizen verbunden sind. Marktlicher Wettbewerb soll zwischen den organisatorischen Teileinheiten das unternehmenszielkonforme Verhalten der Leiterinnen und Leiter steuern, indem erstens der Gewinnbeitrag der einzelnen Bereiche ermittelt, zweitens die Grundlage für eine erfolgsabhängige Entlohnung geschaffen und drittens eine gegenseitige, auf Marktkennzahlen abgestützte Kontrolle ermöglicht wird. Zugleich sinken jedoch mit zunehmendem Autonomiegrad die Synergien zwischen den verschiedenen Einheiten des Gesamtunternehmens. Dies wirft die Frage auf, welche organisatorischen Vorteile sich Unternehmen noch vom Verbleib der Beteiligungsgesellschaften bzw. ihrer organisatorischen Teileinheiten unter dem gemeinsamen Dach des Konzern- bzw. Holdingverbunds versprechen. Diese Frage wird umso relevanter, je höher der Autonomiegrad der organisatorischen Einheiten ist.

Die Antwort lautet: Unternehmen haben im Unterschied zu Märkten die Fähigkeit, firmenspezifische Kompetenzbündel zu entwickeln. Als schwer imitierbare und schwer handelbare Ressource sind sie die Grundlage für die Entwicklung von Kernkompetenzen. Um Synergieeffekte mobilisieren und ein gemeinsames Wissen in Form von Kernkompetenzen generieren zu können, müssen sich Konzernorganisationen auf die Mehrwertstrategie des Ressourcenpoolings als Grundlage ihres Kompetenzmanagements konzentrieren. Dieser Beitrag zeigt die damit verbundenen Grundprinzipien auf.

2 Konzernorganisation im Spannungsfeld zwischen Zentralisierung und Dezentralisierung

Je nach Autonomiegrad der Tochtergesellschaften können verschiedene Formen der Konzernorganisation unterschieden werden, die in der folgenden Abbildung dargestellt sind.

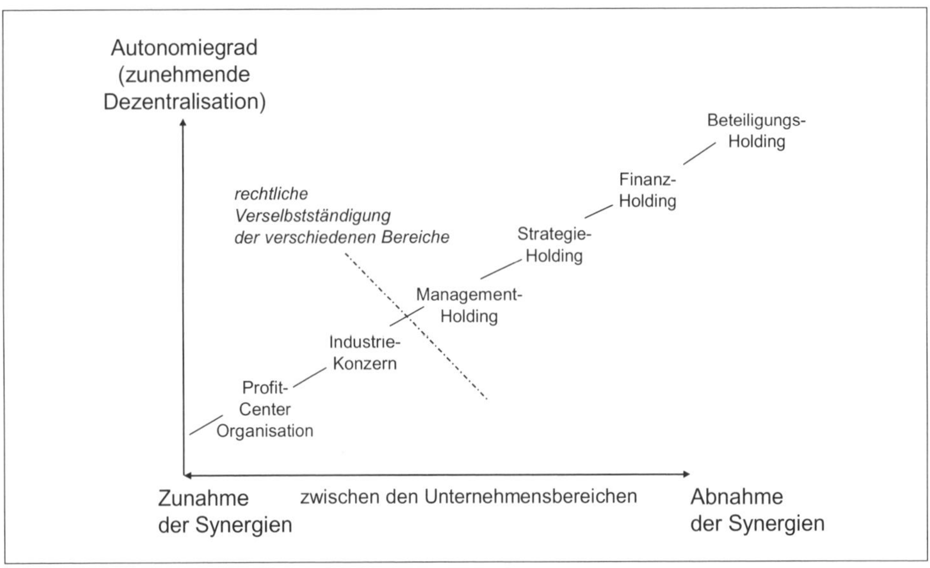

Abbildung 1: Formen der Konzernorganisation nach Autonomiegrad

Das Spannungsverhältnis zwischen zentralistischen und dezentralistischen Organisationsprinzipien ist seit Schmalenbach (1929) eines der „Dauerbrenner“ in der Organisationsforschung. Die angestrebte Kombination der Vorteile großer und kleiner Unternehmen ist umso schwieriger zu erreichen, je stärker die Dezentralisierungstendenzen der Konzernorganisationen sind. So beschränkt sich beispielsweise in der *Beteiligungs-Holding* die Obergesellschaft darauf, ein ausgewogenes Portfolio von Beteiligungen zu halten und zu verwalten. Es wird vor allem das strategische Ziel der Risikostreuung verfolgt. Die Obergesellschaft kann als „qualifizierter Fondsmanager“ betrachtet werden (Funk 1999: 763). In das Management der einzelnen Beteiligungsgesellschaften wird nicht eingegriffen, sondern Preise sollen den Austausch von Leistungen zwischen den Gesellschaften regeln. Sie steuern zugleich das Anreizsystem für die Leiterinnen und Leiter der Gesellschaften. Hingegen entsteht eine *Management-Holding* durch die vermehrte Übernahme von Managementfunktionen durch die Obergesellschaft. Marktliche Koordination wird zugunsten stärkerer zentraler organisationsinterner Formen der Koordination abgeschwächt. Je höher der Abstimmungs- oder Koordinationsaufwand zwischen den einzelnen Gesellschaften ist, desto höher ist auch die Leistungsverflechtung. Es wird schwieriger, diese zentral erbrachten Leistungen eindeutig zu verrechnen. Auf der anderen Seite bewirkt gerade die Leistungsverflechtung zwischen den organisatorischen Einheiten, dass diese zu einer wirtschaftlichen Einheit zusammengeführt werden können, um gemeinsame Synergievorteile zu realisieren.

Kompetenzmanagement erhält einen zentralen Stellenwert. Schließlich entstehen nachhaltig verteidigungsfähige Wettbewerbsvorteile erst aus der Fähigkeit, unternehmensspezifische, schwer imitierbare *Ressourcenbündel* über verschiedene organisatorische Teileinheiten hinweg zu generieren und kontinuierlich in neuen Produkten und Leistungen anzuwenden. Es geht darum, eine „purposeful orchestration“ (Pitt/Clarke 1999: 301) zwischen verschiedenen Ressourcenbausteinen, den spezialisierten Kenntnissen, Fähigkeiten und Ideen der Organisationsmitglieder sowie dem im Unternehmen vorhandenen Wissen sicherzustellen und weiterzuentwickeln. Die organisatorische Herausforderung besteht in einem erfolgreichen *Ressourcenpooling*, um Synergievorteile als Überschuss der koordinierten Zusammenarbeit der organisatorischen Teileinheiten zu realisieren.

3 Grundprinzipien des Ressourcenpoolings

„Um bestimmte Ziele besser als im Alleingang realisieren zu können, gründen Menschen zweckgerichtete Kooperationssysteme, in denen sie zielgerichtet, planvoll und bewusst zusammenarbeiten.“ (Barnard 1938: 4). Durch Kooperation und Zusammenarbeit können sie über ihre physisch und biologisch gesteckten Grenzen individueller Leistungsfähigkeit hinauswachsen. In diesem Sinne basiert das Prinzip des Ressourcenpoolings auf der Idee, dass verschiedene Akteure bestimmte Ressourcen in „langen Ketten sozialer Transaktionen“ (Blau 1964: 260) zusammenlegen. Zu diesen Ressourcen gehören neben Finanz- und Sachkapital vor allem Human Resourcen. Die Poolmitglieder bringen ihre eigene Arbeitskraft, ihre Ideen und ihr Wissen in den Pool ein. Über diese Ressourcen wird dann nicht mehr individuell, sondern im Verbund verfügt, das heißt, sie sind zusammengelegt worden. Ressourcenpools weisen das Merkmal des „Organisiert-Seins“ (Vanberg 1982: 35) auf oder wie Blau (1964: 199) es formuliert: „Organisation beinhaltet die Koordination kollektiver Bemühungen“. Unternehmen sind solche Ressourcenpools. Sie sind soziale Gebilde, in denen eine Mehrzahl von Akteuren zu einem spezifischen Zweck bewusst und planvoll zusammenwirkt. Dieses Zusammenwirken wird durch Regelungen und Verfahren zur Entscheidungsfindung gesteuert.

Während im dezentralen, austauschbasierten Marktmodell jede organisatorische Einheit separat für sich entscheidet, sind zur Steuerung der arbeitsteiligen Aktivitäten der Mitglieder des Ressourcenpools kollektive, d. h. für die involvierten Akteure insgesamt getroffene Entscheidungen erforderlich. Sie werden durch eine zentrale Instanz, dem „corporate parent“ koordiniert. Dazu gehören „all those levels of management that are not part of the customer-facing, profit responsible business unit“ (Goold/Campbell/Alexander 1994: 308). Aufgrund der Existenz des corporate parent weisen Konzernorganisationen höhere Organisationskosten auf als andere Organisationsformen. Diese müssen durch die Schaffung von entsprechend viel Mehrwert in Form des Ressourcenpoolings ausgeglichen werden. Es gilt sicherzustellen, dass Konzerne als Hort des systematischen Ressourcenerwerbs und der -speicherung ausgestaltet sind, um Effizienzrenten durch eine umfassende Wertausschöpfung des firmenspezifischen Ressourcen- und Kompetenzpools zu realisieren (vgl. Frost/Morner 2005).

Zur Wertausschöpfungsrealisierung der geplanten „sozialen Transaktionen" in solchen Ressourcenpools sind Handlungen bzw. Aktionen notwendig, die ex ante nicht genau festgelegt werden können. Wäre dies der Fall, so gäbe es keinen Grund, sich in einem Ressourcenpool zusammenzuschließen. Die Leistungen könnten stattdessen über den Markt bezogen werden (vgl. Simon 1991). Kompetenzmanagement entsteht erst aus der koordinierten Zusammenarbeit der verschiedenen Teileinheiten und ihrer Organisationsmitglieder: „While individual skills are of relevance, their value depends upon their employment in particular organizational settings" (Teece et al. 1994: 15). Das „Employment" der individuellen Kenntnisse und Wissensbestände in spezifische „organisatorische Settings" ist Voraussetzung, um aus dem Wissen der einzelnen Organisationsmitglieder organisatorisches Wissen zu entwickeln, das zum einen die Kapazität von Einzelköpfen übersteigt und zum anderen auch dann noch in der Organisation bestehen bleibt, wenn einzelne Wissensträger das Unternehmen verlassen haben. Organisatorisches Wissen stellt sicher, dass der Nutzen der Arbeitsteilung fruchtbar gemacht werden kann, d. h. nicht jedes Organisationsmitglied alles wissen muss. Die Aufgabe des „corporate parent" besteht darin, die dazu notwendigen Interaktionsprozesse zu initiieren und zu unterstützen (z. B. Hedlund 1994).

4 Die Erwirtschaftung von Synergien als Ziel des Ressourcenpoolings

Die umfangreicheren Möglichkeiten der Gestaltung und Durchsetzung organisatorischer Steuerung und die Koordinationsleistung des „corporate parent" machen die Essenz des Ressourcenpools im Unterschied zum marktlichen Prinzip des Ressourcenaustauschs aus. Aus dem Pooling ihrer Beiträge und ihrer koordinierten Zusammenarbeit können die organisatorischen Teileinheiten zusammen einen größeren Ertrag erarbeiten als es die Summe ihrer Einzelbeiträge bei einer separaten Nutzung erbringen würde. Der daraus entstehende Überschuss ist die *Kooperationsrente.* Alternativ werden Kooperationsrenten auch als Synergien, Komplementaritäten und Verbundeffekte bezeichnet (vgl. Tabelle 1).

Kooperationsrente	• Überschuss der koordinierten Zusammenarbeit zwischen Organisationsmitgliedern gegenüber der Summe ihrer Einzelbeiträge bei einer separaten Nutzung
Synergien	• Synergie = „zusammen-wirken" oder „zusammen-arbeiten" (griechisch „ergein" und Präfix „syn") (Ansoff 1965) • Marktwert aus der gemeinsamen Nutzung zweier Aktivitäten bzw. Ressourcen ist größer als die Summe der einzelnen Marktwerte (Kräkel 2002: 1910) • „Sharing of indivisible assets whose acquisition cost are amortized over multiple uses" (Iversen 2000: 3)
Verbundeffekte	• Ausschöpfung von Größen- und Spezialisierungsvorteilen mittels einer Poolung knapper Ressourcen oder durch ein koordiniertes Auftreten der Unternehmensbereiche auf Beschaffungs- und Absatzmärkten (Frese 2000: 2002)
Komplementaritäten	• „ [...] a group of activities is *strongly complementary* when raising the levels of a subset of activities in the group greatly increases the returns to raising the levels of other activities" (Milgrom/Roberts 1992: 109) • „Optimization of the fit among sequentially performed activities (Vertical Complementarities). Combination of the outputs of mutually adjusted activities to achieve superior functionality of the combined output (Horizontal Complementarities)" (Iversen 2000: 3)

Tabelle 1: Kooperationsrenten und alternative Formulierungen

Die Erwirtschaftung von Kooperationsrenten ist das Ziel der Zusammenarbeit in einem Ressourcenpool. Damit wird das, was ein Unternehmen im Unterschied zum Markt ausmacht, erst ersichtlich, wenn das gesamte Arrangement Unternehmen „mehr wert ist" als die Summe der Teileinheiten oder Organisationsmitglieder. Die Charakteristiken eines Unternehmens erschließen sich erst durch das, was die Teileinheiten und die Akteure *zusammenhält*. Genau dieses Argument stellt auch Herbert Simon in den Mittelpunkt seiner Gegenüberstellung marktlicher und organisatorischer Gestaltungsanforderungen: „[...] of course, intense interdependence is precisely what makes it advantageous to organize people instead of depending wholly on market transactions." (Simon 1991: 33). Mittels der Steuerung von Aktivitäten, „Beziehungen" und Interdependenzen zwischen den organisatorischen Einheiten wird die Kooperationsrente geschaffen. Solche Steuerung erfolgt jedoch nicht unintendiert und spontan wie auf Märkten, sondern erfordert eine „umsichtigere" Aufmerksamkeit als das genuin „organisatorische":

„Such coordination did not, and indeed could not, happen automatically. It demanded the constant attention of a managerial team or hierarchy. […] The actual economies of scale or scope, as determined by throughput, are organizational. Such economies depend on knowledge, skill experience, and teamwork.“ (Chandler 1990: 24).

Chandlers These (1990: 593) lautet: Der Erfolg von Unternehmen liegt nicht in der Investition in tangible Güter, sondern in der Entwicklung effektiver und effizienter Organisations- und Managementsysteme zur Steuerung des optimalen Verhältnisses von Zentralisierung und Dezentralisierung begründet. Dies schafft den nachhaltigen Wettbewerbsvorteil eines Unternehmens. Er wendet sich damit gegen die Tendenz vieler Wissenschaftlerinnen und Wissenschaftler, komplexe, arbeitsteilig organisierte Großunternehmen wie Konzernorganisationen als Musterbeispiel für ineffizient geführte Bürokratien darzustellen. Seine empirischen Ergebnisse zeigen vielmehr, dass der Einsatz und die Verwendung von Ressourcen in einem Pool sowie die Steuerung dieses Pools durch eine professionelle „management hierarchy“ in Form des „corporate parent“ maßgebend für die Entstehung von (multidivisionalen) Großunternehmen und die wirtschaftliche Entwicklung der großen Industrienationen war. Neben dem Wissen in den Köpfen der Organisationsmitglieder stecken auch in den organisatorischen Regeln und Routinen zahlreiche Erfahrungen und organisatorisches Wissen. Sie entlasten die Entscheidungsträger und stellen sicher, dass auch bei deren Wechsel die Funktionsfähigkeit des Unternehmens erhalten bleibt. Ressourcenpooling ist die Voraussetzung für ein erfolgreiches Kompetenzmanagement in Konzernorganisationen und macht den nachhaltig verteidigungsfähigen Wettbewerbsvorteil gegenüber Konkurrenten aus.

Literaturverzeichnis

Ansoff, Igor H. (1965): Corporate Strategy, New York 1965.

Barnard, Chester I. (1938): The Functions of the Executive, Cambridge/Mass. 1938.

Blau, Peter M. (1964): Exchange in Power and Social Life, New York 1964.

Chandler, Alfred D. J. (1990): Scale and Scope. The Dynamics of Industrial Capitalism, Cambridge/Mass. 1990.

Frese, Erich (2000): Grundlagen der Organisation. Konzept – Prinzipien – Strukturen, 8. Auflage, Wiesbaden 2000.

Frese, Erich (2005): Grundlagen der Organisation. Entscheidungsorientiertes Konzept der Organisationsgestaltung, 9. Auflage, Wiesbaden 2005.

Frost, Jetta (2005): Märkte in Unternehmen. Organisatorische Steuerung und Theorien der Firma, Wiesbaden 2005.

Frost, Jetta; Morner, Michèle (2005): Corporate Commons: Sustaining Competitiveness through Public Goods in Multidivisional Firms. In: International Journal of Learning and Change, 1. Jg. 2005, Nr. 1, S. 28-45.

Funk, Joachim (1999): Wie schaffen diversifizierte Unternehmen Wert? In: Zeitschrift für betriebswirtschaftliche Forschung, 51. Jg. 1999, Heft 8, S. 759-772.

Goold, Michael; Campbell, Andrew; Alexander, Marcus (1994): Corporate Level Strategy. Creating Value in the Multibusiness Company, New York 1994.

Hedlund, Gunnar (1994): A Model of Knowledge Management and the N-Form Corporation. In: Strategic Management Journal, 15. Jg. 1994, Nr. 5, S. 73-90.

Iversen, Mikael (2000): Synergies and Sustainable Competitive Advantage. Working Paper Copenhagen Business School, Department of Industrial Economics and Strategy, Copenhagen 2000.

Kräkel, Matthias (2002): Synergien. In: Handwörterbuch Unternehmensrechnung und Controlling, hrsg. v. Hans-Ulrich Küpper und Alfred Wagenhofer, Stuttgart 2002, Sp. 1910-1918.

Milgrom, Paul R.; Roberts, John (1992): Economics, Organization and Management, New Jersey 1992.

Pitt, Martin; Clarke, Ken (1999): Competing on Competence: A Knowledge Perspective on the Management of Strategic Innovation. In: Technology Analysis & Strategic Management, 11. Jg. 1999, Nr. 3, S. 301-316.

Schmalenbach, Eugen (1929): Der Kontenrahmen, 2. Auflage, Leipzig 1929.

Simon, Herbert A. (1991): Organization and Markets. In: Journal of Economic Perspectives, 5. Jg. 1991, Nr. 2, S. 25-44.

Teece, David J. et al. (1994): Understanding Corporate Coherence. Theory and Evidence. In: Journal of Economic Behavior & Organization, 23. Jg. 1994, Nr. 1, S. 1-30.

Theisen, Manuel (2000): Der Konzern. Betriebswirtschaftliche und rechtliche Grundlagen der Konzernunternehmung, Stuttgart 2000.

Vanberg, Viktor (1982): Markt und Organisation, Tübingen 1982.

Personalkompetenz

Führung und Gerechtigkeit

Jürgen Weibler* und Marcel Feldmann**

In diesem Beitrag wird davon ausgegangen, dass eine Person als „gerecht handelnd“ angesehen werden muss, um als Führungskraft akzeptiert zu werden. Gerechtes Handeln setzt wiederum eine entsprechende Kompetenz – eine so genannte Gerechtigkeitskompetenz – voraus. Es wird gezeigt, wie eine derartige Gerechtigkeitskompetenz konzeptionell gefasst werden kann und wie sich die praktische Umsetzung ausnimmt. Führungskräfte erhalten damit eine erste Orientierung, nach welchen Kriterien sie ein gerechtes Handeln ausrichten können.

Stichworte: Akzeptanz – Ethik – Führung – Gerechtigkeit – Organizational Justice

---

* Univ.-Prof. Dr. Jürgen Weibler ist Inhaber des Lehrstuhls für Betriebswirtschaftslehre, insbesondere Personalführung und Organisation, an der FernUniversität in Hagen.

** Dipl.-Ök. Marcel Feldmann ist wissenschaftlicher Mitarbeiter am Lehrstuhl für Betriebswirtschaftslehre, insbesondere Personalführung und Organisation, an der FernUniversität in Hagen.

1 Einordnung

Bereits bei einigen der bedeutendsten Philosophen der Antike war bekannt, dass ein Führer, möchte er als tugendhaft gelten, gerecht zu sein habe. Tugend ist dabei als eine Art moralische Vortrefflichkeit zu verstehen, resultierend aus einer festen Grundhaltung, „von der aus (der Handelnde) tüchtig wird und die ihm eigentümliche Leistung in vollkommener Weise zustande bringt“ (Aristoteles, Nikomachische Ethik, zit. nach Wils 2002: 513). Gerechtigkeit (griechisch: dikaiosyne, lateinisch: iustitia) galt im Katalog der Kardinaltugenden als erste von vier Tugenden. Zu diesen zählten neben der Gerechtigkeit die Weisheit, die Besonnenheit und die Tapferkeit. Ihre ausgesprochen sittliche Bedeutung kommt ihr dabei durch den unvermeidlichen Bezug auf einen gedachten Anderen zu. Ohne diesen gedachten Anderen verlöre sie ihren Sinn. Dementsprechend findet sich eine Auseinandersetzung mit der Gerechtigkeit in allen Disziplinen, die sich mit dem Zusammenleben von Menschen beschäftigen. Hier drückt sich die Erkenntnis der Eingebundenheit des Einzelnen in eine soziale Gemeinschaft in besonderer Weise aus. Die umgangssprachliche „Gerechtigkeit gegen sich selbst“ greift diesem Verständnis zufolge nicht.

2 Die Vernachlässigung der Idee einer gerechten Führung in der Betriebswirtschaftslehre

Auch ein Führer muss mit Notwendigkeit erkennen, dass er sich stets konstitutiv in einer Beziehung mit anderen befindet. Nur durch den Bezug auf andere ist Führung überhaupt möglich. Nimmt man den Aufforderungscharakter ernst, den die Gerechtigkeit als oberste Kardinaltugend erhebt, bedeutet es für denjenigen, der einen Anspruch auf Führung erhebt oder eine Führungsposition einzunehmen hat, die unmittelbare und notwendige Verpflichtung, die Führungsbeziehung gerecht auszugestalten.

Sehr oft hat sich in der Geschichte gezeigt, dass herausragende Führer um die Bedeutung der Gerechtigkeit wussten und ihr Handeln daran ausrichteten. Die Tugendlehre, die nach langer Zeit heute wieder stärker in den Vordergrund tritt, macht eingedenk unserer Eingangsüberlegungen zugleich deutlich, wie sehr eine gelingende Führung von der Berücksichtigung der Gerechtigkeit abhängig ist. Aber welche Kriterien werden dem Einzelnen aus der Wissenschaft an die Hand gegeben, die Anforderung, gerecht zu sein, zu erfüllen? Philosophische Systeme bieten hier entsprechende Hilfestellungen an, auch wenn deren Antworten unterschiedlich ausfallen: Während auf der einen Seite des Spektrums metaphysische, in der Regel religiös motivierte Ansätze auf materiale Normen setzen, versuchen auf der anderen Seite diskursethische Ansätze Gerechtigkeit erst innerhalb eines Diskurses gleichberechtigter, freier und mündiger Individuen substanziell zu bestimmen, ohne a priori Wertungen automatisch als intersubjektiv gültig zu erachten (vgl. Habermas 1988). Hiermit sind jedoch nur die äußersten Enden des Spektrums abgesteckt, das insgesamt eine sehr große Bandbreite verschiedener, miteinander konkurrierender Positionen umfasst.

Interessanterweise hat sich die Erkenntnis der Bedeutung von Gerechtigkeit sehr ungleich in den einzelnen Wissenschaftsdisziplinen niedergeschlagen. Die Philosophie ist von jeher traditioneller Ort der Auseinandersetzung mit Gerechtigkeitsfragen geblieben und die diesbezüglichen Diskussionen in den Rechtswissenschaften, der Soziologie und der Psychologie nehmen ebenfalls beachtlichen Raum ein. Die Nationalökonomie hat ihren Beitrag ebenfalls beigesteuert.

Die Betriebswirtschaftslehre hat sich hingegen bei der Fortentwicklung des gerechtigkeitsbezogenen Forschungsstandes bislang nicht sonderlich hervorgetan, vernachlässigen wir einmal einige spieltheoretische Überlegungen. In dem Maß, in dem sie den Einzelnen und sein soziales Umfeld aus dem Erkenntnisobjekt herausdefiniert hat, trug sie sogar dazu bei, gerechtes Handeln als moralisches Prinzip unterzugewichten. Und selbst durch die stärkere Akzentuierung der Betriebswirtschaftslehre als Managementlehre (vgl. z. B. Wunderer 1995), durch die sie die Grenzen zu anderen Disziplinen, die sich bereits traditionell mit Gerechtigkeit beschäftigten, in einem viel stärkeren Ausmaß öffnete, hat sich an diesem Defizit nicht wirklich etwas geändert. Man hätte meinen können, dass gerade die Führungslehre, deren ausgesprochen frühe philosophische Ausformung durch die Tugendlehre einen besonderen Impetus zum Nachdenken über das Gerechtigkeitsphänomen provozierte, sich dieses Themas mit großer Selbstverständlichkeit annehmen würde. War sie es doch auch, die immer schon offener für die Integration der Erkenntnisse anderer Teildisziplinen eintrat. Mit Verwunderung muss man jedoch zur Kenntnis nehmen, dass auch hier eine intensive Behandlung bislang ausgeblieben ist (vgl. auch Scholl 1995: 1757). Dies ist unter anderem daran zu erkennen, dass die stichprobenartige Prüfung einschlägiger Werke hinsichtlich der schlagwortartigen Benennung der Gerechtigkeit (vgl. z. B. Kieser/Reber/Wunderer 1995; Neuberger 2002; Rosenstiel/Regnet/Domsch 2003 und Wunderer

2003) nahezu negativ ausfällt (vgl. anders Weibler 2001). Ob diese Werke dann noch an anderer Stelle hierauf zu sprechen kommen, wurde im Einzelnen nicht verfolgt. Generell ist leider zu vermerken, dass sich grundlagenorientierte Forschungen und darauf aufbauende eigenständige Ansätze meist eher in den nicht wirtschaftswissenschaftlich dominierten Sozialwissenschaften auffinden lassen (vgl. Liebig 1997; Wegener 1999; Montada 2001).

Die Tatsache des fehlenden Widerhalls der Gerechtigkeitsproblematik in der deutschen Führungslehre ist vermutlich der Entwicklung in der angloamerikanischen Führungslehre geschuldet. Diese hatte hier ebenfalls lange einen „blinden Fleck". Bekanntermaßen bestehen zwischen beiden Forschungsgemeinschaften große Parallelen. So hatten beispielsweise in der angloamerikanischen Führungslehre ethische Überlegungen bis vor einiger Zeit kaum eine Chance, Aufmerksamkeit zu erhalten. Aber neuerdings zeichnet sich ein Umdenken ab, das auch im deutschsprachigen Raum eine thematische, nicht zwingend inhaltliche Entsprechung findet. Gerade diese Berücksichtigung ethischer Komponenten in neueren Arbeiten der Führungslehre erweist sich als Einfallstor für Gerechtigkeitsüberlegungen. Dieses Umdenken wird aber auch durch die beginnende Beachtung der Organizational Justice-Forschungen erkennbar. Dort sind vorrangig in den letzten beiden Jahrzehnten wichtige Erkenntnisse gesammelt worden, die bislang vom Leadership-Diskurs im arbeitsteilig organisierten anglo-amerikanischen Wissenschaftssystem weit abgekoppelt waren, nun aber beginnen, vielversprechende Verbindungen – und auch dort wieder nicht begrenzt – einzugehen.

Dennoch ändert dies nichts daran, dass die einschlägigen Führungstheorien (vgl. Weibler 2004) diese Verbindung noch nicht repräsentieren (können). Eine expressis verbis auf Gerechtigkeitsüberlegungen basierende Führungstheorie hat sich bis dato noch nicht durchgesetzt. Der geneigte Betrachter war deshalb selbst aufgefordert, gerechtigkeitsrelevante Momente in Kenntnis der einschlägigen Gerechtigkeitstheorien in den jeweiligen Führungstheorien zu berücksichtigen. In diesem Sinne können beispielsweise lerntheoretisch motivierte Führungstheorien als „leistungsgerecht" oder austauschorientierte Führungstheorien als „gerecht im Sinne einer Gleichheit von Geben und Nehmen" interpretiert werden.

Dennoch bleibt diese Vorgehensweise unbefriedigend. Wir wissen, dass Einstellungen und Verhalten von Menschen in Organisationen entscheidend von ihren Gerechtigkeitsurteilen abhängen (vgl. Gilliland/Chan 2001: 147). Auch Führungsverhalten ist ein eben solches Verhalten und dementsprechend hängen schlechterdings auch die Urteile der Geführten über Führende von der Einschätzung der Erfüllung von Gerechtigkeitspostulaten ab. Dieser Einfluss erfolgt auch indirekt. Man findet unter anderem, um nur ein Beispiel für die möglichen Konsequenzen von Gerechtigkeitsurteilen in der Führung zu nennen, dass Vertrauen in einem hohen Maß abhängig ist von der Beurteilung des Verhaltens der Kollegen und Vorgesetzten als gerecht bzw. ungerecht (vgl. Van den Bos/Wilke/ Lind 1998). Gleichzeitig wissen wir auch, welche Bedeutung Vertrauen in Führungsbeziehungen besitzt (vgl. Weibler 1997).

Der besondere Einfluss, der dem Gerechtigkeitsphänomen vor dem Hintergrund von Führung in Organisationen zukommt, ist inzwischen allerdings vor allem von der organisationalen Gerechtigkeitsforschung selbst betont worden (vgl. Tyler 1986). Erste Arbeiten hierzu lagen bereits Anfang der 80er Jahre des letzten Jahrhunderts vor (vgl. Tyler/Caine 1981). Aber auch danach wurde diese Beziehung bis zum heutigen Tag nicht mit der erforderlichen Konsequenz verfolgt. So wurde bislang auch noch keine umfassende Führungstheorie entwickelt, die in der Lage gewesen wäre, die Bedeutung organisationaler Gerechtigkeit vor dem Hintergrund der Führung in Organisationen zu erschließen. Dennoch können erste Überlegungen abgeleitet werden, die es für einen Führenden zu beachten gilt, um gerecht zu handeln. Die Fähigkeit, diese zu erkennen und situationsangerecht anzuwenden, wollen wir griffig mit dem Begriff der „Gerechtigkeitskompetenz" belegen. Diese Kompetenz ergänzt aus Sicht der empirischen Gerechtigkeitsforschung auf operationalem Niveau den aus der normativen Moralphilosophie stammenden „Tugendbegriff".

3 Gerechtigkeitskompetenz

Der Begriff Kompetenz (von lat. competere – befähigt sein) findet sich als Grundbegriff in vielen Wissenschaften wieder. So bezeichnet Kompetenz unter anderem in den Sprachwissenschaften das abstrakte Sprechwissen eines Menschen und in der Arbeitswissenschaft zum einen die Ordination im Sinne eines organisatorisch begründeten Dürfens als auch das Können eines Individuums. Im strategischen Management bezieht sich der Begriff neben der Kennzeichnung der Befähigung der einzelnen Mitarbeiter auch auf die Fähigkeiten der gesamten Organisation (vgl. Duschek 2004: 612 ff.; Becker 2005: 7). Prahalad und

Hamel (1990) sprechen in diesem Zusammenhang von so genannten Kernkompetenzen der Organisation (core competencies), worunter Kompetenzen zu verstehen sind, die im Zuge kollektiver Lernvorgänge auf organisationaler Emergenzebene entstehen und gegenüber Konkurrenten dauerhafte und einzigartige Konkurrenzvorteile ermöglichen (vgl. Prahalad/Hamel 1990: 239 f.; Duschek 2004: 615). Zur Abgrenzung des Begriffs im betriebswirtschaftlichen Kontext kann zum einen von organisationaler Kompetenz und zum anderen von sozialer Kompetenz gesprochen werden.

Bezogen auf den Begriff der Gerechtigkeit erweist es sich als sinnvoll, den Kompetenzbegriff im Sinne einer Fähigkeit eines einzelnen Menschen zu begreifen, also als dessen soziale Kompetenz (vgl. Bass 1990: 97). In dieser Verwendung wird er sowohl in den Sprachwissenschaften, der Psychologie, der Arbeits- und Berufspädagogik als auch in der Managementlehre gebraucht. Kompetenz zeichnet ihren Träger hinsichtlich eines Bezugsobjektes als Sachverständigen aus (vgl. Becker 2005: 8). Über den einfachen Kompetenzbegriff hinausgehend, soll Gerechtigkeitskompetenz hier als Schlüsselkompetenz verstanden werden, d. h. als Kompetenz, deren Besitz hinsichtlich der Gestaltung einer Führungsbeziehung im Vergleich zu anderen Kompetenzen von besonderer Relevanz ist, da sie auf verschiedene Variablen im Führungsgeschehen Einfluss nimmt, aber auch darüber hinaus auf andere Kontexte (z. B. Kooperationen) verweist.

Um die Gerechtigkeitskompetenz in unserem Sinne inhaltlich auszufüllen, benötigen wir Informationen darüber, wie Menschen in Organisationen Gerechtigkeit erfassen. Als zentrale Dimensionen organisationaler Gerechtigkeit werden üblicherweise die distributive, die prozedurale und die interaktionale Gerechtigkeit unterschieden. Letztere wird in die beiden Subdimensionen interpersonale und informationale Gerechtigkeit (vgl. Greenberg 1993) ausdifferenziert. Gelegentlich wird als eine weitere, übergeordnete Dimension auch die Dimension der systemischen Gerechtigkeit angeführt (vgl. Beugré 1998), die aber hier vernachlässigt bleiben soll. Eine zusammenfassende Übersicht über die grundlegenden Dimensionen bietet Abbildung 1.

Die Dimension der *distributiven* Gerechtigkeit ist der organisationalen Gerechtigkeitsforschung am längsten bekannt und vertraut. Sie umfasst allgemein alle Gerechtigkeitsurteile, die die Ergebnisse von Verteilungen in Organisationen zum Gegenstand haben. Die in diesem Zusammenhang bekannteste Theorie ist die so genannte Equity-Theorie der Gerechtigkeit (vgl. Adams 1965). Entsprechend dieser Theorie gilt als Grundprinzip von Gerechtigkeitsurteilen in Organisationen, dass Menschen den Quotienten der Ergebnisse (outputs), den sie in einer Situation (Arbeit) erhalten, und der Beiträge (inputs), die sie in die entsprechende Situation einbringen, mit dem Quotienten einer Bezugsperson (meist Kollegen) vergleichen (vgl. Tyler/Smith 1998; Beugré 1998). Gemäß der Equity-Theorie empfinden Menschen ein Gefühl der Gerechtigkeit, wenn die beiden Vergleichsquotienten einander entsprechen. Dieser Zustand wird auch als Equity-Zustand bezeichnet. Falls die beiden Quotienten divergieren, entsteht ein Gefühl der Ungerechtigkeit. Dieses geht mit der Empfindung verschiedenster, zumeist negativer Emotionen und Reaktionen einher (vgl. Greenberg 1990; Beugré 1998; Küpers/Weibler 2005).

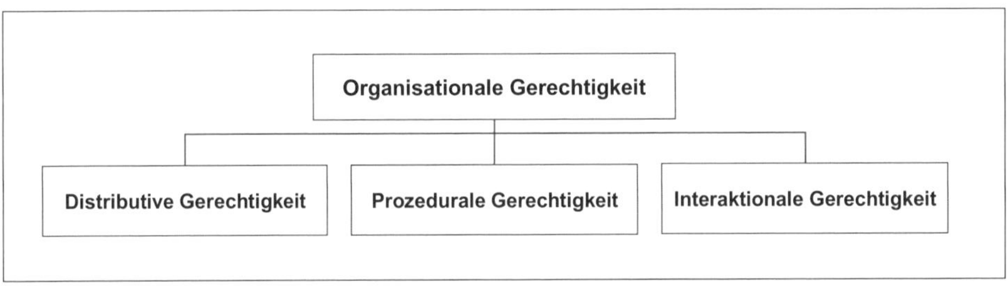

Abbildung 1: Zentrale Dimensionen organisationaler Gerechtigkeit

Mitte der siebziger Jahre machten die Forscher Thibaut und Walker (1975) darauf aufmerksam, dass sich Gerechtigkeitsurteile nicht allein auf Verteilungen beziehen, sondern die Abläufe organisationaler Prozesse auch Gegenstand der Beurteilung von Gerechtigkeit sein können. *Prozedurale* Gerechtigkeit kann dabei, einem engen Begriffsverständnis folgend, als die Gerechtigkeit von Regeln und Verfahren definiert werden, anhand deren Belohnungen verteilt werden (vgl. Alexander/Ruderman 1987). Einer weiter gefassten Definition zufolge stellt sie die wahrgenommene Gerechtigkeit der Methoden und Verfahren dar, die angewandt werden, um Entscheidungen zu treffen (vgl. Greenberg 1990).

Zwei bekannte Modelle prozeduraler Gerechtigkeit sind das so genannte Self Interest-Modell der Gerechtigkeit nach Thibaut und Walker (1975) und das Group Value-Modell nach Lind und Tyler (1988). Beide Modelle unterscheiden sich grundlegend hinsichtlich ihrer Erklärung des Zustandekommens von Gerechtigkeitsurteilen. Das erste Modell besagt, dass die Beurteilung der Gerechtigkeit von Verfahren für Menschen nur insofern eine Rolle spielt, wie diese Verfahren für das Zustandekommen der von ihnen erwünschten Ergebnisse verantwortlich sind. Dabei stellen Thibaut und Walker die These auf, dass das Maß der Gerechtigkeit der untersuchten Verfahren von den Beteiligten im Verhältnis zum Grad ihrer direkten (Ergebniskontrolle) und indirekten Einflussmöglichkeiten (Prozesskontrolle) beurteilt wird (vgl. Konovsky 2000). In Abgrenzung hierzu haben Lind und Tyler (1988) ein Modell der prozeduralen Gerechtigkeit entwickelt, demnach die Beurteilung der Gerechtigkeit von Verfahren vor dem Hintergrund der Wertschätzung zeitlich lang andauernder Beziehungen zu Gruppen erfolgt (vgl. Konovsky 2000). Dieses Modell ist heute auch meist unter dem Namen identitätsbasiertes, relationales Modell bekannt (vgl. Cropanzano et al. 2001).

Gehen wir auf das Group Value-Modell etwas näher ein. Es basiert auf der Annahme, dass Menschen in besonderer Weise die Beziehungen zu Gruppen wertschätzen. Die Zugehörigkeit zu einer Gruppe weist deren Mitgliedern einen sozialen Status zu und stellt einen wichtigen Beitrag für ihre eigene Selbstachtung zur Verfügung (vgl. Greenberg 1990). Zugleich verleihen Gruppen ihren Mitgliedern eine Identität (vgl. Hogg 2001; Tyler 2001). Auch Organisationen, bei denen es sich gemäß dieser Theorie bloß um spezielle Gruppen handelt, liefern ihren Mitgliedern eine Identität (vgl. Tyler/Lind 1992; Hogg 2001; Tyler 2001). Vor diesem Hintergrund der Identitätsverleihung spielt die Beurteilung gerechter Verfahren eine besondere Rolle, da Verfahren als Informationsquellen den einzelnen Gruppenmitgliedern ihren Status innerhalb der Gruppe anzeigen (vgl. Blader/Tyler 2003). Lind und Tyler (1988) bestimmen drei Faktoren, anhand derer die Bewertung des eigenen sozialen Status und der damit verbundenen Selbstachtung durch die Gruppenmitglieder erfolgt: Neutralität, Vertrauenswürdigkeit und Stellung/Ansehen (vgl. Konovsky 2000). Die Berücksichtigung dieser drei Faktoren entscheidet dann über die Einschätzung der Gerechtigkeit eines Verfahrens (vgl. Abbildung 2).

Während sich die Dimensionen der distributiven und prozeduralen Gerechtigkeit nicht zwangsläufig auf das unmittelbare Verhältnis von zwei Interaktionspartnern beziehen müssen, verweist die Dimension der *interaktionalen* Gerechtigkeit direkt auf den sozialen Aspekt der Gerechtigkeit zwischen zwei Organisationsmitgliedern, meist zwischen Vorgesetzten und Untergebenen. Ihren Entdeckern Bies und Moag (1986) gemäß bestimmt sich interaktionale Gerechtigkeit als die Beurteilung der Gerechtigkeit der Qualität der interpersonellen Behandlung im Rahmen eines organisationalen Verfahrens. In einer späteren Untersuchung hat Greenberg (1993), bezogen auf die Dimension der interaktionalen Gerechtigkeit, zusätzlich eine informationale und eine interpersonale Gerechtigkeitsdimension unterschieden. Informationale Gerechtigkeit nimmt zunächst Bezug auf die sozialen Bestimmungsfaktoren prozeduraler Gerechtigkeit. Hierunter sind vorrangig der Umfang und die Angemessenheit der weitergegebenen Informationen zu verstehen, die verwendet werden, um Entscheidungen und Verfahren zu begründen (vgl. Beugré 1998: 38). Interpersonale Gerechtigkeit hingegen bezieht sich auf die Art und Weise, wie ein Individuum, meist der Vorgesetzte, einzelne oder mehrere Organisationsmitglieder behandelt. Als Kriterien kommen hier unter anderem Höflichkeit, Respekt und Würde in Betracht. Die Beachtung dieser Kriterien wird von den Betroffenen in der Regel als gerecht erachtet (vgl. Colquitt et al. 2001).

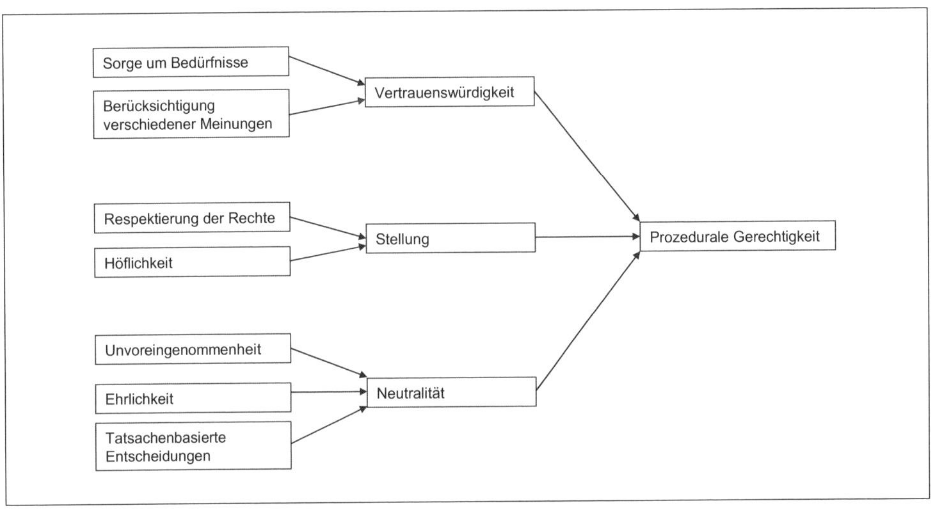

Abbildung 2: Faktoren der prozeduralen Gerechtigkeit

Zur Bestimmung der Gerechtigkeitskompetenz erweist sich die Berücksichtigung der drei grundlegenden Gerechtigkeitsdimensionen als sinnvolle Richtschnur. Danach sollte die inhaltliche Ausfüllung des Begriffes der Gerechtigkeitskompetenz Elemente der distributiven, der prozeduralen und der interaktionalen Gerechtigkeit beinhalten. Zwar ist offensichtlich, dass die ersten beiden Dimensionen nicht immer unmittelbar im Einflussbereich von Führungskräften zu verorten sind, doch häufig besteht für Führungskräfte dennoch die Möglichkeit, sowohl Verteilungen als auch Verfahrensabläufe gerechtigkeitsbezogenen Überlegungen entsprechend zu gestalten.

Gerechtigkeitskompetenz besteht also den vorherigen Erörterungen zufolge aus der Fähigkeit, Verteilungen bezogen auf die Geführten gerecht zu gestalten, aus der Fähigkeit, Geführte an Verfahrens- und Entscheidungsabläufen gerecht partizipieren zu lassen, und aus der Fähigkeit, Geführte in der sozialen Interaktion gerecht, d. h. vor allem mit Würde, Respekt und Anstand, zu behandeln (vgl. Abbildung 3).

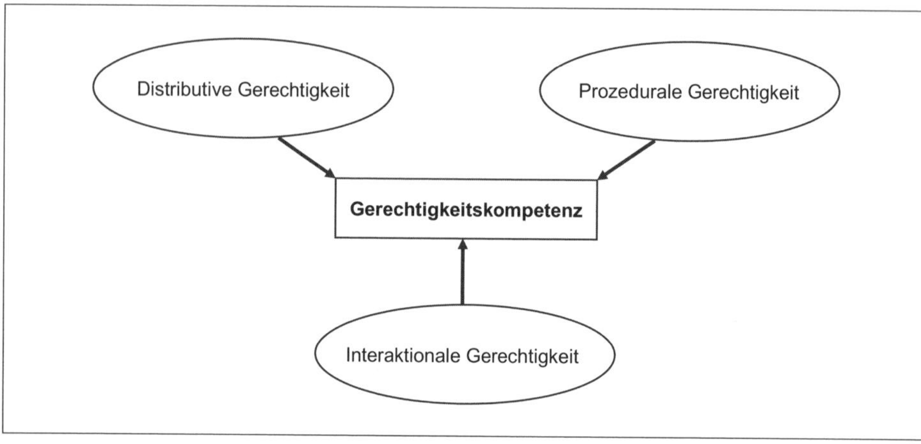

Abbildung 3: Die Gerechtigkeitskompetenz

Wie man sieht, sind die hier noch sehr allgemein gehaltenen Folgerungen innerhalb der Führungslehre keine unbekannten Größen; vielmehr formen sie ein in sich theoretisch begründetes Cluster. Um dieses konkreter im Sinne von Handlungsempfehlungen auszugestalten, müssen die einzelnen Teilkompetenzen dem jeweiligen theoretischen Hintergrund entsprechend weiter heruntergebrochen werden.

Wie ginge dies? Die Kompetenz prozeduraler Gerechtigkeit kann, wie wir gezeigt haben, unter anderem anhand des Group Value-Modells sinnvoll operationalisiert werden. Wie aus diesem Modell ersichtlich wird, sind für die Beurteilung der Gerechtigkeit eines Verfahrens die Subdimensionen Vertrauenswürdigkeit, Stellung und persönliche Neutralität von besonderer Relevanz. Soll eine Führungskraft auf der Ebene prozeduraler Gerechtigkeit kompetent sein, muss sie demzufolge einerseits den Geführten gegenüber unvoreingenommen sein, wahrhaftig und ehrlich agieren und ihre Entscheidung auf erkennbaren Tatsachen anstatt auf intersubjektiv nicht nachvollziehbaren, diffusen Wertungen gründen. Des Weiteren soll sie ihrer Stellung entsprechend einen respektvollen Umgang mit anderen pflegen und die legitimen Rechte anderer achten. Ferner sollte sie sich als vertrauenswürdig darstellen können. Dies gelingt ihr, indem sich ihr Handeln durch die Berücksichtigung verschiedener Meinungen in ihrem Entscheidungsprozess und die erkennbare Sorge um die Bedürfnisse des Gegenübers auszeichnet.

Der Erwerb von Gerechtigkeitskompetenz erweist sich nicht nur für die Umsetzung einer als gerecht empfundenen Führung als relevant, sondern trägt bereits zuvor zur Anerkennung eines als legitim erlebten Führungsanspruchs bei (vgl. Tyler/Lind 1992; Tyler 1997). Im Rahmen einer der wenigen Arbeiten auf diesem Feld haben Tyler und Lind (1992) darauf hingewiesen, dass der Nutzen fairer Verfahren in der Erleichterung der Aufrechterhaltung positiver Beziehungen unter Gruppenmitgliedern besteht. Demzufolge ist prozedurale Gerechtigkeit auch wichtig für die Herstellung und Aufrechterhaltung einer positiven Beziehung zur Führungskraft.

4 Fazit

Resümierend ist festzuhalten, dass es ein wichtiges Ziel betriebswirtschaftlicher Problemlösungen sein muss, die Bedeutung von gerechtem Handeln klar zu erkennen und in die eigene Theoriebildung sowie in die Empfehlungen für die Praxisgestaltung zu integrieren. Ethik wie Gerechtigkeit dürfen demnach nicht wie bisher (weitgehend) aus dem betriebswirtschaftlichen (Führungs-)Forschungsprogramm ausgeklammert bleiben, da ansonsten wieder einmal ein Stück mehr der Anschluss zur betrieblichen Realität verloren ginge (vgl. hierzu auch Kuhn/Weibler 2003).

Sicherlich besteht noch umfassender Forschungsbedarf, der an dieser Stelle nur sehr allgemein skizziert werden kann. Wir haben gezeigt, dass es notwendig ist, um über das Schlagwort einer Gerechtigkeitskompetenz hinauszugehen, eine Anbindung an Theorien der empirischen Gerechtigkeitsforschung vorzunehmen. Hier existieren aber mehrere, zum Teil konkurrierende Angebote, deren relative Vorteilhaftigkeit für Führungsfragen noch nicht geklärt ist (Theorieproblem). Auch bedarf die Überprüfung der Passgenauigkeit zwischen theoretischem Modell und methodischer Umsetzung weiterer Anstrengungen. Fragebogenuntersuchungen stoßen hier schnell an ihre bekannten Grenzen, wohingegen der Einsatz von Gerechtigkeitsdilemmata wiederum forschungsökonomisch unvorteilhaft ist

(Methodenproblem). Nicht zuletzt bleibt auch offen, welche Effekte genau auf die Leistungsbereitschaft einwirken und wie die Stärke dieser Effekte in Relation zu anderen, fördernden oder hemmenden Bedingungen zu bestimmen ist (Relevanzproblem). Und sowohl aus theoretischer wie auch pragmatischer Perspektive ist auch noch interessant, inwieweit eine Gerechtigkeitskompetenz vermittelbar ist, die in die Programme der Personalentwicklung (vgl. Thom 1987, 1992) eingebaut werden kann (Steuerungsproblem).

Literaturverzeichnis

Adams, Jean S. (1965): Inequity in social exchange. In: Advances in experimental social psychology, volume 2, edited by Leonard Berkowitz, New York 1965, S. 267-299.

Alexander, Sheldon; Ruderman, Marian (1987): The role of procedural and distributive justice in organisational behaviour. In: Social Justice Research, 1. Jg. 1987, Nr. 2, S. 177-198.

Bass, Bernard M. (1990): Bass & Stogdill's handbook of leadership: theory, research, and managerial applications, 3rd edition, New York 1990.

Becker, Manfred (2005): Personalentwicklung. Bildung, Förderung und Organisationsentwicklung in Theorie und Praxis, 4. Auflage, Stuttgart 2005.

Beugré, Constant D. (1998): Managing fairness in organizations, Westport/CT 1998.

Bies, Robert J.; Moag, Joseph S. (1986): Interactional justice: Communication criteria for fairness. In: Research on negotiation in organizations, edited by Blair Sheppard, Greenwich 1986, S. 43-55.

Blader, Steven L.; Tyler, Tom R. (2003): What constitutes fairness in work settings? A four component model of procedural justice. In: Human Resource Management Review, 13. Jg. 2003, Nr. 1, S. 107-126.

Colquitt, Jason A. et al. (2001): Justice at the millennium: A meta-analytic review of 25 years of organizational research. In: Journal of Applied Psychology, 86. Jg. 2001, Nr. 3, S. 425-445.

Cropanzano, Russell et al. (2001): Moral virtues, fairness heuristics, social entities, and other denizens of organizational justice. In: Journal of Vocational Behaviour, 58. Jg. 2001, Nr. 2, S. 164-209.

Duschek, Stephan (2004): Organisationale Kompetenzen. In: Handwörterbuch Unternehmensführung und Organisation, 4. Auflage, hrsg. v. Georg Schreyögg und Axel von Werder, Stuttgart 2004, Sp. 612-618.

Gilliland, Stephen W.; Chan, David (2001): Justice on Organizations: Theory, Methods, and Applications. In: Handbook of Industrial Work and Organizational Psychology, volume 2, edited by Neil Anderson, London 2001, S. 143-165.

Greenberg, Jerald (1990): Organizational Justice: Yesterday, Today, and Tomorrow. In: Journal of Management, 16. Jg. 1990, Nr. 2, S. 399-432.

Greenberg, Jerald (1993): The social side of fairness: Interpersonal and informational classes of organizational justice. In: Justice in the workplace. Approaching fairness in human resource management, edited by Russell Cropanzano, Hillsdale/NJ 1993, S. 79-103.

Habermas, Jürgen (1988): Theorie des kommunikativen Handelns, Frankfurt a. M. 1988.

Hogg, Michael A. (2001): A social identity theory of leadership. In: Personality and Social Psychology Review, 5. Jg. 2001, Nr. 3, S. 184-200.

Kieser, Alfred; Reber, Gerhard; Wunderer, Rolf (Hrsg.) (1995): Handwörterbuch der Führung, 2. Auflage, Stuttgart 1995.

Konovsky, Mary A. (2000): Understanding Procedural Justice and it's impact on business organizations. In: Journal of Management, 26. Jg. 2000, Nr. 3, S. 489-511.

Kuhn, Thomas; Weibler, Jürgen (2003): Führungsethik: Notwendigkeit, Ansätze und Vorbedingungen ethikbewusster Mitarbeiterführung. In: Die Unternehmung, 57. Jg. 2003, Nr. 5, S. 375-392.

Küpers, Wendelin; Weibler, Jürgen (2005): Emotionen in Organisationen, Stuttgart 2005.

Liebig, Stefan (1997): Soziale Gerechtigkeitsforschung und Gerechtigkeit in Unternehmen, München 1997.

Lind, E. Allen; Tyler, Tom R. (1988): The social psychology of procedural justice, New York 1988.

Montada, Leo; Kals, Elisabeth (2001): Mediation, Weinheim 2001.

Neuberger, Oswald (2002): Führen und führen lassen, 6. Auflage, Stuttgart 2002.

Prahalad, Coimbatore K.; Hamel, Gary (1990): The Core Competence of the Corporation. In: Harvard Business Review, 68. Jg. 1990, Nr. 3, S. 79-91.

Rosenstiel, Lutz von; Regnet, Erika; Domsch, Michel E. (Hrsg.) (2003): Führung von Mitarbeitern, 5. Auflage, Stuttgart 2003.

Scholl, Wolfgang (1995): Philosophische Grundfragen der Führung. In: Handwörterbuch der Führung, hrsg. v. Alfred Kieser, Gerhard Reber und Rolf Wunderer, Stuttgart 1995, Sp. 1749-1757.

Thibaut, John W.; Walker, Lauren S. (1975): Procedural justice: A psychological analysis, Hillsdale/NJ 1975.

Thom, Norbert (1987): Personalentwicklung als Instrument der Unternehmungsführung, Stuttgart 1987.

Thom, Norbert (1992): Personalentwicklung und Personalentwicklungsplanung. In: Handwörterbuch des Personalwesens, 2. Auflage, hrsg. v. Eduard Gaugler und Wolfgang Weber, Stuttgart 1992, Sp. 1676-1690.

Tyler, Tom R. (1986): The psychology of leadership evaluation. In: Justice in social relations, edited by Hans W. Bierhoff, Rolf L. Cohen and Jerald Greenberg, New York 1986, S. 299-316.

Tyler, Tom R. (1997): The psychology of legitimacy: A relational perspective on voluntary deference to authorities. In: Personality and Social Psychology Review, 1. Jg. 1997, Nr. 4, S. 323-345.

Tyler, Tom R. (2001): Cooperation in Organizations: A social identity perspective. In: Social identity processes in organizational contexts, edited by Michael A. Hogg and Deborah J. Terry, S. 149-165.

Tyler, Tom R.; Caine, Andrew (1981): The role of distributive and procedural fairness in the endorsement of formal leaders. In: Journal of Personality and Social Psychology, 41. Jg. 1981, S. 643-655.

Tyler, Tom R.; Lind, E. Allen (1992): A relational model of authority in groups. In: Advances in Experimental Social Psychology, 25. Jg. 1992, S. 115-191.

Tyler, Tom R.; Smith, Heather J. (1998): Social justice and social movements. In: The handbook of social psychology, volume 2, 4th edition, edited by Daniel T. Gilbert, Susan T. Fiske and Gardner Lindzey, Boston 1998, S. 595-629.

Van den Bos, Kees; Wilke, Henk A. M.; Lind, E. Allan (1998): When do we need procedural fairness? The role of trust in authority. In: Journal of Personality and Social Psychology, 75. Jg. 1998, Nr. 6, S. 1449-1458.

Wegener, Bernd (1999): Belohnungs- und Prinzipiengerechtigkeit: Die zwei Welten der empirischen Gerechtigkeitsforschung. In: Politische Gerechtigkeit, hrsg. v. Ulrich Druwe und Volker Kurz, Opladen 1999, S. 167-214.

Weibler, Jürgen (1997): Vertrauen und Führung. In: Personal als Strategie, hrsg. v. Rüdiger Klimecki und Andreas Remer, Neuwied/Kriftel/Berlin 1997, S. 185-214.

Weibler, Jürgen (2001): Personalführung, München 2001.

Weibler, Jürgen (2004): Führung und Führungstheorien. In: Handwörterbuch Unternehmensführung und Organisation, 4. Auflage, hrsg. v. Georg Schreyögg und Axel von Werder, Stuttgart 2004, Sp. 294-308.

Wils, Jean-Pierre (2002): Tugend. In: Handbuch Ethik, hrsg. v. Marcus Düwell, Christoph Hübenthal und Micha H. Werner, Stuttgart 2002, Sp. 513-517.

Wunderer, Rolf (Hrsg.) (1995): Betriebswirtschaftslehre als Management- und Führungslehre, 3. Auflage, Stuttgart 1995.

Wunderer, Rolf (2003): Führung und Zusammenarbeit, 5. Auflage, München 2003.

Unternehmerische Schlüsselkompetenzen in Management und Märchen

Ein Portfolioansatz

Rolf Wunderer*

Zur strategischen Differenzierung der qualitativen Personalstruktur von Organisationen werden im Personalmanagement auch Portfolioansätze eingesetzt. Sie differenzieren z. B. nach Qualifikation und Leistungsmotivation. In diesem Beitrag wird die Verteilung von drei (mit-)unternehmerischen Schlüsselkompetenzen (Dispositionen zu Problemlösungs-, Sozial- und Umsetzungshandeln) auf sechs Portfoliogruppen anhand von Ergebnissen betrieblicher Umfragen sowie Analysen bekannter Märchen der Brüder Grimm diskutiert. Den Abschluss bilden Überlegungen zu „lessons learned" in beiden Disziplinen und im Vergleich von Märchen mit (Auto-)Biographien „charismatischer" Führungspersönlichkeiten.

Stichworte: Gestaltungs- und Problemlösungskompetenz – Lessons Learned – Management – Märchen – Motivation – Personalportfolio – Qualifikation – Schlüsselkompetenzen – Sozialkompetenz – Umsetzungskompetenz – unternehmerische Kompetenz – (Mit-)Unternehmertum

---

* Prof. em. Dr. Rolf Wunderer war bis im Jahr 2001 als ordentlicher Professor für Betriebswirtschaftslehre, insbesondere Führung und Personalmanagement, an der Universität St. Gallen tätig.

1 Mitunternehmerische Schlüsselkompetenzen

Die BWL erweist sich – im Gegensatz zur VWL – als „märchenfrei“, was zumindest die Suche bei Google und in den Stichwortverzeichnissen von fünf einschlägigen Handwörterbüchern der Betriebswirtschaftslehre mit ca. 16’000 Spalten belegen kann (vgl. Wunderer 2005). Dagegen wird Unternehmertum bei „breiten Belegschaftsschichten“ oder sogar „von allen“ in sog. Visionen und Führungsgrundsätzen der Unternehmen (z. B. Leitsatz von IBM: Alle arbeiten unternehmerisch.) gefordert (vgl. Wunderer 2006). Oft wird diese Anforderung aber wieder auf strategisches Denken, beispielsweise auf die Kosten- und Gewinnorientierung, eingeschränkt.

Kompetenzen versteht die psychologische Diskussion als Dispositionen, die von Individuen selbstorganisiert geleistet werden können. Sie werden über Leistungshandeln oder dessen Ergebnisse evaluiert (vgl. Erpenbeck/Rosenstiel 2003: XVI; Fischer 2003). Zur Evaluation werden Beobachtungen, Interviews, Potenzial- und Leistungsbeurteilungen, Tests bzw. Assessments vorgeschlagen.

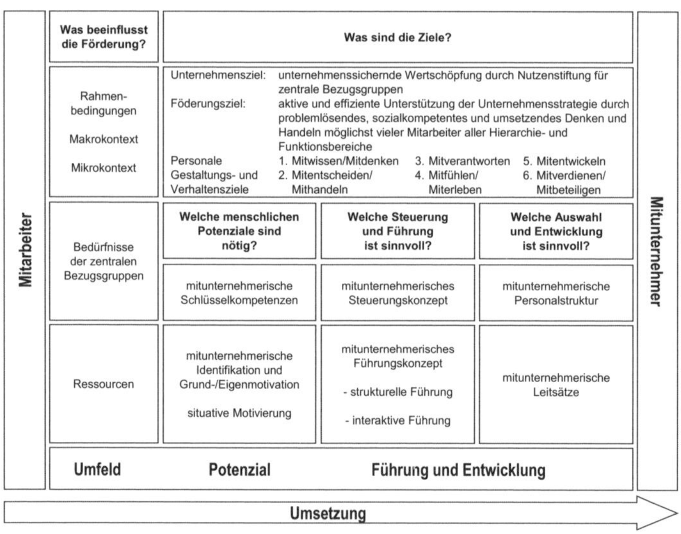

Abbildung 1: Vom Mitarbeiter zum Mitunternehmer – ein Bezugsrahmen

Im vorgängigen *Bezugsrahmen* (vgl. Abbildung 1) werden drei mitunternehmerische *Schlüsselkompetenzen* als „enabler“ für langfristige Wertschöpfung differenziert. *Mitunternehmertum* wird dabei verstanden als die aktive und effiziente Unterstützung der Unternehmensstrategie durch problemlösendes, sozialkompetentes und umsetzendes Denken und Handeln möglichst vieler Mitarbeiter aller Hierarchiebereiche mit hoher Eigeninitiative und -verantwortung in/mit dafür fördernden Strukturen.

Im Rahmen der Kompetenzanalyse werden erstens die *drei Schlüsselqualifikationen* (vgl. Wunderer 1999, 2006) und diese zweitens in je zwei Teilkompetenzen differenziert, die drittens nach Verhaltens- und Ergebniskriterien operationalisiert und schließlich in einem Personalportfolio nach Qualifikation und Motivation unterteilt werden:

- *Gestaltungskompetenz (Problemlösungskompetenz):* Kreative und strategieorientierte Problemlösungen, die einen grundlegenden und proaktiven Wandel im Denken und Handeln (Change) bewirken (können), sowie die Qualifikation zur meist reaktiven, doch steten Verbesserung vorliegender Lösungsansätze (Continuous Improvement).
- *Umsetzungskompetenz:* Reflexionsorientierte sowie aktionsgesteuerte Umsetzungsbefähigung und -motivation von Problemlösungsentscheiden.
- *Sozialkompetenz:* Kooperative sowie autonome Dispositionen zur Beziehungsgestaltung.

Abbildung 2 zeigt Operationalisierungen von zwei der drei mitunternehmerischen Kompetenzen nach Verhaltens- und Ergebniskriterien.

Der *Portfolioansatz* will als ein Instrument des Personalcontrollings (vgl. Wunderer/Jaritz 2006) die Verteilung von Mitarbeiterkompetenzen für strategische Personalentscheide (vgl. Odiorne 1987; Hilb 2002) systematisieren sowie Empfehlungen zur Gestaltung der qualitativen Personalstruktur unterstützen, insbesondere für die Auswahl, den Einsatz und die Förderung von Mitarbeitenden.

Schon Schumpeter (1912: 104) fragte so: „Wie setzt sich das Neue in der Wirtschaft durch? [...]. Die meisten Leute gehen ihrem täglichen, gewohnten Erwerbe nach und haben damit genug zu tun […]. Eine Minorität von Leuten mit einer schärferen Intelligenz und beweglichen Phantasie sehen zahllose Kombinationen […]. Dann aber gibt es noch eine geringere Minorität – und diese handelt.“

Verhaltenskriterien	Ergebniskriterien
Gestaltungskompetenz	
• sich gegenüber Neuem offen zeigen • neues Wissen in den Aufgabenbereich einbringen • Suchen und Aufgreifen neuer Ideen • an Problemlösungen konsequent und kreativ arbeiten • andere begeistern und von den Vorteilen des eigenen Handlungsziels überzeugen • sich chancenorientiert verhalten	• Anzahl und Qualität entwickelter Ideen • Akzeptanz und Übernahme/Anwendung der entwickelten Ideen • Anzahl und Qualität von Verbesserungsvorschlägen – auch gegenüber dem Team • Anzahl und Qualität verbesserter Produkte und Dienstleistungen • Gestaltung/Anwendung neuer Verfahren, Methoden und Instrumente
Umsetzungskompetenz	
• Reflektiertes und beharrliches Verfolgen persönlicher Leistungsziele • systematische Planung, Organisation und Evaluation der eigenen Arbeit • Anwendung von Managementmethoden (z. B. MbO) bei Planung und Beschlussfassung • Antizipation von Gegenargumenten • Nutzung von Informationstechnologien und Netzwerken • proaktives Überzeugen, Kommunizieren, Verhandeln und Durchsetzen	• Anzahl und Qualität erreichter Ziele • Qualität der erarbeiteten Konzepte und Pläne • verbesserte Prozesse, Produkte, Besprechungen, Verhandlungen • Effektivitäts- und Effizienzsteigerungen (Kosten, Wirtschaftlichkeit, Erfolg, Wertschöpfung) • Verbesserung von Umsatz-/Erfolgsindikatoren, technischen, ökonomischen und sozialen Leistungsgrößen • Zustimmungsrate bei Kollektiventscheiden

Abbildung 2: Indikatoren für Gestaltungs- und Umsetzungskompetenz

Mit einem vereinfachten Portfolioansatz wurden Führungskräfte und Personalverantwortliche von über 200 Unternehmen zu groben Prozent-Einschätzungen ihrer Firmen bzw. Teams nach mitunternehmerischer *Qualifikation und Motivation* befragt. Es zeigten sich in drei Studien ähnliche Verteilungen. Selbst im Management wurden höchstens ein Drittel der Befragten als Mitunternehmer eingestuft.

Gestaltungs- und Handlungskompetenz (hoch)

Sozialkompetenz (hoch)

	Umfrage 1		Umfrage 2		Umfrage 3		Durchschnitt	
	Nicht-Führungskräfte	Führungskräfte	Nicht-Führungskräfte	Führungskräfte	Nicht-Führungskräfte	Führungskräfte	Nicht-Führungskräfte	Führungskräfte
Mitunternehmer	17%	34%	12%	28%	15%	29%	**14%**	**30%**
Unternehmerisch motivierte Mitarbeiter	31%	34%	28%	38%	33%	38%	**31%**	**37%**
Mitarbeiter mit geringer Mitunternehmerkompetenz	36%	20%	45%	22%	36%	21%	**39%**	**21%**
Innerlich Gekündigte/ Überforderte sowie aktive Bremser	16%	12%	15%	12%	16%	12%	**16%**	**12%**
	100%	100%	100%	100%	100%	100%	100%	100%

Umfrage 1: August 1998, N=116
Umfrage 2: Oktober/November 1998, N=96
Umfrage 3: Mai 1999, N=28

Abbildung 3: Verbreitung mitunternehmerischer Kompetenz

2 Mitunternehmerische Schlüsselkompetenzen in Märchen

Nach dem skizzierten Kompetenzkonzept werden nun mit einem erweiterten Portfolioansatz (vgl. Wunderer 2006: 62) Heldinnen und Helden aus sechs der weltweit bekannten Kinder- und Hausmärchen (KHM) der Brüder Grimm (1996/1819; vgl. Schede 2004) analysiert und subjektiv interpretiert. Der Ansatz differenziert sechs Typen anhand der Dimensionen „mitunternehmerische Qualifikation“ und „mitunternehmerische Motivation“: 1) Mitunternehmer, 2) mitunternehmerisch Qualifizierte, aber nur begrenzt Motivierte, 3) mitunternehmerisch Motivierte, aber nur begrenzt Qualifizierte 4) Mitarbeiter mit geringer Mitunternehmerkompetenz und -qualifikation sowie hierbei 5) Demotivierte bzw. 6) Überforderte (vgl. Abbildung 4).

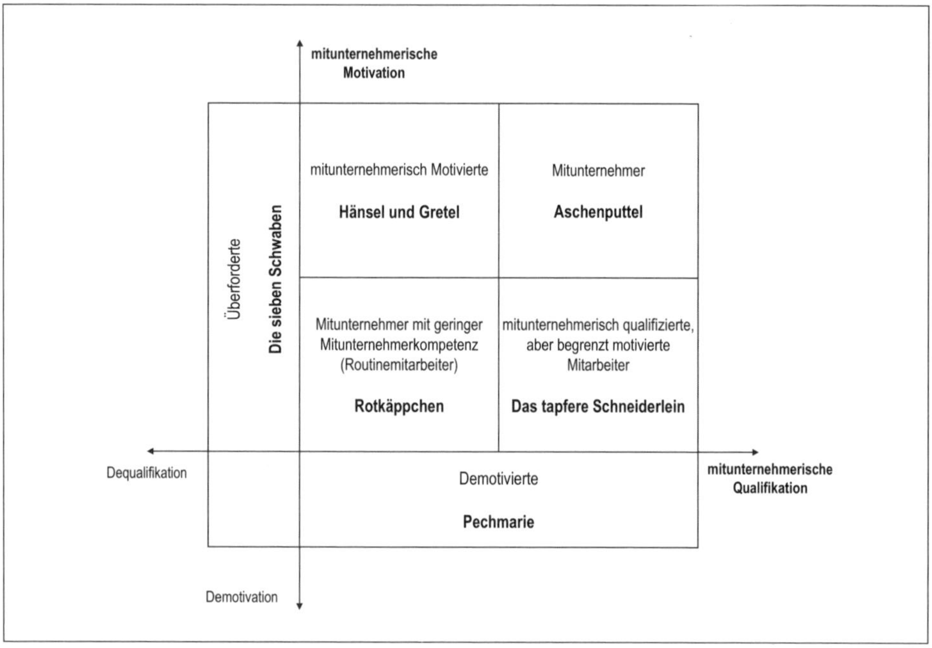

Abbildung 4: Mitunternehmerisches Portfolio mit Märchenhelden

Im Folgenden werden Ausprägungen des Mitunternehmertums anhand verschiedener Märchenhelden und -heldinnen erläutert.

1) *Aschenputtel als Mitunternehmerin (KHM 21)*[1]*:*

Sie durchlebt starke Veränderungen, die durch den Tod der Mutter, die steten Erniedrigungen durch Stiefmutter und -schwestern und den Vater sowie durch Tests (z. B. Linsensortier- und Schuhtests) geprägt sind. *Gestaltungskompetenz:* Die junge Frau bewirkt in diesem turbulenten Kontext nach einer Phase tapferen Erduldens mit mentaler und emotionaler Intelligenz tief greifenden wie schrittweisen Wandel in ihrer gesamten Familienstruktur (Emanzipation von Vater und Stiefmutter, Ausschluss der Schwestern als Bräute und als Mitglieder der neuen Familie sowie die Entwicklung vom gemobbten Aschenbrödel zur umworbenen Prinzessin).

---

1 KHM meint die mit einer Nr. von 1-200 bezeichnete Fundstelle der Märchen der Brüder Grimm in allen Gesamtausgaben der Kinder- und Hausmärchen.

In ihrer *Sozialkompetenz* zeigt sie neben dem beeindruckenden Erdulden viel Selbstständigkeit (z. B. im Werbungsprozess des Bräutigams) wie auch hohe Kooperationsfähigkeit (zunächst mit ihrer Familie, dann mit der Gewinnung und dem Einsatz ihrer teils „himmlischen“ Netzwerkpartner). Im *Umsetzungsprozess* reflektiert sie ihre Belastungen, Risiken und Chancen. Gleichzeitig setzt sie zielstrebig, beharrlich, mit hohem Selbstvertrauen und erfolgsorientiert ihren Emanzipationsplan durch. Sie erweist sich so als *(Mit)-Unternehmerin*, die alle drei Schlüsselkompetenzen in sich vereint. Andere Märchenbeispiele, die in diese Kategorie gehören, deren Helden jedoch nicht immer Fähigkeiten in allen drei Kompetenzen aufweisen, sind u. a.: *Der gestiefelte Kater (in der Gesamtausgabe von 1819 entfernt)* sowie *Die Bremer Stadtmusikanten (KHM 27).*

2) *Das tapfere Schneiderlein (KHM 20) als mitunternehmerisch qualifizierter, aber kaum kooperativ motivierter Märchenheld:*

Der Schneider erreicht den gleichen Status (Prinz- bzw. Königsnachfolge) wie Aschenputtel, jedoch mit anderen Ausprägungen der Schlüsselqualifikationen. In seiner *Problemlösungskompetenz* ist er extrem gefordert. Er bewirkt als fahrender Schneidergeselle tief greifenden Wandel im Reiche seines Königs, indem er zunächst drei lebens- und staatsbedrohende Feinde mit List, Bluff und Mut unschädlich macht. Im zweiten Handlungsteil wendet er mit gleichem Erfolg Bedrohungen durch den König und seine eigene Frau ab. In diesem Actionmärchen bleibt kein Platz für kontinuierliche Verbesserungen. Dies würde dem Schneiderlein auch gar nicht liegen. Seine *Sozialkompetenz* reduziert sich auf extrem hohe Eigen- und Selbstständigkeit. Er lehnt sogar die Unterstützung durch Soldaten des Königs zur Bekämpfung eines besonders gefährlichen Feindes rundweg ab. Kooperationen will und braucht er nicht. Er lässt sich nicht einmal von den ständigen Wortbrüchen des Königs beeindrucken. Seine *Umsetzungskompetenz* zeigt blitzschnelle, intuitive, wagemutige bis tollkühne Reaktionen auf neue Herausforderungen. Sein Leben besteht aus einzelnen Handlungssequenzen, ohne sichtbare Reflexion seiner Entscheide und Verhaltensweisen. So erkennen wir im tapferen Schneiderlein einen höchst autonomen, aber kaum kooperativen Bilderbuch-Intrapreneur bzw. die Inkarnation einer „Ich-AG“, an dem auch Pinchot (1988: 19) helle Freude hätte, setzt der Schneider, doch dessen 10 Erfolgsmaximen vorbildlich um. Einige davon lauten: „Komme jeden Tag mit der Bereitschaft zur Arbeit, gefeuert zu werden.“, „Umgehe alle Anordnungen, die Deinen Traum stoppen.“, „Mach alles, was zur Realisierung Deines Zieles erforderlich ist.“, „Wette nie in einem Rennen, in dem Du nicht selbst mitläufst.“

3) ***Hänsel und Gretel (KHM 15) als mitunternehmerisch motiviertes, aber noch wenig qualifiziertes Paar:***

Hänsel und Gretel sowie ihre Eltern sind Opfer einer Hungersnot wie sie noch heute Millionen trifft. Auch in der Schweiz mussten Minderjährige als „Verdingkinder" ihre Familie verlassen. In der speziellen Fassung dieses Märchens der Brüder Grimm (vgl. Ritz 1981) belauschen die Geschwister die „Outsourcing"-Entscheide der bösen Mutter und des mitleidigeren Vaters und schmieden bzw. realisieren Rettungspläne. *Problemlösungskompetenz:* Hänsel hat eine Idee mit der Kieselsteinmarkierung des Rückwegs; aber der zweite Versuch mit den Brotkrumen misslingt. Von der Hexe gefangen, übernimmt nun Gretel die Initiative, schützt ihren Bruder mit dem Knöchelchen-Trick und befreit beide mit der Überlistung der Hexe, die sie in den Backofen schiebt. Auch beim Rückweg ins Elternhaus findet sie bei der Überquerung einer Furt die bessere Lösung. Sie zeigt Dispositionen zum Change, Hänsel mehr zu schrittweisen Verbesserungen. Beide bilden so eine ideale und entwicklungsträchtige „Wir-AG". *Sozialkompetenz:* Die Autonomie des Teams ist notgedrungen gefordert und bringt Erfolg. Ob es jeder für sich allein geschafft hätte, ist nicht sicher. Ihre Kooperationsbereitschaft gegenüber der Hierarchie (Eltern und Hexe) entspricht nicht mehr heutigen Erziehungsidealen. Sie kehren mit den Schätzen der Hexe – anders als Aschenputtel – wieder zu den Rabeneltern zurück. *Umsetzungskompetenz:* Die Geschwister reflektieren ihre Lage und die nötigen Schritte recht gut; bei Hänsel gelingt das noch nicht immer optimal. Gretel emanzipiert sich und überlistet die Hexe mit einer durchdachten und blitzschnellen Aktion. So zeigt sie hoffnungsvolles Entwicklungspotenzial für die nächste Portfoliostufe der Mitunternehmerin. Andere Beispiele in dieser Mitunternehmerkategorie wären: *Der treue Johannes (KHM 6)*, *Sechse kommen durch die ganze Welt (KHM 71)*, der Igel in *Der Hase und der Igel (KHM 187).*

4) ***Rotkäppchen (KHM 26) zeigt (noch) geringe mitunternehmerische Qualifikation und Motivation:***

Rotkäppchen ist „eine kleine süsse Dirne, die hatte jedermann lieb, der sie nur ansah" (Rotkäppchen, KHM 26: 174). Doch ein böser Wolf trachtet ihr nach dem Leben. Mit ihrer *Problemlösungskompetenz* ist sie öfters Objekt der Geschichte. Nur einmal missachtet sie das Gebot der Mutter, auf dem Weg zur Großmutter nicht vom Weg abzuweichen. Mit ihrem kindlichen Zutrauen wird sie ein leichtes Opfer des Wolfs. Bei der Beseitigung dieses Feindes und später dessen Kumpan ist sie eine motivierte Helferin des Jägers (Steine holen) oder der Großmutter (den Trog mit „Wurstwasser" füllen). Sie selbst kann keinen Wandel bewirken. Im *Sozialverhalten* zeichnet sie sich durch hohe – altersgemäß naive wie damals zeitgemäß autoritative – Kooperationsfähigkeit und -motivation aus, sei es im Zusammensein mit der Mutter, der Großmutter, dem Jäger oder dem Wolf. Ihre Autonomie ist noch gering. Die einmal doch gezeigte Unabhängigkeit diente dazu, ein bedürftiges Familienmitglied mit einem Blumenstrauß zu erfreuen. Das lässt sich auch als „organizational citizenship" (vgl. Organ 1988) interpretieren. Im *Umsetzungsprozess* lernt sie aber aus Erfahrung und nimmt sich einen neuen Lebensplan vor: „Du willst dein Lebtag nicht wieder allein vom Wege ab in den Wald laufen." Und bei der nächsten Herausforderung mit dem zweiten Wolf zeigt sie mutige Bereitschaft, diesen zu überlisten. Das zeugt auch von „continous improvement" und verspricht weitere Entwicklungen in der Zukunft. Rotkäppchen positioniert sich als lernwillige und entwicklungsfähige sowie auch motivierte *„Routinemitarbeiterin",* welche die vorgegebenen Ziele und Aufgaben gern erfüllt und Ansätze zu selbstständig reflektierten Veränderungen zeigt. Andere Beispiele zu diesem Mitunternehmertypus, jedoch nicht in allen drei Kompetenzen: *Der Meisterdieb (KHM 192)*, die Schwester in *Die sieben Raben (KHM 25)*, die Goldmarie in *Frau Holle (KHM 24)* und teilweise *Hans im Glück (KHM 83)*.

5) *Pechmarie in Frau Holle (KHM 24)* als *demotivierte Mitarbeiterin*[2]:

Bei der *Pechmarie* wird arbeitsscheues Verhalten von der eigenen Mutter zulasten der Stiefschwester sozialisiert und erst von Frau Holle bestraft. *Problemlösungskompetenz:* Die faule Marie zeigt keine Disposition, sich oder andere mit neuen Problemlösungen zu überraschen – nicht einmal für die erwartete hohe Belohnung. *Umsetzungskompetenz:* Obwohl taktisch zweckmäßig, kann sie das erwartete fleißige Verhalten nur einen Tag durchhalten. Das wird ihr dann mit lebenslangem Pech an den Kleidern statt Gold vergolten. *Sozialkompetenz:* Sie bleibt ihrer Natur und Sozialisierung treu, kann damit ihr Ertragsziel aber nicht erreichen. Und von Kooperation oder gar prosozialem Verhalten ist nie etwas zu spüren. Pechmarie ist bei neuen bzw. höheren Arbeitsanforderungen schnell *demotiviert.* Frau Holle versucht auch keine Remotivation – das ist nicht ihr Füh-

---

2 Arbeitsethos wird in mehreren Märchen thematisiert, z. B. in *Der faule Heinz (KHM 164)* oder in *Die faule Spinnerin (KHM 128)*. Die Brüder Grimm waren Calvinisten.

rungs- und Entwicklungskonzept. Andere Beispiele in dieser Portfolio-Kategorie wären: Die Ilsebill in *Von dem Fischer un syner Fru (KHM 19)* und *Der gescheite Hans (KHM 32)*.

6) ***Die sieben Schwaben (KHM 119)*** **als** ***mitunternehmerisch Überforderte:***

Sie zeigen Visionen mit schnellem Verfallsdatum. Das findet man auch in manchen Firmen, insbesondere in Gründerunternehmen. *Problemlösungskompetenz:* Sie demonstrieren bei ihrer Drachenjagd zunächst den aktuellen Werbespruch: „Wir können alles – nur nicht Hochdeutsch." Alle sieben verfehlen dann aber ihre ambitiösen Jagdziele wegen Problemlösungsinkompetenz. *Umsetzungskompetenz:* Auch hier scheitern sie kläglich, weil sie in kollektiv-ängstlichem „groupthink" (vgl. Janis 1982) stets aus einer „Mücke einen Elefanten", hier aus einem Hasen ein gefährliches Ungeheuer, machen („[…] es wird nit fehle um ein Haar, so ischt es wohl der Teufel gar [..]"). *Sozialkompetenz:* An Autonomie mangelt es allen, deshalb haben sie sich zusammengeschlossen. Sie beginnen zwar als eine „Kooperative", aber wenn es ernst wird, versucht jeder seine Haut zu retten („Gang Veitli, gang, gang du voran, i will dahinte vor di stahn."). *Umsetzungskompetenz:* Ihre extreme Risikoaversion ist eine weitere Begründung für ungenügendes Unternehmertum. Zu diesem Aspekt machte ein ETH-Kollege eine Studie mit dem Titel: „Warum dauert die Umsetzung einer guten Idee in der Schweiz so lange?" (vgl. Guttropf 1995 sowie Wunderer/Bruch 2000) mit folgender Ergebnisrangreihe. Diese belegt Angst auch in der Managementpraxis als zentralen Innovationshemmer (vgl. Abbildung 5 auf der nächsten Seite). Weitere Beispiele für extreme Überforderung aller Beteiligten liefert *Das Bürle (KHM 61)*.

3 Lessons Learned

Diese Studie an den Kinder- und Hausmärchen (KHM) der Brüder Grimm lieferte für alle Portfoliobereiche des Mitunternehmertums mehrere Beispiele. Und weitere, hier nicht diskutierte Einzelanalysen ergaben, dass gleichermaßen listige Einzelkämpfer, kooperative Netzwerker (oft die dritten Geschwister – manchmal Dummlinge genannt) oder mutig-aktionale Umsetzer erfolgreich sind. Alle drei Schlüsselkompetenzen finden sich relativ selten in einer Person, in der Unternehmenspraxis wie in den analysierten Märchen. Deshalb wird in der Managementlehre eine ergänzende (duale) Führung empfohlen und diese auch in den Märchen (vgl. z. B. Hänsel und Gretel) aufgezeigt.

1	Angst vor Know-how-Freigabe
2	Angst vor Kooperation und Konkurrenz
3	Denken in geschlossenen Systemen
4	Chef/Inhaber entscheidet nicht mehr selbst; Gremien (Verwaltungsrat) entscheiden
5	Hang zum Perfektionismus
6	Die Vermarktung von sortimentsfremden Ideen wird unterlassen; es fehlt eine geeignete Verkaufsstruktur
7	Angst der Chefs vor innovativen Mitarbeitern
8	Angst vor Anwendung neuer Technik/Software
9	Behinderung durch Rahmenbedingungen
10	Beratende Stäbe sind träge (Alltagsferne)

Abbildung 5: Umsetzungsbarrieren bei der Realisierung guter Ideen in der Schweiz

Märchen eignen sich als bekannte und erhellende Fallbeispiele zur Beschreibung und Erklärung von mitunternehmerischer Qualifikation und Motivation. Man kann sie nachlesen und reflektieren (auch mittels Märchenklassifikationen – vgl. Thompson 1955; Uther 2004). Einige Beispiele hierfür mit Bezug zum Management: *Aschenputtel* für Selbst- und Fremdvertrauen, *Der gestiefelte Kater* für kreativ-listige Problemlösung und „Managing the Boss", *Das tapfere Schneiderlein* für blitzschnelle Umsetzung und typisches Intrapreneuring in einer „Ich AG", *Die Bremer Stadtmusikanten* oder *Sechse kommen durch die ganze Welt* für eine erfolgreiche „Wir-AG" von Freigesetzten, *Der Froschkönig* für „Walk Your talk", *Der treue Johannes* für „Commitment", *Der Hase und der Igel* für die Überlegenheit taktischer Kooperation, *Der Fischer un syne Fru* für Folgen maßlosen Karrierestrebens, *Hans im Glück* für Hedonismus und den Abbau motivationaler Dissonanzen, *Die sieben Schwaben* für kollektiven Groupthink, *Hänsel und Gretel* für Vorteile der Teamarbeit und dualer Führung sowie *Frau Holle* für prosoziales Verhalten sowie calvinistische Arbeitsethik mit ihren Gratifikationen bzw. Sanktionen.

Märchen können noch weitere Erkenntnisse für Führungsfragen fördern. Ihre Interpretation mit Konzepten der Managementforschung regte uns z. B. zur Entwicklung von Metaphern (vgl. Wunderer 2002) und zu Versuchen zur Weiterentwicklung sozialwissenschaftlicher Theorien an (vgl. Wunderer 2004, 2005). Ebenfalls lassen sich damit vernachlässigte Betrachtungsweisen in der Erzähl- und Märchenforschung (vgl. Brednich et al. 1977; Franz 2004) fördern. So organisiert die Märchenstiftung Walter Kahn Ende 2006 eine Tagung zu neuen Wegen der interdisziplinären Märchendeutung auch aus Sicht des Managements.

Märchen zeigen überliefertes wie lebendiges Kulturgut. Mit Kompetenzanalysen können Werte, Qualifikationen und Handlungsweisen von „Märchenhelden" mit Anforderungen an sog. exzellente Manager verglichen werden. Für Analysen zur Gesellschaftskultur eignen sich z. B. kulturspezifische Varianten von Märchen, wie beispielsweise von Aschenputtel in den sehr unterschiedlichen italienischen (Basile 2000/1634), französischen (Perrault 1996/1697) und deutschen (Brüder Grimm 1996/1819) Versionen.

In der Motivationsforschung (vgl. z. B. Kuhl 2001: 73, 1071-1092), der Philosophie (vgl. Marcuse 1972; Fromm 2003), der Theologie (vgl. z. B. Murphy 2000) sowie vor allem in den zahlreichen Publikationen der Tiefenpsychologie (vgl. z. B. Kast 1989; Bettelheim 2000; Drewermann 2003) werden menschliche Kompetenzen oder Denk-, Fühl- und Beziehungsmuster sowie damit verbundene Konflikte und Problemlösungen thematisiert und interpretiert.

Märchen eignen sich – wie auch Fabeln – als bildhafte Gleichnisse für menschliches Verhalten in realistischen Situationen. Sie werden deshalb gerne in der Aus- und Weiterbildung aller Schulstufen verwendet. In der Märchendidaktik (vgl. Wardetzky/Zitzlsperger 1997) werden sie als Fallstudien für allgemeine menschliche Konflikte sowie als Vorbilder eingesetzt.

Auch in der Organisations- und Personalentwicklung unterstützen heute spezialisierte Erzähler und Berater. Teilweise werden „Unternehmensmärchen" oder Storytelling (vgl. Frenzel/Müller/Sottong 2004) sowie „Unternehmenstheater" (vgl. Schreyögg 2001) in Changeprozessen eingesetzt bzw. dafür entworfen. Zur Personalentwicklung findet sich ebenso relevante Trainerliteratur (vgl. z. B. Berger 2001).

Mit der These zu genetisch geprägten bzw. früh sozialisierten sowie relativ stabilen Schlüsselkompetenzen werden Möglichkeiten und Grenzen der (auch betrieblichen) Personalentwicklung (vgl. Thom 1987) thematisiert. Weiterhin lassen sich Testkonzepte der differenziellen Personalpsychologie (vgl. Hossiep/ Mühlhaus 2005) auf Märchenfiguren anwenden und so die bevorzugten tiefenpsychologischen Deutungsansätze erweitern.

Was für Jugendliche Märchen, Sagen und andere Mären (z. B. Donald Duck, Asterix, Pippi Langstrumpf, Harry Potter) bedeuten, das sind besonders für Führungskräfte (Auto-)Biographien (vgl. z. B. Iacocca/Novak 1987; Welch 2003) von bekannten Managern. Liest man zum Buch von Jack Welch, seinem Portfolioansatz (2003: 461 ff.) und seiner Person die Hymnen zu der „Autobiographie des besten Managers der Welt" (so der Untertitel des Autors!) z. B. von L. Späth, J. Schrempp, O. Henkel, G. Höhler, R. Berger und J. Weber (Welch 2003: 478 ff.) und berücksichtigt man die heute bekannten Korrekturen an dessen „Spiegelbild" sowie kritische empirische Analysen (vgl. Collins/Porras 1995: 55 und 239 ff.), dann wird die wenig reflektierte Verehrung sog. „Charismatiker" durch erfolgreiche Manager und Berater offensichtlich. Gleiches zeigen Heranwachsende gegenüber ihren Helden aus Sagen und Märchen. Schließlich drängen sich gar Assoziationen zum *Tapferen Schneiderlein* auf: „'Bist so ein Kerl?' sprach er nach dem gelungenen Totschlag von sieben Fliegen. [...] 'das soll die ganze Stadt erfahren.' [...] 'die ganze Welt solls erfahren!' und sein Herz wackelte ihm vor Freude wie ein Lämmerschwänzchen."

Literaturverzeichnis

Basile, Giambattista (2000/1634): Das Märchen der Märchen – Das Pentamerone, München 2000.

Berger, Friedrich (2001): Märchen für Manager, München 2001.

Bettelheim, Bruno (2000): Kinder brauchen Märchen, 22. Auflage, Stuttgart 2000.

Brednich, Rolf et al. (Hrsg.) (1977): Enzyklopädie des Märchens, Handwörterbuch zur historischen und vergleichenden Erzählforschung, Bände 1-11, Berlin et al. 1977 ff.

Brüder Grimm, Jacob und Wilhelm (Hrsg.) (1996): Kinder und Hausmärchen (KHM), vollständige Ausgabe der ersten Gesamtausgabe von 1819, 17. Auflage, München 1996.

Collins, James; Porras, Jerry (1995): Visionary Companies-Visionen im Management, München 1995.

Drewermann, Eugen (2003): Aschenputtel, Zürich et al. 2003.

Erpenbeck, John; Rosenstiel, Lutz von (2003): Einführung. In: Handbuch Kompetenzmessung, hrsg. v. John Erpenbeck und Lutz von Rosenstiel, Stuttgart 2003, S. IX-XL.

Fischer, Stephan (2003): Opus Organisations- und Potenzialuntersuchungssystem. In: Handbuch Kompetenzmessung, hrsg. v. John Erpenbeck und Lutz von Rosenstiel, Stuttgart 2003, S. 473-487.

Franz, Kurt (Hrsg.) (2004): Märchenwelt – Das Volksmärchen aus der Sicht verschiedener Fachdisziplinen, Baltmannsweiler 2004.

Frenzel, Karolina; Müller, Michael; Sottong, Hermann (2004): Storytelling. Das Harun-al-Raschid-Prinzp – Die Kraft des Erzählens fürs Unternehmen nutzen, München et al. 2004.

Fromm, Erich (2003): Haben oder Sein, 31. Auflage, München 2003.

Guttropf, Wilhelm (1995): Warum dauert die Umsetzung einer guten Idee in der Schweiz so lange? In: Arbeitsdokument des schweizerischen Wissenschaftsrates, FER, Umiken 1995.

Hilb, Martin (2002): Integriertes Management, 10. Auflage, Neuwied 2002.

Hossiep, Rüdiger; Mühlhaus, Oliver (2005): Personalauswahl und -entwicklung mit Persönlichkeitstests, Göttingen et al. 2005.

Iacocca, Lee; Novak, William (1987): Iacocca – Eine amerikanische Karriere, Frankfurt a. M. et al. 1987.

Janis, Irving (1982): Groupthink, 2nd edition, Boston et al. 1982.

Kast, Verena (1989): Märchen als Therapie, Olten 1989.

Kuhl, Julius (2001): Motivation und Persönlichkeit, Göttingen et al. 2001.

Marcuse, Ludwig (1972): Philosophie des Glücks, Zürich 1972.

Murphy, Richard (2000): The Owl, the Raven, and the Dove – The Religious Meaning of the Grimms Magic Fairy Tales, Oxford 2000.

Odiorne, George Stanley (1987): Strategic Management of Human Resources, San Francisco 1987.

Organ, D. W. (1988): Organizational Citizen Behavior. The Good Soldier Syndrome, Lexington 1988.

Perrault, Charles (1996/1697): Sämtliche Märchen, Ditzingen 1996.

Pinchot, Gifford (1988): Intrapreneuring. Mitarbeiter als Unternehmer, Wiesbaden 1988.

Ritz, Hans (1981): Die Geschichte vom Rotkäppchen – Ursprünge, Analysen, Parodien eines Märchens, 2. Auflage, Göttingen 1981.

Schede, Hans-Georg (2004): Die Brüder Grimm, München 2004.

Schreyögg, Georg (2001): Unternehmenstheater, Wiesbaden 2001.

Schumpeter, Joseph (1912): Theorie der wirtschaftlichen Entwicklung, Leipzig 1912.

Thom, Norbert (1987): Personalentwicklung als Instrument der Unternehmungsführung, Stuttgart 1987.

Thompson, Stith (1955): Motiv-Index of Folk-Literature, Copenhagen 1955.

Uther, Hans-Jörg (2004): The Types of International Folktales, Helsinki 2004.

Wardetzky, Kristin; Zitzlsperger, Helga (1997): Märchen in Erziehung und Unterricht heute, Bd. II, Didaktische Perspektiven, i. A. der Märchenstiftung Walter Kahn, Bad Bayersoien 1997.

Welch, Jack (2003): Was zählt – Die Autobiographie des besten Managers der Welt, München 2003.

Wunderer, Rolf (1999): Mitarbeiter als Mitunternehmer – ein Transformationskonzept. In: Mitarbeiter als Mitunternehmer, hrsg. v. Rolf Wunderer, Neuwied 1999, S. 22-58.

Wunderer, Rolf (2002): Wertewandel und Führungsbeziehungen – Vom Schäferhund zum gestiefelten Kater, Sonderdruck des Instituts für Führung und Personalmanagement (I.FPM) der Universität St. Gallen 2002.

Wunderer, Rolf (2004): Vertrauen in Märchen und Management. Aschenputtel – erlernte Hilflosigkeit oder entwickeltes Selbstvertrauen, Sonderdruck des Instituts für Führung und Personalmanagement (I.FPM) der Universität St. Gallen 2004.

Wunderer, Rolf (2004a): Selbst- und Fremdvertrauen – Konzepte, Wirkungen, Märcheninterpretationen. In: Zeitschrift für Personalforschung, 18. Jg. 2004, Heft 4, S. 454-469.

Wunderer, Rolf (2005): Hans im Glück – Eigen- wie handlungsmotivierter Nutzenmaximierer und unlustmeidender Glückseligkeitsvisionär, Sonderdruck des Instituts für Führung und Personalmanagement (I.FPM) der Universität St. Gallen 2005.

Wunderer, Rolf (2006): Führung und Zusammenarbeit – eine unternehmerische Führungslehre, 6. Auflage, München 2006.

Wunderer, Rolf; Bruch, Heike (2000): Umsetzungskompetenz, München 2000.

Wunderer, Rolf; Jaritz, André (2006): Personalcontrolling – Evaluation der Wertschöpfung im Personalmanagement, 3. Auflage, München 2006.

E-Leadership.
Neue Medien in der Personalführung

Renato C. Müller*

Im Umfeld der Führung hat eine stille Revolution stattgefunden. Dem Management und den Mitarbeitenden steht heute aufgrund des technologischen Fortschritts eine Vielzahl von neuen Medien zur Verfügung, die nun vermehrt auch in der Personalführung eingesetzt werden. E-Leadership wird somit zu einer wichtigen Managementkompetenz. E-Leadership-Kompetenz setzt sich aus technischen (gerätetechnischen und technisch-informationsbezogenen) sowie personalwirtschaftlichen Elementen (Medienkompetenz, Medienakzeptanz und Vertrauen) zusammen. Um E-Leadership erfolgreich im Unternehmen einzuführen, ist ein Transformationsprozess des bestehenden Führungssystems erforderlich. Für diesen Wandel eignet sich der transformationale Führungsansatz besonders gut.

Stichworte: Changemanagement-Kompetenz – E-Leadership – Führungsumfeld – Medienakzeptanz – Medienkompetenz – Neue Medien – transaktionale Führung – transformationale Führung – Vertrauen

---

* Renato C. Müller, lic. rer. pol., ist wissenschaftlicher Assistent am Institut für Organisation und Personal der Universität Bern.

1 Stille Revolution in der Führung

„Over the last decade, a quiet revolution has been taking shape in organizations around the world. This revolution involves the wiring of organizations so that many significant human interactions are now mediated by information technology. Today leaders may lead entire projects from a distance and interact with followers or team members solely through information technology." (Avolio/ Kahai 2003: 325). Diese, auch als dritte industrielle Revolution bezeichnete Veränderung, wirkt sich stark auf die Führungskräfte, deren Führungsstil und die Mitarbeitenden aus. Dem Management und den Mitarbeitenden steht heute eine Fülle von neuen Medien zur Verfügung, welche eine neue, veränderte Personalführung erlauben (vgl. Tabelle 1). Neben dem technologischen Fortschritt, der diese neuen Informations- und Kommunikationstechnologien überhaupt erst möglich macht, beeinflussen heute eine Vielzahl von weiteren Umfeldfaktoren die Führungden (vgl. dazu Thom/Zaugg 2001: 2 ff.; Thom/Müller 2006: 251 ff.; Zaugg 2006: 3 f.).

Klassische Medien	**Neue Medien**		
	Kommunikationsdienste	Informationsdienste	Komplexe Medienanwendungen
• Face to Face • Telefon/ Telefonkonferenz • Dokumente/Briefpost • Zeitungen/Zeitschriften • Telefax • Mobiltelefon • CD/DVD	• E-Mail/Voice-Mail • Audio-, Videokonferenz, Business TV • Chat/Instant Messaging • Voice over IP • Teamkalender • Weblog/Blog • Podcast MP3 • Telearbeit	• Internet/Intranet • Bulletinboard/ Newsgroup/ Diskussionsforum	• Dokumenten-Managementsystem • Workflow-Managementsystem

Tabelle 1: Auswahl von Medien, welche in der Personalführung eingesetzt werden (eigene Darstellung in Anlehnung an Griesbeck 2005: 71 ff.)

Avolio und Kahai (2003: 327 ff.) nennen vier Argumente, die dafür sprechen, dass sich das Management in diesem dynamischen Umfeld mit E-Leadership befassen sollte: „(1) Access to Information and Media has Changed, (2) Greater Workforce Interconnectedness, (3) It is Easier to Reach and Touch Others and (4) Communication is More Indelible than Before." Im Folgenden wird weiter erläutert, weshalb E-Leadership eine wichtige Managementkompetenz darstellt.

2 E-Leadership als wichtige Managementkompetenz

Die Fähigkeit des richtigen Umgangs mit neuen Medien wird zu einem entscheidenden Erfolgsfaktor in der Personalführung. E-Leadership wird von Avolio, Kahai und Dodge (2000: 617) definiert als: „[...] a social influence process mediated by AIT (Advanced Information Technology) to produce a change in attitudes, feelings, thinking, behavior, and/or performance with individuals, groups, and/or organizations."

Griesbeck (2005: 113 ff.) beschreibt zwei Hauptvoraussetzungen des erfolgreichen mediengestützten Personalmanagements: Einerseits die *technische* und andererseits die *personalwirtschaftliche Prämisse*. Die technische Voraussetzung unterteilt sie in eine *gerätetechnische* (bspw. hinreichende Medienausstattung, Funktionstüchtigkeit, einfache, intuitive Bedienbarkeit, Datenübertragungskapazität, funktionale Erweiterbarkeit und Systemkompatibilität) und in eine *technisch-informationsbezogene* Untergruppe (z. B. Datensicherheit, Datenschutz). Bestandteile der personalwirtschaftlichen Voraussetzung sind *Medienkompetenz* (technische Kenntnisse, System- und Koordinationskompetenz und soziale Aspekte wie bspw. die verbindliche Regelung der medialen Kommunikation zwischen Mitarbeitenden und Vorgesetzten), *Medienakzeptanz* und *Vertrauen*. Die technische Prämisse lässt sich erheblich leichter gestalten, als die personalwirtschaftliche Prämisse.

Gapski (2001: 206) sieht die Medienkompetenz aufgrund permanent variierender Anwendungsbedingungen (z. B. neue Medientechnologien, veränderte Aufgabenanforderungen) als dynamisch geprägte Schlüsselqualifikation. Der Aufbau von Medienkompetenz erfordert ein positives Menschenbild, dass eine hohe Lernbereitschaft und Lernfähigkeit des Mitarbeitenden voraussetzt (vgl. Griesbeck 2005: 117). Mangelnde Medienkompetenz wird neben psychischen Barrieren bei der Anwendung von Medien, Angst vor Transparenz sowie Status- und Machtverlust als häufigste Ursache von fehlender Medienakzeptanz genannt (vgl. Griesbeck 2005: 118). Die Personalführung bildet einen wichtigen Ansatzpunkt, um die Medienakzeptanz bspw. mittels aktiver Informationspolitik, Vorleben medialer Kommunikation durch Vorgesetzte oder durch die Einführung eines medienspezifischen Anreizsystems zu erhöhen (vgl. Griesbeck 2005: 118).

Vertrauen ist ein weiterer wichtiger Erfolgsfaktor im mediengestützten Personalmanagement. Ehrlichkeit, Offenheit, Toleranz, Anerkennung und Sicherheit werden gemäß Scholz (1994: 47), Funderholz (1998: 44) und Seifert (2001: 306) als notwendige, wenngleich nicht hinreichende Werte für eine Vertrauenskultur genannt. Griesbeck (2005: 120) fügt die Vorbildfunktion der Vorgesetzten, verbindliche Normen, Belohnungen für wertekonformes und Sanktionen für wertewidriges Verhalten hinzu. „Für den Aufbau von Vertrauen in medialen Strukturen bleibt paradoxerweise der persönliche Kontakt zwischen den Kommunikationspartnern unverzichtbar […], dieser wirkt insbesondere bei langfristiger Anlegung, unterstützend. Sind persönliche Kontakte nicht möglich (z. B. wegen räumlicher Distanz), kann Vertrauen ersatzweise auf der Basis von Erfahrungen Dritter (Reputation), zu denen bereits ein Vertrauensverhältnis besteht, aufgebaut werden [...].“ (Griesbeck 2005: 119).

Um E-Leadership erfolgreich im Unternehmen einzuführen, bedarf es eines Wandels im Führungssystem. Um diesen Wandel Erfolg versprechend zu meistern, benötigen Führungskräfte laut Bruch, Vogel und Krummaker (2006: 305) neben der Fähigkeit, Orientierung zu vermitteln, dem Vermögen des diplomatischen Vorgehens, des mitunternehmerischen Handelns und Denkens insbesondere spezifische Changemanagement-Kompetenzen. Im nächsten Abschnitt wird näher auf den notwendigen Wandel des Führungssystems eingegangen.

3 Transformation des Führungssystems

„Successful implementation and integration of AIT (Advanced Information Technology) will typically require a *transformation* in the leadership system to accommodate the insertion of new technology.” (Avolio/Kahai/Dodge 2000: 625). Der Unternehmensleitung kommt bei der Einführung von erfolgreichem E-Leadership eine zentrale Bedeutung zu. Dabei stehen dem Management grundsätzlich zwei Führungsansätze zur Verfügung:

1. Beim transformationalen Führungsansatz steht die Führungsperson mit ihrer Vorbildfunktion im Zentrum. Charisma (Vermittlung einer Vision/Mission, Stolz, Respekt und Vertrauen), Inspiration (Anregung, welche Motivation und aktives Arbeiten nach sich zieht), geistige Anregung (Förderung von Selbstständigkeit und Ermutigung, sein Potenzial vollständig auszuschöpfen) und individuelle Betreuung sind die wichtigsten Aspekte dieses auf die intrinsische Motivation ausgerichteten Ansatzes (vgl. Bass 1998; Bass/Steyrer 1995).

2. Der transaktionale Führungsansatz basiert dagegen auf der Annahme, dass die Leistung des Mitarbeitenden aufgrund eines Austausches von Beiträgen mit der Führungskraft (Belohnung) geschieht (eher extrinsische Orientierung).

Verschiedene Untersuchungen haben gezeigt, dass transformationale Führung längerfristig einen zusätzlichen positiven Effekt auf den Erfolg hat, welcher über den Effekt der transaktionalen Führung hinausgeht (bspw. Geyer/Steyrer 1998 und Bass et al. 2003).

Transaktionale Führung	Transformationale Führung
Mitarbeitende werden in Richtung feststehender, akzeptierter und etablierter Ziele geführt, die durch die Organisation oder die Gesellschaft vorgegeben sind.	Transformationale Führer sehen in der Transaktion nur den Ausgangspunkt einer Formung.
Leistung des Mitarbeitenden geschieht aufgrund eines Austausches von Beiträgen mit der Führungskraft (Belohnung).	Transformationale Führung beginnt dort, wo die Ziele, Werte und Wünsche der Geführten verändert bzw. geformt werden.
Transaktionale Führer orientieren sich an den durch die Organisation vorgegebenen Zielen sowie den Wünschen und Werten ihrer Mitarbeitenden.	Transformationale Führer lenken mit den vier Komponenten Charisma, Inspiration, geistige Anregung und individuelle Beachtung.
Eher extrinsisch orientiert.	Eher intrinsisch orientiert.

Tabelle 2: Transaktionale und transformationale Führung im Vergleich (eigene Darstellung in Anlehnung an Tisdale 2004: 833 f.)

Die Autoren Bass (1985), Bass/Avolio (1990) und Geyer/Steyrer (1998) gehen bei ihren Überlegungen von der so genannten Zuwachsthese (Augmentationsthese) aus (vgl. Abbildung 1). Diese zeigt, dass die transformationale Führung für sich allein nicht die zentralen Effektivitätsbeiträge bringt. Die transaktionale Führung liefert, falls richtig angewandt, einen wichtigen Beitrag zur Einführung des E-Leaderships. Über die transformationale Führung erfolgt jedoch der entscheidende Zuwachs (vgl. Bass et al. 2003: 207 ff.; Scholz 2000: 951).

In Abhängigkeit der situativen Rahmenbedingungen fällt der Führungsstil eher transaktional bzw. transformational aus (vgl. Ridder/Jensen 2002: 228 ff; Krüger 2006: 109 ff.). Für eine Veränderung des Führungssystems hin zu einem erfolgreichen E-Leadership ist die transformationale Führung jedoch prädestiniert: „Durch ihr positives Menschenbild, ihre wertschätzende Grundhaltung, die intellektuelle Stimulation sowie das bewusste Werte- und Kulturmanagement eignet sich die transformationale Führung sehr gut als Führungsparadigma im Rahmen des nachhaltigen HRM.“ (Zaugg 2006: 218).

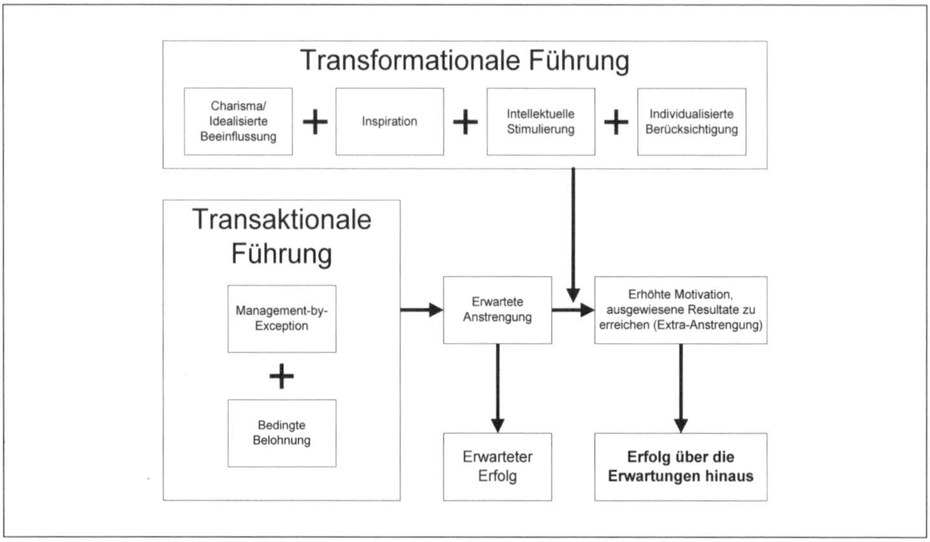

Abbildung 1: Augmentationsthese (eigene Darstellung in Anlehnung an Bass/Avolio 1990: 12 und Scholz 2000: 951)

4 Fazit und Ausblick

Im vorliegenden Beitrag konnte gezeigt werden, dass Führungskräfte heute mit einem stetig anwachsenden medialen Führungsinstrumentarium konfrontiert werden. Es stellt sich daher die Frage, wie das Management mit diesen Herausforderungen umgehen soll. Bisher durchgeführte Studien geben dazu folgende Antworten (vgl. Ridder/Jensen 2002: 225 ff.; Avolio/Kahai 2003: 331; Griesbeck 2005: 241 ff.; Zürcher 2005: 58 ff.):

(1) Herstellen einer Balance zwischen traditionellen und neuen Medien (Face to Face Kommunikation, traditionelle Medien und neue Medien).

(2) Eigene Absichten schnell und klar über neue Medien kommunizieren, damit die Mitarbeitenden verstehen, was das Management will.

(3) Neue Technologien nutzen, um die eigene Reichweite zu erhöhen, viele Personen zu erreichen und um das Wir-Gefühl zu stärken.

(4) Die Technologie anwenden, um die Verschiedenheit des eigenen Arbeitskräftepotenzials optimal zu nutzen.

(5) Eigene Vorbildfunktion wahrnehmen und mit gutem Beispiel vorangehen.

Die Forschung bezüglich E-Leadership befindet sich erst am Anfang. Insbesondere zum konkreten Einsatz von neuen Medien in der Personalführung unter Berücksichtigung verschiedener Führungsstile braucht es noch weitere Forschungsanstrengungen.

Literaturverzeichnis

Avolio, Bruce J.; Kahai, Surinder S. (2003): Adding the „E" to E-Leadership: How it May Impact Your Leadership. In: Organizational Dynamics, 31. Jg. 2003, Nr. 4, S. 325-338.

Avolio, Bruce J.; Kahai, Surinder S.; Dodge, George E. (2000): E-Leadership: Implications for Theory, Research, and Practice. In: Leadership Quarterly, 11. Jg. 2000, Nr. 4, S. 615-668.

Bass, Bernard M. (1985): Leadership and Performance beyond Expectations, New York 1985.

Bass, Bernard M. (1998): Transformational Leadership. Industrial, Military and Educational Impact, New York 1998.

Bass, Bernard M.; Avolio, Bruce J. (1990): Transformational Leadership Development: Manual for the Multifactor Leadership Questionnaire, Palo Alto 1990.

Bass, Bernard M.; Steyrer, Johannes (1995): Transaktionale und transformationale Führung. In: Handwörterbuch der Führung, 2. Auflage, hrsg. v. Alfred Kieser, Gerhard Reber und Rolf Wunderer, Stuttgart 1995, Sp. 2053-2062.

Bass, Bernard M. et al. (2003): Predicting Unit Performance by Assessing Transformational and Transactional Leadership. In: Journal of Applied Psychology, 88. Jg. 2003, Nr. 2, S. 207-218.

Bruch, Heike; Vogel, Bernd; Krummaker, Stefan (2006): Leadership – Trends in Praxis und Forschung. In: Leadership – Best Practices und Trends, hrsg. v. Heike Bruch, Stefan Krummaker und Bernd Vogel, Wiesbaden 2006, S. 301-308.

Funderholz, Jens (1998): Kultur virtueller Unternehmen. Arbeit und Vertrauen der Informationsgesellschaft, Berlin 1998.

Gapski, Harald (2001): Medienkompetenz. Eine Bestandesaufnahme und Vorüberlegungen zu einem systematischen Rahmenkonzept, Wiesbaden 2001.

Geyer, Alois; Steyrer, Johannes (1998): Messung und Erfolgswirksamkeit transformationaler Führung. In: Zeitschrift für Personalforschung, 12. Jg. 1998, Nr. 4, S. 377-401.

Griesbeck, Stefanie (2005): Mediengestütztes Personalmanagement. Konzeption und Bewertung, Frankfurt a. M. 2005.

Krüger, Wilfried (2006): Führungsstile für erfolgreichen Wandel. In: Leadership – Best Practices und Trends, hrsg. v. Heike Bruch, Stefan Krummaker und Bernd Vogel, Wiesbaden 2006, S. 107-122.

Ridder, Hans-Gerd; Jensen, Theda (2002): Telearbeit und Führung. Grundprobleme und Forschungsperspektiven. In: Neue Formen der Beschäftigung – neue Personalpolitik, hrsg. v. Albert Martin und Werner Nienhäuser, München/Mering 2002, S. 207-246.

Scholz, Christian (1994): Die virtuelle Organisation als Strukturkonzept der Zukunft? Diskussionsbeitrag Nr. 30 des Lehrstuhls für Betriebswirtschaftslehre, insbesondere Organisation, Personal- und Informationsmanagement, an der Universität des Saarlands, Saarbrücken 1994.

Scholz, Christian (2000): Personalmanagement, 5. Auflage, München 2000.

Seifert, Matthias (2001): Vertrauensmanagement in Unternehmen. Eine empirische Studie über Vertrauen zwischen Angestellten und ihren Führungskräften, München/Mering 2001.

Thom, Norbert; Müller, Renato C. (2006): Innovationsmanagement in KMU. Erkenntnisse aus einer explorativen Studie. In: Leadership – Best Practices und Trends, hrsg. v. Heike Bruch, Stefan Krummaker und Bernd Vogel, Wiesbaden 2006, S. 251-264.

Thom, Norbert; Zaugg, Robert J. (2001): Excellence durch Personal- und Organisationskompetenz. In: Excellence durch Personal- und Organisationskompetenz, hrsg. v. Norbert Thom und Robert J. Zaugg, Bern et al. 2001, S. 1-19.

Tisdale, Timothy (2004): Führungstheorien. In: Handwörterbuch des Personalwesens, 3. Auflage, hrsg. v. Eduard Gaugler, Walter A. Oechsler und Wolfgang Weber, Stuttgart 2004, Sp. 824-836.

Zaugg, Robert J. (2006): Nachhaltiges Personalmanagement. Eine neue Perspektive und empirische Exploration des Human Resource Management, Wiesbaden 2006.

Zürcher, Massimiliano (2005): Virtuelle Führung als Teil globaler Führung transnationaler Unternehmen, unveröffentlichte Diplomarbeit am Institut für Informatik der Universität Zürich, Zürich 2005.

Selbstmanagement. Kompetenz der Zukunft

Anita Graf*

Selbstmanagement ist eine Voraussetzung für die Erhaltung und Förderung von Leistungsfähigkeit und -bereitschaft. Selbstmanagement geht über das klassische Zeit- und Methodenmanagement hinaus und umfasst u. a. die Selbsterkenntnis, die selbstverantwortliche Steuerung der verschiedenen Lebensbereiche auf der Basis von Zielen, die Selbstmotivation und ein gezieltes Ressourcenmanagement. Es lassen sich insgesamt acht verschiedene Bausteine der Selbstmanagement-Kompetenz unterscheiden. Seitens Unternehmen können zahlreiche Rahmenbedingungen geschaffen und Instrumente implementiert werden, welche die Entwicklung der Selbstmanagement-Kompetenz im Arbeitskontext erleichtern und fördern.

Stichworte: Gesundheitsmanagement – Kompetenzen – Personalentwicklung – Persönlichkeitsentwicklung – Ressourcenmanagement – Selbstmanagement – Selbstverantwortung – Standortbestimmung – Stressmanagement

* Dr. Anita Graf ist Dozentin für Human Resource Management an der Fachhochschule Nordwestschweiz in Olten und besitzt eine eigene Praxis für ganzheitliche Persönlichkeitsentwicklung.

1 Begriff und Bedeutung

Qualifizierte, motivierte und flexibel arbeitende Mitarbeitende sind Schlüsselfaktoren für erfolgreiche Unternehmen der Zukunft. Durch die zunehmende Dynamisierung und Komplexität der heutigen (Arbeits-)Welt gewinnt die *Kompetenz Selbstmanagement* an Bedeutung: Mitarbeitende müssen in der Lage sein, ihre Leistungsfähigkeit und -bereitschaft selbstverantwortlich zu steuern und zu erhalten.

Selbstmanagement geht über das klassische Zeit- und Methodenmanagement hinaus. *„Selbstmanagement ist die Fähigkeit, die eigenen Handlungen und Aktivitäten so zu steuern, dass sie dem entsprechen, was man auch tun will.“* (Storch 2006). Eine wesentliche Voraussetzung ist Selbsterkenntnis – das Kennen der eigenen Stärken und Potenziale, Werte, Bedürfnisse und Grenzen. Auf dieser Basis gilt es, berufliche und persönliche Ziele zu definieren und diese mit Selbstdisziplin und Beharrlichkeit zu verfolgen. Hilfreich ist die Fähigkeit, sich selbst motivieren und für etwas begeistern zu können.

Selbstmanagement hat weiter mit Selbstverantwortung und Selbstentwicklung zu tun: Menschen müssen Verantwortung für sich und ihr (Arbeits-)Leben übernehmen, als Dirigent die verschiedenen Rollen und Lebensbereiche möglichst ganzheitlich lenken und die Bereitschaft haben, sich zu reflektieren und weiterzuentwickeln. Ganz praktisch gesehen, sind für Selbstmanagement die Fähigkeiten erforderlich, Zeit und Arbeitsabläufe gezielt selbst zu gestalten, effizient mit Ressourcen umzugehen und Belastungen zu managen. Vorhandene Kräfte und Energien müssen möglichst wirkungsvoll eingesetzt werden.

Den *Unternehmen* kommt bei der Förderung der Selbstmanagement-Kompetenz ebenfalls eine wichtige Rolle zu. Es gilt, unterstützende Rahmenbedingungen zu schaffen und Instrumente zu implementieren, die es den Mitarbeitenden ermöglichen, ihre Selbstmanagement-Fähigkeiten einzusetzen und weiterzuentwickeln. Dies gelingt z. B. durch Schaffen einer Kultur der lernenden Organisation, Förderung des Mit-Unternehmertums, Einführung von Konzepten für eine innovative Arbeitsgestaltung, zur Verfügung stellen von entsprechenden Weiterbildungen sowie Sensibilisierung und Schulung der Vorgesetzten.

2 Bausteine der Selbstmanagement-Kompetenz

Selbstmanagement ist eine umfassende Kompetenz und betrifft alle Lebensbereiche – Arbeit, Partnerschaft, Familie, Freunde, persönliche Interessen etc. Abbildung 1 zeigt die acht Bausteine, welche zur Selbstmanagement-Kompetenz gehören. Im Arbeitskontext wird der inhaltliche Schwerpunkt jedes Bausteins jeweils auf die berufliche Aufgabenerfüllung und Entwicklung gelegt, jedoch immer in Abstimmung mit den anderen Lebensbereichen (Work Life Balance).

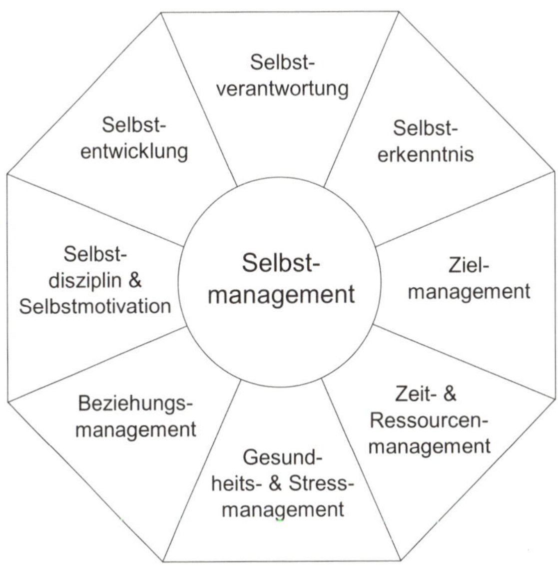

Abbildung 1: Bausteine der Selbstmanagement-Kompetenz

In Tabelle 1 sind Verhaltensweisen, die für ein effektives Selbstmanagement benötigt werden, aufgeführt. Die verschiedenen Bereiche sind eng miteinander verwoben und die Grenzen teilweise fließend; somit ist die Zuordnung nicht abschließend. Als Anregung und zur Inspiration sind in der rechten Spalte jeweils einige relevante Fragen aufgeführt. Die Beantwortung dieser Fragen führt zu mehr Selbsterkenntnis – eine wesentliche Grundlage für Selbstmanagement. Für eine weitere Vertiefung bietet sich zahlreiche Literatur zum Thema Zeit-, Selbst- und Stressmanagement an (vgl. z. B. Kehr 2002; Seiwert 2003; Küstenmacher/Küstenmacher 2004; Covey/Merrill/Merrill 2005; Schröder 2005).

Bausteine und Verhaltensweisen	**Auswahl relevanter Fragen**
Selbsterkenntnis	
• Eigene Fähigkeiten, Fertigkeiten und Kompetenzen kennen • Stärken und Schwächen realistisch einschätzen • Bewusstsein über die eigenen Werte, Bedürfnisse, Überzeugungen und Verhaltensmuster haben • Unbefriedigende Situationen erkennen, Problembewusstsein entwickeln • Regelmäßige Standortbestimmungen durchführen	Wo stehe ich beruflich und privat? Was sind meine herausragenden Fähigkeiten? Bringe ich meine Erfahrungen in den Beruf ein? Wo liegen ungenutzte Potenziale? Welche Verhaltensmuster prägen mich? Welche sind förderlich? Welche nicht? Welche bewussten und unbewussten Überzeugungen leiten mich?
Zielmanagement	
• Lebensvision bzw. persönliches Leitbild entwickeln • Persönliche und berufliche Ziele definieren • Handlungsbarrieren erkennen, Grenzen setzen, bei Hindernissen nach neuen Möglichkeiten suchen • Anspruchsniveau anpassen • Rückschläge und Enttäuschungen überwinden	Was motiviert mich (wirklich)? Sind die gesetzten Ziele mit dem Innen kongruent oder von außen übergestülpt? Wo lasse ich mich von meinen Zielen ablenken? Wo bestehen Zielkonflikte? Wie lassen sich diese vermindern?
Zeit- und Ressourcenmanagement	
• Zeit und Arbeitsabläufe gezielt selbst gestalten • Prioritäten setzen • Erholungszeiten einplanen und einhalten (z. B. Pausen, Ferien, freie Abende) • Kreativitätsinseln einbauen • Innere und äußere Ressourcen suchen und aktivieren • Kräfte und Energien wirkungsvoll einsetzen	Organisiere ich meine Arbeit richtig? Welches sind meine Prioritäten – privat und beruflich? Wie konsequent plane ich Freiräume ein? Wo lasse ich mich verplanen? Welches sind meine Ressourcen? Was hindert mich, Ressourcen zu nutzen? Was kann ich tun, um meine Energie-Bilanz positiv zu gestalten?

(Fortsetzung auf der nächsten Seite)

Bausteine und Verhaltensweisen	Auswahl relevanter Fragen
Gesundheits- und Stressmanagement	
• Für gesunde Ernährung und ausreichend Bewegung sorgen • Persönliche Stressfaktoren erkennen • Warnsignale des Körpers und des Umfelds wahrnehmen und respektieren • Prophylaktische Maßnahmen treffen, z. B. Entspannungstechniken in Belastungssituationen anwenden	Welches sind meine Stressfaktoren? Wo möchte/sollte ich „Nein" sagen und tue es nicht? Wie kann ich zusätzliche Erholungsräume schaffen? Bewege ich mich mindestens 20 Minuten pro Tag aktiv?
Beziehungsmanagement	
• Soziale Beziehungen und Netzwerke pflegen • Konflikte ansprechen und lösen • Sich aus behindernden Abhängigkeiten befreien • Persönliches Supportsystem aufbauen	Wie aktiv pflege ich meine Freundschaften? Wer unterstützt mich (beruflich/privat)? Wen unterstütze ich? Ist das Geben und Nehmen in Balance?
Selbstdisziplin und Selbstmotivation	
• An getroffenen Entscheidungen festhalten • Durchhalten, auch wenn Hindernisse und Ablenkungen auftauchen • Nicht in alternative Befriedigungsstrategien verfallen • Intrinsische Motivation aktivieren und steigern	Wie konsequent verfolge ich meine Ziele? Wieso lohnt es sich, durchzuhalten? Wo gebe ich mich Störungen und Ablenkungen hin? Woran liegt dies? Welche Handlungsschritte lösen die stärksten angenehmen Gefühle aus?
Selbstentwicklung	
• Lebenslanges Lernen als Leitsatz verinnerlichen • Möglichkeitsspiel(t)räume vergrößern (z. B. größer denken, Blickwinkel verändern) • Handlungsspielräume ergreifen, neue Verhaltensweisen ausprobieren und trainieren • Mut zeigen, Risiken eingehen	Wie kann ich mein Tätigkeitsfeld erweitern? Was würde ich gerne lernen, erfahren, wissen? Wo schränke ich mich in meinen Möglichkeits(t)räumen ein? Wo kann Ich selbst gezogene Grenzen verschieben?
Selbstverantwortung	
• Verantwortung für das eigene Leben übernehmen • Ist-Situation so akzeptieren wie sie ist, Vergangenheit loslassen • Zepter in die Hand nehmen	Übernehme ich Verantwortung für meine Gedanken und Handlungen? Weise ich die Schuld externalen Faktoren zu oder setze ich bei mir an? Was kann ich nicht loslassen?

Tabelle 1: Bausteine der Selbstmanagement-Kompetenz und Verhaltensweisen

3 Entwicklung von Selbstmanagement-Kompetenz

Durch den Einfluss der Außenwelt und die erfahrene Fremdbestimmung haben Menschen verlernt, auf ihren Wesenskern zu schauen. In Unternehmen gibt es zunehmend Mitarbeitende, die sich innerlich leer fühlen. Sie laufen in eine Richtung, machen alles immer schneller, ohne jedoch ausreichend darüber nachzudenken, ob die Richtung überhaupt (noch) stimmt (vgl. Schröder 2005: 15). Hier gilt es anzusetzen: Es sind im Leben immer wieder Momente des Innehaltens erforderlich. *Standortbestimmungen* bieten hier Unterstützung und sind eine gute Möglichkeit, die eigene Lebensgestaltung kritisch zu überprüfen.

Für die Entwicklung der Selbstmanagement-Kompetenz ist die Bereitschaft notwendig, sich zu reflektieren und verinnerlichte Verhaltensweisen zu ändern. „Niemand wird sich gegen seinen eigenen Willen verändern." (Schröder 2005: 81). Die Veränderung muss Sinn machen, einleuchtend und der Nutzen nachvollziehbar sein. Storch (2006) zeigt jedoch auf, dass es nicht immer an der mangelnden inneren Bereitschaft liegt, wenn Menschen nicht das tun, was sie eigentlich wollen. Mögliche Gründe liegen auch im mangelnden Zugang zu den eigenen Bedürfnissen oder es sind eingeschliffene Automatismen, die Menschen in Drucksituationen daran hindern, neue Handlungsweisen umzusetzen.

Seitens der Unternehmen (Vorgesetzte, HR-/PE-Abteilung, Unternehmensleitung) können zahlreiche Rahmenbedingungen geschaffen und Instrumente implementiert werden, welche die Entwicklung der Selbstmanagement-Kompetenz im Arbeitskontext erleichtern und fördern. Dies ist umso wichtiger, als verschiedene Studien den Zusammenhang zwischen arbeitsbedingtem Stress und physischen resp. psychischen Beschwerden aufzeigen (vgl. Ulich/Wülser 2005).

In der folgenden Tabelle sind Verantwortungsbereiche und mögliche Maßnahmen zur Entwicklung der Selbstmanagement-Kompetenz aufgeführt. Wesentlich ist, dass alle Träger der Personalentwicklung gleichermaßen bereit sind, ihren Teil beizutragen. Es braucht sowohl die Selbstverantwortung der Mitarbeitenden als auch die entsprechende Unterstützung seitens des Unternehmens.

Mitarbeitende	Vorgesetzte
• Übernehmen von Verantwortung für das eigene Leben • Anstreben von Selbstbewusstsein (bezüglich Stärken, Potenzialen, Werten, Bedürfnissen, Verhaltensmustern etc.) • Bereitschaft zur Selbstentwicklung • Konsequentes Setzen von Zielen und Prioritäten (für alle Lebensbereiche) • Ganzheitliche Lebensplanung und -gestaltung • Bewusstes Gesundheits- und Stressmanagement • Aufbau von Willensstärke (Selbstdisziplin) und Fördern der Selbstmotivation • etc. (gemäß Tabelle 1)	• Führen der Mitarbeitenden im Sinne von „Fordern und Fördern" (bezogen auf Aufgabenerfüllung und berufliche Entwicklung) • Übertragen von Aufgaben, Verantwortung und Kompetenzen • Ganzheitliche Gestaltung der Aufgaben • Ermöglichen von Autonomie • Führen mit Zielen (beim „Wie" Gestaltungsräume geben) • Mitarbeitende im Sinne von Self Empowerment coachen • Schaffen einer lernförderlichen Teamkultur • Wertschätzung zeigen und leben
HR-/PE-Abteilung	**Unternehmensleitung**
• Angebote für die Entwicklung der Selbstmanagement-Kompetenz zur Verfügung stellen (z. B. Seminare für Zeit-/Stressmanagement, Standortbestimmungen) • Abstimmung der PE-Maßnahmen auf den Lebenszyklus der Mitarbeitenden (vgl. hierzu Graf 2006a und 2006b) • Betriebliches Gesundheitsmanagement, Burnout-Prophylaxe • Integration des Themas „Selbstmanagement" in die Führungsausbildung • Anreize für Lernen schaffen (z. B. Punktesystem für Weiterbildung) • Implementation Selbstmanagement-förderlicher Rahmenbedingungen (z. B. Konzepte für eine ganzheitliche oder innovative Arbeitsgestaltung, flexible Arbeitszeitmodelle)	• Rollenmodell sein • Schaffen einer Unternehmenskultur, welche Selbstmanagement fördert resp. ermöglicht: z. B. Lernende Organisation, Mit-Unternehmertum • Verankern von ethischen Grundsätzen, die das gemeinschaftliche Denken und Handeln fördern • Ermöglichen eines angemessenen Verhältnisses von Ressourcen-Einsatz und Output • Abkehr von einer Kultur des Leistungsdrucks oder einer Leistungskultur, welche primär auf Jüngere ausgerichtet ist (z. B. keine jugendzentrierte Personalpolitik) • Fördern von Diversity • Unterstützen eines betrieblichen Gesundheitsmanagements

Tabelle 2: Entwicklung der Selbstmanagement-Kompetenz – Verantwortungsbereiche & Maßnahmen

Die Entwicklung von Selbstmanagement-Kompetenz ist ein anspruchsvoller und kontinuierlicher Prozess. Jeder noch so kleine Schritt in die richtige Richtung ist wichtig und kann entscheidend zur Erhöhung der Leistungsfähigkeit und -bereitschaft sowie der Lebensqualität beitragen.

„Eine Schnupperspur in Richtung Veränderung sind das innere Feuer, die Begeisterung, das Glänzen in den Augen." (Schröder 2005: 20).

Literaturverzeichnis

Covey, Stephen R.; Merrill, A. Roger; Merrill, Rebecca R. (2005): Der Weg zum Wesentlichen. Zeitmanagement der vierten Generation, Frankfurt a. M. et al. 2005.

Graf, Anita (2006a): Lebenszyklusorientierte Personalentwicklung. Handlungsfelder und Massnahmen. In: Moderne Personalentwicklung, hrsg. v. Norbert Thom und Robert J. Zaugg, Bern et al. 2006, S. 263-279.

Graf, Anita (2006b): Personalentwicklung als Kompetenzerweiterung. In: WEKA-Handbuch Erfolgsfaktor Human Resource Management, hrsg. v. Guy Ochsenbein und Ulrich Pekruhl, Zürich 2006, Kapitel 6/3.

Kehr, Hugo M. (2002): Souveränes Selbstmanagement. Ein wirksames Konzept zur Förderung von Motivation und Willensstärke, Weinheim u. a. 2002.

Küstenmacher, Marion; Küstenmacher, Werner Tiki (2004): Simplify Your Life. Endlich mehr Zeit haben, Frankfurt a. M. et al. 2003.

Schröder, Jörg-Peter (2005): Selbstmanagement. Wie persönliche Veränderungen wirklich gelingen, Offenbach 2005.

Seiwert, Lothar J. (2003): Das neue 1x1 des Zeitmanagement. Zeit im Griff, Ziele in Balance, 4. Auflage, Offenbach 2003.

Storch, Maja (2006): Selbstmanagement erlernen. URL: http://www.zrm.ch/Download/Presseschau/alpha.pdf, 8. April 2006.

Ulich, Eberhard; Wülser, Marc (2005): Gesundheitsmanagement in Unternehmen. Arbeitspsychologische Perspektiven, 2. Auflage, Wiesbaden 2005.

Interkulturelle Kompetenz. Eine Herausforderung im Globalisierungskontext

Krisztina Frankó*

„Erst wenn wir wissen, wohin wir gehen, werden wir wissen, woher wir kommen.“ (Kocher 1939).

Interkulturelle Kompetenz ist ein Forschungsthema, das in vielen Fachrichtungen diskutiert wird. Häufig wird interkulturelle Kompetenz als Rätsel im Globalisierungskontext aufgefasst. Es ist oft unklar, was eigentlich konkret damit gemeint ist. Was genau hinter diesem Begriff und der damit verknüpften Forschung steht, wird in diesem Beitrag kurz erläutert. Die Verfasserin legt eine Bestandsaufnahme über die entsprechende Forschung vor, wobei die ganzheitliche Betrachtung aufgrund der Komplexität des Themas nicht erreicht werden kann.

Stichworte: Ansätze zur interkulturellen Kompetenz – Globalisierung – Interaktionen – interkulturelle Kompetenz – Kultur

* Krisztina Frankó, MSc. in Business Economics, ist Doktorandin am Institut für Organisation und Personal der Universität Bern.

1 Einleitung

„Interkulturelle Kompetenz" ist ein Begriff, den schon jeder gehört hat, der sich im Geschäftsleben bewegt oder in irgendeiner Weise mit Management zu tun hat. Interkulturelle Kompetenz ist auch ein Modebegriff geworden. Nichts zeigt dies besser als eine Google-Recherche im Internet. Am 20. März 2006 wurden rund 1,4 Mio. Einträge zum Suchbegriff „intercultural competence" gefunden.

„Wenn man versucht, sich einen Überblick über die Diskussion zum Thema interkulturelle Kompetenz zu verschaffen [...], so kann einen die Fülle des [...] Materials ratlos machen." (Auernheimer 2002: 183). Mehrere Wissenschaftsdisziplinen beteiligen sich an der Forschung zur interkulturellen Kompetenz, wie etwa die Soziologie, die Anthropologie, die Kulturwissenschaften, die Sprachwissenschaften, die Wirtschaftswissenschaften etc. Aufgrund der Fülle der Ansätze und der Multidisziplinarität des Themas ist es nicht möglich, eine abschließende Betrachtung der interkulturellen Kompetenz vorzustellen. Die Verfasserin versucht daher, eine grobe Bestandsaufnahme vorzulegen.

2 Ansätze zur interkulturellen Kompetenz

Aus der Vielfältigkeit der Fachrichtungen hat sich eine fast unüberschaubare Anzahl von Modellen und Darstellungen der interkulturellen Kompetenz herausgebildet. Diese Modelle können nach Bolten (2001) in zwei Hauptgruppen unterteilt werden.

Einerseits kann man über so genannte *Listenmodelle* sprechen, die nach Art der erwähnten Teilkompetenzen aufzuzählen sind. Häufig werden hierbei Eigenschaften wie Ambiguitätstoleranz, Verhaltensflexibilität, Offenheit, Kontaktfreudigkeit, Kommunikationsfähigkeit, Einfühlungsvermögen, Synergiebewusstsein und Toleranz erwähnt (vgl. Kühlmann/Stahl 2000: 154 ff.). Andererseits kann man über so genannte *Strukturmodelle* sprechen, die Einzelfähigkeiten und Kenntnisse bestimmten Dimensionen zuordnen. Zu diesen Modellen gehört auch das häufig verwendete Modell von Gertsen (1990: 341-362), das zwischen affektiven, kognitiven und verhaltensbezogenen Aspekten der interkulturellen Kompetenz unterscheidet (vgl. Tabelle 1).

Affektive Dimension	Kognitive Dimension	Verhaltensbezogene Dimension
• Ambiguitätstoleranz • Frustrationstoleranz • Selbstvertrauen • Flexibilität • Empathie • Offenheit • Toleranz • Vorurteilsfreiheit • Geringer Ethnozentrismus • Respekt gegenüber anderen Kulturen • Interkulturelle Lernbereitschaft	• Verständnis des Kulturphänomens bezüglich Wahrnehmung, Denken, Einstellungen, Verhaltens- und Handlungsweisen • Verständnis der Kulturunterschiede der Interaktionspartner • Verständnis fremdkultureller Handlungszusammenhänge • Verständnis der Besonderheiten interkultureller Kommunikationsprozesse • Metakommunikationsfähigkeit	• Kommunikationswille, Kommunikationsbereitschaft • Kommunikationsfähigkeit • Soziale Kompetenz

Tabelle 1: Dimensionen der interkulturellen Kompetenz (in Anlehnung an Gertsen 1990)

Diese *(personenbezogenen)* Ansätze beziehen sich auf das Individuum. Nach Thomas (2003: 142 ff.) sind noch weitere Ansätze zu unterscheiden: die *situativen* und die *interaktionsbezogenen* Modelle. Diese beziehen sich aber nicht mehr auf das Individuum, sondern auf die Situation und die Rahmenbedingungen der Interaktion. Aufgrund der unterschiedlichen Ansätze und der unterschiedlichen Definitionen konnte sich bis jetzt kein breit akzeptiertes Grundmodell der interkulturellen Kompetenz durchsetzen. Die Differenzen zwischen den verschiedenen Ansätzen führen zwangsläufig zu Fragen wie: Was (genau) bedeutet der Terminus interkulturelle Kompetenz? Was kann interkulturelle Kompetenz bewirken? Wo kommt dieses Konzept zur Anwendung?

3 Begriffliche Grundlagen zur interkulturellen Kompetenz

Um die oben genannte Fragen beantworten zu können, ist es wichtig, zuerst das Ziel interkultureller Kompetenz festzulegen. In den verschiedenen Ansätzen sind insbesondere zwei Zielsetzungen zu differenzieren. Geistes- und erziehungswissenschaftliche Ansätze gehen vor allem von der Weiterentwicklung interkultureller Interaktionen aus, während andere Ansätze demgegenüber sehr skeptisch sind und ökonomische Effizienz als Hauptzielsetzung in den Vordergrund stellen. Die Definition der interkulturellen Kompetenz kann, von der Art der Zielsetzung ausgehend, auch unterschiedlich sein. *Geistes- und erziehungswissenschaftliche Ansätze* betrachten interkulturelle Kompetenz als Erfahrungs- und Wissenskompetenz in Bezug auf fremde Kultur(en). Vertreter dieses Ansatzes gehen davon aus (vgl. Bolten 2006), dass interkulturelle Kompetenz ausgeprägt kulturspezifisch ist. In jeder interkulturellen Situation bestimmen immer die konkreten kulturellen Rahmenbedingungen die spezifischen „zielkulturellen" Kompetenzen. Diese Ansätze behandeln interkulturelle Kompetenz als kulturspezifisch und stellen somit die „klassische" Kompetenzforschung dar. Die *ökonomischen Ansätze* definieren interkulturelle Kompetenz als kulturübergreifend, indem sie diese mit der Zielsetzung der Weiterentwicklung in Verbindung bringen. Der Beitrag von Herzog (2003: 178 ff.) zeigt sehr klar die Streitpunkte zwischen den zwei Ansätzen (Generik und Spezifik) interkultureller Kompetenz auf. In seinem Beitrag nimmt er den Generik-Ansatz interkultureller Kompetenz von Thomas (2003: 150) kritisch unter die Lupe. Seine Hauptfragen und damit Hauptkritikpunkte sind (Herzog 2003: 178 f.):

- „Kann interkulturelle Kompetenz tatsächlich ein „interaktionistisches Konzept" [...] sein, wie Thomas annimmt, wenn er sowohl die personalistischen als auch die situationistischen Ansätze als „zu einseitig" [...] zurückweist?
- Ist Kompetenz nicht *per definitionem* eine personalistische bzw. individualistische Kategorie, die in Interaktion mit situativen Bedingungen zu einer bestimmten *Performanz* führt?"

4 Anwendungsbereiche interkultureller Kompetenz

Wie beim Begriffsverständnis und bei der Konzeptionalisierung von interkultureller Kompetenz besteht auch bei der Frage der Anwendungsbereiche Uneinigkeit zwischen den verschiedenen Ansätzen. Im Zusammenhang mit den oben genannten Fragestellungen lassen sich auch hier zwei Hauptansätze unterscheiden. Die Differenz zwischen den zwei Ansätzen basiert auf der Unterschiedlichkeit der menschlichen Interaktionen. Der eine Ansatz geht von der Annahme aus, dass interkulturelle Kompetenz kulturspezifisch ist und damit die Anwendungsbereiche implizit unterschiedliche Kulturen (National- bzw. Länderkulturen) sind. Die Forschungsarbeit von Triandis und Vassiliou ist ein hervorragendes Beispiel hierfür (vgl. Triandis/Vassiliou 1972: 299-335, in Anlehnung an Thomas 2003: 140). Tabelle 2 zeigt eine aus der Forschungsarbeit von Triandis und Vassiliou entnommene Kommunikationssituation zwischen einem amerikanischen Manager und seinem griechischen Mitarbeiter.

Verhalten	**Attribution**
Amerikaner: Wie lange brauchst du, um diesen Bericht zu beenden?	Amerikaner: Ich bitte ihn, sich zu beteiligen.
Grieche: Ich weiß nicht. Wie lange sollte ich brauchen?	Grieche: Sein Verhalten ergibt keinen Sinn. Er ist der Chef. Warum sagt er es mir nicht? Amerikaner: Er lehnt es ab, Verantwortung zu übernehmen. Grieche: Ich bat ihn um eine Anweisung.
Amerikaner: Du kannst selbst am besten einschätzen, wie lange es dauert.	Amerikaner: Ich zwinge ihn, Verantwortung für seine Handlung zu übernehmen. Grieche: Was für ein Unsinn! Ich gebe ihm wohl besser eine Antwort.
Grieche: 10 Tage	Amerikaner: Er ist unfähig, die Zeit richtig einzuschätzen; diese Schätzung ist völlig unrealistisch.
Amerikaner: Besser 15. Bist du damit einverstanden, es in 15 Tagen zu tun?	Amerikaner: Ich biete ihm eine Abmachung an. Grieche: Das ist meine Anweisung: 15 Tage.
	In Wirklichkeit brauchte man für den Bericht 30 normale Arbeitstage. Also arbeitete der Grieche Tag und Nacht, benötigte aber am Ende des 15. Tages immer noch einen weiteren Tag.
Amerikaner: Wo ist der Bericht?	Amerikaner: Ich vergewissere mich, dass er unsere Abmachung einhält. Grieche: Er will den Bericht haben.
Grieche: Er wird morgen fertig sein.	(Beide attribuieren, dass er noch nicht fertig ist.)
Amerikaner: Aber wir haben ausgemacht, er sollte heute fertig sein.	Amerikaner: Ich muss ihm beibringen, Abmachungen einzuhalten. Grieche: Dieser dumme, inkompetente Chef! Nicht nur, dass er mir falsche Anweisungen gegeben hat, er würdigt noch nicht einmal, dass ich einen 30-Tage-Job in 16 Tagen erledigt habe.
Der Grieche reicht seine Kündigung ein.	Der Amerikaner ist überrascht. Grieche: Ich kann für so einen Menschen nicht arbeiten.

Tabelle 2: Kulturelle Überschneidungssituation (vgl. Triandis/Vassiliou 1972: 299-335, in Anlehnung an Thomas 2003: 140)

Die Problematik dieses Ansatzes ist, dass auf diese Weise nur die *internationalen* (in diesem Sinne *interkulturellen*) Interaktionen thematisiert werden und eine Betrachtung interkultureller Kompetenz in innergesellschaftlichen *interkul-*

turellen Situationen (vgl. Seyma 2003: 8 f.) fehlt. Im Gegensatz zu diesem kulturspezifischen Ansatz wird die angesprochene Lücke im *kulturübergreifenden* Ansatz gefüllt. Frindte (2003: 169), Linck (2003: 191) und Staub (2003: 209) vertreten den Ansatz, dass der Anwendungsbereich von interkultureller Kompetenz nicht nur auf *internationale interkulturelle* Interaktionen abzugrenzen ist, sondern auf einem erweiterten Kulturverständnis basierend auch *interkollektive* Interaktionen umschließen muss.

5 Fazit zum Stand der wissenschaftlichen Diskussion

Diese kurze Analyse der interkulturellen Kompetenz soll einen ersten Überblick zur Vielfalt des Themas und seiner Forschungsbereiche geben. In der nachfolgenden Tabelle sind die oben erklärten Streitpunkte der multidisziplinären wissenschaftlichen Debatte bezüglich interkultureller Kompetenz zusammengefasst:

Streitpunkte/Ansätze	**Ansatz**	**Ansatz**
Definition	Liste von Teilkompetenzen (vgl. Kühlmann/Stahl 2000)	Modell (vgl. Gertsen 1990)
Ziel interkultureller Kompetenz	Effizienz (vgl. Thomas 2003)	Menschliche Weiterentwicklung (vgl. Wierlacher 2003)
Generik/Spezifik	Kulturspezifische Kompetenz (vgl. Herzog 2003)	Kulturübergreifende Kompetenz (vgl. Wierlacher 2003)
Anwendungsgebiet	Internationale Interaktionen (vgl. Thomas 2003)	Interkollektive Interaktionen (vgl. Straub 2003)

Tabelle 3: Streitpunkte in der Debatte zur interkulturellen Kompetenz

Vielleicht spricht die übernächste Generation von Wissenschaftlern gar nicht mehr über interkulturelle Kompetenz, da Landes- bzw. Nationalkulturen, im Sinne von „reinen" kulturellen Wurzeln und Zugehörigkeiten, gar nicht mehr existieren.

„Der Mensch hat dreierlei Wege klug zu handeln,
erstens durch Nachdenken, das ist der edelste,
zweitens durch Nachahmen, das ist der leichteste,
und drittens durch Erfahrung, das ist der bitterste."

(Konfuzius, 551-479 v. Chr.)

Literaturverzeichnis

Auernheimer, Georg (2002): Interkulturelle Kompetenz – ein neues Element pädagogischer Professionalität? In: Interkulturelle Kompetenz und pädagogische Professionalität, hrsg. v. Georg Auernheimer, Opladen 2002, S. 183-205.

Bolten, Jürgen (2001): Interkulturelle Kompetenz, Erfurt 2001.

Bolten, Jürgen (2006): Praxis des internationalen Einsatzes, Vortrag am Personenfachkongress 2006, Basel 2006.

Frindte, Wolfgang (2003): Die Praxis muss für sich selber sprechen – interkulturelle Kommunikation als komplexes Management. In: Erwägen, Wissen, Ethik, 14. Jg. 2003, Heft 1, S. 169-172.

Gertsen, Martin C. (1990): Intercultural competence and expatriates. In: The International Journal of Human Resources Management, 1. Jg. 1990, Nr. 3, S. 341-362.

Herzog, Walter (2003): Im Nebel des Ungefähren: Wenig Plausibilität für eine neue Kompetenz. In: Erwägen, Wissen, Ethik, 14. Jg. 2003, Heft 1, S. 178-180.

Kocher, Gerhard (1939): Vorsicht Medizin, Thun 1939.

Kühlmann, Torsten; Stahl, Günter (2000): Internationale Personalentwicklung: Anspruch und Wirklichkeit. In: Kulturthema Kommunikation: Konzepte, Inhalte, Funktionen. Festschrift und Leistungsbild des Instituts für Internationale Kommunikation und Auswärtige Kulturarbeit (IIK Bayreuth) aus Anlass seines zehnjährigen Bestehens 1990-2000, hrsg. v. Alois Wierlacher, Möhnesee 2000, S. 154 ff.

Linck, Gudula (2003): Auf Katzenpfoten gehen und das qi miteinander tauschen. Überlegungen einer China-Wissenschaftlerin zur transkulturellen Kommunikation und Kompetenz. In: Erwägen, Wissen, Ethik, 14. Jg. 2003, Heft 1, S. 189-192.

Seyma, Ayoubi (2003): Wirtschaftfaktor Gesundheitswesen – mit 33% Ausländer/innen. In: Hospital Management Forum "Competence", 67. Jg. 2003, S. 8 f.

Straub, Jürgen (2003): Interkulturelle Kompetenz und transitorische Identität in Übersetzungskulturen: Zu Alexander Thomas' psychologischer Bestimmung einer „Schlüsselqualifikation". In: Erwägen, Wissen, Ethik, 14. Jg. 2003, Heft 1, S. 207-210.

Thomas, Alexander (2003): Interkulturelle Kompetenz – Grundlagen. Probleme und Konzepte. In: Erwägen, Wissen, Ethik, 14. Jg. 2003, Heft 1, S. 137-221.

Triandis, Harry C.; Vassiliou, Vasso (1972): A comparative analysis of subjective culture. In: The analysis of subjective culture, edited by Harry C. Triandis, New York 1972, S. 299-335.

Wierlacher, Alois (2003): Das tragfähige Zwischen. In: Erwägen, Wissen, Ethik, 14. Jg. 2003, Heft 1, S. 215-217.

Führung in Marketing und Vertrieb

Harley Krohmer* und Felix Weispfenning**

Im Rahmen der Implementierung von Strategien und Management-Konzepten kommt der Personalführung (= Führung) eine ganz besondere Bedeutung zu. Führung in Marketing und Vertrieb unterscheidet sich signifikant von der Führung in anderen Funktionsbereichen eines Unternehmens. Die Marketing- und Vertriebsbereiche der Unternehmen weisen besondere situative Rahmenbedingungen auf, aus denen sich spezifische Anforderungen an die Führung in Marketing und Vertrieb ableiten. In diesem Beitrag diskutieren wir die situativen Rahmenbedingungen der Führung in Marketing und Vertrieb und entwickeln Empfehlungen für die Gestaltung der Führung in Marketing und Vertrieb.

Stichworte: Führung – Führungseigenschaften – Führungsfähigkeiten – Führungsverhalten – Marketing – Personalführung – Vertrieb

---

* Prof. Dr. Harley Krohmer ist Direktor des Instituts für Marketing und Unternehmensführung der Universität Bern und Inhaber des Lehrstuhls für Marketing.

** Dipl.-Kfm. Felix Weispfenning ist wissenschaftlicher Assistent und Doktorand am Lehrstuhl für Marketing an der Universität Bern.

1 Führung als Management-Herausforderung in Marketing und Vertrieb

Die erfolgreiche Umsetzung von Management-Konzepten in Unternehmen hängt in wesentlichem Ausmaß von den Mitarbeitern, insbesondere den Mitarbeitern mit Führungskompetenzen ab. Dem Personalmanagement und besonders der Personalführung kommt daher aus einer implementationsbezogenen Perspektive eine zentrale Bedeutung im Unternehmen zu (vgl. Thom 2001). Während Aspekte der Personalführung in der wissenschaftlichen Führungsforschung aus einer Vielzahl von Perspektiven betrachtet werden, gibt es bisher nur wenig Literatur zur Rolle der Führung in Marketing und Vertrieb bei der erfolgreichen Umsetzung von Management-Konzepten.

In der Unternehmenspraxis stehen im Zusammenhang mit Führung in Marketing und Vertrieb insbesondere folgende Fragen im Vordergrund: Welches Führungsverhalten sensibilisiert die Mitarbeiter in Marketing und Vertrieb für die Bedürfnisse der Kunden? Welche spezifischen Eigenschaften und Fähigkeiten von Führungskräften sind bei der Besetzung der verschiedenen Führungspositionen in Marketing und Vertrieb zu berücksichtigen?

Diese beispielhaften Fragestellungen werden im Kern durch die Thematik verbunden, inwiefern situative Rahmenbedingungen Unterschiede der Führung in Marketing und Vertrieb im Vergleich zu anderen Funktionsbereichen und Unterschiede der Führung zwischen Marketing und Vertrieb selbst erklären können. In diesem Beitrag sollen die situativen Rahmenbedingungen der Führung in Marketing und Vertrieb erläutert und Gestaltungsempfehlungen für die Führung in Marketing und Vertrieb aufgezeigt werden.

2 Situative Rahmenbedingungen der Führung in Marketing und Vertrieb

Die Diskussion von situativen Rahmenbedingungen der Führung in Marketing und Vertrieb basiert auf der Idee einer situativen Führungstheorie; diese postuliert, dass in Abhängigkeit spezifischer Führungssituationen ein bestimmtes Führungsverhalten unterschiedlich erfolgreich ist (vgl. hierzu insbesondere Yukl 2006). Während sich bereits eine Reihe von Arbeiten der situativen Führungstheorie mit allgemeinen situationsspezifischen Einflussgrößen der Führung, wie z. B. der Aufgabenstruktur (vgl. Fiedler 1967), der Organisationskultur (vgl. Schein 1992) oder der Dringlichkeit der Entscheidung (vgl. Vroom/Yetton 1973) beschäftigen, wurden situative Besonderheiten der Führung im Bereich Marketing und Vertrieb in der wissenschaftlichen Literatur bisher weit gehend vernachlässigt.

Im Gegensatz zu anderen Funktionsbereichen müssen Mitarbeiter in Marketing und Vertrieb spezielle Aufgaben im Rahmen der Marktbearbeitung erfüllen, die durch hohe Komplexität, Heterogenität oder Innovativität gekennzeichnet sind (vgl. hierzu Hill 1995; Köhler 1995). Eine zentrale übergeordnete Aufgabe für Mitarbeiter in Marketing und Vertrieb besteht darin, kundenorientiert zu denken und zu handeln. Beispielsweise sollten in der Marketingkommunikation bei der Kreation einer Werbekampagne für ein neues Produkt bzw. bei der Repositionierung einer bestehenden Marke die Bedürfnisse der Kunden besonders berücksichtigt werden. Die Kreativität der Mitarbeiter und die Teamarbeit spielen hier eine große Rolle für erfolgreiches Handeln. Mitarbeiter in der Marktforschungsabteilung arbeiten dagegen weniger im Team, müssen aber insbesondere unternehmensintern kundenorientiert sein und über ausgeprägte systematisch-methodische Fähigkeiten verfügen, um alle erforderlichen Teilaufgaben im Rahmen eines Marktforschungsprozesses vollständig bzw. konsistent bearbeiten und brauchbare Ergebnisse als interne Dienstleistung im Unternehmen liefern zu können (vgl. Grundei 2001). Ein Key-Account-Manager wiederum muss im Rahmen der Interaktion mit bestehenden Kunden bzw. der Akquisition neuer Kunden des Unternehmens über besonders ausgeprägte kommunikative Fähigkeiten verfügen, um die Bedürfnisse externer Kunden an interne Kunden (Mitarbeiter anderer Funktionsbereiche) zu vermitteln. Aus diesen besonderen Aufgaben der Mitarbeiter in Marketing und Vertrieb leiten sich besondere Anforderungen an die Führung dieser Mitarbeiter ab (vgl. Abschnitt 3).

Situative Rahmenbedingungen der Führung im Bereich Marketing und der Führung im Bereich Vertrieb ergeben sich insbesondere aus speziellen Subkulturen (Bereichskulturen) in Marketing und Vertrieb. Die typische „Vertriebskultur" ist in der Regel stark von Ergebnisorientierung und zentralen Entscheidungsfindungen geprägt, wohingegen die typische „Marketingkultur" stärker von Aufgabenorientierung und dezentralen Entscheidungsfindungen gekennzeichnet ist. Aus diesen speziellen Subkulturen leiten sich weitere Anforderungen an die Führung der Mitarbeiter in diesen Funktionsbereichen ab (vgl. Abschnitt 3).

Schließlich sind Marketing und Vertrieb besonders dynamischen Umfeldbedingungen ausgesetzt. Immer kürzer werdende Produktlebenszyklen, einer schwierigeren Differenzierung über das Produkt sowie steigende Preissensibilität der Kunden stellen hohe Anforderungen an die Flexibilität sowie die Lern- und Veränderungsbereitschaft der Mitarbeiter und Führungskräfte in Marketing und Vertrieb (vgl. Lütke 2005).

3 Gestaltungsempfehlungen für die Führung in Marketing und Vertrieb

Eine zentrale Aufgabe in Marketing und Vertrieb ist die Realisierung einer hohen Kundenorientierung der Mitarbeiter. Hinsichtlich des Führungsverhaltens stellt sich also zunächst die Frage, wie Mitarbeiter geführt werden sollten, um gezielt deren Sensibilisierung für die Bedürfnisse der Kunden zu fördern. Einzelne wissenschaftliche Arbeiten zur Führung in Marketing und Vertrieb konnten eine eigenständige Dimension „Kundenorientierung des Führungsverhaltens“ identifizieren (vgl. hierzu insbesondere Homburg/Stock 2002). In Anlehnung an die soziale Lerntheorie eignen sich die geführten Mitarbeiter kundenorientiertes Verhalten durch Imitation an. Die Sensibilisierung für die Bedürfnisse der Kunden erfolgt hierbei also primär durch das Vorleben kundenorientierten Verhaltens durch die Führungspersonen (vgl. Homburg/Stock 2002; Stock/Hoyer 2002, 2005). Eine Unterscheidung der Dimension Kundenorientierung des Führungsverhaltens in eine interne Komponente (Kundenorientierung gegenüber anderen Mitarbeitern im Unternehmen) sowie eine externe Komponente (Kundenorientierung gegenüber externen Kunden) fehlt bisher in der wissenschaftlichen Literatur. Diese Unterscheidung ist jedoch wichtig, da davon auszugehen ist, dass eine rein externe Kundenorientierung bei fehlender interner Kundenorientierung des Führungsverhaltens nicht das gewünschte (intern und extern) kundenorientierte Verhalten der geführten Mitarbeiter mit sich bringt. Hinsichtlich verschiedener Führungspositionen in Marketing und Vertrieb ist anzunehmen, dass die Dimensionen interne und externe Kundenorientierung des Führungsverhaltens aufgrund verschiedener Aufgaben nicht immer gleich wichtig sind. Die Führung im Bereich Marktforschung erfordert beispielsweise vorwiegend die Vermittlung von interner Kundenorientierung auf Basis der Erbringung unternehmensinterner Dienstleistungen an andere Funktionsbereiche. Die Führung von Mitarbeitern in der Kommunikationsabteilung bzw. von Mitarbeitern im Vertrieb erfordert dagegen eine starke Ausrichtung an den Bedürfnissen und Anforderungen externer Kunden des Unternehmens. Für die Führung im Produktmanagement bzw. im Key-Account-Management ist davon auszugehen, dass durch die wichtigen Koordinationsaufgaben zwischen internen Funktionsbereichen des Unternehmens und externen Kunden sowohl die Vermittlung interner als auch die Vermittlung externer Kundenorientierung besonders wichtig ist (vgl. Tabelle 1).

Neben diesen spezifischen Dimensionen der internen und externen Kundenorientierung des Führungsverhaltens in Marketing und Vertrieb können zudem die Dimensionen Aufgabenorientierung und Mitarbeiterorientierung aus der allgemeinen Führungsforschung zur Beschreibung des Führungsverhaltens herangezogen werden. Die Wichtigkeit der Aufgabenorientierung bzw. der Mitarbeiterorientierung des Führungsverhaltens für verschiedene Führungspositionen hängt insbesondere von der Komplexität und Spezifität der Marketing- und Vertriebsaufgaben ab. So können Führungskräfte im Vertrieb (z. B. als Leiter einer Vertriebsregion) beispielsweise in der Regel aufgabenorientiert führen, d. h. die Aktivitäten der Mitarbeiter auf konkrete Leistungsziele ausrichten, da viele Aufgaben standardisiert sind bzw. der Außendienstmitarbeiter die Erreichung der vorgegebenen Leistungsziele durch seine eigenen Aktivitäten sehr gut selbst steuern kann. In den beiden Marketingfunktionen Produktmanagement und Key-Account-Management ist tendenziell sowohl die Mitarbeiterorientierung als auch die Aufgabenorientierung wichtig, da die Aufgabenbereiche der Mitarbeiter sehr heterogen sind und sowohl standardisierte, als auch komplexe Aufgaben umfassen. Bei der Führung im Bereich Marktforschung ist die Mitarbeiterorientierung von besonderer Bedeutung. Komplexe Aufgaben und fachlich sehr hoch qualifizierte Mitarbeiter erfordern beispielsweise den Einbezug in Entscheidungen über die Anwendungsmöglichkeiten bestimmter Analysemethoden bzw. eine allgemeine fachliche Wertschätzung. Auf Basis dieser konzeptionellen Überlegungen sind in Tabelle 1 Gestaltungsempfehlungen für das Führungsverhalten in verschiedenen Führungspositionen in Marketing und Vertrieb zusammengefasst.

Hinsichtlich der Eigenschaften und Fähigkeiten der Führungskräfte in Marketing und Vertrieb stellt sich die Frage, inwiefern Führungskräfte in Marketing und Vertrieb speziell für die Vermittlung der internen bzw. externen Kundenorientierung besondere Persönlichkeitseigenschaften (z. B. ein besonders starkes Einfühlungsvermögen) bzw. Fähigkeiten (z. B. besonders hohe kommunikative Fähigkeiten) aufweisen müssen. Für das Vorleben der internen Kundenorientierung beispielsweise erscheint insbesondere wichtig, den geführten Mitarbeitern

Offenheit bei der Weitergabe wichtiger Informationen und Zuverlässigkeit bezüglich vereinbarter Termine zu signalisieren. Für die Förderung der externen Kundenorientierung erscheinen dagegen vor allem Einfühlungsvermögen in die Bedürfnisse des Kunden und Flexibilität bezüglich der Reaktion auf Einwände oder unerwartete Wünsche der Kunden besonders wichtig. Eine empirische Überprüfung dieser Vermutungen ist bisher unseres Wissens noch nicht erfolgt.

Empfehlungen für das Führungsverhalten an Führungskräfte ...	Aufgaben-orientierung	Mitarbeiter-orientierung	Interne Kunden-orientierung	Externe Kunden-orientierung
... im Produktmanagement	+++	+++	++	++
... in der Marketingkommunikation	+	+++	+	+++
... in der Marktforschung	+	+++	+++	+
... im Key-Account-Management	+++	+++	++	++
... als Leiter einer Vertriebsregion	+++	+	+	+++
+++ sehr hohe Bedeutung ++ hohe Bedeutung + eher geringe Bedeutung				

Tabelle 1: Gestaltungsempfehlungen für das Führungsverhalten in Marketing und Vertrieb

Ein weiterer spezifischer Aspekt der Führung in Marketing und Vertrieb ergibt sich aus den unterschiedlichen Bereichskulturen. In der Unternehmenspraxis sind häufig aufgrund der organisatorischen Trennung von Marketing und Vertrieb zwei unterschiedliche Bereichskulturen anzutreffen. Im Hinblick auf die Aktivitäten ist aber eine Zusammenarbeit zwischen Marketing und Vertrieb zur Realisierung verschiedener Unternehmensziele (z. B. Ausweitung der Markenbekanntheit, Steigerung des Umsatzes oder Erhöhung der Kundenzufriedenheit) besonders wichtig. Die Zusammenarbeit wird insbesondere durch die Prozessorientierung vieler Aufgaben in Marketing und Vertrieb versucht zu verbessern. Empirische Studien zeigen, dass bereits über 30 Prozent der Unternehmen Marketing- und Vertriebsaufgaben nach dem Prozessansatz organisiert haben (vgl. Homburg/Gruner/Hocke 1997). Eine starke Prozessorientierung wird beispielsweise häufig im Produktmanagement realisiert, mit dem Ziel, Schnittstellen zu reduzieren und die Entwicklung von neuen bzw. die Vermarktung von bestehenden Produkten bestmöglich auf die Bedürfnisse der Kunden abzustimmen. Führungskräfte im Produktmanagement müssen daher über eine besonders gute Selbstorganisation und über besonders gute Kenntnisse im Projektmanagement verfügen, um funktionsübergeifende Projekte effektiv und effizient durchführen zu können (vgl.

Lütke 2005). Das Führungsverhalten sollte die geführten Mitarbeiter im Produktmanagement insbesondere zur eigenständigen Entwicklung von Problemlösungen bewegen und ihnen systematisches bzw. prozesshaftes Denken vermitteln.

Zur Bearbeitung von Aufgaben in Marketing und Vertrieb, die eine inhaltliche Zusammenarbeit notwendig machen, werden in der Unternehmenspraxis zudem verstärkt funktionsübergreifende Teams eingesetzt. Empirische Studien bestätigen, dass der Einsatz von Teams in Marketing und Vertrieb insbesondere bei unstrukturierten und wenig spezifizierten Aufgaben einen wichtigen Erfolgsfaktor darstellt (vgl. Gemünden/Högl 2001). Beispielsweise kann die Führungskraft gezielt Kreativitätstechniken bei der Führung von Teams in der Neuproduktentwicklung anwenden und dadurch gezielt die Ideenfindung verbessern. Weiterhin kann bei stark unterschiedlichen Interessen zwischen eigenem Unternehmen und dem Kunden in Kundenbetreuungsteams die Führungskraft durch persönliche Unterstützung und gezielte Systematisierungshilfen Teamprozesse effizienter und Entscheidungsprozesse transparenter gestalten. Aktuelle empirische Ergebnisse zeigen aber auch, dass eine starke Konzentration auf die Teamführung nur bis zu einem gewissen Grad die Kooperation eines Teams steigert und bei einer Intensivierung darüber hinaus die Kooperation innerhalb des Teams beeinträchtigt (vgl. Stock 2005). Die Führung interfunktional und interkulturell zusammengestellter Teams stellt also besondere Anforderungen an das Führungsverhalten sowie die Eigenschaften und Fähigkeiten der Führungskräfte in Marketing und Vertrieb.

4 Zusammenfassung und Ausblick

Die Marketing- und Vertriebsbereiche der Unternehmen weisen spezielle Aufgaben, verschiedene Bereichskulturen und ein besonders dynamisches Umfeld auf. Aus diesen Rahmenbedingungen leiten sich spezifische Anforderungen an die Führung in Marketing und Vertrieb ab. Aufgrund dieser besonderen Anforderungen an die Führung und der hohen Erfolgsrelevanz von Marketing- und Vertriebsaufgaben für Unternehmen erscheint eine eigenständige Betrachtung der Führung in Marketing und Vertrieb erforderlich. In unserem Beitrag haben wir konzeptionell situative Rahmenbedingungen der Führung dargestellt und Gestaltungsempfehlungen für die Führung aufgezeigt. Eine Herausforderung für die zukünftige Forschung in diesem Gebiet bleibt die empirische Vertiefung dieser Überlegungen.

Literaturverzeichnis

Fiedler, Fred (1967): A Theory of Leadership Effectiveness, New York 1967.

Gemünden, Hans; Högl, Martin (Hrsg.) (2001): Management von Teams: Theoretische Konzepte und empirische Befunde, 2. Auflage, Wiesbaden 2001.

Grundei, Jens (2001): Zielorientierte Führung in der Marktforschung – Ein Beitrag zur Marketing-Implementierung. In: Marketing – Zeitschrift für Forschung und Praxis (ZFP), 23. Jg. 2001, Heft 1, S. 45-57.

Hill, Wilhelm (1995): Führung im Marketing. In: Handwörterbuch des Marketing, 2. Auflage, hrsg. v. Bruno Tietz, Richard Köhler und Joachim Zentes, Stuttgart 1995, Sp. 732-742.

Homburg, Christian; Stock, Ruth Maria (2002): Führungsverhalten als Einflussgrösse der Kundenorientierung von Mitarbeitern: Ein dreidimensionales Konzept. In: Marketing – Zeitschrift für Forschung und Praxis (ZFP), 24. Jg. 2002, Heft 2, S. 123-137.

Homburg, Christian; Gruner, Kjell; Hocke, Gregor (1997): Entwicklungslinien der Marketingorganisation. In: Marketing – Zeitschrift für Forschung und Praxis (ZFP), 19. Jg. 1997, Heft 1, S. 91-116.

Köhler, Richard (1995): Führung im Marketingbereich. In: Handwörterbuch der Führung, 2. Auflage, hrsg. v. Alfred Kieser, Gerhard Reber und Rolf Wunderer, Stuttgart 1995, Sp. 1468-1483.

Lütke, Verena (2005): Kompetenzanforderungen in Marketing und Vertrieb – Theoretische Grundlagen und Ergebnisse einer Stellenanzeigenanalyse. Arbeitspapier des Lehrstuhls für Marketing an der Universität Erlangen-Nürnberg, Nr. 134, Erlangen-Nürnberg 2005.

Schein, Edgar (1992): Organizational Culture and Leadership, 2nd edition, San Francisco 1992.

Stock, Ruth Maria (2005): Kann Teamführung zu intensiv sein? In: Zeitschrift für betriebswirtschaftliche Forschung, 57. Jg. 2005, Heft 2, S. 33-52.

Stock, Ruth Maria; Hoyer, Wayne D. (2002): Leadership Style as Driver of Salespeoples' Customer Orientation. In: Journal of Market-Focused Management, 5. Jg. 2002, Nr. 4, S. 355-376.

Stock, Ruth Maria; Hoyer, Wayne D. (2005): An Attitude-Behavior Model of Salespeople's Customer Orientation. In: Journal of the Academy of Marketing Science, 33. Jg. 2005, Nr. 4, S. 536-552.

Thom, Norbert (2001): Personalmanagement – Überblick und Entwicklungstendenzen. In: Excellence durch Personal- und Organisationskompetenz, hrsg. v. Norbert Thom und Robert J. Zaugg, Bern et al. 2001, S. 117-131.

Vroom, Victor H.; Yetton, Philip W. (1973): Leadership and decision-making, Pittsburgh 1973.

Yukl, Gary (2006): Leadership in Organizations, Upper Saddle River 2006.

Nachhaltiges Human Resource Management

Robert J. Zaugg*

Die höhere Bedeutung des intellektuellen Kapitals, der Wettbewerb um qualifizierte und motivierte Mitarbeitende sowie die notwendige Professionalisierung personalwirtschaftlicher Leistungsträger verändern die Rolle des Human Resource Management (HRM) von der Administrativfunktion hin zum strategischen Partner der Unternehmensleitung. Damit das HRM diesen Anforderungen gerecht werden kann, ist ein Wandel in seinem Selbstverständnis erforderlich. Es gilt, das HRM partizipativ, wertschöpfungsorientiert, strategisch, kompetenz- und wissensorientiert, anspruchsgruppenorientiert sowie flexibel auszurichten. Diese Entwicklung geht einher mit der Implementierung netzwerkartiger Strukturen im HRM. Strategische Aufgaben werden zentral, operative Aufgaben dezentral oder zentral in einem Shared-Service-Center bearbeitet. Mitarbeitende, Linienvorgesetzte und HRM-Fachpersonen beteiligen sich im Sinne der trilateralen Trägerschaft an der Umsetzung eines nachhaltigen HRM.

Stichworte: Anspruchsgruppen – Flexibilität – Human Resource Management (HRM) – nachhaltiges HRM – Rollen des HRM – Kompetenzorientierung – Nachhaltigkeit – Partizipation – Personalmanagement – Personalnetzwerk – Personalorganisation – Strategieorientierung – trilaterale Trägerschaft – Wertschöpfung – Wissensorientierung

---

* Prof. Dr. Robert J. Zaugg ist Ordinarius für Betriebswirtschaftslehre und Inhaber des Lehrstuhls für Personalmanagement und Organisation der WHL Wissenschaftlichen Hochschule Lahr.

1 Ausgangslage

Hat sich das Personalmanagement (= Human Resource Management) von einer Administrativfunktion zu einem strategischen Partner der Unternehmensleitung und des Managements gewandelt? Gelingt es der Personalfunktion, auf die Veränderungen in den internen und externen Rahmenbedingungen rasch und angemessen zu reagieren? Sind Mitarbeitende bereit, ihre Aufgabe als Träger des Personalmanagements wahrzunehmen? Welches Profil müssen personalwirtschaftliche Entscheidungsträger aufweisen, um den Anforderungen an diese Funktion zu genügen? Welche Methoden und Instrumente sind notwendig, damit die Personalfunktion ihrem Auftrag gerecht werden kann?

Diese Liste an Fragen ließe sich beliebig verlängern. Sie soll die verschiedenen Grundprobleme charakterisieren, die sich im Zusammenhang mit dem Personalmanagement abzeichnen. Es scheint in Wissenschaft und Praxis weitgehend unbestritten, dass dem Personalmanagement aufgrund veränderter Rahmenbedingungen eine *neue Rolle* zukommt. Beispiele dieser Rahmenbedingungen sind die fortschreitende Internationalisierung und Globalisierung, der zunehmende Wettbewerbsdruck, der sich auch auf die Arbeitsmärkte überträgt, die Entwicklung neuer Technologien, die abnehmende Halbwertszeit des Wissens sowie der Wertewandel vom protestantischen Arbeitsethos zu Lebensmodellen, welche von einem Nebeneinander von Arbeits- und Privatleben ausgehen. Unternehmen sehen sich gezwungen, ihre Strukturen und Strategien häufiger anzupassen bzw. zu optimieren, und verlangen von ihren Mitarbeitenden, dass sie diese Veränderungen mittragen.

2 Konzeption eines nachhaltigen HRM

Der dargestellte Ansatz eines nachhaltigen HRM basiert auf den Arbeiten von Beer et al. (1985), Miles und Snow (1995), Pfeffer (1994, 1995, 1998a, 1998b), Ulrich (1997) und Wunderer (1992, 1993, 1994, 1995, 1999, 2000, 2002). Ausgehend vom Harvard-Ansatz des strategischen Personalmanagements (vgl. Beer et al. 1985) wird ein Konzept entwickelt, das sich vor allem an der Human-Investment-Philosophy von Miles und Snow sowie am People-Centered Management von Pfeffer orientiert. Dieses Verständnis der Disziplin grenzt sich gegenüber der als „hard HRM“ interpretierbaren Personalökonomik (vgl. Backes-Gellner 1993; Backes-Gellner/Lazear/Wolff 2001) ab und kann eher als Ansatz des „soft HRM“ gelten (zur Klassifikation vgl. Storey 1992: 27).

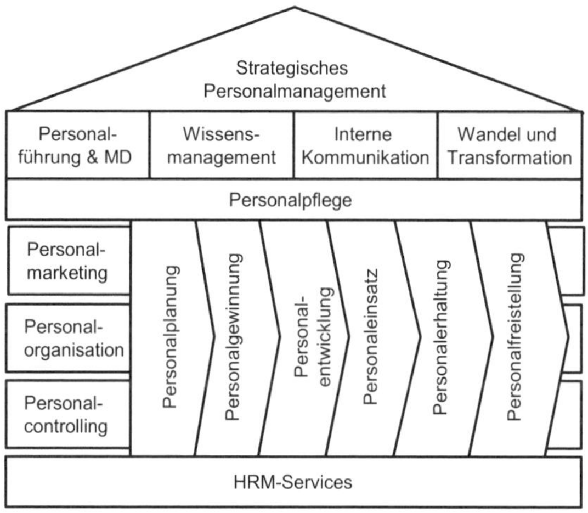

Abbildung 1: Systematik des HRM (Zaugg 2006: 195)

Das HRM ist dann nachhaltig, wenn es langfristig ausgerichtet ist und die Bedürfnisse aller Anspruchsgruppen berücksichtigt. Es geht im Einzelnen um individuelle, organisationale und gesellschaftliche Interessen. Im Zentrum des nachhaltigen HRM stehen der Aufbau, die Entwicklung und der Erhalt strategischer Kompetenzen, die zur Wertschöpfung der Unternehmung beitragen, die Arbeitsmarktfähigkeit der Mitarbeitenden sicherstellen und gesellschaftliche Werte beachten. Nachhaltiges HRM versteht die Mitarbeitenden als eigenverantwortlich handelnde Akteure, die personalwirtschaftliche Aufgaben gemeinsam mit dem Linienmanagement und den Personalverantwortlichen wahrnehmen. Alle personalwirtschaftlichen Handlungsfelder sind unter Nachhaltigkeitsaspekten zu analysieren und alle Maßnahmen sollten hinsichtlich ihrer Wirkungen evaluiert werden. Im Verständnis einer kontinuierlichen Organisationsentwicklung trägt das Personalmanagement zur Steigerung der Veränderungsbereitschaft und Veränderungsfähigkeit der Organisation bei. Dadurch erhöht sich die organisationale Flexibilität. Durch die Unterstützung des organisationalen Lernens fördert das Personalmanagement zudem die Wissensgenerierung.

3 Anforderungen an ein nachhaltiges HRM

Ein nachhaltiges HRM basiert auf den Grundsätzen der Partizipation der Mitarbeitenden, der Wertschöpfung, der strategischen Orientierung, der Wissens- und Kompetenzgenerierung, der Berücksichtigung der Interessen verschiedener Anspruchsgruppen sowie der Förderung der Flexibilität. Die Einhaltung aller rechtlichen Vorschriften sowie eine ethisch moralische Grundhaltung bilden die Voraussetzungen für ein nachhaltiges HRM. Die einzelnen Nachhaltigkeitskriterien (vgl. Abbildung 2) lassen sich wie folgt umschreiben:

Partizipation: Partizipation bedeutet, dass Mitarbeitende bei der Erarbeitung von Strategien und Zielsetzungen des HRM zu beteiligen sind, dass ihnen eine hohe Autonomie bei der Wahl der Mittel zusteht, dass sie sich kreativ um die Suche nach Problemlösungen für HRM-Fragen kümmern sowie aktiv und eigenverantwortlich an HRM-Prozessen teilhaben.

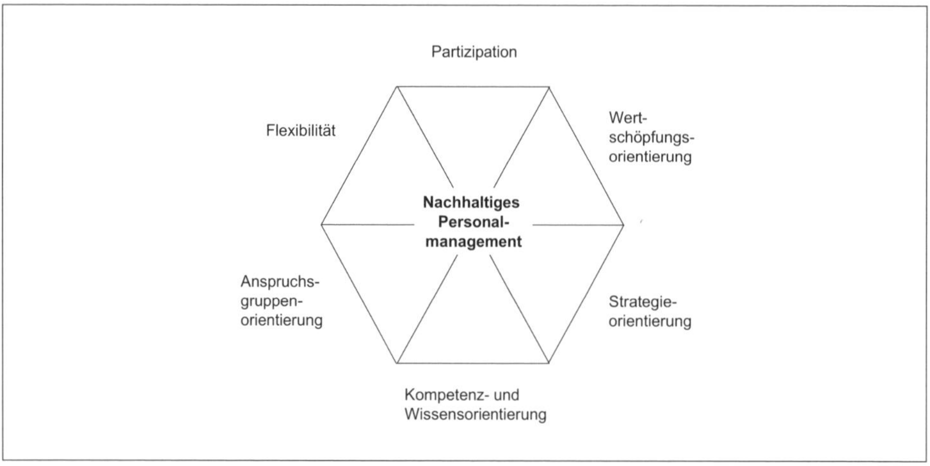

Abbildung 2: Anforderungen an ein nachhaltiges HRM (Zaugg 2006: 190)

Wertschöpfungsorientierung: Ein nachhaltiges HRM stiftet qualitativen und quantitativen Nutzen für alle Anspruchsgruppen und trägt zur Steigerung der Wertschöpfung des Unternehmens bei. Es konzentriert sich nicht nur auf die Effizienz personalwirtschaftlicher Maßnahmen (Input-Output-Verhältnis), sondern bezieht auch die Effektivität von Maßnahmen (Zielerreichungsgrad) in seine Überlegungen mit ein.

Strategieorientierung: Ein nachhaltiges HRM ist strategisch, d. h. langfristig, ausgerichtet. Es analysiert interne und externe Rahmenbedingungen und leitet daraus ein Stärken-Schwächen- bzw. Chancen-Risiko-Profil sowie konkrete Zielsetzungen ab. Diese langfristigen Zielsetzungen werden anschließend in einer Personalstrategie zusammengefasst.

Kompetenz- und Wissensorientierung: Für das HRM ergeben sich aus der Kompetenz- und Wissensorientierung die folgenden Aufgaben bzw. Anforderungen: (1) Förderung der individuellen Lernfähigkeit, (2) Förderung der kollektiven Lernfähigkeit und der Wissensübertragung, (3) Innovationsförderung, (4) Aufbau von Kompetenzprofilen, die zu Kernkompetenzen führen, sowie (5) Erweiterung der gesamten organisationalen Wissensbasis.

Anspruchsgruppenorientierung: Personalwirtschaftliche Lösungen sind umso tragfähiger, je stärker sie auf die Bedürfnisse der verschiedenen internen und externen Anspruchsgruppen ausgerichtet sind. Neben den primären Anspruchsgruppen wie dem Linienmanagement und den Mitarbeitenden gilt es, die Bedürfnisse weiterer Anspruchsgruppen (wie z. B. Angehörige, ehemalige Mitarbeitende, Bewerber, Arbeitnehmervertreter) zu berücksichtigen.

Flexibilität: Mit Flexibilität ist die Fähigkeit zur kurzfristigen Anpassung des HRM an Unvorhergesehenes gemeint. Es geht um die Erhöhung der kulturellen, strategischen und strukturellen Veränderungs- und Entwicklungsfähigkeit von Organisationen und den in ihnen tätigen Menschen.

4 Das Personalnetzwerk als Detailstruktur für ein nachhaltiges HRM

Neben traditionellen Strukturen (z. B. funktionale und divisionale Organisation) sowie dem Profit-Center-Ansatz (vgl. Thom/Zaugg 2000) bieten sich für ein nachhaltiges HRM auch zunehmend neuere Strukturformen an. Es kann sich hierbei um die virtuelle Personalabteilung, temporale Ansätze der Personalorganisation oder das Personalnetzwerk handeln. Mit dem Personalnetzwerk stellt der Verfasser eine Struktur vor, die den Anforderungen an ein nachhaltiges Personalmanagement am ehesten entspricht.

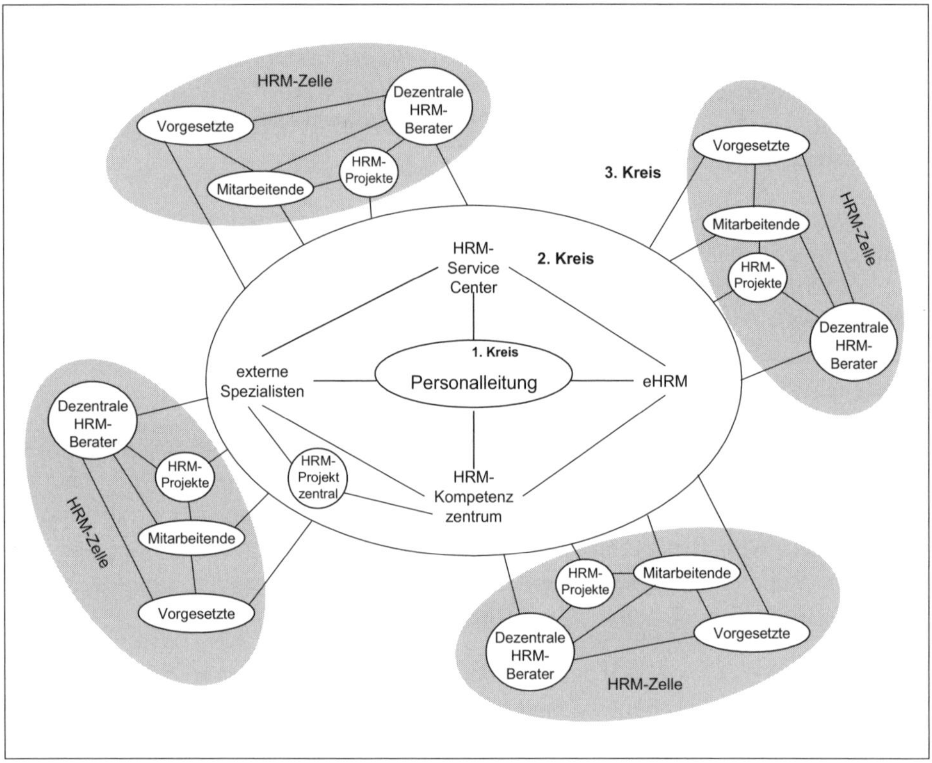

Abbildung 3: Personalnetzwerk (Zaugg 2006: 392)

Das Personalnetzwerk besteht aus drei konzentrischen Kreisen. Im ersten Kreis ist die Personalleitung angesiedelt. Sie ist Mitglied des obersten Leitungsgremiums und trägt die Endverantwortung für die Erreichung der übergeordneten personalwirtschaftlichen Ziele. Im zweiten Kreis sind einerseits die zentrale Personalabteilung (HRM-Kompetenzzentrum), das HRM-Service-Center, die elektronische HRM-Plattform (eHRM) sowie externe HRM-Dienstleister (Spezialisten) positioniert. Die Einheiten des zweiten Kreises werden von der Personalleitung koordiniert und, falls notwendig, gesteuert. Die zentrale Personalabteilung nimmt sich aller strategischen Themen an, bearbeitet HRM-Fragestellungen mit einem bereichsübergreifenden Charakter sowie solche, die ein besonderes Fachwissen erfordern. Das HRM-Service-Center ist für alle operativen HRM-Tätigkeiten verantwortlich, die zusammengefasst werden können (z. B. Lohnadministration, Personaladministration, Schulung). Auf der elektronischen HRM-Plattform sind all jene Aufgaben zu finden, die standardisierbar sind und mittels IT effizienter erbracht werden können (z. B. Personalinformation, eLearning, Information, Befragungen und Evaluationen). Dieser personalwirtschaftliche Leistungsträger kann auch in der Form eines HRM-Portals konzipiert sein, das die erste Anlaufstelle für alle HRM-Fragestellungen darstellt. Die letzte Gruppe personalwirtschaftlicher Leistungsträger im zweiten Kreis sind externe Dienstleister oder Experten. Diese Personen/Institutionen werden beigezogen, wenn die gewünschte Leistung extern qualitativ besser und/oder kostengünstiger erbracht werden kann (z. B. Reisemanagement, Rechtsberatung, Beratung in Versicherungsfragen, Personalberatung).

Zwischen den Trägern im zweiten Kreis können Überschneidungen bzw. ausgeprägte Beziehungen bestehen. So ist es durchaus denkbar, dass ein HRM-Service-Center schrittweise Aufgaben an eine elektronische Plattform abgibt, dafür aber neue Aufgaben übernimmt. Sowohl die zentrale Personalabteilung als auch das HRM-Service-Center können sich entscheiden, mit externen Spezialisten zusammenzuarbeiten. Im ersten Fall steht die HRM-Kompetenz des externen Partners, im zweiten Fall die Wirtschaftlichkeit im Vordergrund. Das Outsourcing personalwirtschaftlicher Aufgaben kann also – vereinfacht gesagt – aus Kompetenz- und/oder Kostengründen erfolgen. Im dritten Kreis sind die dezentralen HRM-Berater, Vorgesetzte, Mitarbeitende und HRM-Projekte angesiedelt. Alle genannten Träger bilden zusammen eine HRM-Zelle, die mit anderen HRM-Zellen und mit dem zweiten und allenfalls ersten Kreis interagiert. Die dezentrale HRM-Zelle ist durch die trilaterale Trägerschaft von HRM-Beratern, Vorgesetzten und Mitarbeitenden gekennzeichnet. HRM-Projekte kommen als Instrument zur Bewältigung von besonders dringlichen, komplexen und bedeutsamen Aufgaben hinzu. Alle Mitglieder der Zelle unterhalten Beziehungen zueinander und zum HRM-Kernbereich (erster und zweiter Kreis).

Durch seinen modularen Aufbau ist das Personalnetzwerk auch gut für Kooperationen mit anderen Unternehmungen geeignet. So können sich verschiedene KMU beispielsweise zusammenschließen, um fachspezifische Aufgaben von einem professionellen Kompetenzzentrum erbringen zu lassen und zudem administrative Tätigkeiten in einem HRM-Service-Center zu poolen. Wird eine zusätzliche HRM-Kompetenz benötigt, wird das in diesem Fall interorganisationale Personalnetzwerk erweitert. Neue Partner können ihre dezentralen HRM-Zellen einfach an das Personalnetzwerk anfügen. Fachaufgaben, die bis dato nicht oder nur sehr ineffizient wahrgenommen worden sind, bearbeitet nun das gemeinsame Kompetenzzentrum, administrative Aufgaben erledigt das Service-Center.

5 Fazit

Trotz einiger aufschlussreicher und anregender Ansätze aus der Literatur zum HRM im Allgemeinen und einigen wenigen Arbeiten zu nachhaltigen Arbeitssystemen im Speziellen steht die konzeptionelle und empirische Forschung zum nachhaltigen Personalmanagement noch in den Anfängen. Docherty et al. (2002: 1) sprechen von einem *emergenten Phänomen*. Vor allem ein klassischer und mehrere neue HRM-Ansätze aus dem amerikanischen Raum (vgl. Beer et al. 1985; Miles/Snow 1995; Ulrich 1997; Pfeffer 1998a) sowie die Arbeiten von Wunderer (1993, 1995, 2000, 2002) bieten Ansatzpunkte für die konzeptionelle Fundierung des Themas. Sie zeigen, dass Werte wie *Partizipation, Wertschöpfungsorientierung, strategische Orientierung, Kompetenz- und Wissensorientierung, Anspruchsgruppenorientierung und Flexibilität* nachhaltige HRM-Systeme angemessen charakterisieren. Diese Merkmale lassen sich auch aus den internen und externen Rahmenbedingungen sowie aus der klassischen Nachhaltigkeitsdiskussion herleiten und anhand von empirischen Studien begründen (Zaugg 2006: 140 f.).

Literaturverzeichnis

Backes-Gellner, Uschi (1993): Personalwirtschaftslehre – Eine ökonomische Disziplin?! In: Zeitschrift für Personalforschung, 7. Jg. 1993, Nr. 4, S. 513-525.

Backes-Gellner, Uschi; Lazear, Edward P.; Wolff, Birgitta (2001): Personalökonomik. Fortgeschrittene Anwendungen für das Management, Stuttgart 2001.

Beer, Michael et al. (1985): Human Resource Management. A General Manager's Perspective, New York 1985.

Docherty, Peter et al. (2002): Emerging work systems. From intensive to sustainable. In: Creating Sustainable Work Systems, edited by Peter Docherty et al., London/New York 2002, S. 1-5.

Miles, Ramond E.; Snow, Charles C. (1995): The New Network Firm: A Spherical Structure Built on a Human Investment Philosophy. In: Organizational Dynamics, 23. Jg. 1995, Nr. 3, S. 5-18.

Pfeffer, Jeffery (1994): Competitive Advantage Through People. Unleashing the Power of the Work Force, Boston 1994.

Pfeffer, Jeffery (1995): Producing sustainable competitive advantage through the effective management of people. In: Academy of Management Executive, 9. Jg. 1995, Nr. 1, S. 55-69.

Pfeffer, Jeffery (1998a): The Human Equation. Building Profits by Putting People First, Boston 1998.

Pfeffer, Jeffery (1998b): Seven Practices of Successful Organizations. In: California Management Review, 40. Jg. 1998, Nr. 2, S. 96-124.

Storey, John (1992): Developments in the Management of Human Resources. An analytical review, Oxford 1992.

Thom, Norbert; Zaugg, Robert J. (2000): Organisation des Personalmanagements. Konzeptionelle Grundlagen und empirische Ergebnisse aus der Schweiz, 3. Auflage, Bern 2000.

Ulrich, David (1997): Human Resource Champions: The Next Agenda for Adding Value and Delivering Results, Boston 1997.

Wunderer, Rolf (1992): Von der Personaladministration zum Wertschöpfungs-Center. In: Die Betriebswirtschaft, 52. Jg. 1992, Nr. 2, S. 210-217.

Wunderer, Rolf (1993): Personalmanagement 2000 – Auf dem Weg zu einer unternehmerischen Funktion. In: Personalführung, 26. Jg. 1993, Nr. 7, S. 560-569.

Wunderer, Rolf (1994): Der Beitrag der Mitarbeiterführung für unternehmerischen Wandel. In: Unternehmerischer Wandel, hrsg. v. Peter Gomez et al., Wiesbaden 1994, S. 229-271.

Wunderer, Rolf (1999): Mitarbeiter als Mitunternehmer – ein Transformationskonzept. In: Mitarbeiter als Mitunternehmer, hrsg. v. Rolf Wunderer, Neuwied/Kriftel 1999, S. 22-58.

Wunderer, Rolf; Dick, Petra (2000): Personalmanagement – Quo vadis?, Neuwied/Kriftel 2000.

Wunderer, Rolf; Kuhn, Thomas (1993): Unternehmerisches Personalmanagement. Konzepte, Prognosen und Strategien für das Jahr 2000, Frankfurt a. M./New York 1993.

Wunderer, Rolf; Kuhn, Thomas (1995): Unternehmerisches Personalmanagement – zentraler Ansatzpunkt zur Förderung unternehmerischen Verhaltens. In: Innovatives Personalmanagement, hrsg. v. Rolf Wunderer und Thomas Kuhn, Neuwied et al. 1995, S. 3-20.

Wunderer, Rolf; von Arx, Sabina (2002): Personalmanagement als Wertschöpfungs-Center. Unternehmerische Organisationskonzepte für interne Dienstleister, 3. Auflage, Wiesbaden 2002.

Zaugg, Robert J. (2006): Nachhaltiges Personalmanagement. Eine neue Perspektive und empirische Exploration des Human Resource Management, Wiesbaden 2006.

Kompetenzorientiertes HRM

René A. Lichtsteiner*

Ein kompetenzorientiertes HR Management geht davon aus, dass Kompetenzen bei allen HRM-Prozessen eine entscheidende Bedeutung haben. Kompetenzen sind das Wissen, die Fähigkeiten und Fertigkeiten, die Erfahrungen und die Persönlichkeitsmerkmale, die eine Person benötigt, um innerhalb ihrer Organisation eine bestimmte Rolle erfolgreich auszuüben. Die Kompetenzen müssen in einem Kompetenzmodell beschrieben und mit Ausprägungen versehen werden. Kompetenzorientiertes HRM bewirkt über die formalisierten HRM-Instrumente und über das Führungsverhalten eine Ausrichtung des Verhaltens aller Mitarbeitenden an den strategisch wichtigen Kompetenzen. Der Aufwand zur professionellen Erarbeitung eines „richtigen" Kompetenzmodells ist groß. Kompetenzorientiertes HRM objektiviert Personalbeurteilungen, drängt intuitive Managemententscheidungen zurück und beeinträchtigt die Macht des Managements.

Stichworte: Führungsverhalten – Geschäftsstrategie – HRM-Teilprozess – Kompetenz – Kompetenzmodell – kritisches Ereignis – Lebenszyklus – Selbststeuerung – Strategieumsetzung

* René A. Lichtsteiner ist Managing Director Right Management Switzerland. Während 10 Jahren war er im HR Management von ABB tätig und seit 2001 ist er Berater im konzeptionellen und strategischen HRM.

1 Grundlagen zum kompetenzorientierten HRM

1.1 Begriff HR Management

In diesem Beitrag sprechen wir vom Human Resource Management (HRM). Darunter verstehen wir nicht bloß die Aktivitäten der HR-Funktion im Unternehmen, sondern umfassend den Umgang der Organisation mit der Ressource Mensch. Diese technische Umschreibung soll allerdings nicht den Blick trüben. Menschen können sich selbst reflektieren und steuern. Die Beziehung zwischen Mensch und Organisation ist komplex, was ein ganzheitliches HR Management erfordert. Ein Erfolg versprechender Ansatz geht prozessorientiert von der Geschäftsstrategie aus und leitet daraus die Anforderungen an das HR Management ab. Mit verschiedenen HRM-Teilprozessen werden Kompetenz, Motivation, Kooperation, Veränderungsbereitschaft, Führungsfähigkeit sowie die strategische Ausrichtung sichergestellt. Selbstverständlich wird die spezifische Geschäftsstrategie spezifischere Ergebnisse verlangen. Auf jeden Fall soll damit die Leistungsfähigkeit der Organisation bewirkt werden.

Eine mögliche Darstellung (vgl. Lichtsteiner 2005: 126-128) differenziert zwischen

- der Einbettung der HRM-Teilprozesse in die Werte, die Personalpolitik und weitere normative Vorgaben (wie z. B. Führungsgrundsätze),
- dem Input Geschäftsstrategie (das Zusammenspiel zwischen dem HR Management auf der Unternehmensebene und auf der Ebene der einzelnen strategischen Geschäftseinheiten werden wir bezüglich der Definition von Kompetenzen in Abschnitt 2.2 näher untersuchen),
- den so genannten Lebenszyklus-Teilprozessen, bei denen die HR-Funktion die Prozessverantwortung und die Linie die Sachverantwortung trägt,
- den Unterstützungsprozessen, bei denen die HR-Funktion Prozessverantwortung und Sachverantwortung trägt (dabei werden Umfang und Ausgestaltung der Unterstützungsprozesse maßgeblich vom HRM-Verständnis der Organisation geprägt),
- dem Managementprozess und
- dem Output organisationale Leistungsfähigkeit.

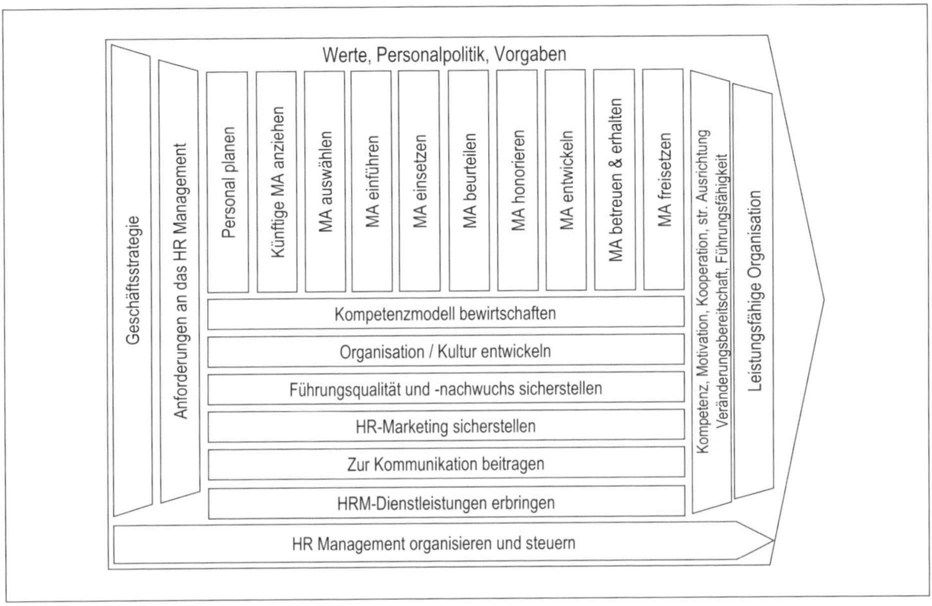

Abbildung 1: Prozessmodell des HR Management

1.2 Begriff Kompetenzen

Unter Kompetenzen verstehen wir das Wissen, die Fähigkeiten und Fertigkeiten, die Erfahrungen und die Persönlichkeitsmerkmale, die eine Person benötigt, um innerhalb der Organisation eine bestimmte Rolle erfolgreich auszuüben (vgl. Biesalski 2006: 1). Damit die HR-Funktion und die Linie mit Kompetenzen arbeiten können, müssen diese derart beschrieben sein, dass sie

- beobachtbar,
- messbar oder zumindest beurteilbar und
- lernbar oder zumindest veränderbar sind.

Die im HR Management verwendeten Kompetenzen sollten in einem Kompetenzmodell zusammengefasst sein. Die expliziten Umschreibungen eines Kompetenzmodells bewirken häufig, dass die Beurteilung von Personen immer von einem gemeinsamen Verständnis ausgeht, nach welchen Merkmalen die Person beurteilt und wie diese Beurteilung umschrieben werden soll. Deshalb muss ein

Kompetenzmodell explizit sein, die Kompetenzen müssen einen Bezug zur erfolgreichen Strategieumsetzung haben und das Modell muss die richtige Balance zwischen praktischer Brauchbarkeit (Anzahl Kompetenzen und Ausprägungen) und Ganzheitlichkeit (Berücksichtigung aller strategisch relevanten Verhaltensweisen) aufweisen (vgl. Weatherly 2005: 1).

1.3 Was ist ein kompetenzorientiertes HRM?

Das kompetenzorientierte HR Management geht davon aus, dass Kompetenzen bei allen HRM-Teilprozessen im Lebenszyklus der Mitarbeitenden eine entscheidende Bedeutung haben:

- *Personal planen:* Die qualitative Planung verwendet die Begriffe des Kompetenzmodells.
- *Künftige Mitarbeitende anziehen:* Die Umschreibung der so genannten Employee Value Proposition und die Botschaften im Kommunikationsmix greifen ebenfalls auf die Begriffe des Kompetenzmodells zurück.
- *Mitarbeitende auswählen:* Das Anforderungsprofil und die Fragen im strukturierten Selektionsinterview verwenden Kompetenzbeschreibungen und -ausprägungen.
- *Mitarbeitende einführen:* Mit dem Kompetenzmodell kommuniziert das Unternehmen den neuen Mitarbeitenden was wichtig ist und beeinflusst damit die Selbststeuerung der Mitarbeitenden.
- *Mitarbeitende einsetzen:* Die Verwendung von Kompetenzumschreibungen und -ausprägungen schafft Klarheit in Aufgabenbeschreibungen, Zielvereinbarungen oder Feedbackgesprächen.
- *Mitarbeitende beurteilen:* Konsequenterweise werden in formellen Beurteilungsinstrumenten wie auch im informellen Beurteilungsgespräch die Kompetenzbeschreibungen verwendet.
- *Mitarbeitende honorieren:* Die Kompetenzen werden für die Einstufung der Mitarbeitenden verwendet und in Unternehmen, die nicht bloß auf die Erreichung von Leistungszielen abstellen, sondern auch Verhaltensziele kennen, zudem für die Lohnanpassung oder die Festlegung des variablen Anteils eingesetzt.

- *Mitarbeitende entwickeln:* Die Kompetenzen steuern die Selbstentwicklung der Mitarbeitenden ebenso wie die Aus- und Weiterbildungsaktivitäten der Unternehmen.
- *Mitarbeitende betreuen und erhalten:* Auch wenn die Kompetenzen in diesem wenig instrumentalisierten HRM-Teilprozess nicht explizit verwendet werden, so werden sie dennoch die Aufmerksamkeit und das Führungsverhalten der Vorgesetzten beeinflussen.
- *Mitarbeitende freisetzen:* Bei der forcierten Freisetzung durch das Unternehmen wird die Kompetenzbeurteilung wiederum entscheidend sein.

Bei den meisten Unterstützungsprozessen (außer bei der Erbringung von HRM-Dienstleistungen) wird das Kompetenzmodell die Aktivitäten der HR-Funktion wesentlich leiten.

2 Chancen, Risiken und Nebenwirkungen des kompetenzorientierten HRM

2.1 Chancen

Sämtliche HRM-Aktivitäten werden auf diejenigen Verhaltensweisen der Mitarbeitenden ausgerichtet, die für die Strategieumsetzung wesentlich sind. Die durchgängige Verwendung der gleichen Verhaltensbeschreibungen und -ausprägungen ist ein mächtiges Hilfsmittel zur unternehmensweiten Kommunikation, was von allen Mitarbeitenden erwartet wird und wie diese Erwartungen mit der Unternehmensstrategie zu verknüpfen sind. Dabei haben die formalisierten HRM-Aktivitäten wie Selektionsinterviews, Zielvereinbarungen oder Mitarbeitendenbeurteilungen sogar eine weniger wichtige Bedeutung als die Strukturierung der informellen Führungsgespräche zwischen Mitarbeitenden und Vorgesetzten sowie die Selbststeuerung der Mitarbeitenden. Somit sollte ein kompetenzorientiertes HR Management nicht bloß auf den Einbau des Kompetenzmodells in die HRM-Instrumente fokussieren, sondern sollte die Kompetenzen breit kommunizieren und über die Beeinflussung des Führungsverhaltens Top-down dafür sorgen, dass konsequent die Verhaltensbeschreibungen und -ausprägungen des Kompetenzmodells verwendet werden. Insbesondere darum ist die praktische Brauchbarkeit (vgl. Abschnitt 1.2) ein derart wichtiges Anforderungskriterium für ein gutes Kompetenzmodell. Nicht nur im stabilen Umfeld, sondern gerade auch in Veränderungsprozessen können (über Anpassungen im Kompetenzmodell) relativ rasche, konsistente und nachhaltige Verhaltensänderungen erzeugt werden.

2.2 Risiken

Wegen der durchgängigen und einflussreichen Verwendung des Kompetenzmodells in allen HRM-Aktivitäten haben die Umschreibungen und Ausprägungen der für die Strategieumsetzung erfolgreichen Verhaltensweisen eine große Hebelwirkung. Somit ist es außerordentlich wichtig, dass das Kompetenzmodell professionell erarbeitet wird.

Grundsätzlich lassen sich drei Vorgehen für die Erarbeitung eines Kompetenzmodells unterscheiden (vgl. Dubois/Rothwell 2004: 71 f.):

- Sehr erfolgreiche und durchschnittlich erfolgreiche Mitarbeitende und Führungskräfte werden zu so genannten kritischen Ereignissen befragt und aus den unterschiedlichen Verhaltensweisen werden die strategisch erfolgskritischen Verhaltensweisen (in denen sich durchschnittlich und überdurchschnittlich erfolgreiche Mitarbeitende und Führungskräfte differenzieren) bestimmt. Die Auswahl der kritischen Ereignisse und das Herausfiltern aller situativen Faktoren sind dabei wesentlich (vgl. Lucia/Lepsinger 1999: 67-92).

- Aus der Strategie werden in einem deduktiven Prozess die Verhaltensweisen abgeleitet, die nach der Erfahrung der an diesem Prozess beteiligten Personen für die Umsetzung der Strategie wichtig sind. Wie bei jedem deduktiven Prozess sollten die resultierenden Verhaltensumschreibungen und Ausprägungen in einem einigermaßen kontrollierbaren Umfeld überprüft werden.

- Aus einem generischen Modell werden mit Ansätzen der beiden obigen Vorgehensweisen die Verhaltensumschreibungen und Ausprägungen ausgewählt, die für das betreffende Unternehmen wesentlich sind. Die hohe Qualität der verfügbaren generischen Modelle kann allerdings dazu verleiten, die Arbeit zu wenig auf das spezifische Unternehmen auszurichten (vgl. Lucia/Lepsinger 1999: 163-166).

Der personelle und zeitliche Aufwand für die Erarbeitung des Kompetenzmodells, für die Anpassung aller HRM-Instrumente sowie für die Veränderung des Führungsverhaltens sind sehr groß. Somit besteht ein hoher Druck von Seiten einer pragmatischen Unternehmensführung, sich mit einer 80%-Lösung zufrieden zu geben. Eine derartige Lösung darf dann allerdings nicht mit einer 100%igen Konsequenz umgesetzt werden, sonst ist das Risiko von Fehlentscheidungen zu groß. Vielmehr müssen im Sinne der pragmatischen Unternehmensführung eher intuitiv geprägte Beurteilungen die kompetenzbasierten Beurteilungen ergänzen.

Unternehmen mit verschiedenen strategischen Geschäftseinheiten und damit tendenziell unterschiedlichen Geschäftsstrategien brauchen nach der Logik des kompetenzbasierten HR Managements zumindest teilweise unterschiedliche Kompetenzmodelle. Das HR Management wird aber in vielen Unternehmen auf der Unternehmensebene und nicht auf der Ebene der strategischen Geschäftseinheit gesteuert. Dann hilft das Kompetenzmodell zur Entwicklung der unternehmensweit geltenden Verhaltensweisen, versagt aber bei der Festlegung der spezifischen Verhaltensweisen. Selbst wenn im Unternehmen identische HRM-Teilprozesse und HRM-Instrumente gelten, sollten die darin enthaltenen Kompetenzen differenziert werden.

2.3 Nebenwirkungen

Keine Beurteilung von Menschen kann je rein objektiv und sachlich getroffen werden. Kompetenzumschreibungen helfen Entscheidungen zu versachlichen. Damit werden intuitive Beurteilungsmechanismen zurückgedrängt und viele Beurteilungsfehler vermieden. Als Folge davon kann die Intuition als wichtige Führungskompetenz verkümmern. Zudem kann die emotionale Bindung zwischen Mitarbeitenden und Führungskräften durch eine transaktionale Beziehung ersetzt werden („Du bist mein Mitarbeiter geworden, weil du das Anforderungsprofil am besten erfüllst." versus „Du bist mein Mitarbeiter geworden, weil ich gerne mit dir zusammenarbeite.").

Entscheidungen über Personen haben immer mit Macht zu tun. Die Auswahl von Führungsnachwuchskräften und die Mitarbeitendenbeurteilung im Zusammenhang mit der Honorierung gehören zu den wichtigsten Machtinstrumenten. Die Objektivierung von personellen Entscheidungen und der Begründungszwang beschränken die Macht. Sie reduzieren die Komponente Beziehung zu

Gunsten der Sachorientierung. Damit schwächen sie den Einfluss von (guten und weniger guten) Führungskräften. Der Widerstand im Management gegen ein kompetenzbasiertes HR Management kann deshalb seine Ursache im befürchteten Machtverlust haben oder in der echten Sorge, dass die Persönlichkeit der Führungskräfte durch ein „Führungssystem" ersetzt wird.

3 Fazit

Jedes HR Management ist in dem Sinne kompetenzbasiert, dass HRM-Aktivitäten basierend auf Beurteilungen über Personen und Annahmen über (un)erwünschte Verhaltensweisen ausgeführt werden. Der Unterschied zwischen einem professionellen, kompetenzbasierten HR Management und weniger professionellem Vorgehen liegt darin, ob

- diese Beurteilungen und Annahmen auf Verhaltensweisen basieren, die mit der Geschäftsstrategie gekoppelt sind,
- alle Beurteiler und Entscheider die gleichen Verhaltensweisen verwenden und
- bei allen HRM-Aktivitäten die gleichen Verhaltensweisen als richtig angenommen werden und sich die Auswirkungen der verschiedenen HRM-Aktivitäten nicht widersprechen.

Literaturverzeichnis

Biesalski, Ernst (2006): Kompetenzmanagement. URL: http://www.ernst-biesalski.de/#Kompetenzmanagement, 25. März 2006.

Dubois, David D.; Rothwell, William J. (2004): Competency-Based Human Resource Management, Amhearst 2004.

Lichtsteiner, René A. (2005): Prozessmanagement im Personalbereich. In: Neue Herausforderungen im Personalmanagement, hrsg. v. Peter M. Wald, Wiesbaden 2005, S. 119-135.

Lucia, Antoinette D.; Lepsinger, Richard (1999): The art and science of competency models. Pinpointing critical success factors in organizations, San Francisco 1999.

Weatherly, Leslie A. (2005): Competency Models – An Overview. URL: http://www.shrm.org, 25. März 2006.

Partizipatives eHRM

Daniel Zimmermann*

Die Implementierung von Self Service-Systemen und Mitarbeiterportalen als interaktive Kommunikationsplattformen zur Optimierung von internen Geschäftsprozessen setzt einen partizipativen Ansatz des Human Resource Managements voraus. Unter dem Gesichtspunkt der Aufgabenteilung kann nicht mehr von einer *dualen Trägerschaft* personalwirtschaftlicher Aktivitäten zwischen Personalverantwortlichen und Linienmanagern gesprochen werden, vielmehr muss das Konzept um die Integration der Mitarbeitenden zu einer *trilateralen Trägerschaft* erweitert werden. Das elektronische Human Resource Management bietet technische Voraussetzungen dafür, dass personalwirtschaftliche Aufgaben nicht ausschließlich von spezialisierten Fachabteilungen und Führungskräften in der Linie, sondern entsprechend dem Subsidiaritätsprinzip auch von Mitarbeitenden wahrgenommen werden können.

Stichworte: Delegation – Electronic Human Resource Management (eHRM) – Employee Self Service (ESS) – Informations- und Kommunikationssystem – Manager Self Service (MSS) – Mitarbeiterportal – Partizipation – trilaterale Trägerschaft

---

* Daniel Zimmermann, lic. rer. pol., ist wissenschaftlicher Assistent am Institut für Organisation und Personal der Universität Bern.

1 Ausgangslage

Der Einsatz von elektronischen Hilfsmitteln im Personalmanagement hat in den letzten Jahren stark zugenommen (vgl. Rogas/Frey 2002: 10; Staffelbach/Renggli 2002: 4; Capgemini 2004: 27). Mit den Fortschritten in der Internettechnologie und den damit verbundenen Möglichkeiten für das Human Resource Management (HRM) wuchs das Interesse in Wissenschaft und Praxis am elektronischen Human Resource Management (eHRM) (vgl. Marler/Dulebohn 2005: 137). Dabei stellen u. a. die Automation von administrativen und bürokratischen Aufgaben oder die vermehrte Integration von Mitarbeitenden in Personalprozessen ein erhebliches Entlastungspotenzial für die Personalabteilungen dar (vgl. Mülder 2002: 61; Konradt/Schäffer-Külz 2004: 40; Lohse/Morczinek 2004: 186).

Die Arbeit einer Personalabteilung wird aufgrund veränderter Anforderungen an das Personalmanagement nicht mehr als interne Administrations- und Verwaltungsaufgabe, sondern als Dienstleistung für die Unternehmung verstanden. Die Personalabteilung hat prozessorientiert zu denken, eine systematische Kunden- und Qualitätsorientierung zu verfolgen und die eigenen Leistungen nach deren Wertschöpfungsbeitrag zu beurteilen (vgl. Wunderer/von Arx 2002: 26). Der rasche technologische Wandel erfordert neue Konzepte im Personalmanagement. Durch die Erweiterung von Standardsoftwarelösungen im Personalmanagement um den Zugriff per Internetapplikation hat sich eine integrative Technologiekonzeption entwickelt, welche eine partielle Verlagerung von Personalaufgaben an die internen Kunden (Mitarbeiter und Manager) ermöglicht (vgl. Grün/Brunner 2002: 173; Marler/Dulebohn 2005: 137). Die HR-Prozesse werden analysiert und im Rahmen eines ganzheitlichen Workflow-Managements optimiert. Es geht dabei primär um die Minderung von Effizienzverlusten durch Abstimmungs- und Koordinationsprozesse (vgl. Lohse/Morczinek 2004: 187).

2 Mitarbeiterportale und Self Service-Systeme

Die Zusammenfassung von elektronischen, webbasierten Unterstützungsfunktionen im Personalmanagement, welche einen zentralen Zugriff auf personalisierte Inhalte sowie bedarfsgerechte Prozesse erlauben, wird als Mitarbeiterportal bezeichnet (vgl. Gurzki/Vlachakis/Hinderer 2004: 168; Zaugg 2006: 125). Es entstehen dabei Schnittstellen zu den Mitarbeitenden und weiteren personalwirtschaftlichen Leistungsträgern. Es handelt sich um Informations- und Kommunikationssysteme, welche den Daten- und Informationsaustausch fördern, um Datenbanksysteme, welche die Datenbewirtschaftung erleichtern, sowie um funktionsspezifische Applikationen zur Steigerung der Effizienz (vgl. Zaugg 2006: 125).

Enger als der Begriff des Mitarbeiterportals versteht sich das Self Service-System. Der Grundgedanke bei Self Service-Systemen besteht darin, dass Mitarbeiter und Vorgesetzte, bei Bedarf auch externe Stellen, einen Teil der personenbezogenen Daten selbst verwalten und pflegen (eAdministration) sowie Informationen eigenständig aus dem Internet beziehungsweise Intranet abrufen (vgl. Mülder 2002: 62; Schäffer-Külz 2005: 20). Aus den USA stammend, hat sich hierfür der Begriff „Employee Self Service“ (ESS) sowie „Manager Self Service“ (MSS) etabliert (vgl. Mülder 2002: 62; Rogas/Frey 2002: 12 f.; Beal 2003: 20; Lohse/Morczinek 2004: 186; Davis 2005: 32). Ein Teil der bisherigen Personalverwaltungsarbeit wird hierbei automatisiert. Während sich ein Personalinformationssystem auf einzelne Funktionen beschränkt (Erfassung von Bewerberdaten, Terminverwaltung, Stammdatenverwaltung der Mitarbeitenden etc.), steht beim eHRM die Unterstützung kompletter Geschäftprozesse im Vordergrund (vgl. Mülder 2003b: 30). Insbesondere wird die Datenerfassung dorthin verlagert, wo die höchste Kompetenz existiert. So mutiert beispielsweise der Mitarbeiter selbstständig seine Wohnadresse direkt per Bildschirmformular, anstatt zunächst ein Papierformular auszufüllen und dieses an die Personalabteilung zu schicken.

Die eigenverantwortliche Verwaltung der Personaldaten sowie der Abruf von Informationen über einen Internet-Browser sind elementare Bestandteile von Self Service-Systemen (vgl. Lohse/Morczinek 2004: 187; Somogyi-Sandmeier 2004: 21). Ein Missbrauch kann durch Sperrung besonders sensibler Daten verhindert werden. Die Mitarbeiter haben über den Browser lediglich beschränkten Zugriff auf ihre Personaldaten. Zahlreiche Felder wie beispielsweise die Gehaltsklasse können nur durch ausgewählte, autorisierte Benutzer mutiert werden. Im Anschluss an die Datenerfassung im Selbstbedienungsmodus erfolgen Fehlerprüfungen durch die Software und gegebenenfalls Genehmigungen durch den Vorgesetzten. Durch umfangreiche Schutzmaßnahmen sowie Verschlüsselungstechniken lässt sich ein hohes Maß an Sicherheit im Netzverkehr erzielen.

Die Anwendungsmöglichkeiten von Self Service-Systemen in der Personalwirtschaft sind sehr vielfältig und tangieren die meisten Prozess- und Querschnittsfunktionen, welche neben dem strategischen Personalmanagement (Metafunktion) als Teilfunktionen des Personalmanagements verstanden werden (vgl. Thom 2001: 118). SAP kennt beispielsweise bereits über 250 verschiedene ESS-Anwendungen (vgl. Krämer/Lübke/Ringling 2003; Mülder 2003a: 8).

Die als partizipatives eHRM bezeichnete integrative Technologiekonzeption beinhaltet viele positive Impulse für eine Unternehmung. Durch den erhöhten Einsatz technischer Hilfsmittel einerseits und durch die Dezentralisierung nach dem Selbstorganisationsmodell andererseits ergeben sich für die Personalabteilungen aber auch neue Problemstellungen. Es gilt u. a., eine übermäßige Informationsflut zu verhindern, der zunehmenden Individualisierung entgegenzuwirken sowie die Balance zwischen Eigenverantwortung, Selbstentwicklung und der Begeisterung für eine gemeinsame Sache zu finden (vgl. Staffelbach/Renggli 2002: 12). Für ein nachhaltig erfolgreiches eHRM sind neue Formen der Partizipation erforderlich.

3 Neue Formen der Partizipation im Personalmanagement

Die Partizipation der Mitarbeitenden an Personalprozessen und die Delegation von Entscheidungs- und Ausführungsaufgaben im Personalwesen sind für eine zeitgemäße sowie effiziente Aufgabenerfüllung evident. So beschreibt etwa Zaugg (2006: 154 f.) die Partizipation als einer der Grundsätze eines nachhaltigen HRM. Aus organisatorischer Sicht bedeutet eine Partizipation nicht nur die Beteiligung an Geschehnissen, sondern beinhaltet auch die Einbindung von Mitarbeitenden in Entscheidungs- und Willensbildungsprozesse (vgl. Domsch 1980: 60; Schanz 1992: 1901). Sie kann somit als Zwischenstufe der Delegation verstanden werden, in welcher die Mitarbeitenden systematisch am Entscheidungsfindungsprozess beteiligt werden (vgl. Grochla et al. 1981: 31; Steinle 1992: 502). Delegation von Personalaufgaben bedeutet die vertikale Weitergabe von Entscheidungs-, Anordnungs- und Kontrollaufgaben mit entsprechender Kompetenz und Verantwortung (vgl. Krüger 1992: 229; Steinle 1992: 501). Damit wird die Delegation dem Subsidiaritätsprinzip gerecht, welches besagt, dass eine Aufgabe derjenigen Ebene zuzuweisen ist, welche noch zu deren selbstständiger Erfüllung in der Lage ist (vgl. Steinle 1992: 509). Gleichzeitig sollen bei Problemen, welche zu Überforderungen führen, das Informationssystem oder bei Bedarf die Personalexperten unterstützend tätig werden.

Die aktive Beteiligung im Sinne von Delegation an oder Partizipation von Mitarbeitenden an Personalaufgaben setzt zwingend eine Technologie voraus, welche den hohen Anforderungen an die Benutzerfreundlichkeit und Datensicherheit standhalten kann. Dank der breiten Akzeptanz der Internettechnologie und der damit verbundenen weltweiten Verbreitung können die unmittelbar anfallenden Einführungs- und Unterhaltskosten verhältnismäßig niedrig gehalten werden (vgl. Schmeisser 2004: 45).

Um ihre vielfältigen Aufgaben in angemessener Qualität wahrnehmen zu können, ist die Personalabteilung auf Unterstützung angewiesen. Mitarbeitende nehmen selbst aktiv am Betreuungsprozess teil und werden dadurch zu Subjekten des Personalmanagements (vgl. Zaugg 2006: 448). Eine aus organisatorischer Sicht konsequente Partizipation lässt sich nur dann realisieren, wenn die Unternehmung den Mitarbeitenden entsprechende Self Service-Instrumente einschließlich der damit verbundenen Verantwortungen zugesteht. Partizipation bedeutet unter dem Gesichtspunkt der Aufgabenteilung aber auch, dass das Personalmanagement nicht als duale Beziehung zwischen Personalverantwortlichen und Linienmanagern zu verstehen ist, wie sie von Hentze/Kammel (2001: 4) darstellt wird. Vielmehr muss das Konzept um die Integration der Mitarbeitenden zu einer *trilateralen Trägerschaft* sowie um die HRM-Services, die elektronisch oder in der Form eines Service Centers erbracht werden, erweitert werden (vgl. Zaugg 2006: 386 ff.). Alle Mitarbeitenden einer Unternehmung tragen damit einen Teil zum personalwirtschaftlichen Leistungserstellungsprozess bei.

Die Intensität einer Partizipation kann anhand des Partizipationsgrades ausgedrückt werden (vgl. Abbildung 1). Es handelt sich dabei um ein Kontinuum, welches von zwei Extrempositionen geprägt ist. Einerseits handelt es sich um Planung und Entscheidung ausschließlich durch die Geschäftsleitung und andererseits (in der Grafik nicht ersichtlich) um die alleinige Planung und Entscheidung durch die betroffenen Mitarbeitenden. Es könnte nach diesem Modell theoretisch möglich sein, dass die Personalaufgaben ausschließlich durch die Mitarbeitenden vollzogen werden, was allerdings realitätsfremd wäre (vgl. Domsch 1980: 62). In der Mitte des Kontinuums (auf der Abbildung 1 rechts) ist der Integrationsgrad am höchsten. Die Partizipation soll im Sinne des eHRM über die Information und Beratung hinausgehen und eine echte paritätische Mitbestimmung bei der Planung und Entscheidung ermöglichen. Diesen Partizipationsgrad gilt es, bei der Einführung von eHRM anzustreben (vgl. Mülder 2003b: 29 f.).

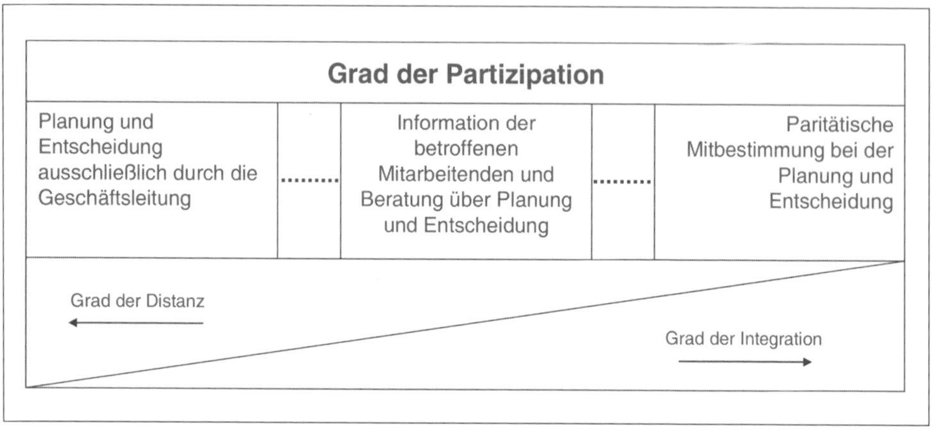

Abbildung 1: Partizipations-Kontinuum (in Anlehnung an Domsch 1980: 62)

Neben der generellen Partizipation von Mitarbeitenden an Personalprozessen gilt es vermehrt, Personalaufgaben den Linienverantwortlichen möglichst vollständig zu übertragen. Dabei soll es sich um eine echte Delegation handeln, welche es ermöglicht, die zugewiesenen Führungsaufgaben (Personaleinsatz, Mitarbeitermotivation, Personalerhaltung etc.) nach dem Kongruenzprinzip (Aufgaben, Kompetenz und Verantwortung sind deckungsgleich) abschließend erfüllen zu können. Ein wichtiges Ziel dieser Aufgabenreform ist deshalb die konsequente Entflechtung der HR-Prozesse (vgl. Mülder 2003b: 26). Die Aufgaben der Personalabteilung erfahren dabei eine Verlagerung in Richtung Betreuungs- und Coachingfunktion der Mitarbeitenden und Führungskräfte (vgl. Rogas/Frey 2002: 10).

4 Fazit

Softwarelösungen und digitale Netzwerke haben unsere Art zu leben und zu arbeiten fundamental verändert (vgl. Mülder 2003a: 1; Gliss 2004: 20). Die Personalmanagementsysteme zur klassischen Verwaltung der Mitarbeitenden können nicht mehr als in sich abgeschlossene Systeme betrachtet werden, sondern gewinnen mit Internet- und Portallösungen eine für das Verständnis personalrelevanter Aufgabenstellungen einschneidende Erweiterung. Die Einbindung von Internet- bzw. Intranetlösungen verändert die Aufgaben der Personalabteilungen in quantitativer sowie qualitativer Hinsicht. Administrative Routineaufgaben werden vermehrt zugunsten von strategisch-konzeptionellen Tätigkeiten verdrängt. Ein partizipatives Verständnis des Human Resource Managements stellt eine wichtige Voraussetzung dar, um mit den technischen Entwicklungen Schritt halten zu können.

Literaturverzeichnis

Beal, Janis (2003): Self-service solution speeds benefits enrollment. In: Employee Benefit News, 17. Jg. 2003, Nr. 14, S. 20.

Capgemini (2004): HR-Barometer 2004/2006. URL: http://www.de.capgemini.com/servlet/PB/show/1516027/HR_Barometer_2004.pdf, 28. Februar 2006.

Davis, Riccardo A. (2005): Employee Self-Service Takes Off. In: Accounting Technology, 21. Jg. 2005, Nr. 2, S. 32-36.

Domsch, Michel (1980): Systemgestützte Personalarbeit, Wiesbaden 1980.

Gliss, Hans (2004): Krach und Kränkung vermeiden. In: Personal, 56. Jg. 2004, Nr. 2, S. 20-22.

Grochla, Erwin et al. (1981): Entlastung durch De-legation. Leitfaden zur Anwendung organisatorischer Maßnahmen in mittelständischen Betrieben, Berlin 1981.

Grün, Oskar; Brunner, Jean-Claude (2002): Der Kunde als Dienstleister. Von der Selbstbedienung zur Co-Produktion, Wiesbaden 2002.

Gurzki, Thorsten; Vlachakis, Joannis; Hinderer, Henning (2004): Mitarbeiterportale als strategische Integrationsplattform zur Optimierung von internen Geschäftsprozessen. In: Electronic Business: Innovationen, Anwendungen und Technologien, hrsg. v. Anette Weisbecker, Thomas Renner und Stefan Noll, Stuttgart 2004, S. 166-173.

Hentze, Joachim; Kammel, Andreas (2001): Personalwirtschaftslehre. Band 1: Grundlagen, Personalbedarfsermittlung, -beschaffung, -entwicklung, -bildung und -einsatz, 7. Auflage, Bern et al. 2001.

Konradt, Udo; Schäffer-Külz, Ute (2004): Self-Service: Was entscheidet über Mehrwert und Akzeptanz? In: Personalführung, 37. Jg. 2004, Heft 7, S. 40-47.

Krämer, Christian; Lübke, Christian; Ringling, Sven (2003): mySAP HR Personalwirtschaft. Prozessorientierte Einführung – Rollenbasierte Anwendung, 2. Auflage, Bonn 2003.

Krüger, Wilfried (1992): Aufgabenanalyse und -synthese. In: Handwörterbuch der Organisation, 3. Auflage, hrsg. v. Erich Frese, Stuttgart 1992, Sp. 221-236.

Lohse, Matthias; Morczinek, Miro (2004): Vom Employee-Self-Service zum Enterprise-Self-Service. In: Wirtschaftswissenschaftliches Studium (WiSt), 33. Jg. 2004, Nr. 1, S. 186-190.

Marler, Janet H.; Dulebohn, James H. (2005): A Model of Employee Self-Service Technology Acceptance. In: Research in Personnel and Human Resources Management, edited by Joseph J. Martocchio, Illinois 2005, S. 137-180.

Mülder, Wilhelm (2002): Webbasiertes Personalmanagement. In: IM – Die Fachzeitschrift für Information Management & Consulting, 17. Jg. 2002, Nr. 1, S. 61-66.

Mülder, Wilhelm (2003a): Employee Self Service – Delegation von Personalarbeit an Mitarbeiter, Manager und Bewerber. In: Digitale Fachbibliothek: Das flexible Unternehmen. Arbeitszeit, Gruppenarbeit, Entgeltsysteme, hrsg. v. Conny H. Antoni, Eckhard Eyer und Jan Kutscher, Düsseldorf 2003, Kapitel 09-05.

Mülder, Wilhelm (2003b): Prozessoptimierung in der Personalwirtschaft durch neue IT-Systeme. In: Internationales Personalcontrolling und internationale Personalinformationssysteme, hrsg. v. Wilhelm Schmeisser, Jan Grothe und Thomas R. Hummel, München et al. 2003, S. 25-39.

Rogas, Karsten; Frey, Katja (2002): Aktuelle Entwicklung der electronic Human Resources Technologien. In: Personal, 54. Jg. 2002, Heft 7, S. 10-13.

Schäffer-Külz, Ute (2005): Mitarbeiterportale und Self-Service-Systeme, Frechen 2005.

Schanz, Günther (1992): Partizipation. In: Handwörterbuch der Organisation, 3. Auflage, hrsg. v. Erich Frese, Stuttgart 1992, Sp. 1901-1914.

Schmeisser, Wilhelm (2004): Webbasierte Globalisierung. In: Personalwirtschaft, 31. Jg. 2004, Nr. 6, S. 43-46.

Somogyi-Sandmeier, Pia (2004): HR-Portal – das B2E-Konzept: Echter Mehrwert oder kurzlebige Mode? In: Persorama, 28. Jg. 2004, Nr. 4, S. 20-21.

Staffelbach, Bruno; Renggli, Sabina (2002): e-HR meets old HR. In: Organisations Entwicklung, 21. Jg. 2002, Nr. 2, S. 4-13.

Steinle, Claus (1992): Delegation. In: Handwörterbuch der Organisation, 3. Auflage, hrsg. v. Erich Frese, Stuttgart 1992, Sp. 500-513.

Thom, Norbert (2001): Personalmanagement – Überblick und Entwicklungstendenzen. In: Excellence durch Personal- und Organisationskompetenz, hrsg. v. Norbert Thom und Robert J. Zaugg, Bern et al. 2001, S. 117-131.

Wunderer, Rolf; von Arx, Sabina (2002): Personalmanagement als Wertschöpfungs-Center. Unternehmerische Organisationskonzepte für interne Dienstleister, 3. Auflage, Wiesbaden 2002.

Zaugg, Robert J. (2006): Nachhaltiges Personalmanagement. Eine neue Perspektive und empirische Exploration des HRM, Bern 2006.

Betriebliches Gesundheitsmanagement

Regine Moser*

Gesunde und motivierte Mitarbeitende sind eine wichtige Voraussetzung für den nachhaltigen Fortbestand und die Wettbewerbsfähigkeit jeder Organisation. In Zukunft sollten die Unternehmen im eigenen Interesse das betriebliche Gesundheitsmanagement vermehrt in bestehende Managementkonzepte integrieren. Mit gesundheitsgerechten Instrumenten wie beispielsweise der Mitarbeiterführung und der Personalentwicklung lässt sich das „Unternehmensziel Gesundheit" verwirklichen. Denn wer Leistung fordert, muss auch Gesundheit fördern. Die Philosophie des betrieblichen Gesundheitsmanagements basiert einerseits auf der Eigenverantwortung und dem Selbstmanagement jedes Einzelnen und andererseits auf der sozialen Verantwortung des Arbeitgebers, der diese Pflicht insbesondere durch die Führungskräfte umsetzen und wahrnehmen sollte. Als Umsetzungsmöglichkeit kann der Ansatz der Work-Life-Balance dienen. Beispielhaft wird dies am Career- and Lifestylemanagementkonzept erläutert.

Stichworte: Arbeitsfähigkeit – Career- and Lifestylemanagement – demografische Entwicklung – Eigenverantwortung – Führungsaufgabe – Ganzheitlichkeit – betriebliches Gesundheitsmanagement – lebenslanges Lernen – Leistungsbereitschaft – Leistungsfähigkeit – Nachhaltigkeit – Personalmanagement – Selbstmanagement – Work-Life-Balance

* Regine Moser, lic. rer. pol., ist wissenschaftliche Assistentin am Institut für Organisation und Personal der Universität Bern.

1 Gesundheit im Unternehmen

Rund 70% des Sozialproduktes werden in ökonomisch entwickelten Ländern durch menschliche Arbeitskraft erwirtschaftet. Auf reinen Kapitaleinsatz sind lediglich 30% des Sozialproduktes zurückzuführen. Obwohl der Mensch als Lieferant des Produktionsfaktors Arbeit der wichtigste Teil der Unternehmen und des Produktionsprozesses ist und bleibt, werden zur Steigerung der Produktivität häufig nur Sachinvestitionen getätigt. Die Investition in den Menschen wird vernachlässigt und dementsprechend unterschätzt (vgl. Moser 2005: 1).

Die *demografische Entwicklung* gehört zu den bedeutungsvollsten Herausforderungen der Zukunft. Sie wird einschneidende Konsequenzen für die künftige Sozialpolitik nach sich ziehen. Die Altersstruktur der Bevölkerung verändert sich. Zum einen steigt die Lebenserwartung weiter an und zum andern sinkt die Geburtenziffer. Die Altersklasse der 20- bis 59-Jährigen, der heute erwerbstätige Hauptteil des Volkes, wird in diesem Jahrzehnt stagnieren und dann weiter absinken (vgl. Eckstein 2004: 128). Die zunehmende *Globalisierung der Weltwirtschaft*, der *Strukturwandel* hin zur Dienstleistung sowie die Entstehung einer *Wissensgesellschaft* erhöhen den Zeitdruck, die Komplexität der Arbeit und die Verantwortung der einzelnen Mitarbeitenden: „Die ökonomischen Veränderungen und anhaltenden Restrukturierungsprozesse führen häufig zu einer Intensivierung der Arbeit und einer Verstärkung von Unsicherheit, Ängsten, Misstrauen und Hilflosigkeitsgefühlen sowie Angst vor Arbeitslosigkeit unter den Beschäftigten mit möglichen Auswirkungen auf ihre Gesundheit und Leistungsfähigkeit und damit auf die Produktivität der Unternehmen und die Qualität ihrer Produkte und Dienstleistungen." (Expertenkommission der Bertelsmann Stiftung und der Hans-Böckler-Stiftung 2004: 30).

Die Leistungsbereitschaft und die Leistungsfähigkeit können nur erhalten und gefördert werden, wenn die individuelle Gesundheit der Beschäftigten intakt ist. Ein weit gefasster Gesundheitsbegriff schließt sowohl das umfassende physische und psychische Wohlbefinden als auch die individuelle Handlungskompetenz zur optimalen Leistungsbereitschaft und -fähigkeit mit ein: „Betriebliches Gesundheitsmanagement setzt an der Eigenverantwortung und dem Selbstmanagement des Einzelnen an, gleichzeitig ist es Arbeitgeberpflicht und Führungsaufgabe." (Kommunale Gemeinschaftsstelle für Verwaltungsvereinfachung (KGSt) 2005: 10).

Eine „gesunde" Organisation hat das Ziel, auf das Wohlbefinden aller ausgerichtet zu sein. Der Mensch mit seinen Ressourcen und Kompetenzen kann Gesundheit schaffen und erhalten. Eine gesundheitsfördernde Unterstützung wird durch Arbeitsbedingungen, Kommunikationsstrukturen, Entwicklungs- und Entfaltungsmöglichkeiten, welche an den Menschen angepasst wurden, erreicht (vgl. Kommunale Gemeinschaftsstelle für Verwaltungsvereinfachung (KGSt) 2005: 10). Folglich wird „[...] unter *betrieblichem Gesundheitsmanagement* die Entwicklung integrierter betrieblicher Strukturen und Prozesse, [welche] die gesundheitsförderliche Gestaltung von Arbeit, Organisation und dem Verhalten am Arbeitsplatz zum Ziel haben und den Beschäftigten wie dem Unternehmen gleichermassen zugute kommen[, verstanden]." (Badura/Ritter/Scherf 1999: 17).

2 Integration in ein umfassendes Personalmanagement

Betriebliches Gesundheitsmanagement muss als Führungsaufgabe wahrgenommen und in bestehende Managementsysteme integriert werden. Das Personalwesen und die Arbeitsorganisation müssen bei der Arbeitsgestaltung die Fähigkeiten der Mitarbeitenden berücksichtigen und sie an Planungen und Entscheidungen mitwirken lassen. Das Unternehmen sollte seine soziale Verantwortung wahrnehmen und gesundheitsfördernde Initiativen auf verschiedenen Ebenen unterstützen (vgl. Institut für betriebliche Gesundheitsförderung GmbH (iBGF) o. J.: 3).

Laut Bauer et al. (2002: 53) muss die zentrale Rolle des Personalmanagements genutzt werden, indem das betriebliche Gesundheitsmanagement „[...] nicht als separates Management-System eingeführt [..], sondern möglichst in bestehende Personalmanagement-Systeme integriert [wird]"; denn „ein gut ausgebautes Personalmanagement hat sich als notwendige Voraussetzung für die Umsetzung weitergehender Gesundheitsförderungsmassnahmen erwiesen." (Bauer et al. 2002: 52).

Dem Personalmanagement wird vermehrt die Verantwortung für die körperliche, geistige und psychische Fitness der Beschäftigten übertragen. Ein Stichwort in diesem Zusammenhang ist die Nachhaltigkeit. Lebenslanges Lernen fördert die Arbeitsfähigkeit und Motivation der Mitarbeitenden, was sich wiederum positiv auf die internationale Wettbewerbsfähigkeit der Unternehmen niederschlägt (vgl. Moser/Thom 2006: 39).

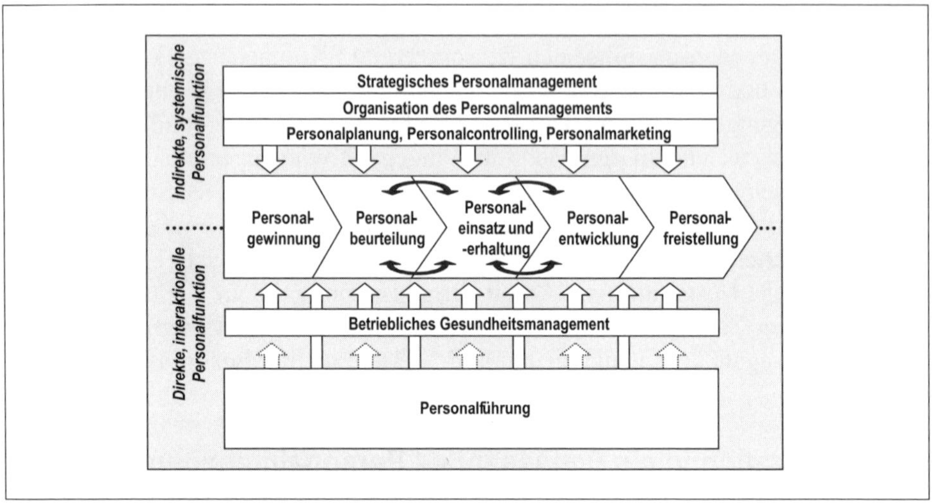

Abbildung 1: Integration des betrieblichen Gesundheitsmanagements in ein umfassendes Personalmanagement (in Anlehnung an Thom/Ritz 2006: 319)

Die Arbeitsfähigkeit einer Person wird jedoch nicht nur durch sie selbst bestimmt, sondern auch durch ihre Wechselwirkung mit ihrem Arbeitsumfeld. In Untersuchungen (vgl. bspw. Ilmarinen/Tempel 2002) konnte belegt werden, dass die Arbeitsfähigkeit keine statisch altersabhängige Größe ist, sondern dass sie im fortschreitenden Alter erhalten, wiederhergestellt oder sogar gesteigert werden kann. Mögliche Ansatzpunkte sind insbesondere die *Gesundheit der Beschäftigten*, die *Kompetenz der Beschäftigten*, die *Arbeitsumgebung* sowie das *Führungsverhalten* (vgl. Weiss 2005: 1). Im Folgenden wird auf die geteilte Verantwortungsübernahme des Unternehmens als Führungsaufgabe sowie auf die Eigenverantwortung der Mitarbeitenden eingegangen.

3 Geteilte Verantwortungsübernahme im betrieblichen Gesundheitsmanagement

Als so genannte „peer group" besitzen Führungskräfte, welche als Vorbilder für die Mitarbeitenden dienen, eine Schlüsselrolle im betrieblichen Gesundheitsmanagement. Im Rahmen eines ganzheitlichen Ansatzes werden insbesondere die Leistungsfähigkeit und die Leistungsbereitschaft der Mitarbeitenden gezielt gefördert und aufrechterhalten. Die Stärkung der Eigenverantwortung der Mitarbeitenden ist ein wesentlicher Punkt dabei. Nachweisbar ist außerdem, dass „die Gewährung und Förderung von Entfaltungsmöglichkeiten innerhalb einer partnerschaftlichen Führung nicht nur viele psychisch ausgelöste gesundheitliche Probleme verhindert, sondern zugleich ein Höchstmaß an Identifikation, Kreativität und Leistung freisetzt." (Bundesverband der Betriebskrankenkassen (BKK) 2006: 5).

Jeder Mitarbeitende ist zumindest mitverantwortlich für seine Gesundheit. „Jeder hat sein gesundheitsbezogenes Verhalten selbst zu vertreten und für die Folgen dieses Verhaltens einzustehen. Dem Recht auf Gesundheit in Form menschenwürdiger Arbeit steht also hier die Pflicht zur Gesundheit in Gestalt der Eigenverantwortung gegenüber." (Rudow 2004: 11).

Die ganzheitliche Konzeption des betrieblichen Gesundheitsmanagements beinhaltet folglich verhältnisorientierte (bedingungsbezogene) und verhaltensorientierte (personenbezogene) Interventionen (vgl. Ulich/Wülser 2004: 28). Personenbezogene Eingriffe sind nach Klotter (1999: 43) den bedingungsbezogenen immer nachzuordnen.

In diesem Zusammenhang kann Work-Life-Balance „[...] ein zukünftiger und wegweisender Ansatz sein, die verschiedenen Komponenten miteinander zu integrieren und somit einen systemisch und Disziplinen übergreifenden Ansatz zu wagen, der sowohl uns als einzelne Menschen in unserem Lebenszusammenhängen ansprechen soll, als auch im Rahmen von Unternehmensentwicklung eine zunehmend starke Rolle einnehmen kann." (Cassens 2003: 4).

Mehrfachbelastungen im Arbeits- und Privatleben erhalten oder fördern die Gesundheit nicht, sondern gefährden sie (vgl. Weiss 2005: 1). Nachhaltig gesundheitsorientiertes Verhalten verlangt somit die innere Balance zwischen Arbeit und Privatleben. Damit diese nachhaltig und alltagstauglich ist, muss sie immer wieder neu gefunden werden und an selbst gesetzten Zielen festgelegt sein (vgl. Sommer 2004: 287).

„Der inzwischen viel zitierte Begriff ‚Work-Life-Balance' beschreibt diesen Hohlraum zwischen individuellem und betrieblichem Gesundheitsmanagement [...]." (Sommer 2004: 287). Nachfolgend dazu ein Beispiel einer möglichen Umsetzung erläutert im Career- and Lifestylemanagement (CLM).

4 Denkbare Umsetzung eines betrieblichen Gesundheitsmanagements

Wichtig ist, dass ein Konzept, wie das Career- and Lifestylemanagement (vgl. Abbildung 2), auf zwei Sichtweisen basiert: „[...] zum einen auf den Bedürfnissen und Erwartungen jedes einzelnen Menschen und zum andern auf den Möglichkeiten, Instrumenten und Tools, welche den Unternehmen zur Verfügung stehen. Im Idealfall sollten sich die beiden Seiten nicht konfligieren, sondern sich ergänzen und zu einer Weiterentwicklung führen." (Moser/Thom/Schüpbach 2005: 3).

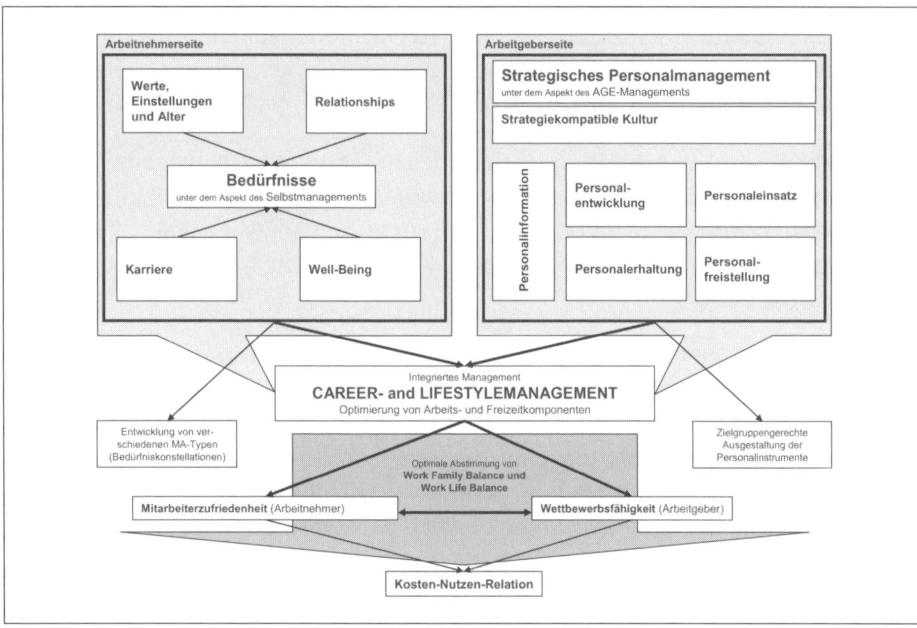

Abbildung 2: IOP-CLM-Konzept (Moser/Thom/Schüpbach 2005: 2)

„Das Schaffen einer expliziten Verbindung zwischen individuellen Bedürfnissen und Unternehmenszielen kann sogar als ein Katalysator für organisationalen Wandel und strategische Innovation wirken, weil dabei die Arbeitsweisen identifiziert werden, die unbeabsichtigte negative Konsequenzen für Organisation und Individuum haben." (Klumb/Staats 2003: 29). Es lässt sich sogar eine Win-Win-Situation herstellen, da individuelle Bedürfnisse und Unternehmensziele explizit verbunden werden. Zudem können Stressoren abgebaut werden, was bezogen auf das betriebliche Gesundheitsmanagement einen interessanten Aspekt darstellt (vgl. Klumb/Staats 2003: 30).

5 Fazit

Arbeitsbedingungen und Arbeitsanforderungen, vorhandene Ressourcen sowie verschiedene individuelle Faktoren bestimmen, ob die Arbeit einen positiven oder negativen Einfluss auf die Gesundheit hat. Im positiven Sinne kann Arbeit „[...] eine Quelle für die Erhaltung oder gar Förderung der Gesundheit sein [...]" (Weiss 2005: 1). Dennoch haben 60% der Befragten in einer breit angelegten europäischen Studie angegeben, dass sie an Rückenschmerzen, arbeitsbedingtem Stress, Schulter-Nacken-Schmerzen oder allgemeiner Erschöpfung leiden (vgl. Weiss 2005: 1). Die Gesundheit der Mitarbeitenden rückt in einem zukunftsorientierten Unternehmen vermehrt in den Blickpunkt, so dass der Gesundheitsgedanke in sämtliche Unternehmens- und Führungsprozesse integriert werden sollte. Unternehmen wie auch Mitarbeitende sind somit gefordert, das betriebliche Gesundheitsmanagement aktiv zu unterstützen.

Literaturverzeichnis

Badura, Bernhard; Ritter, Wolfgang; Scherf, Michael (1999): Betriebliches Gesundheitsmanagement – Ein Leitfaden für die Praxis. Forschung aus der Hans-Böckler-Stiftung, Berlin 1999.

Bauer, Georg F. et al. (2002): Betriebliches Gesundheitsmanagement 2001 – Entwicklungsstand in Schweizer Dienstleistungsunternehmen, Schlussbericht zum Projekt No. 32-56055.98, Zürich 2002.

Bundesverband der Betriebskrankenkassen (BKK) (Hrsg.) (2006): Mittlere Führungsebene hat die Schlüsselrolle für Erfolg von BGF. In: News: Gesundheitsförderung aktuell, o. Jg. 2006, Nr. 1, S. 4-5.

Cassens, Manfred (2003): Work-Life-Balance. Wie Sie Berufs- und Privatleben in Einklang bringen, München 2003.

Eckstein, Dudo von (2004): Demographische Verschiebungen und ihre Bedeutung für das Personalmanagement. In: Zeitschrift Führung + Organisation (zfo), 73. Jg. 2004, Nr. 3, S. 128-135.

Expertenkommission der Bertelsmann Stiftung und der Hans-Böckler-Stiftung (2004): Zukunftsfähige betriebliche Gesundheitspolitik, Gütersloh 2004.

Institut für betriebliche Gesundheitsförderung GmbH (iBGF) (o. J.): Leitfaden: Ideen und Ansätze im Bereich der Verhaltensprävention zur betrieblichen Gesundheitsförderung (BGF), Bern o. J.

Ilmarinen, Juhani; Tempel, Jürgen (2002): Arbeitsfähigkeit 2010. Was können wir tun, damit Sie gesund bleiben? hrsg. v. Marianne Giesert im Auftrag des DGB-Bildungswerk e. V., Hamburg 2002.

Klotter, Christoph (1999): Historische und aktuelle Entwicklungen der Prävention und Gesundheitsförderung – Warum Verhaltensprävention nicht ausreicht. In: Psychologie gesundheitsgerechter Arbeitsbedingungen, hrsg. v. Rainer Oesterreich und Walter Volpert, Bern et al. 1999, S. 23-61.

Klumb, Petra; Staats, Melanie (2003): Familienorientierte Personalpolitik – Sind die Zielgrössen unvereinbar? In: Personal 55. Jg. 2003, Heft 11, S. 29-31.

Kommunale Gemeinschaftsstelle für Verwaltungsvereinfachung (KGSt) 2005: Betriebliches Gesundheitsmanagement als Führungsaufgabe, Bericht Nr. 1/2005, Köln 2005.

Moser, Regine (2005): Gesundheit – trotz oder wegen der Arbeit? SGO-Herbstforum 2004. URL: http://www.orgportal.org/temp/idapedgxhemccjaapgmbgzfzbcvfltoojmeiikwlh djestvkpu/SGO-Herbstforum_2004.pdf, 27. März 2006.

Moser, Regine; Thom, Norbert; Schüpbach, Stephanie (2005): Career- and Lifestyle-management. Konzept – Empirie – Gestaltungsempfehlungen. Arbeitsbericht Nr. 79 des Instituts für Organisation und Personal der Universität Bern, Bern 2005.

Moser, Regine; Thom, Norbert (2006): AGE-Management – oder wer alt werden will, muss früh damit anfangen! In: HR-Today. Das Schweizer Human Resource Management-Journal, 7. Jg. 2006, Nr. 1/2, S. 39.

Rudow, Bernd (2004): Das gesunde Unternehmen. Gesundheitsmanagement, Arbeitsschutz und Personalpflege in Organisationen, München 2004.

Sommer, Dieter (2004): Work-Life-Balance im Lehrerberuf. In: Unternehmensziel Gesundheit. Betriebliches Gesundheitsmanagement in der Praxis – Bilanz und Perspektiven, Forschung und Weiterbildung für die betriebliche Praxis, Band 22, hrsg. v. Rolf Busch und AOK Berlin, München/Mering 2004.

Thom, Norbert; Ritz, Adrian (2006): Public Management. Innovative Konzepte zur Führung im öffentlichen Sektor, 3. Auflage, Wiesbaden 2006.

Ulich, Eberhard; Wülser, Marc (2004): Gesundheitsmanagement in Unternehmen. Arbeitspsychologische Perspektiven, Wiesbaden 2004.

Weiss, Joseph (2005): Der Arbeitsfähigkeitsindex – Nutzen und Bedingungen seines Einsatzes im Betrieb. In: Alpha – Der Kadermarkt der Schweiz, o. Jg. 2005, 26./27. Februar 2005, S. 1-3.

Professionelle Selektion von Präsidenten und Mitgliedern des Verwaltungsrates

Martin Hilb*

„Strategy follows People." Die Bedeutung des Verwaltungsratspräsidenten (VRP) und des Geschäftsleitungsvorsitzenden (GLV) für den Unternehmenserfolg wird in Theorie und Praxis häufig unterschätzt. In diesem Beitrag wird ein Praxis-Konzept vorgestellt, wie VRP professionell ausgewählt und Verwaltungsrat-Teams gezielt zusammengesetzt werden können.

Stichworte: Anforderungsprofil des VRP – Einführung des VRP – Hauptaufgaben des VR – Know-how- und Rollenverteilung im VR – Referenzen – Rekrutierungsplan – Rolle des VR-Präsidenten – Selektionsauswertung – Selektionsverlauf

* Martin Hilb ist Ordinarius für Betriebswirtschaft und Leiter des Instituts für Führung und Personalmanagement und dessen Center for Corporate Governance an der Universität St. Gallen.

1 Einleitung

In Theorie und Praxis wird oft die Frage diskutiert, ob die These „Structure follows Strategy“ oder „Strategy follows Structure“ richtig sei. Es wird dabei die viel wichtigere These vergessen: „Strategy follows People“. Die Bedeutung der obersten Führungsverantwortlichen, d. h. in der Schweiz des VRP und des GLV sowie der gezielt vielfältig zusammengesetzten VR- und GL-Teams, für den nachhaltigen Unternehmenserfolg wird häufig unterschätzt. Der professionellen Zusammensetzung des Boards kommt jedoch eine zentrale Bedeutung zu. Vielfach wird in diesem Zusammenhang die Frage aufgeworfen, ob genügend “Nachwuchs“ für diese Oberleitungsgremien vorhanden sei. Peter Böckli (2002) stellt diese Problematik wie folgt dar:

„Sowohl...	**als auch...**
- keine Interessenkonflikte	- breite Praxiserfahrung in verschiedenen Unternehmungen
- unabhängiges aussenstehendes Mitglied	- mit Unternehmung vertraut
- langjährige internationale Erfahrung mit Erfolgsausweis	- nicht CEO eines anderen Unternehmens
- viel Zeit für VR	- nebenamtliches unabhängiges Mitglied
- keine zu hohe Entschädigung	- viel Zeit für Vorbereitung, Ausschuss- und VR-Sitzungen, Workshops und Weitergabe impliziten Know-Hows
- möglichst wohlhabend	- nicht abhängig
- sein Vermögen aufs Spiel setzen	- unbeschränkt solidarisch haften“

Abbildung 1: Widersprüchliche Anforderungen an VR-Mitglieder (Böckli 2002)

Tatsächlich ist es oft schwierig, die richtigen VR-Mitglieder zu finden. Ein professionelles Vorgehen erleichtert allerdings die erfolgreiche Suche. Im Folgenden wird ein 10-Phasen-Ansatz vorgestellt, der in der VR-Praxis Verwendung findet. Dabei handelt es sich um die professionelle Suche eines neuen Präsidenten des Verwaltungsrates eines internationalen High-Tech-Unternehmens als Nachfolger des Gründungspräsidenten, der altersbedingt zur nächstjährigen Generalversammlung zurücktreten möchte.

2 Selektionsprozess

Phase 1: Verteilung der Hauptaufgaben im Verwaltungsrat

Zunächst geht es um die Verteilung der Hauptaufgaben innerhalb des VR zwischen dem Präsidenten, den (im vorliegenden Fall) zwei Ausschüssen und dem Gesamt-Verwaltungsrat (vgl. Praxis-Beispiel in Abbildung 2):

Verantwortliche / Hauptaufgaben	VR-Präsident	Ausschüsse		Gesamt-VR	Zeitliche Gewichtung der Hauptaufgaben des VRP (z. B.)
		Audit & Risk Management Committee	Nomination, Review, Remuneration & Development Committee		
1) Direkte Führung des VR und CEO *(Coaching)*	X				20%
2) Indirekte Führung der Mitglieder des VR und der GL über den Ausschuss *(Board Management)*			X (Antrag)	X (Genehmigung)	20%
3) Strategische Zukunftsgestaltung *(Strategic Direction)*	X			X	30%
4) Strategische Rückschau & Risk Management *(Strategic Control)*		X (Antrag)		X (Genehmigung)	20%
5) Beziehung zu Anspruchsgruppen (Aktionäre, Mitarbeitende, Kunden, Partner, Analysten, Medienvertreter, Öffentlichkeit) *(Relations Management)*	X			X	10%
Bei durchschnittlicher Tätigkeit des VRP von 2 Tagen pro Woche	X				100%

Abbildung 2: Verteilung der Hauptaufgaben des Verwaltungsrates

Ausgehend von den übertragenen Hauptaufgaben, muss der notwendige Zeitbedarf für die Aufgabenbewältigung ermittelt werden. Dieser wird vor allem durch die Komplexität und Vielfalt der Board-Funktionen bestimmt (vgl. Carter/Lorsch 2004: 78).

Phase 2: Bestimmung der Hauptaufgaben des neuen Präsidenten des VR

Aufgrund der Aufgabenverteilung innerhalb des Boards werden mit dem VRP und dem Ausschuss die Hauptaufgaben des neuen VRP festgelegt (vgl. Abbildung 3):

Direkte Führung des VR und des CEO (Coaching)

- Durchführung effizienter VR-Sitzungen
- Betreuung der VR-Traktanden- und Terminplanung
- Recht auf Stichentscheid in VR-Sitzungen
- Recht zur Teilnahme an GL-Sitzungen
- Rolle des VRP in den Tochtergesellschaften

Indirekte Führung der Mitglieder des VR und der GL über den Ausschuss (Board Management)

- Sicherstellung einer professionellen Wahl bzw. Abwahl der Mitglieder des Verwaltungsrates, der VR-Ausschüsse und der Geschäftsleitung
- Durchführung einer konstruktiven und objektiven Leistungsbeurteilung der Mitglieder des VR, der VR-Ausschüsse und der Geschäftsleitung
- Gewährleistung einer möglichst fairen Honorierung der Mitglieder des VR, der VR-Ausschüsse und der Geschäftsleitung
- Gezielte Förderung der Mitglieder des VR und der Geschäftsleitung
- Durchführung einer periodischen Selbst- und Fremdevaluation der VR-Arbeit

Strategische Zukunftsgestaltung (Direction)

- Sicherstellung, dass die normativen und strategischen Ziele von VR, GL und Personal getragen und gelebt werden
- Überprüfung der stufengerechten Entscheidungsprozesse

Strategische Rückschau & Risk Management (Control)

- Thematisierung von Abweichungen gegenüber Zielen in wichtigen Entscheidungen, die das Unternehmen betreffen
- Gewährleistung, dass alle relevanten Unterlagen und Dokumente für die VR-Mitglieder rechtzeitig zur Einsichtnahme zur Verfügung stehen
- Sicherstellung professioneller Audit- und Risk-Management Aktivitäten auf VR-Ebene

Beziehung zu Anspruchsgruppen (Relations Management)

- Aufbau und Erhaltung einer vertrauensvollen konstruktiv-kritischen Zusammenarbeit innerhalb des VR und der VR-Ausschüsse und zwischen VR und GL
- Pflege professioneller Beziehungen zu Aktionären, Mitarbeitenden, Kunden, Partnern, Investoren, Medienvertretern und Öffentlichkeit

Abbildung 3: Hauptaufgaben des neuen Verwaltungsratspräsidenten

Phase 3: Know-how- und Rollenverteilung im neuen VR

Basierend auf der Verteilung der Hauptaufgaben und Kompetenzen im Board, wird die optimale Verteilung des Know-hows und der Team-Rollen im neuen Board aufgezeigt (vgl. Abbildung 4):

VR-Team-Rollen / VR-Know-how	Rolle des Coaches (VR-P)	Rolle des kreativen Gestalters (VR-A)	Rolle des konstruktiven Kritikers (VR-B)	Rolle des Controllers (VR-C)	Rolle des Förderers (VR-D)	Rolle des Organisators (VR-Sekretär)
Internationales Markt-Know-how (Europa/Asien/Amerika)	X					
Biotechnologie-Know-how		X				
Allianz-Management-Know-how			X			
Audit- und Risk Management-Know-how				X		
Selektion/Feedback/Honorierung/ Förderung von VR und GL					X	
Compliance						X

Abbildung 4: Optimale Zusammensetzung des 5-köpfigen Boards und des VR-Sekretärs nach unternehmensrelevanten Kriterien

Dabei ist wichtig, dass die Rollen, das Know-how und die Persönlichkeit des VRP und des CEO so aufeinander abgestimmt werden, dass sie sich ergänzen. Zu diesem Zweck haben Jent und Hilb (2006) das „Diversity Optima"-Scheiben-Konzept entwickelt, mit dem der VR gezielt nach unternehmensrelevanten Know-how-Stärken, Rollenstärken und komparativen Kompetenzen zusammengestellt werden kann. Diversität trägt nur dann zu einem Wettbewerbsvorteil bei, wenn sie gezielt angestrebt wird, das heißt, jedes Mitglied kennt die eigenen Stärken und Schwächen (die jeweils auf der Scheibe gegenüberliegen) und die der anderen VR-Mitglieder. Kennen die VR-Mitglieder die Stärken und Schwächen nicht, kann Diversität zu einem Problem werden.

Phase 4: Ermittlung des Anforderungsprofils des neuen VRP

Aufgrund der Hauptaufgaben und der Rollendefinition wird das Anforderungsprofil des neuen VRP definiert (vgl. hierzu Beatty (2003: 7), der immer die spezifische Forderung stellt: „Devote time to serve effectively as a director by not over-committing to other corporate and non-profit boards."). Wir verwenden eine einfache Systematik, die folgende vier Kompetenz-Dimensionen unterscheidet (vgl. Abbildung 5): Persönlichkeitskompetenz, Fachkompetenz, Sozialkompetenz und Board-Führungskompetenz.

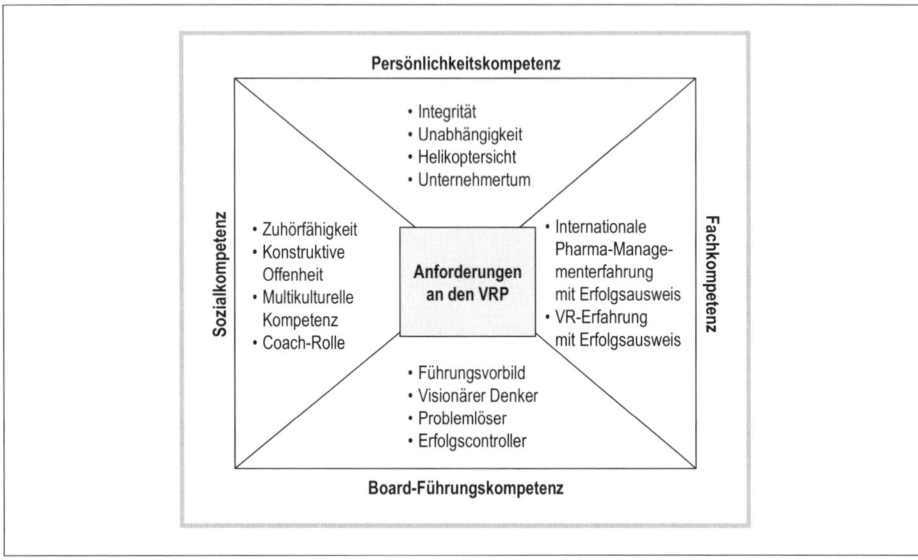

Abbildung 5: Anforderungsprofil des neuen VRP

Phase 5: Entwicklung eines Rekrutierungsplans

In Phase 5 geht es um die Bestimmung des Prozesses zur Identifikation geeigneter interner und externer VRP-Kandidaten durch den Ausschuss. Je nach Situation kann dafür ein interner Kandidat in Frage kommen, können Vorschläge der Ausschuss- und VR-Mitglieder für externe Kandidaten berücksichtigt oder kann ein unabhängiger externer Berater zur Unterstützung beigezogen werden.

Phase 6: Systematische Strukturierung des Selektionsprozesses

Eine einfache Matrix (vgl. als Beispiel Abbildung 6) soll die Verbindung zwischen VR-spezifischen Anforderungskriterien und den Interviewern aufzeigen. Dabei sollten immer mindestens drei Personen (in unserem Fall der bisherige VRP und zwei Mitglieder des Ausschusses) den VRP-Bewerber getrennt befragen. Um objektive Interviewergebnisse zu erzielen, gilt als Grundsatz, dass jedes Anforderungskriterium durch mindestens zwei verschiedene Interviewer zu überprüfen ist.

Interviewer / Zeit — Anforderungskriterien	VR-Präsident	VR-Delegierter	VR-Kollege	Bewertung
	09.00-10.00	10.00-11.00	11.00-12.00	
Persönlichkeitskompetenz				
- Integrität	x	x		
- Unabhängigkeit	x	x		
- Helikoptersicht	x		x	
- Unternehmertum	x	x		
Fachkompetenz				
- Internationale Pharma-Management-erfahrung		x	x	
- VR-Erfahrung mit Erfolgsausweis		x	x	
- Profunde Nord-Amerika-Erfahrung	x	x		
- Beherrschung der englischen und spanischen Sprache		x	x	
Board-Führungskompetenz				
- Führungsvorbild	x		x	
- Visionärer Denker		x	x	
- Problemlöser		x	x	
- Erfolgscontroller	x			
Sozialkompetenz				
- Konstruktive Offenheit	x	x		
- Zuhörfähigkeit		x	x	
- Multikulturelle Kompetenz	x		x	
- Teamrolle: Coach		x	x	

Abbildung 6: Beispiel einer Interview-Matrix

Zu jedem Anforderungskriterium können jeweils so genannte „Byham'sche Verhaltensdreiecksfragen" gestellt werden:

- Was? (Frage nach der Situation, in der das Verhalten gezeigt wurde.)
- Wie? (Frage nach dem Vorgehen, d. h. wie der VRP-Kandidat in dieser speziellen Situation vorgegangen ist.)
- Ergebnis? (Frage nach der Auswirkung, die das Verhalten gezeigt hat.)

In der Praxis dominieren immer noch theoretische, Suggestiv- und Ja-/Nein-Fragen. So wird zum Beispiel der geschickte Board-Bewerber auf die theoretische Frage „Worin liegt Ihre grösste Schwächen?" auch eine theoretische Antwort geben, z. B. „Ich arbeite zu viel." Die Fragetechnik, die konkretes vergangenes

Verhalten abklärt, ist demgegenüber ergiebiger. Wird beispielsweise die „Integrität" abgeklärt, so können die Fragen folgendermaßen lauten:

- „Was war der größte Interessenkonflikt, den Sie in den letzten zwei Jahren im VR der Firma X erlebt haben?"
- „Wie sind Sie vorgegangen?"
- „Was war die Auswirkung Ihres Vorgehens?"

Phase 7: Sitzung des Ausschusses zur Auswertung der Bewerberinformationen

Um die Selektionsentscheidung im Konsens zu erzielen, empfehlen sich die folgenden Schritte: Schritt 1: Jedes Ausschuss-Mitglied bewertet die Eignung des VRP-Bewerbers anhand zuvor vereinbarter Kriterien auf einer Skala von 1-5 (5 = weit überdurchschnittlich, 4 = überdurchschnittlich, 3 = durchschnittlich, 2 = unterdurchschnittlich, 1 = weit unterdurchschnittlich). Schritt 2: Die Interviewer tauschen in einer kurzen Sitzung ihre Bewertungen und Informationen aus und belegen in Fällen unterschiedlicher Bewertungen ihre Beurteilungen mit Verhaltensdreiecks-Beispielen. Schritt 3: Die Interviewer versuchen dann, sich bezüglich aller Anforderungskriterien auf eine gemeinsame Wertung zu einigen. Bei Unklarheiten werden weitere Nachforschungen bezüglich der fraglichen Merkmale eingeleitet.

Phase 8: Einholung von Referenzen

Es empfiehlt sich, in Ländern, in denen es möglich ist, im Einverständnis mit dem Kandidaten Referenzen einzuholen. Dabei eignet sich ebenfalls die Befragungstechnik mit dem Verhaltensdreieck, vor allem bezüglich derjenigen Kriterien, welche die Interviewer unterschiedlich beurteilt haben.

Phase 9: Konsens-Vorschlag des VR zuhanden der GV

Der beste VRP-Kandidat wird nun dem gesamten Verwaltungsrat vorgestellt, wobei beidseitig Fragen gestellt werden können. Falls ein Konsensentscheid des VR vorliegt, wird der Bewerber an der GV als neuer VRP vorgeschlagen.

Phase 10: Einführung des neuen VRP

Eine professionelle Board-Selektion endet erst mit einer erfolgreichen Einführung des neuen VRP in die Unternehmung.

Da in der Schweiz (im Gegensatz z. B. zu Deutschland) der Verwaltungsrat nicht nur als Aufsichtsrat, sondern als Gestaltungs- und Controllingrat wirken muss, kommt der professionellen Selektion eines kompetenten, engagierten und integren VRP eine für die Zukunft eines Unternehmens zentrale Bedeutung zu. Wie neuere Beispiele des Missmanagements gezeigt haben, wird ein professionelles Vorgehen bei der Auswahl von VR-Präsidenten darüber entscheiden, ob Unternehmen in Zukunft zu den Gewinnern oder Opfern des globalen Wettbewerbs und Wandels gehören werden.

Literaturverzeichnis

Beatty, David (2003): Building an Effective Board, Toronto 2003.

Böckli, Peter (2002): Schlussreferat zur VR-Veranstaltung des I.FPM-HSG Center for Corporate Governance in St. Gallen zum Thema „Integriertes VR-Management" 2002.

Carter, Colin B.; Lorsch, Jay W. (2004): Back to the Drawing Board, Boston 2004.

Hilb, Martin; Jent, Nils (2006): Diversity Optima. Ein Instrument zur gezielten Zusammensetzung des Verwaltungsrates, St. Gallen 2006.

Die Balanced Scorecard als Instrument der Mitarbeitermotivation

Eine kritische Bestandsaufnahme

Sabine Böckem*, Ulf Schiller** und Marcel de Vegt***

In diesem Beitrag betrachten wir, inwieweit die Balanced Scorecard als modernes Kennzahlensystem zur Verhaltenssteuerung des Personals und zur Entscheidungshilfe bei der Strategieumsetzung verwendbar ist. Bezüglich der Verhaltenssteuerung durch die Bemessung von Bonuszahlungen kommen wir zu einem eher negativen Ergebnis. Besser steht die Balanced Scorecard da, wenn man sie als Mittel zur Strategieevaluation einsetzt.

Stichworte: Balanced Scorecard – Leistungsmessung – Mitarbeitermotivation – Prinzipal-Agenten-Theorie – Strategieevaluation

---

* Dr. Sabine Böckem ist Privat-Dozentin und Oberassistentin am Institut für Finanzmanagement der Universität Bern.

** Prof. Dr. Ulf Schiller ist Direktor des Instituts für Unternehmensrechnung und Controlling der Universität Bern.

*** Marcel de Vegt ist wissenschaftlicher Assistent am Institut für Unternehmensrechnung und Controlling der Universität Bern.

1 Einleitung

Kennzahlen- und Bonussysteme bilden eine klassische Schnittstelle zwischen dem Controlling und der Personalwirtschaft. Die grundlegende Schwierigkeit, ein zur Führung und Lenkung der Mitarbeitenden geeignetes Kennzahlensystem aufzubauen, ist seit dem klassischen Misserfolg von DuPont aus dem Jahr 1912 bekannt. Die Firma DuPont erlebte nach Einführung des nach ihr benannten Modells Schwierigkeiten, die auch heute noch thematisiert werden. Die Mitarbeitenden fingen an, durch ihr Verhalten die Ausprägungen der Kennzahlen zu optimieren. Dies war aber nicht nur durch erwünschtes Verhalten im Unternehmenssinne zu erreichen, sondern auch durch Manipulation von Leistungsmaßen durch solche Aktionen, die für den Gesamt-Unternehmenserfolg nicht förderlich sind bzw. waren. Heute wird dieses Phänomen „gaming" genannt. Auch fast ein Jahrhundert später gilt somit immer noch die alte Weisheit

> „what you measure is what you get".

Lange Zeit versuchte man, „gaming" durch möglichst manipulationsresistente Kennzahlen auszuschließen. Als solche wurden vor allem robuste finanzielle Kennzahlen angesehen wie der Aktienkurs des Unternehmens oder der „Economic Value Added". Beide Größen stellen heute klassische Bemessungsgrundlagen für die erfolgsabhängige Entlohnung dar. Kritik an dieser Praxis setzte in den neunziger Jahren ein. Die beiden Hauptkritikpunkte waren und sind, dass finanzielle Kennzahlen die teilweise komplexen Tätigkeiten des Personals bestenfalls indirekt messen und dass Fehlentwicklungen sich erst verspätet niederschlagen. Zur Früherkennung von Schwierigkeiten sind daher finanzielle Kennzahlen nur sehr begrenzt brauchbar.

Die vermeintliche Lösung kam – wie so häufig – aus Harvard. Um die Anfang der 90er Jahre von Robert S. Kaplan und David P. Norton entwickelte Balanced Scorecard entstand ein regelrechter Boom, der bis heute anhält (vgl. Kaplan/ Norton 1992). Perfekt vermarktet und enthusiastisch aufgenommen, existiert bis heute beispielsweise kaum eine Ausgabe der Fachzeitschrift „Controlling", die sich nicht mit der Einführung der Balanced Scorecard in irgendeinem Unternehmen oder einer Nonprofit-Organisation beschäftigt.

Kernargument der Verfechter der Balanced Scorecard ist die Sicht, dass betriebswirtschaftliche Abläufe viel zu komplex sind, um sie mit simplen finanziellen Kennzahlen zu erfassen. Vielmehr müssten mehrere, auch nichtfinanzielle Kennzahlen berücksichtigt werden, um die Leistungen der Mitarbeitenden differenzierter zu erfassen und zu steuern. Durch sie könne dann gleichzeitig die Umsetzung der Strategie überwacht werden.

Mit dieser Vision fangen die Fragen aber erst an: Welche Kennzahlen sollen aufgenommen werden? Sollen sie gewichtet werden und wenn ja wie? Wozu werden sie erhoben? Sollen lediglich Informationen generiert werden, um Hilfe bei Entscheidungen zu leisten und weiter zu überprüfen, ob das Unternehmen bei der Durchsetzung einer Strategie auf dem richtigen Weg ist? Oder sollen sie herangezogen werden, um sie als Basis für die Vergütung des Managements zu nutzen? Wir wollen in diesem Beitrag eine Bestandsaufnahme nach eineinhalb Jahrzehnten Balanced Scorecard vornehmen, um Anhaltspunkte zur Beantwortung dieser Fragen aufzuzeigen.

2 Ziele des Einsatzes der Balanced Scorecard

Wenn man Kennzahlen aus verschiedenen Bereichen eines Unternehmens in einer Balanced Scorecard zusammenfasst, verfolgt man damit ein Ziel. Zum einen kann dies die Überprüfung der Unternehmensstrategie anhand der Kennzahlen sein. Zum anderen kann es sich aber auch um ein Kennzahlensystem handeln, dass die Leistung des Managements messen soll. Diese Messung kann dann als Basis der Lohnzahlung verwendet werden. Für beide Zwecke ist die Balanced Scorecard in Praktikerkreisen genutzt worden. Wir wollen im Folgenden der Frage nachgehen, inwieweit sich die damit verbundenen Hoffnungen verwirklichen lassen.

2.1 Balanced Scorecard und Bonuszahlungen

Die Entlohnung von Spitzenmanagern ist ein Thema, das sich dauerhafter Popularität in der Wirtschaftspresse erfreut. Vor dem Hintergrund der manchmal sensationellen Spitzengehälter von Topmanagern wird jedoch vergessen, dass die Entlohnung einer größeren Gruppe des Personals in fast allen Großunternehmen ebenfalls leistungsbezogen – meist über Bonussysteme – erfolgt. Zur Bemessung der Bonuszahlungen wird oft ein gewichteter Durchschnitt realisierter Kennzahlausprägungen einer Balanced Scorecard herangezogen. Diese Nutzung geht auf niemand Geringeren zurück als auf die Entwickler selbst (vgl. Kaplan/ Norton 1996: 217).

Nicht nur die Praxis, auch die Theorie hat sich diesem Aspekt begeistert zugewandt. Bereits in den Ursprüngen der Prinzipal-Agenten-Theorie, also vor Formulierung der Balanced Scorecard, finden wir die theoretische Rechtfertigung für die Nutzung mehrdimensionaler Performance-Maße. Jedes Leistungsmaß, das informativ ist, sollte in das Kennzahlensystem aufgenommen werden (vgl. Holmström 1979). Eine ganze Fülle späterer Beiträge arbeitet diesen Aspekt facettenreich aus (vgl. hierzu exemplarisch: Feltham/Xie 1994; Baker 2000; Datar/ Kulp/Lambert 2001; Dutta/Reichelstein 2003). Die sich in der Praxis stellenden Probleme bei der Umsetzung dieser Theorie bleiben damit aber ungelöst und sollten nicht aus den Augen verloren werden.

- *Kennzahlenauswahl:* Zunächst muss man sich die Frage stellen, welche Kennzahlen als Bemessungsgrundlage der Bonuszahlungen herangezogen werden sollen. Welches sind die relevanten Kennzahlen, die deutlich machen, ob Mitarbeiter gut oder schlecht gearbeitet haben? Sind die gefundenen Kennzahlen „informativ" im Sinne Holmströms (1979), d. h. inwieweit sind sie mit dem erwünschten Verhalten korreliert? Kann es also vorkommen, dass sich die Aktionen der Mitarbeiter in mehreren Kennzahlen widerspiegeln? Wie ist die Wirkungsbeziehung zwischen den nicht-finanziellen Kennzahlen und der tatsächlichen Zielkennzahl? Wie lassen sich die Kennzahlausprägungen messen? Wie misst man beispielsweise die Kunden- oder Mitarbeiterzufriedenheit?

- *Gewichtung:* Ein entscheidender Faktor für Entlohnungssysteme aufgrundlage mehrerer Kennzahlen ist deren Gewichtung. Trotz theoretischer Fortschritte (vgl. Datar/Kulp/Lambert 2001) wird diese Frage in der Praxis meist ad hoc gelöst. Das verursacht in der Regel gravierende Akzeptanzprobleme auf Seiten der Mitarbeitenden. Was macht unzufriedener als aufgrund von subjektiv vorgenommenen Messungen entlohnt zu werden? Die Befürworter der Balanced Scorecard empfehlen als Gegenmittel, das Personal selber am Implementierungsprozess der Scorecard teilhaben zu lassen. Inwieweit eine solche Partizipation förderlich ist oder inwieweit sich nun das Personal die Anreize nach eigenen Wünschen setzt, ist letztlich eine Frage der Umsetzungspraxis.

- *Intrinsische versus extrinsische Motivation:* Mitarbeitende, die ihr Gehalt auf Basis einer Fülle von Kennzahlen erhalten, werden ihren Einsatz der Verbesserung der festgelegten Kennzahlen widmen. Die innere Motivation, richtige Entscheidungen im Sinne des Unternehmens respektive der Eigner zu treffen, könnte verloren gehen. Anders als bei der reinen Prinzipal-Agenten-Theorie ist der reale Spielbaum des Spiels nicht exogen gegeben, sondern wird durch die Mitwirkenden selbst festgelegt (endogenes „gaming").

Die genannten Schwierigkeiten werden sehr schön in einer Langzeitstudie von Ittner, Larcker und Meyer (2003) illustriert. Sie untersuchen die Nutzung der Balanced Scorecard in einem großen internationalen Finanzdienstleistungs-Unternehmen.

Die Historie dazu ist schnell berichtet. Das untersuchte Unternehmen ersetzte im Jahr 1993 das alte, gewinnabhängige Bonussystem durch ein formelbasiertes System, das der Balanced Scorecard stark ähnelte. Das System wurde in den Folgejahren bis 1995 mehrfach geändert, um „gaming" der Mitarbeitenden auszuschließen. Im Jahr 1995 wurde der Versuch aufgegeben, mittels fest stehender Regeln zu einem Bonusbemessungssystem zu gelangen. Stattdessen wurde eine explizite Balance Scorecard definiert, die sechs Kategorien finanzieller und nicht-finanzieller Maßgrößen enthielt. Das Besondere an dieser Scorecard war, dass einige dieser Maßgrößen auf subjektiver Beurteilung durch eine Supervisionh beruhten. Auch die Gewichtungen der einzelnen Maßgrößen wurden subjektiv festgelegt. Der Bonusplan wurde schnell von Beratern als „überzeugendes Praxisbeispiel" zitiert, in der die Mitarbeitenden kooperativ in die Formulierung der Balanced Scorecard eingebunden waren. Allerdings wurde vergessen, die Situation einige Jahre später zu betrachten.

Tatsächlich stellen die drei Forscher der Wharton School einige Jahre später fest:

„[...] the use of subjectivity in weighting the scorecard measures allowed supervisors to ignore many performance measures, even though some of these measures were leading indicators of the bank's two strategic objectives (financial performance and growth in customers). Instead, short-term financial performance measures become the primary determinant of bo-nuses. In addition, a large proportion of branch managers' performance evaluations was based on factors other than the scorecard measures, even though discretion to consider other factors was not a component of the bonus plan." (Ittner/Larcker/Meyer 2003: 727).

Das Ersetzen des formelbasierten Systems, welches durch eine aufgrund subjektiver Beurteilungen festgelegten Scorecard zum „gaming“ führte, bewirkte auch, dass sich viele Manager über Benachteiligungen bezüglich der Bonuszahlungen beschwerten. Ferner wurde Unsicherheit bezüglich der Kriterien beklagt, die genutzt wurden, um Belohnungen vorzunehmen. Teilweise ignorierten die Supervisoren vorher vereinbarte Leistungsmaße fast vollständig, indem sie geringe Gewichtungen festlegten. Teilweise änderten Bereichsdirektoren die Maßgrößen von Quartal zu Quartal und führten eigenmächtig Leistungsmaße ein, die nicht Bestandteil der Scorecard waren. Genauere quantitative Untersuchungen zeigen, dass neben den bereits genannten Fehlern auch die Messgrößen an sich teilweise falsch gewählt wurden. So schreiben die drei Autoren:

„[…] we find little evidence that the weights placed on non-financial measures had any association with their ability to predict financial performance (our proxy for informativeness). Instead, we find that most of the weight was placed on quantitative, outcome-oriented financial measures that were used in earlier bonus plans, results that are consistent with psychology-based predictions.” (Ittner/Larcker/Meyer 2003: 754).

Die Nutzung der Balanced Scorecard zur Festlegung von Kompensationszahlungen wurde durch Manager und Personalverantwortliche mehr und mehr in Frage gestellt. Schließlich wurde die Scorecard im Jahr 1998 wieder abgeschafft und es wurde ein einfaches Kommissionssystem eingeführt, das auf erzielten Umsätzen beruht.

Die Studie von Ittner, Larcker und Meyer (2003) illustriert in deutlicher Weise, wie weit Anspruch und Realität bezüglich der Nutzung der Balanced Scorecard als Instrument der Bonusbemessung auseinander klaffen können. Zwar wissen wir aus der Theorie, unter welchen Modellvoraussetzungen die Aufnahme von mehreren Maßgrößen sinnvoll ist und wann wir zeitlich versetzte Messgrößen gewinnbringend einbinden können; aber wir haben aufgrund der Theorie nur unvollkommene Vorstellungen über die Gewichtung der einzelnen so erhaltenen Messgrößen. Auch das Dilemma der Reformulierung von Messgrößen und des „gamings“ können wir in der Theorie nicht klären.

In den von universitären und außeruniversitären Beratern dominierten Fachzeitschriften setzt man sich über solche Bedenken einfach hinweg. Dort wird oft unreflektiert dafür plädiert, die Mitarbeitenden in die Formulierung der Scorecard einzubeziehen. Die Beiträge versuchen in der Regel, durch „Kooperationsromantik“ zu überzeugen. Die Vorschläge zum Design der Balanced Scorecard hören schließlich in der Regel genau dann auf, wenn es konkret werden sollte. Die Unternehmen werden damit allein gelassen.

2.2 Die Balanced Scorecard zur Überprüfung der Strategie

Ein zweites Anwendungsgebiet für die Balanced Scorecard ist, eine Strategie umzusetzen und anhand der betrachteten Kennzahlen Entscheidungshilfen zu entwickeln. Ganz nach dem Sinn von Peter Druckers Maxime „you can’t manage, what you can’t measure“ werden viele Kennzahlen in die Balanced Scorecard aufgenommen. Die einzige Nebenbedingung ist hauptsächlich, dass die Anzahl der Kennzahlen zu keiner Informationsüberflutung führt und durch die Aufnahme in das Kennzahlensystem keine Kosten entstehen.

Der erfolgreiche Einsatz der Balanced Scorecard in diesem Sinn wird in einer Studie von Campbell, Datar, Kulp und Narayanan (2002) deutlich. Sie beschäftigt sich mit der Convenience-Store-Kette „Store 24“. Die Autoren betrachten eine umgekehrte Fragestellung als die Studie von Ittner, Larcker und Meyer (2003). Es wird nicht mehr versucht, für eine gegebene Strategie eine Balanced Scorecard abzuleiten, die sicherstellt, dass die durch die Strategie formulierten Zielsetzungen erreicht werden; vielmehr wird untersucht, inwieweit eine Balanced Scorecard hilft, eine gewählte Strategie zu beurteilen und zu revidieren.

Das betrachtete Unternehmen, Store 24, hatte zum Untersuchungszeitpunkt 82 Filialen in unterschiedlichen geographischen Lagen mit unterschiedlichen Ladengrößen. Als langfristiges Ziel hatte man sich eine Umsatzerhöhung gesetzt. Der Weg dazu sollte über eine Erhöhung des Umsatzes pro Kunde führen. Die Zielgruppe des Unternehmens sind 14- bis 29-jährige Städter. Es ging also nicht darum, neue Zielgruppen zu erschließen, sondern die bisherigen Kunden zu mehr Käufen anzuregen.

Bis 1997 wurde eine Strategie verfolgt, der (hinterher) der Name BYJCW („because you just can’t wait“) verliehen wurde. Es war das klassische Profil einer Kiosk-Kette mit den folgenden Merkmalen gegeben:

- Festes Sortiment mit hohen Lagerbeständen,
- Frische und Qualität der Waren,
- Schnelligkeit,
- Sauberkeit und Freundlichkeit,
- Standardisiertes Aussehen.

Um einen hohen Umsatz pro Kunde zu erreichen, ist dieses klassische Profil eher ungeeignet. Es ist vielmehr an Laufkundschaft adressiert, die einen konkreten Kaufwunsch und wenig Zeit hat. Um die Verweildauer der Kunden in den Filialen zu erhöhen und damit höhere Umsätze zu erzielen, wurde die Strategie BB (Ban Boredom) eingeführt. Im Zuge dieser Strategieänderung wurden wechselnde Sonderaktionen mit bestimmten Themen eingeführt. Daneben wurde auch das Sortiment geändert. Einige der Standardartikel, die in jedem Convenience Store zu finden sind, wurden durch solche mit höheren Margen ersetzt. Auch ein veränderter Ladenaufbau sollte zu höheren Verweildauern und damit höheren Umsätzen führen.

Man versuchte also, sich von anderen Convenience Stores zu differenzieren. Den jungen Kunden sollte eine gewisse Unterhaltung geboten werden. Dabei sollte die Umsatzsteigerung durch „cross shopping" erreicht werden, wobei speziell den Artikeln mit hohen Margen eine bedeutende Rolle zugedacht war.

BB führte allerdings zu Problemen, die durch die Nutzung einer Balanced Scorecard sichtbar wurden. Auf der Kundenebene zeigten Befragungen, dass die Erwartungen der Zielpersonen nicht mehr getroffen wurden. Auf der Mitarbeiterebene (das Personal ist häufig ungeschult) zeigte sich, dass eine generelle Überforderung herrschte. Speziell die letzten Probleme erwiesen sich als gravierend. Filialen mit geschultem Personal konnten die Umsätze teils erheblich steigern, während andere dies nicht schafften. Insgesamt konnte zwar der Umsatz der Store-24-Kette während des Zeitraums von BB um sechs Prozent gesteigert werden. Dennoch wurde BB generell als Misserfolg beurteilt und man kehrte im Jahr 2000 wieder zum klassischen Profil (BYJCW) zurück.

3 Fazit

Kaum ein anderes Controlling-Tool hat die Profession so gespalten wie die Balanced Scorecard. Ihre Befürworter bejubeln sie als Mittel zur Integration des Strategischen Managements mit den Werkzeugen des Controllings. Skeptiker führen Messprobleme an und verweisen auf die generelle Gefahr der Fehlsteuerung bei nicht vollständig geeigneter Definition.

Die obigen Beispiele illustrieren sehr schön, welche Erwartungen durch die Balanced Scorecard erfüllt werden können und bei welchen man eher skeptisch sein sollte. Mess- und Konsistenzprobleme haben im ersten Fall zum Scheitern geführt. Eine Vielzahl von Messgrößen als Bemessungsgrundlage für Bonuszahlungen heranzuziehen ist offenbar ein Wagnis für ein Unternehmen. Fehlverhaltens- und Akzeptanzprobleme werden besonders dann auftauchen, wenn Gehaltskonsequenzen an die Realisation der ausgewählten Kennzahlen geknüpft sind. Letztere Sicht bestätigt auch die Ergebnisse von Thom (2003: 141), der im Zusammenhang mit Belohnungen für innerbetriebliche Vorschläge dafür plädiert, die Mitarbeitenden auch mittels nicht-monetärer Anreize wie z. B. Anerkennung zu motivieren. Thom argumentiert zwar ebenfalls für einen maßvollen Einsatz monetärer Anreize, macht aber gleichzeitig Skepsis in der Praxis aus. Unsere Untersuchung legt nahe, dass monetäre Anreize besonders dann gefährlich werden, wenn Ursache und Wirkung für die Bonuszahlungen verwischen, weil sich dann die Mitarbeitenden ihr eigenes Entlohnungssystem zurechtschneidern können.

Wird hingegen keine Gehaltskonsequenz an die Messergebnisse geknüpft, schneidet die Balanced Scorecard wesentlich besser ab. Die Mitarbeitenden können die Messergebnisse als Orientierungshilfe nutzen. Der Wirkungszusammenhang zwischen finanziellen und nicht-finanziellen Kennzahlen wird offen gelegt und den Mitarbeitenden bewusst gemacht. Dennoch bleiben die Angestellten offen, die Messergebnisse im Rahmen des eigenen Arbeitsumfelds zu relativieren und tolerieren eventuelle Unvollkommenheiten der Balanced Scorecard deutlich besser.

Die Studie über Store 24 illustriert letzteres. Bei Store 24 wurden keine Gehaltskonsequenzen an die Ergebnisse der Balanced Scorecard geknüpft, vielmehr wurden die Messergebnisse durch das zentrale Management als Entscheidungshilfe und nicht als Motivationsmittel genutzt. Mit aller Vorsicht bezüglich der

Verallgemeinerbarkeit lässt sich aufgrund der Ergebnisse folgern, dass die Balanced Scorecard den größeren Nutzen entfacht, wenn sie als Mittel der reinen Entscheidungsunterstützung konzipiert wird. Sie wird dann von Managern freiwillig genutzt werden, gerade wenn deren Bonuszahlungen ausschließlich von finanziellen Erfolgsgrößen wie dem Economic Value Added abhängen.

Literaturverzeichnis

Baker, George P. (2000): The Use of Performance Measures in Incentive Contracting. In: The American Economic Review, 90. Jg. 2000, Nr. 2, S. 415-420.

Campbell, Dennis; Datar, Srikant; Kulp, Susan C.; Narayanan, V. G. (2002): Using the Balanced Scorecard as a Control System for Monitoring and Revising Corporate Strategy. Working Paper, Harvard Business School 2002.

Datar, Srikant; Kulp, Susan C.; Lambert, Richard A. (2001): Balancing Performance Measures. In: Journal of Accounting Research, 39. Jg. 2001, Nr. 1, S. 75-92.

Dutta, Sunil; Reichelstein, Stefan (2003): Leading Indicator Variables, Performance Measurement, and Long-Term Versus Short-Term Contracts. In: Journal of Accounting Research, 41. Jg. 2003, Nr. 5, S. 837-866.

Feltham, Gerald A.; Xie, Jim (1994): Performance measure congruity and diversity in multi-task principal/agent relations. In: The Accounting Review, 69. Jg. 1994, Nr. 3, S. 429-453.

Holmström, Bengt (1979): Moral Hazard and Observability. In: Bell Journal of Economics, 10. Jg. 1979, Nr. 1, S. 74-91.

Ittner, Christopher D.; Larcker, David F.; Meyer, Marshall W. (2003): Subjectivity and the Weighting of Performance Measures: Evidence from a Balanced Scorecard. In: The Accounting Review, 78. Jg. 2003, Nr. 3, S. 725-758.

Kaplan, Robert S.; Norton, David P. (1992): The Balanced Scorecard – Measures that drive performance. In: Harvard Business Review, 70. Jg. 1992, Nr. 1, S. 71-79.

Kaplan, Robert S.; Norton, David P. (1996): The Balanced Scorecard. Translating Strategy into Action, Boston/Mass. 1996.

Thom, Norbert (2003): Betriebliches Vorschlagwesen. Ein Instrument der Betriebsführung und des Verbesserungsmanagements, 6. Auflage, Bern et al. 2003.

Anreizsysteme. Ein meta-analytisches Fazit

Klaus Lindert*

Zur Lösung der Koordinations- und Motivationsproblematik im Rahmen organisierter Gemeinschaftsleistung sollen Anreize zielwirksame und ökonomisch effiziente Mittel der Fremdwillensdurchsetzung zur Sicherung der Plandurchführung und ein Substitut personaler Führung sein. Der meta-analytische Erkenntnisstand zur Steuerungswirksamkeit von Anreizen wird innerhalb eines informationsorientierten Handlungsmodells geordnet und beurteilt.

Stichworte: Anreizsysteme – Führung – Kompetenz – Koordination – Leistungshandeln – Motivation – Performance Measurement – Personalwirtschaft – Unternehmenssteuerung – Verstärkung

---

* PD Dr. Klaus Lindert ist Privatdozent für Betriebswirtschaftslehre an der Technischen Universität Braunschweig und Senior-Controller im Konzerncontrolling der Salzgitter AG.

1 Erwartete Funktionalitäten von Anreizen

Aus betriebswirtschaftlicher Perspektive zählen die Personalbereitstellung, die Qualifizierung, die interaktive und strukturelle Mitarbeiterführung, die Gestaltung der Arbeitsbedingungen und die Bereitstellung eines Kompensationspaketes für den Leistungsverzehr zu den *personalwirtschaftlichen Kernaufgaben* (vgl. Hentze et al. 2005).

Anreizsysteme – speziell als Anreizkontrakte – sollen zunehmend als *„genereller Problemlöser"* die gesamte Palette personalwirtschaftlicher Kernaufgaben effizient lösen (vgl. Lindert 2001: 100 ff.). Seit Taylor (1911) ist bekannt, dass Anreizlöhne über die *Kompensation* hinaus einen *Selektions- und Anstrengungs- (Motivations-)effekt* aufweisen. Beide Effekte werden von Lazear (1996: 32) erneut bestätigt und bewirken – bei einem Lohnanstieg um 9,6% – einen Produktivitätsanstieg von 36%. Lawler (1990: 13) bestätigt meta-analytisch einen Produktivitätsanstieg von 40% durch Leistungsentgelte. Bei repetitiven Arbeitssystemen mit separierbaren Leistungskriterien ist dieses Ergebnis wenig überraschend. In einer informationsorientierten Ökonomie sollen Anreize kooperatives Handeln, den koordinierten Einsatz von Wissen in Netzwerken, Lern-, Anpassungs- und Transformationsprozesse unterstützen, zu unternehmerischem Handeln anregen und generell zur *Zielkonvergenz der Akteure* beitragen (vgl. Milgrom/Roberts 1992: 25). Ein *Anreizsystem entsteht*, wenn eine Menge individueller Leistungsangebote mit Hilfe einer Menge von Beobachtungskriterien erfasst und die Kriterienmenge durch eine Relationsvorschrift unter Einblendung der Zeit mit einer Menge von Anreizen verknüpft wird (vgl. Kossbiel 1994: 78). Durch Kombination von Elementen lässt sich eine beliebige Komplexität erreichen. Der Komplexitätsgrad definiert sich durch die Mindestzahl notwendiger Erklärungsvariablen. Die *Zielfunktion* von Organisationsmitgliedern hängt in ökonomischen Modellen nur von wenigen Variablen wie dem *Einkommen* oder der *individuellen Anstrengung* ab. „Ob die neoklassischen Ökonomen bei der Auswahl ihrer bevorzugten Variablen eine glückliche Hand hatten, wissen wir nicht genau." (Tirole 1995: 115). Auf methodischer Ebene ist Objektivität prinzipiell mit dem Ausweis von Zusammenhängen zwischen *fremdgesetzten Anreizen* und dadurch hervorgerufenen *Handlungen* (Anstrengung, preiselastisches Verhalten) identifiziert. Auch wenn auf theoretischer Ebene liberalere Konzepte einer *Marktkoordination* angestrebt werden, legen die *„Effizienzlohnhypothesen"* (vgl. Shapiro/Stiglitz 1984) und *„The Economics of Carrots and Sticks"* (vgl. Mirrlees 1997) eine Affinität zum Reaktionsgesetz der *Stimulus-Response-Doktrin* (vgl. Skinner 1973) nahe. Der Menge theoretischer Erklärungslogiken zur Anreizproblematik (vgl. Lindert 2001: 158 ff.) stehen langfristige empirische Forschungstraditionen im Sinne des Reaktionsgesetzes gegenüber. Die über 70-jährige Forschung zu *„Pay-for-Performance"-Ansätzen* (vgl. Barkema/Gomez-Mejia 1998: 135; Finkelstein/Boyd 1998: 179) und *Leistungssteigerungsprogrammen im HRM* (vgl. Kluger/DeNisi 1996: 278; Schmidt/Hunter 1998: 262) zeigt nur *moderate Ergebnisse*. Nach Jensen/Murphy (1990: 262) lässt sich kein Zusammenhang zwischen der Gewährung finanzieller Anreize und dem Unternehmenserfolg herstellen. In den Meta-Analysen von Weitzman/Kruse (1990) und Guzzo/Jette/Katzell (1985) erhöht der Einsatz verschiedener Formen von finanziellen Anreizen nur die *Produktivitätsvarianz*.

2 Handlungsmodell als Ordnungsrahmen

Zur Einordnung der moderaten Erkenntnislage wird das informationstheoretische *Handlungsphasenmodell* von Heckhausen (1989) gewählt, das insbesondere eine Integration disparater Theoriekerne und generalisierender *Meta-Analysen* unter *motivationstheoretischer Perspektive* erlaubt.

2.1 Präferenzbildung in der Motivationsphase

Der methodologische Reduktionismus und die Steuerung eines Gegenstandes zu praktischen Zwecken erfordern die *Klassifikation von Variablen*, von denen Handeln eine *Funktion* ist. Handeln wird motivationstheoretisch durch einen „inneren" (Bedürfnis, Motiv, Plan) und einen „äußeren" Pol (Valenz, Wert, Anreiz) beschrieben. Motivation als Erklärungskonstrukt beschränkt sich auf *drei kognitive Wahlentscheidungen:* (1) Zielrichtung, (2) Anstrengungshöhe (Intensität) und (3) zeitliche Struktur (Dauer) der Handlung (vgl. Campbell 1990: 705 ff.; Kanfer 1990: 80). Unter den *Zweckursachen des Handelns* ist Geld als Tauschwertsymbol der offenkundige generelle Sekundärverstärker (vgl. Skinner 1973: 83). Geld gilt als der *ökonomische Motivationsanreiz* (vgl. Ehrenberg/Smith 1997: 382). Nach dem teleologischen Konzept der *Zweckursache* wirken antizipierte Belohnungen zum Zeitpunkt der Handlungsausführung als Anreize. Die Klassifikation *erwünschter Zielzustände* und die daraus folgende Gestaltung des *Arbeitsinhalts* wurde zum Königsweg der *Arbeitsmotivation* erklärt. Ökonomische Bedeutung hat das Konstrukt „intrinsische Motivation“ unter der *Korrumpierungsthese* (vgl. Frey 1997) gewonnen. Intrinsisch motivierte Handlungen werden aufgrund personaler Kontrolle, Selbstbestimmung und Kompetenz unabhängig von externen Anreizen ausgeführt (vgl. Kanfer 1990: 86 ff.). Explizite Anreize sollen zur *Verdrängung der Arbeitsmoral* und Unterminierung des Gemeinsinns führen und den *Varianzerweiterungseffekt der Produktivität* begründen (vgl. Frey 1997). Die Zusammenfassung von 25 Jahren Forschungsarbeit zeigt, dass explizite Anreize nicht die Reduktion der intrinsischen Motivation erklären (vgl. Cameron/Pierce 1994: 394). Materielle Belohnungen haben nur dann einen negativen Effekt, wenn sie nur die Teilnahme an der Aufgabenerfüllung und nicht kontingent die Leistungshöhe belohnen. Anreize bilden eine *Informationsbasis für individuelle Entscheidungsprozesse.* Die Informations-Prozess-Theorien beschreiben wie die Risiko-Nutzen-Theorien kognitive Schemata der rationalen Wahl und legen diesen das *Bernoulli-Prinzip* zugrunde. Die Meta-Analyse von Eerde/Thierry (1996) fasst die 30-jährige Forschungsarbeit zum Wert-Erwartungs-Modell zusammen. Das Erwartungsmodell korreliert stärker mit *Absichten und Präferenzen* als mit tatsächlichem Leistungs-, Anstrengungs- oder Entscheidungsverhalten.

2.2 Zielausrichtung in der Volitionsphase

Mit dem „Überschreiten des Rubikons“ wird dem Abwägen der Handlungsalternativen ein Ende gesetzt. Mit dem *Willensakt zur Zielrealisierung* ändert sich der Informationsverarbeitungsprozess. Der Willensakt steuert, ob und wann etwas getan wird. Es werden nur noch *ausführungsbezogene Informationen* fokussiert. Zweifel an der gewählten Alternative und erneute Abwägungsprozesse würden die Handlungsausführung beeinträchtigen. Die Entscheidung zur Leistung hängt von *prozeduralem Wissen* ab (Wie kann die Leistung erbracht werden?) und setzt *deklaratives Wissen* voraus (Welche konkreten Ziele sollen erreicht werden?) (vgl. Campbell 1990: 706). Gegenüber finanziellen Anreizen weisen *Trainings- und Zielsetzungsprogramme* meta-analytisch die stärksten Produktivitätseffekte auf (vgl. Guzzo/Jette/Katzell 1985: 664 ff.). Die zentrale Hypothese der *„Goal Setting Theory”* lautet: „[...] there will be less conflict, more commitment and higher performance when rewards are linked directly to goals.” (Locke/Latham 1990: 329). Eine Meta-Analyse von über 400 Studien zeigt, dass die „Management-by-Objectives“-Technik zu einem mittleren *Performance-Zuwachs von 56%* führt (vgl. Locke/Latham 1990).

2.3 Leistungserstellung in der Handlungsphase

Leistungshandeln wird durch das Aufgabenverständnis, die Aufgabenanforderungen, situative Bedingungen, die zeitliche Struktur der Aufgabenbewältigung und das Leistungspotenzial determiniert. Bei hoher Zielbindung ist Leistung eine lineare Funktion der Aufgabenschwierigkeit von Leistungszielen (vgl. Latham/Locke 1991: 214). Die Analyse von 85 Jahren Forschung zur Leistungsdetermination zeigt, dass die *generellen mentalen Fähigkeiten* den besten Prädiktor der Arbeitsleistung darstellen (vgl. Schmidt/Hunter 1998: 271). Vor dem Hintergrund der *Leistungsdeterminanten* ist eine Anreizfunktion mit dem Anreizziel der Anstrengungswahl zu relativieren.

2.4 Leistungsfeedbacks in der Evaluationsphase

In der *postaktionalen Evaluationsphase* werden die erzielten Ergebnisse des Handelns erneut bewertet und in einem Urteil zusammengefasst (Leistungsbeurteilung). Latham/Locke (1991) verbinden *Feedbackinterventionen als Verstärker* mit Zielsetzungsprogrammen. Kluger und DeNisi (1996) weisen meta-analytisch einen moderaten Leistungseffekt durch *Feedbacks* nach. Attributionstheoretisch werden Menschen nicht durch Anreize angetrieben, sondern zukünftiges Handeln wird durch die ex post Aufklärung der *Ursache-Wirkungs-Zusammenhänge* bestimmt.

3 Ein meta-analytisches Fazit

Durch den Außenstandpunkt der expliziten Anreizsetzung (Verstärkung) wird eine Handlung durch den Beobachter zweifach festgelegt: (1) Der Beobachter muss fähig sein, die Handlung abzugrenzen, und (2) er besitzt ein Wertsystem, das die Handlung als Erfolg oder Misserfolg qualifiziert. Bei separierbaren Leistungskriterien ist das *Anreizproblem im Kern gelöst,* wenn der Partei, die die nicht beobachtbaren Handlungen vornimmt, der Anspruch auf das Residualeinkommen eingeräumt wird (vgl. Tirole 1995: 85). Bei komplexen Leistungsangeboten müssen alle Leistungsfacetten nach dem *„Equal Compensation Principle"* (vgl. Milgrom/Roberts 1992: 228) mit der gleichen Anreizintensität belegt sein oder alle Leistungsfacetten werden pauschal abgegolten. Die *Intervallverstärkung* lässt sich mit dem Versicherungslohn (Festbetragsansprüche) im Sinne der

Effizienzlohnhypothesen und/oder die *Quotenverstärkung* mit dem Leistungslohn (erfolgsvariable Ansprüche) identifizieren. Nach dem *Handlungsphasenmodell* bestimmen die *zyklischen Phasen* die langfristige Handlungsdisposition und *Anreizreagibilität.* Belohnungen (rewards) dienen ex post generell nicht der Handlungssteuerung. Die Ankündigung einer Belohnung ist ein *diskriminanter Anreiz.* Auf diesen Anreiz oder eine nicht spezifizierte (Situations-)Anreizvariable folgt die Handlung, der ein kontingenter Verstärker (reinforcement) folgt. Entscheidend für das zukünftige Handeln ist ausschließlich der *kontingente Verstärker.* Zyklisch erlernte Handlungsmuster, Normen, Rituale und Gewohnheiten können als *Sekundärverstärker* wirken. Erwartungsmodelle prognostizieren eine Motivationstendenz in Form der *Präferenz* für eine Wahlhandlung. Nur unter einfachsten Informationsvoraussetzungen lassen sich wie beim *Bernoulli-Prinzip* die „als-ob"-Nutzenfunktionen und *Risikopräferenzen* und kontrahierbare Sicherheitsäquivalente erschließen. Problematisch ist die mehrstufige Verkettung des Bernoulli-Prinzips, wodurch sachliche Zusammenhänge zwischen Variablen zunehmend aufgelöst werden. *Anstrengung* führt wahrscheinlich zu *Leistung,* die wahrscheinlich *Kriterien* beeinflusst, deren Ausprägung wahrscheinlich *Belohnungen* nach sich zieht. Erwartung als Mittel-Zweck-Beziehung wird zur wahrscheinlichkeitstheoretischen Deutung. Gebildete Präferenzen sind keine hinreichende Bedingung für anreizkompatible Handlungen. Der *Weg der koordinierten Zieldurchsetzung* kann unbestimmt sein und weitere Abstimmungsvorgänge, Interaktionsprozesse, machtbasierte Führungsmaßnahmen oder *Zielvereinbarungsprozesse* zur kontingenten Zielausrichtung erfordern. Das *generelle Leistungshandeln* wird durch deklaratives und prozedurales Wissen über den Leistungserstellungsprozess und die mentalen Fähigkeiten mitbestimmt und durch *Selektions-, Klassifikations- und Matching-Prozeduren* maximiert (vgl. Campbell 1990: 714). Die Selbstselektionswirkung von Anreizen (vgl. Lazear 1995, 1996) ist gegenüber validen Selektions- und Screening-Verfahren in der Effizienz abzuwägen. In der *Evaluationsphase* können Feedback-Anreize über die eigene *Leistungskompetenz* informieren. Die Identifikation der kontrollierbaren *Ursachen des Einkommensstroms* und dessen Varianzreduktion ist handlungsregulierend. Eine ineffiziente Risikoteilung führt zur Leistungsminderung. Besonders bei relativer Leistungsbewertung – in Form von Nullsummen-Tournaments (vgl. Lazear 1995) – wird die kontingente *Leistungs-Belohnungs-Relation* aufgelöst. Die *„Balanced Scorecard"* als Instrument einer verbesserten Unternehmenssteuerung lenkt den Fokus auf die wettbewerbsrelevanten Humanpotenziale und versucht über das *„Performance Measurement"* im Rahmen der Kausalanalyse den Leistungsentstehungsprozess transparenter abzubilden (vgl. Kaplan/Norton 1997). *Transparenz* bietet die Möglichkeit der effizienten Anreizsetzung (Equal Compensation Principle) und bildet motivational einen *zentralen Leistungsanreiz* über die wahrnehmbaren Kontingenzen. In der Unternehmenspraxis eröffnen die komplexen Annahmen über erfolgswirksame Variablenbeziehungen und die mangelnde Transparenz die *mikropolitische Arena* für symbolisches Handeln der Akteure. Sadowski/Pull (1997: 162) postulieren einen gewollten Zustand *interessenverträglicher Undurchschaubarkeit.* Werden Anreizsysteme nur der Ebene symbolischen Handelns zugeordnet oder aufgrund der persistierend vorgetragenen Dysfunktionalitätsaussagen vermieden, wird auf die wirksame Anwendung einer *handlungskontingenten Verstärkung* als Steuerungs- und Einkommensinstrument verzichtet. Das Handlungsphasenmodell impliziert, dass bei unvollständig definierten Erwartungen und interdependenten Leistungsprozessen zusätzliche strukturelle und *soziale Verstärkungsmechanismen* notwendig sind. Im Gegensatz zu Überwachungsmaßnahmen und disziplinierenden Verstärkern stehen kooperativ entwickelte Arbeits- und Leistungsnormen im Vordergrund, die durch Explikation wechselseitiger Erwartungen interaktiv definiert und durch wechselseitige Investitionen abgesichert werden.

Literaturverzeichnis

Barkema, Harry G.; Gomez-Mejia, Luis R. (1998): Managerial Compensation and Firm Performance: A General Research Framework. In: Academy of Management Journal, 41. Jg. 1998, Nr. 2, S. 135-145.

Cameron, Judy; Pierce, W. David (1994): Reinforcement, Reward and Intrinsic Motivation: A Meta-Analysis. In: Review of Educational Research, 64. Jg. 1994, Nr. 3, S. 363-423.

Campbell, John P. (1990): Modeling the Performance Prediction Problem in Industrial and Organizational Psychology. In: Handbook of Industrial and Organizational Psychology, 2nd edition, Volume 1, edited by Marvin D. Dunnette and Leaetta M. Hough, Palo Alto/CA 1990, S. 687-732.

Eerde, Wendelien van; Thierry, Henk (1996): Vroom's Expactancy Models and Work-Related Criteria: A Meta-Analysis. In: Journal of Applied Psychology, 81. Jg. 1996, Nr. 5, S. 575-586.

Ehrenberg, Ronald G.; Smith, Robert S. (1997): Modern Labor Economics: Theory and Public Policy, 6th edition, Reading/Mass. et al. 1997.

Finkelstein, Sydney; Boyd, Brian K. (1998): How much does the CEO matter? The role of managerial discretion in the setting of CEO compensation. In: Academy of Management Journal, 41. Jg. 1998, Nr. 2, S. 179-199.

Frey, Bruno S. (1997): Markt und Motivation: Wie ökonomische Anreize die (Arbeits-) Moral verdrängen, München 1997.

Guzzo, Richard A.; Jette, Richard D.; Katzell, Raymond A. (1985): The Effects of Psychologically Based Intervention Programs on Worker Productivity: A Meta-Analysis. In: Personnel Psychology, 38. Jg. 1985, Nr. 2, S. 275-291.

Heckhausen, Heinz (1989): Motivation und Handeln, 2. Auflage, Berlin 1989.

Hentze, Joachim et al. (2005): Personalführungslehre, 4. Auflage, Bern/Stuttgart/Wien 2005.

Jensen, Michael C.; Murphy, Kevin J. (1990): Performance Pay and Top-Management Incentives. In: Journal of Political Economics, 98. Jg. 1990, Nr. 2, S. 225-264.

Kanfer, Ruth (1990): Motivation Theory and Industrial and Organizational Psychology. In: Handbook of Industrial and Organizational Psychology, 2nd edition, Volume 1, edited by Marvin D. Dunnette and Leaetta M. Hough, Palo Alto/CA 1990, S. 75-170.

Kaplan, Robert S.; Norton, David P. (1997): Balanced Scorecard, Stuttgart 1997.

Kluger, Avraham N.; DeNisi, Angelo (1996): The Effects of Feedback Interventions on Performance: A Historical Review, a Meta-Analysis, and a Preliminary Feedback Intervention Theory. In: Psychological Bulletin, 119. Jg. 1996, Nr. 2, S. 254-284.

Kossbiel, Hugo (1994): Überlegungen zur Effizienz betrieblicher Anreizsysteme. In: Die Betriebswirtschaft, 54. Jg. 1994, Heft 1, S. 75-93.

Latham, Gary P.; Locke, Edwin A. (1991): Self-Regulation through Goal Setting. In: Organizational Behavior & Human Decision Processes, 50. Jg. 1991, Nr. 2, S. 212-247.

Lawler, Edward E. III (1990): Strategic Pay: Aligning Organizational Strategies and Pay Systems, San Francisco 1990.

Lazear, Edward P. (1995): Personnel Economics, Cambridge/Mass. 1995.

Lazear, Edward P. (1996): Performance Pay and Productivity. In: National Bureau of Economic Research, Working Paper 5672, Cambridge/Mass. 1996.

Lindert, Klaus (2001): Anreizsysteme und Unternehmenssteuerung. Eine kritische Reflexion zur Funktion, Wirksamkeit und Effizienz von Anreizsystemen, München 2001.

Locke, Edwin A.; Latham, Gary P. (1990): A Theory of Goal Setting and Task Performance, Englewood Cliffs/NJ 1990.

Milgrom, Paul R.; Roberts, John (1992): Economics, Organization, and Management, Englewood Cliffs/NJ 1992.

Mirrlees, James A. (1997): Information and Incentives: The Economics of Carrots and Sticks (Nobel Prize Lecture 1996). In: The Economic Journal, 107. Jg. 1997, Nr. 444, S. 1311-1329.

Sadowski, Dieter; Pull, Kerstin (1997): Betriebliche Sozialpolitik politisch gesehen: Erfolgsorientierte vs. verständnisorientierte Rhetorik in Theorie und Praxis. In: Die Betriebswirtschaft, 57. Jg. 1997, Heft 2, S. 149-166.

Schmidt, Frank L.; Hunter, John E. (1998): The Validity and Utility of Selection Methods in Personnel Psychology: Practical and Theoretical Implications of 85 Years of Research Findings. In: Psychological Bulletin, 124. Jg. 1998, Nr. 2, S. 262-274.

Shapiro, Carl; Stiglitz, Joseph E. (1984): Equilibrium Unemployment as a Worker Discipline Device. In: American Economic Review, 74. Jg. 1984, Nr. 3, S. 433-444.

Skinner, Burrhus F. (1973): Wissenschaft und menschliches Verhalten, München 1973.

Taylor, Frederick Winslow (1911): Principles of Scientific Management, New York 1911.

Tirole, Jean (1995): Industrieökonomik, München 1995.

Weitzman, Martin L.; Kruse, Douglas L. (1990): Profit Sharing and Productivity. In: Paying for Productivity, edited by Alan S. Blinder, Washington D. C. 1990, S. 95-141.

Kompetenzmanagement im öffentlichen Sektor und in NPO

Von der Politischen Planung zum New Public Management

Wolf Linder*

Verwaltungs- und Politikreform haben in den letzten dreißig Jahren einen tiefgreifenden Wandel zu verzeichnen. Während in den 1970er Jahren von der Politischen Planung die Rede war, haben heute die Ansätze des New Public Managements Konjunktur. Hinter diesem Paradigmenwechsel stehen Veränderungen in der Wahrnehmung der Aufgaben von Politik und Staat im Zuge der neo-liberalen Wende, aber auch neue Herausforderungen des Staats im Zeitalter der Globalisierung. Politische Planung und New Public Management (NPM), so unterschiedlich sie sein mögen, haben einige wichtige Gemeinsamkeiten. Wird aber NPM das gleiche Schicksal ereilen wie die Politische Planung, nämlich die Ernüchterung aufgrund zu hoher Erwartungen? Dieser Frage geht der letzte Teil dieses Beitrags nach.

Stichworte: New Public Management (NPM) – Politische Planung – Politische Reform – Verwaltungsreform

* Wolf Linder ist Professor und Direktor am Institut für Politikwissenschaft der Universität Bern.

1 Die 1970er Jahre: Reformpolitik durch Politische Planung

Ende der sechziger Jahre begann der Begriff der Politischen Planung in Theorie und Praxis eine steile, aber relativ kurze Karriere. Es war die Zeit, als die Politik gleichzeitig das Wirtschaftswachstum der Nachkriegszeit und den Ausbau der Sozialaufgaben zu verarbeiten hatte. Die Entwicklung vom reagierenden zum aktiv gestaltenden Leistungsstaat wurde von der Politik als eine neue Aufgabe verstanden, die auch neue Maßnahmen und Konzepte erforderte: Vorausschauendes Handeln durch prognostische Analyse und Koordination wurde zum Leitziel fortschrittlicher Politik. Politische Planung reflektierte unterschiedliche nationalstaatliche politische Kulturen. In Frankreich etwa versuchte die „planification indicative" durch den Schulterschluss zwischen staatlicher Bürokratie und Großunternehmungen den technisch-wirtschaftlichen Fortschritt zu stimulieren. Das führte zu einer starken Modernisierung der französischen Industrie – bis hin zu Produkten wie beispielsweise das Überschallflugzeug „Concorde". In Deutschland oder der Schweiz besaßen die Raum-, Verkehrs- und Infrastrukturplanung einen hohen Stellenwert. Sie wurden schließlich durch die Finanzplanung oder Versuche der Gesamtplanung politischer Aufgaben abgerundet. Für die Politikwissenschaft der siebziger Jahre war die Politische Planung aus verschiedenen Gründen ein Faszinosum. Welche Aussichten bestanden für eine Reform der staatlichen Bürokratie von der klassischen Hoheits- in eine aktiv gestaltende Verwaltung? Wie konnten Ressortegoismen arbeitsteiliger Verwaltung überwunden, wie konnte über Mechanismen der Koordination eine Erweiterung des sachlichen, zeitlichen und funktionalen Horizonts staatlicher Politik erreicht werden? Und schließlich: War es möglich, negative Folgen des Industriesystems, vor allem also die Umweltkrise, die seit dem Club of Rome 1972 als Widerspruch zwischen dem Wachstumszwang kapitalistischer Produktion und der Endlichkeit natürlicher Ressourcen gedeutet wurde, über eine intelligentere politische Steuerung zu vermeiden?

Aus politologischer Sicht ging es in der Planung also um sehr viel mehr als um die Erstellung von Prognosen. Im Zentrum der Überlegungen stand die Steigerung der Rationalität der Politik über die Koordination ihrer einzelnen Handlungsbeiträge. Fritz Scharpf, der scharfsinnigste Analytiker Politischer Planung, hat in seinen Aufsätzen zur Theorie der planenden Demokratie auch die zu erwartenden Schwierigkeiten ausgelotet und keineswegs unterschätzt. Politik ist zunächst kein Problemlösungs-, sondern ein Mobilisierungsprozess. Gelöst wird also nicht, was „objektiv“ dringlich ist; vielmehr kommt auf die politische Agenda, was unter den verschiedenen Interessengruppen organisations- und konfliktfähig ist. Der Verhandlungsprozess im politischen Pluralismus berücksichtigt die Interessen keineswegs gleichmäßig, sondern bevorteilt kurzfristige Sonderinteressen der „Haves“. Langfristige, allgemeine und Interessen der „Havenots“ ziehen dem gegenüber den Kürzeren. Machtkonzentration bei der Regierung und die Zentralisierung vermögen dem entgegenzuwirken, haben aber den Preis hoher Irrtumsanfälligkeit und raschen Zerfalls der Legitimation, falls Erfolge ausbleiben. Widerstand und Protest gegen konzeptionelle Reformen sind unvermeidlich. Neben diesen politischen Hindernissen sah Scharpf auch technische Grenzen: Allseitige Koordination bewegt sich sehr rasch auf Grenzen lähmender Komplexität zu (vgl. Scharpf 1973).

Im Vergleich zu deutschen Verhältnissen, auf die Scharpfs Überlegungen gemünzt waren, mussten die Bedingungen Politischer Planung in der Schweiz noch um einiges schwieriger aussehen. Erschwerend wirkten sich die Unabhängigkeit des Parlaments von der Regierung, der umfassende Interessenausgleich in der Konkordanz, die starke Autonomie von Gemeinden und Kantonen im Föderalismus sowie die Unberechenbarkeit der Volksentscheide aus (vgl. Lanz 1977; Linder/Hotz/Werder 1979). So ist es mehr als erstaunlich, dass beim Bund trotzdem eine Reihe von ambitiösen Planungsversuchen gestartet wurde. Dazu gehörte neben den raumplanerischen Leitbildern von 1973 die Gesamtverkehrskonzeption, die eine vernünftige Teilung des Verkehrs zwischen Strasse, Schiene, Wasser und Luft anstrebte. Auf eine Gesamtverteidigungskonzeption folgte auch eine Gesamtenergiekonzeption: Die erste Erdölkrise 1973 machte auf die Verletzlichkeit der schweizerischen Energieversorgung aufmerksam. Die Gesamtenergiekonzeption wollte die Auslandsabhängigkeit durch geeignete Maßnahmen rationeller Energieverwendung und Forschung vermindern. Gleichzeitig sollten fossile, nukleare und erneuerbare Energien aufeinander abgestimmt eingesetzt werden. Neben diesen Infrastrukturplanungen gab es auf allen föderalen Ebenen innovative Versuche der Finanzplanung, um die öffentlichen Haushalte mittelfristig berechenbarer und transparenter zu machen. Und schließlich rangen sich Allparteienregierungen vieler Städte, Kantone und des Bundes zu Ansätzen einer Regierungsplanung durch, bei der Prioritäten und Posterioritäten für den Zeitraum einer Legislaturperiode formuliert und gegenüber dem Parlament artikuliert wurden (vgl. Klöti 1986).

2 Die 1990er Jahre: NPM als Symbol eines Paradigmenwechsels

Im Verlaufe der 1980er Jahre blieb von der einstigen Planungseuphorie nicht mehr viel übrig. Verschiedenste Faktoren trugen dazu bei. Mit den Erdölkrisen und den Einbrüchen des Wirtschaftswachstums ab 1975 wurden die meisten Prognosen über die künftige Nachfrage nach Infrastruktur und öffentlichen Diensten oder Bauland, aber auch die staatlichen Einnahmen und Ausgaben über den Haufen geworfen. Der Glaube an die Planbarkeit künftiger wirtschaftlich-sozialer Entwicklung kam abhanden. Längerfristige Planungshorizonte von 10 oder gar 15 Jahren verschwanden mehr und mehr aus den offiziellen Dokumenten. Fehlendes Wirtschaftswachstum setzte die Politik unter Druck. Konnten früher bei jährlich wachsenden Budgets die meisten Probleme im Sinne von Win-Win-Lösungen gelöst werden, gab es nun in den Verteilungsrunden bei Nullwachstum für jeden Gewinner einen Verlierer. Protest, Unzufriedenheit, die Blockierung politischer Entscheidungen und mangelnde Innovationsfähigkeit stellten die Regierungsfähigkeit vor harte Proben. Nicht langfristig-konzeptionelles Handeln, sondern die Bewältigung des täglichen „muddling through" bekam Priorität. Neben der Planungsgläubigkeit nahm generell die Staatsgläubigkeit ab. Während sich Planung vordem als eine Korrektur des Marktversagens verstanden hatte, wurde nun mit der neo-liberalen Wende das Staatsversagen thematisiert. Das hieß: Markt statt staatliche Reglementierung, Verzicht auf staatliche Lenkungseingriffe, Liberalisierung, Privatisierung, Abbau staatlicher Bürokratie sowie Konzentration des Staats auf die Gewährleistung günstiger Rahmenbedingungen für die private Wirtschaft.

Spätestens hier brach auch die akademische Beschäftigung mit der Politischen Planung ab. Da die Beeinflussung gesellschaftlicher Entwicklungen durch die politische Makrosteuerung zunehmend tabuisiert oder wenigstens zu einem Nicht-Thema wurde, bekamen sozialwissenschaftliche Veröffentlichungen zur Politischen Planung Seltenheitswert (vgl. als Ausnahme: Brühlmeier et al. 2001). In der Politikwissenschaft wandte man sich vermehrt der Politikanalyse im Sinne der Umsetzung politischer Programme sowie der Evaluation zu. Unter Federführung der Betriebswirtschaft kristallisierte sich das „Public Management", später das „New Public Management" heraus (vgl. Thom/Ritz 2006). Die Amerikaner David Osborne und Ted Gaebler formulierten zehn eingängige Prinzipien, nach welchen die staatliche Verwaltung zu funktionieren hätte:

„Steuern statt rudern, Eigeninitiative der Bürger fördern, Wettbewerb schaffen, Vorschriftsdenken überwinden, Nicht den Aufwand, sondern die Ergebnisse finanzieren, Kundenorientiert handeln, Ertragsorientiert statt ausgabenorientiert verwalten, Vorbeugen statt heilen, Teamarbeit fördern, Marktorientiert denken und handeln" hieß es – frei übersetzt – auf dem Cover ihres Bestsellers „Reinventing Government" (1992). Viel konsequenter als je zuvor wurden nun – in der Schweiz etwa von Buschor (1993) und Schedler (1995) – Vorstellungen aus der privaten Unternehmungswelt auf die öffentliche Verwaltung übertragen. Technisch ging und geht es im NPM um Reformen der Verwaltungskultur und -organisation sowie der Ziel-, Leistungs- und Wirkungsorientierung. Je nach Ausrichtung verbinden sich mit dem engeren betriebswirtschaftlichen Ansatz Public Choice, Systemtheorie, Politikanalyse oder Managerialismus (vgl. Ritz 2003: 124-160); aber auch die staatsrechtliche Literatur versucht, die Grundlagen des NPM aufzuarbeiten (vgl. Lienhard 2005). Die akademische Beschäftigung mit dem NPM entspricht offensichtlich einem praktischen Bedürfnis: Zahllos sind die abgeschlossenen und laufenden Vorhaben der Städte, der Kantone und des Bundes, die sich mit verschiedensten Formen wirkungsorientierter Verwaltungsführung beschäftigen. Einzelne Projekte, wie etwa dasjenige der Bundesverwaltung „Führen mit Leistungsauftrag und Globalbudget (FLAG)", wurden begleitend mit ihrer Umsetzung evaluiert (vgl. Thom et al. 2001).

3 Politische Planung und NPM: Von Gemeinsamkeiten zum gleichen Schicksal?

Politische Planung und NPM, so unterschiedlich sie sich geben, weisen doch eine Reihe von Gemeinsamkeiten auf. So sind beide als Versuch der Reform von Staat und Politik zu verstehen. Beide Strategien stützten oder stützen sich auf wissenschaftliche Grundlagen. Sie reichen über die bloße Erneuerung der Verwaltung hinaus und versuchen, Politik mit zu beeinflussen, der Politik Bedingungen für ein rationaleres Handeln zu schaffen. Beides sind Kinder des politisch-gesellschaftlichen Zeitgeistes: Planung als Ausdruck des Glaubens an staatliche Machbarkeit und als Korrektur des Marktversagens, New Public Management als liberal geprägte Modernisierung des Staates in der Philosophie der Unternehmungswirtschaft. Und noch eine Gemeinsamkeit fällt auf: Beide haben sich in der Verwaltung relativ rasch und allgemein durchgesetzt; ja, sind in Kürze zu eigentlichen „Modestrategien" geworden. Wenn wir das am heutigen

NPM beobachten, so müssten wir eigentlich gewarnt sein: Wird das NPM dereinst dasselbe Schicksal ereilen wie die Politische Planung, der nach einer Periode großer Euphorie und Verbreitung die Zeit der Ernüchterung folgte, oder, noch schlimmer, in einigen Bereichen eine Tendenz des Verdrängens und Vergessens? Auszuschließen ist das nicht, und ich möchte in meinen abschließenden Ausführungen darüber nachdenken. Vielleicht lassen sich aus dem teilweisen Scheitern der Politischen Planung einige Anhaltspunkte gewinnen, wie sich für die Reformstrategie des NPM ein ähnliches Schicksal vermeiden lässt. Ich möchte dazu folgende Stichworte anmerken:

Kritische Distanz gegenüber dem eigenen Tun: Versucht man zu verstehen, in welchen Bereichen Politische Planung am meisten gescheitert ist, dann wird man an jene Orte geführt, wo zu hohe professionelle Erwartungen im abgeschotteten Umfeld, quasi im Treibhaus hochgezüchtet wurden. Wo Planung zum Selbstzweck geriet, statt Instrument zu bleiben, ging jene kritische Distanz verloren, die zum überlegten Handeln erforderlich ist. Umgekehrt wird ja auch heute noch und mit Erfolg geplant, etwa bei den Finanzen, bei der Erneuerung von Infrastrukturen und der konzeptionellen Reorganisation öffentlicher Dienste. Planung widersteht dem Druck kurzatmiger und reaktiver Interessenpolitik am ehesten dort, wo sie moderat in ihrem Anspruch, offen und flexibel, aber mit erworbenem Vertrauen in ihre Kompetenz auftritt und darum zur Selbstverständlichkeit geworden ist.

Substanz oder Mode: Moden brauchen keine Begründung. Sie setzen sich durch, weil alle ihnen folgen. Demgegenüber sollten Reformstrategien der Verwaltung um jeden Preis vermeiden, zu einer Mode zu werden, selbst wenn viele ihnen folgen. Die gedankenlose Anwendung neuer Konzepte läuft sonst das Risiko, an der Verwaltungskultur und den betroffenen Menschen blind vorbeizugehen und viel Energie für den Transport von altem Wein in neuen Schläuchen zu verbrauchen.

Verankerung im politischen Prozess: Als Widerstand der Politik gegenüber der Politischen Planung erwiesen sich vor allem die starken, kurzfristigen Sonderinteressen. Die Widerstände der Politik gegenüber dem NPM sind anders gelagert. Eines der Hauptprobleme liegt darin, dass NPM-Konzepte das Spannungsfeld zwischen Verwaltung und Parlament auf Dauer aktivieren und vergrößern, etwa im Konflikt um die beiderseitigen Anteile an der politischen Steuerung. Versuche seitens der Verwaltung, solche Konflikte zu unterlaufen, um sich durchzusetzen, müssen scheitern. Es ist darum besser, alle auftretenden Konflikte offen auszutragen und dabei auch die von der Politik gesetzten Grenzen zu akzeptieren.

Innovation statt Technokratie: Reformstrategien wie Politische Planung oder New Public Management verdanken einen Teil ihres Erfolgs dem Umstand, dass sie universell sind: Sie können auf allen Stufen, für alle Funktionen und in allen Bereichen flächendeckend eingesetzt werden. Das verlockt zu technischer Aufrüstung und zentralisierter Kontrolle. Dabei wäre etwas ganz anderes nötig, nämlich die Schaffung von Anreizen für dezentrale Innovation. Innovationsmanagement, wie es gerade auch Norbert Thom (1998 und 2006) vertritt, hat hier eine besondere Aktualität: Es zeigt den Sinn des Wandels und macht deutlich, dass daraus neue Formen der Leistungserbringung hervorgehen, die einem echten Bedürfnis entsprechen.

Vermeidung einseitiger Professionalisierung und neuer Hierarchisierung: Ein offensichtlich begabter Versicherungsvertreter sagte mir letzthin, er höre vorzeitig auf, weil alles, was er während Jahrzehnten als professionelle Qualität seines Berufes betrachtet habe, heute in seinem Unternehmen nichts mehr gelte. Per Zufall habe ich einige Zeit später einen Sozialpsychologen angetroffen, der bei der gleichen Gesellschaft Personalkonzepte erarbeitet. Seine Reaktion auf die Geschichte meines Vertreters: „Das kann ich mir gut vorstellen. Aber wissen Sie, von den Leuten an der Verkaufsfront sind wir meilenweit entfernt." Solche und ähnliche Erscheinungen gibt es auch in öffentlichen Unternehmungen: Universitätsleitungen heuern Akademiker an, die den kaufmännischen Angestellten, welche die ganze Universität überhaupt zum Funktionieren bringen, die Arbeit eher komplizieren. Der Sachbearbeiter im Steueramt, der früher direkt entschied, schreibt heute für denselben Sachverhalt einen Rapport samt Antrag, über den dann von einer vorgesetzten Juristin oder einem Juristen entschieden wird. Das sind typische Beispiele für Professionalisierung und Spezialisierung, wie sie heute überall, in privaten wie in öffentlichen Betrieben, stattfinden. Sie scheinen unausweichlich zu sein in der Eigendynamik der heutigen modernen Berufswelt, deren selbst geschaffene Komplexität gespenstisch wächst. Was aber nicht sein muss, ist die gedankenlose Entwertung nichtakademischer Berufe und die neue Hierarchisierung der Arbeitswelt durch den mehr oder weniger sanften Terror einer gebildeten Mittelschicht.

Zugegeben: Ich bin damit an einem Problem angelangt, das sowohl dem Blick der Politischen Planung wie demjenigen des NPM entgeht. Gerade darum frage ich, ob wir da nicht alle etwas übersehen?

Literaturverzeichnis

Brühlmeier, Daniel et al. (2001): Politische Planung. Mittelfristige Steuerung in der wirkungsorientierten Verwaltungsführung, Bern 2001.

Buschor, Ernst (1993): Wirkungsorientierte Verwaltungsführung. Wirtschaftliche Publikation der Zürcher Handelskammer, Heft 52, Zürich 1993.

Klöti, Ulrich (1986): Regierungsprogramm und Entscheidungsprozess. Eine Erfolgskontrolle der Regierungsrichtlinien der Legislaturperiode 1975-79, Bern 1986.

Lanz, Christoph (1977): Politische Planung und Parlament, Bern 1977.

Lienhard, Andreas (2005): Staats- und verwaltungsrechtliche Grundlagen für das New Public Management in der Schweiz, Bern 2005.

Linder, Wolf; Hotz, Beat; Werder, Hans (1979): Planung in der schweizerischen Demokratie, Bern 1979.

Osborne, David; Gaebler, Ted (1992): Reinventing Government. How the Enterpreneurial Spirit is Transforming the Public Sector, Reading 1992.

Ritz, Adrian (2003): Evaluation von New Public Management, Bern 2003.

Scharpf, Fritz (1973): Planung als politischer Prozess. Ansätze zur Theorie der planenden Demokratie, Frankfurt a. M. 1973.

Schedler, Kuno (1995): Ansätze einer wirkungsorientierten Verwaltungsführung, Bern/ Stuttgart/Wien 1995.

Thom, Norbert; Ritz, Adrian (2006): Public Management. Innovative Konzepte zur Führung im öffentlichen Sektor, 3. Auflage, Wiesbaden 2006.

Thom, Norbert et al. (2001): Evaluation FLAG. Schlussbericht der Evaluation des Projekts "Führen mit Leistungsauftrag und Globalbudget" (FLAG) in der schweizerischen Bundesverwaltung, Bern/Luzern 2001.

Thom, Norbert (1998): Change Management – Basic Elements for a Differentiated and Integrated Change Management. In: Management, Journal of Contemporary Management Issues, 3. Jg. 1998, Nr. 2, S. 1-17.

Evaluationskompetenz

Adrian Ritz*

Die Verwaltungsführung orientiert sich vermehrt am Regelkreis-Denken und damit verbundenen Verfahren der Erfolgskontrolle staatlicher Tätigkeiten. Die Evaluation als ein Ansatz der Erfolgskontrolle ermöglicht im Rahmen der Output- und Wirkungsorientierung eine vertiefte Analyse staatlicher Zweck-Mittel-Zusammenhänge. Um Entscheidungsprozesse und gesamtorganisatorische Kompetenzen im Sinne einer Lernkultur aufzubauen, reicht die Qualifizierung einzelner Personen oder Institutionen aber nicht aus. Die Entwicklung von Fähigkeiten, die individuell oder institutionell selbstorganisiert hervorgebracht werden, kennzeichnet jene Evaluationskompetenz, welche insbesondere den gezielten Einsatz und die situationsangepasste Nutzung von Evaluationen ermöglicht. Evaluationskompetenz ist eine Voraussetzung staatlicher Leistungsfähigkeit.

Stichworte: Erfolgskontrolle – Evaluationsforschung – Kompetenzmanagement – New Public Management – Selbstorganisation – Verwaltungsreform

---

* Dr. rer. oec. Adrian Ritz ist Dozent am Kompetenzzentrum für Public Management der Universität Bern.

1 Verwaltungsführung und Evaluation

Die Führung öffentlicher Institutionen als Bestandteil verwaltungspolitischer Debatten ist laufend Modernisierungs- und Reformbestrebungen ausgesetzt. Sowohl externe Einflussfaktoren wie die Konjunkturlage als auch verwaltungsinterne Gründe (z. B. Personaländerungen) initiieren die Reformierung der öffentlichen Verwaltung. Im Zeitvergleich lassen sich entsprechende verwaltungspolitische Leitbilder identifizieren, die den Wandel von Reformverständnissen abbilden (vgl. Jann 2002). War die Mitte des 20. Jahrhunderts stark von Lösungsansätzen zur Behebung des Demokratieversagens geprägt, so setzten in den 1970er Jahren die intensiven Planungsdebatten zur Stärkung des politischen Einflusses vor dem Hintergrund nicht funktionierender Märkte ein (z. B. Planning Programming Budgeting System PPBS) (vgl. auch Linder in diesem Buch). Die vergangenen drei Jahrzehnte rückten immer stärker Gedanken der Managementlehre (z. B. New Public Management) und volkswirtschaftliche Ansätze (z. B. Public Choice) in den Vordergrund (vgl. Pollitt/Bouckaert 2000). Dem beobachteten Bürokratieversagen soll mit mehr „Outputorientierung" begegnet werden. Zusammen mit der gegenwärtigen verwaltungspolitischen Entwicklung hin zu Governance-Ansätzen und dem Modell des Gewährleistungsstaats trug die Managementbewegung maßgeblich dazu bei, dass das aus dem Strategischen Management und dem Controlling bekannte Regelkreis-Denken in den Vordergrund der politisch-administrativen Steuerung rückt.

Ein wesentliches Element stellt dabei die Intensivierung der regelkreisartigen Überprüfung staatlicher Aktivitäten auf ihre Wirkung hin dar. Die politische Planung, der damit einhergehende Mitteleinsatz und die damit bezweckten Maßnahmen unterliegen der parlamentarischen Aufsicht, müssen von der Regierung zielgerecht gesteuert und von der Verwaltung möglichst effizient umgesetzt werden. Dies erfordert stufengerechte Steuerungs- und Kontrollverfahren, damit staatliches Handeln die beabsichtigten Wirkungen entfalten und sich dadurch Legitimation verschaffen kann.

Insbesondere die politikwissenschaftliche Forschung widmet sich im Rahmen der „Policy Analysis" bereits seit langem der Überprüfung staatlicher Aktivitäten und ihrer Wirkungen (vgl. Ritz 2003: 56 ff.). Im Vergleich zur angelsächsischen Welt hat die Evaluationsforschung in Europa und namentlich in der Schweiz erst spät Einzug gehalten. Der 1999 in die schweizerische Bundesverfassung aufgenommene Artikel 170 fordert, dass die Maßnahmen des Bundes auf ihre Wirkung hin überprüft werden sollen. Zusammen mit den Verwaltungsreformen im Zeichen des New Public Managements können zunehmend Gesetzesformulierungen, die einen Evaluationsbedarf generieren, oder auch konkrete Evaluationsklauseln in der Gesetzgebung beobachtet werden.

Die Aufnahme der Evaluation in Gesetzestexte geschieht einerseits durch die vermehrte Betonung der Ziel- und Wirkungsorientierung. Beispielsweise soll die Schweizerische Bundesverwaltung gemäß der Regierungs- und Verwaltungsorganisationsverordnung (SR 172.010.1) ihre Leistungen „bürgernah, nachhaltig, wirksam und wirtschaftlich" erbringen und die Führungsverantwortlichen „führen mittels Vereinbarungen von Zielen und Wirkungen". Andererseits wird die Erfolgskontrolle konkret gefordert: Gemäß des neuen Gesetzes über die Steuerung von Finanzen und Leistungen des Kantons Bern (FLG) umfasst die Wirkungsorientierung u. a. „die vorgängige Beurteilung möglicher Auswirkungen von Erlassen und Beschlüssen [sowie] die qualitative und quantitative Überprüfung der Auswirkungen von Erlassen und Beschlüssen". Die regelmäßige Wirkungskontrolle der Aufgabenerfüllung und damit einhergehende Sanktionen im Rahmen verwaltungsinterner sowie -externer Steuerungsinstrumente wie beispielsweise im Fall von Leistungskontrakten wird wohl auch zukünftig die Bedeutung der Evaluation erhöhen.

2 Evaluationskompetenz

Mit den zuvor beschriebenen Entwicklungen ist aber noch keine Gewähr für eine gute Erfolgskontrolle staatlicher Tätigkeiten aufgrund des vermehrten Einsatzes von Evaluationen gegeben. Denn öffentliche Institutionen müssen zuerst über eine Evaluationskompetenz verfügen. Diese widerspiegelt einerseits die Zuständigkeit und die Befugnis staatlicher Organe, Evaluationen zu initiieren und durchzuführen. Andererseits bezieht sich der Kompetenzbegriff immer auch auf die Entwicklung von Fähigkeiten, die selbstorganisiert hervorgebracht werden (vgl. White 1959: 297 ff.). Evaluationskompetenz fördert demnach individuelle oder institutionelle Fähigkeiten, Evaluationen durchzuführen und zu nutzen, um damit das staatliche Handeln zu verbessern bzw. die Performanz staatlicher Maßnahmen zu erhöhen. Evaluationskompetenz ist folglich eine Voraussetzung staatlicher Leistungsfähigkeit. Evaluationskompetenz unterscheidet sich maßgeblich von der Qualifikation, Evaluationen fachgerecht durchführen zu können. Während Qualifikationen Wissens- und Fertigkeitsdispositionen des Handelns sind, stellen Kompetenzen Dispositionen selbstorganisierten Handelns dar (vgl. Erpenbeck/Rosenstiel 2003: XI). Sie sind im Gegensatz zu Qualifikationen nicht direkt prüfbar (wie z. B. Wissensinhalte), sondern aufgrund ihres Einsatzes beurteilbar.

Evaluationskompetenz erfordert vermehrt einen selbstorganisierten Einsatz und eine entsprechende Nutzung von Evaluationen (siehe nachfolgende Abschnitte). Indem Evaluationsstudien eine besondere Form der Ressource Information darstellen, können sie aus institutioneller Sicht die gesamte Leistungsfähigkeit einer Organisation beeinflussen. Auf der einen Seite durch die Kompetenzsteigerung der Individuen, welche evaluative Verfahrensweisen in ihr Handeln und Denken integrieren sowie ihre Tätigkeiten anhand von Evaluationsergebnissen reflektieren. Auf der anderen Seite durch die Kompetenzsteigerung der Institution i. S. der Beeinflussung von Entscheidungsprozessen und der Förderung des Wissensmanagements. Vermehrt netzwerkartig geprägte Entscheidungsprozesse werden verändert und gestaltet, wenn Evaluationsergebnisse von mehreren Akteuren aufgenommen werden und in den Meinungsbildungsprozess einfließen (vgl. Knöpfel/Kissling-Näf/Bussmann 1997: 143 ff.). Die Wissensgenerierung und -nutzung aufgrund von Evaluationen trägt ebenfalls zur Entwicklung gesamtorganisatorischer Kompetenzen bei. Evaluationsergebnisse und die ihnen zugrunde liegenden Werterahmen können sodann Leitlinien sein, welche selbstorganisiertes Handeln bündeln und so die Basis einer Lernkultur bilden (vgl. Erpenbeck/Rosenstiel 2003: XII).

3 Einsatz von Evaluationen

Aus einer institutionellen Sicht gehören zur Evaluationskompetenz in zunehmendem Maße die Abstimmung und der zweckmäßige Einsatz verschiedener Instrumente der Erfolgskontrolle sowie die damit verbundene adäquate Nutzung ihrer Ergebnisse (vgl. zur Nutzung Abschnitt 4). Insbesondere die Managementreformen im öffentlichen Sektor haben auf betrieblicher Ebene zu einer Häufung unterschiedlicher Instrumente geführt, deren unkoordinierter Einsatz unnötigen Mehraufwand, Zusatzkosten und oft auch Verwirrung verursacht (vgl. Tabelle 1).

	Controlling	**Monitoring**	**Qualitäts-management**	**Evaluation**
Hauptziel	Kenntnis der Vollzugsabläufe, Wirtschaftlichkeit der Prozesse und Leistungen	Beobachtung des Vollzugs und der Umwelt, Feinsteuerung des Vollzugs	Kontinuierliche Verbesserung und Sicherung der Qualität von Prozessen und Leistungen	Kenntnisse über Wirkungs-zusammenhänge
Frequenz	Begleitend, periodisch	Begleitend, ständig	Begleitend, ständig	Ex ante/begleitend/ ex post, einmalig
Typischer Vergleich	Quer-, Längsschnitt-vergleich, Zeitreihen, Soll-Ist	Quer-, Längsschnitt-vergleich, Zeitreihen	Quer-, Längsschnitt-vergleich	„Policy on – policy off“, Soll-Ist, Quer- und Längs-schnittvergleich
Weitere Merkmale	Steuerungs-relevanz, Gesamtsystem	Mehr deskriptiver als analytischer Charakter	Umfassende Führungs-philosophie	Oft externe, vertiefte Analyse
Vorteile	Rasche Feedbacks, Zahlen und Facts, permanenter Kontakt zu Verwaltungsstellen	Eher geringe Kosten, laufende Feedbacks	Einbezug aller Mitarbeitenden, verbesserungs-orientiert	Kenntnis der Wirkungs-zusammenhänge, kritische Grund-haltung, mehrere Perspektiven
Nachteile	Z. T. Vernach-lässigung der Wirkungsaspekte, „zahlenlastig“	Wirkungszusam-menhänge nicht ersichtlich, falsche Verwendung, fehlende Kenntnisse	Aufwändig und eher teuer, Wirkungs-zusammenhänge nicht ersichtlich	Zeitaufwändig, eher teuer

Tabelle 1: Evaluation im Vergleich mit anderen Ansätzen der Erfolgskontrolle

Der in diesem Beitrag verwendete Evaluationsbegriff deckt nicht alle Ansätze der Erfolgskontrolle staatlicher Maßnahmen ab. Er bezeichnet die anhand vorgängig vereinbarter Kriterien sowie vor dem Hintergrund eines Kausalmodells durchgeführte Bewertung staatlicher Interventionsmaßnahmen als Teil des gesamten Politikzyklus im Sinne der Politikformulierung, -umsetzung und -evaluation. Insofern lässt sich die Evaluation von anderen Ansätzen der Erfolgskontrolle abgrenzen. Die Merkmale unterschiedlicher Erfolgskontrollen werden in Tabelle 1 veranschaulicht (vgl. Ritz 2003: 43 ff. und Bussmann 1995: 370 ff.).

Evaluationen kennzeichnen meistens einmalige Analysen und Bewertungen, die vor dem Hintergrund eines spezifischen Wirkungsmodells vorgenommen werden. Die Identifizierung von einer Maßnahme zugrunde liegenden Ursache-Wirkungs- resp. Zweck-Mittel-Zusammenhängen gehört zur Hauptaufgabe einer Evaluation und macht vielfach den Beizug externer Experten notwendig. Im Gegensatz zu Ansätzen des Qualitätsmanagements (z. B. EFQM) oder des Controllings (z. B. Balanced Scorecard) geht die Evaluation nicht von einem mehr oder weniger festgelegten Wirkungsgefüge aus. Sie strebt einen möglichst situationsspezifischen Zusammenhang zwischen den Modellgrößen an. Zudem spielt die Analyse von beabsichtigten und auch nicht-beabsichtigten Nebenwirkungen eine zentrale Rolle.

Der Einsatz einer Evaluation ist insofern einmalig, als er vielfach auf eine Maßnahme bzw. ein politisches Programm bezogen wird und nicht der periodischen sowie möglichst flächendeckenden Steuerung aller Aktivitäten einer Verwaltungseinheit dient, wie es z. B. beim Controlling der Fall ist. Vielmehr lassen sich auf das Evaluationsobjekt angepasste Vergleichsebenen unterscheiden. Bei der Beurteilung politischer Programme kennzeichnet der „policy on-policy off"-Vergleich einen zweckmäßigen Vergleich, um langfristige Programmentscheide mit großen finanziellen Konsequenzen (z. B. Präventionsmaßnahmen) optimal beurteilen zu können.

Trotz der knappen Darstellung der Ansätze der Erfolgskontrolle in der oben stehenden Tabelle wird ersichtlich, dass sich die Evaluation nicht zur Steuerung eines Gesamtsystems bzw. einer Verwaltungseinheit oder zur flächendeckenden Überwachung eines Politikfelds eignet. Sie kennzeichnet die vertiefte Wirkungsanalyse, welche im Vergleich zum Umfang des analysierten Problemfelds ein eher teures und zeitaufwändiges Vorhaben ist.

Evaluationskompetenz beinhaltet nebst dem zweckmäßigen Einsatz auch die Gestaltung der Zuständigkeiten bei der Evaluation staatlicher Maßnahmen. Dabei lässt sich der Ort der Steuerung einer Evaluation unterscheiden, d. h. jene Verantwortungsträger, welche die Funktion der Evaluation bestimmen und die Auswahl der Fragestellungen treffen (vgl. Widmer 2000: 79). Unter Umständen kann sich diese Verantwortung auch mit denjenigen Kreisen decken, welche den Entscheid für oder gegen eine Evaluation fällen oder das Geld für die Studie zur Verfügung stellen. Ein typischer Fall stellt die Situation dar, dass der Gesetzgeber den Evaluationsentscheid fällt und die Verwaltung dazu verpflichtet, die ihrerseits für die Finanzierung, Gestaltung und Steuerung der Untersuchung zuständig ist. Demnach kann zwischen der Selbst- und der Fremdevaluation unterschieden werden. Bei der Selbstevaluation ist die Steuerungsinstanz innerhalb der von der Evaluation betroffenen Organisation angesiedelt. Die Fremdevaluation unterliegt einer außerhalb der Institution verorteten Steuerung und kennzeichnet die zunehmende Evaluationstätigkeit von Rechnungshöfen bzw. Finanzkontrollen.

Neben der Steuerung umfasst die Zuständigkeit auch die Durchführung der Evaluation. Eine Evaluationsstudie kann entweder inner- oder außerhalb der zu bewertenden Institution bzw. des zu bewertenden Programms durchgeführt werden. Die operative Durchführung, Informationserhebung sowie -auswertung geschieht im ersten Fall intern, andernfalls extern oder sie weist sowohl interne als auch externe Elemente auf (vgl. Ritz 2003: 51 ff.).

4 Zweck und Nutzung von Evaluationen

Evaluationskompetenz zeichnet sich nebst dem situationsadäquaten Einsatz von Evaluationen auch durch den richtigen Zweck und die damit verbundene optimale Nutzung ihrer Ergebnisse aus. Vielfach ist den Betroffenen nicht klar, weshalb eine Evaluation durchgeführt wird, oder es zeigt sich nach der Evaluation, dass die anfänglich beabsichtigte Verwendung völlig an Bedeutung verloren hat und es letztlich nur um die nachträgliche Legitimation bereits beschlossener Maßnahmen ging. Insofern sind verschiedene Verwendungszwecke von Evaluationen erkennbar, über die man sich im Voraus Klarheit verschaffen muss (vgl. Rossi/Freeman/Lipsey 1999: 431 ff. und Weiss 1997: 310 ff.):

- „Instrumenteller Zweck“: Die Adressaten benutzen die Evaluation, um Richtungsweisung bezüglich der Programmweiterentwicklung oder Entscheidungsfindung zu erhalten.
- „Verstärkungszweck“: Bestätigung bisheriger Meinungen zum Programm aus Sicht der Auftraggeber oder Betroffenen, dient letztlich der Weiterarbeit in dieselbe Stossrichtung.

- „Politischer Zweck“: Die Evaluationsergebnisse werden v. a. im politischen Prozess zur Bildung von Koalitionen und Mobilisierung von Unterstützung im Wandlungsprozess benötigt.
- „Erkenntniszweck“: Die Studienresultate dienen der allgemeinen Erkenntnismehrung und Schaffung eines besseren Verständnisses für die Stärken und Schwächen des Evaluationsgegenstands.

Die Nutzungsart des „instrumentellen Zwecks“ liegt oft im Zentrum des Interesses der Evaluatoren, doch in der Evaluationspraxis werden die Studienempfehlungen nicht immer umgesetzt und eine Vielzahl von Evaluationsergebnissen haben einen geringen Einfluss auf die Problemlösung (vgl. Zimmermann/Kolly/Mahon 1989). Evaluationsarbeit kann besonders dann frustrierend sein, wenn die Ergebnisse mit wohlwollender Anerkennung in der erstbesten Schublade verschwinden. Evaluationskompetenz zeichnet sich hingegen durch die rechtzeitige, allenfalls mehrmals wiederholte Kommunikation der Ergebnisse an der richtigen Stelle aus.

Der Evaluationsansatz der „Responsive Evaluation“ von Stake (1980) und Guba/Lincoln (1989) entwickelt die instrumentelle Nutzung in die Richtung der direkten Ausrichtung aller Evaluationsaktivitäten auf die Programmaktivitäten und Informationsbedürfnisse aller Betroffenen weiter. Die Loslösung der Evaluation von den Zielen einer Programmleitung oder theoretischen Modellen folgt hierbei einem primär konstruktivistischen Paradigma. Angestrebtes Ziel ist dabei eine möglichst hohe, demokratische Partizipation aller Organisationsmitglieder und die Aushandlung der Evaluationsinteressen zwischen den Beteiligten. Die Berücksichtigung des responsiven Evaluationsansatzes kann sich insofern positiv auf die Evaluationskompetenz auswirken, als sie das selbstorganisierte Handeln Einzelner im Zusammenhang mit Evaluationen, aber auch die selbstorganisierte Auseinandersetzung von Gruppen mit Evaluationen sowie ihren Ergebnissen fördert und nutzt.

Die genannten Nutzungsarten verdeutlichen, dass sich Evaluationskompetenz nicht nur auf die fachlich und methodisch einwandfreie Beurteilung des Gegenstands bezieht, sondern maßgeblich mit der Verwendung von Evaluationsergebnissen zu tun hat. Hier kommt der organisationsweiten Kompetenzsteigerung im Umgang mit Evaluationserkenntnissen, den dadurch initiierten Veränderungsmaßnahmen oder auch den politischen Absichten eine hohe Bedeutung zu, um i. S. einer lernenden Organisation Fortschritte zu erzielen.

5 Fazit

Dieser Kurzbeitrag hat das Ziel verfolgt, den Zusammenhang zwischen gegenwärtigen Tendenzen in der Verwaltungsführung, den damit verbundenen Evaluationstätigkeiten sowie der Kompetenzforschung herzustellen. Die aufgrund von Modernisierungsbestrebungen im öffentlichen Sektor verstärkt integrierte Outputorientierung fördert die Erfolgskontrolle staatlicher Aktivitäten. Neben Controlling- und Qualitätsmanagementansätzen kommt – vor allem im Rahmen der Wirkungsorientierten Verwaltungsführung – der Evaluation eine höhere Bedeutung zu. Aus der Sicht des Aufbaus von individuellen und organisationsweiten Kompetenzen stellt die Evaluation ein Instrument zur Entwicklung selbstorganisierter Fähigkeiten als Voraussetzung staatlicher Leistungsfähigkeit dar.

Insbesondere der situative Einsatz unterschiedlicher Instrumente der Erfolgskontrolle und deren Abstimmung untereinander bzw. mit der Evaluation staatlicher Maßnahmen ist ein Kennzeichen fortgeschrittener Evaluationskompetenz. Gleichzeitig ermöglicht die Integration von Evaluationsverfahren in das Handeln und Denken der Mitarbeitenden sowie die organisationsweite Nutzung von Evaluationsergebnissen unter Einbezug aller Betroffenen eine Kompetenzsteigerung. Dies unterstützt die wissensbasierte Entscheidungsfindung in verstärkt netzwerkartig organisierten Institutionen und den Aufbau einer Lernkultur.

Literaturverzeichnis

Bussmann, Werner (1995): Wirkungsorientierte Verwaltung, NPM und Evaluationen. In: Umbruch in Politik und Verwaltung, hrsg. v. Peter Hablützel et al., Bern/Stuttgart/Wien 1995, S. 367-377.

Erpenbeck, John; Rosenstiel, Lutz von (2003): Einführung. In: Handbuch Kompetenzmessung, hrsg. v. John Erpenbeck und Lutz von Rosenstiel, Stuttgart 2003, S. IX-XL.

Guba, Egon G.; Lincoln, Yvonna S. (1989): Fourth Generation Evaluation, Newbury Park/London/New Delhi 1989.

Jann, Werner (2002): Der Wandel verwaltungspolitischer Leitbilder. Von Management zu Governance? In: Deutsche Verwaltung an der Schwelle zum 21. Jahrhundert, hrsg. v. Klaus König, Baden-Baden 2002, S. 279-303.

Knöpfel, Peter; Kissling-Näf, Ingrid; Bussmann, Werner (1997): Evaluation und Politikanalyse. In: Einführung in die Politikevaluation, hrsg. v. Werner Bussman, Ulrich Klöti und Peter Knöpfel, Basel/Frankfurt a. M. 1997, S. 134-155.

Pollitt, Christopher; Bouckaert, Geert (2000): Public Management Reform: A Comparative Analysis, Oxford et al. 2000.

Ritz, Adrian (2003): Die Evaluation von New Public Management. Grundlagen und empirische Ergebnisse der Bewertung von Verwaltungsreformen in der Schweizerischen Bundesverwaltung, Bern/Stuttgart/Wien 2003.

Rossi, Peter H.; Freeman, Howard E.; Lipsey, Mark W. (1999): Evaluation: A Systematic Approach, 6th edition, Thousand Oaks/London/New Delhi 1999.

Stake, Robert E. (1980): Program Evaluation, particularly Responsive Evaluation: In: Rethinking Educational Research, edited by William B. Dockrell and David Hamilton, London 1980, S. 72-87.

Weiss, Carol H. (1997): Evaluation, 2. Auflage, London et al. 1997.

White, Robert W. (1959): Motivation reconsidered: The concept of competence. In: Psychological Review, 66. Jg. 1959, Nr. 5, S. 297-333.

Widmer, Thomas (2000): Qualität der Evaluation – Wenn Wissenschaft zur praktischen Kunst wird. In: Evaluationsforschung: Grundlagen und ausgewählte Forschungsfelder, hrsg. v. Reinhard Stockmann, Opladen 2000, S. 77-102.

Zimmermann, Willi; Kolly, Doris; Mahon, Pascal (1989): Die wissenschaftliche Evaluation von Bundespolitik: Eine bibliographische und methodische Exploration, Studie der Arbeitsgruppe Gesetzesevaluation des Eidg. Justiz- und Polizeidepartements EJPD, Eidgenössische Druck- und Materialzentrale EDMZ, Bern 1989.

Das öffentliche Rechnungswesen als Informationsgenerator für Effizienzsteigerungen

Reinbert Schauer*

Für das Verwaltungsgeschehen dürfen Effektivität und Effizienz keine Leerformeln darstellen. Sie müssen in der einzelnen Verwaltung erkannt und gegebenenfalls verbessert werden. Das öffentliche Rechnungswesen hat aus einzelwirtschaftlicher Sicht die Informationen zur Erkennung von Effektivitäts- und Effizienzsteigerungspotenzialen zu liefern. Die Erfüllung dieses Postulats verlangt nach Massnahmen in der Rechnungsorganisation, in der Akzeptanz des Rechnungswesens als Lenkungs- und Steuerungsinstrument beim Verwaltungsmanagement und im Bewusstsein über die Aussagekraft des öffentlichen Rechnungswesens bei den Meinungsbildnern in der Öffentlichkeit.

Stichworte: Accrual Accounting – Aufwandswirtschaft – Cash Accounting – Effektivität – Effizienz – Erfolgsdimensionen – Indikatoren – Individualgüter – Informationsprogramm – Kollektivgüter – Leistungswirkungen – Vermögensrechnung – Verwaltungsleistungen – Widmungskapital – Wirtschaftlichkeit

---

* o. Univ.-Prof. Dkfm. Dr. Reinbert Schauer betreut das Fach Öffentliche Betriebswirtschaftslehre und Nonprofit-Management an der Johannes Kepler Universität Linz.

1 Einzelwirtschaftliche Ansprüche an das öffentliche Rechnungswesen

Vom staatlichen Verwaltungshandeln wird *Effektivität* und *Effizienz* und damit die Einhaltung der Grundsätze von Sparsamkeit, Wirtschaftlichkeit und Zweckmäßigkeit gefordert. Daraus leitet sich die Frage ab, ob das öffentliche Rechnungswesen in seiner derzeitigen Ausgestaltung jene Informationen bereitstellen kann, die eine *Beurteilung* der Einhaltung dieser Handlungsgrundsätze in ausgewogener Weise ermöglichen. Liegt die finanzielle Rechenschaftslegung über den Haushaltsvollzug im Vordergrund oder lässt das öffentliche Rechnungswesen *Potenziale* zur Effektivitätssteigerung und zur Verbesserung der Effizienz erkennen? Wird es zu einem dynamischen Instrument der Verwaltungsführung?

Der *Informationsbedarf* der Verwaltungsführung erstreckt sich aus betriebswirtschaftlicher Sicht auf drei *Informationsobjekte*:

(1) Verwaltungsziele (vorgegebene öffentliche Aufgaben),
(2) verfügbare Ressourcen (Einsatz von Personen, Sachmitteln und Fördermitteln),
(3) erbrachte Leistungen (Leistungsvolumen) und daraus folgende Leistungs-Wirkungen.

In diesem Spannungsfeld zwischen Aufgaben, Mitteleinsatz und Leistungsausbringung ist der erreichte *Erfolg* des Verwaltungshandelns zu bewerten. Eine *sachpolitische* Erfolgsdimension berührt die Zweckmäßigkeit (Effektivität) des Verwaltungshandelns, als Erfolgsgrößen sind die Zielerreichungsgrade anzusehen. In der Verwaltungspraxis sind sehr oft Schwierigkeiten in der konkreten Ausgestaltung von Zielsystemen und in der quantitativen Darstellung von Zielen zu erkennen. Auch die Scheu von Politikern vor operationalen Zielvorgaben und Schwierigkeiten bei der Messung von Zielerreichungsgraden aufgrund des Fehlens eindeutiger Ursache-Wirkungs-Beziehungen wirken weiter erschwerend. Eine operationale Zielvorgabe ist nur dann möglich, wenn der politische Entscheidungsträger mit der Zielvorgabe selbst auch eine Vereinbarung über die mögliche Messbarkeit und die Überprüfung des Zielerreichungsgrades trifft.

Die *ökonomische* Dimension des Erfolges bezieht sich auf die Sparsamkeit und Wirtschaftlichkeit (Effizienz) des Verwaltungshandelns und ist nicht konfliktfrei. Das Sparsamkeitsprinzip soll die Verwaltung zu Aktivitäten mit möglichst geringer Ausgabenwirkung anhalten. Die Zahlungsfähigkeit (Liquidität) einer Verwaltung soll gesichert werden. Elemente des Mitteleinsatz-/Ergebnis-Denkens bleiben dabei außer Acht. Das Streben nach Wirtschaftlichkeit bedeutet hingegen die Suche nach der bestmöglichen Gestaltung des Verhältnisses zwischen den erbrachten Leistungen und dem hierfür benötigten Mitteleinsatz bei einem vorgegebenen (gewünschten) Grad der Zielerreichung. Es erhebt sich die Frage, ob und in welcher Form das öffentliche Rechnungswesen diese Informationsdimensionen abdeckt.

2 Finanzwirtschaftliches und leistungswirtschaftliches Rechnungswesen

Die *Grundfunktionen* des Rechnungswesens sind mit der Erfassung (Erschließung), Speicherung (zeitüberbrückenden Bereithaltung), Verarbeitung und Übermittlung von Informationen an die Informationsempfänger beschreibbar. Das Rechnungswesen fungiert als Filter zwischen der Realität und dem Informationsbenutzer. Dieser kann nur über jene Tatbestände und Abläufe informiert werden, die vom Rechnungswesen erfasst wurden. Aus der Struktur des Informationsbedarfes lassen sich die *Dokumentationsaufgabe*, die *Dispositionsaufgabe* und die *Überwachungsaufgabe* als grundsätzliche Zwecksetzungen des Rechnungswesens ableiten. Im Wege einer Informationsplanung kann ein vom Rechnungswesen zu erfüllendes *Informationsprogramm* bestimmt werden, dessen sinnvolle Nutzung jedoch von der subjektbezogenen Artikulierung von Informationsbedürfnissen abhängig ist. Dabei ist es sinnvoll, zwischen möglichst aufgabenneutralen Grundrechnungen und darauf aufbauenden spezifischen Auswertungsrechnungen zu unterscheiden. Das Rechnungswesen wird so zum *Informationsgenerator* für verwaltungsbetriebliche Entscheidungen und Element eines informatorischen Kompetenzmanagements.

Weltweit ist ein deutlicher Trend vom finanzwirtschaftlich ausgerichteten zahlungsstromorientierten öffentlichen Rechnungswesen (*cash accounting*) zu einem stärker ressourcenverbrauchs- und leistungswirtschaftlich ausgerichteten Rechnungssystem (*accrual accounting*) erkennbar (vgl. Buschor/Brede 1993: 15 ff.; Lüder 2003: 15). Dieser Trend wird von der Konzeption einer Wirkungsorientierten Verwaltungsführung im Rahmen des Public Managements unterstützt. Dies ist nur vordergründig eine Frage des *kameralen* oder *doppischen* Rechnungsstils. In Wirklichkeit geht es um die Frage des *Informationsprogrammes*, das vom öffentlichen Rechnungswesen zur Planung und Steuerung des Verwaltungsgeschehens bereitzustellen ist.

Eine an der Effektivität ausgerichtete Planung staatlicher Aktivitäten muss sich außerhalb bzw. zeitlich vor der Budgetierung finanzieller Mittel entwickeln. Das öffentliche Rechnungswesen muss Auskunft über den Mitteleinsatz (im Sinne des Einsatzes von Produktionsfaktoren) und die erreichten Leistungsergebnisse geben können. Weiters ist zu beachten, dass öffentliche Verwaltungen von ihrem Charakter her *Aufwandswirtschaften* sind. Die ausgewiesenen Erträge stehen nur in Gebührenhaushalten in einer ursächlichen Beziehung zu den Aufwendungen, sonst besteht kein leistungsmäßiger Zusammenhang. Das Ertragsaufkommen (vor allem das Aufkommen von Abgabenerträgen) ist Richtlinie für die Konsumption und das Investitionsverhalten der öffentlichen Haushalte. Aus ökonomischer Sicht zwingt dies zu vermehrten Produktivitäts- und Kosten-Wirksamkeits-Überlegungen. Dies schließt aber einen direkten Vergleich von Aufwendungen und Erträgen mit einer Saldogröße als Ergebnis nicht aus.

Eine (vollständige) *Vermögensrechnung* ist auch für öffentliche Verwaltungen unabdingbar. Sie soll eine klare Aussage über den Stand und die Struktur des zur Erfüllung öffentlicher Aufgaben gewidmeten Vermögens, dessen Finanzierung und dessen Veränderung im Zeitablauf im Zuge der Leistungserstellung und Leistungsabgabe (d. h. Darstellung von Kapazitäten, Auslastungsgrade, Nutzungskosten, Erneuerungsbedürfnisse, Wirtschaftlichkeitsvergleiche) ermöglichen.

3 Ergebnisrechnung als Wirkungsanalyse

Die ökonomische Rationalität des Verwaltungshandelns kann nicht über eine Marktregelung und damit über externe Wertvorstellungen gesichert werden. Sie muss vielmehr durch ein in der Verwaltung selbst zu entwickelndes (internes) Informationssystem gewährleistet werden. Dieses Informationssystem und damit diese Art von Erfolgsrechnung (besser: Ergebnisrechnung) hat zu berücksichtigen, dass der Großteil des Ressourceneinsatzes in öffentlichen Verwaltungen und damit ein Großteil der Verwaltungskosten von der vorgehaltenen *Leistungsbereitschaft* (Kapazität) und erst in diesem Rahmen von der tatsächlichen Leistungsinanspruchnahme bestimmt wird. Nur ein geringer Teil der anfallenden Kosten ist direkt vom Leistungsvolumen abhängig.

In öffentlichen Verwaltungen überwiegt in der Regel die *Kollektivgüterproduktion* und somit die Gewährleistung sachpolitisch erwünschter Zustände gegenüber der Erstellung von marktgängigen Individualgütern. Für das Rechnungswesen bedeutet dies, dass die *Wirkung* der erbrachten Verwaltungsleistungen im Sinne der Aufgabenerfüllung zu erfassen und auszuweisen ist. Dies bedingt jedoch Informationserfassungen im Umfeld der öffentlichen Verwaltungen oder den Bezug zu sekundärstatistischen Informationen, die oftmals aus anderen Zielsetzungen heraus erhoben werden. Die Wirkungs-Rechnung muss im Sinne einer *Produktivitätsanalyse* gesehen werden. Die Messung der Leistungs-Wirkungen bereitet Probleme, wenn die Leistung vorrangig von qualitativen Aspekten bestimmt wird (z. B. Betreuungsintensität im Sozialhilfebereich) bzw. auf mehrere Einflussfaktoren zurückzuführen ist. Hier kann die Messung nur unvollkommen sein und muss sich auf die laufende Beobachtung von *Indikatoren* für die nicht direkt messbaren Sachzielerfüllungen und deren Veränderungen im Zeitablauf konzentrieren. Der Aufbau umfassender Indikatorsysteme nimmt allerdings viel Zeit in Anspruch und birgt die Gefahr von schematisierten (statischen) Interpretationen in sich. Solche Indikatoren können nicht „von oben" dekretiert werden. Sie müssen vielmehr dezentral in den einzelnen Verwaltungseinheiten, die für den Aufgabenvollzug verantwortlich sind, entwickelt werden. Zeitraum- und projektbezogene Informationsverknüpfungen sollen den Zugang zu „*Reformpotenzialen*" eröffnen. Ihre Koordination und Systematisierung zu gesamthaften Informationsaussagen wäre dann eine wichtige Aufgabe für das *Verwaltungscontrolling*.

Nur im Bereich der *Individualgütererstellung* kann die Ergebnisrechnung als *monetäre Saldorechnung* zur Beurteilung einer Kostenwirtschaftlichkeit entwickelt werden. Damit wird aber deutlich, dass die Beurteilung der Wirtschaftlichkeit des gesamten Verwaltungshandelns nicht allein durch eine Gegenüberstellung von Kosten mit Erträgen erfolgen kann. Sie hat vielmehr im Gefolge eines Vergleiches von Planüberlegungen mit den Ist-Ergebnissen und damit im Wege eines *Plan-Ist-Vergleichs* zu erfolgen. Die daraus resultierende Abweichungsanalyse hat eine Feststellung von internen oder externen Abweichungsursachen zum Inhalt und ist allenfalls mit einem System von „Belohnungen" und „Sanktionen" zu verbinden.

Dies hat zur Folge, dass es eine *absolute* Wirtschaftlichkeit des Verwaltungshandelns nicht geben kann. Das Wirtschaftlichkeitsproblem ist auf die Ebene der Planung *vorverlagert*. Im Falle kasuistischer Normvorgaben (Verfahrensnormen in Gesetzen oder Verordnungen) ist es noch weiter auf die Ebene der Normenvorgabe verlagert. Die erreichte Wirtschaftlichkeit ist daher immer nur *relativ* zur Plan-Vorgabe bzw. zur Vorgabe in Normen zu sehen.

4 Öffentliche Bestands- und Ergebnisrechnungen im Lichte der Rechnungstheorie

Derzeit ist eine Hinwendung des öffentlichen Rechnungswesens zum Rechnungswesen der Unternehmen im Sinne handelsrechtlicher Gliederungs- und Bewertungsnormen, wie insbesondere in Deutschland, oder im Sinne von IFRS (International Financial Reporting Standards) unter Berücksichtigung spezifischer Standards für den öffentlichen Bereich (International Public Sector Accounting Standards IPSAS) erkennbar (z. B. Neues Rechnungsmodell des Bundes in der Schweiz). Dabei wird oftmals unterstellt, dass auch für öffentliche Organisationen die gleichen Rechnungsziele gelten wie für private Organisationen (vgl. Schauer 2006). Wohl kann das Wirtschaften in öffentlichen Verwaltungen als eine treuhänderische Aufgabe angesehen werden. Öffentliches Vermögen ist aber aus *Widmungskapital* finanziert. Die Zielsetzung dieser Widmung ist erreicht, wenn die gestellte Aufgabe bestmöglich oder ausreichend erfüllt wurde. Insofern stellt das öffentliche Kapital keinen Reichtum, sondern eine *„Last“* dar, weil es eine Verpflichtung zur Erfüllung öffentlicher Aufgaben signalisiert.

Für öffentliche Verwaltungen gibt es noch keine akkordierten Bewertungsregeln. Die Vorschläge reichen von vergangenheitsorientierten pagatorischen Wertansätzen (Anschaffungswerten) über die Bewertung zu Tages- oder Wiederbeschaffungswerten bis hin zu zukunftsorientierten Barwerten des gesellschaftlichen Nettonutzens von Verwaltungseinheiten. Der erwähnten Treuhandfunktion würde es entsprechen, dem Realisationsprinzip und damit dem Anschaffungswertprinzip als Bewertungsgrundlage für den Verwaltungsbereich eine zentrale Bedeutung zuzuweisen. Ein richtungweisender Ansatz ist in Art. 50 des Bundesgesetzes über den eidgenössischen Finanzhaushalt zu finden. Danach sind das Finanzvermögen zum Verkehrswert, namhafte Beteiligungen zum Equity-Wert und das Verwaltungsvermögen zum Anschaffungswert abzüglich planmäßiger Abschreibungen oder zum tieferen Verkehrswert zu bewerten.

Da Kriterien wie „Gläubigerschutz“ und „ausschüttungsfähiger Gewinn“ für öffentliche Verwaltungen nicht zutreffen, besteht keine Notwendigkeit, am *Imparitätsprinzip* festzuhalten. Eine bewusste Bildung von stillen Reserven bzw. die Nutzung von Ansatz- und Bewertungswahlrechten in der Bestandsrechnung aus Gründen der kaufmännischen Vorsicht ist aus dem Widmungscharakter des öffentlichen Vermögens heraus nicht erforderlich.

5 Eignung des Rechnungswesens für die Programmsteuerung und -evaluation in öffentlichen Verwaltungen

Die in der Verwaltungspraxis nachgefragten Informationsprogramme unterstützen die konstitutiven Elemente der Führung, nämlich Planung, Entscheidung, Anordnung und Kontrolle, nur zum Teil. So entsprechen auch IPSAS-Rechnungsabschlüsse nur dem „accrual accounting“-Prinzip, nicht jedoch einem zukunftsgerichteten „accrual budgeting“-Prinzip. Die Erarbeitung von Budgetierungsstandards ist erst einer späteren Standardisierungsphase vorbehalten. Die duale Ausrichtung des öffentlichen Rechnungswesens in der Schweiz (Finanzierungsrechnung als zentrales Steuerungsinstrument auf Bundesebene und erfolgsorientierte Steuerung bei den einzelnen Verwaltungseinheiten) stellt einen bemerkenswerten Lösungsansatz dar.

Für die Planung gewinnen zunehmend die *projektbezogenen Rechnungen* an Bedeutung, die allein zeitbezogenen Rechnungen treten demgegenüber in den Hintergrund. Leistungen treten oft im Leistungsverbund in Erscheinung und verursachen „verbundene Kosten“. Daher wird die Zuordnung von Leistungsbündeln und Kostenbündeln zu Entscheidungen immer wichtiger und impliziert die Stärkung des Mitteleinsatz-/Ergebnis-Denkens.

Die Abbildungsdimensionen im öffentlichen Rechnungswesen müssen deshalb erweitert werden, um die Basis für zielorientierte „Sonderrechnungen“ zu schaffen. Informationen über Leistungs-Wirkungen und externe Effekte sind in den herkömmlichen Ermittlungsrechnungen nicht verfügbar, könnten aber über Datenbankverknüpfungen verfügbar gemacht werden und somit als Grundlagen für die Entscheidungsfindung der Verwaltungsführung dienen.

Der Informationsstand des Verwaltungsmanagements kann im Sinne von „lernfähigen“ Systemen schrittweise verbessert werden. Dies hängt jedoch wesentlich vom Willen des Verwaltungsmanagements, aber auch der politischen Führung ab, die Informationsbedürfnisse umfassender als bisher zu artikulieren. Ein stärker auf ziel- und leistungswirtschaftliche Dimensionen ausgerichtetes Informationsprogramm ist aus dem Gesichtspunkt der Wirkungsorientierung im Rahmen des Public-Management-Ansatzes vom Verwaltungsmanagement einzufordern (vgl. Thom/Ritz 2000).

Dies bedeutet notwendigerweise einen Bewusstseinswandel beim politischen und administrativen Verwaltungsmanagement und damit einen erkennbaren Wandel in der *Verwaltungskultur*. Wird ein ergebnisorientiertes Informationsmanagement nicht von der obersten Verwaltungsführung gelebt und eingefordert, müssen die Dispositions-, Steuerungs- und Kontrollmöglichkeiten, die das öffentliche Rechnungswesen bereitzustellen vermag, ungenützt bleiben.

Literaturverzeichnis

Buschor, Ernst; Brede, Helmut (Hrsg.) (1993): Das neue öffentliche Rechnungswesen. Betriebswirtschaftliche Beiträge zur Haushaltsreform in Deutschland, Österreich und der Schweiz, Baden-Baden 1993.

Lüder, Klaus (2003): Vom Ende der Kameralistik, Speyerer Vorträge, Heft 74, Speyer 2003.

Schauer, Reinbert (2006): Braucht Österreich eine Harmonisierung des Öffentlichen Rechnungswesens nach internationalen Standards? In: Das öffentliche Haushaltswesen in Österreich, 47. Jg. 2006, Heft 1-2, S. 4-23.

Thom, Norbert; Ritz, Adrian (2000): Public Management. Innovative Konzepte zur Führung im öffentlichen Sektor, Wiesbaden 2000.

Besonderheiten im Kompetenz- und Wissensmanagement von Nonprofit-Organisationen

René C. Andeßner*

Nonprofit-Organisationen (in der Folge als NPO bezeichnet) erstellen in praktisch allen gesellschaftlichen Bereichen wohlfahrtsrelevante Leistungen. Sie treten uns beispielsweise als kleine, rein ehrenamtlich geführte Kultur-, Sport- und Freizeitvereine genauso entgegen wie als große „Sozialkonzerne" und karitative Hilfswerke oder Theater und Museen. Zur Erfüllung ihrer ideellen Zielsetzungen müssen sie in der Regel Dienstleistungen erbringen und dabei ein entsprechendes Leistungspotenzial aufbauen. Dieses ist in einem hohen Maße von der organisationalen Wissens- und Kompetenzbasis geprägt. Der gegenständliche Beitrag versucht zu verdeutlichen, dass die institutionellen Besonderheiten der NPO auch zu einigen Besonderheiten im Wissens- und Kompetenzmanagement führen.

Stichworte: Aus- und Weiterbildung – Dienstleistungsproduktion – ehrenamtliche Mitarbeit – Gewinnausschüttungsverbot – ideelle Ziele – Nonprofit-Organisation – Outsourcing – Wissens- und Kompetenzmanagement

---

* a.o. Univ.-Prof. Dr. René C. Andeßner ist am Institut für Betriebswirtschaftslehre der gemeinwirtschaftlichen Unternehmen der Johannes Kepler Universität Linz tätig.

1 NPO als institutionelle Akteure

Erwerbswirtschaftliche Unternehmen erstellen ihre Leistungen unter der Maxime, eine dem Risiko des Investments angemessene Kapitalrendite zu erwirtschaften, von der ihre Eigentümer unmittelbar in Form einer entsprechenden Gewinnausschüttung oder zumindest mittelbar in Form der Steigerung des Unternehmenswerts profitieren. NPO hingegen sind in ihren Tätigkeiten nicht vorrangig von diesem Ziel der Gewinn- bzw. Einkommenserzielung geleitet und werden damit auch nicht von renditesuchenden Investoren gesteuert. Neben dem Erfordernis, ein Mindestmaß an formalen Strukturen aufzuweisen, sind sie durch zwei zentrale *konstitutive* Merkmale gekennzeichnet:

- *Missionsorientierung:* Existenzieller Sinn einer NPO ist die Erfüllung einer durch ideelle Sachziele geprägten Mission, die sich regelmäßig in Form bestimmter angestrebter Wirkungen (z. B. die Belebung der kulturellen Vielfalt in einer Region oder die Verbesserung der Lebenssituation Hilfsbedürftiger) konkretisiert. Daher produzieren NPO ihre Leistungen so lange, wie dies der Erfüllung dieser Mission dient *und* ihr ausreichend Ressourcen für die Leistungserstellung zur Verfügung stehen.

- *Gewinnausschüttungsverbot:* NPO dürfen zwar Gewinne erzielen, diese aber keinesfalls an ihre Träger ausschütten; vielmehr sind eventuell erwirtschaftete Überschüsse ausschließlich für die weitere Verwirklichung des (ideellen) Organisationszweckes zu verwenden.

Neben diesen absolut als konstitutiv anzusehenden Merkmalen weisen NPO eine Reihe *weiterer* Merkmale auf, die zwar typischerweise vorliegen, deren Fehlen aber nicht automatisch den Verlust der NPO-Eigenschaft nach sich zieht. Zu erwähnen sind Besonderheiten in der Leistungsstruktur (z. B. die Produktion kollektiver und meritorischer Güter) sowie in der Ressourcenausstattung (z. B. die Verwendung von Spenden, öffentlichen Fördermitteln und Sponsoringgeldern), die informellen Organisations- und Führungsstrukturen, die (direkt oder indirekt) demokratischen Steuerungsmechanismen und insbesondere auch das freiwillige und unentgeltliche Engagement einer Vielzahl ehrenamtlicher Mitarbeiter (vgl. Blümle 2000: 676 f.; Helmig/Purtschert/Beccarelli 2005: 7 f.; Schwarz et al. 2005: 19 f.).

Diese institutionellen Besonderheiten führen in der Folge dazu, dass viele im Bereich erwerbswirtschaftlicher Unternehmen bereits erfolgreich eingesetzte Managementinstrumente im Bereich der NPO nicht oder nur mit entsprechenden Adaptionen Anwendung finden können.

2 Kompetenzen und Wissen als wesentliche Komponenten des Leistungspotenzials

Auch in NPO erfolgt die Erstellung der Dienstleistungen in einem spezifischen *zweistufigen* Produktionsprozess: In einem ersten Schritt der Vorkombination werden die zur Verfügung stehenden Ressourcen in ein (organisationales) *Leistungspotenzial* umgewandelt. Dieses ist wiederum die Voraussetzung dafür, dass in einem Prozess der Endkombination – unter Mitwirkung des Leistungsempfängers als externen Produktionsfaktor – die endgültige Leistung produziert werden kann. Während die Endproduktion der Leistung simultan mit dem Leistungskonsum stattfindet, sind die Prozesse der Vorkombination der finalen Leistungserstellung (zeitlich) vorgelagert (vgl. Corsten/Gössinger 2005: 154 f.).

In qualitativer Hinsicht wird das Leistungspotenzial dabei vorwiegend von den *organisationalen Fähigkeiten bzw. Kompetenzen* determiniert, die eine generelle Problemlösungsfähigkeit einer Organisation darstellen (vgl. Osterloh/Frost/Warburg 2001: 208) und aus der (organisationsindividuellen) Akkumulation und Verflechtung von (originären und derivativen) Ressourcen entstehen (vgl. Zahn 1995: 359). Sie geben letztlich an, auf welchem Weg die verschiedenen (beschafften bzw. mobilisierten) Ressourcen in missionsorientierte Leistungen umgesetzt werden können.

In diesem Sinne ist also die Generierung, nachhaltige Sicherung und ständige Weiterentwicklung einer ausreichenden Wissens- und Kompetenzbasis als ein zentraler Erfolgsfaktor eines zukunftsorientierten Managements in NPO anzusehen.

3 Ausgewählte Besonderheiten im Kompetenz- und Wissensmanagement von NPO

Auf der Grundlage der bisherigen Überlegungen soll im Folgenden anhand von drei ausgewählten Bereichen beispielhaft aufgezeigt werden, dass die im einleitenden Abschnitt angesprochenen institutionellen Besonderheiten von NPO – insbesondere das Faktum ehrenamtlicher bzw. freiwilliger Mitarbeit – auch spezielle Auswirkungen auf das Kompetenz- und Wissensmanagement dieser Organisationen haben.

3.1 Rekrutierung ehrenamtlicher Mitarbeiter als Träger von Wissen und Kompetenzen

NPO können bestimmte Wissens- bzw. Kompetenzdefizite auch dadurch schließen, dass sie (zusätzliche) ehrenamtliche Mitarbeiter rekrutieren. Gerade spezifische *Arbeitsgruppen* bzw. *Kommissionen* sind hervorragende Foren für die themenbezogene Interaktion sowie für kollektive Lern- und Wissensgenerierungsprozesse, an denen sowohl haupt- wie auch ehrenamtliche Mitarbeiter beteiligt sind (vgl. Rosskopf 2005: 56). Dies setzt allerdings voraus, dass Personen mit *entsprechenden Kompetenzen* einerseits gefunden und andererseits mit *speziellen immateriellen Anreizen* zu einer engagierten Mitarbeit motiviert werden können (vgl. Thom/Harasymowicz-Birnbach 2004: 8).

In diesem Zusammenhang ist allerdings darauf hinzuweisen, dass sich die *Bereitschaft zu* und die *Intensität von* ehrenamtlichem Engagement in der jüngeren Vergangenheit stark verändert haben und sich gegenwärtig weiter wandeln (vgl. Weng 2003: 15 f.). Verschiebungen in der Motivstruktur, steigende Anforderungen in anderen sozialen Rollen und die zunehmende Professionalisierung aller Lebensbereiche führen dazu, dass viele Freiwillige vor einem längerfristigen und zeitintensiven Engagement zurückschrecken (vgl. Thom/Harasymowicz-Birnbach 2004: 8). Somit erscheint die Rekrutierung eines ehrenamtlichen Wissensträgers besonders dann möglich, wenn sich dieser einerseits in einem hohen Maße mit den ideellen Zielsetzungen der Organisation identifiziert und ihm andererseits eine vom Inhalt wie auch vom zeitlichen Engagement her *überschaubare Tätigkeit* angeboten werden kann (vgl. Bock 2000: 94).

Die konkrete Nutzung, Erhaltung und Entwicklung der Ressource Wissen bei ehrenamtlichen Mitarbeitern bedarf einer Reihe eigenständiger personalwirtschaftlicher und organisatorischer Maßnahmen. Dabei ist auch zu berücksichtigen, ob der ehrenamtliche bzw. freiwillige Mitarbeiter in einer Führungsfunktion oder in einer ausführenden Tätigkeit aktiv wird (vgl. dazu vor allem Schwarz 2003: 212 ff.; Thom/Harasymowicz-Birnbach 2004: 9 ff.).

Da das Wissen ehrenamtlicher Mitarbeiter in hohem Maße *implizites Wissen* darstellt, geht es bei Fluktuation verloren. Vielfach ist das Ausscheiden eines Mitarbeiters aber vermeidbar, wenn es der NPO gelingt, ihm eine neue Rolle anzubieten, die mit einer anderen Art und einer verminderten Intensität des Engagements verbunden ist. Somit erscheint es gerade aus dem Gesichtspunkt des Wissensmanagements erforderlich, dass NPO eine *gewisse Flexibilität in der Rollengestaltung* an den Tag legen, die es (zwischendurch) loser an die Organisation gebundenen Mitgliedern möglich macht, weiterhin ihr individuelles Wissen und ihre individuellen Fähigkeiten in die Organisation einzubringen.

3.2 Aus- und Weiterbildung als Instrument der Kompetenzsicherung

Individuelle Lernprozesse sind eine Bedingung für das Lernen der Organisation. Somit zeichnet sich eine lernende Organisation dadurch aus, dass sie den Lernprozess ihrer Mitglieder laufend fördert und sich parallel selbst fortwährend wandelt (vgl. Thom/Harasymowicz-Birnbach 2003: 21). In einer dynamischen Umwelt sind also gezielte Aktivitäten der Aus- und Weiterbildung unverzichtbar, nicht zuletzt auch deshalb, weil in manchen Bereichen der Leistungserstellung gesetzliche Normen bestimmte Mindestausbildungsstandards fordern.

Während aber bei hauptamtlichen Mitarbeitern die entsprechenden Aus- und Weiterbildungsaktivitäten vielfach in der (entlohnten) Arbeitszeit stattfinden, beanspruchen jene der ehrenamtlichen Mitarbeiter deren *Freizeit*. Sie treffen dort oft auf stagnierende oder sogar tendenziell sinkende Zeitbudgets, und nicht selten nehmen freiwillige Mitarbeiter den steigenden zeitlichen Aufwand für Aus- und Weiterbildung zum Anlass dafür, ihr Engagement einzuschränken oder gänzlich aufzugeben.

NPO können dieses strukturelle Spannungsfeld vermutlich nicht endgültig auflösen, sie müssen aber ihrerseits alles dazu beitragen, es nicht weiter zu verschärfen. Wenn sie daher aus Gründen der Kompetenzsicherung keine Abstriche bei der Notwendigkeit der ständigen Qualifizierung machen dürfen, sind sie insbesondere aufgefordert, sowohl bei der *Terminisierung* wie auch bei *der inhaltlichen Ausgestaltung* der entsprechenden Aktivitäten den Erwartungen ihrer ehrenamtlichen Mitarbeiter so weit wie möglich zu entsprechen.

3.3 Outsourcing als Instrument des Kompetenzmanagements

Diagnostizierte Kompetenzdefizite können in NPO schließlich auch das zentrale Motiv für Outsourcing-Aktivitäten darstellen. In einem solchen Fall erweitert eine NPO ihre interne Wissens- und Kompetenzbasis über *strategische Partnerschaften* mit anderen Organisationen. Dies führt auch dazu, dass sich vielfach strategische Netzwerke ergeben, durch die NPO, erwerbswirtschaftliche Unternehmen und auch Einrichtungen der staatlichen (Dienstleistungs-)Verwaltung in unkonventioneller Weise miteinander verflochten sind. Bei den Outsourcing-Überlegungen sind aber wiederum *einige Besonderheiten* zu beachten, die in dieser Form weder im erwerbswirtschaftlichen Unternehmen noch in staatlichen Organisationen eine entsprechende Rolle spielen:

- Wenn „Sinn" ein wesentliches Steuerungsmedium von NPO darstellt, sind unmittelbar sinn- bzw. identitätsstiftende Tätigkeiten für die Organisation von strategischer Bedeutung.
- Ein (unüberlegter) Outsourcing-Prozess gefährdet eventuell intrinsische Motivationen von (ehrenamtlichen) Mitarbeitern, auf deren Kooperation eine NPO existenziell angewiesen ist.
- Manchmal identifizieren sich bestimmte Ressourcengeber (z. B. Spender) mit einem gewissen Leistungsbereich und stellen die Bereitstellung der Ressourcen ein, wenn die diesbezüglichen Leistungen nicht mehr von der Organisation selbst erbracht werden.

Solche Situationen wirken einer Auslagerung von Leistungen entgegen und sprechen tendenziell für einen organisationsinternen Aufbau von Fähigkeiten und Kompetenzen.

Schließlich ist noch anzumerken, dass gerade NPO, die über eine Vielzahl dezentraler operativer Einrichtungen verfügen, vermehrt dazu übergehen, bestimmte „Back-Office-Bereiche" *intern* in eigene *Kompetenzzentren* bzw.

Service-Center auszulagern, welche nicht nur eine bessere Auslastung der bereitgestellten Kapazitäten, sondern auch eine gezielte Weiterentwicklung von spezifischem Wissen und individuellen wie auch organisationalen Kompetenzen ermöglichen. Dies kann in der Folge die Vorstufe für ein *Insourcing* von Leistungen darstellen, wenn die aufgebauten Kompetenzen auch auf dem freien Markt in entsprechende Produktinnovationen umgesetzt werden können und jene Beschränkungen Beachtung finden, die sich aus dem Selbstverständnis der Organisation bzw. einschlägigen rechtlichen Bestimmungen ergeben.

4 Fazit

Kann eine NPO nicht jene (organisationalen) Kompetenzen sicherstellen, die im Hinblick auf die Erfüllung der Mission und die dafür notwendige Leistungsproduktion erforderlich sind, so droht ihr Leistungspotenzial „von innen heraus" ausgehöhlt zu werden. Dieser Prozess kann auch „schleichend" vor sich gehen und sich über einen längeren Zeitraum erstrecken. Die logische Folge wäre eine kompetenzbedingte Krise.

Gerade vor dem Hintergrund deutlich steigender Anforderungen an die Qualität der Leistungen bei gleichzeitiger Verknappung der Ressourcen steigt in NPO die Bedeutung eines systematischen und an den strategischen Potenzialzielen der Organisation ausgerichteten Kompetenz- bzw. Wissensmanagements (vgl. dazu beispielsweise die umfassenden Darstellungen bei Rosskopf 2004). Dieses muss jedoch nicht nur auf ihre institutionellen Besonderheiten abgestimmt sein, sondern auch der Vielfalt der Organisationen im Dritten Sektor gerecht werden. Gerade bei diesem Differenzierungsaspekt steht die (anwendungsorientierte) NPO-Forschung durchaus noch vor einer Reihe von Herausforderungen.

Literaturverzeichnis

Blümle, Ernst-Bernd (2000): Die Organisationen des Dritten Sektors. In: Das Wirtschaftsstudium, 29. Jg. 2000, Nr. 5, S. 676-680.

Bock, Theresa (2000): Ehrenamtliches Engagement in der Caritas – auf der Suche nach innovativen Konzepten. In: Engagierte Bürgerschaft. Traditionen und Perspektiven, hrsg. v. Annette Zimmer und Stefan Nährlich, Opladen 2000, S. 89-103.

Corsten, Hans; Gössinger, Ralf (2005): Entwurf eines produktionstechnischen Rahmens für Dienstleistungen. In: Dienstleistungsökonomie. Beiträge zu einer theoretischen Fundierung, hrsg. v. Hans Corsten und Ralf Gössinger, Berlin 2005, S. 153-188.

Helmig, Bernd; Purtschert, Robert; Beccarelli, Claudio (2005): Nonprofit but Management. In: Nonprofit-Management. Beiträge für Best-Practices im Dritten Sektor, hrsg. v. Bernd Helmig und Robert Purtschert, Wiesbaden 2005, S. 1-20.

Osterloh, Margit; Frost, Jetta; Warburg, Iwan von (2001): Kernkompetenzen durch Wissens- und Motivationsmanagement. In: Excellence durch Personal- und Organisationskompetenz, hrsg. v. Norbert Thom und Robert J. Zaugg, Bern et al. 2001, S. 201-222.

Rosskopf, Karin (2004): Wissensmanagement in Nonprofit-Organisationen. Gestaltung von Verbänden als lernende Netzwerke, Wiesbaden 2004.

Rosskopf, Karin (2005): Das Wissensmanagement in Verbänden. In: Verbands-Management, 31. Jg. 2005, Nr. 3, S. 48-61.

Schwarz, Peter (2003): Wissenstransfer über das Milizsystem im Staat und im Dritten Sektor (Nonprofit-/Nongovernment-Organisationen NPO/NGO). In: Wissensmanagement im privaten und öffentlichen Sektor, hrsg. v. Norbert Thom und Joanna Harasymowicz-Birnbach, Bern 2003, S. 209-214.

Schwarz, Peter et al. (2005): Das Freiburger Management-Modell für Nonprofit-Organisationen, 5. Auflage, Bern 2005.

Thom, Norbert; Harasymowicz-Birnbach, Joanna (2003): Wissensmanagement im privaten und öffentlichen Sektor – wie Staat und Privatwirtschaft voneinander lernen – Versuch einer Synthese. In: Wissensmanagement im privaten und öffentlichen Sektor, hrsg. v. Norbert Thom und Joanna Harasymowicz-Birnbach, Bern 2003, S. 15-39.

Thom, Norbert; Harasymowicz-Birnbach, Joanna (2004): Das Milizsystem als Plattform für den Wissenstransfer. In: Verbands-Management, 30. Jg. 2004, Nr. 1, S. 6-14.

Weng, Tania (2003): Werte und Wertewandel im Ehrenamt und bei den Freiwilligen. In: Verbands-Management, 29. Jg. 2003, Nr. 1, S. 6-19.

Zahn, Erich (1995): Kompetenzbasierte Strategien. In: Handbuch Unternehmensführung, hrsg. v. Hans Corsten und Michael Reiss, Wiesbaden 1995, S. 356-369.

Public Sector Marketing

Martial Pasquier*

Generally, marketing is defined and its instruments are used in the context of a private relationship between a service provider and the buyer/consumer of the respective service. Failure to appreciate the publicness of the service provider as well as the legal confines within which the exchange happens (rules concerning equal treatment, transparency etc.) often leads to a rejection of the application of marketing principles in the public sector. This article first presents the opportunities and limitations of the use of marketing in the public sector, and then constructs a typology of areas to which marketing may be applied in this sector. The final section presents examples where marketing tools may help to improve the execution of public duties.

Stichworte: Dienstleistungen – Marketing – öffentliche Verwaltung – öffentlicher Sektor

---

* Martial Pasquier is Professor for Public Management and Marketing at the Swiss Graduate School for Public Administration in Lausanne.

1 Developments and limitations of public sector marketing

Marketing is generally understood in two different but complementary ways. The first and most comprehensive meaning (for example Kotler/Dubois 2004) concerns the marketing function and emphasizes the ideas of exchange and relationship between an organisation and the individuals or groups trying to fulfil their needs. The second and most common meaning (cf. Bennett 1995; Meffert 2000) focuses on the managerial implications by specifying the tasks that an organisation must fulfil in order to ensure long-term success with its target groups. While marketing has taken its place among the management sciences, public sector marketing continues to be a little-developed field. There are three reasons for the paucity of interest and publications on this subject.

Firstly, public organisations are still widely influenced by the administrative sciences and the application of bureaucratic principles (cf. Weber 1922) such as the non-customization of services and the maintenance of an impersonal relationship between administration and administered. The supporters of this approach consider marketing to be of little interest, given the absence of a commercial orientation in the public sector (the law determines the scope of intervention of public organisations). Next, the most important contributions on the issue (cf. Lovelock/Weinberg 1984; Hermel/Romagni 1990; Bean/Hussey 1997; Chapman/Cowdell 1998) have largely confined themselves to use marketing models and instruments in various fields within the public sector (health, education etc.) without really studying the characteristics of this sector. These works tend to consider such tools to be universal and their use alone is adapted to the sector in question (private sector, public sector and not-for-profit sector). Finally, although New Public Management (cf. Osborne/Gaebler 1992; Thom/Ritz 2006) provided the basis for a possible use of marketing in the public sector (taking into account the needs of users, doing satisfaction analyses, defining and managing service delivery etc.), the rather modest success of reforms in the management of public administrations (cf. Ritz 2003) has not resulted in the emergence of a theoretical framework that would permit deeper reflection on the subject. In fact, relatively few contributions take into account both the specific characteristics of the public sector and the adaptation of marketing tools to these characteristics in the current context of public administration (cf. Graham 1994; Butler/Collins 1995 and 2001).

Nevertheless, there are several reasons to develop the application of marketing tools within the public sector:

- The growth of economic benefits managed by the public sector: the public sector's share of the GDP of industrialized nations has increased considerably over the past decades and states directly or indirectly manage many benefits whose economic aspects are equally important as their social or political aspects (electricity, tourism, hospitals, telecommunications, culture etc.).
- The development of the competitive logic: one of the propositions inherent in New Public Management is the implementation of competition in public services (competition between early child care facilities, competition between unemployment funds etc.). This implementation of competition – which, incidentally, is more formal than actual – has led the organisations involved to implement marketing instruments (list of services, communications plan, customer satisfaction analysis etc.).
- The development of individual needs (cf. Spanou 2003) and a trend towards consumption of public services: individuals increasingly demand that public organisations respond both rapidly and in a manner adapted to their particular needs. In addition, with growing experience in service consumption, individuals become accustomed to compare the quality of services (reception, speed, dependability etc.). These societal trends require public organisations to better acquaint themselves with the needs of individuals and to consider those needs when defining and delivering services.

While these factors should lead public organisations to increase their use of marketing tools, other factors counteract such increases. First, bureaucratic activities are based on democratic legitimacy and the law, not on the satisfaction of service recipients, let alone profit. Next, and this is often forgotten, governments have tasks beyond simply providing public services (tasks of regulation, of control and constraint etc.). Finally, the usual marketing considerations are not always appropriate for public services operating outside a market system.

2 Areas of marketing intervention in the public sector

The services offered by the public sector do not form a homogenous unit. The nature of the service (health, education, police, infrastructure etc.), the mode of intervention (direct implementation, delegation to another authority etc.), the system of governance („policy" governance, autonomous management, specific legal framework etc.) and the environment of the public organisations (situation of authority, public monopoly, controlled, regulated or unlimited competition) are extremely varied. Studying these services and the activities of organisations from a marketing angle requires clear criteria that facilitate studying to what extent and in what form the marketing tools can be applied to a given area of the public sector.

2.1 Enforcement: a restrictive criterion

The fields from which marketing tools are completely or largely excluded are those in which the public organisation can use *enforcement* in the execution of public duties. Take for example the tasks linked to jurisdiction. Most duties are specified by the law (procedural codes), and the organisation (judges, tribunals) may use force on people or organisations to properly execute their duties. However, once an organisation or members of an organisation may use enforcement, the rights and responsibilities of the parties are considerably codified (total absence of a market situation, no latitude in the designing of services, access to services defined by the law, relationships between the parties determined within the law, prescribed organisational forms etc.). For the organisations that are concerned (police, justice, fiscal authorities etc.), the only autonomous tool at their disposal is communication (clarity and speed of information transmission, public relations to improve the reputation of the organisation, transparency of procedures etc.). Note that even this autonomy regarding information is limited by protection of privacy and the confidentiality of certain procedures.

A true marketing concept can be applied neither to those fields where the public organisation may use force, nor to those where its actions are largely codified by the law, due to the practical absence of autonomy in the execution of the organisation's duties.

2.2 Possible areas of intervention

While some areas are practically excluded, others – and there are many – can benefit from marketing intervention. They should not, however, be considered collectively, as both the tools that may be used and the advantages they offer vary considerably. To construct a typology of these areas, two criteria are proposed: one criterion relates to proposed services, the other to the service recipients.

The possibility of introducing a policy of differentiation in offering public services.
In general, public organisations are obliged to apply the principle of equal treatment and may not make differentiations in offering their services (at the level of the service itself, its price, or access to it). Nonetheless, with the development of state activities and the growing requirements of citizens or service recipients, we note that public organisations are more and more frequently invited or obliged to introduce elements of differentiation in the provision of their services:

- Differentiation in services: colleges or universities must adapt their range of courses, develop a specific profile, offer continuing education subject to the laws of the market etc.

- Differentiation in prices: public transportation enterprises propose very complex ticketing systems according to socio-demographic criteria (youth, families, unemployed or retired individuals etc.), frequency of usage, or even time of usage (evening, weekend etc.).

- Differentiation in access to the service: in recent years tax authorities have developed a variety of tax declaration systems (traditional paper forms, software, online returns etc.).

Involvement of the service recipient.
Involvement (cf. Kapferer/Laurent 1985) is a criterion often used in marketing and particularly in communication. It corresponds to the degree of commitment of an individual (or an organisation) in the buying and/or consuming process. If the purchase or consumption entails a significant risk for the beneficiary (financial, social or personal risks), they will tend to become very much involved in the decision-making or consumption process (active research and analysis of information, negotiation etc.). When someone wants to obtain a construction per-

mit, he or she will seek out the information or pay a third party (architect, lawyer) to ensure the correct procedures are followed. Conversely, if the risks are limited or non-existent, he or she will tend to reduce their involvement to a minimum (routinized behaviour). This is the case with garbage collection: people want to know when and how collections take place, and they respond with a routinized behaviour. Generally, therefore, a distinction is made between situations of high and low involvement (cf. Rossiter/Percy/Donovan 1991).

The combination of the two mentioned criteria allow for the establishment of a typology of the areas in which marketing may be used in the public sector (see figure 1):

Policy of differenciation	Involvement	
	Low	High
Low	Case 1	Case 3
High	Case 2	Case 4

Figure 1: Typology of areas of marketing intervention

The first case to consider is that in which there is no possibility for the public organisation to differentiate its service provision and where the involvement of the recipient is minimal. In such cases, marketing activities will be limited to providing clear and transparent information and to develope the simplest possible procedures. An example would be the renewal of a passport or an ID card. Authorities cannot customize this service (the fee is the same for everyone) and customer involvement is very limited. Customers want clear information on the process, waiting times and prices, and above all to be able to receive this service in the simplest possible way.

The second case again shows a low degree of involvement on the part of the recipient but greater freedom for the public organisation to differentiate the service. Some local authorities have developed their garbage collection services (systematic collection one day per week and upon telephone request, information on pick-up by SMS etc.) in order to enable residents to dispose of their garbage as easily and quickly as possible.

In the third case, the involvement of recipients is strong while the organisation cannot differentiate the service. This is the case with emergency services such as fire brigades. The reputation of such organisations and their ability to deliver the service as expected must be at the centre of their marketing efforts.

A fourth and last case must also be considered, that in which the public organisation can customize its services and where the customers are strongly involved in the service-delivery process. This is the example usually mentioned in the literature on public marketing that of promoting places (a country, region or city) with regard to economy or tourism (cf. Kotler/Haider/Rein 1993; Ashworth 2006). A company wishing to establish itself in a new region will look for a great deal of information, will try to exploit the economic competition between regions etc. while the regions will use very elaborate marketing concepts to try to convince the company of their advantages.

3 Applying marketing instruments in the public sector

If we examine the principal typologies of marketing instruments (cf. Borden 1964; Kühn 1989), we see that both their structure and some of the instruments themselves are not applicable in the public sector. For example, in traditional marketing, price is a very significant instrument. In the public sector, however, price (fee, tax) is not always the result of an interaction between supply and demand, and public organisations rarely have any flexibility in pricing, as the price is almost always fixed by political institutions (parliament, government). Other instruments may, however, contribute to improve the quality of public services. Let us examine some of these.

Analysis and design of services: Public organizations define their services according to legislation. However, the law often gives a very broad description of the services, and it is important for the public organization to identify the various aspects of their services. In marketing, a service is not limited to its visible aspects but includes the sum of all aspects the beneficiary finds important. For example, the service of providing a passport is not limited to the document itself. Information about the process, the speed of delivery, the possibility of completing the transaction electronically or by mail, business hours, costs, payment options etc., are secondary aspects of the service, with regard to which the organization often has great flexibility. Beneficiaries often pay more attention to these secondary aspects than to the legal benefit itself (the passport). In addition, by designing and analysing these services the organisation can better account for their cost and can increase the transparency of government activity.

Distribution of access to public services: The law is often equally silent on the matter of access to public services, and again it falls to the organizations to determine the conditions of access. With the growth in personal mobility, the individualisation of needs and new electronic means of managing and delivering services (e-administration), public organizations can increase and improve access to public services (the one-stop-shopping concept of company creation for example).

Communication: In general, public organizations suffer from insufficient communication. There are many reasons to improve and increase their communication activities. Firstly, communication is increasingly recognized as a public duty that governments and their civil services must fulfil. In fact, they are legally authorized to provide notification and explanation of decisions, to defend core values etc. Next, public action must be legitimated. With the number of duties entrusted to the public sector having grown considerably over the last thirty years, organizations must increasingly justify their mission and their benefits to elected officials and to citizens. Finally, ever tighter budgetary constraints prompt public organizations to increase communications activities in order to avoid severe budget cuts, or indeed to enlarge their budgets. To strengthen communication activities, public organizations must clarify communication tasks, make appropriate use of communication instruments and the media, and must effectively plan the corresponding tasks.

4 Conclusion

Given the nature of the duties entrusted to public organisations, an undifferentiated application of marketing tools often elicits misunderstanding on the part of political authorities and those involved in public action. However, with the increase in tasks taken on by the public sector and the growing demands of beneficiaries, the majority of public organisations could profit from marketing models and instruments to increase the effectiveness of their activities. In order to do so it is important to study the possibilities regarding the differentiation of all or part of the services offered and to analyse to what extent service recipients or citizens in general feel involved in their relationship with the government. Such inquiry suggests that it is possible to use certain marketing instruments that may have to be adapted as required to the public sector. Although marketing should not be taboo for the public sector, a very thorough understanding of political mechanisms and of the characteristics of this sector is essential for an intelligent application of the teachings of marketing.

References

Ashworth, Gregory (2006): Place Marketing. Marketing in the planning and management of places, London 2006.

Bean, Jennifer; Hussey, Lascelles (1997): Marketing Public Sector Services, London 1997.

Bennett, Peter D. (1995): Dictionary of marketing terms, Chicago 1995.

Borden, Neil H. (1964): The concept of the marketing-mix. In: Journal of Advertising Research, Vol. 4, June, p. 2-7.

Butler, Patrick; Collins, Neil (1995): Marketing Public Sector Services. Concepts and Characteristics. In: Journal of Marketing Management, Vol. 11, Issue 1-3, p. 83-96.

Butler, Patrick; Collins, Neil (2001): On the convergence of political marketing and public sector marketing. Globalization and equity. In: Proceedings of the Twenty-Sixth Annual Macromarketing Conference, edited by David Rahtz and Pierre McDonagh, p. 475-479.

Chapman, David; Cowdell, Theo (1998): New Public Sector Marketing, Harlow 1998.

Graham, Peter (1994): Marketing in the Public Sector. Inappropiate or Merely Difficult? In: Journal of Marketing Management, Vol. 10, Issue 5, p. 361-375.

Hermel, Laurent; Romagni, Patrick (1990): Le marketing public, Paris 1990.

Kapferer, Jean-Noël; Laurent, Gilles (1985): Consumer involvement profiles: a new practical approach to consumer involvement. In: Journal of Advertising Research, Vol. 25, Issue 6, p. 48-56.

Kotler, Philip; Dubois, Bernard (2004): Marketing Management, Paris 2004.

Kotler, Philip; Haider, Donald H.; Rein, Irving (1993): Marketing Places, New York 1993.

Kühn, Richard (1989): Marketing-Mix. In: Marketing, 2. Auflage, hrsg. v. Ludwig G. Poth, Neuwied 1989, Kapitel 47, S. 1-40.

Lovelock, Christopher H.; Weinberg, Charles B. (1984): Public and Nonprofit Marketing, Redwood 1984.

Meffert, Heribert (2000): Marketing, Wiesbaden 2000.

Osborne, David; Gaebler, Ted (1992): Reinventing Government, Reading/Mass. 1992.

Ritz, Adrian (2003): Evaluation von New Public Management, Bern 2003.

Rossiter, John R; Percy, Larry; Donovan, Robert J. (1991): A better advertising planning grid. In: Journal of Advertising Research, Vol. 31, Issue 5, p. 11-21.

Spanou, Calliope (2003): Citoyens et administration. Les enjeux de l'autonomie et du pluralisme, Paris 2003.

Thom, Norbert; Ritz, Adrian (2006): Public Management. Innovative Konzepte zur Führung im öffentlichen Sektor, 3. Auflage, Wiesbaden 2006.

Weber, Max (1922): Economie et société, édition 1971, Paris 1922.

Institutionelles Beziehungsmanagement als zentrale Kernkompetenz im Nonprofit-Bereich

Christoph J. Minnig*

Nonprofit-Organisationen sind eingebunden in eine komplexe, vielfältige und sich laufend verändernde Umwelt. Die sich daraus ergebende wachsende Interaktion zwischen Organisationen und Institutionen erweist sich zunehmend als zentrale und entscheidende Größe, vor allem bezüglich der Entwicklungsmöglichkeiten und der Entwicklungsfähigkeiten von Organisationen. Damit wird es in Zukunft für das Management im Allgemeinen und das Management von Nonprofit-Organisationen im Besonderen immer wichtiger werden, basierend auf einem innovativen und handlungsorientierten Beziehungsmanagement, den Handlungs- und Entwicklungsspielraum einer Organisation ständig zu hinterfragen sowie diesen gezielt zu entwickeln und zu verbessern.

Im vorliegenden Beitrag wird anhand von sechs Grundaussagen das Konzept des Beziehungsmanagements näher ausgeleuchtet, es werden einige wichtige theoretische Fundamente angesprochen und relevante handlungsorientierte Vorschläge für ein beziehungsorientiertes Nonprofit-Management skizziert.

Stichworte: Beziehungsarbeit – Beziehungsmanagement – Input-Output-Prozesse – Interessengruppen – lernende Organisation – Lernprozess – Ressourcenabhängigkeit

* Prof. Dr. Christoph J. Minnig ist Dozent an der Hochschule für Wirtschaft der Fachhochschule Nordwestschweiz (FHNW) am Institut Mensch und Organisation und ist Co-Leiter des Masterstudiengangs Nonprofit-Management.

1 Beziehungsarbeit als Herausforderung

Grundaussage: Der Nonprofit-Bereich ist geprägt durch ein komplexes Beziehungsgefüge, und die Beziehungsarbeit in diesem Sektor wird zunehmend zu einer konkreten Herausforderung!

Peter Drucker (1990) unterstreicht, dass sich der Nonprofit-Bereich vom Profit-Bereich durch ein komplexeres Beziehungsmuster unterscheidet. Der Nonprofit-Bereich ist seiner Meinung nach eingebunden in eine offenere, heterogenere und differenziertere Interessenlandschaft. Diese Beziehungslandschaft prägt und beeinflusst die darin involvierten Organisationen; dies einerseits in ihrer Wettbewerbs- und Veränderungsfähigkeit sowie andererseits in ihrer Fähigkeit, sich zu legitimieren und diese Legitimation zu sichern und/oder auszubauen (vgl. Zucker 1987; Baum/Singh 1994).

Die Erkenntnis, dass Beziehungen zunehmend als wichtige Produktionsfaktoren angesehen werden müssen, ist jedoch nicht neu. DiMaggio und Powell (1983) haben schon vor Jahren deutlich gemacht, dass neben dem Kapital, der Arbeit, dem Boden oder dem Wissen – um nur einige wichtige Aspekte aufzuführen – Organisationen zunehmend darauf angewiesen sind, vom gesellschaftlichen Umfeld, in dem sie arbeiten, (umfassend) akzeptiert, getragen und legitimiert zu werden (vgl. Aldrich/Fiol 1994).

Damit sind die Verantwortlichen im Nonprofit-Bereich gefordert, Beziehungen innerhalb und vor allem zwischen den Organisationen bewusster als wichtige Entwicklungs- und Bestimmungsfaktoren zu betrachten, diese regelmäßig und kritisch zu analysieren sowie nach Bedarf und Möglichkeit zu modifizieren. Das Bewusstsein über die Bedeutung der Beziehungsarbeit und die konkrete Fähigkeit, diese Beziehungen bewusst und gezielt zu entwickeln und zu gestalten, wird somit vermehrt zu einem existenziell wichtigen und zentralen Unterscheidungsmerkmal zwischen kooperierenden und konkurrierenden Organisationen heranwachsen (vgl. DiMaggio/Powell 1983; Zucker 1987; Baum/Singh 1994). Ebenfalls in diese Richtung deuten die Arbeiten von Bourdieu (1992), welcher mit seiner Kapitaltheorie im Allgemeinen und in den speziellen Ausführungen zum sozialen Kapital ein wichtiges Konzept für das vertiefte Verständnis sozialer Beziehungen erarbeitet hat.

2 Dynamische Beziehungen

Grundaussage: Die vorhandenen Beziehungssituationen sind nicht als stabile Größen anzusehen, sondern verändern und entwickeln sich teilweise rasch und fundamental!

Die institutionelle Beziehungssituation wird sich in Zukunft vermehrt verändern und an Komplexität zulegen; dies einerseits, indem sich das Umfeld der Organisationen aufgrund der wachsenden Diversifikation immer heterogener ausgestaltet. Andererseits sind aber auch innerhalb bestehender Interessengruppen teilweise markante Veränderungen und Entwicklungen zu erkennen und zu erwarten. Aus strategischer Sicht heißt dies, dass die Zahl der Interessengruppen in Zukunft tendenziell weiter anwachsen wird oder die bestehenden Interessengruppen sich entwickeln und verändern können (vgl. Bryson 1999).

3 Beziehungsarbeit als Lernprozess

Grundaussage: Die Beziehungsarbeit sollte nicht primär zur Erhaltung individueller und institutioneller Ziele verwendet werden, sondern letztlich dazu beitragen, die Qualität der Dienstleistungen zu reflektieren und zu verbessern. Angestrebt wird somit ein institutionenübergreifender Lernprozess – und nicht ein institutioneller Abschottungsprozess!

Die hier propagierte Beziehungsarbeit orientiert sich am Minimalziel, die Qualität der erbrachten Dienstleistungen zu reflektieren und diese nach Möglichkeit zu verbessern. Die Beziehungsarbeit wird dabei getragen von einem professionellen Berufsverständnis einerseits und einem integrativen Organisationsverständnis andererseits (vgl. Minnig/Bühler-Rogger 2004).

Der hierbei angesprochene Lernprozess zielt nicht primär darauf ab, die Quantität der Wissensbeschaffung in den Vordergrund zu stellen, sondern die Herausforderung beruht darauf, vorhandenes Wissen durch Interaktion und Kommunikation neu zu verknüpfen und somit eine zunehmend gemeinsame Basis und ein gemeinsames Verständnis zu entwickeln. Vergleiche hierzu Schreyögg (1996: 526): „Dieser Lerntyp basiert auf der systemtheoretischen Grundvorstellung, dass die Systemelemente (also auch Wissenselemente) in vielfältiger Weise anschlussfähig sind und damit untereinander eine unübersehbare Fülle von Anschlussmöglichkeiten besitzen. Innovative Neuanschlüsse sind daher jederzeit möglich; es ist eine Frage der Empirie, ob diese sich dann für das System als tragfähig erweisen."

4 Komplexe Beziehungslandschaften

Grundaussage: Die Beziehungslandschaften, in welchen Nonprofit-Organisationen agieren, werden zunehmend komplexer und mehrdimensionaler. Die Verantwortlichen sind deshalb gefordert, den dabei entstehenden Abhängigkeiten große Beachtung zu schenken!

Eine Theorie, welche diese Sichtweise deutlich widerspiegelt, ist der Ansatz der Ressourcenabhängigkeit von Pfeffer und Salancik (1978). Die beiden Autoren gehen von einem systemtheoretischen Input-Output-Modell aus. Dabei stellen sie nicht einseitig die Optimierung des Outputs oder des Inputs ins Zentrum der Betrachtung, sondern vielmehr die existenzsichernde Stabilisierung des Leistungsflusses zwischen dem Input- und dem Outputbereich. Der Ansatz betont deutlich die Tatsache, dass jede Organisation zur Bestandessicherung Ressourcen verschiedener Art benötigt, über die sie meist nicht selbst verfügt, sondern die sie von außen beziehen muss. Damit bestehen zwischen Organisationen bestimmte Abhängigkeiten. Diese haben einen direkten Einfluss auf die Entwicklung bzw. auf die Entwicklungsmöglichkeiten einer Organisation.

Die Umwelt wird damit nicht als eine technische und anonyme, sondern als eine institutionelle Größe angesehen, bestehend aus Klienten, staatlichen und privaten Regulatoren, Spendern, Sponsoren, Berufsverbänden, freiwilligen Helferinnen und Helfern, Konkurrenten usw. Alle diese Interessengruppen sollten dabei als für die Entwicklung und Ausrichtung relevante Größen betrachtet werden, indem sie Zielansprüche äußern können, teilweise ein bestimmtes Risiko (mit)tragen und darüber hinaus oft auch über ein konkretes Machtpotenzial zur Durchsetzung ihrer Interessen verfügen (vgl. Scholz 1997: 71).

Wenn wir versuchen, den Interessengruppenansatz auf den Nonprofit-Sektor zu übertragen, sollten wir drei Gruppierungen unterscheiden: die Leistungserbringer, die Leistungsermöglicher und die Leistungsbezüger (vgl. Klingebiel 2001). Die Leistungsermöglicher sind Organisationen, Institutionen, Einzelpersonen oder Gruppen, welche einer Nonprofit-Organisation Rahmenbedingungen vorgeben und Mittel für die jeweilige Arbeit zur Verfügung stellen. Als Leistungserbringer verstehen wir alle planenden, leitenden, ausführenden und kontrollierenden Organe einer Nonprofit-Organisation. Die Leistungsbezüger umfassen jene Personen oder Personengruppen, welche Leistungen nachfragen.

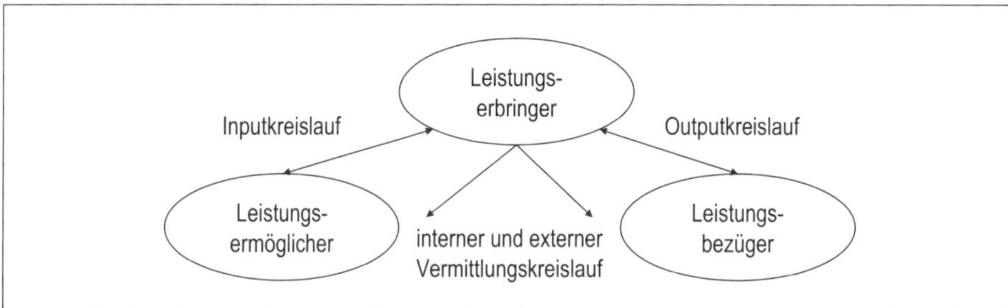

Abbildung 1: Analyserahmen für einen praxisbezogenen Ansatz des Beziehungsmanagements

In der Vergangenheit haben sich viele *Nonprofit*-Organisationen vornehmlich auf die Interaktion zwischen Leistungserbringer und Leistungsbezüger – das heißt auf den *Output*prozess (*Output*kreislauf) – konzentriert. Viele Verantwortliche und Mitarbeitende von *Nonprofit*-Organisationen argumentieren daher auch mit Recht, dass es sich hierbei um einen wichtigen oder gar um den Kernbereich ihrer Tätigkeit handelt. Aufgrund dieser Prioritätensetzung wurde dieser Interaktionsbereich in den vergangenen Jahren teilweise umfassend diskutiert, professionalisiert und entwickelt; ein Prozess, welcher mit Sicherheit noch längere Zeit nicht abgeschlossen sein wird (vgl. Sommerfeld/Haller 2003: 62 ff.).

Gleichzeitig verstärkte sich in den letzten Jahren im *Nonprofit*-Bereich vermehrt der Druck, sich neben dem *Output*prozess intensiver und professioneller um die Interaktion zwischen dem Leistungsermöglicher und dem Leistungserbringer – das heißt um den *Input*prozess (*Input*kreislauf) – zu kümmern (vgl. Puch 1997: 11 ff.). Diese Ausweitung der Perspektive hat verschiedene Auswirkungen, so etwa auf die Art und Weise der Mittelbeschaffung, auf die Ausrichtung und das *Reporting* beim Qualitätsmanagement sowie auf die Art und Weise der Leistungsvereinbarungen zwischen dem Leistungsermöglicher und dem Leistungserbringer (um nur die wichtigsten Aspekte anzuführen). Gleichzeitig haben die Veränderungen auf der *Input*seite auch die Diskussion auf der *Output*seite beeinflusst, indem hier die Idee des Klienten, dessen Stellung und Bedeutung sich zu verändern begonnen haben (vgl. Thom/Ritz 2000).

5 Vermittlungskreislauf

Grundaussage: Die zunehmende Ausrichtung am Output- und am Inputkreislauf ist nur ein erster wichtiger Schritt im Rahmen der Beziehungsarbeit. Die wirkliche Herausforderung besteht in der Vermittlungsarbeit zwischen diesen beiden Sichtweisen!

Auch wenn die Veränderungen auf der Input- und auf der Outputseite als markant und umfassend angesehen werden können und müssen, scheint die wirkliche Herausforderung für viele *Nonprofit*-Organisationen auf einer anderen Ebene zu liegen. Die Verantwortlichen sind nämlich gefordert, in Zukunft zusätzlich zwischen diesen beiden teilweise unterschiedlichen Sicht- und Herangehensweisen vermitteln zu müssen (vgl. Sommerfeld/Haller 2003: 84 ff.). Das heißt, zwischen dem *Input*- und dem *Output*kreislauf muss vermehrt ein so genannter Vermittlungskreislauf aufgebaut und unterhalten werden (vgl. Abbildung 1). Denn oft sehen sich die *Nonprofit*-Mitarbeitenden unterschiedlichsten Interessen und Sichtweisen gegenüber und sind gezwungen, wichtige Übersetzungs- und Vermittlungsarbeit zu leisten. Diese Herausforderung zur Übersetzung besteht dabei nicht nur zwischen den Organisationen, sondern muss oftmals auch innerhalb einzelner Organisationen umfassend aufgebaut und intensiviert werden (interner und externer Vermittlungskreislauf).

6 Beziehungsarbeit als bewusst gestalteter Prozess

Grundaussage: Beziehungsarbeit ist ein bewusst gestalteter Prozess und bedarf insbesondere eines offenen Organisationsverständnisses!

Beziehungsmanagement besteht einerseits aus einer Analyse- und andererseits aus einer Modifikationsperspektive.

Analyse und Bewertung der Beziehungslandschaft: In einem ersten Schritt gilt es, die diversen Interessengruppen zu erfassen, zu analysieren und zu bewerten. Diese wichtige Vorarbeit wird jedoch nur in den wenigsten Fällen bewusst geleistet. Zu oft basiert die Beziehungsarbeit auf informellen Vorarbeiten oder auf historisch gewachsenen Interaktionen.

Gestaltung und Veränderung der Beziehungslandschaft: Beziehungsarbeit beruht nicht einseitig nur auf kommunikativen Interventionsinstrumenten (z. B. *Lobbying*). Neben der Kommunikation sollten auch bewusst strukturelle Aspekte der Beziehungsarbeit beachtet und als konkrete Möglichkeit betrachtet werden (z. B. Kooperationsansätze, Zusammenarbeit, Zusammenschlüsse, Leistungsverträge).

Evaluation der Beziehungsintervention: Abgeschlossen werden sollten alle Interventionen auf der Beziehungsebene durch eine schon in der Veränderungsphase geplante Evaluation.

Neben der Prozess- und Instrumentenkompetenz bedarf die Beziehungsarbeit vor allem auch eines spezifischen Organisationsverständnisses. Organisationen, welche ein strategisch verankertes Beziehungsverständnis entwickelt haben und dieses auch bewusst pflegen, sind durch folgende Fähigkeiten gekennzeichnet:

- in kooperativen Ansätzen zu denken und zu handeln sowie Lern- bzw. Entwicklungsprozesse über die Institution hinaus aufzubauen,
- die Verbindung zwischen Organisation und Umfeld aktiv, offen und sachbezogen zu reflektieren und, falls notwendig, mit organisationsübergreifenden Prozessmodellen zu arbeiten,
- Beziehungen zu wichtigen Partnern (Individuen und Institutionen) bewusst und reflektiert aufzubauen, zu entwickeln, zu festigen und auch wieder aufzulösen,
- verschiedene Hierarchieformen zuzulassen (Hierarchie und Heterarchie), das heißt, Probleme auf jenen Ebenen lösen zu lassen, auf denen sie auftreten.

Für die Verantwortlichen von *Nonprofit*-Organisationen heißt dies, dass sie neben der Erbringung professioneller und qualitativ hoch stehender Dienstleistungen (vgl. Panel on Accountability and Governance in the Voluntary Sector 1999: 24 ff.)

- zusätzlich verantwortlich sind für die Entwicklung und Verfolgung einer angemessenen Strategie und die daraus abgeleiteten Ziele.
- Sie sind gefordert, die Mittel, die sie zur Verfügung haben, zielgerichtet einzusetzen und die Verwendung offen und transparent darzulegen.

- Sie sind angehalten, effektive Führungsstrukturen und Prozesse aufzubauen und zu unterhalten.
- Sie müssen sich bewusst werden, dass sie eingebunden sind in ein komplexes Netzwerk unterschiedlicher Interessengruppen.
- Und abschließend sind sie dafür verantwortlich, sich regelmäßig, offen und kritisch mit der eigenen Organisation, deren Handlungen und Wirkungen auseinanderzusetzen und die daraus gewonnenen Erkenntnisse mit wichtigen Interessengruppen zu diskutieren.

7 Fazit

Die wachsende Komplexität und die rasche Veränderung der Beziehungsrealität von Nonprofit-Organisationen bilden für die Institutionen und deren Management eine zunehmende Herausforderung. Damit sind das Management und die Aufsichtsorgane gefordert, die institutionelle Beziehungsarbeit bewusster und aktiver zu betreiben. Das Ziel dieser Beziehungsarbeit besteht einerseits darin, die Qualität der jeweiligen Dienstleistung zu erhöhen und andererseits aber auch die Entwicklungsfähigkeiten der eigenen Organisation zu verbessern und zu optimieren. Diese Beziehungsarbeit basiert auf der Analyse, der konkreten Gestaltung, der bewussten sowie kritischen Reflexion und bedarf eines intensiven und interaktiven Lernprozesses zwischen der jeweiligen Organisation und dem Umfeld.

Literaturverzeichnis

Aldrich, Howard E.; Fiol, C. Marlene (1994): Fools Rush In? The Institutional Context of Industry Creation. In: Academy of Management Review, 19. Jg. 1994, Nr. 4, S. 645-670.

Baum, Joel A. C.; Singh, Jitendra V. (eds.) (1994): Evolutionary Dynamics of Organizations, Oxford 1994.

Bourdieu, Pierre (1992): Die verborgenen Mechanismen der Macht. Schriften zu Politik & Kultur, Hamburg 1992.

Bryson, John M. (1999): Strategic Planning for Public and Nonprofit Organizations, San Francisco 1999.

DiMaggio, Paul. J.; Powell, Walter W. (1983): The Iron Cage Revisited: Institutional Isomorphism and Collective Rationality in Organizational Fields. In: American Sociological Review, 48. Jg. 1983, Nr. 2, S. 147-160.

Drucker, Peter F. (1990): Managing the Non-Profit Organization – Principles and Practices, New York 1990.

Klingebiel, Norbert (2001): Marktbezogene Informationserweitungen in Nonprofit-Organisationen. In: Nonprofit Organisationen im Wandel: Herausforderungen, gesellschaftliche Verantwortung, Perspektiven, hrsg. v. Reinbert Schauer et al., Linz 2001, S. 157-176.

Minnig, Christoph; Bühler-Rogger, Sybille (2004): Die Idee der lernenden Organisation als Denkansatz zur Ausgestaltung einer eigenständigen Corporate Governance-Diskussion im Nonprofit Bereich. In: Gutes besser tun: Corporate Governance in Nonprofit-Organisationen, hrsg. v. Ruth C. Voggensberger et al., Bern 2004.

Panel on Accountability and Governance in the Voluntary Sector, Final Report (1999): Building on Strength: Improving Governance and Accountability in Canada's Voluntary Sector, Vancouver 1999, Bezugsquelle als PDF-Dokument unter URL: http://www.vsr-trsb.net/pagvs/Book.pdf.

Pfeffer, Jeffery; Salancik, Gerald R. (1978): The External Control of Organizations, New York 1978.

Puch, Hans-Joachim (1997): Organisation im Sozialbereich – Eine Einführung für soziale Berufe, 2. Auflage, Freiburg i. Br. 1997.

Scholz, Christian (1997): Strategische Organisation – Prinzipien zur Vitalisierung und Virtualisierung, Landsberg/Lech 1997.

Schreyögg, Georg (1996): Organisation – Grundlagen moderner Organisationsgestaltung, Wiesbaden 1996.

Sommerfeld, Peter; Haller, Dieter (2003): Professionelles Handeln und Management – oder: Ist der Ritt auf dem Tiger möglich? In: neue praxis – Zeitschrift für Sozialarbeit, Sozialpädagogik und Sozialpolitik, 33. Jg. 2003, Nr. 1, S. 61-89.

Thom, Norbert; Ritz, Adrian (2000): Public Management – Innovative Konzepte zur Führung im öffentlichen Sektor, Wiesbaden 2000.

Zucker, Lynne G. (1987): Institutional Theories of Organization. In: Annual Review of Sociology, 13. Jg. 1987, Nr. 3, S. 443-464.

Strategisches Human Resource Management im öffentlichen Sektor

Kerstin Alfes*

Der Wandel von der klassischen Verwaltungsführung zum Public Management erfordert eine Neukonzeption des Personalmanagements. Um einen wertschöpfenden Beitrag zum Erfolg der Reformbestrebungen leisten und den Wandel aktiv mitgestalten zu können, muss sich die Personalabteilung zu einem strategischen Partner der Verwaltungsleitung weiterentwickeln. Dieser Artikel stellt dar, welche Herausforderungen zukünftig auf ein professionalisiertes Personalmanagement im öffentlichen Sektor zukommen, und zeigt auf, dass die neuen Rollen und Aufgaben des Personalmanagements die Entwicklung eines veränderten Kompetenzprofils von HR-Managern erforderlich machen. Dabei wird deutlich, dass derzeit in diesem Bereich des Public Managements noch ein großer Nachholbedarf besteht.

Stichworte: Human Resource Management (HRM) – Kompetenzen – Kompetenzprofile – öffentlicher Sektor – Personalmanagement – Personalmanagement im öffentlichen Sektor – Public Management – Rollen des Personalmanagements – strategische Integration des Personalmanagements – strategisches Personalmanagement – Verwaltungsführung

* Dipl.-Kffr. Kerstin Alfes ist wissenschaftliche Assistentin am Institut für Organisation und Personal der Universität Bern.

1 Wandel im öffentlichen Sektor durch Public Management

Der Übergang vom Bürokratiemodell zum Public Management kennzeichnet seit langem die Reformdiskussion im öffentlichen Sektor. Auch wenn unter dem Begriff des Public Managements unterschiedliche Reformbausteine subsumiert werden, lassen sich doch gemeinsame Grundelemente identifizieren (vgl. Hood 1991; Reichard 2002: 255 f.). Ihnen zugrunde liegt die Frage nach der zielorientierten Gestaltung und Steuerung von Institutionen des öffentlichen Sektors.

Die Veränderungstendenzen im deutschsprachigen Raum wurden zunächst von verschiedenen Aspekten der Binnenmodernisierung dominiert, die insbesondere einen Wandel der Organisationsstrukturen und -prozesse, neue Steuerungskonzepte und -instrumente sowie Änderungen im Personal- und Finanzmanagement forderten (vgl. Pollitt/Bouckaert 2000: 62 ff.; Reichard 2002: 259 f.; Thom/Ritz 2006: 14). Bei der Umsetzung entsprechender Reformelemente lag der Fokus bisher primär auf der Implementierung betriebswirtschaftlicher Managementkonzepte und -instrumente, welche die Reorganisation der Verwaltungsstrukturen nach privatwirtschaftlichen Aspekten als Zielsetzung hatten, sowie auf Ansätzen zur Weiterentwicklung des Rechnungswesens von der Kameralistik hin zu einem aussagekräftigen Ressourcenverbrauchskonzept (für einen Überblick vgl. Budäus/Behm/Adam 2003: 273 ff.).

Die mit dem veränderten Führungsverständnis verbundenen Fragen eines strategischen Verwaltungsmanagements stellen auch neue Anforderungen an ein professionalisiertes Personalmanagement im öffentlichen Sektor (vgl. Oechsler 2004; Thom/Ritz 2006). Obwohl das Personalmanagement als wichtiger Erfolgsfaktor erkannt wurde, der wesentlich zur Realisierung einer neuen Verwaltungsführung beitragen kann und unabdingbare Voraussetzung für die erfolgreiche Implementierung der Reformmaßnahmen ist, existieren in der Praxis diesbezüglich große Modernisierungsdefizite (vgl. Conrad 2003: 252; Bogumil/Kuhlmann 2004: 54 ff.). Die Neugestaltung des Personalmanagements spielt im Rahmen der Reformbestrebungen häufig eine untergeordnete Rolle und ist gekennzeichnet durch eine kurzfristige, wenig strategische Ausrichtung, bei der eine systematische Integration der einzelnen personalwirtschaftlichen Komponenten kaum vorhanden ist (vgl. Vaanholt 1997: 91; Reichard 2005: 231).

Zur wirkungsvollen Unterstützung des Wandels im öffentlichen Sektor ist somit eine Neuorientierung des Personalmanagements in Richtung eines strategischen

Human Resource Managements (HRM) zwingend erforderlich. Dies gilt insbesondere vor dem Hintergrund der Herausforderungen, die zukünftig auf das Personalmanagement im öffentlichen Sektor zukommen werden.

2 Neue Herausforderungen für das Personalmanagement im öffentlichen Sektor

Die dynamischen Umweltveränderungen in der Gesellschaft stellen öffentliche und private Institutionen vor immer neue Herausforderungen, welche die Aufgaben und Rollen des Personalmanagements beeinflussen. Im öffentlichen Sektor sind dabei insbesondere folgende Einflussfaktoren wesentlich:

- *Demografische Entwicklung:* Der rückläufige Anteil von Erwerbstätigen an der Gesamtbevölkerung sowie eine veränderte Struktur der Erwerbsbevölkerung führen zu einem mittel- und langfristigen Mangel an qualifizierten Nachwuchskräften. Aufgrund der sinkenden Attraktivität des öffentlichen Sektors sind innovative Personalmarketing-, Personalgewinnungs- und Personalerhaltungskonzepte gefordert. Nur durch eine umfassende Nachwuchsförderung sowie interessenabgestimmte Karrieremöglichkeiten können potenzielle externe und interne Kandidaten für Schlüsselstellen gewonnen und erhalten werden (vgl. Thom 2005: 172).

- *Wertewandel und veränderte Arbeitseinstellungen:* Der gesellschaftliche Wertewandel führt zu einer Pluralisierung der Wert- und Orientierungssysteme sowie zu einer größeren Heterogenität in den Lebensweisen der Beschäftigten des öffentlichen Sektors. Während der Wunsch nach Selbstverwirklichung bei vielen Mitarbeitern zunimmt, sinken Pflichtethos und Obrigkeitsglaube (vgl. Hill 1997: 21 f.; Hopp/Göbel 2004: 31).

- *Europäische Integration:* Die Europäisierung fordert zunehmend eine Kompatibilität rechtlicher Regelungen sowie einen Austausch von Personal über Landesgrenzen hinweg. Hieraus resultieren neue Anforderungen an die Personalentwicklung (vgl. Reichard 2005: 231).

- *Rasante technologische Entwicklungen:* Neue Technologien (insbesondere eGovernment) verändern die Arbeitsweisen im öffentlichen Sektor. Integrative Technologiekonzeptionen im eHRM wie Employee Self Services (ESS) eröffnen darüber hinaus neue Wege, wie das Personalmanagement einer Institution zu organisieren ist und personalwirtschaftliche Leistungen erbracht werden können (vgl. hierzu den Beitrag von Zimmermann in diesem Buch).

- *Stark steigende Personalkosten:* Für die Zukunft zeichnet sich ein starker Anstieg der Personal- und Versorgungsausgaben im öffentlichen Sektor ab (u. a. Beamtenpensionen). Dies führt dazu, dass Sparmaßnahmen und das Ziel der Personalkostenreduktion zu wichtigen Randbedingungen personalwirtschaftlichen Handelns werden (vgl. Oechsler 1989: 1272 f.; Reichard 2005: 231).

- *Notwendigkeit des Personalabbaus:* Aus der Veränderung von Organisationsstrukturen und dem Wegfall von Aufgaben resultiert ein zunehmend wichtigerer Stellenwert der Personalfreistellung im öffentlichen Personalmanagement. In diesem Zusammenhang kommt der Diskussion um eine Lockerung des Kündigungsschutzes eine richtungweisende Bedeutung zu (vgl. Thom/Ritz 2006: 370 ff.).

- *Reform des öffentlichen Dienstes:* Insbesondere in Deutschland ist der öffentliche Dienst Gegenstand verschiedener Reformbestrebungen, die bisher jedoch häufig in stückwerkhaften und suboptimalen Ergebnissen resultierten, sodass ein flexibles und modernes Personalrecht noch zu implementieren ist (vgl. Koch/Conrad 2004: 10).

Die beschriebenen Einflussfaktoren verlangen eine Neukonzeption des Personalmanagements, das einen wertschöpfenden Beitrag zum Erfolg der Reformbestrebungen zu leisten hat. Gelingt dies, wird die Personalabteilung zu einer wichtigen Stütze der modernen Verwaltungsführung (vgl. Thom 2005: 167). Vor diesem Hintergrund wird in der Literatur zunehmend ein Wandel im Rollenverständnis von der traditionellen Personaladministration zu einem strategischen Partner gefordert (vgl. Oechsler/Vaanholt 1998; Wagner 2004; Thom/Ritz 2006: 321 ff.), welches im folgenden Abschnitt kurz erläutert wird.

3 Strategische Integration des Personalmanagements

Im Mittelpunkt eines strategischen Personalmanagements steht die Integration von Personalfunktion und strategischem Managementprozess (vgl. Tichy/Fombrun/Devanna 1982), wobei die Personalfunktion von Beginn an in den strategischen Planungsprozess eingebunden wird und proaktiv die zukünftige Verwaltungsstrategie mitbestimmt (vgl. Thom 2005: 167). Gleichzeitig werden die einzelnen personalwirtschaftlichen Aktivitäten systematisch verbunden und mit der Personalstrategie verknüpft.

Organisatorisch führt dies zu einer Zentralisierung der strategischen und konzeptionellen Aufgaben in der Personalabteilung, während operative personalwirtschaftliche Tätigkeiten an die Führungskräfte in der Linie delegiert werden (vgl. Vaanholt 1997: 53 ff.). Hieraus entsteht die Verpflichtung, Konzepte und Instrumente zu entwickeln, welche die Umsetzung von Verwaltungs- und Personalstrategie zum Ziel haben. Dabei müssen Personalverantwortliche transparente Aussagen über die Effektivität und Effizienz ihrer Aktivitäten sowie den Wertbeitrag der Personalfunktion zur Erreichung der Verwaltungsziele treffen können (vgl. Armutat 2005: 10).

4 Entwicklung eines zeitgemäßen Kompetenzprofils für HR-Manager

Die Änderung im Rollenverständnis des Personalressorts von der Personaladministration hin zu einem bedeutenden strategischen Partner der modernen Verwaltungsführung erfordert ein grundlegend neues Kompetenzprofil von HR-Managern (vgl. Armutat 2005; Meisinger 2005). In Erweiterung der Erkenntnisse aus in privatwirtschaftlichen Unternehmen durchgeführten Studien (vgl. Ulrich et al. 1995; Ulrich 1997: 251) müssen bei der Entwicklung eines Kompetenzprofils von HR-Managern die speziellen Handlungsbedingungen des öffentlichen Sektors beachtet werden (vgl. Lupton/Shaw 2001).

So können die zukünftig wesentlich komplexeren Aufgaben auch im öffentlichen Sektor von HR-Managern nur bewältigt werden, wenn neben dem bisherigen Know-how, welches häufig maßgeblich von juristischem Fachwissen geprägt war, vor allem betriebswirtschaftliche Kenntnisse verstärkt ausgebaut werden (vgl. Armutat 2005). Damit das Personalmanagement in der Lage ist, einen positiven Beitrag zum Erfolg der Gesamtorganisation beizutragen, kann auf fundiertes Fachwissen in Bereichen wie z. B. Rechnungswesen und Controlling nicht länger verzichtet werden. Außerdem wird von HR-Managern verlangt, dass sie mit den Rahmenbedingungen des öffentlichen Sektors, den Abläufen in Politik und Verwaltung sowie mit den an die Privatwirtschaft angelehnten Managementkonzepten vertraut sind. Weiterhin gewinnt personalwirtschaftliches Fachwissen für HR-Manager im öffentlichen Sektor stark an Bedeutung, da nur die Kenntnis und Beherrschung der relevanten Personalinstrumente ihnen ermöglicht, mit einschlägigen Konzepten (z. B. professionelles Bewerbermanagement oder Konzeption von Anreiz- und Entlohnungssystemen) den skizzierten Herausforderungen zu begegnen. Letztlich sind allgemeine Managementkompetenzen sowie mit Persönlichkeitsstrukturen verbundene Fähigkeiten wie Sozialkompetenz, Selbstvertrauen oder Überzeugungskraft zur erfolgreichen Realisierung der neuen Rollen eines strategischen Personalmanagements wichtig (vgl. Armutat 2005).

Die Herausforderung für die Wissenschaft besteht nun darin, das bisher nur oberflächlich erforschte Kompetenzprofil für HR-Manager im öffentlichen Sektor detaillierter zu entwickeln. Dieses muss einerseits den hier skizzierten Anforderungen genügen und andererseits praxisnah konzipiert werden, sodass eine effiziente Implementierung im öffentlichen Sektor möglich ist. Dabei sollten schon bei der Konzeption eines derartigen Profils mögliche Wege des Kompetenzerwerbs berücksichtigt werden. Letztlich tragen Personalmanager selbst wesentlich zum Image und zur strategischen Integration des Personalmanagements bei.

5 Fazit und Ausblick

Die Entwicklung des öffentlichen Personalmanagements zu einem strategischen Partner steht erst in den Anfängen. Insgesamt sind immer noch eine starke juristische Fokussierung sowie starre Laufbahnordnungen festzustellen (vgl. Wagner 2004: 25), welche kaum den oben skizzierten Anforderungen an ein professionalisiertes Personalmanagement gerecht werden.

Die Konzeption und spätere Implementierung eines modernen Kompetenzprofils unter verstärkter Berücksichtigung von betriebs- oder sozialwissenschaftlichen

Ausbildungshintergründen stellen erste Ansatzpunkte zum Ausgleich dieser Defizite dar. Dieser Ausgleich ist umso dringender, als die beschriebenen Kompetenzen wichtige Voraussetzungen für die Implementierung effektiver HRM-Konzepte bilden, die wiederum den Wandel im öffentlichen Sektor aktiv unterstützen können.

Literaturverzeichnis

Armutat, Sascha (2005): Identität schaffen. In: Personal, 57. Jg. 2005, Heft 10, S. 8-10.

Bogumil, Jörg; Kuhlmann, Sabine (2004): Zehn Jahre kommunale Verwaltungsmodernisierung. Ansätze einer Wirkungsanalyse. In: Status-Report Verwaltungsreform. Eine Zwischenbilanz nach zehn Jahren, hrsg. v. Werner Jann et al., Berlin 2004, S. 51-63.

Budäus, Dietrich; Behm, Christine; Adam, Berit (2003): Chapter 4: Germany. In: Reforming Governmental Accounting and Budgeting in Europe, edited by Klaus Lüder and Rowan Jones, Frankfurt a. M. 2003, S. 273-388.

Conrad, Peter (2003): Strategisches Personalmanagement in öffentlichen Verwaltungen. In: Personalmanagement als Gestaltungsaufgabe im Nonprofit und Public Management, hrsg. v. Dudo von Eckardstein und Hans-Gerd Ridder, München/Mehring 2003, S. 251-270.

Hill, Hermann (1997): Strategische Erfolgsfaktoren in der öffentlichen Verwaltung. In: Qualitäts- und erfolgsorientiertes Verwaltungsmanagement. Aktuelle Tendenzen und Entwürfe, 2. Auflage, hrsg. v. Hermann Hill und Helmut Klages, Berlin 1997, S. 19-35.

Hood, Christopher (1991): A public management for all seasons? In: Public Administration, 69. Jg. 1991, Nr. 1, S. 3-19.

Hopp, Helmut; Göbel, Astrid (2004): Management in der öffentlichen Verwaltung. Organisations- und Personalarbeit in modernen Kommunalverwaltungen, 2. Auflage, Wiesbaden 2004.

Koch, Rainer; Conrad, Peter (2004): Einleitung: Verändertes Denken – Bessere Öffentliche Dienste?! In: Verändertes Denken – Bessere öffentliche Dienste?, hrsg. v. Rainer Koch und Peter Conrad, Wiesbaden 2004, S. 9-12.

Lupton, Ben; Shaw, Sue (2001): Are public sector personnel managers the profession's poor relations? In: Human Resource Management Journal, 11. Jg. 2001, Nr. 3, S. 23-38.

Meisinger, Susan (2005): The four Cs of the HR profession. Being competent, curious, courageous, and caring about people. In: Human Resource Management, 44. Jg. 2005, Nr. 2, S. 189-194.

Oechsler, Walter A. (1989): Personalwirtschaft öffentlicher Verwaltungen. In: Handwörterbuch der öffentlichen Betriebswirtschaft, hrsg. v. Klaus Chmielewicz und Peter Eichhorn, Stuttgart 1989, Sp. 1263-1274.

Oechsler, Walter A. (2004): Human Resource Management in der Verwaltung. Ansätze zur organisatorischen Umsetzung. In: Verändertes Denken – Bessere öffentliche Dienste?, hrsg. v. Rainer Koch und Peter Conrad, Wiesbaden 2004, S. 133-151.

Oechsler, Walter A.; Vaanholt, Silke (1998): Human Resource Management. Auswirkungen des New Public Management auf ein zeitgemäßes Personalmanagement in der öffentlichen Verwaltung. In: Managementforschung 8. New Public Management, hrsg. v. Dietrich Budäus, Peter Conrad und Georg Schreyögg, Berlin et al. 1998, S. 151-190.

Pollitt, Christopher; Bouckaert, Geert (2000): Public Management Reform. A comparative analysis, Oxford 2000.

Reichard, Christoph (2002): Verwaltung als öffentliches Management. In: Deutsche Verwaltung an der Wende zum 21. Jahrhundert, hrsg. v. Klaus König, Baden-Baden 2001, S. 255-277.

Reichard, Christoph (2005): Personalmanagement. In: Handbuch zur Verwaltungsreform, 3. Auflage, hrsg. v. Bernhard Blanke et al., Wiesbaden 2005, S. 229-235.

Thom, Norbert (2005): Personalmanagement nach NPM-Grundsätzen. In: 10 Jahre New Public Management in der Schweiz. Bilanz, Irrtümer und Erfolgsfaktoren, hrsg. v. Andreas Lienhard et al., Bern et al. 2005, S. 163-174.

Thom, Norbert; Ritz, Adrian (2006): Public Management. Innovative Konzepte zur Führung im öffentlichen Sektor, 3. Auflage, Wiesbaden 2006.

Tichy, Noel M.; Fombrun, Charles J.; Devanna, Mary Anne (1982): Strategic Human Resource Management. In: Sloan Management Review, 23. Jg. 1982, Nr. 2, S. 47-61.

Ulrich, Dave (1997): Human Resource Champions. The next agenda for adding value and delivering results, Boston 1997.

Ulrich, Dave et al. (1995): Human Resource Competencies: An Empirical Assessment. In: Human Resource Management, 34. Jg. 1995, Nr. 4, S. 473-495.

Vaanholt, Silke (1997): Human Resource Management in der öffentlichen Verwaltung, Wiesbaden 1997.

Wagner, Dieter (2004): Personalmanagement in der Verwaltung. Brücke zu Neuem schlagen. In: Personal, 56. Jg. 2004, Heft 1, S. 24-27.

Management im Gesundheitswesen

Michèle Etienne*

Der Gesundheitsmarkt verfügt über einige Besonderheiten, die ihn von anderen Branchen unterscheidet. Trotzdem ist die Anwendung betriebswirtschaftlicher Konzepte und Instrumente möglich. Vor dem Hintergrund des tief greifenden Veränderungsprozesses, in dem sich das Gesundheitswesen der Schweiz befindet, ist der Einsatz solcher Konzepte und Instrumente nötiger denn je. Langfristig werden nur diejenigen Institutionen überleben, welche betriebswirtschaftliche Grundsätze und Prinzipien konsequent anwenden. Dazu sind folgende drei Entwicklungsschritte unumgänglich: (1) Professionalisierung auf allen Ebenen, (2) breit angelegte Rekrutierungs-, Weiterbildungs- und Fortbildungsinitiative und (3) kultureller Wandel.

Stichworte: Führungsinstrumente – Gesundheitsmarkt – Gesundheitswesen – Kostensteigerung – kultureller Wandel – Professionalisierung – Qualität – Veränderungsprozess

* Dr. Michèle Etienne ist als Strategie- und Organisationsberaterin v. a. im Gesundheitswesen tätig. Sie lehrt und forscht in den Bereichen Qualitätsmanagement und Personalentwicklung in der Medizin.

1 Besonderheiten des Gesundheitsmarktes

In der Diskussion um das Management im Gesundheitswesen wird von Skeptikern gerne vermerkt, dass sich der Gesundheitsmarkt nur schwer mit anderen Märkten vergleichen lasse. Aus diesem Grund sei die Anwendung der dortigen Konzepte und Instrumente nicht ohne weiteres auf diesen Markt übertragbar.

Tatsächlich bestehen hinsichtlich marktwirtschaftlicher Grundsätze und Lenkungsprinzipien einige Unterschiede im Vergleich zu anderen Branchen (vgl. Etienne 2000: 122 ff.). So lassen sich z. B. die Leistungen, welche im Gesundheitsmarkt erbracht werden, nicht eindeutig in öffentliche und private Güter unterteilen, vielmehr sind sie einer weiteren Kategorie, nämlich den meritorischen Gütern, zuzuordnen. Solche Güter haben z. B. aus humanitären Gründen einen übergeordneten Wert. Dadurch rechtfertigen sie auch Staatseingriffe, weil aufgrund verzerrter Konsumentenpräferenzen der Markt einen optimalen Versorgungsgrad nicht sicherstellen kann.

Im Gesundheitsmarkt lässt sich der Effekt, wonach bei einem Angebotsüberhang die Preise sinken, nicht beobachten. Der Preis für eine Leistung bleibt hoch, auch wenn Überkapazitäten vorhanden sind. Eine weitere Unstimmigkeit betrifft den Umstand, dass die Leistungen von neuen Technologien (z. B. Computertomographie) trotz intensiverer Nutzung und den damit einhergehenden abnehmenden Grenzkosten gleich teuer bleiben. Weiter ist zu beobachten, dass Leistungserbringer (z. B. Ärzte oder Spitäler) im Wettbewerb verbleiben, obwohl sie Leistungen vergleichsweise teurer und/oder von minderer Qualität erbringen als andere Anbieter. Solche Vergleiche unter Leistungserbringern geben immer wieder Anlass zu heftigen Diskussionen, weil da „Äpfel mit Birnen“ verglichen würden. Ein aktuelles Beispiel ist der Kanton Zürich: Die Gesundheitsdirektion publiziert erstmals die schwerebereinigten Fallkosten für das Jahr 2004 der öffentlichen und öffentlich subventionierten akutsomatischen Spitäler. Sie kommt damit dem Wunsch der Spitalträger und der Öffentlichkeit nach vermehrter Kostentransparenz nach (vgl. o. V. 2005). Zwei der Spitäler haben sich diesem Benchmarking bis anhin verweigert, mit der Konsequenz, dass sie am Schluss der Liste rangieren und damit mehr unangenehme Medienpräsenz erhalten haben, als wenn sie ihre (vermutlich) im Vergleich schlechteren Fallzahlen von Anfang an offen gelegt hätten.

Eine weitere Beobachtung lässt sich im Zusammenhang mit den im Gesundheitswesen erbrachten Leistungen machen: Die Leistungen, welche die Ärzteschaft (Anzahl Arztkonsultationen, Laboruntersuchungen, Medikamentenabgabe) anbietet, nehmen in den Gebieten zu, wo die Arztdichte höher ist (vgl. o. V. 2006a: 9 f.). Man spricht in diesem Zusammenhang auch von einer angebotsinduzierten Nachfrage. In einem funktionierenden Markt wäre ein solches Verhalten schwierig umzusetzen, da der Kunde diese zusätzlichen Leistungen nicht zu zahlen bereit wäre. Im Gesundheitsmarkt ist jedoch die Preissensitivität der Patienten relativ gering, insbesondere wenn es um die eigene Gesundheit geht.

Die geschilderten Punkte sind Indikatoren für Unstimmigkeiten und Ineffizienzen im Gesundheitsmarkt. Zusammenfassend können folgende Gründe als Erklärungsansätze genannt werden:

- *Gegensätzlichkeit zwischen kollektiver Finanzierung des Gesundheitswesens und privater Leistungserbringung;* nur rund ein Drittel der Behandlungskosten bezahlen die Haushalte selbst und direkt an die Leistungserbringer, der Rest wird über Sozial- und Privatversicherungen sowie die öffentliche Hand abgegolten (vgl. o. V. 2004: 48).

- *Fehlen des Äquivalenzprinzips und dadurch mangelnde Preissensitivität;* der hohe Anteil an indirekter Finanzierung der bezogenen Leistungen trägt zur mangelnden Preissensitivität der Nachfrager bei.

- *Informationsdefizite seitens der Patienten;* die von den Patienten in Anspruch genommenen Leistungen können durch die Informationsasymmetrie zwischen Patienten und Medizinern kaum beurteilt werden.

- *Informationsdefizite seitens der Anbieter;* bei der Leistungserstellung arbeiten Produzenten und Konsumenten unmittelbar zusammen. Die Leistungserbringer verfügen jedoch nur über diejenigen Informationen, die ihnen offen gelegt werden. Mangelhafte Behandlung oder sogar eine Fehlbehandlung kann die Folge sein. Darüber hinaus ist der Nutzen der erbrachten medizinischen oder pflegerischen Leistungen aufgrund der komplexen Beziehungszusammenhänge (z. B. Psychosomatik) nur schwer abschätzbar.

- *Hohe Grundausstattung;* das Angebot an Gesundheitsleistungen ist durch eine geringe Elastizität gekennzeichnet. Krankheit und Gesundheit sind nicht einfach zu planende Größen, eine hohe Grundausstattung zur Absorbierung von Nachfragespitzen ist erforderlich. Dadurch bewegt sich der Fixkostenanteil, gemessen an den Gesamtkosten, auf einem hohen Niveau.

Fazit: Der Gesundheitsmarkt verfügt über einige Besonderheiten, die ihn von anderen Branchen unterscheidet. Diese führen zu einem partiellen Marktversagen. Seitens des Staates sind regulierende Eingriffe notwendig (z. B. Vergabe von Leistungsaufträgen gekoppelt an Benchmarking-Ergebnisse, Vorgabe von Qualitätsstandards, Überprüfung und Kontrolle der Leistungserbringung), um die Anbieter im Gesundheitswesen zu einem wirtschaftlichen Verhalten zu bewegen. Prinzipiell ist aber auch hier eine Anwendung betriebswirtschaftlicher Konzepte und Instrumente möglich. Es fehlen jedoch bis anhin großmehrheitlich die Anreize, dies zu tun, resp. die im Krankenversicherungsgesetz (KVG) enthaltenen Wettbewerbselemente sind bisher kaum zum Tragen gekommen.

2 Aktuelle Herausforderungen im Gesundheitswesen

Das Gesundheitswesen gilt als ein bedeutender Wirtschaftsfaktor. Es wird gemäß dem Staatssekretariat für Wirtschaft (seco) in der Schweiz im Jahr 2006 um über 4.2% wachsen, nachdem bereits in den letzten Jahren ein kontinuierliches Wachstum stattgefunden hat. Für das Bruttoinlandprodukt (BIP) prognostizieren die Experten im gleichnamigen Zeitraum hingegen lediglich ein Wachstum von 1.8% (vgl. o. V. 2006b). In der aktuellen gesundheitspolitischen Diskussion wird das Gesundheitswesen als Wachstumsbranche jedoch kaum wahrgenommen. Im Vordergrund steht vielmehr die mit dem Branchenwachstum einhergehende Kostensteigerung. Im Jahr 2004 beliefen sich die Gesundheitskosten auf CHF 51.7 Milliarden, was einem Anteil von 11,6% des BIP entspricht. Damit erreicht die Schweiz hinter den USA die zweithöchsten Gesundheitskosten aller OECD-Länder (vgl. o. V. 2006c: 1). Die Gründe für diesen Kostenanstieg sind vielfältig: Demografische Entwicklung (insb. die gestiegene Lebenserwartung und das höhere Durchschnittsalter der Bevölkerung), medizinisch-technischer Fortschritt, steigende Anzahl an Dienstleistungen, Behandlungsfreiheit, gestiegene Erwartungen und Anspruchsniveaus seitens der Leistungsempfänger. Seit Jahren befindet sich die Gesundheitsbranche in einem *Veränderungsprozess,* der sich anhand der folgenden Punkte beschreiben lässt:

- *Finanzierungsproblematik;* kontinuierlich steigende Kosten bei gleichzeitiger Verknappung der öffentlichen Mittel. Viele Haushalte sehen sich je länger je weniger in der Lage, die Prämien der Krankenversicherung zu bezahlen; rund 30% der Versicherten haben bereits Anspruch auf Prämienverbilligung und der Anteil zusatzversicherter Patientinnen und Patienten sinkt kontinuierlich (vgl. o. V. 2006d).

- *Reglementierungskrise;* ändernde und unklare Rahmenbedingungen durch laufend neue Reglementierungen, Gesetzesänderungen und Revisionen verunsichern die Leistungserbringer. Diese Situation macht es einerseits für viele Betriebe attraktiv, keine Veränderungen vorzunehmen und alles beim Alten zu belassen. Andererseits werden die Pioniere für ihr antizipatives Verhalten bestraft, wenn die Grundlagen wieder ändern.

- *Wettbewerbsverschärfung;* Leistungsfinanzierer (Bund, Kantone und Krankenkassen) sind daran interessiert, die finanzielle Abgeltung zunehmend von den bewirkten Ergebnissen abhängig zu machen. Die Transparenz zwischen den Leistungserbringern soll den Wettbewerb beleben und zu mehr Effizienz und Effektivität führen. Aber auch die Infragestellung des Territorialprinzips (regional, kantonal und national) hat zu einer Verschärfung des Wettbewerbs geführt. Hier sind es in erster Linie die Rehabilitationseinrichtungen, die durch die Anbieter im grenznahen Ausland bedroht werden (vgl. u. a. Lüthi 2006: 20 f.). Die Stimmen werden aber auch im Hinblick auf den Akutbereich lauter, ausgewählte Medizineingriffe im Ausland vornehmen lassen zu können (vgl. Boos 2006: 3 und Brogli 2006: 22 f.).

- *Strukturkrise;* es gibt (zu) viele Betriebe. Diese Institutionen sind überdies durch jahrzehntelanges Wachstum und eine meist fehlende strategische Ausrichtung stark diversifiziert. Das Leistungsangebot ist so groß, dass vielerorts die kritische Masse fehlt, um evidenzbasierte hoch stehende Qualität zu einem vernünftigen Preis anbieten zu können. Hohe Fixkosten sind die Folge, und durch die Umstellung von input- zu leistungsorientierter Finanzierung sind die Prozesse und Strukturen der Gesundheitsbetriebe grundsätzlich zu überdenken.

- *Führungskrise;* hier zeigen sich zwei Aspekte. Zum einen ist sowohl auf der Gesamtebene wie auch auf Ebene der einzelnen Institution ein unterentwickeltes „Wir-Gefühl" feststellbar. Machtkämpfe und zwischenmenschliche

Konflikte kennzeichnen das Klima und verursachen einen hohen Ressourcenverschleiß (vgl. u. a. Buomberger 2005: 10). Partialinteressen stehen im Vordergrund, es kämpft jeder gegen jeden: Krankenkassen gegen Leistungserbringer, Berufsgruppen und Hierarchiestufen jeweils untereinander (z. B. die Ärzteschaft bei der Reduktion der Arbeitszeit). Dieses Verhalten blockiert die dringend nötigen Reformen im Gesundheitswesen. Zum anderen herrscht ein Mangel an qualifiziertem Personal. Dabei geht es nicht um die berufliche Qualifikation im engeren Sinn, also z. B. um die medizinische Qualifikation, vielmehr fehlt es v. a. an fundiertem betriebswirtschaftlichen Fachwissen sowie an Management- und Führungsfähigkeiten.

- *Kulturkrise;* der zunehmende Veränderungsdruck löst bei den Betroffenen Änderungswiderstand und Existenzängste aus. Als Folge davon wird mit allen Mitteln versucht, den Besitzstand zu wahren. Erschwerend hinzu kommt, dass für viele Beschäftigte (v. a. aus den Bereichen Medizin und Pflege) die Diskussion um Rationalisierung und Rationierung die eigenen Wertvorstellungen und das Selbstverständnis in Frage stellt. Die Konsequenzen gehen über eine sinkende Arbeitsmotivation hinaus: So kommt z. B. eine aktuelle Untersuchung zum Ergebnis, dass rund ein Drittel der Schweizer Hausärzte bei sich selbst einen mittleren bis hohen Grad an Burnout diagnostizieren. Dieser Zustand steht in direktem Zusammenhang mit extrinsischen Stressfaktoren, wie z. B. mit dem Arbeitsumfang, den Erwartungen der Patienten, den wirtschaftlichen Rahmenbedingungen, den medizinischen Unsicherheiten und den Schwierigkeiten im Umgang mit dem nicht-ärztlichen Personal in der Praxis (vgl. Bovier et al. 2005: 222 ff.).

3 Lösungsansätze

Der letzte Abschnitt zeigt Lösungsansätze für die Bewältigung der bereits beschriebenen aktuellen Herausforderungen im Gesundheitswesen auf. Dabei wird von der Annahme ausgegangen, dass langfristig nur diejenigen Institutionen überleben werden, welche betriebswirtschaftliche Grundsätze und Prinzipien konsequent anwenden, oder pointiert ausgedrückt: 'Wollende' haben (noch) Wahlfreiheiten, 'Müssende' haben Existenzängste. Folgende drei Entwicklungsschritte sind in den Institutionen unumgänglich:

Schritt 1: Professionalisierung auf allen Ebenen; in den Institutionen ist eine Vision erforderlich, welche mit Hilfe der Strategie konkretisiert wird. Dabei steht die Differenzierung über nicht-preisliche Erfolgsfaktoren sowie die Konzentration auf die Kernkompetenzen im Mittelpunkt der Strategieentwicklung. Sodann sind Prozesse und Strukturen dahingehend zu gestalten, dass sie die Strategie adäquat abbilden. Finanzielle Transparenz und die Führung über (finanzielle) Kennzahlen (z. B. Deckungsbeiträge, Prozesskosten) gehören ebenso dazu wie der Aufbau eines systematischen Risikomanagements.

Schritt 2: Breit angelegte Rekrutierungs-, Weiterbildungs- und Fortbildungsinitiative; die erwähnten strategischen, organisatorischen und finanziellen Führungsinstrumente können nur dann Erfolg versprechend konzipiert und umgesetzt werden, wenn die Mitarbeitenden über das notwendige Wissen verfügen. Die Bestrebungen sollten dabei in zwei Richtungen gehen: Zum einen sind die zum heutigen Zeitpunkt betroffenen (Führungs-)Personen zu schulen und zum anderen sind die Ausbildungskonzepte (z. B. Medizinstudium, Pflegeausbildung) entsprechend zu erweitern.

Schritt 3: Kultureller Wandel; Veränderungen können nur umgesetzt werden, wenn die Betroffenen mitmachen. Die Verfasserin stellte bei eigenen Untersuchungen in den Institutionen eine sehr große Beharrungsmotivation fest. Diese Energie ist in Veränderungsbereitschaft umzuwandeln. Dies geschieht jedoch nicht von heute auf morgen. Aufgrund der geschilderten Blockade, in der sich das Gesundheitswesen zurzeit befindet, und dem (noch) immer zu geringen Leidensdruck der Akteure, ist der Weg der kleinen Schritte Erfolg versprechend. Durch ehrliche und offene Darstellung der Probleme, transparente und regelmäßige Information und Kommunikation sowie aktiven Einbezug der Betroffenen in den Veränderungsprozess kann sukzessive ein Gesinnungswandel stattfinden.

Literaturverzeichnis

Boos, Leo (2006): Patienten ab ins Ausland! In: competence, 70. Jg. 2006, Nr. 3, S. 3.

Bovier, Patrick et al. (2005): Wie gesund sind die Hausärzte in der Schweiz? Resultat der ersten nationalen Befragung. In: Primary Care, o. Jg. 2005, Nr. 10, S. 222-228.

Brogli, Urs (2006): Discount im Gesundheitswesen? In: competence, 70. Jg. 2006, Nr. 3, S. 22-23.

Buomberger, Thomas (2005): Abrechnung unter Ärzten. In: Der Beobachter, 79. Jg. 2005, Nr. 12, S. 10.

Etienne, Michèle (2000): Total Quality Management im Spital erfolgreich gestalten, Bern et al. 2000.

Lüthi, Thomas (2006): „Es war wirklich ausgezeichnet." Warum Kundinnen und Kunden zufrieden sind mit der Reha in deutschen Kliniken. In: well Gesundheitsmagazin, o. Jg. 2006, Nr. 1, S. 20-21.

o. V. (2004): Das Gesundheitswesen in der Schweiz. Leistungen, Kosten, Preis, Ausgabe 2004, Basel 2004.

o. V. (2005): Fallkosten der Zürcher Spitäler im Jahr 2004. URL: http://www.gd.zh.ch/aktuell/presseberichte/news_05_10_05_1.asp, 12. Oktober 2005.

o. V. (2006a): Gleiche Gesundheit – anderer Preis. In: Brennpunkt Gesundheitspolitik, o. Jg. 2006, Nr. 1, S. 9-10.

o. V. (2006b): Prognosen der Expertengruppe. Konjunkturprognosen des Bundes Januar 2006. URL: http://www.seco-admin.ch/news/00705/index.html?lang=de&noarchiv=yes, 6. Januar 2006.

o. V. (2006c): Kosten und Finanzierung des Gesundheitswesens 2004, BFS Aktuell 14, Nr. 0350-02602-60, Neuchâtel 2006.

o. V. (2006d): Krankenversicherung – Prämienverbilligung. URL: http://www.bfs.admin.ch/bfs/portal/de/index/themen/soziale_sicherheit/uebersicht/blank/panorama/krankenversicherung0/praemienverbilligung.html, 8. März 2006.

Weiterbildungsmanagement

Reto Steiner*

Weiterbildungsverantwortliche stehen vor der Herausforderung, mit knappen Ressourcen – dazu gehören die Dozierenden, die Infrastruktur und die Finanzmittel – gleichzeitig pädagogische und ökonomische Ziele zu erreichen. Dies stellt eine klassische Managementaufgabe dar. Dieser Beitrag zeigt auf, welche Phasen des Managementprozesses in der Weiterbildung unterschieden werden können und worauf Weiterbildungsverantwortliche achten sollten. Eingegangen wird auf die Planung, die organisatorische Gestaltung, das Personalmanagement, die Menschenführung, das Controlling und das Qualitätsmanagement sowie das Marketing.

Stichworte: Personalmanagement in Weiterbildung – Qualitätsmanagement in Weiterbildung – Weiterbildung – Weiterbildungscontrolling – Weiterbildungsmarketing – Weiterbildungsorganisation – Weiterbildungsplanung

---

* Dr. Reto Steiner ist Dozent und Mitglied der Geschäftsleitung am Kompetenzzentrum für Public Management der Universität Bern.

1 Zum Begriff Weiterbildungsmanagement

Unter Weiterbildung wird die Wiederaufnahme organisierten Lernens nach Abschluss einer unterschiedlich ausgedehnten ersten Bildungsphase verstanden (vgl. Merk 2006). Spezifisch für den Weiterbildungsbereich ist, dass dieser im Gegensatz zur ersten Ausbildung eher marktwirtschaftlich ausgerichtet und in gesellschaftlichen Teilbereichen (u. a. Berufe, Betriebe) gewachsen ist. Die Nachfrage ist unsicher sowie heterogen und die Finanzierung erfolgsbedingt, da die Weiterbildung primär durch finanzielle Beiträge der Teilnehmenden und nur zu einem kleinen Teil durch den Staat oder Unternehmen subventioniert wird. Die Personalsituation ist von Teilzeitbeschäftigung geprägt, d. h. die Lehrenden aus Wissenschaft und Praxis werden zu Marktlöhnen angestellt und arbeiten vielfach in Kleinstpensen. Schließlich ist die Lehr- und Lernkultur durch einen curricularen Pluralismus gekennzeichnet und auch die Trägerstrukturen sind pluralistisch (vgl. Weber/Senn/Fischer 2006: 10 f.).

Von Weiterbildungsverantwortlichen wird verlangt, dass sie nicht nur gute pädagogische Vermittler sind, sondern auch die Bildungsorganisation führen, d. h. die organisatorisch-betrieblichen Voraussetzungen für Weiterbildung schaffen und in der Lage sind, pädagogische sowie organisatorische Prozesse zu steuern. Mit dem Begriff *Weiterbildungsmanagement* wird verdeutlicht, dass das Organisieren von Weiterbildungsprozessen eine Führungsaufgabe darstellt. Der Begriff Management findet seinen Ursprung im lateinischen Wort *„manus agere"*, welches die Bedeutung *„handhaben"* hat. Im betriebswirtschaftlichen Sprachgebrauch wird Management als das zielorientierte Gestalten und Steuern von Prozessen verstanden (vgl. Steinmann/Schreyögg 2005: 5 f.). Zielorientierung bedeutet inhaltliche und quantitative Festlegung von Absichten, während mit Steuerung die Erreichung der Ziele durch die Lenkung von Ressourcen gemeint ist. Die Aufgabe der zielorientierten Steuerung stellt sich ihrer Natur nach als wiederkehrendes Problem dar, das in jeder Leitungsposition zu lösen ist, unabhängig von der Hierarchieebene und der zu erfüllenden Aufgaben. Der Weiterbildungsbereich bildet hier keine Ausnahme.

Beim Weiterbildungsmanagement können drei Dimensionen unterschieden werden (vgl. Bäumer 1998; Decker 2000; Merk 2006; Thom/Ritz 2006; Thom/Ritz/Steiner 2006):

- Steuerung des *Lehrens:* Weiterbildungsmanagement kann verstanden werden als die methodisch-didaktische Gestaltung dessen, was gelehrt und umgesetzt werden soll. Eine Bildungsinstitution stellt beispielsweise fest, dass ein Bedarf nach neuen Berufsqualifikationen besteht. Als Antwort darauf werden neue Wissensbausteine und Bildungsprodukte erarbeitet und vermittelt (Curriculumsentwicklung, methodisch-didaktisches Konzept).

- Steuerung der *Bildungsinstitution:* Das Weiterbildungsangebot muss nach betriebswirtschaftlichen Kriterien geplant, organisiert, mit Dozierenden besetzt, kalkuliert und vermarktet werden. Es handelt sich hierbei um die betriebswirtschaftliche Komponente des Weiterbildungsmanagements.

- Verknüpfung mit der *Personalentwicklung:* Für Unternehmen, welche ihre eigenen Mitarbeitenden weiterbilden, kann eine weitere Dimension unterschieden werden: Die Unternehmen müssen das Personal qualifizieren und motivieren. Die Weiterbildung ist dadurch eng mit der Personalentwicklung der Unternehmung verknüpft.

Dieser Beitrag fokussiert auf die betriebswirtschaftliche Seite des Weiterbildungsmanagements. Um die Managementfunktion besser zu verstehen, wird nachfolgend eine Zerlegung in Teilaufgaben vorgenommen. Die Managementlehre hat sich in den vergangenen Jahrzehnten intensiv mit solchen Funktionskatalogen beschäftigt. Die Amerikaner Harold Koontz und Cyril O'Donnell haben den klassischen Fünferkanon von Managementfunktionen herausgebildet (vgl. Koontz/O'Donnell 1955): Sie unterscheiden (1) die Planung *(planning)*, (2) die organisatorische Gestaltung *(organizing)*, (3) das Personalmanagement *(staffing)*, (4) die Führung *(directing)* und (5) das Controlling. Diesen Funktionen ordnen die beiden Autoren die Koordinations- und Entscheidungsaufgaben über, welche bei jeder Teilaufgabe wahrzunehmen sind. In der Aufzählung von Koontz und O'Connor fehlt eine Funktion, welche für das Weiterbildungsmanagement zusätzlich von Bedeutung ist: (6) das Weiterbildungsmarketing.

Jede dieser Funktionen hat sowohl eine strategische als auch eine operative Komponente. Das strategische Weiterbildungsmanagement hat zum Ziel, möglichst frühzeitig Weiterbildungs- und Entwicklungsmaßnahmen aus sich verändernden Umweltbedingungen abzuleiten und die notwendigen Umsetzungsschritte einzuleiten. Beim operativen Weiterbildungsmanagement geht es um die konkrete Umsetzung der Strategie.

2 Funktionen des Weiterbildungsmanagements

2.1 Planung

Den Ausgangspunkt des Managementprozesses bildet die Planung, d. h. das Nachdenken darüber, was erreicht werden soll und wie es am besten zu erreichen ist. Teilschritte der Planung im Weiterbildungsbereich sind die Bedarfsermittlung, die Festlegung von Weiterbildungszielen, die Bewertung der Weiterbildungsalternativen, die Konzeption der Weiterbildungsmaßnahmen und die Durchführungsplanung. Eine Umfeldanalyse (Kontextmanagement), die Auswertung der eigenen internen Zielorientierung oder auch Befragungen können mögliche Instrumente der Bedarfsermittlung sein. Damit soll geklärt werden, welches Angebot durch den Markt nachgefragt wird und wo die Bedürfnisse der Praxis liegen (Nachfrageperspektive). Die Universität Bern bietet beispielsweise seit 2003 den Nachdiplomstudiengang *Executive Master of Public Administration* an, in welchem der Jubilar Norbert Thom als Mitglied der Studienleitung mitwirkt. Zur Abklärung der Bedürfnisse wurden mehr als 1'400 Kaderpersonen in der öffentlichen Verwaltung über die notwendigen Kompetenzen für Kaderpositionen im öffentlichen Sektor und nach dem Bedarf für eine universitäre Managementweiterbildung befragt. Zudem wurde eine detaillierte Analyse bestehender Weiterbildungsangebote auf dem Markt vorgenommen.

Die Planungsphase beinhaltet auch Überlegungen zu der Angebotsperspektive, d. h. den benötigten Ressourcen. Ressourcen im Weiterbildungsbereich sind die Dozierenden und übrigen Mitarbeitenden, die erforderliche Infrastruktur, die Finanzen und die Zeit. Das Gegenüberstellen von notwendigen Ressourcen und zu erwartender Nachfrage bildet die Entscheidgrundlage für die zu wählende Handlungsoption.

Eine präzise Kalkulation und ein ausgebautes Rechnungswesen sind wichtig, um einen fundierten Entscheid für das Weiterbildungsangebot treffen zu können. So wird denn von verschiedenen Autoren das Ressourcenmanagement zu Recht als eine eigenständige Managementfunktion bezeichnet (beinhaltet dabei auch das Organisations- und Personalmanagement). Das Ressourcenmanagement bildet die informatorische Grundlage für das Controlling.

2.2 Organisatorische Gestaltung

Planung ist zuerst gedankliche Arbeit. Dem Organisationsmanagement in der Weiterbildung obliegt es daher, die notwendigen Strukturen und Prozesse zu bestimmen, so dass eine Realisierung der Pläne möglich wird (vgl. Thom/Ritz 2004: 128 ff.). Grundlage dafür ist die Schaffung von überschaubaren Einheiten mit klar festgelegter Aufgaben-, Kompetenz- und Verantwortungszuordnung sowie die Einbindung in die Gesamtinstitution (Aufbauorganisation) und die Bestimmung der Prozesse (Ablauforganisation).

Grundsätzlich können drei aufbauorganisatorische Typen von Weiterbildungsorganisationen unterschieden werden (vgl. Weber 1995: 318 ff.): (1) Weiterbildungsspezifisch-selbstständige Organisationen zeichnen sich durch Autonomie aus. Sie bieten Weiterbildung als einziges Angebot auf dem Weiterbildungsmarkt an. Es handelt sich um die *Spezialisten* unter den Weiterbildungsorganisationen. (2) Bei ausbildungsspezifisch-trägerabhängigen Organisationen ist Weiterbildung primären Bildungsfunktionen nachgeordnet. Es handelt sich um Weiterbildungsabteilungen von Hochschulen oder der beruflichen Bildung. (3) Bei bildungsfern-trägerabhängigen Organisationstypen sind die Träger außerhalb des Bildungsbereichs tätig. Dies sind etwa Weiterbildungsabteilungen von Unternehmen oder Berufsverbänden. Weiterbildung ist bei diesem Typ eine nachgeordnete Aufgabe. Die Weiterqualifizierung von Mitarbeitenden dient der Unterstützung des Kerngeschäfts.

An die Organisation werden in der Weiterbildung zwei unterschiedliche Anforderungen gestellt: Einerseits ist der Unterricht flexibel zu gestalten und die Zusammenarbeit zwischen den Dozierenden und Kursteilnehmenden sollte nicht zu stark formalisiert sein, damit ein situativer Unterricht möglich bleibt. Andererseits verlangen die administrativen Prozesse nach einer eher straffen Organisation, damit effiziente Abläufe möglich sind und die zeitliche Belastung der Beteiligten gering bleibt. Dies betrifft die administrativen Belange der Bildungsinstitution und die informatorischen sowie routinemäßigen Abläufe bei der Dozentenschaft.

Im Weiterbildungsbereich ist seit ein paar Jahren eine Fokussierung auf Prozesse festzustellen. Von Prozessen wird gesprochen, wenn die Abläufe einen Nutzen für den Leistungsabnehmer erzielen resp. die Grundlage für das Stiften von Nutzen bilden. Kernprozesse sind beispielsweise der Unterricht und das

Coaching von Kursteilnehmenden. Diesen Kernprozessen übergeordnet ist der Führungsprozess, der einerseits die Schnittstelle zu allfälligen Behörden und Anspruchsgruppen außerhalb der Einheit herstellt, andererseits die Einheit intern führt. Eine Querschnittsfunktion für die Kernprozesse nehmen die Supportprozesse wahr, z. B. die Administration, der Hausdienst oder die Informatik.

2.3 Personalmanagement

Die Stellen, welche bei der Festlegung der Strukturen und Prozesse geschaffen wurden, bedürfen einer anforderungsgerechten Besetzung mit Dozierenden und Back-Office-Mitarbeitenden. Dabei umfasst die Personalfunktion nicht nur die einmalige Stellenbesetzung, sondern die fortdauernde Motivation und Förderung der Mitarbeitenden.

Das Personalmanagement ist für Bildungsinstitutionen von großer Bedeutung (vgl. Thom/Ritz 2006: 307 ff.). Die Bertelsmann-Stiftung hat im Rahmen einer Preisvergabe für das innovationsfreundlichste Schulsystem Kriterien herausgearbeitet, welche eine „Gute Schule“ kennzeichnen (vgl. Bertelsmann Stiftung 1996): Es seien Schulen, in welchen unter anderem Mitarbeitendenpotenziale gefördert würden. Dozierende beeinflussen gemäß dieser Untersuchung die Qualität der Weiterbildungsinstitution signifikant. Sie seien der kritische Erfolgsfaktor.

Das Verhalten und die Leistung von Dozierenden und weiteren Mitarbeitenden hängen von drei Faktoren ab: Der Fähigkeit *(Können)*, der Bereitschaft *(Wollen)* und der Situation *(Dürfen/Sollen)*. Aufgabe der Weiterbildungsverantwortlichen ist es nun, durch das Schaffen geeigneter Rahmenbedingungen und durch den Einsatz von Personalführungsinstrumenten auf diese Faktoren einzuwirken (vgl. Steiner/Ritz 2006: 210).

Weiterbildungsinstitutionen stellen öfters fest, dass es schwierig ist, geeignete Referentinnen und Referenten zu finden. Die Personalauswahl steht deshalb an erster Stelle des Personalmanagements und nimmt eine wichtige Bedeutung ein. Die Grundfrage lautet: Wie gewinnen wir Dozierende und andere Mitarbeitende mit hoher Fach-, Sozial-, Selbst- und Methodenkompetenz?

Arbeiten Dozierende bereits für die Weiterbildungsinstitution, gewinnt die Personalentwicklung an Stellenwert. Diese umfasst alle bildungs- und stellenbezogenen Maßnahmen, welche zur Qualifizierung der Dozierenden und übrigen

Mitarbeitenden dienen. Sie versteht sich einerseits institutionenorientiert und andererseits mitarbeitendenorientiert (vgl. Thom 1992: 1676). Die Personalentwicklung beeinflusst vor allem die Fähigkeit und auch die Bereitschaft der Dozierenden nachhaltig. Diese werden durch Aus- und Weiterbildungsmaßnahmen in ihrer persönlichen und beruflichen Entwicklung gefördert. Grundlage der Personalentwicklung bildet die regelmäßige Beurteilung der Mitarbeitenden.

Unter Personalerhaltung *(Retention Management)* versteht man alle Maßnahmen, welche dazu geeignet sind, die guten Lehrkräfte weiterhin an die Schule zu binden und zu verhindern, dass es zu Austrittsentscheidungen kommt. Durch die Verknüpfung von immateriellen und materiellen Anreizen soll die Leistungsmotivation der Dozierenden erhöht und dadurch das personelle Leistungspotenzial aktiviert werden (vgl. Thom/Ritz 2006: 351). Man erhofft sich durch Personalerhaltungsmaßnahmen eine Förderung der Zufriedenheit der Dozierenden.

2.4 Menschenführung

Nachdem die grundsätzlichen Voraussetzungen für ein Weiterbildungsangebot geschaffen wurden, folgen nun idealtypisch die konkrete Veranlassung der Arbeitsausführung und die zieladäquate Feinsteuerung (vgl. Seitz/Capaul 2005: 333 ff.; Weber/Senn/Fischer 2006: 24): Die Mitarbeitendenführung steht dabei im Vordergrund. Die Führungsverantwortung der Weiterbildungsverantwortlichen umfasst die Zielbildungsverantwortung, die Organisationsverantwortung, die Informationsverantwortung, die Kontrollverantwortung und die Förderungsverantwortung (vgl. Thom 1990). Diese Verantwortungsbereiche zeigen auf, dass die Mitarbeitendenführung eng mit den übrigen Managementfunktionen verknüpft ist. Bei der Zielbildungsverantwortung geht es darum, zusammen mit den Dozierenden und den übrigen Mitarbeitenden der Bildungsinstitution Ziele festzulegen, welche aus den Organisationszielen abgeleitet und auf die jeweiligen Personen zugeschnitten werden. Verschiedene Bildungsinstitutionen arbeiten bereits mit Qualitätssystemen, welche explizit auf das Führen mit Zielvereinbarung fokussieren *(Management-by-Objectives)*. Bei der Organisationsverantwortung geht es darum, dass für alle Dozierenden die Aufgaben, Kompetenzen und die Verantwortung geklärt sind. Diese sollten eine Einheit bilden *(Kongruenzprinzip)*. Die Informationsverantwortung umfasst eine aktive Komponente, d. h. die Bildungsverantwortlichen informieren laufend über neue Ereignisse, die für die Zielerreichung der Mitarbeitenden relevant sind. Die passive Komponente bedeutet, dass die Bildungsverantwortlichen festlegen, wann, wie, worüber und durch wen man als vorgesetzte Person informiert werden will. Bei der Kontrollverantwortung geht es um die ergebnis-, verfahrens- und verhaltensorientierte Kontrolle im eigenen Führungsbereich. Schließlich umfasst die Förderverantwortung die Motivation und die Personalentwicklung.

2.5 Controlling und Qualitätsmanagement

Die gedanklich letzte Phase des Managementprozesses ist das Controlling. Die erreichten Ergebnisse werden mit den Plandaten verglichen. Aufgabe des Soll-Ist-Vergleichs ist es zu zeigen, ob es gelungen ist, die Pläne in die Tat umzusetzen. Allfällige Abweichungen sind dahingehend zu prüfen, ob die Einleitung von Korrekturmaßnahmen resp. Planrevisionen notwendig sind. Das Controlling ist nicht als ein Endpunkt zu verstehen: Es ist ein kontinuierlicher Prozess und bildet den Ausgangspunkt für die adaptierte Neuplanung.

Im Bildungsbereich ist dem Controlling in letzter Zeit vermehrt Beachtung geschenkt worden. Insbesondere die periodischen PISA-Untersuchungen, welche die Lernleistung von Schülerinnen und Schülern in Europa miteinander vergleichen, haben die Politik aufgeschreckt. Controlling wird im Weiterbildungsbereich auch unter den Begriffen Qualitätsmanagement und Evaluation diskutiert.

Bestandteil einer Zielerreichungsanalyse können drei Bereiche sein (vgl. Seitz/Capaul 2005: 546):

- Die Inputgrößen umfassen all jene Faktoren, welche als Ressourcen oder als Rahmenbedingungen in den Leistungserbringungsprozess der Bildungsinstitution eingehen und mithin deren Qualität beeinflussen. Als Beispiele werden unter anderem die Qualifikationen der Dozierenden, die Aufbauorganisation der Bildungsinstitution, die Leistungsfähigkeit der Weiterzubildenden oder rechtliche und kulturelle Rahmenbedingungen genannt.

- Die Prozessgrößen beziehen sich auf die Bildungsinstitution als Ganzes. Es geht um eine Vielzahl von Faktoren wie Unterrichtsqualität, Klima, Zusammenarbeit der Dozierenden, Arbeitsorganisation und Arbeitsabläufe, die ihrerseits das Leistungsergebnis (Output) und die Wirkungen (Outcome), also die Produktqualitäten, bestimmen.

- Die Produktqualitäten (Output und Outcome) spielen eine besondere Rolle. Dies hat primär damit zu tun, dass sie den geforderten Bezug zum Leistungsabnehmer herstellen und die Basis für die „Kundenorientierung" der zu beurteilenden organisatorischen Einheit bilden.

Die Tendenz besteht, dass die einfache und gleichzeitig harte Messbarkeit von Effizienz-Indikatoren dazu verleitet, diesen eine größere Bedeutung einzuräumen als den schwieriger anwendbaren Qualitätsindikatoren (Effektivitätsgrößen). Ziel ist eine ausgewogene Berücksichtigung von Effektivitäts- und Effizienzüberlegungen. Das Qualitätsmanagement, wie es im Weiterbildungsbereich intensiv diskutiert und auch verbreitet ist, bietet wertvolle Instrumente an, um qualitativen Aspekten den ihnen zustehenden Stellenwert zu geben (vgl. Beywl 1999).

2.6 Marketing

Im klassischen Managementkanon fehlt eine Funktion, welche für eine Weiterbildungsinstitution von Bedeutung ist, damit sie neue Kundinnen und Kunden gewinnen kann: das Weiterbildungsmarketing. Dieses hat zum Ziel, das Bildungsprodukt am Markt zu positionieren, aber auch das Bewusstsein von Zielgruppen z. B. für die Notwendigkeit von Weiterbildungsmaßnahmen zu fördern.

Im Weiterbildungsbereich können zwei Marketingmodelle unterschieden werden: das Inhaltsmodell und das Marktmodell. Beim Inhaltsmodell steht die inhaltliche Gestaltung resp. die didaktisch-methodische Vermittlung der Lehrinhalte im Vordergrund. Die Teilnehmerinnen und Teilnehmer der Weiterbildung kommen in genügender Zahl und bezahlen höchstens eine geringe Gebühr. Beim Marktmodell müssen die potenziellen Kundinnen und Kunden für das Weiterbildungsprodukt gewonnen werden. Je größer die Kundennähe, desto größer ist auch der Markterfolg. In den letzten Jahren hat aufgrund der knappen Ressourcen eine Verschiebung hin zum Marktmodell stattgefunden.

Mit dem Marketing werden im Weiterbildungsbereich verschiedene Ziele verfolgt, so unter anderem das Erreichen der anvisierten Zielgruppen und die Vernetzung der innerbetrieblichen Ziele mit den Marktzielen (u. a. gesellschaftlicher Auftrag und Gewinn). Schließlich kann dank Marketing die Zufriedenheit der Teilnehmenden erhöht werden, da vor Kursbeginn umfassend über das Angebot informiert wird und so nur geeignete Kursteilnehmende gewonnen werden.

Um ein Weiterbildungsangebot auf dem Markt zu platzieren, ist ein geeigneter Marketing-Mix zu wählen, d. h. eine passende Kombination verschiedener Maßnahmen. Dazu müssen Entscheidungen zum Produkt (welches Produkt bieten wir an?), zum Preis (zu welchen Konditionen bieten wir das Produkt an?), zur Kommunikation (wie machen wir auf unser Produkt aufmerksam?) und zur Distribution (über welche Kanäle vermarkten wir unser Produkt?) getroffen werden. Neue Medien, insbesondere das Internet *(E-Learning)*, haben den Weiterbildungsverantwortlichen in jüngster Zeit neue Möglichkeiten eröffnet, gleichzeitig aber auch den Anpassungsdruck zur Neugestaltung bestehender Marketing-Mixe erhöht.

3 Fazit

Die Ausführungen in diesem Beitrag haben aufgezeigt, dass der Weiterbildungsbereich aktiv geführt werden muss. Dabei geht es nicht darum, die pädagogisch geprägten Vorstellungen einer „guten Schule“ durch eine rein ökonomische Betrachtung der Weiterbildung abzulösen. Vielmehr ist eine Integration sowohl pädagogischer als auch betriebswirtschaftlicher Konzepte notwendig, damit eine Weiterbildungsinstitution Erfolg hat. Weil die Ressourcen im Bildungsbereich knapp sind, müssen Weiterbildungsinstitutionen sowohl effektiv als auch effizient geführt werden.

Verschiedene deutschsprachige universitäre Nachdiplomstudiengänge im Bereich des Weiterbildungsmanagements deuten darauf hin, dass ein Bedarf nach Weiterbildungsverantwortlichen besteht, welche über eine ausgewiesene Fachkompetenz sowohl in methodisch-didaktischer als auch in betriebswirtschaftlicher Hinsicht verfügen.

Literaturverzeichnis

Bäumer, Jens (1998): Weiterbildungsmanagement. Eine empirische Analyse deutscher Unternehmen, München/Mering 1998.

Bertelsmann Stiftung (Hrsg.) (1996): Innovative Schulsysteme im internationalen Vergleich, Gütersloh 1996.

Beywl, Wolfgang (1999): Programmevaluation in pädagogischen Praxisfeldern – begriffliche und konzeptionelle Grundlagen. In: Evaluation der Weiterbildung. Internationales Jahrbuch der Erwachsenenbildung, hrsg. v. Klaus Künzel, Köln 1999, S. 29-48.

Decker, Franz (2000): Bildungsmanagement, Würzburg 2000.

Koontz, Harold; O'Donnell, Cyril (1955): Principles of management: An analysis of managerial functions, New York 1955.

Merk, Richard (2006): Weiterbildungsmanagement. Bildung erfolgreich und innovativ managen, 3. Auflage, Neuwied/Kriftel/Berlin 2006.

Seitz, Hans; Capaul, Roman (2005): Schulführung und Schulentwicklung, Bern/Stuttgart/Wien 2005.

Steiner, Reto; Ritz, Adrian (2006): Beurteilung und Entlöhnung von Lehrpersonen. In: Effektive Schulführung. Chancen und Risiken des Public Managements im Bildungswesen, hrsg. v. Norbert Thom, Adrian Ritz und Reto Steiner, Bern/Stuttgart/Wien 2006, S. 207-237.

Steinmann, Horst; Schreyögg, Georg (2005): Management. Grundlagen der Unternehmensführung, 6. Auflage, Wiesbaden 2005.

Thom, Norbert (1990): Was bedeutet "Verantwortung tragen" in einer Institution? In: Verbandsmanagement, 15. Jg. 1990, Nr. 2, S. 6-12.

Thom, Norbert (1992): Personalentwicklung und Personalentwicklungsplanung. In: Handwörterbuch des Personalwesens, 2. Auflage, hrsg. v. Eduard Gaugler und Wolfgang Weber, Stuttgart 1992, Sp. 1676-1690.

Thom, Norbert; Ritz, Adrian (2004): Public Management-Reformen und ihre Folgen für die Schulführung. In: Schulen für die Zukunft. Neue Steuerung im Bildungswesen, hrsg. v. Stefan Koch und Rudolf Fisch, Baltmannsweiler 2004, S. 121-137.

Thom, Norbert; Ritz, Adrian (2006): Public Management. Innovative Konzepte zur Führung im öffentlichen Sektor, 3. Auflage, Wiesbaden 2006.

Thom, Norbert; Ritz, Adrian; Steiner, Reto (Hrsg.) (2006): Effektive Schulführung, 2. Auflage, Bern/Stuttgart/Wien 2006.

Weber, Karl (1995): Weiterbildung und Organisation. In: Grundlagen der Weiterbildung (GdWZ), 6. Jg. 1995, Nr. 6, S. 318-321.

Weber, Karl; Senn, Peter; Fischer, Andreas (2006): Führungsmodell für Weiterbildungsorganisationen, Bern 2006.

Innovations- und Wissenskompetenz

Kompetenz für Technologiemanagement

Klaus Brockhoff*

Die strategischen Anforderungen an das Technologiemanagement sind bedeutend umfangreicher als diejenigen, die früher an das Forschungs- und Entwicklungsmanagement gestellt wurden. Die notwendigen Kompetenzen sind damit ausgeweitet worden, wobei die entsprechende Erweiterung des Kompetenzbegriffs eine notwendige, komplementäre Entwicklung darstellt. Der vorliegende Beitrag skizziert diesen wechselseitigen Bezug, welcher aus Sicht der Anforderungen an das Technologiemanagement aufgezeigt wird. Folgerungen für die Aufgabenwahrnehmung werden kurz erwähnt.

Stichworte: Forschungs- und Entwicklungsmanagement – Innovationsmanagement – Kompetenz – Technologiemanagement – Wissensmanagement

---

* Prof. Dr. Dr. h. c. Klaus Brockhoff ist Honorarprofessor der WHU – Otto Beisheim School of Management, Lehrstuhl für Unternehmenspolitik.

1 Kompetenz

Offenbar unterliegt der Begriff der Kompetenz einem Bedeutungswandel. Die einem Stelleninhaber ausdrücklich zugeteilten Rechte und Befugnisse machen für Ulrich (1973: 852) die begriffliche Bedeutung von Kompetenz aus. Dieser Kompetenzbegriff ist personenbezogen und offenbar auch an einem hierarchischen Modell der Aufbauorganisation orientiert. „Kompetenzen sind Rechte und Befugnisse von Institutionen oder Personen, welche die formale Legitimation für ihr Handeln begründen.“ (Bleicher 1980: 1056). Mit dieser Definition wird eine auf Institutionen bezogene Erweiterung vorgenommen. Sie ist an die tradierte, an Hierarchie und Macht orientierte Wortbedeutung angeknüpft, wie sie indirekt beispielsweise schon im Grimmschen Wörterbuch im Sinne von Kompetenz zur Steuererhebung oder der Unterwerfung unter die Kompetenz eines Gerichts zu finden ist (vgl. Grimm/Grimm 2004). Die Unterscheidung der formalen Festlegung von Kompetenz, ihrer Wahrnehmung durch Stelleninhaber und schließlich dem tatsächlich sich einstellenden Verhalten wird von Thom (1976: 273 ff.) sehr früh getroffen. Damit kommt die Interpretation im Sinne von Fähigkeit zum Tragen, die in der Psychologie und Pädagogik bedeutend ist. Ergänzt wird diese verhaltensorientierte Sicht der Kompetenz durch die Berücksichtigung eigenverantwortlicher Entscheidungsbefugnisse von Stelleninhabern, die als Entscheidungskompetenz bezeichnet werden (vgl. Thom 1976: 303). Das öffnet den Raum für die Entwicklung und Wahrnehmung von Initiativen.

Mit Verweis auf mehrere Quellen wird in jüngerer Zeit von einer Wiederentdeckung des Kompetenzbegriffs unter dem Aspekt der Disposition über knappe Ressourcen gesprochen, dabei aber zugleich seine Unschärfe beklagt (vgl. Duschek 2004: 613). Dafür wird vor allem auf die organisationale Kompetenz verwiesen, die im Begriff der Institution auch mit der früheren Definition angesprochen war. Lernen und die Entwicklung von Synergien treten damit in den Mittelpunkt der Betrachtung. Letzteres ist unter dem Gesichtspunkt einer bewussten Überbrückung organisationaler Schnittstellen von Bedeutung (vgl. Brockhoff 1989). Gemeinsam mit den vorher durchlaufenen Bedeutungsvariationen wird der Begriff heute als Menge spezifischer Fähigkeiten von Individuen, Organisationen oder kooperierenden Teilmengen von Organisationen in Netzwerken aufgefasst. Im Begriff der Kompetenz treffen interessanter Weise auch die Interpretationen verschiedener Wissensgebiete aufeinander, womit der Wortursprung „competere“ einen übergeordneten Sinn erhält.

Da es hier nicht um eine historische Nachzeichnung und Interpretation des Bedeutungswandels des Kompetenzbegriffs geht, reichen diese Belege aus. Sie sind von besonderer Bedeutung für das Technologie- und Innovationsmanagement von Unternehmen (vgl. Brockhoff 2005: 11 ff.). Hier werden primär Produkt-, sekundär auch Prozessinnovationen die Betrachtung bestimmen, während andere Innovationstypen (vgl. Hauschildt 2004) unbehandelt bleiben müssen. In der folgenden Tabelle 1 zeigt sich exemplarisch die zu behandelnde Problematik. Innerhalb kurzer Zeit wächst selbst bei mittelgroßen deutschen Unternehmen der Anteil derjenigen, die ihre Innovationsvorhaben durch Forschung und Entwicklung vorbereiten, während der Anteil der Unternehmen abnimmt, in denen Produkt- oder Prozessinnovationen vorkommen. Es wird also offenbar immer schwieriger, diese Typen von Innovationen ohne die systematische Wissensgewinnung zu realisieren, die Aufgabe des Technologiemanagements ist.

	1998	**1999**	**2000**	**2001**	**2002**	**2003**
Kontinuierliche Forschung und Entwicklung	18	20	22	22	21	23
Einführung von Marktneuheiten	30	32	28	27	27	22
Unternehmen mit Kostenreduktionen	34	34	24	19	20	23

Tabelle 1: Innovationsaktivitäten (%-Anteil der Unternehmen) kleiner und mittelgroßer deutscher Unternehmen des verarbeitenden Gewerbes und des Bergbaus (1998-2003) (Quelle: ZEW Mannheimer Innovationspanel 2005)

2 Technologiemanagement

2.1 Allgemeine Definition

Unter Technologiemanagement wird hier die Disposition über Ressourcen oder Produktionsfaktoren zur Erzeugung neuen technologischen Wissens für Produkte oder Produktionsprozesse unter Beachtung des Rationalitätsprinzips verstanden. Diese Definition erfüllt mehrere Zwecke. Der Hinweis auf das Rationalitätsprinzip erfolgt, um der Zielerfüllung des Unternehmens unter Effektivitäts- und Effizienzgesichtspunkten zu entsprechen. Das hat bei der Erzeugung neuen technologischen Wissens wie bei jeder anderen auf zukünftige Ereignisse gerichteten Tätigkeit unter Berücksichtigung der Unsicherheit zu erfolgen, wird also bei den in der Regel nicht risikoneutral handelnden Personen im Unternehmen mehr als bloß Erwartungswertmaximierung erfordern. Die Koordination mehrerer Personen auf das gewünschte Ziel hin erfordert den Einsatz spezifischer Instrumente, wobei der Gewährung von situationsspezifisch gestalteten Anreizen nach heutiger Auffassung mehr Gewicht zukommt als der Zuweisung rollenspezifischer Rechte oder Befugnisse. Die Ausrichtung auf neue Produkte oder Prozesse erfolgt hier ausschließlich aus Gründen der Beschränktheit der Darstellung. Die Ressourcen schließen neben den klassischen betriebswirtschaftlichen Produktionsfaktoren (vgl. Gutenberg 1975: 11 ff.) auch Wissen als Produktionsfaktor ein. Dabei ist auf die Besonderheiten des Wissens in dieser Hinsicht auch hier nur zu verweisen (vgl. Brockhoff 2002).

Grundsätzlich lassen sich drei Teilaktivitäten des Technologiemanagements unterscheiden: die Beschaffung, die Speicherung und die wirtschaftliche Verwertung neuen technologischen Wissens. Für jede dieser Aktivitäten kann sowohl eine ausschließlich in der eigenen Organisation liegende Lösung als auch eine über die eigene Organisation hinausreichende Lösung diskutiert werden (vgl. Brockhoff 1999: 70 ff.).

Die allgemeine Definition des Technologiemanagements ist nun in wenigstens zweierlei Hinsicht zu spezifizieren. Erstens ist nach den Grundbedingungen zu fragen, die als allgemeine Prüfschritte an ein Technologiemanagement zu stellen sind. Zweitens ist zu fragen, wie die grundsätzliche Entscheidung für die Gewinnung neuen technologischen Wissens umgesetzt bzw. operationalisiert werden soll. Diesen beiden Fragen wollen wir uns im Folgenden zuwenden.

2.2 Grundbedingungen für Technologiebeschaffung

Die Forderung nach Beachtung des Rationalitätsprinzips bedeutet, dass das Technologiemanagement von den Unternehmenszielen her gesteuert werden soll. Das schließt auf keinen Fall Grundlagenforschung aus. Wohl aber wird Grundlagenforschung in dem Sinne als nicht zielgerichtet ausgeschlossen, dass die Ressourcen lediglich in der Hoffnung auf irgendetwas Brauchbares eingesetzt werden. In diesem Sinne ist die Entscheidung, die Grundlagenforschung bei DuPont in der Folge der Erfindung von Nylon durch Carothers nur deshalb zu stärken, weil man auf „another Nylon“ wartet, nicht wirklich zu vertreten. Sie wurde dann auch in der Folge revidiert, als sich diese Erwartung nicht einstellen wollte (vgl. Hounshell/Smith 1989). Eine überwiegende Technologieorientierung ist eine sehr risikoreiche Unternehmensstrategie (vgl. Brockhoff 1999: 6 ff.).

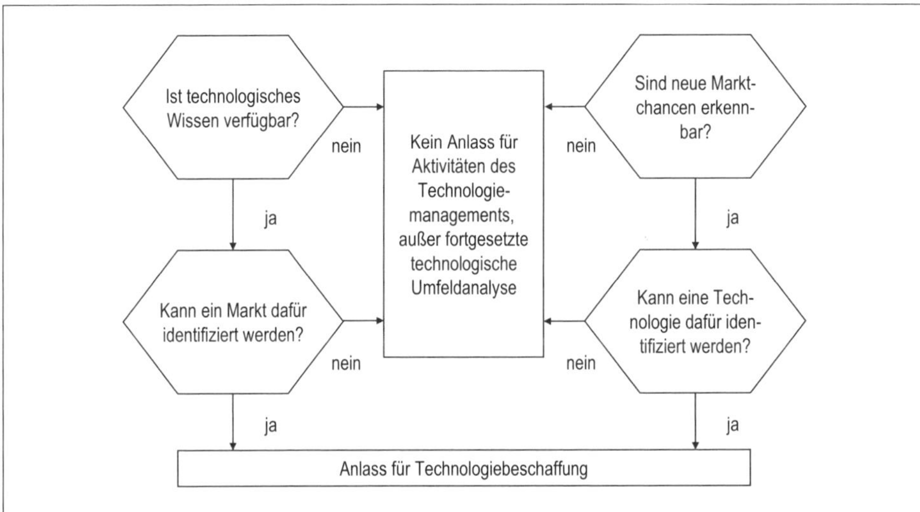

Abbildung 1: Prüfung der Notwendigkeit zum Erwerb neuen technologischen Wissens

Die Notwendigkeit zum Erwerb neuen technologischen Wissens setzt zwei alternativ ablaufende Folgen von Prüfschritten voraus (vgl. Abbildung 1). Ist neues technologisches Wissen aus laufenden Forschungs- und Entwicklungsvorhaben, als Ergebnis eines innerbetrieblichen Vorschlags oder als Angebot von außerhalb des Unternehmens verfügbar, so ist zu prüfen, ob dafür innerhalb des Unternehmens eine auf einen Markt gerichtete Verwendung vorstellbar ist. Nur wenn diese Frage mit „ja" beantwortet werden kann, sind die Folgeaktivitäten zu starten, in denen aus einer Technologie eine Technik entwickelt wird. Wird die Frage verneint, so beschränkt sich das Technologiemanagement auf die technologische Umfeldanalyse, um nicht überraschend durch externe Technologien überholt zu werden (vgl. Lange 1994). Es ist interessant zu vermerken, dass bei der heutigen Bayer AG eine solche Analyse durch die Patentabteilung noch vor der Errichtung eigener Forschungslabors realisiert worden ist. Eine weitere Aufgabe des Technologiemanagements kann darin gesehen werden, das nicht mit dem Ziel eines Markteintritts verbundene, verwertungsfähige und technologische Wissen im Unternehmen bestmöglich an Dritte zu veräußern. Es wird beispielsweise berichtet, dass der größere Teil des neuen technologischen Wissens des Palo Alto Research Center von Xerox nicht im eigenen Unternehmen an den Markt gebracht, sondern extern verkauft wurde.

Lassen sich Marktchancen erkennen, so ist die nachfolgende Frage, ob zu deren Wahrnehmung neues technologisches Wissen erforderlich ist, das zu einer Technik weiterzuentwickeln wäre. Wird diese Frage mit „ja“ beantwortet, so besteht wiederum ein Anlass für die Beschaffung neuen technologischen Wissens durch Technologiemanagement.

Mit dem Schema der Abbildung 1 wird die Steuerung des Unternehmens auf die Entwicklung von Kernkompetenzen (vgl. Prahalad/Hamel 1990) hin unterstützt. Es dient der Auslotung möglicher Wettbewerbsvorteile in einer systematischen Vorgehensweise.

Die Kompetenzen im Sinne von notwendigen Fähigkeiten des Technologiemanagements sind in dieser Phase der Entscheidungen eher breit orientiert, wenig spezialisiert und ohne Blockade durch ein „not invented here“-Syndrom oder ein „never sell out“-Syndrom behindert. Solche Verhaltensweisen stellen Verzerrungen einer rein wirtschaftlichen Entscheidungsrationalität dar (vgl. Mehrwald 1999). Ältere, erfahrene Beobachter der aktuellen technologischen Entwicklungen werden für solche Aufgaben vermutlich besonders gut geeignet sein. Dieser Typ von Mitarbeitern verfügt auch über die Verknüpfung in professionellen Netzwerken, wie der klassische „gatekeeper“ (vgl. Domsch/Gerpott/Gerpott 1989), und kann diese für sein Kompetenzfeld nutzen. Den mit Ansteckungsgefahr verbundenen Verhaltensverzerrungen, insbesondere in über längere Zeit erfolgreich wirkenden Teams, muss durch geeignete personalpolitische oder organisatorische Maßnahmen begegnet werden, um eine schleichende Erosion der Fähigkeiten durch zu große Selbstsicherheit zu vermeiden.

Sind Anlässe für den weiteren Einsatz von Technologiemanagement identifiziert, muss unter erneutem Zielbezug eine Prüfung der grundsätzlichen wirtschaftlichen Möglichkeiten der Technologiebeschaffung erfolgen. Ohne sich in Details zu verlieren, die in einer späteren, projektbezogenen Prüfung und Wirtschaftlichkeitsrechnung immer noch zu klären sind, müssen drei wesentliche ökonomische Fragen positiv beantwortet werden können (vgl. Abbildung 2).

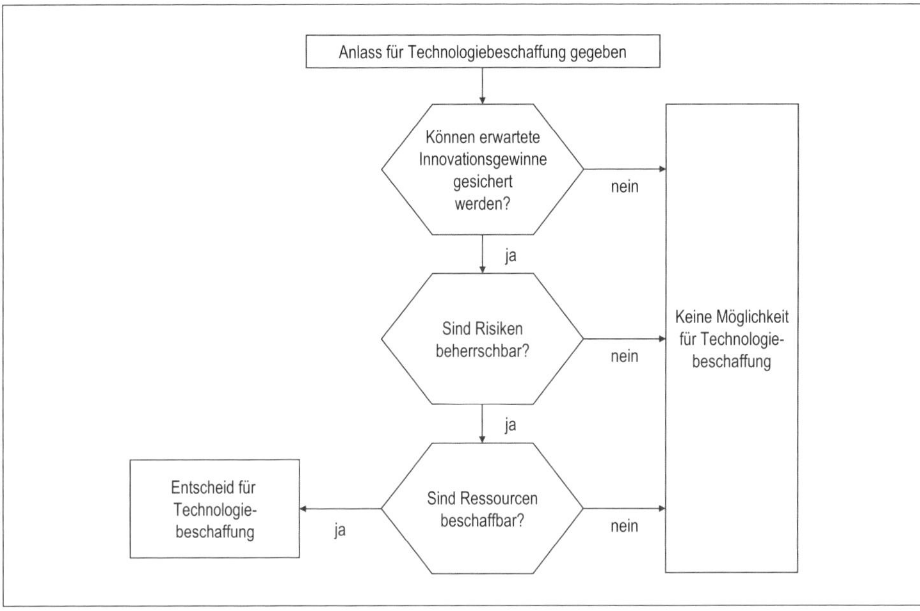

Abbildung 2: Prüfung der Möglichkeit zum Erwerb neuen technologischen Wissens

Als erstes ist die Frage zu klären, ob die „appropriability" oder „Aneignungsmöglichkeit" später erwarteter Innovationsgewinne unter Nutzung der vorgesehenen neuen Technik gegeben ist. Durch den gewerblichen Rechtsschutz, durch die Geheimhaltung (vor allem bei Prozessinnovationen), durch die Errichtung von Marktzugangsbarrieren wie etwa die Prägung eines Gattungsbegriffs durch den Markennamen des Pionieranbieters können positive Antworten gefunden werden. Hier liegt die Kompetenz eines erfolgreichen Technologiemanagements in der Nutzung und Zusammenführung speziellen Fachwissens auf sehr unterschiedlichen Gebieten. Es macht Sinn, diese Prüfstufe in einer frühen Prozessphase zu durchlaufen, weil dadurch einerseits Prozessanforderungen definiert werden (zum Beispiel die Bestimmung der Schnelligkeit des Ablaufs, um die Pionierstellung zu sichern) und andererseits das Entstehen von hohen „sunk costs" vermieden wird. Bei der Risikoabschätzung wird wiederum prozessbezogenes Spezialwissen benötigt. Was ist beispielsweise zu berücksichtigen, wenn der im Labormaßstab beherrschte Prozess in die Großtechnik überführt werden soll? Sind überhaupt Fachkräfte der Disziplinen verfügbar, die mit der neuen Technologie umgehen können? An dritter Stelle ist die grundsätzliche Beschaffbarkeit der notwendigen Ressourcen zur Realisierung der angestrebten Innovation zu prüfen. Beispielsweise muss sich die Neugründung mit der Weltneuheit fragen, ob die vom künftigen Nutzer geforderten Sicherheitsleistungen erbracht werden können oder ob die Ressourcen ausreichen, nach der Entwicklung auch Produktion und Vertrieb aufbauen zu können. Gegebenenfalls ist frühzeitig die Kooperation mit ressourcenstärkeren Unternehmen zu suchen. In dieser Phase sollten die Vorstellungen des Ideenträgers unter Anlegung von Erfahrungswerten über übliche Kosten- und Zeitabweichungen in Entwicklungsprojekten, der Markteintrittskosten usw. in einer ersten Projektkalkulation überschlagen werden. Das Projektlebenszykluskonzept tritt hier vermutlich erstmals in das Blickfeld des Technologiemanagers (vgl. Braun/Brockhoff 1988). Spätestens hier tut sich ein Konfliktfeld auf, in dem empirisch gestütztes Erfahrungswissen, wirtschaftliche Argumentation und technologische Begeisterung aufeinander treffen. Man erkennt, dass deshalb auch die Behandlung von Konflikten zu den Fähigkeiten des Technologiemanagements gehört.

2.3 Optionen für die Gewinnung neuen technologischen Wissens

Nachdem die Aspekte der Wissensverwertung und der Wissensspeicherung hier unberücksichtigt bleiben müssen, gilt es ausschließlich die Grundentscheidung über die Alternativen der Wissensgewinnung zu treffen.

Die Sicherung zumindest temporär ausschließlicher Aneignungsmöglichkeit der Innovationsgewinne schränkt die Alternativen in der Regel auf die eigene Forschung und Entwicklung, die Vertragsforschung und solche Formen kooperativer Forschung und Entwicklung ein, bei denen – wie im Falle der Vereinbarungen mit Hochschulinstituten oder Zulieferern – zeitlich beschränkte Ausschließlichkeit der Wissensnutzung vereinbart wird. Auch in den beiden zunächst genannten Alternativen ist die ausschließliche Wissensnutzung nur zeitlich beschränkt möglich, sei dies aus rechtlichen Gründen, wie im gewerblichen Rechtsschutz, oder aus tatsächlichen Gründen, wie der Unmöglichkeit dauernder Geheimhaltung (vgl. Mansfield 1985). Die unter gleichen Gesichtspunkten auch nur für beschränkte Zeit mögliche Teilung der Wissensnutzung mit wenigen anderen, an der Wissenserstellung beteiligten Partnern öffnet die Optionen auf unterschiedliche Kooperationsformen. Diese können nach der Anzahl der Partner (einer bis zur Einbindung in teilweise weit reichende Netzwerke), der Art der Partner (andere Unternehmen oder Institutionen ohne Gewinnerzielungsabsicht), der Stellung der

Partner (als Neutrale, als Wettbewerber, als Zulieferer, Abnehmer oder Hersteller komplementärer Leistungen) oder der den Partnern zugedachten Funktionen sehr unterschiedliche Formen annehmen. Da die dabei zu vereinbarenden Verträge in Anbetracht der Unsicherheit der Aufgabe nicht vollständig sein können, spielen Versuche zur Entwicklung von Selbstbindungsvorkehrungen oder Investitionen in den Aufbau von Vertrauen eine sehr große Rolle.

3 Fazit

Zu Beginn der Einrichtung von Forschungs- und Entwicklungslabors in Unternehmen war es selbstverständlich, dem begabten Forscher nach entsprechender Bewährung die Leitung seines Bereiches anzuvertrauen. Mit der Entwicklung zum Technologiemanagement wird dieses Karrieremuster in Frage gestellt. Ein erster Schritt zur Ausfüllung der erweiterten Rolle von Technologiemanagern besteht in der Ergänzung ihrer Fachausbildung durch die Vermittlung der Kenntnisse des strategischen Managements. Die Ausführungen zeigen, dass das Technologiemanagement heute über Kompetenzen verfügen muss, die auf dem bezeichneten Weg nur im Ausnahmefall einer Person allein zu vermitteln sind. Technologiemanagement ist zu einer Aufgabe herangewachsen, die fachlich heterogene Anforderungen einer Breite stellt, die vermutlich nur durch entsprechend zusammengesetzte Teams zu bewältigen sind. Hilfe durch Informations- und Kommunikationstechnologien ist nur beschränkt möglich, weil die notwendigen assoziativen und prognostischen Leistungen dadurch ebenso wenig abzudecken sind wie die zur Koordination erforderlichen persönlichen Eigenschaften.

Literaturverzeichnis

Bleicher, Knut (1980): Kompetenz. In: Handwörterbuch der Organisation, 2. Auflage, hrsg. v. Erwin Grochla, Stuttgart 1980, Sp. 1056-1064.

Braun, Heiko; Brockhoff, Klaus (1988): PED – Ein Programm zur optimalen Planung der Entwicklungsdauer. In: Zeitschrift für betriebswirtschaftliche Forschung, Sonderheft 23, S. 74-85.

Brockhoff, Klaus (1989): Schnittstellenmanagement. Abstimmungsprobleme zwischen Marketing und Forschung und Entwicklung, Stuttgart 1989.

Brockhoff, Klaus (1999): Forschung und Entwicklung, Planung und Kontrolle, 5. Auflage, München/Wien 1999.

Brockhoff, Klaus (2002): Technologiemanagement als Wissensmanagement. In: Berichte und Abhandlungen der Berlin-Brandenburgischen Akademie der Wissenschaften, Band 9, S. 11-32.

Brockhoff, Klaus (2005): Vom Forschungs- und Entwicklungsmanagement zum Technologie- und Innovationsmanagement. In: Die Unternehmung, 59. Jg. 2005, Heft 1, S. 11-30.

Domsch, Michel; Gerpott, Heike; Gerpott, Torsten J. (1989): Technologische Gatekeeper in der industriellen F&E. Merkmale und Leistungswirkungen, Stuttgart 1989.

Duschek, Stephan (2004): Kompetenzen, organisationale. In: Handwörterbuch der Unternehmensführung und Organisation, 4. Auflage, hrsg. v. Georg Schreyögg und Axel von Werder, Stuttgart 2004, Sp. 612-618.

Grimm, Jacob; Grimm, Wilhelm (2004): Deutsches Wörterbuch. Elektronische Ausgabe der Erstbearbeitung, Frankfurt a. M. 2004.

Gutenberg, Erich (1975): Grundlagen der Betriebswirtschaftslehre. Band 1: Die Produktion, 21. Auflage, Berlin/Heidelberg/New York 1975.

Hauschildt, Jürgen (2004): Innovationsmanagement, 3. Auflage, München 2004.

Hounshell, David A.; Smith, John Kenly Jr. (1989): Science and Corporate Strategy. Research and Development at DuPont 1908 to 1980, Cambridge/Mass. 1989.

Lange, Veronika (1994): Technologische Konkurrenzanalyse, Wiesbaden 1994.

Mansfield, Edwin (1985): How Rapidly Does New Industrial Technology Leak Out? In: Journal of Industrial Economics, 34. Jg. 1985, Nr. 2, S. 217-223.

Mehrwald, Herwig (1999): Das ‚Not Invented Here'-Syndrom in Forschung und Entwicklung, Wiesbaden 1999.

Prahalad, Coimbatore K.; Hamel, Gary (1990): The Core Competence of the Corporation. In: Harvard Business Review, 68. Jg. 1990, Nr. 3, S. 79-91.

Thom, Norbert (1976): Zur Effizienz betrieblicher Innovationsprozesse. Vorstudie zu einer empirisch begründeten Theorie des Innovationsmanagements, Köln 1976.

Ulrich, Hans (1973): Kompetenz. In: Handwörterbuch der Organisation, hrsg. v. Erwin Grochla, Stuttgart 1973, Sp. 852-856.

Zentrum für Europäische Wirtschaftsforschung (ZEW) (Hrsg.) (1999-2005): Innovationsverhalten der deutschen Wirtschaft, Indikatorenbericht zur Innovationserhebung, Mannheim, verschiedene Jahrgänge (1999-2005).

Führen und Entwickeln einer Wissenskultur

Gilbert J. B. Probst* und Bettina A. Sollberger**

Die These, dass eine starke (Wissens-)Kultur zu einer höheren Unternehmensleistung führt und einen entscheidenden Wettbewerbsvorteil bewirken kann (vgl. Wilkins/Patterson 1985: 277), fand sowohl in der Wissenschaft als auch in der Praxis hohe Beachtung (vgl. Denison 1997; Sørensen 2002: 70). Die Annahme basiert auf der intuitiv überzeugenden Idee, dass Organisationen von hochmotivierten Mitarbeitern mit einer gemeinsamen Zielorientierung in hohem Maß profitieren. Ergebnisse einer kürzlich durchgeführten Intensivfallstudie in der Schweizerischen Post konnten den positiven Zusammenhang zwischen der Wissenskultur und der Produktivität aufzeigen. Gleichzeitig wurde die Bedeutung der Führung für die Entwicklung und Förderung einer Wissenskultur offenkundig.

Stichworte: Betrieb – Community of Practice – Führung – operative Ebene – Produktivität – Unternehmenskultur – Vorbildfunktion – Wissenskultur – Wissensmanagement

---

* Prof. Dr. Gilbert J. B. Probst ist Inhaber des Lehrstuhls für Organisation und Management an der Universität Genf und Direktor des dortigen MBA-Programms.

** Dr. Bettina A. Sollberger ist seit mehreren Jahren für das Wissensmanagement der Schweizerischen Post verantwortlich und hat berufsbegleitend eine Dissertation zum Thema „Wissenskultur" verfasst.

1 Wissenskultur und Unternehmenserfolg

Ergebnisse einer kürzlich erfolgten Untersuchung bestätigen die These, dass starke Kulturen zu einer höheren Unternehmensleistung führen. In einer Intensivfallstudie in der Schweizerischen Post ließ sich der positive Zusammenhang zwischen der Wissenskultur und der Produktivität aufzeigen. Im Untersuchungszeitraum von drei Jahren (2002-2004) wurde der Zusammenhang zwischen diesen beiden Größen in den drei Paketzentren der Post untersucht, die gleichzeitig gebaut und Mitte 1999 in Betrieb genommen wurden. Zahlreiche, die Produktivität beeinflussende, interne Faktoren wie etwa die technische Ausstattung oder das Transportleitsystem sind nahezu identisch (vgl. Sollberger 2005: 16 ff.). Entsprechend bildet die Wissenskultur und demzufolge ein erfolgreiches Wissensmanagement einen entscheidenden Faktor für die Produktivitätsunterschiede in den Zentren. Werden Erfahrungen im Umgang mit Störfällen, wie ein Ausfall der Sortieranlagen, systematisch gesammelt und weitergegeben, wirkt sich dieser Prozess erwiesenermaßen positiv auf die Produktivität aus.

Jedes Unternehmen hat eine individuelle (Wissens-)Kultur (vgl. Sackmann 2004: 24). Jedoch stellt sich die Frage, ob diese die Unternehmensziele unterstützt oder behindert: „One thing is guaranteed: A culture will form in an organization, a department, and a work group. The question is whether the culture that forms is one that helps or hinders the organization's ability to execute its strategic objectives." (Chatman/Cha 2003: 32).

Heute ist man in Wissenschaft und Praxis überzeugt, dass der Unternehmenserfolg in hohem Maß von der Kultur abhängt: „Without exception, companies that outperformed their industry peers excelled at what we call the four primary management practices – strategy, execution, culture, and structure." (Nohria/Joyce/Roberson 2003: 43). In der Theorie werden insbesondere drei Gründe genannt, um den positiven Zusammenhang zwischen starker Kultur und hoher Unternehmensleistung zu erklären (vgl. Sørensen 2002: 70):

- Starke Kulturen verstärken die Zielorientierung. Sind Ziele und Routinen einer Unternehmung für die Mitarbeiter klar definiert, so reduzieren sich dadurch Komplexität und Unsicherheit.
- Starke Kulturen können die Motivation und Leistung von Mitarbeitern verstärken.

- Weit verbreiteter und tief verwurzelter Konsens hinsichtlich der geltenden Werte und Normen erleichtert die soziale Kontrolle in einer Unternehmung. Ist eine weit gehende Übereinstimmung über ein angemessenes Verhalten vorhanden, so können Abweichungen von diesen Verhaltensweisen schneller aufgedeckt und korrigiert werden (vgl. O'Reilly 1989: 10 ff.; Chatman/Cha 2003: 21 f.).

Unter der Voraussetzung, dass eine starke und funktionale Kultur verbindungs-, integrations- und motivationsfördernde Potenziale in sich trägt, lassen sich als Folge verschiedene effizienz- und effektivitätssteigernde Kriterien definieren. Die Kultur stellt hierbei den Kontext dar, in dem Leistungserstellungsprozesse ablaufen. Daher beeinflusst sie maßgeblich die Ergebnisse auf individueller Ebene, auf Gruppenebene, wie auch auf Unternehmensebene. Einerseits steuert die Kultur die Wahrnehmungsselektion und die Informationsverarbeitung, andererseits wirkt sie auf die Motivation von Einzelpersonen sowie von Gruppen und dadurch auf deren Leistungsbereitschaft und Leistung (vgl. Sackmann 2002: 82 f.).

Kulturen sind grundsätzlich sehr schwer zu verändern (vgl. Atkinson 2005: 14), lassen sich jedoch mit geeigneten Maßnahmen mittel- bis langfristig in die gewünschte Richtung lenken. Mit dieser Annahme werden ein integrativer Kulturansatz und eine ganzheitliche, systemische Perspektive vertreten. Im Rahmen einer bewussten Kulturveränderung spielt die Führung in zweierlei Hinsicht eine zentrale Rolle. Einerseits fungieren die Führungsleute aufgrund ihrer Funktion als Repräsentanten und Multiplikatoren der vorhandenen Kultur, andererseits definieren sie die Leitplanken für die zukünftige Kultur. Die Mitarbeiter sind in diesen Wandlungsprozess zwingend zu involvieren.

2 Das Konstrukt Wissenskultur

Die Kultur lässt sich auf verschiedenen Ebenen in einer Unternehmung beobachten und widerspiegelt sich in Gewohnheiten, gängigen Handlungsweisen, Normen und Werten. Auf der untersten Ebene der Kultur befinden sich die Werte. Diese entsprechen eingebetteten, unausgesprochenen Präferenzen, welche Ziele eine Unternehmung auf welche Art und Weise realisieren soll. Werte können meist nur schlecht artikuliert werden und deren Veränderung ist häufig mit großen Schwierigkeiten verbunden. Ihr Einfluss auf das Verhalten im Allgemeinen und den Umgang mit Wissen im Besonderen ist jedoch nicht zu unterschätzen.

Abhängig von den vorhandenen Werten in einer Unternehmung erhält Wissen eine unterschiedliche Bedeutung, was sich u. a. im Umgang mit Veränderungen und Fehlern äußern kann. So wird in einem Start-up-Unternehmen die Kreativität unter den Mitarbeitern und damit die Wissensentwicklung und Wissensverteilung mit großer Wahrscheinlichkeit höher gewichtet als in einer traditionsreichen Unternehmung mit stabilen Rahmenbedingungen. In diesem Umfeld wird eher versucht, Bestehendes zu bewahren und Veränderungen zu umgehen (vgl. De Long/Fahey 2000: 115 ff.).

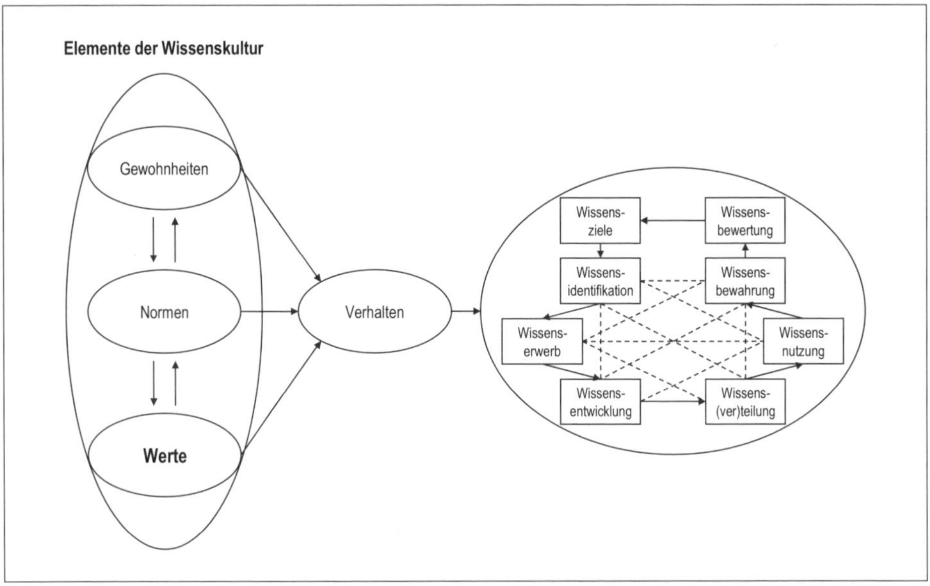

Abbildung 1: Einfluss der Wissenskultur auf den Umgang mit Wissen (vgl. De Long/Fahey 2000: 116; Probst/Raub/Romhardt 2003: 32)

Dem Begriff „Wissenskultur“ wird in verschiedenen Wissenschaftsdisziplinen wie Anthropologie, Soziologie und Betriebswirtschaftslehre eine unterschiedliche Bedeutung zugeschrieben. In der Betriebswirtschaftslehre wird darunter nicht etwa der Begriff der Hochkultur, also der literarischen und künstlerischen Errungenschaften einer Zivilisation, sondern ein Teil der Unternehmenskultur verstanden (vgl. Sackmann 2002: 38 f.). Unternehmens- und Wissenskultur sind demnach eng miteinander verknüpft. Es ist davon auszugehen, dass die Wissenskultur stets nur einen oder mehrere Teilaspekte der Unternehmenskultur umfasst, die für ein erfolgreiches Wissensmanagement von zentraler Bedeutung sind (vgl. Bohinc 2003: 376). Die Wissenskultur umfasst jene Aspekte der Unternehmenskultur, die für die Einführung und Integration eines ganzheitlichen Wissensmanagements eine entscheidende Rolle spielen. Vom Grad ihrer Ausprägung hängt es ab, ob Prozesse des Wissensmanagements unterstützt, behindert oder sogar verunmöglicht werden. Dabei zeigt sich, dass insbesondere die Werte Vertrauen, Zusammenarbeit, Offenheit, wahrgenommene Autonomie, Lernbereitschaft und Fürsorge eine wissensfreundliche Unternehmenskultur auszeichnen. Demzufolge wird Wissenskultur wie folgt definiert: „Die Wissenskultur ist Teil der Unternehmenskultur und umfasst die Gesamtheit der Normen und Werte in einer Unternehmung, die die Denk- und Verhaltensweisen der Unternehmensmitglieder im täglichen Umgang mit Wissen prägen. Werte der Wissenskultur sind Vertrauen, Zusammenarbeit, Offenheit, wahrgenommene Autonomie, Lernbereitschaft und Fürsorge.“ (Sollberger 2004: 39).

3 Führungsmaßnahmen zur Entwicklung und Förderung einer Wissenskultur

Für eine bewusste Kulturveränderung ist die Rolle des Managements entscheidend. Das Verhalten der Führungskräfte wird von den Mitarbeitern mit besonderer Aufmerksamkeit wahrgenommen und beobachtet. Hiervon wird abgeleitet, welche Verhaltensweisen bedeutsam sind und welche eigenen Verhaltensarten eher zu Belohnung bzw. Bestrafung führen. Daher ist es wichtig, dass sich Führungskräfte ihres eigenen Verhaltens sehr bewusst sind und immer wieder reflektieren, ob sie die gewünschten Signale aussenden (vgl. Chatman/Cha 2003: 28). Will ein Unternehmen eine Wissenskultur entwickeln und fördern, so hat das Topmanagement die entsprechenden Werte in seinem täglichen Verhalten vorzuleben. Es hat eine Mentorenrolle einzunehmen und die Mitarbeiter mit einer Vorbildhaltung zu einer veränderten Verhaltensweise zu inspirieren (vgl. Cameron 2002: 23; Pan/Scarbrough 1998: 63).

Die Ergebnisse aus der Intensivfallstudie in der Schweizerischen Post belegen den positiven Zusammenhang zwischen Wissenskultur und Wissensmanagement sowie weit gehend zwischen Wissenskultur und Produktivität. Für die dreijährige Untersuchungsperiode konnte quantitativ gezeigt werden, dass jene Paketzentren mit der stärksten Wissenskultur auch die höchste Produktivität aufweisen. Die qualitative Untersuchung in Form von mehreren Gesprächen mit den Leitern sowie einer Gruppendiskussion mit Mitgliedern der mittleren Führungsebene der Paketzentren kam ebenfalls zum Schluss, dass eine starke Wissenskultur zu einer hohen Produktivität führt.

Für ein zielorientiertes Wissensmanagement und eine erfolgreiche Unternehmung gilt es daher, die Werte der Wissenskultur zu entwickeln und zu fördern. Ausschlaggebende Bedeutung kommt neben der normativen und strategischen Ebene insbesondere der operativen Ebene bzw. der täglichen Interaktion und Kommunikation zwischen Management und Mitarbeitern zu. Demzufolge ist es von zentraler Bedeutung, dass die Führungsleute regelmäßig im Betrieb sind. Die Mitarbeiter sehen auf diese Weise, dass ihre Probleme ernst genommen und ihre Arbeit geschätzt wird. Die Führung ihrerseits wird direkt mit den Fragestellungen des operativen Bereichs konfrontiert. Zusätzlich haben die Mitarbeiter in einem direkten Dialog die Möglichkeit, Fragen zu stellen oder auf Schwierigkeiten hinzuweisen, wodurch sich allmählich eine Kultur des Vertrauens und der Offenheit entwickeln kann.

Der Führung stehen zahlreiche Instrumente zur Unterstützung einer Wissenskultur zur Verfügung. Im vorliegenden Beitrag werden beispielhaft die Communities of Practice bzw. die bewusste Vernetzung unter den Mitarbeitenden angesprochen. Communities of Practice sind informelle Gruppen von Mitarbeitern, die sich weit gehend selber organisieren und sich auf freiwilliger und persönlicher Basis treffen, um zu einem bestimmten Arbeitsgebiet Erfahrungen und Wissen auszutauschen und neue Lösungen zu entwickeln. Die Mitglieder können aus verschiedenen Bereichen und Hierarchiestufen stammen. Die Beteiligung erfolgt für jene Zeit, in der ein persönlicher Nutzen ersichtlich ist (vgl. Davenport/Probst 2002: 16). Mit Hilfe von Communities of Practice sollen neben neuen Netzwerken insbesondere auch bereits bestehende, jedoch versteckte Netzwerke gefördert und offen gelegt werden. Eine freiwillige Teilnahme und zahlreiche persönliche Treffen ermöglichen den Aufbau einer Vertrauensbasis und erleichtern dadurch den Wissenstransfer. Ein wesentlicher Punkt für den Erfolg der Communities of Practice ist das Vorhandensein zeitlicher und finanzieller Ressourcen für die Mitarbeiter. Sie müssen von ihren Vorgesetzten unterstützt werden, indem sie während ihrer Arbeitszeit an Zusammenkünften teilnehmen können, mögliche Spesen bezahlt erhalten, die Beteiligung an Fachnetzwerken als positiv erachtet wird und in die jährliche Leistungsbeurteilung einfließt.

In der Praxis sind Communities of Practice generell von großer Bedeutung. Nicht immer aber sind sie in der Zielerreichung bezüglich Wissensidentifikation und -transfer oder der Multiplikation von Best Practices erfolgreich.

Im Fall der Schweizerischen Post konnten als wesentliche Erfolgsfaktoren vor allem die Unterstützung des Managements (Sponsorship), die risikofreie Umgebung mit klarer Absenz von hierarchischem Druck, die Freiwilligkeit der Teilnahme und des Wissensaustausches, die Routinisierung in Form von Face-to-face meetings sowie die Leadershiprolle im Sinne der Förderung der Selbstentwicklung und des Promoters herauskristallisiert werden. Eine tiefer gehende Untersuchung zu den Erfolgsfaktoren in 47 Communities of Practice in Unternehmen wie PWC, Degussa, Holcim, Siemens, SwissRe, DaimlerChrysler, WHO, ILO, Bearing Point, Oracle, World Bank und vielen anderen bestätigen die Ergebnisse aus der Untersuchung bei der Schweizerischen Post (vgl. Borzillo 2006).

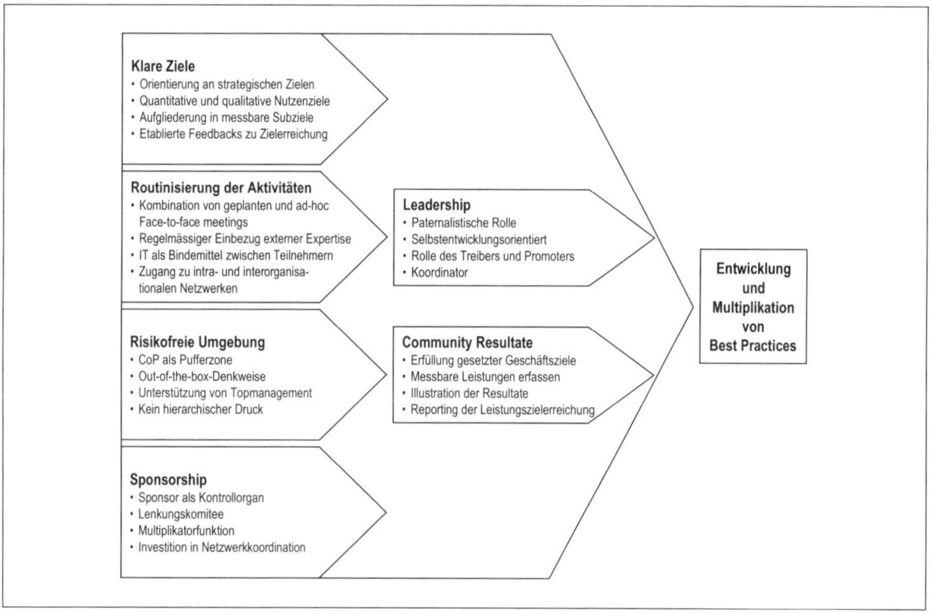

Abbildung 2: Erfolgsfaktoren von Communities of Practice für Best Practice Management

Die Studie in der Schweizerischen Post hat gezeigt, dass Führen und Entwickeln einer Wissenskultur bewusst und gezielt erreicht werden können und sich Erfolge einer Wissenskultur in den Unternehmensresultaten nachweisen lassen.

4 Fazit

Ergebnisse aus aktuellen Untersuchungen zeigen den zentralen Stellenwert der Wissenskultur für den Umgang mit Wissen und den Unternehmenserfolg. Um mittel- und längerfristig eine Wissenskultur zu entwickeln und zu fördern, kommt der Führung in zweierlei Hinsicht eine entscheidende Rolle zu. Einerseits fungieren die Manager aufgrund ihrer Führungsfunktion als Repräsentanten und Multiplikatoren der vorhandenen (Wissens-)Kultur, andererseits definieren sie die Leitplanken für die gewünschten Werte, Normen und Verhaltensweisen der angestrebten Kultur.

Literaturverzeichnis

Atkinson, Philip (2005): Managing resistance to change. In: Management Services, 49. Jg. 2005, Nr. 1, S. 14-19.

Bohinc, Thomas (2003): Wissenskultur – Begriff und Bedeutung. In: WM 2003: Professionelles Wissensmanagement – Erfahrungen und Visionen, hrsg. v. Ulrich Reimer et al., Bonn 2003, S. 371-379.

Borzillo, Stefano (2006): Communities of Practice to Actively Manage Best Practices. Dissertation HEC, Université de Genève, Genf 2006.

Cameron, Preston D. (2002): The cure for an ailing structure. In: CMA Management, 76. Jg. 2002, Nr. 3, S. 21-23.

Chatman, Jennifer A.; Cha, Eunyoung Sandra (2003): Leading by Leveraging Culture. In: California Management Review, 45. Jg. 2003, Nr. 4, S. 20-34.

Davenport, Thomas H.; Probst, Gilbert J. B. (2002): Knowledge Management Case Book. Siemens Best Practices, 2. Auflage, Berlin/München 2002.

Denison, Daniel R. (1997): Corporate Culture and Organizational Effectiveness, Ann Arbor 1997.

De Long, David W.; Fahey, Liam (2000): Diagnosing cultural barriers to knowledge management. In: Academy of Management Executive, 4. Jg. 2000, Nr. 4, S. 113-127.

Nohria, Nitin; Joyce, William; Roberson, Bruce (2003): What really works. In: Harvard Business Review, 81. Jg. 2003, Nr. 6, S. 43-52.

Pan, Shan L.; Scarbrough, Harry (1998): A Socio-Technical View of Knowledge-Sharing at Buckman Laboratories. In: Journal of Knowledge Management, 2. Jg. 1998, Nr. 1, S. 55-66.

Probst, Gilbert J. B.; Raub, Steffen; Romhardt, Kai (2003): Wissen managen. Wie Unternehmen ihre wertvollste Ressource optimal nutzen, 4. Auflage, Wiesbaden 2003.

O'Reilly, Charles (1989): Corporations, Culture, and Commitment: Motivation and Social Control in Organizations. In: California Management Review, 31. Jg. 1989, Nr. 4, S. 9-23.

Sackmann, Sonja A. (2002): Unternehmenskultur. Erkennen – Entwickeln – Verändern, Luchterhand 2002.

Sackmann, Sonja A. (2004): Erfolgsfaktor Unternehmenskultur. Mit kulturbewusstem Management Unternehmensziele erreichen und Identifikation schaffen – 6 Best Practice-Beispiele, Wiesbaden 2004.

Sollberger, Bettina Anne (2004): Erfolgsfaktor Wissenskultur für ein ganzheitliches Wissensmanagement. Konzeptionelle Grundlagen und methodisches Vorgehen. Arbeitsbericht Nr. 74 des Instituts für Organisation und Personal der Universität Bern, Bern 2004.

Sollberger, Bettina Anne (2005): Wissenskultur als Erfolgsfaktor für ein ganzheitliches Wissensmanagement. Empirische Untersuchungen und Ergebnisse. Arbeitsbericht Nr. 78 des Instituts für Organisation und Personal der Universität Bern, Bern 2005.

Sørensen, Jesper B. (2002): The Strength of Corporate Culture and the Reliability of Firm Performance. In: Administrative Science Quarterly, 47. Jg. 2002, Nr. 1, S. 70-91.

Wilkins, Alan L.; Patterson, Kerry J. (1985): You Can't Get There From Here: What Will Make Culture-Change Projects Fail. In: Gaining Control of the Corporate Culture, edited by Ralph H. Kilmann et al., San Francisco/London 1985, S. 262-292.

Kompetenz im Management von Wissen

Joanna Harasymowicz-Birnbach*

Die Berechtigung für die Auseinandersetzung mit dem Konzept des Wissensmanagements (WM) findet sich in der Betrachtung des Wissens als Ressource wieder. In der Konsequenz sind Unternehmen und öffentliche Institutionen verstärkt gefordert, bewusster und systematischer mit Wissen umzugehen als in der Vergangenheit (vgl. Thom/Harasymowicz-Birnbach 2005). Die Notwendigkeit eines gezielten Managements von Wissen wurde von der Praxis erkannt. Allerdings sind die Praktiker der Unternehmensführung weit gehend verunsichert, was den Kern des Wissensmanagements anbelangt. Die Enttäuschungen, die die Praxis im Rahmen des WM erlebt, lassen sich auf mehrere Gründe zurückführen. In diesem Beitrag sollen sowohl diese Gründe als auch die möglichen Hilfestellungen für die Praxis punktuell erläutert werden.

Stichworte: Akzeptanz – Gestaltungsstrategie – Implementierung – Implementierungskompetenz – Wissensmanagement

---

* Joanna Harasymowicz-Birnbach, Magister-Ingenieurin, ist wissenschaftliche Assistentin und Doktorandin am Institut für Organisation und Personal der Universität Bern.

1 Warum stellt Wissensmanagement ein schwieriges Unterfangen dar?

Wissensmanagement (WM) gehört zu den emergenten Phänomenen, d. h. es ist permanent im Entstehungsprozess (vgl. Trillitzsch 2004: 108; Wiig 2000; Despres/Chauvel 2000: 57).[1] Diese Eigenschaft des WM führt dazu, dass die meisten Praktiker nicht ausreichend mit der WM-Theorie versorgt werden (vgl. Edwards et al. 2003: 49). Es fehlt immer noch an allgemein anerkannten Vorgehensmodellen und Tools (vgl. Schneider 2002: 305) und letzlich an einer fundierten Theorie des WM. Diese Probleme sind nicht zuletzt auf die Multidisziplinarität der WM-Forschung zurückzuführen. Eine Annährung an das Thema WM ohne Beachtung der interdisziplinären Perspektive zieht schwerwiegende theoretische Verkürzungen nach sich und hat die Entwicklung von für die Praxis kaum vertretbaren Ansätzen zur Folge (vgl. Benedikt 2005: 16). In der Situation, in der es an einer ausgereiften Theorie fehlt, bewegen sich die Beteiligten mit teilweise spekulativem Wissen („Halbwissen") auf unsicherem Boden (vgl. Reiß 1997: 20). Aufgrund dieser Theoriemängel basieren die Entscheidungen bezüglich WM vor allem auf dem eigenen Erfahrungswissen der Praktiker (vgl. Schneider 2005: 62). Zahlreiche Unternehmen und öffentliche Institutionen verwenden die WM-Instrumente schablonenhaft und ohne die notwendige situationsspezifische Anpassung, nur weil sie als ‚modern' gelten bzw. angepriesen werden (vgl. Grochla 1982/1995: 5 f.). Ein weiteres Problemfeld des WM liegt in seiner Komplexität (vgl. Amelingmeyer 2004: 24 ff.). So stellt das Wissen ein Querschnittsthema dar, das alle Aktivitäten des Unternehmens betrifft (vgl. Müller-Stewens/Lechner 2003: 461). Aus diesem Grund ist das Management von Wissen nicht als ein isoliertes, zusätzliches oder unabhängiges Unterfangen,

---

[1] Bain & Company haben 2004/2005 eine weltweite Umfrage zu den 25 populärsten Managementmethoden und -techniken durchgeführt (ausführlich zu dieser Studie vgl. Bain & Company 2005). Es stellte sich heraus, dass die Anwendungsrate beim WM im Vergleich zu früheren Jahren zwar angestiegen ist, allerdings blieb die Zufriedenheit mit dem WM unverändert niedrig. Ähnliche Resultate zeigten Untersuchungen von Matzler et al. (2004). Während dem WM eine relativ große Bedeutung zugesprochen wurde, scheint es die Erwartungen der Anwender kaum zu erfüllen. Zudem rangiert das WM auch mit großem Abstand an der Spitze im Hinblick auf seinen Entwicklungsbedarf. Aus diesen Ergebnissen schlussfolgern Matzler et al. (2004: 84), dass das WM die nächsten fünf Jahre nicht überlebt, wenn es nicht „greifbar" gemacht wird.

sondern vielmehr als ein integraler Teil der Geschäftsprozesse anzusehen (vgl. Abecker et al. 2002: 3 ff.). *WM-Aufgaben* können demnach als *Daueraufgaben* betrachtet werden. Das WM ist „[...] keine einmalige Angelegenheit [..], sondern vielmehr eine Fähigkeit, deren Einsatz immer wieder neu überdacht, entschieden und eingesetzt werden soll [...]" (Döring-Katerkamp/Trojan 2002: 137 f.). Diese Fähigkeiten im Umgang mit Wissen lassen sich weit gehend auf die WM-*Implementierungskompetenz* zurückführen.

2 Erfolgreiche Implementierung von Wissensmanagement

2.1 Phasenunabhängige Implementierungsarbeit

Die Implementierung stellt einen Koordinations- bzw. Abstimmungsvorgang dar, bei dem problem- und kontextgerechte Lösungen aufeinander abgestimmt werden (vgl. Reiß 1995b: 294; Reiß 1997: 25 f.). Die Implementierungsprozesse sind zugleich auch Lernprozesse (vgl. Reiß 1995a: 279). Auch die Konzeptualisierung der WM-Implementierung soll unternehmensspezifisch bzw. -spezifizierbar sein (vgl. Trillitzsch 2004: 80; Schneider 2001: 137).

Die Komplexität des WM fordert eine breite Betrachtung der Implementierungsarbeit. Als angemessen kann eine vom Phasenbezug losgelöste Interpretation des Begriffs „Implementierung" angesehen werden. Diese „[...] umschließt alle Aufgaben, Methoden und Techniken, die sicherstellen sollen, daß die Projektziele durch Anwendung und Nutzung der Projektergebnisse erreicht oder übertroffen werden, gleichgültig zu welchem Zeitpunkt oder in welcher Phase des Prozesses entsprechende Aktivitäten erfolgen." (Krüger 1997: 822). Eine solche Sichtweise verdeutlicht, dass vielfältige Wandlungsbarrieren nicht erst in der Einführungsphase entstehen, sondern sich bereits am Anfang des Projektes herauskristallisieren können. Deswegen sollen die Implementierungsbemühungen schon im Vorfeld eines Projektes beginnen (vgl. Krüger 1997: 821). Auch die WM-Forschung weist darauf hin, dass die WM-Einführung keine abgrenzbare Implementierungsphase einschließt (vgl. Trillitzsch 2004: 234). Die Implementierung ist demnach keine isolierbare Phase einzelner Projekte, sondern vielmehr eine durchgehende *Aufgabe des Wandlungsmanagements* (vgl. Krüger 1997: 822, 846). Die Notwendigkeit einer verstärkten Auseinandersetzung mit dieser Thematik kann damit begründet werden, dass die Implementierungsarbeit in großem Ausmaß über den Erfolg oder den Misserfolg eines entsprechenden Konzeptes entscheidet (vgl. Nippa 1997: 48).

2.2 Einführung des Wissensmanagements als Transformation

In der WM-Forschung wird vermehrt auf die Notwendigkeit der Initiierung eines Wandlungsprozesses im Rahmen des WM hingewiesen (vgl. z. B. Finke/Will 2003: 69). Trillitzsch (2004: 90 f.) deutet darauf hin, dass es sich bei der *WM-Einführung* um eine *Transformation* handelt. Unter der WM-Einführung sind demnach diejenigen Aktivitäten zu verstehen, „[…] welche im Zuge des Übergangs einer Organisation, die bisher kein bewusstes Management ihres Wissen[s] betrieben hat, hin zu einer Organisation mit bewusstem, zielgerichtetem Wissensmanagement vorgenommen werden." (Trillitzsch 2004: 77 f.). Insgesamt bleibt festzuhalten, dass es sich beim tief greifenden Wandel *nicht nur* um Effizienzsteigerung im Sinne von Veränderungen in den Strukturen, Prozessen und Systemen handelt (vgl. Birkinshaw 2001: 11 f.). Vielmehr ist eine fundamentale Veränderung der bisherigen Arbeitswege gefragt. Dies impliziert vor allem einen Wandel im Wertesystem des Unternehmens, der nur über eine längere Zeit zustande kommen kann. Für einen tiefgreifenden Wandel ist demzufolge ein grundlegendes Umdenken und Umorientieren der Beteiligten erforderlich (vgl. Krüger 1997: 822). Im Rahmen des WM wird auf die Notwendigkeit einer parallelen Auseinandersetzung mit der *Oberflächenstruktur* (d. h. den sichtbaren Aspekten in Form von Handeln) und der *Tiefenstruktur* (d. h. der Unternehmenskultur als Abbild der unsichtbaren Werteebene) hingewiesen. (vgl. Trillitzsch 2004: 234 f. und 243 f.; Davenport/De Long/Beers 1998: 56). Diese Parallelität soll sich in der WM-Konzeptualisierung wiederfinden: „Die Wissensmanagement-Einführung zielt dazu auf ein verändertes Agieren im Unternehmen, aber auch auf ein verändertes Denken. Die damit verbundenen Lernprozesse sind oftmals erfahrungsbasiert und brauchen daher viel Zeit." (Trillitzsch 2004: 235).

2.3 Implementierungskompetenz im Rahmen des Wissensmanagements

Die *Implementierungskompetenz* umfasst sowohl den Einsatz von weichen Maßnahmen der Personalführung (z. B. Überzeugungsarbeit, Motivation, Schulung) wie auch von harten Managementinstrumenten (z. B. Planung) (vgl. Reiß 1995b: 300). Diese Aspekte beziehen sich auf drei Dimensionen des Wandels und somit auf die Schwerpunkte des Implementierungsmanagements (vgl. Krüger 1997: 823 ff.):

- Die WM-Einführung benötigt zahlreiche Aktivitäten zur Förderung eines veränderten Handelns und Denkens im Unternehmen (vgl. Trillitzsch 2004: 235). Krüger (1997: 825 f.) unterscheidet unter diesem Blickwinkel zwischen der *politisch-verhaltensorientierten* sowie der *wertmäßig-kulturellen* Dimension des Wandels. Im Rahmen der *politisch-verhaltensorientierten* Kategorie geht es um die *Ergründung und Beeinflussung des Verhaltens von Beteiligten* (sog. *Einflussmanagement*). Die Aktivitäten auf der politisch-verhaltensorientierten Ebene zielen auf die Sicherung der *Verhaltensakzeptanz* (vgl. Krüger 1997: 839). Hingegen interessiert im Rahmen der *wertmäßig-kulturellen* Ebene die Veränderung vorhandener und die Schaffung und Festigung neuer Werte und Überzeugungen. Diese Ebene zielt auf das *Management von Bewusstseinslagen* ab und sichert die *Einstellungsakzeptanz* (vgl. Krüger 1997: 839). Eine hohe oder zumindest hinreichende *Akzeptanz* soll daher ein eigenständiges Ziel des Wandlungsmanagements sein (vgl. Krüger 1997: 822). Diese Erkenntnisse haben auch für das WM ihre Geltung, weil das Akzeptanzproblem bei den Mitarbeitern hier eines der wichtigsten Probleme darstellt (vgl. Trillitzsch 2004: 75).

- Die *sach-rationale Dimension* des Wandels bezieht sich auf das *Management von Sachfragen* (vgl. Krüger 1997: 826, 840 ff.). Es wird davon ausgegangen, dass jeder Wandlungsprozess in sachlicher Hinsicht als ein planvoll durchgeführter Entscheidungsprozess angesehen werden kann (vgl. Krüger 2000: 277). Wandel ist jedoch nur *begrenzt* steuer- und gestaltbar (vgl. Müller-Stewens/Lechner 2003: 585). Trotzdem bedürfen die Implementierungsprozesse steuernder und überwachender Eingriffe (vgl. Krüger 1997: 842). So ist auch die zielorientierte und ganzheitliche Gestaltung der Wissensbasis erst mithilfe von *planungs- und steuerungsorientierten* Prozessen möglich (vgl. Amelingmeyer 2004: 165). Diese umfassen die Festlegung von *Gestaltungsstrategie* und *-taktik* (vgl. Grochla 1982/1995: 10 f.). Eine solche systematische Herangehensweise unterstützt ein qualitativ hochwertiges Gestaltungsergebnis.

Die Veränderungen der politisch-verhaltensorientierten sowie der wertmäßig-kulturellen Dimensionen induzieren langwierige Lernprozesse. Die sich auf der sach-rationalen Dimension des Wandels abspielenden Planungsprozesse benötigen eine stärkere Integration und Überlappung der jeweiligen Phasen. So kann bereits in der Planungsphase mit bestimmten Realisierungsschritten, wie z. B. Pilotanwendungen oder Prototypenbau, begonnen werden, die letztlich dabei helfen, die Lernprozesse im WM zu verkürzen (vgl. Trillitzsch 2004: 235; Krüger 1997: 842 f.).

3 Fazit

Es gilt nach wie vor, dass das erfolgreiche WM kein Wundermittel, sondern eine von zahlreichen Komponenten eines „guten Managements“ ist (vgl. Davenport/ De Long/Beers 1998: 56). Den Entscheidungsträgern ist überlassen, „[...] ob Wissensmanagement sich den Gegebenheiten der Organisation unterordnet und sich an diese anpasst oder aber eine Vorreiterrolle einnimmt, welche Tradiertes in der Organisation ignorieren und neu bestimmen kann.“ (Trillitzsch 2004: 263). Auf jeden Fall ist eine exzellente Implementierungsarbeit auf dem Weg zum WM-Erfolg unentbehrlich.

Literaturverzeichnis

Abecker, Andreas et al. (2002): Integrationspotenziale für Geschäftsprozesse und Wissensmanagement. In: Geschäftsprozessorientiertes Wissensmanagement: effektive Wissensnutzung bei der Planung und Umsetzung von Geschäftsprozessen, hrsg. v. Andreas Abecker et al., Berlin et al. 2002, S. 1-22.

Amelingmeyer, Jenny (2004): Wissensmanagement. Analyse und Gestaltung der Wissensbasis von Unternehmen, 3. Auflage, Wiesbaden 2004.

Bain & Company (2005): New Bain & Company survey of top 25 Management Tools reveals technology influence gains wide acceptance. URL: http://www.bain.com/ management_tools/ pr_detail.asp?id=19962&menu_url=press_releases.asp, 2. März 2006.

Benedikt, Hans-Peter (2005): Controlling wahrt den Sinn. In: Personalwirtschaft, 32. Jg. 2005, Heft 3, S. 16-19.

Birkinshaw, Julian (2001): Why is Knowledge Management So Difficult? In: Business Strategy Review, 12. Jg. 2001, Nr. 1, S. 11-18.

Davenport, Thomas H.; De Long, David W.; Beers, Michael C. (1998): Successful Knowledge Management Projects. In: MIT Sloan Management Review, 39. Jg. 1998, Nr. 2, S. 43-57.

Despres, Charles; Chauvel, Daniele (2000): A Thematic Analysis of the Thinking in Knowledge Management. In: Knowledge Horizons: the Present and the Promise of Knowledge Management, edited by Charles Despres and Daniele Chauvel, Boston et al. 2000, S. 55-86.

Döring-Katerkamp, Uwe; Trojan, Jörg (2002): Motivation und Wissensmanagement – eine praktische Perspektive. In: Integriertes Knowledge Management, hrsg. v. Rolf Franken und Andreas Gadatsch, Braunschweig/Wiesbaden 2002, S. 133-149.

Edwards, John S. et al. (2003): Knowledge management research & practice: visions and direction. In: Knowledge Management Research & Practice, 1. Jg. 2003, Nr. 1, S. 49-60.

Finke, Ina; Will, Markus (2003): Motivation for Knowledge Management. In: Knowledge Management: Concepts and Best Practices, 2nd edition, edited by Kai Mertins, Peter Heisig and Jens Vorbeck, Berlin/Heidelberg 2003, S. 66-91.

Grochla, Erwin (1982/1995): Grundlagen der organisatorischen Gestaltung, (unveränderter Nachdruck 1995), Stuttgart 1982/1995.

Krüger, Wilfried (1997): Implementierung als Kernaufgabe des Wandlungsmanagements. In: Strategische Unternehmensplanung – strategische Unternehmensführung: Stand und Entwicklungstendenzen, hrsg. v. Dietger Hahn und Bernard Taylor, 7. Auflage, Heidelberg 1997, S. 821-849.

Krüger, Wilfried (2000): Organisationsmanagement: Vom Wandel der Organisation zur Organisation des Wandels. In: Organisationsmanagement: Neuorientierung der Organisationsarbeit, hrsg. v. Erich Frese, Stuttgart 2000, S. 271-304.

Matzler, Kurt et al. (2004): Die wichtigsten Managementkonzepte und -methoden: Die Sicht der Unternehmensberater. In: Die Zeitschrift für Controlling & Management (ZfCM), 48. Jg. 2004, Nr. 2, S. 82-85.

Müller-Stewens, Günter; Lechner, Christoph (2003): Strategisches Management. Wie strategische Initiativen zum Wandel führen. Der St. Galler General Management Navigator, 2. Auflage, Stuttgart 2003.

Nippa, Michael (1997): Erfolgsfaktoren organisatorischer Veränderungsprozesse in Unternehmen. Ergebnisse einer Expertenbefragung. In: Implementierungsmanagement: über die Kunst, Reengineeringskonzepte erfolgreich umzusetzen, hrsg. v. Michael Nippa und Heinz Scharfenberg, Wiesbaden 1997, S. 21-57.

Reiß, Michael (1995a): Implementierungsarbeit im Spannungsfeld zwischen Effektivität und Effizienz. In: Zeitschrift Führung + Organisation (zfo), 64. Jg. 1995, Nr. 5, S. 278-282.

Reiß, Michael (1995b): Implementierung. In: Handbuch Unternehmensführung: Konzepte – Instrumente – Schnittstellen, hrsg. v. Hans Corsten und Michael Reiß, Wiesbaden 1995, S. 291-301.

Reiß, Michael (1997): Change Management als Herausforderung. In: Change Management: Programme und Prozesse, hrsg. v. Michael Reiß, Lutz von Rosenstiel und Anette Lanz, Stuttgart 1997, S. 5-29.

Schneider, Ursula (2001): Die 7 Todsünden im Wissensmanagement: Kardinaltugenden für die Wissensökonomie, Frankfurt a. M. 2001.

Schneider, Ursula (2002): Zurück an den Start: Eine Zweite Chance für Wissensmanagement. In: Anwendungsorientiertes Wissensmanagement: Ansätze und Fallstudien aus der betrieblichen und universitären Praxis, hrsg. v. Manfred Bornemann und Martin Sammer, Wiesbaden 2002, S. 295-310.

Schneider, Ursula (2005): Wissensmanagement ist vor allem Kontextmanagement: Lektionen aus den bisherigen Erfahrungen mit Wissensmanagement in Unternehmen. In: Wissensmanagement im privaten und öffentlichen Sektor. Was können beide Sektoren voneinander lernen?, hrsg. v. Norbert Thom und Joanna Harasymowicz-Birnbach, 2. Auflage, Zürich 2005, S. 55-76.

Thom, Norbert; Harasymowicz-Birnbach, Joanna (2005): Wissensmanagement im privaten und öffentlichen Sektor. Wie Staat und Privatwirtschaft voneinander lernen – Versuch einer Synthese. In: Wissensmanagement im privaten und öffentlichen Sektor. Was können Staat und Privatwirtschaft voneinander lernen? hrsg. v. Norbert Thom und Joanna Harasymowicz-Birnbach, 2. Auflage, Zürich 2005, S. 15-39.

Trillitzsch, Uwe (2004): Die Einführung von Wissensmanagement. Untersuchung aus der Perspektive der internen Wissensmanagement-Verantwortlichen am Fallbeispiel einer Konzern-Vertriebsorganisation, Flein 2004.

Wiig, Karl M. (2000): Knowledge Management: An Emerging Discipline Rooted in a Long History. In: Knowledge Horizons: the Present and the Promise of Knowledge Management, edited by Charles Despres and Daniele Chauvel, Boston et al. 2000, S. 3-26.

IT Governance

Gerhard F. Knolmayer* und Gabriela Loosli**

Das Konzept der IT Governance findet in den letzten Jahren große Aufmerksamkeit, wobei die mit ihm verbundenen Aufgaben recht unterschiedlich umschrieben werden. Wir geben einen Überblick über das Begriffsverständnis und die daraus resultierenden Aufgaben. Insbesondere berücksichtigen wir den Zusammenhang mit der Corporate Governance und die Abgrenzung zum IT-Management. Zur Gewährleistung der IT Governance wird eine Orientierung an Frameworks empfohlen. Wir verweisen auf diese Referenzmodelle und die zwischen ihnen bestehenden Unterschiede.

Stichworte: COBIT – Compliance – Corporate Governance – COSO – Frameworks – IT Governance (ITG) – ITIL – IT-Management – Outsourcing

---

* Prof. Dr. Gerhard F. Knolmayer ist Direktor des Instituts für Wirtschaftsinformatik, Abteilung Information Engineering, der Universität Bern.

** Gabriela Loosli, lic. rer. pol., ist wissenschaftliche Assistentin am Institut für Wirtschaftsinformatik, Abteilung Information Engineering, der Universität Bern.

1 Grundlagen

Seit einigen Jahren finden Corporate-Governance-Aspekte in der Unternehmensführung große Aufmerksamkeit. Vielfach wird Governance als Führung, Steuerung und Kontrolle verstanden. Von bereichsspezifischen Governance-Aufgaben findet die Führung und Organisation der Informatik-Aufgaben unter dem Begriff der IT Governance (ITG) größte Beachtung. In diesem Beitrag stellen wir unterschiedliche Auffassungen über Inhalte des Begriffs IT Governance einander gegenüber und schlagen eine eigenständige Begriffsverwendung vor, welche einen Unterschied zwischen ITG und IT-Management aufzeigt.

2 Corporate Governance

Corporate Governance ist zu einem zentralen Untersuchungsgegenstand der Unternehmensführung geworden. Im Mittelpunkt der Diskussion um eine Good Governance stehen die aus der Principal-Agent-Theorie bekannten Themen der Delegation von Aufgaben, Verantwortung und Kompetenz und die daraus resultierenden Informations-, Überwachungs- und Anreizprobleme. Gesetzgeber und Aufsichtsbehörden vieler Staaten haben Regeln beschlossen, welche vor allem die Offenlegungs- und Rechenschaftspflichten des Unternehmens gegenüber den Aktionären und anderen Stakeholdern erweitern. Weitreichende Regelungen wie der Sarbanes-Oxley Act (SOX) in den USA besitzen darüber hinaus Konsequenzen für Prozessgestaltung und -dokumentation, die Gestaltung des internen Kontrollsystems und der IT-Systeme. Regulatorische Initiativen sowie die Rechtsprechung auch außerhalb der USA werden vermutlich durch den SOX beeinflusst werden (vgl. Knolmayer/Wermelinger 2006).

Mit der Frage, welche Corporate-Governance-Aspekte auch für kleine und mittelgroße Unternehmen (KMU) relevant sind, hat sich Norbert Thom bereits im Jahre 2004 befasst. Er weist darauf hin, dass die Beachtung der Corporate-Governance-Richtlinien auch für KMU positive Auswirkungen besitzen kann, u. a. wegen der durch Basel II veränderten Bedingungen bei der Kreditvergabe (vgl. Thom/Brönnimann 2004).

3 IT Governance

3.1 Bedeutung der IT Governance

Für die Realisierung der Geschäftsprozesse und ihre Abbildung im Rechnungswesen sind IT-Systeme heute unumgänglich. Die Ziele der Corporate Governance können nicht umgesetzt werden, ohne die IT-Systeme entsprechend zu gestalten und gegebenenfalls anzupassen. Regelungen wie SOX oder Basel II führen dazu, dass zusätzliche Anforderungen an IT-Systeme entstehen. Viele der zahlreichen gemäß SOX gemeldeten „material weaknesses" wären durch geeigneten IT-Einsatz vermeidbar gewesen; u. a. werden in der Standardsoftware vorgesehene, aber nicht notwendigerweise aktivierte Kontrollen zu wenig genutzt. Ein weiterer Grund für die Relevanz der ITG sind die hohen Kosten, welche die Erfüllung der neuen regulatorischen Anforderungen mit sich bringt: Im Jahr 2005 seien fast 10 Milliarden USD notwendig gewesen, um die Erfüllung verschiedener Compliance-Regelungen durch IT zu unterstützen. Es wird angenommen, dass diese Kosten in den nächsten Jahren weiter steigen werden (vgl. Reilly 2005).

3.2 Definitionen der IT Governance

Die Sichtweisen der ITG können grob in zwei Gruppen unterteilt werden: Eine eher außengerichtete Sichtweise leitet den Begriff aus dem Konzept der Corporate Governance ab und sieht die ITG primär als Instrument zur Unterstützung der sich daraus ergebenden Anforderungen. Bei dieser Sichtweise gibt die ITG Rahmenbedingungen für das IT-Management vor. Conformance, nicht Performance steht im Mittelpunkt der ITG.

Eine eher innenbezogene orientierte Sichtweise der ITG beschäftigt sich mit der möglichst wirtschaftlichen Gestaltung von IT-Systemen und den damit verbundenen organisatorischen Strukturen und Prozessen. Bei dieser Sichtweise stehen die Entscheidungs-, Gestaltungs- und Umsetzungsprobleme im IT-Bereich im Vordergrund, die unter dem Begriff IT-Management in der Literatur bereits ausführlich erörtert wurden. Performance, nicht Conformance steht im Vordergrund dieser Sichtweise.

3.2.1 Außengerichtete Sichtweise der IT Governance

Wir veranschaulichen diese Sichtweise auf Basis der von Shleifer und Vishny (1997: 737) formulierten Fragen, die sie als Kernthemen der Corporate Governance ansehen:

- Wie stellen die Aktionäre sicher, dass ein Teil der erzielten Gewinne an sie zurückfließt?
- Wie stellen die Aktionäre sicher, dass die Manager das ihnen zur Verfügung gestellte Kapital nicht stehlen oder in schlechte Projekte investieren?
- Wie steuern (kontrollieren) die Aktionäre die Manager?

Geht man davon aus, dass Aufgaben der Corporate Governance teilweise an die Funktionsbereiche delegiert werden, dann muss sich die ITG mit jenen Aufgaben beschäftigen, die von der IT-Abteilung zur Lösung der oben beschriebenen Fragen ergriffen werden (vgl. auch Gray 2004: 44 f.). Dies sind insbesondere die folgenden Aufgaben:

- Entwicklung von Sicherheitslösungen, die u. a. die sichere Aufbewahrung bzw. Wiederherstellbarkeit geschäftsrelevanter elektronischer Dokumente und die Verwaltung der Benutzerzugriffsrechte umfassen.
- Systemtechnische Unterstützung der Ermittlung korrekter Zahlen im Rechnungswesen, beispielsweise bei der Erlösermittlung und der Konsolidierung von Jahresabschlüssen.
- Implementierung automatisierter Kontrollen als Element des internen Kontrollsystems, Prüfung auf und frühzeitiges Erkennen von Ausnahmeereignissen und -zuständen und offen zu legender Sachverhalte (z. B. durch Data Mining und Text Mining).
- Dokumentation des Wissensstandes des Managements in wichtigen Entscheidungsprozessen.
- Klare Definition, Dokumentation und Umsetzung zweckmäßiger IT-Prozesse, z. B. der Vorgehensweisen bei Veränderung im Betrieb befindlicher IT-Systeme.
- Wirtschaftlichkeitsanalysen vor Realisierung von IT-Projekten und Wirtschaftlichkeitskontrollen am Projektende sowie während des Einsatzes des erstellten Systems.

Derartige Aufgaben stehen im Mittelpunkt vieler Compliance-Projekte (vgl. Wilhide 2005).

Die außengerichtete Sichtweise unterscheidet deutlich zwischen Aufgaben der ITG und des IT-Managements: „IT Governance describes (a) the distribution of IT decision-making rights and responsibilities among different stakeholders in the organization, and (b) the rules and procedures for making and monitoring decisions on strategic IT concerns." (Peterson 2004: 41). IT-Management kann einem externen Anbieter übertragen werden, ITG nicht (vgl. Peterson 2004: 44). In diesem Sinn formuliert ITG Vorgaben für das IT-Management: „Governance determines who makes the decisions. Management is the process of making and implementing the decisions." (Weill/Ross 2004: 8). Allerdings können Weill und Ross mit anderen Ausführungen auch als Vertreter der in Abschnitt 3.2.2 dargestellten Auffassung interpretiert werden.

Immer häufiger lagern Unternehmen bestimmte IT-Aufgaben an externe Dienstleister aus. In derartigen Outsourcing-Beziehungen besitzt die ITG als „zielgerichtete Gestaltung und Steuerung der Geschäftsbeziehung" eine hohe Bedeutung. Als Governance-Mechanismen werden Verträge, Prozesse, Strukturen und Beziehungsprotokolle angeführt (vgl. Behrens/Schmitz 2005: 30 ff.).

Ein Erfolgsfaktor für die Zusammenarbeit mit Externen wird oft darin gesehen, dass das auslagernde Unternehmen seine Anforderungen (*was*) definiert, es aber dem Dienstleister überlassen bleibt, *wie* diese Anforderungen erfüllt werden. Unter Compliance-Gesichtspunkten erscheint diese Sichtweise aber als überholt: Wenn ein Unternehmen seine internen IT-Prozesse nach bestimmten Regeln ausrichten muss, so kann diese regulatorische Anforderung nicht dadurch entfallen, dass diese Prozesse Dritten übertragen werden, die nicht diesen Bestimmungen unterliegen. Man wird daher davon ausgehen müssen, dass die Forderung nach Erfüllung der regulatorischen Bestimmungen an die Dienstleister „vererbt" wird. Der Outsourcing-Kunde wird durch eigene Planungen und Kontrollen sicherstellen müssen, dass der Dienstleister die notwendigen Prozesse erfüllt. Damit ist aber das *wie* der Informationsverarbeitung nicht mehr länger delegierbar. Die Unternehmen werden zumindest dokumentieren müssen, wie sie gemeinsam mit ihren Dienstleistern die Einhaltung der Compliance-Vorschriften sicherstellen.

3.2.2 Innengerichtete Sichtweise der IT Governance

Im Vordergrund der innengerichteten Sichtweise der ITG steht, dass IT-Aufgaben effektiv und effizient sowie sicher gelöst werden sollten, ein enges Alignement der IT-Abteilung mit den Geschäftsbereichen anzustreben sei und die IT zur Steigerung des Unternehmenswerts beitragen solle. Für Weill und Ross (2004: 121) liegt gute ITG dann vor, wenn die IT kostengünstig ist und in effektiver Weise für die Nutzung der Vermögenswerte, das Unternehmenswachstum und die Unternehmensflexibilität eingesetzt wird; sie betrachten als Entscheidungsobjekte neben IT Principles auch die IT-Architektur, die IT-Infrastruktur-Strategien, die IT-Bedürfnisse der Fachabteilungen und die IT-Investitionen (vgl. Weill/Ross 2004: 11 ff.). Die letztgenannten Themen lassen sich jedoch gut unter dem Begriff IT-Management subsumieren.

Meyer, Zarnekow und Kolbe (2003: 445 ff.) sehen Überlappungen vor allem zwischen dem strategischen IT-Management und der ITG. Sie definieren ITG als „Grundsätze, Verfahren und Maßnahmen, die sicherstellen, dass mit Hilfe der eingesetzten IT die Geschäftsziele abgedeckt, Ressourcen verantwortungsvoll eingesetzt und Risiken angemessen überwacht werden". Sodann vergleichen sie die im COBIT-Framework definierten IT-Prozesse mit den im IT-Management formulierten Aufgaben und sehen Unterschiede vor allem bei neuen Anforderungen, welche durch die Wert-, Prozess- und Dienstleistungsorientierung sowie das Risikomanagement entstanden sind. Allerdings ist dieser Vergleich problematisch, weil wohl nicht alle COBIT-Prozesse der ITG zugerechnet werden können. Zudem macht es wenig Sinn, die Aufgaben des IT-Managements gedanklich einzufrieren und bei Entstehen neuer Management-Anforderungen jeweils neue Begriffe einzuführen.

Gemäß der Information Systems Audit and Control Association (ISACA) verfolgt ITG „the enterprise's goals by adding value while balancing risk versus return over IT and its processes." (ISACA 2006). Für das (von der ISACA 1998 gegründete) IT Governance Institute (ITGI) besteht ITG in „the leadership and organisational structures and processes that ensure that the organisation's IT sustains and extends the organisation's strategies and objectives." (ITGI 2003a: 10). Dieser Begriff ist wohl unzulässig weit gefasst, weil er sogar Maßnahmen zur *Erweiterung* der Strategie und der Ziele des Unternehmens umfasst. Noch pointierter formuliert das ITGI an anderen Stellen: „IT governance is concerned about two responsibilities: IT must deliver value and enable the business, and

IT-related risks must be mitigated" (ITGI 2005: 167) und unterscheidet diese Verantwortlichkeiten als „Create value/Good things to happen" und als „Preserve value/Bad things not happening" (ITGI 2003b: 21). Aus unserer Sicht wäre es schlüssig, die erstgenannte Aufgabe mit IT-Management und die letztgenannte mit IT Governance zu umschreiben.

3.3 IT Governance Frameworks und Tools

Bei Umsetzung der ITG sollen die Unternehmen durch Frameworks (Referenzmodelle) unterstützt werden. Frameworks sind generische und abstrakte Rahmenwerke, die betriebsindividuell angepasst werden müssen. Im betrachteten Zusammenhang relevante Frameworks sind

- das vom Committee of Sponsoring Organizations of the Treadway Commission bereits 1992 entwickelte und bisher vor allem in den USA beachtete COSO-Framework, das sich insbesondere mit internen Kontrollsystemen beschäftigt,
- das von der ISACA 1995 veröffentlichte COBIT (Control Objectives for Information and related Technology)-Framework, das IT-Systeme detaillierter als COSO betrachtet und 34 Prozesse in den vier Domänen Planung und Organisation, Beschaffung und Einführung, Auslieferung und Unterstützung sowie Überwachung unterscheidet,
- die von der britischen Central Computer and Telecommunications Agency (CCTA) seit 1989 entwickelte Information Technology Infrastructure Library (ITIL), die einen Schwerpunkt auf das Service Management legt und in Europa für diesen Bereich zu einem Quasi-Standard geworden ist,
- der auf ITIL aufbauende British Standard 15000, der Anforderungen für Zertifizierung und einen „Code of Practices" umfasst, und
- die ISO Norm 17799, die auf British Standard 7799 beruht und Prüfmechanismen und Empfehlungen zur IT-Sicherheit umfasst.

Inhaltliche Überschneidungen und Unterschiede der Frameworks (vgl. etwa Glenfis 2003; Gray 2004; Sewera 2005) werden nicht einmal für einen bestimmten Zeitpunkt einhellig gesehen. Die damit verbundene Unsicherheit verstärkt sich noch dadurch, dass die Frameworks im Zeitablauf weiter entwickelt werden.

Zur Unterstützung der mit ITG verbundenen Aufgaben bieten Software-Hersteller verschiedene Tools an. Ein Einsatz derartiger Werkzeuge sollte erst dann in Betracht gezogen werden, wenn die zu unterstützenden Prozesse und die daraus resultierenden Anforderungen klar definiert sind (vgl. Sloan 2006).

4 Fazit

In diesem Beitrag haben wir gezeigt, dass der Begriff IT Governance große Aufmerksamkeit findet, seine Inhalte aber wenig präzise und widersprüchlich umschrieben sind. Wir sehen dieses Konzept in enger Verbindung mit der Corporate Governance und grenzen es gegenüber dem IT-Management ab: IT Governance ist nicht identisch mit IT-Management, ebenso wie Corporate Governance nicht identisch mit der Unternehmensführung ist. IT Governance ist aber auch keine Teilmenge der Aufgaben des IT-Managements, sondern legt für dieses Rahmenbedingungen und Regeln fest, die auch die aus der Corporate Governance resultierenden Anforderungen an IT-Systeme berücksichtigen. Frameworks und Tools können bei Umsetzung der IT Governance und für das IT-Management hilfreich sein.

Literaturverzeichnis

Behrens, Stefan; Schmitz, Christopher (2005): Ein Bezugsrahmen für die Implementierung von IT-Outsourcing-Governance. In: HMD – Praxis der Wirtschaftsinformatik, 42. Jg. 2005, Nr. 245, S. 28-36.

Glenfis (2003): ITIL-Cobit Mapping. URL: http://www.glenfis.ch/media/download/tools/ITIL-Cobit-Mapping_de.xls, 15. März 2006.

Gray, Helen (2004): Is there a relationship between IT governance and corporate governance? What improvements (if any) would IT governance bring to the LSC? URL: http://www.itgi.org/template_ITGI.cfm?template=/ContentManagement/ContentDisplay.cfm&ContentID=16236, 15. März 2006.

ISACA (2006): Executive Overview. URL: http://www.isaca.org/PrinterTemplate.cfm?template=/ContentManagement/ContentDisplay.cfm&ContentID=1801, 15. März 2006.

ITGI (2003a): Board Briefing on IT Governance, 2nd edition. URL: http://www.itgi.org/Template_ITGI.cfm?Section=Purpose&Template=/ContentManagement/ContentDisplay.cfm&ContentFileID=4667, 15. März 2006.

ITGI (2003b): IT Governance Implementation Guide, Rolling Meadows 2003.

ITGI (2005): Governance of the Extended Enterprise. Bridging Business and IT Strategies, Hoboken 2005.

Knolmayer, Gerhard F.; Wermelinger, Thomas (2006): Der Sarbanes-Oxley Act und seine Auswirkungen auf die Gestaltung von Informationssystemen. Arbeitsbericht Nr. 179 des Instituts für Wirtschaftsinformatik der Universität Bern, Bern 2006.

Meyer, Matthias; Zarnekow, Rüdiger; Kolbe, Lutz M. (2003): IT-Governance. Begriff, Status quo und Bedeutung. In: Wirtschaftsinformatik, 45. Jg. 2003, Nr. 4, S. 445-448.

Peterson, Ryan R. (2004): Integration Strategies and Tactics for Information Technology Governance. In: Strategies for Information Technology Governance, hrsg. v. Wim Van Grembergen, Hershey et al. 2004, S. 37-80.

Reilly, Kevin (2005): AMR Research Predicts Compliance Is an $80B Issue, 14. März 2005. URL: http://www.amrresearch.com/Content/View.asp?pmillid=18086, 15. März 2006.

Sewera, Sonja (2005): Referenzmodelle im Rahmen von IT-Governance. CobiT ITIL MOF. URL: http://wwwai.wu-wien.ac.at/~koch/lehre/inf-sem-ss-05/referenzmodelle.pdf, 15. März 2006.

Shleifer, Andrei; Vishny, Robert W. (1997): A Survey of Corporate Governance. In: The Journal of Finance, 52. Jg. 1997, Nr. 2, S. 737-783.

Sloan, John (2006): IT Governance Software: Tools in Need of Processes. URL: http://www2.cio.com/analyst/report4014.html, 15. März 2006.

Thom, Norbert; Brönnimann, Thomas (2004): Corporate Governance. Grössere Transparenz wirkt sich positiv auf die KMU aus. In: KMU-Magazin, 7. Jg. 2004, Nr. 8, S. 10-12.

Weill, Peter; Ross, Jeanne W. (2004): IT Governance. How Top Performers Manage IT Decision Rights for Superior Results, Boston 2004.

Wilhidc, Kathleen (2005): Compliance Chasm, The. IDC Special Study Doc #33632. URL: http://www.idc.com/getdoc.jsp?containerId=33632&pageType=PRINTFRIENDLY, 15. März 2006.

Informatikkompetenz

Thomas Myrach*

Informationstechnologien sind aus dem beruflichen und auch privaten Bereich vieler Menschen nicht mehr wegzudenken. Für ihre zweckmäßige Nutzung werden verschiedene Ausprägungen von Informatikkompetenz benötigt. Diese müssen nicht bei allen Mitgliedern einer Organisation gleichermaßen vorhanden sein. IT-Anwender werden bei komplexeren Problemen typischerweise von IT-Spezialisten unterstützt. Dieser Zusammenhang wird im vorliegenden Beitrag anhand eines einfachen Betrachtungsrahmens skizziert. Für das Management der Informatikkompetenz stellt sich diesbezüglich die Frage, welche Ausprägungen von Informatikkompetenz durch welche Rollen abgedeckt werden sollen und ob diese allenfalls extern zu beschaffen sind. Dafür müssen Führungspersonen in der Lage sein, über den effizienten Umgang mit Informatikmitteln sachgerecht zu entscheiden.

Stichworte: Arbeitsteilung – Computer Literacy – Informatik – Informatikkompetenz – Informationstechnologie – IT-Anwender – IT-Spezialist

* Prof. Dr. Thomas Myrach ist Ordinarius für Wirtschaftsinformatik und Mitdirektor des Instituts für Wirtschaftsinformatik der Universität Bern.

1 Einleitung

Der Einsatz von Informationstechnologien (IT) ist mittlerweile nahezu allgegenwärtig und aus dem beruflichen wie auch privaten Bereich vieler Menschen nicht mehr wegzudenken. Anwender sind herausgefordert, die Informatikmittel sachgerecht und zweckmäßig für ihre Aufgaben einzusetzen. Dazu benötigen sie je nach Rolle und Aufgabe ein mehr oder minder großes Maß an Informatikkompetenz. Die Verfügbarkeit von Informatikkompetenz kann auf einer individuellen, organisationalen und sogar auf einer nationalen Ebene betrachtet werden. Von Experten wird immer wieder beklagt, dass die verfügbaren Informatik-kenntnisse nicht ausreichend seien (vgl. z. B. Zehnder/ Quadri 2001). Einerseits fehlen den Anwendern spezifische Kompetenzen, zum anderen stehen nicht genügend qualifizierte Spezialisten zur Verfügung. Privatpersonen, KMU und Großunternehmen würden deshalb immer wieder an die Grenzen ihres Informatikwissens stoßen. Damit können sie die Potenziale, die in der Nutzung von Informationstechnologien liegen, nicht angemessen ausschöpfen und drohen im internationalen Wettbewerb zurückzufallen.

Diesen Kassandrarufen zum Trotz lassen sich auch Vertreter einer Gegenposition wie z. B. Carr (2003) ausmachen, welche die strategische Bedeutung der Informationstechnologie für die Wettbewerbsfähigkeit eher kritisch einschätzen. Ausgangspunkt seiner Überlegungen ist die Annahme, dass die Informationstechnologie mittlerweile einen hohen Reifegrad erreicht habe und praktisch ein Gebrauchsgut (*commodity*) sei. Damit stellt die Verfügbarkeit einer leistungsfähigen IT-Infrastruktur auch nicht mehr einen wesentlichen Differenzierungsfaktor im Wettbewerb dar. Daran anknüpfend lässt sich argumentieren, dass Informatik in vielen Organisationen keine Kernkompetenz darstellt und deshalb nicht oder nur eingeschränkt verfügbar sein muss.

In diesem Beitrag wird ein Betrachtungsrahmen für Informatikkompetenz innerhalb einer Organisation skizziert. Dabei werden zentrale Kompetenzbereiche unterschieden, die in einer Organisation im Zusammenhang mit der Nutzung von Informatikmitteln von Bedeutung sind. Diese Kompetenzbereiche werden in Bezug gesetzt zu den grundsätzlichen Rollen des IT-Anwenders und des IT-Spezialisten. Die vorgenommene Systematisierung soll helfen, die jeweils benötigten Kompetenzen zu identifizieren und zu entscheiden, ob und in welchem Ausmaß diese organisationsintern zur Verfügung stehen sollten.

2 Begriff und Arten der Informatikkompetenz

Der Begriff Informatikkompetenz (oder auch IT-Kompetenz) wird vielfach gebraucht, ohne dass dabei jeweils das genaue Begriffsverständnis explizit offen gelegt wird. Aus einer individuellen Sichtweise sind damit eher technische Fähigkeiten bezüglich der Handhabung von Computern und Programmen gemeint (vgl. etwa Homann 2000). Im angelsächsischen Sprachgebrauch wird diesbezüglich, offenbar ursprünglich mit Referenz auf das Schreiben von Programmen, von *computer literacy* gesprochen (vgl. Nevison 1976). Von Unternehmen der IT-Branche wird der Begriff Informatikkompetenz dagegen verwendet, um ihre Fähigkeit zur Realisierung von IT-Lösungen herauszustreichen.

Bezüglich der Informatikkompetenz sollen hier vier grundsätzliche Ausprägungen unterschieden werden:

- *Entscheidungskompetenz* als die Fähigkeit, im Hinblick auf die Organisationsziele einen effektiven und effizienten Einsatz von Informatikmitteln festlegen zu können.
- *Gestaltungskompetenz* als die Fähigkeit, zur Lösung einer Aufgabenstellung passende IT-Lösungen zu konzipieren.
- *Handhabungskompetenz* als die Fähigkeit, die verfügbaren Informatikmittel sachgerecht für die eigenen Aufgabenstellungen einzusetzen.
- *Betriebskompetenz* als die Fähigkeit, die laufende und möglichst störungsfreie Funktion einer IT-Infrastruktur sicherzustellen.

Bezüglich des Arbeitens mit Informatikmitteln kann zwischen den Rollen des IT-Anwenders und des IT-Spezialisten unterschieden werden. Diese Unterscheidung ist im Sinne einer beruflichen Spezialisierung aufzufassen (vgl. Zehnder/Quadri 2001): Als IT-Spezialist soll gelten, wer mehrheitlich in seiner Berufstätigkeit mit Informatikaufgaben befasst ist, d. h. mit der Gestaltung von technischen Informationssystemen und dem Betrieb von IT-Infrastrukturen zu tun hat. Dagegen ist ein IT-Anwender vor allem mit anderen Aufgaben beschäftigt, zu deren Lösung er Informatikmittel einsetzt. Als dritte Rolle ist noch der (IT-)Manager relevant, der bezüglich des Aufbaus von Informatikkompetenzen und der Verfügbarkeit von Informatikmitteln sachgerechte Entscheidungen treffen muss. Abbildung 1 deutet den Zusammenhang zwischen den Rollen und den verschiedenen Ausprägungen von Informatikkompetenz an.

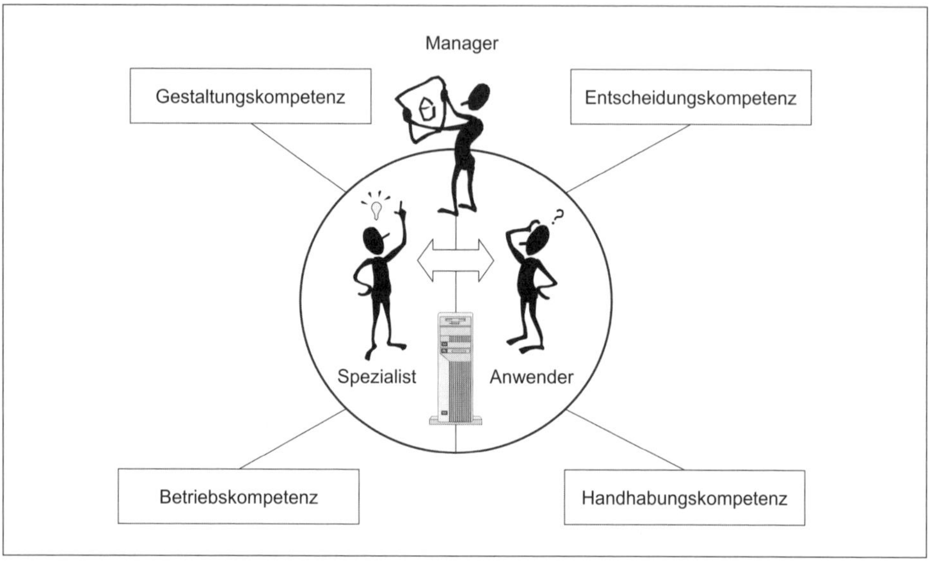

Abbildung 3: Betrachtungsrahmen für Informatikkompetenzen in einer Organisation

IT-Spezialisten sollten aufgrund ihrer Ausbildung und ihrer beruflichen Erfahrungen über eine relativ hohe Informatikkompetenz verfügen. Sie arbeiten mit unter Umständen unterschiedlichen Qualifikationen in verschiedenen Tätigkeitsfeldern (vgl. Hansen/Neumann 2005: 19 ff.). Dagegen benötigen IT-Anwender nur relativ eingeschränkte Informatikkompetenzen, die sich auf die Bedienung ihrer IT-Geräte und der für ihre Aufgaben wesentlichen Programme beschränken. IT-Spezialisten entlasten und unterstützen die IT-Anwender bezüglich der verschiedenen Aspekte der Gestaltung und des Einsatzes von Informationssystemen mit ihrer Kompetenz. Allerdings ist das Verhältnis zwischen den beiden Gruppen auch häufig durch Spannungen getrübt, was nicht zuletzt am mangelnden Verständnis für den jeweils anderen Fachbereich liegen dürfte (vgl. Mertens/Knolmayer 1995: 79).

3 Management von Informatikkompetenzen

Ausgehend vom skizzierten Betrachtungsrahmen ist zu bestimmen, welche Ausprägungen von Informatikkompetenzen bei welchen Funktionen innerhalb einer Organisation verfügbar sein müssen und wie dies erreicht werden kann. Entsprechend der oben vorgenommenen Unterteilung in IT-Anwender und IT-Spezialisten wird diesbezüglich nach anwenderbezogenen und nach speziellen Informatikkompetenzen unterschieden.

3.1 Anwenderbezogene Informatikkompetenzen

Bezüglich der Mitarbeiter einer Organisation erscheint es einsichtig, dass alle IT-Anwender eine für ihre Arbeit ausreichende Handhabungskompetenz für die eingesetzten Informatikmittel aufweisen sollten. Die Handhabungskompetenz ist prinzipiell als ausreichend anzusehen, wenn mit den Informatikmitteln alle wesentlichen Aufgabenstellungen ohne Hilfe von IT-Spezialisten oder anderern Anwendern gelöst werden können. Damit gewinnen IT-Anwender ein gewisses Maß an Autonomie, mit der ein vernünftiges Arbeiten erst möglich ist. Zudem können sie ihre Verantwortung für die von ihnen eingesetzten Informatikmittel nicht ganz und gar abschieben (vgl. Zehnder 2005).

Typische Computer-Arbeitsplätze haben eine weitgehend standardisierte Ausstattung mit vernetzten Personal Computern, Büro-Programmen (*Office-Tools*) (vgl. Hansen/Neumann 2005: 491 ff.) und Internet-Anwendungen. Durch dieses Produktportfolio lassen sich die allgemeinen, branchenübergreifenden Anforderungen an die Handhabungskompetenz relativ genau festlegen. Dafür existieren mittlerweile standardisierte Schulungsprogramme, bei denen formale Ausbildungszertifikate erworben werden können. Mit Bezug auf den beliebten Vergleich zwischen Computern und Automobilen wird dabei auch von Computer-Führerscheinen gesprochen (vgl. Myrach 2004).

Aufgrund der weiten Verbreitung kann eine Organisation stillschweigend davon ausgehen, dass die benötigten Kompetenzen von den Mitarbeitern bereits in mehr oder minder starkem Ausmaß mitgebracht werden oder dass sich die Mitarbeiter diese gegebenenfalls *on-the-job* aneignen. Allenfalls könnte bei der Einstellung darauf geachtet werden, dass Bewerber entsprechende Kompetenzen aufweisen. Für ein gezieltes Kompetenzmanagement erscheint es jedoch sinnvoll, dass die Mitarbeiterkompetenzen in diesem Bereich systematisch erfasst und allenfalls gezielt ausgebaut werden. Dazu können seitens der Organisation entsprechende Lehrangebote gemacht werden, die z. B. in Form von E-Learning-Kursen zum Selbststudium fakultativ zur Verfügung stehen. Zudem lassen sich über verschiedene Kommunikationskanäle wie z. B. Firmenzeitungen auch Informationen über den richtigen Umgang mit Informatikmitteln verbreiten (vgl. etwa das Beispiel bei Baumgartner 2004).

Über die allseits verwendeten Werkzeuge hinaus werden IT-Anwender mit spezifischen Anwendungssystemen konfrontiert, die teilweise sehr komplex sein können. Darunter fallen etwa *Enterprise Resource Planning* (ERP) Systeme, welche vielerorts das Rückgrat der operativen Datenverarbeitung bilden (Hansen/Neumann 2005: 524 ff.). Hier kann nicht davon ausgegangen werden, dass Mitarbeiter ausreichende Vorkenntnisse mitbringen. Deshalb sind teilweise sehr aufwändige Schulungen vorzusehen, die oftmals von den Hersteller- oder Vertriebsunternehmen der jeweiligen Anwendungssoftware durchgeführt werden.

Neben der reinen Handhabungskompetenz sollten IT-Anwender auch methodische Grundlagen der Informatik kennen, um zumindest eine vage Vorstellung davon zu haben, welche informationstechnischen Probleme sich bei der Gestaltung von IT-Lösungen und deren Betrieb ergeben. Dies erlaubt IT-Anwendern gegenüber IT-Spezialisten als kompetente Gesprächspartner in Gestaltungsprozessen für sozio-technische Informationssysteme aufzutreten. Diese Grundlagen der Informatik sind auch für Führungspersonen und Organisationsgestalter notwendig, die nicht unbedingt in der Rolle eines IT-Anwenders, sondern in der eines Managers den Wert des Einsatzes bestimmter Informationstechnologien für organisationsbezogene Ziele beurteilen und dementsprechend Entscheidungen für einen effizienten Einsatz von Informatikmitteln treffen müssen. In dieser Hinsicht erscheint es nahe liegend, dass dem Schnittstellenwissen zu Informations- und Kommunikationstechnologien etwa für das Berufsbild des Organisators eine hohe Bedeutung zugemessen wird (vgl. Wenger/Thom 2005: 37 f. und 59).

3.2 Spezielle Informatikkompetenzen

In vielen Organisationen ist die Informatik nicht der eigentliche Leistungszweck. Bezüglich der IT-Spezialisten stellt sich damit die grundsätzliche Frage, welche Aufgaben durch die eigene Organisation abgedeckt und welche Kompetenzen über den Markt eingekauft werden sollen. Das vielfältige Gestaltungsspektrum reicht dabei vom Aufbau eigener Informatikstellen und -abteilungen über das projektbezogene Hinzuziehen externer IT-Spezialisten bis hin zum Auslagern ganzer Informatikprozesse an spezialisierte Unternehmen.

Für eine ökonomische Analyse der Beschaffung spezieller Informatikkompetenzen bietet sich die Transaktionskostentheorie an (vgl. Mertens/Knolmayer 1995: 8 ff.). Diese basiert auf der Annahme, dass die Ausgestaltung von Leistungsübertragungen im Zuge arbeitsteiliger Aufgabenerfüllung durch die dabei verursachten Transaktionskosten bestimmt wird. Als Eigenschaften, welche die Höhe der Transaktionskosten bestimmen, werden Spezifität, Unsicherheit, Häufigkeit und strategische Bedeutung der Transaktion genannt.

Im Bereich der Gestaltung von Informationssystemen ist bereits über eine Reihe von Jahren ein starker Trend dahin festzustellen, keine oder nur eine geringe eigene Entwicklungskompetenz aufzubauen und Informationssysteme extern einzukaufen (vgl. Krcmar 2005: 135 ff.). Dabei spielen standardisierte Software-Pakete, die mittlerweile für alle zentralen Unternehmensfunktionen zur Verfügung stehen, eine besonders wichtige Rolle. Eine derartige externe Beschaffung erscheint unter anderem aus dem Argument der Häufigkeit grundsätzlich als sinnvoll, da es sich bei der Gestaltung und Einführung von Informationssystemen um zeitlich begrenzte Projekte handelt und nicht um Daueraufgaben. Auch das Argument der geringen Spezifität der Lösungen spricht gegen Eigenentwicklungen.

Im Gegensatz zur Einführung von Informationssystemen ist deren Betrieb als eine Daueraufgabe zu betrachten. Um eine möglichst störungsfreie Nutzung der IT-Infrastruktur zu gewährleisten, müssen entsprechende Personalressourcen zur Verfügung stehen. Auch in diesem Bereich ist jedoch ein Trend festzustellen, die benötigten Kompetenzen bzw. Dienste extern einzukaufen. Da dabei oftmals eigene IT-Ressourcen aufgegeben bzw. übertragen werden, spricht man diesbezüglich typischerweise von *Outsourcing* (vgl. Mertens/Knolmayer 1995: 17 ff.; Krcmar 2005: 371 ff.). Dabei dürfte wiederum das Argument einer als relativ gering empfundenen Spezifität von IT-Leistungen ein treibendes Motiv sein. Es lassen sich unterschiedliche Gestaltungsformen beobachten, wie eine Arbeitsteilung zwischen einer Organisation und einem externen Unternehmen im Rahmen der IT-Leistungserbringung organisiert sein kann.

4 Fazit

Der in diesem Beitrag skizzierte Ansatz zur Systematisierung der in einer Organisation benötigten Informatikkompetenzen basiert auf dem Leitgedanken eines arbeitsteiligen Zusammenwirkens von IT-Spezialisten und IT-Anwendern. Die verschiedenen von einer Organisation benötigten Ausprägungen von Informatikkompetenzen müssen in unterschiedlichem Ausmaß bei den Mitarbeitern, die eine dieser beiden Rollen einnehmen, vorhanden sein.

Da in Organisationen ein großer Teil der Mitarbeiter in irgendeiner Form auch IT-Anwender sind, kommt der Verfügbarkeit einer ausreichenden Handhabungskompetenz eine große Rolle zu. Darüber hinaus ist es für die arbeitsteilige Zusammenarbeit mit IT-Spezialisten wichtig, dass eine gewisse Schnittstellenkompetenz verfügbar ist, um als kompetenter Gesprächs- und Verhandlungspartner in Gestaltungsprozessen auftreten zu können. Bezüglich des Aufbaus von spezifischen Informatikkompetenzen durch IT-Spezialisten stellt sich die Frage, inwieweit diese organisationsintern zur Verfügung stehen müssen.

Mitarbeiter auf der Kaderstufe sind herausgefordert, den effizienten Einsatz von Informatikmitteln und die entsprechende Verfügbarkeit von Informatikkompetenz bezüglich Rollen und Ausprägungen zu bestimmen. Dazu benötigen sie eine Entscheidungskompetenz, die wiederum nur auf einem ausreichenden Schnittstellenwissen der Informatik beruhen kann. Weisen Führungspersonen diese Fähigkeiten nicht auf, so können sie kaum sachgerechte Entscheidungen treffen und drohen zu einem Spielball von Interessen der IT-Industrie oder ihrer eigenen IT-Mitarbeiter zu werden.

Literaturverzeichnis

Baumgartner, Lukas (2004): Nutzung des E-Mail-Dienstes in der BKW FMB Energie AG, Lizentiatsarbeit an der Universität Bern 2004.

Carr, Nicolas G. (2003): IT doesn't matter. In: Harvard Business Review, 81. Jg. 2003, Nr. 5, S. 41-49.

Hansen, Hans R.; Neumann, Gustaf (2005): Wirtschaftsinformatik 1. Grundlagen und Anwendungen, 9. Auflage, Stuttgart 2005.

Homann, Benno (2000): Informationskompetenz als Grundlage für bibliothekarische Schulungskonzepte. In: Bibliotheksdienst 6, 2000. URL: http://deposit.ddb.de/ep/netpub/89/96/96/967969689/_data_stat/www.dbiberlin.de/dbi_pub/bd_art/bd_2000/00_06_03.htm, 14. März 2006.

Krcmar, Helmut (2005): Informationsmanagement, 4. Auflage, Berlin et al. 2005.

Mertens, Peter; Knolmayer, Gerhard (1995): Organisation der Informationsverarbeitung: Grundlagen – Aufbau – Arbeitsteilung, 2. Auflage, Wiesbaden 1995.

Myrach, Thomas (2004): Von Computern und Automobilen. In: IT-Servicemanagement. HMD Praxis der Wirtschaftsinformatik 237, hrsg. v. Andreas Meier und Thomas Myrach o O. 2004, S. 3-5.

Nevison, John M. (1976): Computing in the Liberal Arts College. In: Science, 194. Jg. 1976, Nr. 4263, S. 396-402.

Wenger, Andreas P.; Thom, Norbert (2005): Organisationsarbeit – eine Tätigkeit im Wandel, Glattbrugg 2005.

Zehnder, Carl A. (2005): Informatik-Verantwortung ist nicht abschiebbar. In: InfoWeek.ch, o. Jg. 2005, Nr. 15, S. 12.

Zehnder, Carl A.; Quadri, Peter (2001): Die IT-Lücke schliessen. Interview mit Carl Zehnder und Peter Quadri. In: Vision 1, 2001. URL: http://www.swiss-science.org/html_d/visionmagazine/vmd_19.htm, 14. März 2006.

Biographie und Bibliographie von Norbert Thom

Der Generalist als Brückenbauer
Biographisches und Bibliographisches zu Norbert Thom

Robert J. Zaugg*

1 Lebenslauf

Norbert Friedrich Michael Thom wurde am 11. August 1946 in Kleinsteinlohe bei Waldmünchen in Bayern geboren. Er übersiedelte mit seiner Familie nach Köln und besuchte dort die Volksschule und das Gymnasium, wo er im März 1966 die Reifeprüfung ablegte. Anschließend diente er als Soldat auf Zeit in der Luftwaffe der Bundeswehr (derzeitiger Dienstgrad: Hauptmann der Reserve). Im Sommersemester 1968 nahm Norbert Thom das Studium der Wirtschaftswissenschaften an der Universität zu Köln auf und schloss dieses als Diplom-Kaufmann im Dezember 1972 ab. Das Doktoratsstudium erfolgte ebenfalls an der Universität zu Köln. Betreut von Prof. Dr. Dr. h. c. mult. Erwin Grochla verfasste Norbert Thom eine Dissertation zum Thema „Zur Effizienz betrieblicher Innovationsprozesse". Diese Arbeit führte im Juli 1976 zur Promotion zum Dr. rer. pol. (Prädikat: summa cum laude) an der Universität zu Köln und wurde zudem 1978 mit dem bundesweiten Karl-Guth-Preis ausgezeichnet. Von 1973 bis 1976 folgten Tätigkeiten als wissenschaftlicher Assistent und von 1976 bis 1984 als doktorierter wissenschaftlicher Oberassistent am Seminar für Allgemeine Betriebswirtschaftslehre und Organisationslehre der Universität zu Köln. Die Habilitationsschrift wurde zwischen 1982 und 1984 zum Thema „Personalentwicklung als Instrument der Unternehmungsführung" überwiegend im Rahmen eines Habilitationsstipendiums der Deutschen Forschungsgemeinschaft verfasst und führte am 15. Oktober 1984 zur Erteilung der venia legendi für das Fach

* Prof. Dr. Robert J. Zaugg ist Ordinarius für Betriebswirtschaftslehre und Inhaber des Lehrstuhls für Personalmanagement und Organisation der WHL Wissenschaftliche Hochschule Lahr.

Betriebswirtschaftslehre. Parallel zur Tätigkeit als doktorierter Assistent und zur Habilitation wurden mehrere Forschungsprojekte geleitet und Lehraufträge erfüllt.

Unmittelbar nach der Habilitation nahm Norbert Thom seine Tätigkeit als kommissarischer Vertreter der Professur für Betriebswirtschaftslehre mit den Schwerpunkten Organisation und Personalwirtschaft an der Justus-Liebig-Universität Gießen auf. Dann folgte ein Ruf an die Universität Fribourg (Schweiz), am 9. April 1985 die Ernennung zum vollamtlichen Professor für Betriebswirtschaftslehre und am 17. Oktober 1985 die Übertragung der Leitung des Seminars für Unternehmungsführung und Organisation. Nach mehreren Gastprofessuren und Gastvorlesungen an den Universitäten Basel, Bern, Linz, Graz, WU Wien und Dresden folgte ein Ruf an die Universität Bern. Seit dem 1. April 1991 ist der Jubilar als Ordinarius für Betriebswirtschaftslehre und Direktor des Instituts für Organisation und Personal der Universität Bern tätig. 2002 erfolgte die Gründung des Kompetenzzentrums für Public Management (KPM), welchem Norbert Thom als Mitgründer und Mitglied des ständigen interfakultären Ausschusses zur Verfügung steht.

Der Jubilar zeichnet sich durch eine ausgewogene Work-Life-Balance aus. Sein Hobby ist sein Beruf und sein Beruf ist sein Hobby. Neben einer ausgeprägten Zuneigung für Druckerzeugnisse jeglicher Art (Bücher, Zeitschriften, Zeitungen etc.) und einem großen Interesse für Zeitgeschichte und politische Themen liebt Norbert Thom das Reisen. Seine Offenheit für neue Regionen und Kulturen haben ihn und seine Gattin in rund 50 Länder auf allen Kontinenten geführt. Als Rotarier engagiert er sich in gemeinnützigen Projekten und pflegt freundschaftliche Kontakte zu seinen Clubkollegen.

Nach diesen Fakten zum Lebenslauf des Jubilars soll nun sein breites Tätigkeitsspektrum als Forscher, Lehrer, Förderer, Dienstleister im Milizsystem, Berater und Brückenbauer gewürdigt werden. Entsprechend der inhaltlichen Ausrichtung dieser Festschrift erfolgt dies im Rahmen eines kompetenzorientierten Ansatzes.

2 Kompetenzprofil

2.1 Forschungskompetenz

Der Forschungsausweis des Jubilars ist beeindruckend. Bis zum Redaktionsschluss dieses Werks (Juni 2006) sind rund 900 Publikationen (teilweise mit Koautoren und Koautorinnen) mit weit mehr als 17’000 Seiten entstanden. Die zentralen Themengebiete sind das Personalmanagement (40% der publizierten Seiten), die Organisation (29%), die Führung (inkl. Innovation und Public Management) (26%), die Didaktik (4,5%) und die allgemeine Betriebswirtschaftslehre (0,5%). Differenziert nach Publikationskategorien sind es 31 selbstständige Schriften (darunter 19 Bücher, teilweise in mehrfacher Auflage), 10 herausgegebene Sammelwerke, 15 weitere Herausgeberschaften, 70 Arbeitsberichte, 124 Aufsätze in Fachzeitschriften (davon 51 in refereed journals), 9 Unternehmensprofile in Fachzeitschriften, 152 Beiträge in Sammelwerken (davon 18 Beiträge in Teilbänden der Enzyklopädie der Betriebswirtschaftslehre), 354 kleinere Beiträge in Fachzeitschriften, Magazinen und Zeitungen, 50 Buchbesprechungen, 20 veröffentlichte Diskussionsbeiträge auf wissenschaftlichen Veranstaltungen, 37 Geleitworte und mehrere wissenschaftliche Übersetzungen. Da die vollständige Auflistung aller Publikationen des Jubilars den Umfang der vorliegenden Schrift um rund 100 Seiten vergrößert hätte, wird ein vollständiges Schriftenverzeichnis als Sonderband in der Reihe der Arbeitsberichte des Instituts für Organisation und Personal der Universität Bern herausgegeben.

Die erwähnten Publikationen sind in 20 Sprachen übersetzt worden. Es sind dies die folgenden Idiome: Bulgarisch, Chinesisch, Dänisch, Englisch, Französisch, Italienisch, Japanisch, Kroatisch, Litauisch, Norwegisch, Polnisch, Rumänisch, Russisch, Schwedisch, Slowakisch, Slowenisch, Spanisch, Tschechisch, Türkisch und Ungarisch.

Das sehr produktive Schaffen von Norbert Thom war stets von Kooperationen geprägt. Rund zwei Drittel seiner Publikationen sind als Teamarbeiten entstanden. Die Liste der Koautoren und Koautorinnen umfasst eindrückliche 101 Namen. Wobei 39% weiblich und 61% der Kooperationspartner männlich sind. Die Bandbreite der Koautoren reicht von Mitarbeitenden und Doktoranden über Praxispartner bis hin zu Kollegen auf der Professorenebene. Diese Zahlen zeigen zweierlei: Erstens verdeutlichen sie die ausgeprägte Kooperationsfähigkeit des Jubilars (vgl. Abschnitt 2.6). Zweitens legen sie Zeugnis davon ab, dass er seine

Rolle als Nachwuchsförderer sehr ernst nimmt (vgl. Abschnitt 2.3). Ganz besonders erfreulich ist, dass es sich insbesondere bei den Koautorinnen mehrheitlich um Nachwuchskräfte handelt bzw. gehandelt hat.

Besonders erwähnenswert ist sicherlich das Schrifttum zur *Personalentwicklung* (Habilitationsschrift). Dieses zentrale personalwirtschaftliche Themengebiet hat Norbert Thom im deutschsprachigen Raum als einer der ersten Forscher konzeptionell und empirisch umfassend bearbeitet. In diesem Zusammenhang sind auch die Längsschnittstudien zum Thema *Trainee-Programme* zu nennen, die in Deutschland und der Schweiz über drei Jahrzehnte hinweg durchgeführt worden sind. Im Bereich der *Organisationslehre und -praxis* stehen Werke zum Profil der Organisierenden, zur Matrixorganisation und zur organisatorischen Effizienz im Vordergrund. Seine Publikationen zum Change Management wurden in zehn Sprachen übersetzt und sind auf große Resonanz gestoßen. Dem *Innovationsmanagement* hat sich der Jubilar über seine Doktorarbeit zur Effizienz betrieblicher Innovationsprozesse, das Ideenmanagement (Betriebliches Vorschlagswesen) (6. Auflage) und weitere Publikationen zur Innovationsförderung angenähert. Im neueren Forschungsfeld des *Public Management* ist es Norbert Thom auf hervorragende Weise gelungen, erstens wissenschaftliche Erkenntnisse mit konkreten praktischen Erfahrungen aus der Beratungspraxis zu verknüpfen sowie zweitens Themenstellungen aufzugreifen, die bis dato im Schrifttum zum Public Management noch nicht umfassend bearbeitet worden sind (Organisation, Personalmanagement und Innovation bzw. Information). Vor diesem Hintergrund ist es erklärbar, dass das Grundlagenbuch zum Public Management bereits nach kurzer Zeit vergriffen war, nachgedruckt werden musste, mittlerweile in dritter Auflage erschienen und als Gesamtwerk auch ins Litauische übersetzt worden ist. Aus didaktischer Sicht kommt der *Fallstudienmethodik* im Schrifttum des Jubilars eine Sonderstellung zu. Er hat diese Tradition von seinem akademischen Lehrer (Erwin Grochla) und dessen Lehrer (Erich Kosiol) übernommen und weitergeführt. Jüngere Forschungsfelder sind das Management im Gesundheitswesen, die Personalerhaltung für High Potentials, das Career- und Lifestylemanagement, das Wissensmanagement, das interkulturelle Personalmanagement und das betriebliche Gesundheitsmanagement.

Das Gesamwerk von Norbert Thom zeichnet sich durch seine große Breite und einen methodischen Pluralismus in der Erkenntnisgewinnung aus. Es kommen sowohl qualitative (z. B. Fallstudien) als auch quantitative Verfahren (z. B. großzahlige Befragungen) zum Einsatz. Besonders hervorzuheben ist zudem sein durchgängiges Bestreben, konzeptionelle Überlegungen durch empirische Studien abzusichern bzw. zu präzisieren. In Fortführung der Tradition großer Betriebswirtschaftler (Kosiol und Grochla), die ihn maßgeblich beeinflusst haben, hat der Jubilar immer einen generalistischen Ansatz der Betriebswirtschaftslehre verfolgt. Trotz seiner ausgewiesenen Forschungsschwerpunkte ist es Norbert Thom gelungen, die Disziplin als Ganzes im Blickfeld zu behalten.

2.2 Lehrkompetenz

Im Bereich der Lehre gilt es, die Ausbildung von Studierenden, die Managementausbildung und die Referententätigkeit zu unterscheiden. In allen drei Bereichen hat es der Jubilar zu einer Meisterschaft gebracht. Seine Ausführungen werden von Studierenden, Wissenschaftlern und Praktikern gleichermaßen geschätzt. Besonders hervorzuheben ist zudem, dass Norbert Thom in Deutsch, Französisch und Englisch Lehrveranstaltungen auf universitärem Niveau durchführt und durchgeführt hat.

Dass die *universitäre Lehre* Norbert Thom viel Freude bereitet, wird in den Vorlesungen deutlich und führt regelmäßig zu sehr guten Vorlesungsevaluationen. Im Laufe seiner Karriere hat er in der Lehre die folgenden Themen vertreten (Auswahl): Kostenrechnung, Betriebssoziologie (Fachhochschule Köln); Mensch und Organisation (Universität zu Köln); Personalmanagement, Organisation (Universität Gießen); Allgemeine Betriebswirtschaftslehre, Organisation, Personalmanagement, Unternehmensführung, Innovationsmanagement, Materialwirtschaft (Universität Fribourg); Allgemeine Betriebswirtschaftslehre, Führungslehre, Personalmanagement, Organisatorische Gestaltung, Intercultural Human Resource Management (Universität Bern). Zahlreiche Proseminar und Seminarveranstaltungen, Kolloquien, Blockseminare, Doktorandenseminare und Forschungsgespräche runden das Lehrprogramm auf einer universitären Stufe ab. Im Rahmen des Doktorandenstudiums fanden Kooperationen mit den Universitäten Erlangen-Nürnberg, Fribourg, Linz und Zürich statt.

Bis heute hat der Jubilar an über 50 Universitäten und Hochschulen im In- und Ausland Gastvorlesungen und Gastvorträge gehalten (u. a. in Japan, Deutschland, Spanien, Polen, Ungarn, Slowakei, Litauen, Österreich). Er ist auch an wissenschaftlichen Tagungen und Konferenzen als Vortragender aktiv.

In der *Managementausbildung* reicht die Bandbreite der Lehrtätigkeiten von *Diplomlehrgängen* (Verbands-/NPO-Management des Verbandsmanagement Instituts (VMI) (seit 1986); Diplomlehrgang Weiterbildungsmanagement der Universität Bern; Zertifikatskurs Industriegütermarketing der Universität Bern) über *Nachdiplomstudien* (Management im Gesundheitswesen der Universität Bern – Master of Health Administration der Universität Bern (seit 1995)) bis hin zur Mitwirkung in mehreren *MBA* und *Executive MBA Programmen* (Rochester-Bern Executive MBA (1995-1998), Executive MBA des International Institute of Management in Technology der Universität Fribourg (seit 1997), Integrated Management (MBA der Fachhochschulen Bern und Fribourg), Executive MBA für Nonprofit-Management am VMI der Universität Fribourg (seit 2002), Executive Master of Public Administration (MPA) des Kompetenzzentrums für Public Management (KPM) der Universität Bern (seit 2002)).

Norbert Thom hat stets großen Wert darauf gelegt, sein fundiertes Wissen den jeweiligen Zuhörern zielgruppengerecht, unterhaltsam und anwendungsorientiert zu vermitteln. Es ist daher nicht erstaunlich, dass der Jubilar als *Referent* und *Managementtrainer* sehr gefragt ist.

2.3 Förderungskompetenz

Neben seinem großen wissenschaftlichen Leistungsausweis und der ausgeprägten Fähigkeit zu lehren bzw. zu referieren, zeichnet sich der Jubilar durch eine beispielhafte Förderungsbereitschaft und Förderungsfähigkeit aus. Er hat im Laufe seiner bisherigen Karriere mehrere tausend Studierende ausgebildet, weit über 600 Lizentiats-, Master- und Executive-Masterarbeiten betreut und über 1'000 Bachelor-, Seminar-, Proseminar- und Forschungsarbeiten begleitet.

37 Doktorandinnen und Doktoranden hat Norbert Thom persönlich betreut und begutachtet. Weitere 28 Doktorarbeiten hat er als Zweitreferent begleitet. Derzeit befinden sich noch zehn interne und externe Doktorarbeiten auf dem Weg zur Vollendung. Insgesamt wurden sechs Habilitationsverfahren als Zweitreferent oder externer Referent begutachtet (Universitäten Bern, Braunschweig, Graz und St. Gallen). Ein eigener Habilitand hat das Verfahren abgeschlossen, zwei weitere werden demnächst zum Verfahren zugelassen. Die persönliche Mitwirkung in zahlreichen Berufungskommissionen in Bern, Chemnitz und Fribourg, die Gutachtertätigkeit im Rahmen von weiteren Verfahren und die rege Tätigkeit als Gutachter in angesehenen wissenschaftlichen Fachzeitschriften

verdeutlichen das große Engagement des Jubilars zur Förderung des wissenschaftlichen Nachwuchses bzw. seinen Beitrag in der Scientific Community. Dass diese Förderung auch effektiv war, verdeutlichen nicht nur die abgeschlossenen wissenschaftlichen Arbeiten, sondern auch die Tatsache, dass Diplomanden bzw. Diplomandinnen und Doktoranden bzw. Doktorandinnen mehr als 30 Auszeichnungen für ihre Arbeiten entgegennehmen durften.

Schließlich waren an den Instituten und Seminaren, die Norbert Thom bisher geleitet hat, weit über 100 Personen als Dozenten, wissenschaftliche Assistenten und Oberassistenten, Hilfsassistenten, Hilfskräfte und Mitarbeitende im Sekretariat beschäftigt. Ihnen allen war (und ist) der Jubilar ein sehr guter Vorgesetzter, der es verstanden hat, Leistung und Förderung miteinander zu verbinden. Sein Führungsverhalten war (und ist) von einer sehr großen Menschlichkeit geprägt. Sein Humor und seine ausgeprägte Kommunikationsfähigkeit haben trotz einer hohen Arbeitslast aller Beteiligten stets zu einem angenehmen Arbeitsklima geführt.

2.4 Dienstleistungsorientierung

Die wissenschaftliche Gemeinschaft ist auf Personen angewiesen, welche sich ehrenamtlich engagieren. Norbert Thom hat hier eine beispielhafte Dienstleistungsorientierung bewiesen. Er hat – neben vielen anderen Milizfunktionen – die folgenden Ehrenämter wahrgenommen: 1985-1995 Hauptschriftleiter der Zeitschrift Führung + Organisation (zfo); 1990-1993 Präsident der Schweizerischen Gesellschaft für Betriebswirtschaft; seit 1991 Vizepräsident der Schweizerischen Gesellschaft für Organisation und Management (SGO); 1996-2005 Mitglied des Herausgeberbeirates der Zeitschrift Führung + Organisation (zfo); seit 1997 Vorstandsmitglied der Volkswirtschaftlichen Gesellschaft des Kantons Bern (seit 2002 als Vizepräsident); seit 2000 Vizepräsident von uniscope, der Stiftung der SGO; 2004-2005 Mitglied des Gesamtvorstandes des Verbandes der Hochschullehrer für Betriebswirtschaft e. V. als Vertreter der Schweiz. Als Initiant und Jury-Präsident von mindestens drei Preisen für wissenschaftliche und praktische Errungenschaften in der Betriebswirtschaftslehre (SGO-Preis, Rehau-Preis, IOP-Award) sowie als Mitglied in zahlreichen weiteren Preis-Jurys hat sich der Jubilar für die Nachwuchsförderung und die Anerkennung überdurchschnittlicher Leistungen eingesetzt.

Neben seinem Engagement in der Scientific Community hat Norbert Thom auch vielfältige Aufgaben im Rahmen der universitären Selbstverwaltung und in Wissenschaftsgremien bewältigt. Auch hier ist lediglich eine kleine Auswahl aufgeführt: 1986-2006 Mitwirkung in verschiedenen Berufungskommissionen der Universitäten Fribourg (Schweiz), Bern und Chemnitz; 1989-1991 Mitglied des Senates der Universität Fribourg (Schweiz); 1992-1995 Mitglied der Finanzkommission der Universität Bern und Finanzchef der Rechts- und Wirtschaftswissenschaftlichen Fakultät der Universität Bern; 1995-1997 Vizerektor der Universität Bern; 1997-2000 Mitglied des Schweizerischen Wissenschaftsrates; 2000-2001 Kommissarischer Direktor des Instituts für Internationales Innovationsmanagement der Universität Bern.

2.5 Beratungskompetenz

Norbert Thom hat bereits früh den Kontakt zur Praxis gepflegt und im Laufe seiner beruflichen Karriere viele namhafte nationale und internationale Großunternehmungen sowie öffentliche Verwaltungen beraten. Besonders hervorzuheben sind die Beratung des PTT-Generaldirektoriums im Zeitraum von 1991 bis 1993 und die Beratung der Berner Kantonsregierung im Rahmen der Haushaltssanierung (1998). Die Beratertätigkeit wird seit 2000 in der von der Universitätsleitung und dem Berner Regierungsrat genehmigten Thom Consulting Group GmbH abgewickelt, welche der Jubilar gemeinsam mit seinem Sohn, Dr. Marcel Thom, betreibt. Im Rahmen dieser Gesellschaft erfüllt Norbert Thom auch seine Verwaltungsratsmandate bei der Maschinenfabrik WIFAG AG in Bern und der Ypsomed Holding AG in Burgdorf. Seit 1992 ist der Jubilar Mitglied im Ausbildungsbeirat der Berner Kantonalbank. Partner in Beratungsprojekten schätzen das fundierte Wissen von Norbert Thom. Seine wissenschaftliche Forschung ist von praxisrelevanten Fragen inspiriert und Studierende in Vorlesungen bzw. Fach- und Führungskräfte in der Managementausbildung profitieren von konkreten Beispielen und einem ausgeprägten Anwendungsbezug seiner Ausführungen.

2.6 Vernetzungskompetenz

Wie eingangs angedeutet, liegt eine große Stärke von Norbert Thom darin, dass er ausgeprägt in der Lage ist, Brücken zu bauen und zu vernetzen. Er verbindet in seiner Lehr- und Forschungstätigkeit verschiedene Teildisziplinen der Betriebswirtschaftslehre und bewegt sich sehr gewandt in der Scientific Community, in der interessierten Praxis sowie in politischen Gremien. Die große Anerkennung und Wertschätzung aus unterschiedlichen Anspruchsgruppen verdeutlichen seine gewinnende Persönlichkeit, seine kommunikativen Kompetenzen sowie sein Profil als Generalist seines Fachs. In einer Zeit der fragmentierten, ja sogar atomisierten Forschung innerhalb der Betriebswirtschaftslehre und einem starken ökonomischen Paradigma besteht ein großer Bedarf an Wissenschaftlern, die einerseits die tradierten Wurzeln der Disziplin kennen und andererseits in der Komplexität den Überblick bewahren. Mögen sich einzelne Wissenschaftler mit der Epidermis eines Blattes des „Baumes“ Betriebswirtschaft beschäftigen, Norbert Thom kennt die Wurzeln und begreift den Stamm und die Krone als Ganzes.

Eine weitere Vernetzung findet zwischen Universitäten im deutschsprachigen Raum statt. Langjährige Kooperationen im Doktorandenstudium zwischen den Universitäten Bern, Fribourg, Erlangen-Nürnberg und Linz sowie die Mitgliedschaft in Berufungskommissionen legen Zeugnis darüber ab. Auf einem internationalen Niveau findet die Vernetzung durch Gastvorträge und Forschungskooperationen statt. Insbesondere der osteuropäische Raum hat hier in den letzten Jahren an Bedeutung gewonnen.

Nach der Beschreibung der einzelnen Teilbereiche wird nun das Schaffen von Norbert Thom in einer Gesamtsicht gewürdigt.

3 Gesamtsicht

Eine Möglichkeit zur Anerkennung der Leistungen einer Person ist die Verleihung von Preisen. Die Liste der Auszeichnungen von Norbert Thom ist beeindruckend. Seine Dissertation wurde 1978 mit dem Karl-Guth-Preis ausgezeichnet. Für Fallstudien wurde ihm 1986 vom Universitätsseminar der Wirtschaft (USW) der Peter Curtius-Preis verliehen. 1989 folgte die Verleihung der Ehrenmedaille der Johannes Kepler Universität Linz für die Förderung der wissenschaftlichen Kooperation mit der Universität Fribourg (Schweiz). Seine Verdienste im Bereich des Innovationsmanagements wurden 1992 von der Schweizerischen Gesellschaft für Vorschlagswesen und Ideenmanagement mit dem Denkerpreis und 1993 von IDEE-SUISSE, der Schweizerischen Gesellschaft für

Ideenmanagement, mit dem Goldenen Ideen-Oskar ausgezeichnet. Das Engagement in der Gesellschaft für Organisation e. V., unter anderem für die Leistung von zehn Amtsjahren als Hauptschriftleiter der Zeitschrift Führung + Organisation (zfo), wurde 2002, und die Leistungen als Präsident (1990-1993) der Schweizerischen Gesellschaft für Betriebswirtschaft wurden 2003 mit der Verleihung der Ehrenmitgliedschaft gewürdigt.

Als herausragend ist sicherlich die Verleihung zweier Ehrendoktoren innerhalb von zwei Jahren zu werten. Im Jahre 2005 verlieh die Mykolas Romeris Universität in Vilnius (Litauen) Norbert Thom die Würde eines Dr. h. c. für seine großen akademischen Verdienste und Beiträge auf dem Gebiet des New Public Management. Im Jahre 2006 folgte die Verleihung des Dr. h. c. der Johannes Kepler Universität in Linz (Österreich) für herausragende wissenschaftliche Leistungen auf dem Gebiet Organisation und Personalmanagement.

Die sehr guten und langjährigen Kontakte mit (aktuellen und ehemaligen) Mitarbeitenden, Studierenden, Doktoranden und Doktorandinnen, Kolleginnen und Kollegen aus der Scientific Community und Praxispartnern verdeutlichen, dass Norbert Thom nicht nur als Fachperson große Anerkennung verdient, sondern auch als Mensch. Während der nun seit 16 Jahren andauernden Zusammenarbeit mit dem Jubilar hat der Verfasser dieses Textes immer wieder Situationen erlebt, welche die Menschlichkeit, die Offenheit und die Warmherzigkeit von Norbert Thom unter Beweis stellten. Seine ausgeprägte Kommunikationsfähigkeit und die große Sensibilität im Umgang mit anderen Perspektiven machen den Geehrten zu einem geschätzten Gesprächspartner. Trotz eines beispielhaften Engagements, einer sehr großen Produktivität und einem konstant weit überdurchschnittlichen Leistungsniveau ist Norbert Thom seinen hohen ethisch-moralischen Ansprüchen an sich selbst immer gerecht geworden. Er war und ist damit häufig auch Vorbild für andere.

Die Festschrift ist dem Wissenschaftler und dem Menschen Norbert Thom als Anerkennung für seine eindrucksvollen Leistungen gewidmet.

Verzeichnis der Autorinnen und Autoren

Herausgeber

Prof. Dr. Robert J. Zaugg

Ordinarius für Betriebswirtschaftslehre und Inhaber des Lehrstuhls für Personalmanagement und Organisation der Wissenschaftlichen Hochschule Lahr

Werdegang: Studium der Wirtschaftswissenschaften an der Universität Bern (Lizentiat 1991, Promotion 1996, Habilitation 2005). Lehrtätigkeit an den Universitäten Bern, Fribourg, Zürich und an der University of California in Berkeley. Seit 2006 Inhaber des Lehrstuhls für Personalmanagement und Organisation der WHL Wissenschaftlichen Hochschule Lahr. Tätigkeit als Berater und Managementtrainer. *Forschungsschwerpunkte:* Personal- und Organisationsmanagement, Leadership sowie Fallstudienmethodik. *Adresse:* Prof. Dr. Robert J. Zaugg, Freiestrasse 27, CH-3800 Interlaken, Schweiz, robert.zaugg@swissonline.ch

Autorinnen und Autoren

Dipl.-Kffr. Kerstin Alfes

Wissenschaftliche Assistentin am Institut für Organisation und Personal der Universität Bern

Werdegang: Studium der Betriebswirtschaftslehre an den Universitäten Eichstätt-Ingolstadt, Tokio (Sophia University) und Mannheim (Diplom 2004). Seit 2005 wissenschaftliche Assistentin und Doktorandin am Institut für Organisation und Personal (IOP) der Universität Bern. *Forschungsschwerpunkte:* Kompetenzmanagement, Strategisches Personalmanagement und Public Management. *Adresse:* Dipl.-Kffr. Kerstin Alfes, Institut für Organisation und Personal der Universität Bern, Engehaldenstrasse 4, CH-3012 Bern, Schweiz, kerstin.alfes@iop.unibe.ch

a.o. Univ.-Prof. Dr. René C. Andeßner

Außerordentlicher Universitätsprofessor am Institut für Betriebswirtschaftslehre der gemeinwirtschaftlichen Unternehmen der Johannes Kepler Universität Linz

Werdegang: Studium der Betriebswirtschaftslehre an der Johannes Kepler Universität Linz (Diplom 1990, Promotion 1994, Habilitation 2004). Lehrtätigkeit am oben genannten Institut, im Rahmen diverser Universitätslehrgänge, in den Weiterbildungsprogrammen des Verbandsmanagement Instituts (VMI) der Universität Fribourg, am Fachhochschulstudiengang Sozialmanagement in Linz sowie an sonstigen facheinschlägigen Weiterbildungseinrichtungen. Zwischenzeitlich auch Tätigkeit als Kreditprüfer in einer österreichischen Regionalbank. *Forschungsschwerpunkte:* Management in zivilgesellschaftlichen Organisationen sowie Rechnungswesen, Controlling und Ressourcenmanagement in Nonprofit-Organisationen. *Adresse:* a.o. Univ.-Prof. Dr. René C. Andeßner, Johannes Kepler Universität Linz, Institut für Betriebswirtschaftslehre der gemeinwirtschaftlichen Unternehmen, Altenberger Straße 69, A-4040 Linz, Österreich, rene.andessner@jku.at

Prof. Dr. Artur Baldauf

Ordinarius für Betriebswirtschaftslehre und Inhaber des Lehrstuhls für Unternehmensführung der Universität Bern

Werdegang: Studium der Betriebswirtschaft an der Wirtschaftsuniversität Wien und der Universität Wien (Diplom 1990, Promotion 1995, Habilitation 2000). Lehrtätigkeit an der Universität Wien, am German-Russian Business Institut in Moskau, an der Texas Christian University in Fort Worth, USA, an der Wissenschaftlichen Hochschule für Unternehmensführung in Koblenz und an der Bocconi University in Milano. Seit 2002 ordentlicher Universitätsprofessor für Betriebswirtschaftslehre, insbesondere Unternehmungsführung, an der Universität Bern. *Forschungsschwerpunkte*: Kernkompetenzen, Wettbewerbsstrategien sowie Management des Verkaufsaußendienstes. *Adresse:* Prof. Dr. Artur Baldauf, Universität Bern, Institut für Marketing und Unternehmensführung, Abteilung Unternehmensführung, Engehaldenstrasse 4, CH-3012 Bern, Schweiz, artur.baldauf@imu.unibe.ch

Christian Bischof, lic. rer. pol.

Wissenschaftlicher Assistent am Lehrstuhl für Unternehmensführung der Universität Bern

Werdegang: Studium der Betriebswirtschaft an der Universität Bern (Lizentiat 2003). Seit 2003 wissenschaftlicher Assistent und Doktorand am Lehrstuhl Unternehmensführung der Universität Bern. *Forschungsschwerpunkte:* Unternehmenskultur und verbundene Diversifikationsstrategien. *Adresse:* Christian Bischof, Universität Bern, Institut für Marketing und Unternehmensführung, Abteilung Unternehmensführung, Engehaldenstrasse 4, CH-3012 Bern, Schweiz, christian.bischof@imu.unibe.ch

PD Dr. Sabine Böckem

Oberassistentin am Institut für Finanzmanagement der Universität Bern

Werdegang: Studium der Betriebswirtschaftslehre an der Universität zu Köln (Dipl.-Kffr. 1988), Doktorat in Köln 1992, Habilitation in Dortmund 2003. Lehrtätigkeiten an den Universitäten Bern, Dortmund und Köln sowie an der London School of Economics. Seit 2004 Oberassistentin am Institut für Finanzmanagement der Universität Bern. Tätigkeit als Unternehmensberaterin. *Forschungsschwerpunkte:* Organisatorische Strukturen und Strukturveränderungen in Märkten und Unternehmen. *Adresse:* PD Dr. Sabine Böckem, Universität Bern, Institut für Finanzmanagement, Engehaldenstrasse 4, CH-3012 Bern, Schweiz, Sabine.Boeckem@ifm.unibe.ch

Prof. Dr. Dr. h. c. Klaus Brockhoff

Honorarprofessor der WHU – Otto Beisheim School of Management, Lehrstuhl für Unternehmenspolitik

Rektor der WHU – Otto Beisheim School of Management von 1999-2004, Inhaber des Lehrstuhls für Unternehmenspolitik an dieser Hochschule. Davor Direktor des Instituts für Betriebswirtschaftliche Innovationsforschung und des Instituts für Betriebswirtschaftslehre der Christian-Albrechts-Universität Kiel. Ehrendoktorwürde der Universität Bern. Mitglied von wissenschaftlichen Akademien, Aufsichts- und Beiräten von Unternehmen. *Forschungsschwerpunkte:* Technologie- und Innovationsmanagement, Unternehmenspolitik, Hochschulmanagement. *Adresse:* Prof. Dr. Dr. h. c. Klaus Brockhoff, WHU – Otto Beisheim School of Management, Lehrstuhl für Unternehmenspolitik, Wissenschaftliche Hochschule für Unternehmensführung, Burgplatz 2, D-56179 Vallendar, Deutschland, klaus.brockhoff@whu.edu

Prof. Dr. Heike Bruch

Ordinaria für Betriebswirtschaftslehre und Direktorin am Institut für Führung und Personalmanagement der Universität St. Gallen

Werdegang: Zwischen 1999-2001 Visiting Scholar und Senior Research Fellow an der London Business School. Davor wissenschaftliche Assistentin an der Universität St. Gallen (Habilitation 2001) sowie wissenschaftliche Mitarbeiterin an der Universität Hannover (Promotion 1996). Leiterin des Organizational Energy Program (OEP), Academic Director des International Study Program (ISP) an der Universität St. Gallen sowie wissenschaftliche Leiterin von TopJob. *Forschungsschwerpunkte:* Managerwillen, -emotionen und -handeln sowie Leadership in Change-Prozessen und Organisationale Energie. Beratung Europäischer und US-amerikanischer Unternehmen auf den Gebieten Change Management, Leadership und Organisationale Energie. *Adresse:* Prof. Dr. Heike Bruch, Universität St. Gallen, Institut für Führung und Personalmanagement (I.FPM-HSG), Dufourstrasse 40a, CH-9000 St. Gallen, Schweiz, heike.bruch@unisg.ch

Dipl. Wirt.-Math. Marcel de Vegt

Wissenschaftlicher Assistent am Institut für Unternehmensrechnung und Controlling der Universität Bern

Werdegang: Studium der Wirtschaftsmathematik an der Universität Dortmund (Diplom im April 2005). Seit Mai 2005 wissenschaftlicher Assistent und Doktorand am Institut für Unternehmensrechnung und Controlling der Universität Bern. *Forschungsschwerpunkte:* Risikoaversion in Prinzipal-Agenten und Disclosure Modellen. *Adresse:* Dipl. Wirt.-Math. Marcel de Vegt, Universität Bern, Institut für Unternehmensrechnung und Controlling, Engehaldestrasse 4, CH-3012 Bern, Schweiz, marcel.devegt@iuc.unibe.ch

Dr. Michèle Etienne

Beraterin im Gesundheitswesen

Werdegang: Studium der Wirtschaftswissenschaften an der Universität Bern (Lizentiat 1996, Promotion 1999), Ausbildung zur Meditorin/Konfliktberaterin an der Fachhochschule Bern, Hochschule für Sozialarbeit. Lehrtätigkeit an der Universität Bern und an den Fachhochschulen Bern und Fribourg. Tätigkeit als Strategie- und Organisationsberaterin sowie als Verwaltungsrätin. *Forschungsschwerpunkte:* Management im Gesundheitswesen, Qualitätsmanagement sowie Personalentwicklung in der Medizin. *Adresse:* Dr. Michèle Etienne, Innopool AG, Managementberatung, Schüpberg 144, CH-3054 Schüpfen, Schweiz, etienne@innopool.ch

Dipl.-Ök. Marcel Feldmann

Wissenschaftlicher Mitarbeiter am Lehrstuhl für Betriebswirtschaftslehre, insbesondere Personalführung und Organisation der FernUniversität in Hagen

Werdegang: Studium der Wirtschaftswissenschaften an der Universität Wuppertal (Abschluss als Dipl.-Ök. 2003). Seit 2004 wissenschaftlicher Mitarbeiter am Lehrstuhl für Betriebswirtschaftslehre, insbesondere Personalführung und Organisation der FernUniversität in Hagen. *Forschungsschwerpunkte:* Organisationale Gerechtigkeitsforschung und Leadership. *Adresse:* Dipl.-Ök. Marcel Feldmann, FernUniversität in Hagen, Lehrstuhl für Betriebswirtschaftslehre, insb. Personalführung und Organisation, Profilstraße 8, D-58084 Hagen, Deutschland, marcel.feldmann@fernuni-hagen.de

Krisztina Frankó, MSc. in Business Economics

Wissenschaftliche Assistentin am Institut für Organisation und Personal der Universität Bern

Werdegang: Studium der Wirtschaftswissenschaften an der Universität Miskolc, Ungarn (Abschluss 1999). Seit 2004 wissenschaftliche Assistentin und Doktorandin am Institut für Organisation und Personal (IOP) der Universität Bern. *Forschungsschwerpunkte:* Interkulturelles Human Resource Management und Interkulturelle Kommunikation. *Adresse:* Krisztina Frankó, MSc. in Business Economics, Institut für Organisation und Personal der Universität Bern, Engehaldenstrasse 4, CH-3012 Bern, Schweiz, krisztina.franko@iop.unibe.ch

Prof. Dr. Jetta Frost

Ordinaria für Betriebswirtschaftslehre und Inhaberin des Lehrstuhls Organisation und Unternehmensführung an der Universität Hamburg

Werdegang: Studium der Betriebswirtschaftslehre an den Universitäten Bamberg und Zürich. 2004 Habilitation an der Universität Zürich. April 2004 bis September 2005 Inhaberin des ZF Lehrstuhls für Unternehmensführung an der Zeppelin University in Friedrichshafen. Seit Oktober 2005 Inhaberin des Lehrstuhls Organisation und Unternehmensführung an der Universität Hamburg. *Forschungsschwerpunkte:* Gestaltung von Organisationsstrukturen und -prozessen, Konzern- und Holdingmanagement, vergleichende Organisationstheorien und Theorien der Firma. *Adresse:* Prof. Dr. Jetta Frost, Universität Hamburg, Department Wirtschaftswissenschaften, Arbeitsbereich Organisation und Unternehmensführung, Von-Melle-Park 5, D-20146 Hamburg, Deutschland, jetta.frost@uni-hamburg.de

Dr. Anita Graf

Dozentin für Human Resource Management an der Fachhochschule Nordwestschweiz

Werdegang: Studium und Doktorat an der Rechts- und Wirtschaftswissenschaftliche Fakultät der Universität Bern. Langjährige Tätigkeit im Bereich Personalentwicklung der UBS AG (1993-2004): zuerst Trainerin/Beraterin in der Führungsausbildung, nach Auslandaufenthalt Übernahme der Leitung des Bereichs Mitarbeitendenförderungen und später des Bereichs Management & Leadership Development. Seit 2004 Dozentin für Human Resource Management an der Fachhochschule Nordwestschweiz, Hochschule für Wirtschaft, Institut Mensch und Organisation; zudem selbständige Tätigkeit als Beraterin und Trainerin für ganzheitliche Persönlichkeitsentwicklung. *Forschungsschwerpunkt:* Personalentwicklung. *Adresse:* Dr. Anita Graf, Fachhochschule Nordwestschweiz, Riggenbachstrasse 16, CH-4600 Olten, Schweiz, anita.graf@fhnw.ch

Prof. Dr. Oskar Grün

Ordinarius für Betriebswirtschaftslehre und Vorstand des Instituts für Organisation und Materialwirtschaft (Supply Management) an der Wirtschaftsuniversität Wien

Werdegang: Studium der Betriebswirtschaftslehre an den Universitäten Stuttgart, Tübingen und Mannheim (Dipl.-Kfm. 1961, Promotion 1964, Habilitation 1973). Assistententätigkeit an den Universitäten Mannheim, Köln, München. Forschungsaufenthalte an der School of Business Administration, University of Vermont, Burlington, und am Union College, Schenectady, N.Y. Seit 1973 Inhaber des Lehrstuhls für Organisation und Materialwirtschaft (Supply Management) an der Wirtschaftsuniversität Wien. Leiter des Zentrums für Berufsplanung (zBp), Initiator und Koordinator des Center of Excellence (CoE), korrespondierendes Mitglied der Österreichischen Akademie der Wissenschaften (ÖAW). *Forschungsschwerpunkte:* Innovations- und Projektmanagement, Kundenorientiertes Prozessmanagement, Management von Gesundheits- und Sozialdiensten sowie New Public Management. *Adresse:* Prof. Dr. Oskar Grün, Wirtschaftsuniversität Wien, Institut für Organisation und Materialwirtschaft, Augasse 2-6, A-1090 Wien, Österreich, oskar.gruen@wu-wien.ac.at

Anja Habegger, lic. rer. pol.

Wissenschaftliche Assistentin am Institut für Organisation und Personal der Universität Bern

Werdegang: Studium der Rechts- und Wirtschaftswissenschaften an der Universität Bern (Lizentiat 2002). Seit 2002 wissenschaftliche Assistentin und Doktorandin am Institut für Organisation und Personal (IOP) der Universität Bern. *Forschungsschwerpunkte:* Personalmanagement, Betriebliches Vorschlagswesen/Ideenmanagement und Kompetenzmanagement. *Adresse:* Anja Habegger, lic. rer. pol., Institut für Organisation und Personal der Universität Bern, Engehaldenstrasse 4, CH-3012 Bern, Schweiz, anja.habegger@iop.unibe.ch

Magister-Ingenieurin Joanna Harasymowicz-Birnbach

Wissenschaftliche Assistentin am Institut für Organisation und Personal der Universität Bern

Werdegang: Studium der Betriebswirtschaftslehre an der Technischen Universität in Wroclaw (Polen) (Diplom 2000), an der Fachhochschule Wilhelmshaven (Deutschland) sowie an der Eidgenössischen Technischen Hochschule in Zürich. Seit September 2001 wissenschaftliche Assistentin und Doktorandin am Institut für Organisation und Personal (IOP) der Universität Bern. *Forschungsschwerpunkte:* Personal-, Organisations- und Wissensmanagement. *Adresse:* Magister-Ingenieurin Joanna Harasymowicz-Birnbach, Institut für Organisation und Personal der Universität Bern, Engehaldenstrasse 4, CH-3012 Bern, Schweiz, joanna.harasymowicz@iop.unibe.ch

Prof. Dr. Martin Hilb

Ordinarius für Betriebswirtschaft, Geschäftsführender Direktor des Instituts für Führung und Personalmanagement sowie Leiter des I.FPM Center for Corporate Governance der Universität St. Gallen

Werdegang: Studium der Politikwissenschaft an der Universität Genf und der Betriebswirtschaft an der Universität St. Gallen (Lizentiat 1972, Doktorat 1975, Habilitation 1996). Praxiserfahrung bei Nestlé SA, Vevey, Martin & Co., Berlin, Schering-Plough Corporation, USA, zuletzt als Direktor der Essex Chemie AG. Lehrtätigkeit an den Universitäten Dallas/Texas, SMU Singapur und EIASM Brüssel. Forschungsaufenthalte an der UBC in Vancouver und der MGSM in Sydney. *Forschungsschwerpunkt:* Corporate Governance. *Adresse:* Prof. Dr. Martin Hilb, Universität St. Gallen, Institut für Führung und Personalmanagement (I.FPM-HSG), Dufourstrasse 40a, CH-9000 St. Gallen, Schweiz, martin.hilb@unisg.ch

Prof. Dr. Harald Hungenberg

Inhaber des Lehrstuhls für Unternehmensführung an der Universität Erlangen-Nürnberg

Werdegang: Studium der Betriebswirtschaftslehre in Gießen und Boston, Promotion und Habilitation an der Universität Gießen. Mehrere Jahre Berater und Projektleiter für McKinsey & Company, danach, von 1995 bis 1999, Professor für Strategisches Management und Organisation an der Handelshochschule Leipzig. Seit 1999 Professor für Unternehmensführung an der Universität Erlangen-Nürnberg. *Forschungsschwerpunkte:* Strategisches Management, Unternehmensplanung und Innovation. *Adresse:* Prof. Dr. Harald Hungenberg, Universität Erlangen-Nürnberg, Lehrstuhl für Unternehmensführung, Lange Gasse 20, D-90403 Nürnberg, Deutschland, hungenberg@wiso.uni-erlangen.de

PD Dr. Thomas Jenner

Visiting Scholar an der Columbia University, New York

Werdegang: Studium der Betriebswirtschaftslehre an der Freien Universität Berlin 1985-1990, danach wissenschaftlicher Mitarbeiter am Institut für Marketing der FU Berlin. Promotion an der FU-Berlin 1994. Habilitation an der Universität Bern 1998. 2000-2005 Dozentur für Marketing an der Marmara Universität, Istanbul, gefördert durch den DAAD. Seit August 2005 Visiting Scholar an der Columbia University, New York. *Forschungsschwerpunkte:* Strategische Unternehmensführung, strategisches Marketing und Markenführung. *Adresse:* PD Dr. Thomas Jenner, Columbia University, Department of Marketing, Uris Hall, 3022 Broadway, New York, NY 10027-6902, USA, thomas.jenner@gmx.net

Prof. Dr. Dr. h. c. Alfred Kieser

Ordinarius für Allgemeine Betriebswirtschaftslehre und Organisation der Universität Mannheim

Werdegang: Studium der Betriebswirtschaftslehre und Soziologie an den Universitäten Würzburg, Köln und an der Carnegie-Mellon University, Pittsburgh/USA; Promotion 1969 und Habilitation 1973 an der zu Universität Köln. 1974 Übernahme des Lehrstuhls für Organisation und Personalwirtschaft an der Freien Universität Berlin. Seit 1978 Inhaber des Lehrstuhls für Allgemeine Betriebswirtschaftslehre und Organisation an der Universität Mannheim. Ordentliches Mitglied der Heidelberger Akademie der Wissenschaften (1998) und Ehrendoktor der Fakultät für Betriebswirtschaft der Ludwig-Maximilians-Universität München (1998). *Forschungsschwerpunkte:* Organisationstheorie, Organisationsgestaltung, Lernen der Organisation sowie Geschichte der Organisation. *Adresse:* Prof. Dr. Dr. h. c. Alfred Kieser, Dürerstraße 125, D-68163 Mannheim, Deutschland, kieser@bwl.uni-mannheim.de

Prof. Dr. Gerhard F. Knolmayer

Professor für Betriebswirtschaftslehre, insbesondere Wirtschaftsinformatik, und Inhaber des Lehrstuhls für Wirtschaftsinformatik der Universität Bern

Werdegang: Studium der Betriebswirtschaftslehre an der Wirtschaftsuniversität Wien (Diplom 1970, Promotion 1972). Habilitation an der Universität Wien für Betriebswirtschaftslehre und Betriebsinformatik (1979). Professor für Betriebswirtschaftslehre und Inhaber des Lehrstuhls für Produktionswirtschaft an der Christian-Albrechts-Universität zu Kiel (1979-1988), Professor für Wirtschaftsinformatik an der Universität Bern seit 1988. Tätigkeiten an der Wirtschaftsuniversität Wien, den Universitäten Wien, Kiel, Bratislava, Lund, der University of California, Berkeley, und der Queensland University of Technology, Brisbane. Herausgeber der Zeitschriften Wirtschaftsinformatik, OR Spectrum, Information Systems and e-Business Management und Enterprise Modelling and Information Systems Architecture. Fellow der Gesellschaft für Informatik (2005). *Forschungsschwerpunkte:* Organisation der Informationsverarbeitung, Outsourcing, Informationssysteme in Produktion und Logistik sowie Supply Chain Management. *Adresse:* Prof. Dr. Gerhard F. Knolmayer, Universität Bern, Institut für Wirtschaftsinformatik, Engehaldenstrasse 8, CH-3012 Bern, Schweiz, gerhard.knolmayer@iwi.unibe.ch

a.o. Univ.-Prof. Ing. Mag. Dr. Otto Krickl

Professor am Institut für Organisations- und Personalmanagement der Karl-Franzens-Universität Graz

Werdegang: Studium der Betriebswirtschaftslehre an der Universität Graz (Magister 1983, Promotion 1986, Habilitation 1995). 1992 und 1993 Forschungsaufenthalte in den USA. 1997 Lehrstuhlvertretung für Informationsmanagement an der Universität Konstanz, Lehrtätigkeit an verschiedenen in- und ausländischen Universitäten, Tätigkeit als Managementtrainer, Berater, Lehrgangsleiter und Mitglied von Zertifizierungskommissionen. *Forschungsschwerpunkte:* Methoden und Techniken für die Optimierung von Geschäftsprozessen, Wissens- und Informationsmanagement sowie E-Learning. *Adresse:* a.o. Univ.-Prof. Ing. Mag. Dr. Otto Krickl, Karl-Franzens-Universität Graz, Institut für Organisations- und Personalmanagement, Universitätsstraße 15/E4, A-8010 Graz, Österreich, Otto.Krickl@uni-graz.at

Prof. Dr. Harley Krohmer

Direktor des Instituts für Marketing und Unternehmensführung und Inhaber des Lehrstuhls für Marketing an der Universität Bern

Werdegang: Studium der Betriebswirtschaftslehre in Koblenz, Bath (England) und Aix-en-Provence (Frankreich). Promotion und Habilitation bei Prof. Dr. Christian Homburg. Tätigkeit als Unternehmensberater. Seit 2004 Direktor des Instituts für Marketing und Unternehmensführung und Inhaber des Lehrstuhls für Marketing an der Universität Bern. *Forschungsschwerpunkte:* Marketingstrategie, Marktorientierte Unternehmensführung, Markenmanagement, Marketing- und Vertriebsorganisation, Vertriebsmanagement und Internationales Marketing. *Adresse:* Prof. Dr. Harley Krohmer, Universität Bern, Institut für Marketing und Unternehmensführung, Abteilung Marketing, Engehaldenstrasse 4, CH-3012 Bern, Schweiz, harley.krohmer@imu.unibe.ch

Prof. Dr. Wilfried Krüger

Inhaber des Lehrstuhls für Unternehmensführung und Organisation an der Justus-Liebig-Universität Gießen

Werdegang: Promotion und Habilitation an der Universität Freiburg i. Br., danach, von 1978-1985, Inhaber eines Lehrstuhls an der Universität Dortmund, 1985 Annahme des Rufs nach Gießen. Tätigkeit in Forschung und Lehre sowie Vorstand der Gesellschaft für Organisation (GfO) und Gesellschafter der Unternehmensberatung eic-partner. *Forschungsschwerpunkte:* Strategisches Management, Management des Unternehmenswandels und Kernkompetenz-Management. *Adresse:* Prof. Dr. Wilfried Krüger, Justus-Liebig-Universität Gießen, Betriebswirtschaftslehre II (Unternehmensführung und Organisation), Licher Straße 62, D-35394 Gießen, Deutschland, Wilfried.Krueger@wirtschaft.uni-giessen.de

René A. Lichtsteiner, lic. iur.

Managing Director Right Management (Schweiz) und Präsident SKP Schweizerische Kurse für Personalmanagement

Werdegang: Lizentiat der Rechte an der Universität Freiburg i. Ue. (1979) und Abschluss als Rechtsanwalt (1981). Rechtskonsulent und Sekretär der Konzernleitung BBC Brown Boveri (1982-1987). Tätigkeit in einem New Yorker Anwaltsbüro (1987). Leiter der Rechtsabteilung ABB Schweiz (1988-1991). Mitglied der Geschäftsleitung von ABB Schweiz, verantwortlich für Personal und Dienstleistungen (1991-1999). Group Process Owner Globale Personalprozesse ABB Konzern (2000). Geschäftsführer einer Unternehmensberatung im Personalmanagement (2001-2005). *Adresse:* René A. Lichtsteiner, Right Management (Schweiz) AG, Hauserstrasse 14, CH-8032 Zürich, Schweiz, rene.lichtsteiner@right.com

Prof. Dr. Wolf Linder

Professor für Politikwissenschaft und Direktor am Institut für Politikwissenschaft der Universität Bern

Werdegang: lic. iur. an der Universität Zürich 1968, Dr. rer. soc. an der Universität Konstanz 1973. Nach Forschungstätigkeit an der ETH Zürich, 1982 Professor am Institut de hautes études en administration publique (IDHEAP) Lausanne, seit 1987 in Bern. Seit 2000 Mitglied des Forschungsrats des Schweizerischen Nationalfonds. *Forschungsschwerpunkte:* Schweizerische Politik, Föderalismus und direkte Demokratie sowie Demokratieentwicklung in der Dritten Welt. *Adresse:* Prof. Dr. Wolf Linder, Universität Bern, Institut für Politikwissenschaft, Unitobler, Lerchenweg 36, CH-3000 Bern 9, Schweiz, wolf.linder@ipw.unibe.ch

PD Dr. Klaus Lindert

Privatdozent für Betriebswirtschaftslehre an der Technischen Universität Braunschweig und Senior-Controller im Konzerncontrolling der Salzgitter AG

Werdegang: Studium der Wirtschaftswissenschaften an der Technischen Universität Braunschweig (Promotion 1993, Habilitation 2000). Lehrtätigkeit im Bereich Unternehmensführung des Instituts für Wirtschaftswissenschaften der TU Braunschweig. Seit 2000 im Konzerncontrolling der Salzgitter AG tätig. *Forschungsschwerpunkte:* Anreizsysteme, Personalführung und Internationales Management. *Adresse:* PD Dr. Klaus Lindert, Salzgitter AG, D-38239 Salzgitter, Deutschland, lindert.k@salzgitter-ag.de

Gabriela Loosli, lic. rer. pol.

Wissenschaftliche Assistentin am Institut für Wirtschaftsinformatik der Universität Bern

Werdegang: Studium der Betriebswirtschaftslehre (Hauptfach), der Informatik und der Politikwissenschaft an der Universität Bern (Lizentiat 2005). Wissenschaftliche Assistentin und Doktorandin am Institut für Wirtschaftsinformatik, Abteilung Information Engineering, der Universität Bern. *Forschungsschwerpunkt:* Service-orientierte Architekturen. *Adresse:* Gabriela Loosli, lic. rer. pol., Universität Bern, Institut für Wirtschaftsinformatik, Engehaldenstrasse 8, CH-3012 Bern, Schweiz, gabriela.loosli@iwi.unibe.ch

Prof. Dr. Albert Löhr

Direktor des Internationalen Hochschulinstituts Zittau und Inhaber des Lehrstuhls für Sozialwissenschaften

Werdegang: Studium der Betriebswirtschaftslehre und Soziologie in Nürnberg und Bamberg. Promotion (1991) und Habilitation (2002) im Fach Betriebswirtschaftslehre. 1992 Auszeichnung mit dem Max-Weber-Preis für Wirtschaftsethik. 1986-1999 Mitarbeiter am Lehrstuhl für Unternehmensführung der Universität Erlangen-Nürnberg. Seit 1999 Inhaber des Lehrstuhls für Sozialwissenschaften und seit 2003 Direktor des Internationalen Hochschulinstituts Zittau. Vorstandsmitglied des European Business Ethics Network (1994-1998) und seit 1997 des Deutschen Netzwerks Wirtschaftsethik (DNWE) Deutschland e. V., zu dessen Vorstandsvorsitzenden er 2001 gewählt wurde. *Forschungsschwerpunkte:* Wirtschafts- und Unternehmensethik, Organisationstheorie und sozialwissenschaftliche Managementlehre. *Adresse:* Prof. Dr. Albert Löhr, Internationales Hochschulinstitut Zittau, Lehrstuhl für Sozialwissenschaften, Markt 23, D-02763 Zittau, Deutschland, aloehr@ihi-zittau.de

Prof. Dr. Christoph J. Minnig

Professor für Organizational Behavior an der Fachhochschule Nordwestschweiz, Hochschule für Wirtschaft, Institut Mensch und Organisation und Co-Leiter des Nachdiplomstudiengangs Master of Advanced Studies in NonprofitManagement

Werdegang: Studium der Volks- und Betriebswirtschaft an der Universität Fribourg und Promotion 1991 im Bereich der Organisationswissenschaften. 1992 bis 1995 Tätigkeit am Center for Organizational Research und am Center for European Studies (CESS) an der Stanford University. Seit 1996 Professor an der Fachhochschule Nordwestschweiz, Institut für Mensch und Organisation. Lehrtätigkeit an den Hochschulen Stanford, Wien, Western Sydney und Landshut. *Beratungs- und Forschungsschwerpunkte:* Institutionelles Beziehungsmanagement, Kulturmanagement und Wirkungsforschung von Beratungsansätzen. *Adresse:* Prof. Dr. Christoph Minnig, Muristrasse 44, CH-3006 Bern, Schweiz, c.minnig@bluewin.ch

Regine Moser, lic. rer. pol.

Wissenschaftliche Assistentin am Institut für Organisation und Personal der Universität Bern

Werdegang: Kaufmännische Angestellte BMS (Abschluss 1992), Matura an der Berner Maturitätsschule für Berufstätige (Abschluss 1997), Studium der Wirtschaftswissenschaften (Betriebs-, Volkswirtschaftslehre, Arbeits- und Organisationspsychologie) an der Universität Bern (Lizentiat 2003). Wissenschaftliche Assistentin und Doktorandin am Institut für Organisation und Personal (IOP) der Universität Bern. *Forschungsschwerpunkte:* Personalentwicklung, -erhaltung (insb. High Potentials), Personaleinsatz und Betriebliches Gesundheitsmanagement (insb. Career- and Lifestylemanagement, Demografische Entwicklung etc.). *Adresse:* Regine Moser, lic. rer. pol., Institut für Organisation und Personal der Universität Bern, Engehaldenstrasse 4, CH-3012 Bern, Schweiz, regine.moser@iop.unibe.ch

Renato C. Müller, lic. rer. pol.

Wissenschaftlicher Assistent am Institut für Organisation und Personal der Universität Bern

Werdegang: Ausbildung zum Primarlehrer (Abschluss 1997), Studium der Wirtschafts- und Rechtswissenschaften an der Universität Bern (Lizentiat 2004). Seit 2004 wissenschaftlicher Assistent und Doktorand am Institut für Organisation und Personal (IOP) der Universität Bern (zuständig für den Bereich Personal). Dissertationsprojekt zur Thematik neuer Medien in der Personalführung (E-Leadership). Daneben Lehrer für Wirtschaft und Recht an einem privaten Gymnasium. Mitglied der GL und des VR im Familienunternehmen Eduard Müller AG. *Adresse:* Renato C. Müller, lic. rer. pol., Institut für Organisation und Personal der Universität Bern, Engehaldenstrasse 4, CH-3012 Bern, Schweiz, rcmueller@rcmueller.ch

Prof. Dr. Günter Müller-Stewens

Ordinarius für Betriebswirtschaft mit besonderer Berücksichtigung der Organisationslehre an der Universität St. Gallen und Geschäftsführender Direktor des Instituts für Betriebswirtschaft

Werdegang: Studium der Betriebswirtschaftslehre an der Universität Regensburg (1977 Dipl.-Kfm.), Promotion an der Universität München (1981 Dr. rer. pol.) und Habilitation an der Universität Stuttgart (1987 Dr. rer. pol. habil.). 1987-91 o. Universitätsprofessor an der Universität Duisburg. Forschungsaufenthalte an der Harvard Business School und Stanford Business School (WS 82/83), der University of Michigan Ann Arbor (WS 96/97) und der University of California Irvine (WS 01/02). Seit 1991 Professor an der Universität St. Gallen. Mitglied verschiedener Beiräte sowie Trainer und Berater internationaler Unternehmen. *Forschungsschwerpunkt:* Strategisches Management. *Adresse:* Prof. Dr. Günter Müller-Stewens, Universität St. Gallen, Institut für Betriebswirtschaft, Dufourstrasse 40a, CH-9000 St. Gallen, Schweiz, guenter.mueller-stewens@unisg.ch

Prof. Dr. Thomas Myrach

Ordinarius für Betriebswirtschaftslehre und Direktor des Instituts für Wirtschaftsinformatik der Universität Bern

Werdegang: Studium der Betriebswirtschaftslehre und Informatik an der Universität Kiel. Dissertation und Habilitation in Betriebswirtschaftslehre an der Universität Bern. Lehrstuhlvertretung für Wirtschaftsinformatik an der RWTH Aachen. Seit 2002 ordentlicher Professor für das Fach Wirtschaftsinformatik an der Universität Bern. *Forschungsschwerpunkte:* Daten- und Informationsmanagement, Datenbanksysteme sowie E-Business. *Adresse:* Prof. Dr. Thomas Myrach, Universität Bern, Institut für Wirtschaftsinformatik, Engehaldenstrasse 8, CH-3012 Bern, Schweiz, thomas.myrach@iwi.unibe.ch

Prof. Dr. Margit Osterloh

Ordinaria für Betriebswirtschaftslehre und Inhaberin des Lehrstuhls für Organisation, Technologie- und Innovationsmanagement an der Universität Zürich

Werdegang: Studium mit einem Abschluss als Dipl. Ing. (Wirtschaftsingenieurwesen) an der Technischen Universität Berlin, Promotion an der Freien Universität Berlin (Dr. rer. pol.) und Habilitation an der Universität Erlangen-Nürnberg. Mitglied im Deutschen Wissenschaftsrat sowie in zwei Aufsichts- bzw. Verwaltungsräten in Deutschland und in der Schweiz. *Forschungsschwerpunkte und Spezialgebiete:* Organisationstheorie, Innovations- und Technologiemanagement, Frauen in der Unternehmung, Corporate Governance. *Adresse:* Prof. Dr. Margit Osterloh, Universität Zürich, Lehrstuhl für Organisation, Technologie und Innovationsmanagement, Institut für Organisation und Unternehmenstheorien (IOU), Plattenstrasse 14, CH-8032 Zürich, Schweiz, margit.osterloh@iou.unizh.ch

Prof. Dr. Martial Pasquier

Professor für Public Management und Marketing am Hochschulinstitut für Öffentliche Verwaltung in Lausanne

Werdegang: Studium an den Universitäten Freiburg i. Ue. (Dissertation), Bern (Habilitation) und Berkeley (USA). Bis 2003 Mitglied der Geschäftsleitung eines Beratungsunternehmens. Seit 2003 Ordinarius für Public Management und Marketing am Hochschulinstitut für Öffentliche Verwaltung in Lausanne. Gastprofessor an den Universitäten Bern, Strasbourg, Paris II, Nancy, und der Università della svizzera italiana. Mitglied der eidg. Wettbewerbskommission. *Forschungsschwerpunkte:* Public Management, Marketing, Kommunikation, Public Sector Governance. *Adresse:* Prof. Dr. Martial Pasquier, Swiss Graduate School of Public Administration IDHEAP, route de la Maladière 21, CH-1022 Chavannes-près-Renens, Schweiz, martial.pasquier@idheap.unil.ch

Dipl.-Kfm. Moritz Patzer

Wissenschaftlicher Assistent am Lehrstuhl für Grundlagen der BWL und Theorien der Unternehmung an der Universität Zürich

Werdegang: Studium der Betriebswirtschaftslehre an der Universität Passau und der Ludwig-Maximilians-Universität München (Diplom 2005). Seit Oktober 2005 wissenschaftlicher Assistent und Doktorand am Institut für Organisation und Unternehmenstheorien der Universität Zürich, Lehrstuhl von Prof. Scherer. *Forschungsschwerpunkte:* Unternehmensethik und Wissenschaftstheorie. *Adresse:* Moritz Patzer, Universität Zürich, Institut für Organisation und Unternehmenstheorien (IOU), Winterthurerstrasse 92, CH-8006 Zürich, Schweiz, moritz.patzer@iou.unizh.ch.

Prof. Dr. Gilbert J. B. Probst

Ordentlicher Professor für Organisation und Management an der Universität Genf und Direktor des MBA-Programms an der Universität Genf

Werdegang: Promotion und Habilitation in Betriebswirtschaftslehre an der Hochschule St. Gallen. Bearbeitung von Planungs- und Organisationsaufgaben in privaten und öffentlichen Unternehmungen. Ehemaliger Vizedirektor und Forschungsleiter am Institut für Betriebswirtschaft und Dozent für Organisations- und Betriebswirtschaftslehre an der Hochschule St. Gallen. Lehrtätigkeit als Visiting Faculty Member an der Wharton School der University of Pennsylvania, Philadelphia, und am International Management Institute (IMI), Genf. Vorstandsmitglied der SKU (Schweizerische Kurse für Unternehmungsführung) und Berater verschiedener großer Unternehmen. Gründer und Partner der Strategic Knowledge Group und des Forums für Wissensmanagement in Genf sowie Mitgründer des CORE, Center for Organizational Excellence, der Universitäten St. Gallen und Genf. Mitglied verschiedener Beiräte und Inhaber von Verwaltungsmandaten. *Forschungsschwerpunkte:* Ganzheitliches Management, Vernetztes Denken, Systemorientierte Organisation und Organisationales Lernen sowie Wissensmanagement. *Adresse:* Prof. Dr. Gilbert J. B. Probst, Université de Genève, Département des HEC, Bd. du pont d'Arve 40, CH-1211 Genève 4, Schweiz, gilbert.probst@hec.unige.ch

Dr. Adrian Ritz

Geschäftsleitungsmitglied und Dozent am Kompetenzzentrum für Public Management der Universität Bern sowie Programmleiter des Executive Master of Public Administration der Universität Bern

Werdegang: Studium der Wirtschaftswissenschaften an der Universität Bern. Von 1997 bis 2001 wissenschaftlicher Assistent am Institut für Organisation und Personal der Universität Bern bei Prof. Dr. Dres. h. c. Norbert Thom. Seit 1998 Tätigkeiten in der Lehre und Weiterbildung an den Universitäten Bern, St. Gallen, Lausanne, Speyer/D, Linz/A und an der Donau-Universität in Krems/A. Laufende Beratungs- und Evaluationstätigkeiten beim Bund, bei Kantonen und Gemeinden. *Forschungsschwerpunkte:* Personalmanagement und Führung im öffentlichen Sektor, Evaluationsforschung, Verwaltungsreformen und Bildungsmanagement. *Adresse:* Dr. Adrian Ritz, Universität Bern, Kompetenzzentrum für Public Management, Schanzeneckstrasse 1, Postfach 8573, CH-3001 Bern, Schweiz, adrian.ritz@kpm.unibe.ch

o. Univ.-Prof. Dkfm. Dr. Reinbert Schauer

Vorstand des Instituts für Betriebswirtschaftslehre der gemeinwirtschaftlichen Unternehmen an der Johannes Kepler Universität Linz

Werdegang: Studium der Handelswissenschaften an der Hochschule für Welthandel in Wien (Diplom 1966, Promotion 1968). Habilitation für Allgemeine Betriebswirtschaftslehre an der Universität Graz (1978). Seit 1979 Ordinarius für Betriebswirtschaftslehre der öffentlichen Verwaltung und der öffentlichen Dienste an der Universität Linz. Studiendekan 1995-1998. Gastprofessuren an den Universitäten Fribourg, Bern, Basel, Budweis, Prag, Budapest. *Forschungsschwerpunkte:* Öffentliches Rechnungswesen, Public Management, NPO-Management, Gemeinwirtschaft, NPO-Rechnungswesen sowie Sozialbilanzen. *Adresse:* o. Univ.-Prof. Dkfm. Dr. Reinbert Schauer, Johannes Kepler Universität Linz, Institut für Betriebswirtschaftslehre der gemeinwirtschaftlichen Unternehmen (IBGU), Altenberger Straße 69, A-4040 Linz, Österreich, reinbert.schauer@jku.at

Prof. Dr. Andreas Georg Scherer

Inhaber des Lehrstuhls für Grundlagen der BWL und Theorien der Unternehmung und Direktor am Institut für Organisation und Unternehmenstheorien (IOU) an der Universität Zürich

Werdegang: Studium der Betriebswirtschaftslehre, Universität Erlangen-Nürnberg (Diplom 1989, Promotion 1994, Habilitation 2000). 2000-2002 Prof. für Management/Öffentliche Verwaltung, Universität Konstanz. Seit März 2002 ord. Prof. an der Universität Zürich, seit 2004 Direktor Institut für Organisation und Unternehmenstheorien. *Forschungsschwerpunkte:* Internationales Management, Organisationstheorie, Strategisches Management, Unternehmensethik und Unternehmenstheorie. *Adresse:* Prof. Dr. Andreas Georg Scherer, Universität Zürich, Lehrstuhl für Grundlagen der BWL und Theorien der Unternehmung, Institut für Organisation und Unternehmenstheorien (IOU), Winterthurerstrasse 92, CH-8006 Zürich, Schweiz, andreas.scherer@iou.unizh.ch

Prof. Dr. Ulf Schiller

Direktor des Instituts für Unternehmensrechnung und Controlling der Universität Bern

Werdegang: 1984-1989 Studium der Betriebswirtschafts- und Volkswirtschaftslehre an der Universität zu Köln, 1989-1994 Doktorandenstudium in Köln und London, 1994-1998 Habilitation im Fach BWL an der Universität zu Köln. 1998-2003 Professor für BWL, insb. Unternehmensrechnung und Controlling, an der Universität Tübingen. Seit 2003 Direktor des Instituts für Unternehmensrechnung und Controlling der Universität Bern. *Forschungsschwerpunkte:* Personalmotivation, Profit-Center-Organisationen, Publizitätsverhalten und Supply-Chain-Verträge. *Adresse:* Prof. Dr. Ulf Schiller, Institut für Unternehmensrechnung und Controlling der Universität Bern, Engehaldenstrasse 4, CH-3012 Bern, Schweiz, ulf.schiller@iuc.unibe.ch

Dr. Bettina Anne Sollberger

Leiterin Wissensmanagement der Schweizerischen Post

Werdegang: Studium der Betriebswirtschaftslehre, der Pädagogischen Psychologie und Psychopathologie an der Universität Bern. Seit 4 Jahren bei der Schweizerischen Post in der Unternehmensentwicklung tätig, hat dort auf Konzernebene ein unternehmensweites Wissensmanagement entwickelt und implementiert. Berufsbegleitende Promotion an der Universität Bern zum Thema „Wissenskultur als Erfolgsfaktor für ein ganzheitliches Wissensmanagement". *Adresse:* Dr. Bettina Anne Sollberger, Konsumstrasse 24, CH-3007 Bern, Schweiz, bettina.sollberger@post.ch

Dr. Reto Steiner

Dozent für Betriebswirtschaftslehre und Mitglied der Geschäftsleitung am Kompetenzzentrum für Public Management der Universität Bern

Werdegang: Studium der Wirtschaftswissenschaften an der Universität Bern (Handelslehrerdiplom 1997, Promotion 2002). Lehraufträge an den Universitäten Rom, Lugano und Krems (Wien), den Fachhochschulen Zentralschweiz und Basel sowie am Schweizerischen Public Relations Institut in Zürich. Beratung für die Eidgenossenschaft sowie verschiedene Schweizer Kantons- und Kommunalverwaltungen. Vorstandsmitglied der Schweizerischen Gesellschaft für Verwaltungswissenschaften und der International Research Society for Public Management. Stadtrat von Langenthal im Kanton Bern (Präsident im Jahr 2005). *Forschungsschwerpunkte:* Public Management, Gemeindeforschung, staatliche Kommunikation und Management von Bildungseinrichtungen. *Adresse:* Dr. Reto Steiner, Universität Bern, Kompetenzzentrum für Public Management, Schanzeneckstrasse 1, Postfach 8573, CH-3001 Bern, Schweiz, reto.steiner@kpm.unibe.ch

Prof. Dr. Dres. h. c. Horst Steinmann

Emeritus am Lehrstuhl für Betriebswirtschaftslehre, insb. Unternehmensführung, der Universität Erlangen-Nürnberg

Werdegang: Studium der Betriebswirtschaftslehre an der Universität Göttingen (Dipl.-Kfm. 1959), Promotion 1962, MBA INSEAD Fontainebleau 1965 und Habilitation 1967 TU Clausthal. Inhaber des Lehrstuhls für ABWL und Unternehmensforschung FU Berlin 1968, ab 1970 des Lehrstuhls für ABWL und Unternehmensführung an der Universität Erlangen-Nürnberg. Ehrendoktor der Universität Bern (1996) und der Universität Robert Schuman Strassbourg (1999). Rufe an verschiedene deutsche Universitäten. *Forschungsschwerpunkte:* Strategische Unternehmensführung, Organisationstheorie, Unternehmensverfassung, Unternehmensethik und Wissenschaftstheorie. *Adresse:* Prof. Dr. Dres. h. c. Horst Steinmann, Betriebswirtschaftliches Institut der Universität Erlangen-Nürnberg, Lange Gasse 20, D-90403 Nürnberg, Deutschland, horst.steinmann@wiso.uni-erlangen.de

Dr. Markus Sulzberger

Leiter Ressort Special Clients BB, Global Wealth Management & Business Banking UBS AG, Zürich, Direktor

Werdegang: Studium der Betriebswirtschaftslehre an der Universität Zürich, Promotion 1980, INSEAD Senior Management Seminar in Fontainebleu (1982), Wharton Business School Financial Management in Philadelphia (1989). Seit 1975 bei der UBS in verschiedenen Funktionen tätig. Vorstandsmitglied der SGO, Schweizerische Gesellschaft für Organisation und Management, Präsident der SGO-Stiftung, Vorsitzender des Herausgeberbeirats der zfo und Dozent am Swiss Finance Institute. *Adresse:* Dr. Markus Sulzberger, UBS AG, Bahnhofstrasse 70, CH-8098 Zürich, Schweiz, markus.sulzberger@ubs.com

Dr. Antoinette Weibel

Oberassistentin am Lehrstuhl für Organisation, Technologie- und Innovationsmanagement der Universität Zürich

Werdegang: Studium der Wirtschaftswissenschaften an der Universität Zürich (Lizentiat 1996, Promotion 2002). Lehrtätigkeit an den Universitäten Zürich und Basel. Forschungskooperationen mit den Universitäten Paderborn, Warwick Business School und der Free University of Amsterdam. *Forschungsschwerpunkte:* Vertrauen, Steuerungsmechanismen und Motivation sowie innovatives Verhalten in Organisationen. *Adresse:* Dr. Antoinette Weibel, Universität Zürich, Institut für Organisation und Unternehmenstheorien (IOU), Plattenstrasse 14, CH-8032 Zürich, Schweiz, antoinette.weibel@iou.unizh.ch

Univ.-Prof. Dr. Jürgen Weibler

Inhaber des Lehrstuhls für Betriebswirtschaftslehre, insbesondere Personalführung und Organisation, an der FernUniversität in Hagen

Werdegang: Nach den Diplom-Studiengängen der Volkswirtschaftslehre sozialwissenschaftlicher Richtung und der Psychologie an der Universität zu Köln erfolgte dort die Promotion zum Dr. rer. pol. Anschließend zweijährige Tätigkeit in einer internationalen Unternehmensberatung (Senior Consultant). Später Habilitation an der Universität St. Gallen (HSG) in Betriebswirtschaftslehre und mehrjähriger Forschungsleiter des Instituts für Führung und Personalmanagement (I.FPM). Danach Übernahme der Professur für Betriebswirtschaftslehre der öffentlichen Verwaltung/Managementlehre an der Universität Konstanz. Gastprofessor an der Macquarie Graduate School of Management (MGSM), Sydney 2004/2005. *Forschungsschwerpunkte:* Leadership, Organisationaler Wandel, Theoretische Fundierung des Personalmanagements, effizienzgestützte Personalentscheide, Ethik und Gerechtigkeit. *Adresse:* Univ.-Prof. Dr. Jürgen Weibler, FernUniversität in Hagen, Lehrstuhl für Betriebswirtschaftslehre, insb. Personalführung und Organisation, Profilstrasse 8, D-58084 Hagen, Deutschland, Juergen.Weibler@FernUni-Hagen.de

Dipl.-Kfm. Felix Weispfenning

Wissenschaftlicher Assistent am Lehrstuhl für Marketing an der Universität Bern

Werdegang: Studium der Betriebswirtschaftslehre an der Copenhagen Business School und an der Universität Regensburg (Diplom 2002). Tätigkeit als Vertriebsleiter im Einzelhandel (2002-2004). Seit 2004 wissenschaftlicher Assistent und Doktorand am Lehrstuhl für Marketing an der Universität Bern. *Forschungsschwerpunkte:* Führung, Vertriebsmanagement und Retailing. *Adresse:* Dipl.-Kfm. Felix Weispfenning, Universität Bern, Institut für Marketing und Unternehmensführung, Abteilung Marketing, Engehaldenstrasse 4, CH-3012 Bern, Schweiz, felix.weispfenning@imu.unibe.ch

Dr. Andreas P. Wenger

Unternehmensberater und Inhaber von Transforma GmbH Management Consulting sowie Lehrbeauftragter an den Universitäten Bern und Alcalá de Henares (Madrid, Spanien)

Werdegang: Studium der Wirtschaftswissenschaften an der Universität Bern (Lizentiat 1994, Promotion 1998). Anschließend Stationen als Verantwortlicher für Spezialprojekte und direkter Mitarbeiter des Divisionsleiters Energie in strategischen Fragen bei der Electrowatt Engineering AG, Zürich, sowie als Berater und Projektleiter für international Projekte bei Mercer Management Consulting AG, Zürich. *Beratungs- und Forschungsschwerpunkte*: Entwicklung und Neuausrichtung von Geschäftsmodellen, strategieorientiertes Organisationsdesign sowie Unternehmensplanung und -steuerung im Kontext von Reorganisationen, Restrukturierungen, M&A, Ausgliederungen und Performance Improvement-Programmen. *Kontakt:* wenger@transforma.ch

Prof. Dr. Rolf Wunderer

Emeritus, Institut für Führung und Personalmanagement der Universität St. Gallen

Werdegang: Studium der Wirtschaftswissenschaften und der Psychologie an der Universität München, nach Abschluss dort und an der Universität der Bundeswehr München als wissenschaftlicher Mitarbeiter und Lehrbeauftragter tätig. 1974-1983 Ordinarius für BWL, insb. Personalwesen und Unternehmensführung, an der Universität Essen, anschließend bis 2001 an der Universität St. Gallen als o. Prof. für BWL, insb. Führung und Personalmanagement. Daneben Gastprofessuren und -semester an den Universitäten München, Los Angeles/Berkeley und Tokio. Gründer und Leiter des Instituts für Führung und Personalmanagement der Universität St. Gallen mit heutiger Assoziation als Partner. *Beratungs- und Forschungsschwerpunkte:* Internes Unternehmertum, Entwicklungstendenzen im Personalmanagement, Führung und Zusammenarbeit, Personalcontrolling sowie Personal- und Organisationsentwicklung. *Adresse:* Prof. Dr. Rolf Wunderer, Hardungstrasse 22, CH-9011 St. Gallen, Schweiz, rolf.wunderer@unisg.ch

Daniel Zimmermann, lic. rer. pol.

Wissenschaftlicher Assistent am Institut für Organisation und Personal der Universität Bern

Werdegang: Studium der Wirtschaftswissenschaften mit Hauptfach Betriebswirtschaft und Nebenfach Recht an der Universität Bern. Ausbildungsschwerpunkte in Personal und Organisation, Innovationsmanagement und Wirtschaftsinformatik. Seit 2002 wissenschaftlicher Assistent und Doktorand am Institut für Organisation und Personal (IOP) der Universität Bern. Dissertation bei Prof. Dr. Dres. h. c. Norbert Thom zum Thema „Partizipatives eHRM“ (Abschluss Ende 2006). *Adresse:* Daniel Zimmermann, lic. rer. pol., Institut für Organisation und Personal der Universität Bern, Engehaldenstrasse 4, CH-3012 Bern, Schweiz, daniel.zimmermann@iop.unibe.ch

Abkürzungsverzeichnis

A	Österreich
ABB	Asea Brown Boveri
ABWL	Allgemeine Betriebswirtschaftslehre
AG	Aktiengesellschaft
AGE	Arbeitsfähigkeit, Gesundheit, Erhaltung des Personals
AIT	Advanced Information Technology
AKH	Allgemeines Krankenhaus Wien
a. M.	am Main
a. o.	außerordentliche(r)
AOK	Allgemeine Ortskrankenkasse
Art.	Artikel
B2E	Business-to-Employee
BB	Business Banking
BBC	Brown, Boveri & Cie.
Bd.	Band
BFS	Bundesamt für Statistik
BGF	Betriebliche Gesundheitsförderung
BIP	Bruttoinlandprodukt
BKK	Betriebskrankenkasse
BKW FMB	Bernische Kraftwerke
BMS	Berufsmaturitätsschule
BSC	Balanced Scorecard
bspw.	beispielsweise
BWL	Betriebswirtschaftslehre
bzgl.	bezüglich
bzw.	beziehungsweise
ca.	circa
CA	California
CCTA	Central Computer and Telecommunications Agency
CD	Compact Disc
CEO	Chief Executive Officer
CESS	Center für European Studies, Stanford
cf.	compare (confer)
CH	Conföderatio Helvetica
CHF	Schweizer Franken
CLM	Career- and Lifestylemanagement
CMA	Certified Management Accountants
Co.	Compagnie
COBIT	Control Objectives for Information and related Technology
CoE	Center of Excellence
CoP	Community of Practice
CORE	Center for Organizational Excellence
COSO	Committee of Sponsoring Organizations of the Treadway Commission

CSR	Corporate Social Responsibility
CT	Connecticut
D	Deutschland
DAAD	Deutscher Akademischer Austausch Dienst
D. C.	District of Columbia
DCA	Dynamic Capabilities-Ansatz
DGB	Deutscher Gewerkschaftsbund
d. h.	das heißt
Dipl.	Diplom(ierte/r)
Dkfm.	Diplom-Kaufmann
DNWE	Deutsches Netzwerk Wirtschaftsethik
Dr.	Doktor
Dres.	Doctores
DVD	Digital Video Disc
E/e	electronic
ECR	Efficient Consumer Response
ed.	Editor
eds.	Editors
EDMZ	Eidgenössische Druck- und Materialzentrale
EFQM	European Foundation for Quality Management
EIASM	European Institute for Advanced Studies in Management
eic	excellence in change
Eidg.	Eidgenössische(r/s)
EJPD	Eidgenössisches Justiz- und Polizeidepartement
em.	emeritus
ERP	Enterprise Resource Planning
ESS	Employee Self Service
et al.	et alii (und andere)
etc.	et cetera
ETH	Eidgenössische Technische Hochschule
EU	Europäische Union
e. V.	eingetragener Verein
f.	folgende
FC	Fussballclub
F&E	Forschung und Entwicklung
ff.	fortfolgende
FHG	Finanzhaushaltgesetz
FHNW	Fachhochschule Nordwestschweiz
FLAG	Führen mit Leistungsauftrag und Globalbudget
FU	Freie Universität
GDP	Gross Domestic Product
GfO	Gesellschaft für Organisation und Management
ggf.	gegebenenfalls
GL	Geschäftsleitung
GLV	Geschäftsleitungsvorsitzender
GmbH	Gesellschaft mit beschränkter Haftung
GPO	Geschäftsprozessoptimierung
GRI	Global Reporting Initiative

GV	Generalversammlung
habil.	habilitatus
h. c.	honoris causa
HEC	Hautes Etudes Commerciales
HI	Hawaii
HMD	Handbuch der maschinellen Datenverarbeitung
HR	Human Resource(s)
HRCA	Human Rights Compliance Assessment
HRM	Human Resource Management
Hrsg.	Herausgeber
hrsg. v.	herausgegeben von
HSG	Hochschule St. Gallen
http	Hypertext Transfer Protocol
i. A.	im Allgemeinen/im Auftrag
iBGF	Institut für betriebliche Gesundheitsförderung
IBGU	Institut für Betriebswirtschaftslehre der gemeinwirtschaftlichen Unternehmen der Universität Linz
IBM	International Business Machines
i. Br.	im Breisgau
ID	Identity
IDC	International Data Corporation
IDHEAP	Institut de hautes études en administration publique
i. d. R.	in der Regel
IFRS	International Financial Reporting Standards
I.FPM	Institut für Führung und Personalmanagement der Universität St. Gallen
IIK	Institut für Internationale Kommunikation und Auswärtige Kulturarbeit, Bayreuth
ILO	International Labour Organization
IM	Fachzeitschrift für Information Management & Consulting
IMF	International Monetary Fund
IMI	International Management Institute der Universität Genf
Ing.	Ingenieur
inkl.	inklusive
insb.	insbesondere
INSEAD	Institut Européen d'Administration des Affaires
IOP	Institut für Organisation und Personal der Universität Bern
IOU	Institut für Organisation und Unternehmenstheorien der Universität Zürich
IP	Internet Protocol
IPSAS	International Public Sector Accounting Standards
i. S.	im Sinne
ISACA	Information Systems Audit and Control Association
ISO	International Organization for Standardization
ISP	International Study Program der Universität St. Gallen
IT	Informationstechnik/Informationstechnologie/Information Technology
ITG	Information Technology Governance
ITGI	Information Technology Governance Institute
ITIL	Information Technology Infrastructure Library
i. Ue.	im Uechtland
IUP	Institut für Unternehmungsplanung der Universität Berlin

iur.	iuris
J	Ja
Jg.	Jahrgang
Kffr.	Kauffrau
Kfm.	Kaufmann
KGSt	Kommunale Gemeinschaftsstelle für Verwaltungsvereinfachung
KHM	Kinder- und Hausmärchen
KMU	kleine und mittlere Unternehmen
kont.	kontinuierlich
KPM	Kompetenzzentrum für Public Management der Universität Bern
KPV	Kontinuierliche Prozessverbesserung
KVG	Krankenversicherungsgesetz
lat.	lateinisch
lic.	licentiatus/licentiata
LSC	Learning and Skills Council
M&A	Mergers & Acquisitions
MA	Mitarbeiter(in)/Mitarbeitende
Mag.	Magister
Mass.	Massachusetts
Math.	Mathematiker
MBA	Master of Business Administration
MbO	Management-by-Objectives
MD	Management Development
m. E.	meines Erachtens
MGSM	Macquarie Graduate School of Management, Sydney
MIT	Massachusetts Institute of Technology
MOE	Multi-Organization Enterprise
MOF	Microsoft Operations Framework
MP3	Music Player 3
MPA	Master of Public Administration
MSc.	Master of Science
MSS	Manager Self Service
N	Nein
NGO	Non-Governmental Organization
NJ	New Jersey
No.	Number
NPM	New Public Management
NPO	Non-Profit Organization
Nr.	Nummer
NY	New York
o.	ordentlicher
ÖAW	Österreichische Akademie der Wissenschaften
OE	Organizational Energy
OECD	Organization for Economic Co-operation and Development
OEP	Organizational Energy Program
OEQ	Organizational Energy Questionnaire
öff.	öffentlich
OH	Ohio

o. J.	ohne Jahr
o. Jg.	ohne Jahrgang
Ök.	Ökonom/in
o. Nr.	ohne Nummer
o. O.	ohne Ortsangabe
o. S.	ohne Seitenangabe
o. V.	ohne Verfasser
p.	page
PD	Privatdozent
PE	Personalentwicklung
PISA	Programme for International Student Assessment
pol.	politicarum
POWer	Personal-, Organisations- und Wissens- bzw. Innovationskompetenzen
PPBS	Planning Programming Budgeting System
PR	Public Relations
Priv.-Doz.	Privatdozent
Prof.	Professor
PTT	Post, Telefon, Telegrafie (heute Schweizerische Post und Swisscom)
PWC	PricewaterhouseCoopers
rer. oec.	rerum oeconomicarum
rer. pol.	rerum politicarum
rer. soc.	rerum socialium
resp.	respektive
RWTH	Rheinisch-Westfälische Technische Hochschule, Aachen
S.	Seite/Seiten
SA	Société Anonyme
SAP	Systeme, Anwendungen und Produkte in der Datenverarbeitung
seco	Staatssekretariat für Wirtschaft
SGO	Schweizerische Gesellschaft für Organisation und Management
SKP	Schweizerische Kurse für Personalmanagement
SKU	Schweizerische Kurse für Unternehmensführung
SMS	Short Message Service
SMU	Singapore Management University
soc.	socialium
sog.	so genannte(r/s)
SOX	Sarbanes-Oxley Act
Sp.	Spalte/Spalten
St.	Sankt
t	Zeit
TNC	Trans National Corporation
TU	Technische Universität
TV	Television
u.	und
u. a.	und andere/unter anderem
UBC	University of British Columbia, Vancouver
Univ.-Prof.	Universitätsprofessor
URL	Uniform Resource Locator
US	United States

USA	United States of America
USD	US-Dollar
USW	Universitätsseminar der Wirtschaft
usw.	und so weiter
u. U.	unter Umständen
v.	von
v. a.	vor allem
VA	Virginia
v. Chr.	vor Christus
vgl.	vergleiche
VMI	Verbandsmanagement Institut der Universität Fribourg
Vol.	Volume
VR	Verwaltungsrat
VRP	Verwaltungsratspräsident
vs.	versus
VWL	Volkswirtschaftslehre
WHL	Wissenschaftliche Hochschule Lahr
WHO	World Health Organization
WHU	Wissenschaftliche Hochschule für Unternehmensführung
WIFAG	Winkler, Fallert & Co
Wirt.	Wirtschaftler
WiSt	Wirtschaftswissenschaftliches Studium
WM	Wissensmanagement
WS	Wintersemester
WTO	World Trade Organization
WU	Wirtschaftsuniversität
www	World Wide Web
z. B.	zum Beispiel
zBp	Zentrum für Berufsplanung
ZEW	Zentrum für Europäische Wirtschaftsforschung
ZfbF	Zeitschrift für betriebswirtschaftliche Forschung
ZfCM	Zeitschrift für Controlling und Management
zfo	Zeitschrift Führung + Organisation
ZFP	Zeitschrift für Forschung und Praxis
zfwu	Zeitschrift für Wirtschafts- und Unternehmensethik
zit.	zitiert
z. T.	zum Teil
z. Zt.	zur Zeit

Stichwortverzeichnis*

* Alle kursiv gesetzten Seitenzahlen beziehen sich auf die für jeden Beitrag von den Autoren festgelegten Hauptstichworte.

D

E

F

G

H

I

K

L

M

N

O

P

Q

R

S

T

U

V

W

Z

Norbert Thom / Andreas P. Wenger / Robert J. Zaugg (Hrsg.)

Fälle zu Organisation und Personal

Didaktik – Fallstudien – Lösungen – Theoriebausteine

4., durchgesehene Auflage 2003. XX + 400 Seiten, 38 Abb, 45 Tab., kartoniert
CHF 38.–/€ 24.90
ISBN 3-258-06634-5

Das bewährte Fallstudienbuch in der vierten, durchgesehenen Auflage. Es enthält zehn Fälle und Lösungen aus der Praxis, die zur Verwendung in der Lehre überarbeitet und im Rahmen von Prüfungen getestet wurden. Thematisiert werden u.a. die organisatorische Gestaltung, die Aufbau- und Ablauforganisation, das Personalmanagement, die Unternehmungskultur und das Ideenmanagement. Im Vordergrund stehen die Vertiefung vorhandenen Fachwissens, die Beherrschung von Managementtechniken und die Verdichtung problemrelevanter Informationen. Das Werk richtet sich an Studierende, Dozierende und Praktiker.

«Es ist den drei Herausgebern ... In vorbildlicher Weise gelungen, zehn interessante Fallstudien, die in der Schweizer Wirtschaft erarbeitet worden sind, in didaktisch gut aufbereiteter und theoretisch untermauerter Form zu präsentieren.»

Frankfurter Allgemeine Zeitung